《浙江植物志（新编）》编辑委员会 编著

浙江植物志 新编
Flora of Zhejiang
（New Edition）

第二卷　苏铁科—红豆杉科
　　　　木兰科—荨麻科

Volume 2
Cycadaceae—Taxaceae
Magnoliaceae—Urticaceae

浙江科学技术出版社

图书在版编目(CIP)数据

浙江植物志：新编. 第二卷 /《浙江植物志（新编）》编辑委员会编著. — 杭州：浙江科学技术出版社，2021. 9
ISBN 978-7-5341-9637-9

Ⅰ. ①浙… Ⅱ. ①浙… Ⅲ. ①植物志－浙江
Ⅳ. ① Q948.525.5

中国版本图书馆 CIP 数据核字（2021）第 106393 号

书　　名	浙江植物志（新编）·第二卷
编　　著	《浙江植物志（新编）》编辑委员会
出版发行	浙江科学技术出版社 杭州市体育场路 347 号　邮政编码：310006 编辑部电话：0571-85152719 销售部电话：0571-85176040 网址：www.zkpress.com
排　　版	杭州万方图书有限公司
印　　刷	浙江新华数码印务有限公司
经　　销	全国各地新华书店
开　　本	889mm×1194mm　1/16　　印　张　45.5
字　　数	1045 千字
版　　次	2021 年 9 月第 1 版　　2021 年 9 月第 1 次印刷
书　　号	ISBN 978-7-5341-9637-9　　定　价　350.00 元
审 图 号	浙 S（2019）11 号

版权所有　翻印必究

（图书出现倒装、缺页等印装质量问题，本社销售部负责调换）

策划组稿	章建林　詹　喜	**责任编辑**	詹　喜
文字编辑	周乔俐	**责任校对**	陈宇珊
封面设计	金　晖	**责任印务**	叶文炀

【内容提要】

本卷记载了浙江省野生或习见栽培的裸子植物（苏铁科至红豆杉科）10科，37属，80种（不计种下分类群，但浙江无原种的种下分类群以种计，后同）和被子植物（木兰科至荨麻科）33科，132属，474种。其中包括本志作者自《浙江植物志（新编）》编著项目启动以来发表的新分类群（新种、新亚种和新变种）17个，新组合6个，浙江分布新记录属2个，新记录种（含亚种和变种）44个；新增了栽培科1个，栽培属11个，栽培种91个；订正了以往错误鉴定种11个。每种植物均有中名、拉丁名、形态描述、产地、生境、分布、用途等记述，近98%的种类附有野外实地拍摄的彩色图片。

本卷可供农业、林业、园艺、医药、环保等行业的科技人员、管理人员及广大植物爱好者参考，也可作为各类院校植物学、农学、林学、园艺学、药学、生态学等相关专业的辅助教材。

Summary

In this volume, 80 species belonging to 37 genera in 10 families (from Cycadaceae to Taxaceae) and 474 species belonging to 132 genera in 33 families (from Magnoliaceae to Urticaceae) are recorded, which are wild and commonly cultivated species in Zhejiang Province. The species covered in this volume include 17 new taxa (new species, new subspecies and new varieties), 6 new combinations, 2 newly recorded genera and 44 newly recorded species (with subspecies and varieties) in Zhejiang. 1 cultivated family, 11 cultivated genera and 91 cultivated species were added. 11 formerly mis-identified species were clarified. Each species contains Chinese name, scientific name, morphological description, locality, habitat, distribution, economic usage, etc. Approximately 98% species are accompanied by color pictures obtained from original observation.

This book can be used as a reference for scientists and technicians, managers and plant hobbyists of agriculture, forestry, horticulture, medicine and pharmacy, environmental protection and other related fields. It also can be course materials for various majors in botany, agriculture, forestry, horticulture, pharmacy, ecology, etc.

《浙江植物志（新编）》
编辑委员会

主　　　任　　胡　侠（2018年12月起在任）
　　　　　　　林云举（2014年11月至2018年12月在任）
副　主　任　　吴　鸿　　杨幼平　　王章明（常务）　　陆献峰
　　　　　　　于明坚　　江　波　　吾中良　　章滨森
委　　　员　　柳新红　　陈华新　　朱光权　　丁良冬　　孙晓霞

主　　　编　　李根有　　丁炳扬
副　主　编　　金孝锋　　陈征海　　张方钢　　金水虎
编　　　委　　李根有　　丁炳扬　　金孝锋　　陈征海　　张方钢
　　　　　　　金水虎　　柳新红　　赵云鹏

顾　　　问　　郑朝宗　　裘宝林

组 织 编 著　　浙江省林业局
　　　　　　　浙江省植物学会

Editorial Board of Flora of Zhejiang (New Edition)

Directors
 Hu Xia (Served from December 2018)
 Lin Yunju (Served from November 2014 to December 2018)

Vice directors
 Wu Hong Yang Youping Wang Zhangming
 Lu Xianfeng Yu Mingjian Jiang Bo
 Wu Zhongliang Zhang Binsen

Committee members
 Liu Xinhong Chen Huaxin Zhu Guangquan
 Ding Liangdong Sun Xiaoxia

Editors-in-chief
 Li Genyou Ding Bingyang

Associate editors-in-chief
 Jin Xiaofeng Chen Zhenghai Zhang Fanggang
 Jin Shuihu

Editorial board
 Li Genyou Ding Bingyang Jin Xiaofeng
 Chen Zhenghai Zhang Fanggang Jin Shuihu
 Liu Xinhong Zhao Yunpeng

Advisers
 Zheng Chaozong Qiu Baolin

Organizers
 Zhejiang Administration of Forestry
 Botanical Society of Zhejiang

本卷编著者及分工

卷 主 编　李根有
卷副主编　张芬耀　马丹丹
编 著 者　被子植物门概述；蜡梅科、樟科、芍药科、小檗科、大血藤科、木通科、
　　　　　清风藤科、桑科
　　　　　李根有（浙江农林大学暨阳学院）
　　　　　马兜铃科、毛茛科、罂粟科、紫堇科、荨麻科
　　　　　张芬耀（浙江省森林资源监测中心）
　　　　　裸子植物门概述及分科检索表；苏铁科、银杏科、南洋杉科、松科、金松科、
　　　　　杉科、柏科、罗汉松科、三尖杉科、红豆杉科、八角科、五味子科
　　　　　马丹丹（浙江农林大学暨阳学院）
　　　　　木兰科
　　　　　李修鹏（宁波市林特科技推广中心）
　　　　　莲科、睡莲科、莼菜科、金鱼藻科
　　　　　王军峰（华东药用植物园科研管理中心）
　　　　　防己科、连香树科、领春木科、悬铃木科、虎皮楠科、杜仲科、大麻科
　　　　　夏国华（浙江农林大学）
　　　　　榆科
　　　　　陈子林（磐安县中药产业发展促进中心）
　　　　　番荔枝科、金粟兰科、三白草科、胡椒科
　　　　　王　盼（磐安县中药产业发展促进中心）
　　　　　金缕梅科
　　　　　李雪芹（浙江农林大学暨阳学院）
　　　　　被子植物门分亚纲和分科检索表
　　　　　丁炳扬（浙江省林业科学研究院）

Authors and Division

Volume editor-in-chief

Li Genyou

Volume associate editor-in-chief

Zhang Fenyao and Ma Dandan

Authors

Overview of Angiospermae, Calycanthaceae, Lauraceae, Paeoniaceae, Berberidaceae, Sargentodoxaceae, Lardizabalaceae, Sabiaceae, Moraceae

Li Genyou (Jiyang College, Zhejiang Agriculture & Forestry University)

Aristolochiaceae, Ranunculaceae, Papaveraceae, Fumariaceae, Urticaceae

Zhang Fenyao (Zhejiang Monitoring Centre for Forest Resources)

Overview and Key to Families of Gymnospermae, Cycadaceae, Ginkgoaceae, Araucariaceae, Pinaceae, Sciadopityaceae, Taxodiaceae, Cupressaceae, Podocarpaceae, Cephalotaxaceae, Taxaceae, Illiciaceae, Schisandraceae

Ma Dandan (Jiyang College, Zhejiang Agriculture & Forestry University)

Magnoliaceae

Li Xiupeng (Ningbo Technology Extension Center for Forestry & Specialty Forest Products)

Nelumbonaceae, Nymphaeaceae, Cabombaceae, Ceratophyllaceae

Wang Junfeng (Scientific Research & Management Center of East China Pharmaceutical Botanical Garden)

Menispermaceae, Cercidiphyllaceae, Eupteleaceae, Platanaceae, Daphniphyllaceae, Eucommiaceae, Cannabaceae

Xia Guohua (Zhejiang Agriculture & Forestry University)

Ulmaceae

Chen Zilin (Traditional Chinese Medicine Industry Development & Promotion Center of Pan'an County)

Annonaceae, Chloranthaceae, Saururaceae, Piperaceae

Wang Pan (Traditional Chinese Medicine Industry Development & Promotion Center of Pan'an County)

Hamamelidaceae

Li Xueqin (Jiyang College, Zhejiang Agriculture & Forestry University)

Key to Subclasses and Key to Families of Angiospermae

Ding Bingyang (Zhejiang Academy of Forestry)

序 一

浙江植物学专家前辈历经10年的辛勤努力,于1993年出版了8卷《浙江植物志》(7卷加总论卷)。该志记载了浙江野生与习见栽培的维管植物共231科,1372属,4444种(含种下等级)。该志编撰严谨,图文并茂,荣获第二届国家图书奖(1995),不仅深受社会各界欢迎,出现了一书难求的现象,还成为浙江乃至周边省份科研、科普、教学、生产的必备参考书,在浙江省的经济建设、生态保护等方面发挥了非常重要的作用。

《浙江植物志》出版之后的20多年中,随着经济的飞速发展,省外及国外一些植物物种被大量引入,同时浙江新一代植物学工作者在继承前辈严谨工作作风的基础上,不懈努力,深入调查,又发现了众多的植物新分类群和分布新记录。而这些资料均分散在各种期刊和著作中,不利于各行各业应用。因此,《浙江植物志(新编)》的出版顺应了时代的发展和社会的需求,意义重大。

《浙江植物志(新编)》对原志书进行了全面的、系统的补充修订,并在被子植物部分采用了当代著名的四大被子植物分类系统之一的克朗奎斯特(Cronquist)分类系统(1988);本志书用精美的彩色照片代替了原来的线描图,使之更具直观性和实用性,这在省级植物志书中是非常有特色的。

全套志书由原来的8卷增加至10卷;收录种类比原志书有了大量增加,其中有近年发现的新分类群100余个,新记录科3个,新记录属80多个,新记录种400多个,同时增加了很多物种的新分布点;对原记载的植物逐种进行了考证,对不少植物学名根据新的资料予以了更正,对一些原来鉴定错误或经调查已无栽培的种类进行了更正与删减,充分汲取了植物分类的最新研究成果,使之更具科学性和准确性。

由此可见,本套志书在学术水平上又有了较大的提升,充分体现出了编撰志书为地方经济建设及基层大众服务的初衷。相信本套志书出版之后,定会为浙江省的植物学研究、教学、科普以及植物资源的开发利用与保护等发挥重要作用。

我注意到,在从事植物经典分类人才越来越稀缺的今天,在经济较发达的浙江,仍有一批中青年植物学者执着地坚守在基础研究的岗位上,这让我尤为高兴。

在本套志书编撰之初,我与浙江同行就有了密切的书信联系和问题交流,并自始至终给予了特别关注。得知本套志书即将陆续出版,甚感欣慰,特予作序。

中国科学院植物研究所研究员
中国科学院院士 
2019年5月于北京

序 二

浙江地处我国东南沿海，陆域面积不大，但自然条件优越，植物资源丰富，人文底蕴深厚，有钟观光、钱崇澍、李善兰等植物学先驱，并涌现出了陈嵘、张肇骞、钟补求、蔡希陶、王伏雄、吴中伦、梁希、杨衔晋、林刚、陈诗、陈谋、贺贤育等林学家、植物分类学家和采集家，成为我国近代植物学的重要发源地之一。独特的区域优势和丰富的植物资源，吸引了众多国内外学者来浙江开展采集和研究工作，除浙江籍人士外，还有胡先骕、秦仁昌、郑万钧、陈焕镛、裴鉴、唐进、耿以礼、郑勉、裴佩熹、J. Cunningham、R. Fortune、E. Faber、F.B. Forbes、W.B. Hemsley、S. Matsuda、C.S. Sargent、H. Migo、A.N. Steward等，为浙江的植物资源调查和分类研究奠定了基础。

1993年，本人有幸受邀参加"浙江植物资源调查研究及《浙江植物志》编著"成果评审会，方云亿、章绍尧等浙江老一辈植物分类学家踏实严谨、精益求精的科研作风给我留下了深刻印象。项目成果获得了浙江省科技进步奖一等奖（1994），《浙江植物志》还获得第二届国家图书奖（1995）和第七届全国优秀科技图书一等奖（1995），成为省级植物志的典范。《中国植物志》于2004年全部出版，有人认为植物分类学家从此已无用武之地。殊不知，由于历史原因，就整体而言，我国植物分类学还处在描述阶段。浙江省的植物分类学者认识到这一点，他们承前启后，不仅自己奋斗，还培养人才，为这一领域注入了活力。浙江省的植物资源调查研究工作方兴未艾，相继出版了《浙江种子植物检索鉴定手册》等专著，积累了丰富翔实的新资料，结出了新成果。

《浙江植物志（新编）》由浙江省27家单位的50余位专家参与编研工作。通过大规模和系统的野外考察、标本采集、照片拍摄，收录的种类大幅增加，其中有近年发现的新记录科3个，新记录属80多个，新记录种400多个，充实了浙江乃至全国植物区系地理的内容；全书85%以上的种类配有实地拍摄的彩色照片，图文并茂。与《浙江植物志》相比，《浙江植物志（新编）》种类收录更齐全，分类处理更合理，兼顾科学性、可读性、实用性和鉴赏性。在此，我对本志编著者和浙江科学技术出版社相关人员所付出的心血表示感谢，也希望浙江的植物分类工作者再接再厉，继续开展更深入的植物资源调查和研究，在分类修订、生物多样性编目、物种形成、系统发生和进化、亲缘地理等方面取得新的更大的成绩。

是为序。

中国植物学会名誉理事长
中国科学院院士　洪德元
2019年6月于北京

前　言

浙江位于中国东南沿海，长江三角洲南翼，东临东海，南接福建，西与安徽、江西相连，北与上海、江苏接壤，地理坐标为27°02′～31°11′N，118°01′～123°10′E。陆地面积10.55万平方千米，约占全国的1.1%，是我国陆地面积较小的省份。全省以山地丘陵为主，素有"七山一水二分田"之说。因地处中亚热带，全省气候温和，雨量充沛，山脉纵横，丘陵起伏，河谷、平原、盆地交错分布，海岸曲折，岛屿众多，自然环境复杂多样，利于各类植物繁衍生息，加之地史古老，孕育并保存了丰富的植物种类，享有"东南植物宝库"之美誉。

浙江境内的植物标本采集与调查工作始于18世纪初期。随着杭、甬等地通商口岸的开放，J. Cunningham、R. Fortune、E. Faber等10多个国家的50多位学者先后进入浙江的舟山、宁波、杭州、台州等地开展植物标本的采集和调查工作，对早期植物科学的传播及植物分类资料的积累起到了重要作用。在我国最早科学系统地开展植物标本采集的是钟观光（北仑），之后在浙江涌现出了一批我国近代植物分类学家和采集家，如钱崇澍（海宁）、陈嵘（安吉）、钟补勤（北仑）、钟稼勤（北仑）、钟补求（北仑）、林刚（平阳）、陈诗（诸暨）、陈谋（诸暨）、吴中伦（诸暨）、贺贤育（镇海）、张肇骞（永嘉）等。我国许多著名植物分类学家也曾先后来浙江进行采集、研究，如胡先骕、秦仁昌、郑万钧、耿以礼、唐进、裴鉴、郑勉、裴佩熹等。因此，浙江也成为我国近代植物分类研究的发祥地之一。中华人民共和国成立后，浙江省人民政府对植物资源的普查工作非常重视，陆续组织开展了一些专题性或区域性的植物资源普查工作，积累了大量的标本和资料，为植物志书的编写奠定了良好的基础。

1982年，浙江省科委下达了089号文件，组织省内19家大专院校、科研单位的50余位科研、教学专家，开展了《浙江植物志》的编著工作。他们通过野外考察、标本查阅、资料整理、潜心编撰，历经十载寒暑，出版了洋洋8卷巨著。全志共记载浙江野生及习见栽培植物231科，1372属，3897种，30亚种，391变种，126变型，第一次全面系统地展示了浙江植物资源的全貌。该项目成果荣获浙江省科学技术进步奖一等奖（1994）。《浙江植物志》还获得第二届国家图书奖（1995）及第七届全国优秀科技图书一等奖（1995）。长期以来，作为省内外植物专业人士、学生及社会有关人员必不可少的权威工具书，《浙江植物志》在浙江省的经济和生态建设方面发挥了极为重要的作用。

《浙江植物志》出版后的20多年中，社会、经济、文化、环境等方面均发生了翻天覆地的变化，植物种类、相关信息也相应地产生了巨大的改变。随着交通状况不断改善和植物分类知识的广泛普及，在年青一代专业人员的不懈努力下，植物调查和研究工作更为全面和深入，新发现也逐渐增多。据初步统计，在本项目进行之前就已发现新种

（含种下等级）或新记录种350多个；在此期间，国内外植物分类和系统进化等方面的研究也取得了长足发展，被 *Flora of China* 和其他文献归并的有300余种，分类等级或学名改变的有300多种；与此同时，很多历史上曾经引种的植物已经消失，而在走向国际化的进程中，更多与农业、林业、园林、医药相关的新资源植物又被不断地引进栽培，种类变动的数量高达本志书记载总数的近1/4。

近些年来，在浙江各级政府的高度重视下，植物资源调查研究工作的开展如火如荼、方兴未艾。在本志编撰前及期间，浙江的科研团队相继出版了《温州植物志》（5卷）、《杭州植物志》（3卷）、《宁波植物图鉴》（5卷）等区域性志书，以及一批实用性图鉴或专著，如《浙江种子植物检索鉴定手册》、《浙江野菜100种精选图谱》系列丛书、《浙江省常见树种彩色图鉴》、《宁波珍稀植物》、《宁波滨海植物》、《玉环木本植物图谱》、《台州乡土树种识别与应用》、《慈溪乡土树种彩色图谱》、《莫干山区乡土树种》等；各地已建或新建自然保护区的资源普查工作陆续开展，出版了《天目山植物志》（4卷）、《清凉峰植物》、《清凉峰木本植物志》（2卷）、《百山祖的野生植物》等专著和科学考察报告，积累的新资料越来越丰富。党的十八大后，中共浙江省委、省人民政府统筹推进"五位一体"总体布局，十分重视生态建设和植物资源保护工作。在新形势下，迫切需要厘清浙江省植物种类、分布、生存状况及开发利用价值，为森林、湿地、物种三条"生态保护红线"的研究与监测提供信息丰富、数据准确、功能完善的基础资料。如今，社会安宁，经济繁荣，修志时机已充分成熟，工作基础也已相对夯实。因此，为适应新形势的快速变化，尽早编撰一部能反映浙江植物资源现状的志书已是大势所趋和当务之急。

经过一段时间的酝酿和筹备，2014年年底，由浙江省林业局（原浙江省林业厅）与浙江省植物学会联合组织成立了《浙江植物志（新编）》编委会，聚集全省27家教学、科研、生产单位的50余位专家和学者，正式启动了"浙江省野生植物资源调查、建档、编纂及《浙江植物志》（第二版）编著"项目（浙江省财政项目，编号：335010-2015-0005）。

5年来，编委会召开了10余次全体或扩大会议，制订和完善了编写大纲和细则，并提出全部采用彩色照片及系统更先进、种类更齐全、资料更丰富、数据更准确、使用更方便的要求；组织了数百次规模不等的野外科学考察活动，时间覆盖一年四季，地点遍及全省各地，拍摄了100余万幅植物种类和生境彩色照片，采集标本5000余号，发现了众多的植物新类群和省级以上分布新记录植物，获取了大量植物新分布点及新用途等重要信息；参编者查阅了大量文献资料，以及省内外各大植物标本馆、中国数字植物标本馆（CVH）、国家标本资源共享平台（NSII）的大量相关标本，对不少有疑问的植物类群和学名进行了认真考证，发表研究论文上百篇，取得了丰硕的成果。

本套志书共10卷，收录的种类原则上为浙江省境内野生、归化、逸生及当下习见栽培的植物。具体收录的种类和内容如下：第一卷为概论（包括自然概况、采集和研究简史、植物区系、资源植物），蕨类植物门，石杉科至满江红科，计50科；第二卷为裸子植物门，苏铁科至红豆杉科，计10科，被子植物门，木兰科至荨麻科，计33科；第三卷为胡桃科至杨柳科，计36科；第四卷为白花菜科至蔷薇科，计17科；第五卷为含羞草科至茶茱萸科，计26科；第六卷为黄杨科至夹竹桃科，计27科；第七卷为萝藦科至胡麻科，计19科；第八卷为紫葳科至菊科，计9科；第九卷为泽泻科至禾本科，计17科；第十卷为莎草科至兰科，计18科。

本志的编写及出版工作得到了社会各界的大力支持和热切关注。中国科学院植物研究所王文采院士、洪德元院士自始至终给予了倾情关注和悉心指导；郑朝宗教授、裘宝林教授不顾年老体迈，欣然受邀担任本志顾问，并多次亲临现场指导、细心审阅资料；许多参与《浙江植物志》编著工作的省内老一辈植物分类学家为本志的编写建言献策，并寄予热切厚望；浙江科学技术出版社本着公益精神，不求赢利，为高质量出版本志，与编委会进行了密切合作；省内外植物分类专家及爱好者为本志无私提供了相关信息和高质量照片；江苏省中国科学院植物研究所标本馆（NAS）、中国科学院昆明植物研究所标本馆（KUN）、中国科学院西北高原生物研究所植物标本馆（HNWP）、中国科学院植物研究所标本馆（PE）、中国科学院华南植物园标本馆（IBSC）、中国科学院沈阳应用生态研究所东北生物标本馆（IFP）、安徽师范大学生命科学学院生物标本馆植物标本室（ANUB），以及杭州植物园植物标本馆（HHBG）、浙江农林大学植物标本馆（ZJFC）、浙江自然博物院植物标本馆（ZM）、浙江大学植物标本馆（HZU）、杭州师范大学植物标本馆（HTC）、温州大学植物标本馆（WZU）等为本志作者查阅标本给予了极大方便；全省各县（市、区）及自然保护区等单位的领导和技术人员在植物资源考察过程中给予了大力支持；原浙江省林业厅厅长林云举、副厅长王章明一直将本项目作为重要工作来抓，对编写过程中遇到的困难和问题都给予了及时解决；浙江省野生动植物保护管理总站吾中良站长、章滨森站长、陈华新副站长，浙江省林业科学研究院江波院长，浙江省森林资源监测中心汪奎宏主任以及本志编委会办公室的柳新红、朱光权、陈友吾、孙晓霞等同志在本志的调查和编写过程中做了大量组织、协调和日常管理工作。所有这一切，都为本志编研工作的顺利开展和完成提供了强有力的保障。谨在此一并致以诚挚的谢意！

由于编著者研究水平、编研时间所限，志书中难免存在不足之处，恳盼读者不吝指正。

《浙江植物志（新编）》编辑委员会
执笔：李根有
2019年4月30日

编写说明

1. 本志收录的种类原则上为浙江省境内野生、归化、逸生及当下习见栽培的维管植物。蕨类植物采用秦仁昌分类系统（1978）；裸子植物采用郑万钧分类系统（1978）；被子植物采用克朗奎斯特（Cronquist）分类系统（1988），但对个别科做了适当调整，如芍药科（根据王文采先生意见，移至毛茛科之后）、禾本科（因考虑分卷平衡原因，与莎草科位置对调）等。

2. 本志收载的种下等级包括亚种和变种，变型不单独著录，只在种下讨论中予以附记，列出名称（中名、拉丁名）和主要鉴别特征。对于栽培植物的品种通常不作划分。在种类统计上以种系为单位，即浙江无模式亚种（变种）的亚种（变种）以种计数[1个种系下不止1个亚种（变种）的只计1个]，其余亚种（变种）不作计数。

3. 本志对浙江省自然分布种类省内产地情况的著录，除全省均有分布的外，尽可能反映其产地信息。为节省篇幅，以地级市为单位编写，如某市大部分县（县级市和区）有产的只写出该地级市名称；对于不是大部分县（县级市和区）有产的则直接列出县（县级市和区）名称（与地级市间用"及"连接）；对于一些老市区间难以明确划分界线的简称为"市区"。产地名称和范围的行政区划资料截至2014年，但为更好地反映植物分布的自然属性，部分市区仍作独立产地予以记载。具体如下：

湖州：湖州市区（吴兴、南浔）、长兴、安吉、德清。

嘉兴：嘉兴市区（南湖、秀洲）、嘉善、平湖、桐乡、海盐、海宁。

杭州：杭州市区（上城、下城、江干、拱墅、西湖、余杭）、萧山（含滨江）、富阳、临安、桐庐、建德、淳安。

绍兴：绍兴市区（越城、柯桥）、上虞、诸暨、嵊州、新昌。

宁波：宁波市区（海曙、江东、江北、镇海、北仑）、鄞州、慈溪、余姚、奉化、象山、宁海。

舟山：定海、普陀、岱山、嵊泗。

衢州：衢州市区（柯城、衢江）、开化、常山、江山、龙游。

金华：金华市区（婺城、金东）、浦江、兰溪、义乌、东阳、磐安、永康、武义。

台州：台州市区（椒江、路桥、黄岩）、天台、三门、临海、仙居、温岭、玉环。

丽水：莲都、缙云、遂昌、松阳、龙泉、庆元、云和、景宁、青田。

温州：温州市区（鹿城、龙湾、瓯海）、洞头、乐清、永嘉、瑞安、文成、平阳、苍南、泰顺。

4. 本志对浙江省分布的植物种类国内分布情况的著录，除全国均有分布的外，分大区（东北、华北、华东、华中、华南、西南、西北）和省（自治区、直辖市）两级编写，如大区内大部分省（自治区、直辖市）有分布的只写出该大区名称；对于不是大部分省（自治区、直辖市）有分布的则直接列出省（自治区、直辖市）名称，与大区间用"及"连接。分布区名称和范围以2014年的行政区划为依据，但为更好地反映植物分布的自然属性，对部分地区做了适当调整。具体如下：

东北：黑龙江、吉林、辽宁。
华北：内蒙古、河北（含北京、天津）、山西、山东。
华东：江苏（含上海）、安徽、浙江、江西、福建。
华中：河南、湖北、湖南。
华南：台湾、广东（含香港、澳门）、海南、广西。
西南：四川（含重庆）、贵州、云南、西藏。
西北：陕西、宁夏、甘肃、青海、新疆。

目　录

裸子植物门　Gymnospermae ·· 1

　　一　苏铁科　　　Cycadaceae ·· 3
　　二　银杏科　　　Ginkgoaceae ·· 7
　　三　南洋杉科　　Araucariaceae ·· 8
　　四　松科　　　　Pinaceae ·· 12
　　五　金松科　　　Sciadopityaceae ·· 46
　　六　杉科　　　　Taxodiaceae ·· 48
　　七　柏科　　　　Cupressaceae ··· 63
　　八　罗汉松科　　Podocarpaceae ··· 86
　　九　三尖杉科　　Cephalotaxaceae ··· 94
　　一〇　红豆杉科　Taxaceae ·· 97

被子植物门　Angiospermae ·· 113

　　一　木兰科　　　Magnoliaceae ·· 131
　　二　番荔枝科　　Annonaceae ·· 183
　　三　蜡梅科　　　Calycanthaceae ·· 185
　　四　樟科　　　　Lauraceae ·· 194
　　五　金粟兰科　　Chloranthaceae ·· 257
　　六　三白草科　　Saururaceae ·· 264
　　七　胡椒科　　　Piperaceae ·· 267
　　八　马兜铃科　　Aristolochiaceae ··· 273
　　九　八角科　　　Illiciaceae ·· 287
　　一〇　五味子科　Schisandraceae ··· 292
　　一一　莲科　　　Nelumbonaceae ·· 298

一二	睡莲科	Nymphaeaceae	301
一三	莼菜科	Cabombaceae	314
一四	金鱼藻科	Ceratophyllaceae	317
一五	毛茛科	Ranunculaceae	319
一六	芍药科	Paeoniaceae	410
一七	小檗科	Berberidaceae	414
一八	大血藤科	Sargentodoxaceae	441
一九	木通科	Lardizabalaceae	443
二〇	防己科	Menispermaceae	455
二一	清风藤科	Sabiaceae	469
二二	罂粟科	Papaveraceae	486
二三	紫堇科	Fumariaceae	496
二四	连香树科	Cercidiphyllaceae	513
二五	领春木科	Eupteleaceae	515
二六	悬铃木科	Platanaceae	517
二七	金缕梅科	Hamamelidaceae	520
二八	虎皮楠科	Daphniphyllaceae	549
二九	杜仲科	Eucommiaceae	554
三〇	榆科	Ulmaceae	556
三一	大麻科	Cannabaceae	583
三二	桑科	Moraceae	587
三三	荨麻科	Urticaceae	622

中名索引 674

拉丁名索引 689

附录 708

裸子植物门 Gymnospermae

　　常绿，稀落叶；乔木，少为灌木，稀为木质藤本。茎的维管束排列成环，具形成层，次生木质部几全由管胞组成，稀具导管；韧皮部无伴胞。叶多为针形、条形或鳞形，故又称针叶树；无托叶。花单性，雌雄同株或异株；雄蕊（小孢子叶）多数，组成疏松或紧密的雄球花（小孢子叶球）；每雄蕊具1至多数花药（小孢子囊），花粉（小孢子）有气囊或无，精细胞能游动或否；雌蕊（大孢子叶，在松柏类中称珠鳞）不形成密闭的子房，无柱头，成组或成束着生，不形成雌球花，或形成雌球花（大孢子叶球）而生于花轴上，胚珠（大孢子囊）裸生，裸子植物的名称由此而来；胚珠由珠心、珠被和顶端的珠孔组成；胚珠发育后其中一个细胞（大孢子）发育形成具多数细胞的雌配子体，寄生在珠心里，雌配子体的顶端形成颈卵器，成熟的颈卵器内卵细胞受精后发育成具有2至多数子叶的胚，雌配子体的其他部分发育成围绕胚的胚乳，珠被发育成种皮，整个胚珠发育成种子。种子裸生，不形成果实，但有些种类为肉质假种皮或套被所包，形成核果状。

　　现存裸子植物有13科，78属，1070余种，广泛分布于世界各地，尤以北半球亚热带高山地区和温带至寒带地区分布最为广泛，常组成大面积森林。我国连引种有13科，51属，约393种，其中银杏科为我国特有科，银杉属、金钱松属、水杉属、侧柏属、白豆杉属等为我国特有属；浙江连引种有10科，37属，80种。

　　本志分科原则上采用郑万钧分类系统，但根据现代分类学研究资料，将杉科中的金松属 *Sciadopitys* Siebold et Zucc. 独立为金松科 Sciadopityaceae。

分科检索表

1. 叶大型，羽状深裂，集生于粗大的树干顶端或块状茎上，呈棕榈状 ⋯⋯⋯⋯⋯⋯ 一　苏铁科 Cycadaceae
1. 叶小型，形态多样，但不呈羽状深裂，也不集生于树干顶端而呈棕榈状。
　　2. 落叶乔木；叶片扇形，具2叉状叶脉 ⋯⋯⋯⋯⋯⋯⋯⋯⋯⋯⋯⋯ 二　银杏科 Ginkgoaceae
　　2. 常绿或落叶，乔木或灌木；叶形多样，但不为扇形，也不为2叉状叶脉。
　　　　3. 雌球花发育成球果；种子无肉质假种皮，常具翅。
　　　　　　4. 雌雄异株，少为同株；雄蕊有4～20枚悬垂的花药；能育苞鳞腹面仅具1种子 ⋯⋯⋯⋯⋯⋯⋯⋯⋯⋯⋯⋯⋯⋯⋯⋯⋯⋯⋯⋯⋯⋯⋯⋯⋯⋯⋯⋯⋯ 三　南洋杉科 Araucariaceae
　　　　　　4. 雌雄同株，少为异株；雄蕊有2～9花药；能育种鳞腹面具1至多粒种子。
　　　　　　　　5. 球果的种鳞与苞鳞离生；每种鳞具2种子，种子上端通常具长翅，稀无翅而种皮坚硬 ⋯⋯⋯⋯⋯⋯⋯⋯⋯⋯⋯⋯⋯⋯⋯⋯⋯⋯⋯⋯⋯⋯⋯⋯⋯ 四　松科 Pinaceae
　　　　　　　　5. 球果的种鳞与苞鳞部分合生或完全合生；每种鳞具1至多粒种子，种子两侧或周围具窄翅，稀无翅、下部具长翅或上部具2枚大小不等的翅。
　　　　　　　　　　6. 叶和种鳞均呈螺旋状排列，稀交互对生（水杉属）；叶条形、钻形或披针形，稀鳞形。

7. 叶由2枚合生而成，两面中央均有1条纵槽，常簇生于短枝顶端而呈伞状 ………………………………………………………………………………… 五　金松科 Sciadopityaceae
  7. 叶单生，两面中央无纵槽，在小枝上呈螺旋状散生，稀交互对生 ………… 六　杉科 Taxodiaceae
 6. 叶和种鳞均交互对生或轮生；叶鳞形或刺形 …………………………… 七　柏科 Cupressaceae
3. 雌球花发育成核果状或坚果状种子；种子全部、部分包于肉质或薄而干燥的假种皮中。
  8. 叶片下面有或无气孔线，但绝不构成明显的气孔带；雄蕊具2花药，花粉常有气囊；种子着生于膨大的肉质或非肉质的种托上 ……………………………………… 八　罗汉松科 Podocarpaceae
  8. 叶片下面沿中脉两侧各有1条明显的气孔带；雄蕊通常具3～9花药，花粉无气囊；种子基部无膨大的种托。
    9. 雄球花6～11个聚生成头状；雌球花具长梗；每苞腋有2胚珠；假种皮全包种子 ………………………………………………………………………………… 九　三尖杉科 Cephalotaxaceae
    9. 雄球花单生或双生于叶腋或苞腋，或组成穗状而集生于枝顶；雌球花具短梗或无梗；每苞腋仅具1胚珠；假种皮部分或全部包住种子 ……………………………… 一〇　红豆杉科 Taxaceae

一　苏铁科 Cycadaceae

常绿乔木或灌木。树干粗壮，圆柱形，稀在顶端呈2叉状分枝或块茎状。叶二型，螺旋状排列；鳞叶小，密被褐色毡毛；营养叶大型，一回羽状深裂，集生于粗大的树干顶端或块状茎上，呈棕榈状，裂片全缘、具刺或有分裂。雌雄异株；孢子叶球（球花）通常单生，顶生或腋生，直立；小孢子叶球（雄球花）由多数小孢子叶螺旋状排列于中轴上组成，小孢子叶扁平鳞状或盾状，其腹面生有多数小孢子囊，小孢子萌发时产生2或多个有多数纤毛且能游动的精子；大孢子叶球（雌球花）由多数大孢子叶螺旋状排列组成，大孢子叶形态多样，顶部不育部分羽状分裂或肥厚而呈盾状，下部狭窄或呈柄状，两侧具2~10胚珠。种子核果状，通常呈红色、橘红色、黄色或褐色，具3层种皮；胚乳丰富。

8属，约340种，分布于全球热带、亚热带地区。我国连引种有8属，160余种；浙江无野生分布，较常见栽培的有3属，3种。

分属检索表

1. 小羽片中脉显著，幼叶拳卷状展开；孢子叶球顶生，大孢子叶上部常呈羽状分裂 …… **1.苏铁属 Cycas**
1. 小羽片无中脉或不明显，幼叶卷叠式展开；孢子叶球腋生，大孢子叶先端肥厚而呈盾状。
   2. 小羽片较宽短，少于50对，基部具离层；大孢子叶先端无尖刺 …………………… **2.泽米属 Zamia**
   2. 小羽片较狭长，多于60对，基部无离层；大孢子叶先端有明显尖刺 ……… **3.大泽米属 Macrozamia**

1 苏铁属 Cycas L.

常绿乔木或灌木。树干密生宿存的木质叶柄残基，稀近光滑。羽状叶集生于干顶，呈棕榈状，营养叶一回羽状，幼叶拳卷状展开，小羽片条形或条状披针形，中脉显著，基部下延，无离层，生于叶轴基部的裂片多呈刺状。大、小孢子叶球均顶生，直立，无柄；小孢子叶球长卵圆形或锥状圆柱形，小孢子叶扁平，楔形，下面着生多数单室的花药，花药无柄，通常3~5个聚生；大孢子叶扁平，上部常呈羽状分裂。种子通常呈橘红色，外种皮肉质，中种皮木质且常具2棱，内种皮膜质。

约113种，分布于亚洲东南部、大洋洲、非洲南部。我国连引种有60余种；浙江常见栽培1种。

本省引种的还有德保苏铁 *C. debaoensis* Y.C. Zhong et C.J. Chen、攀枝花苏铁 *C. panzhihuaensis* L. Zhou et S.Y. Yang、四川苏铁 *C. szechuanensis* Cheng et L.K. Fu、篦齿苏铁 *C. pectinata* Buch.-Ham. 等，因数量极少，本志未予收录。

苏铁　铁树　（图2-1）
Cycas revoluta Thunb.

常绿乔木或灌木，高1～4m。树干圆柱形，不分枝或有分枝，基部常有吸芽，顶端密生灰黄色毡毛。羽状叶片长75～200cm；叶轴横切面四方状圆形，两侧有齿状刺；小羽片60～150对，条形，长10～20cm，厚革质，斜展，先端尖锐，边缘显著向下反卷，两面中脉均显著。小孢子叶球锥状圆柱形，长30～70cm，小孢子叶窄楔形，先端扁平，小孢子囊常3个聚生；大孢子叶长卵形，密被淡黄色绒毛，上部羽状分裂，裂片12～18对。种子橘红色，倒卵球形或卵球形，稍扁，密生灰黄色短绒毛，后渐脱落。花期6—7月，种子10月成熟，可宿存至次年3月。

原产于福建、台湾、广东。本省普遍栽培，尤以沿海地区较多，生长正常，除西北部外，均能露地正常越冬。

为优良观赏树种；髓部和种子含有淀粉，可食；种子含油，有微毒，入药有止痢、止咳和止血等功效。

图2-1　苏铁

❷ 泽米属 Zamia L.

棕榈状植物。具圆柱状的茎干或地下茎；茎干光滑或具宿存叶柄残基。营养叶一回羽状，螺旋状排列，集生于茎顶，幼叶卷叠式展开；小羽片小叶状，较宽短，少于50对，全缘或具粗齿，无中脉，具多数2叉状分叉的平行脉，基部具离层。大、小孢子叶球均腋生，呈圆柱形，通常有柄；小孢子叶先端常扁平或呈多面体，无尖刺，下面着生多数小孢子囊；大孢子叶先端肥厚而呈盾状，无尖刺，基部有2胚珠。种子近球形、长椭球形或椭球形，肉质种皮红色、黄色、橘红色或褐色。

约76种，特产于美洲热带和亚热带地区。我国引种27种；浙江栽培1种。

鳞秕泽米　美洲铁（图2-2）
Zamia furfuracea L. f. ex Aiton

常绿灌木，高15～30cm。茎干表面密布暗褐色叶柄残基。叶片偶数羽状全裂，6～30枚集生于茎顶，长50～150cm，硬革质；叶柄长15～30cm，疏生小尖刺；小羽片小叶状，6～15对，厚革质，长椭圆形，中部小羽片长8～20cm，两侧不对称，下部全缘，中上部密生钝锯齿，先端钝或急尖，无中脉，下面密被鳞秕，可见明显突起的平行脉约40条。雌雄异株；大、小孢子叶球均呈圆柱状，红褐色，有长柄。种子不规则卵状，长约1cm，宽3～5mm，成熟时肉质假种皮呈红色或粉红色。花期8—9月，种子次年3—4月成熟。

原产于墨西哥。世界各地广泛栽培。我国南方常有栽培。全省各地常盆栽。

植株低矮，形态奇特，为优良的盆栽观叶植物。

图2-2　鳞秕泽米

3 大泽米属 Macrozamia Miq.

棕榈状植物。茎干圆柱状或为地下茎，具明显的宿存叶柄残基。营养叶大型，一回羽状，螺旋状集生于茎顶，幼叶卷叠式展开；小羽片较狭长，多于60对，厚革质，坚硬，具多数平行脉，中脉不明显，基部无离层，下部的小羽片渐呈刺状。雌雄异株；大、小孢子叶球均腋生，通常呈圆柱状，具短柄；小孢子叶下面具多数小孢子囊，先端具刺；大孢子叶先端膨大成盾状，具明显尖刺，基部具2胚珠。种子近球形、长椭球形或椭球形，肉质种皮成熟时呈红色、橘红色或褐色。

约41种，特产于澳大利亚。我国引种约30种；浙江栽培1种。

摩尔大泽米　澳洲铁 （图2-3）
Macrozamia moorei F. Muell.

常绿乔木，高2~7m。茎干圆柱状，具宿存的菱形叶柄残基，呈鳞片状。一回羽状叶多数，集生于茎顶，灰绿色至深绿色；叶片长1~2.5m，拱形弯曲；小羽片60~110对，长条形，2列上折，厚革质，坚硬，稍有光泽，中脉不明显，先端锐尖，全缘，基部具乳黄色胼胝体，基部的小羽片呈刺状。雌雄异株；大、小孢子叶球均呈圆柱形，腋生；孢子叶先端或背部具刺，上部的刺较长。种子大，卵形，稍扁，长4~6cm，肉质种皮成熟时呈橘红色或红褐色。花期8—9月，种子12月至次年1月成熟。

原产于澳大利亚。全球热带、亚热带地区有栽培。福建（厦门）、广东（深圳）等地有引种。舟山、玉环等地有栽培。

为世界上较大的苏铁之一，抗风力强，但耐寒性稍差。

图2-3　摩尔大泽米

二　银杏科 Ginkgoaceae

落叶乔木。枝有长枝和短枝之分。叶片扇形，有长柄，具多数2叉状叶脉，在长枝上螺旋状散生，在短枝上簇生。球花单性，雌雄异株；球花单生于短枝顶端的叶腋内，呈簇生状；雄球花具梗，柔荑花序状，雄蕊多数，螺旋状着生，花药2室，黄绿色，药室纵裂，花粉萌发时产生2个具纤毛、能游动的精子；雌球花具长梗，先端常2叉，叉顶各有1珠座，每珠座具1直生胚珠。种子核果状，具长梗，下垂，外种皮肉质，中种皮骨质，内种皮膜质；胚乳丰富。

仅1属，1种，我国特产；浙江为目前所知的原生地之一。

银杏属　Ginkgo L.

属特征与科同。

银杏　白果树　鸭脚树　（图2-4）
Ginkgo biloba L.

落叶大乔木，高达40m。老树树皮灰褐色，深纵裂，粗糙；一年生枝淡黄褐色，二年生枝暗灰色，并有细纵裂纹；短枝密被叶痕，灰黑色；冬芽黄褐色，常卵圆形，先端钝尖。叶片扇形，有长柄，淡绿色，在一年生长枝上螺旋状散生，在短枝上3~8枚呈簇生状。雄球花4~6，柔荑花序状；雌球花具长梗，梗端常2叉。种子卵球形、倒卵形或近球形，成熟时呈黄色或橘黄色，被白粉。花期3—4月，种子9—10月成熟。

产于安吉、临安。生于海拔500~1200m的山坡、沟谷林中。世界各地广泛栽培。全国普遍有栽培，籽用、观赏品种较多。

为我国特有的中生代孑遗树种，被誉为"活化石"；为优良的园林绿化树种；种仁为优良的干果；叶、种子可药用；为珍贵的材用树种。为国家Ⅰ级重点保护野生植物。

图2-4　银杏

三　南洋杉科 Araucariaceae

　　常绿乔木。树干髓部较大，皮层具树脂。叶螺旋状着生或交互对生，基部下延生长。球花单性，雌雄异株，少为同株；雄球花圆柱形，单生或簇生，腋生或枝生，雄蕊多数，螺旋状着生，具4～20枚悬垂的丝状花药，排成内外2行，药室纵裂，花粉无气囊；雌球花单生于枝顶，由多数螺旋状排列的苞鳞组成，珠鳞不发育或与苞鳞合生，仅先端分离，腹面具1倒生胚珠。球果大，2～3年成熟；苞鳞木质或厚革质，扁平，先端有三角状或尾状尖头，或无尖头，有时苞鳞腹面中部具1枚相互合生、仅先端分离的舌状种鳞，成熟时苞鳞脱落，发育的苞鳞仅具1种子。种子与苞鳞离生或合生，扁平，无翅、两侧具翅或顶端具翅。

　　3属，41种，分布于南半球热带及亚热带地区。我国引入栽培2属，4种；浙江引种1属，3种。

南洋杉属 Araucaria Juss.

　　常绿乔木。大枝轮生或近轮生。叶片形态多样，螺旋状排列。球花单性异株，稀同株；雄球花圆柱形，单生或簇生，腋生或顶生；雌球花椭球形或近球形，单生于枝顶。球果直立，椭球形或近球形，成熟时苞鳞脱落；苞鳞宽大，木质，扁平，先端厚，中央具三角状或尾状尖头；种鳞舌状，位于苞鳞的腹面中央，下部合生。种子生于种鳞下部，扁平，无翅或两侧有与苞鳞结合而生的翅。

　　约19种，分布于南美洲、大洋洲及太平洋群岛。我国引入3种；浙江均有栽培。

　　该属植物树形尖塔状，姿态优美，为世界著名观赏树种。

分种检索表

1. 叶片较宽大，扁平，同一小枝上的叶片大小差异极大；雄球花腋生；球果较大；种子无翅 ·· **1. 大叶南洋杉 A. bidwillii**
1. 叶片较细小，不扁平或稍扁平，同一小枝上的叶片近等大；雄球花顶生；球果较小；种子有翅。
　　2. 成树侧生小枝不下垂；幼树叶片先端常刺化，有强烈刺手感 ············· **2. 南洋杉 A. cunninghamii**
　　2. 成树侧生小枝常下垂；幼树叶片先端常内弯，无刺手感 ············· **3. 柱冠南洋杉 A. columnaris**

1. 大叶南洋杉 （图2-5）
Araucaria bidwillii Hook.

常绿大乔木，在原产地高达50m。树皮暗灰褐色，呈薄条片脱落；大枝平展，树冠塔形，侧生小枝密生，下垂，小枝绿色，光滑无毛。叶片较宽大，辐射伸展，披针形或卵状披针形，扁平，坚硬，厚革质，亮绿色，无中脉，具多数平行细脉，先端有渐尖或微尖的锐尖头；同一小枝上的叶片极不等长，小枝中部的叶片远比两端的叶片长，长2.5～6.5cm，叶形也有差异，幼树及营养枝上的叶片比老树及生殖枝上的叶片长，排列较疏。雄球花单生于叶腋，圆柱形。球果大，宽椭球形或近球形，长达30cm。种子长椭球形，无翅。

原产于大洋洲沿海地区。华南、西南及福建有引种。温州市区、苍南有栽培。

图2-5　大叶南洋杉

2. 南洋杉 (图2-6)

Araucaria cunninghamii Aiton ex D. Don

常绿大乔木，在原产地高60~70m。树皮灰褐色或暗灰色，粗糙，横裂；成树树冠卵形，侧生小枝密生，不下垂。叶片较细小，同一小枝上的叶片近等大，幼树及侧生小枝上的叶片排列疏松，钻形或三角状钻形，开展，长7~17mm，先端常刺化，有强烈刺手感；大树及花果枝上的叶片排列紧密而叠盖，卵形或三角状卵形，斜上伸展，内弯，中脉隆起或不明显。雄球花单生于枝顶，圆柱形。球果卵形或椭球形，长6~10cm，直径4.5~7.5cm；苞鳞先端具长尖头。种子椭球形，坚果状，长约1.5cm，两侧具结合而生的膜质翅。

原产于大洋洲东南沿海地区。我国南方各地常有引种。温州等地偶有栽培，各地常见盆栽。

图2-6 南洋杉

3. 柱冠南洋杉 （图2-7）

Araucaria columnaris (J.R. Forst.) Hook.

常绿大乔木，在原产地高达50m。树皮暗灰色；成树树冠圆柱形，侧枝平展或下垂，排列不整齐，分层不明显，但幼株分层明显，小枝羽状排列，下垂。叶片较细小，同一小枝上的叶片近等大，幼树及侧生小枝上的叶片排列疏松，钻形，常内弯，长6～12mm，上面有白粉；大树及花果枝上的叶片排列较密，微开展，宽卵形或三角状卵形，多少内弯，长5～9mm，上面有白粉，中脉隆起或不明显，无平行细脉。雄球花单生于枝顶，圆柱形。球果近球形或椭球形，有时呈扁球形，长8～12cm，直径7～11cm；苞鳞先端具长尖头。种子椭球形，坚果状，稍扁，两侧具宽翅。

原产于澳大利亚。全球热带、亚热带地区普遍有栽培。宁波、舟山、台州、温州等沿海地区有栽培，本省其他地区多为盆栽。

形态优美，可供园林观赏或盆栽；种子可食。

本种在国内常被误定为异叶南洋杉 *A. heterophylla* (Salisb.) Franco，但异叶南洋杉的树冠为塔形，侧枝分层极明显，小枝斜上伸展，不下垂。

图2-7　柱冠南洋杉

四　松科 Pinaceae

常绿或落叶乔木，稀灌木。常具树脂。树皮呈鳞片状开裂。叶片条形或针形，少为四棱柱形或条状披针形，在长枝上螺旋状散生，在侧枝上基部扭转排成2列，在短枝上簇生，或成束着生于极度退化的不育短枝上。雌雄同株；雄球花腋生或单生于枝顶，或多数集生于短枝顶端，有多数螺旋状排列的雄蕊，每雄蕊有2花药；雌球花有多数螺旋状排列的珠鳞，珠鳞腹面有2倒生胚珠，背面具1枚与其分离的苞鳞。球果直立或下垂，当年或次年成熟，稀第三年成熟，成熟时种鳞多张开；种鳞扁平，木质或革质，脱落或宿存；苞鳞与种鳞离生；每种鳞具2种子。种子上端通常有1膜质长翅，稀无翅而种皮坚硬。

10属，约252种，多分布于北半球。我国连引种有10属，108种，分布几遍全国；浙江连引种有9属，29种。

本科树种多为高大乔木，是山地丘陵重要的造林树种；有的可供采脂，提炼松香和松节油；有的可供材用或作纸张及人造纤维的原料；有的树种种子可食用或药用；不少种类是优良的园林绿化树种或盆景材料。

分属检索表

1. 叶片条形、条状披针形、针形或四棱柱形，螺旋状着生或在短枝上簇生，不成束，基部无叶鞘；种鳞宿存或脱落，无鳞盾及鳞脐结构。
    2. 常绿；仅具长枝，无短枝；球果当年成熟。
        3. 小枝无木钉状叶枕；叶片条形或条状披针形，通常仅在下面有气孔带。
            4. 叶片上面中脉隆起；雄球花4~8个簇生于枝顶或叶腋 ················· **1. 油杉属 Keteleeria**
            4. 叶片上面中脉凹下；雄球花单生于叶腋。
                5. 大枝轮生，小枝对生；球果着生于叶腋，直立，成熟时或干后种鳞自宿存的中轴上脱落 ··· **2. 冷杉属 Abies**
                5. 大枝及小枝均不规则互生；球果着生于枝顶，下垂或直立，成熟后种鳞宿存。
                    6. 叶柄直；球果较大，苞鳞伸出种鳞之外，先端3裂 ················· **3. 黄杉属 Pseudotsuga**
                    6. 叶柄膝曲状；球果较小，苞鳞不露出，或露出但先端不裂 ················· **4. 铁杉属 Tsuga**
        3. 小枝有木钉状叶枕；叶片四棱柱形或近条形，四面有气孔线或仅上面有气孔带 ··· **5. 云杉属 Picea**
    2. 落叶或常绿；枝有长枝和短枝之分；球果当年或次年成熟。
        7. 落叶；叶片条形，扁平，柔软；球果当年成熟。
            8. 雄球花单生于短枝顶端；种鳞革质，成熟或干后宿存 ················· **6. 落叶松属 Larix**
            8. 雄球花簇生于短枝顶端；种鳞木质，成熟或干后脱落 ················· **7. 金钱松属 Pseudolarix**
        7. 常绿；叶片针形，具3或4棱，坚硬；球果次年或第三年成熟 ················· **8. 雪松属 Cedrus**
1. 叶片针形，常2、3、5针成1束，基部具宿存或脱落的叶鞘；种鳞宿存，背部上方具鳞盾及鳞脐结构 ··· **9. 松属 Pinus**

四 松科 Pinaceae

1 油杉属 Keteleeria Carr.

常绿乔木。仅具长枝，无短枝；小枝具近圆形或卵形的叶痕。叶片条形或条状披针形，扁平，在小枝上螺旋状着生，排成2列，上面中脉隆起，下面有2条气孔带。雄球花4～8个簇生于侧枝顶端或叶腋；雌球花单生于侧枝顶端。球果大，直立，当年成熟；种鳞木质，宿存；苞鳞果时通常不外露。种子较大，三角状卵形，具宽大的厚膜质种翅，种子连翅与种鳞等长。

约5种，主要分布于我国。越南、老挝也有。我国有5种，分布于秦岭以南、雅砻江以东及台湾、海南；浙江有3种。

分种检索表

1. 叶在侧枝上排成上下交错而不太规整的2列；种鳞上部边缘向外反曲。
    2. 叶片较狭长，长2～7cm，宽2～3mm；雌球花的苞鳞先端具不明显的3裂 ··· **1. 云南油杉 K. evelyniana**
    2. 叶片较宽短，长2～5cm，宽3～4mm；雌球花的苞鳞先端明显3裂 ·········· **2. 铁坚油杉 K. davidiana**
1. 叶在侧枝上排成较为规整的2列；种鳞上部边缘向内反曲 ······ **3. 江南油杉 K. fortunei var. cyclolepis**

1. 云南油杉（图2-8）
Keteleeria evelyniana Mast.

常绿乔木，高可达40 m。树皮粗糙，暗灰褐色，不规则深纵裂，呈块状脱落；一年生枝通常有毛，二年生、三年生枝无毛，呈灰褐色、黄褐色或褐色，枝皮裂成薄片。叶片条形，在侧枝上排成上下交错而不太规整的2列，长2～7cm，宽2～3mm，先端通常有微突起的钝尖头（幼树或萌生枝上的叶有刺状长尖头），基部楔形，有短柄，上面亮绿色，中脉隆起，两侧常各有2～5条气孔线，稀无气孔线，下面沿中脉两侧各有14～19条气孔线。雌球花的苞鳞上部近圆形，先端具不明显的3裂。球果圆柱形，长9～20cm，直径4～6.5cm；中部种

图2-8 云南油杉

鳞卵状斜方形,长3~4cm,宽2.5~3cm,先端边缘向外反曲。种翅中下部较宽,上部渐窄。花期4—5月,种子10月成熟。

原产于云南、贵州、四川。我国特有。杭州市区(杭州植物园)有引种。

木材可作建筑、家具等用材。

2. 铁坚油杉 (图2-9)

Keteleeria davidiana (Bertr.) Beissn.

常绿乔木,高可达50m。树皮黑褐色或灰色,纵裂;一年生枝淡黄色至黄色,二年生、三年生枝呈淡黄灰色或灰色,枝皮常开裂。叶片条形,在侧枝上排成上下交错而不太规整的2列,长2~5cm,宽3~4mm,先端钝或微尖,基部楔形,有短柄,上面亮绿色,中脉隆起,几无气孔线,下面沿中脉两侧各有10~16条气孔线,微有白粉。雌球花的苞鳞先端明显3裂。球果圆柱形,长

图2-9 铁坚油杉

8～21cm，直径3.5～6cm；中部种鳞卵形或斜方状宽卵形，长2.5～3cm，宽约2.5cm，先端圆，边缘向外反曲。种翅中下部或中部较宽，上部较窄。花期3—4月，种子10—11月成熟。

原产于西南及湖北、湖南、台湾、广西、陕西、甘肃。本省园林中均有栽培。

木材可作建筑、家具等用材。

3. 江南油杉　浙江油杉（变种）（图2-10）

Keteleeria fortunei (A. Murray bis) Carr. var. **cyclolepis** (Flous) Silba — *K. chekiangensis* Cheng et L.K. Fu, nom. nud. — *K. cyclolepis* Flous

常绿乔木，高达25m。树皮灰褐色，不规则纵裂；一年生枝黄褐色，有褐色短柔毛，二年生、三年生枝无毛。叶片条形，在侧枝上排成较为规整的2列，长2～5cm，宽2～4mm，先端钝圆、微凹或具微突尖，边缘微反卷，上面亮绿色，中脉隆起，无气孔线，下面淡黄绿色，沿中脉两侧各有10～20条气孔线，微具白粉；幼树及萌生枝密生柔毛，叶片较长而宽，先端刺状渐尖。球果圆柱形或椭球状圆柱形，长7～15cm，直径3.5～6cm；中部种鳞斜方形或斜方状圆形，长与宽近相等，先端近圆形且边缘微向内反曲；苞鳞先端3裂，中裂片狭长，先端渐尖，边缘有细锯齿。种翅中部或中下部较宽。花期4月，种子10月成熟。

产于丽水、温州及武义。生于海拔1000m以下的山坡针阔叶混交林中；全省各地常有栽培。分布于江西、福建、湖南、广东、广西、贵州、云南。

树形高大雄伟，为优良的山地造林及园林景观树种；木材坚实耐用，可作建筑、家具等用材。为浙江省重点保护野生植物。

图2-10　江南油杉

❷ 冷杉属 Abies Mill.

常绿乔木。仅具长枝，无短枝；大枝轮生，小枝对生，具圆形叶痕；顶芽常3枚并列，芽鳞宿存。叶片条形，扁平，长短不一，在小枝上螺旋状着生，排成近2列，中脉在上面通常凹下，在下面隆起，具2条白色气孔带；叶柄基部膨大。雄球花及雌球花（球果）均单生于叶腋。球果当年成熟，卵状圆柱形或短圆柱形，直立；种鳞木质，成熟时或干后自宿存的中轴上脱落。种子卵形，上部具宽大的膜质种翅。

50余种，主要分布于亚洲、欧洲、北美洲的高山地带。我国有22种，分布于东北、华北、西北、西南及浙江、台湾各地的高海拔山地；浙江有2种。

1. 日本冷杉 （图2-11）
Abies firma Siebold et Zucc.

常绿乔木，在原产地高达50m。树皮暗灰色或暗灰黑色；大枝轮生，平展，小枝对生，淡灰黄色；冬芽卵圆形。叶片直或微弯，长1.5～3.5cm，宽3～4mm，先端微凹，幼树及萌生枝上的叶先端呈刺状2叉，下面有2条灰白色气孔带，树脂道4。球果圆柱形，

图2-11 日本冷杉

长12～15cm，基部稍宽，成熟时呈黄褐色或灰褐色，种鳞离轴散落；中部种鳞扇状方形，宽大于长；苞鳞比种鳞长，明显外露，上部呈三角状，直伸或微开展，先端有急尖头。种翅楔状长方形，比种子长。花期3—4月，球果10—11月成熟。

原产于日本。引入我国已约百年，全国多数地区广泛栽培。全省各地普遍有栽培，多作为山地造林或园林景观树种。

树形端庄，为优良的观赏树种；材质轻软，可作家具、造纸和建筑用材。

2. 百山祖冷杉 （图2-12）
Abies beshanzuensis M.H. Wu

常绿乔木，高达18m。树皮棕灰色，呈不规则块状开裂；大枝平展，小枝对生；一年生枝淡黄色或灰黄色；冬芽卵圆形。叶片条形，排成2列，在小枝上侧的叶辐射伸展而呈不规则状，小枝下侧的叶较整齐且长，长1～4.5cm，宽约3mm，先端有凹缺，幼树及萌生枝上的叶先端呈刺状2叉，下面有2条银白色气孔带，树脂道2。雄球花下垂；雌球花圆柱形，直立。球果直立，圆柱形，长7～12cm，直径约4cm，有短梗，成熟时呈淡褐色或淡黄褐色；种鳞扇状四边形，两侧耳状，边缘有不规则细锯齿；苞鳞比种鳞短，上部圆，先端微露出，具突出的短刺状尖头。种子倒三角状卵形，长约1cm，有宽翅。花期5月，球果11月成熟。

为浙江特有种，仅产于庆元。散生于百山祖南坡海拔1700m左右的沟谷阔叶林中。模式标本采自庆元（百山祖）。

为我国东南沿海唯一残存至今的冷杉属植物，现仅存4株野生大树。为国家Ⅰ级重点保护野生植物。

图2-12　百山祖冷杉

与日本冷杉的区别在于后者叶片下面气孔带为灰白色，树脂道通常4；苞鳞比种鳞长，明显外露，呈三角形，直伸或微开展。

③ 黄杉属 Pseudotsuga Carr.

常绿乔木。仅有长枝，无短枝；小枝不规则互生，具微隆起的叶枕；芽鳞脱落或少数宿存。叶片条形，扁平，先端微凹，在小枝上螺旋状着生，排成2列，长短较均一，上面中脉下陷，树脂道2，下面有气孔带；叶柄直。雄球花圆柱形，单生于叶腋；雌球花（球果）单生于侧枝顶端。球果当年成熟，较大，卵圆形，下垂，有柄；种鳞木质，蚌壳状，宿存；苞鳞伸出种鳞之外，直伸或向外反曲，先端3裂，中裂片狭长渐尖，侧裂片较短。种翅先端圆或钝尖。

6种，分布于东亚、北美洲。我国连引种有5种；浙江有1种。

黄杉　华东黄杉 （图2-13）
Pseudotsuga sinensis Dode — *P. gaussenii* Flous

常绿乔木，高达50m。树皮深灰色，纵裂；一年生小枝淡灰黄色，有毛。叶片条形，长1.5～3cm，宽约2mm，先端钝圆而微凹，基部宽楔形，上面深绿色，有光泽，下面有2条白色气孔带。球果卵球形或椭圆状卵球形，成熟时微被白粉，长3.5～8cm，直径2～4.5cm；中部种鳞近扇形或扇状斜方形，

图2-13　黄杉

长2.5～3cm，宽3～5cm，先端宽圆，基部宽楔形，两侧有凹缺；苞鳞露出部分向外反曲，先端3裂。种子三角状卵圆形，微扁，上面密生褐色短毛，种翅比种子长或与种子近等长，先端圆。花期4月，球果10—11月成熟。

产于丽水及临安、淳安、文成、泰顺等地。生于海拔500～1000m的山地林中。分布于华东、西南及湖北、湖南、台湾、陕西。

木材坚韧，可作建筑、桥梁、家具等用材；树姿雄伟，树干通直，可作园林景观树。为国家Ⅱ级重点保护野生植物。

4 铁杉属 Tsuga Carr.

常绿乔木。仅具长枝，无短枝；小枝不规则互生，纤细，有稍隆起的叶枕；芽鳞宿存。叶片条形，扁平，先端具凹缺或锐尖，在小枝上螺旋状着生，通常排成2列，中脉在上面下陷，在下面隆起，有2条白色或灰绿色气孔带，有时上面也有气孔线，树脂道1，生于维管束鞘下方；叶柄膝曲状。雄球花单生于叶腋；雌球花（球果）单生于去年生侧枝顶端。球果当年成熟，较小，直立或下垂；种鳞木质，宿存；苞鳞短小，不露出，或露出但先端不裂。种子上端有翅。

约10种，分布于东亚、北美洲。我国有4种，产于秦岭及长江流域以南各地，东至台湾；浙江有2种。

1. 长苞铁杉 贵州杉 （图2-14）
Tsuga longibracteata Cheng

常绿乔木，高达30m。树皮暗褐色，纵裂；一年生小枝淡黄褐色，光滑无毛；冬芽卵圆形，先端尖，无毛，无树脂，基部芽鳞的背部具纵脊。叶片条形，直，长短相对一致，辐射伸展，长1.1～3.5cm，宽1～2.5mm，先端尖，中脉在上面平或下部微凹，在下面隆起，沿脊有凹槽，下面有2条白色气孔带，上面有气孔线；叶柄膝曲状。球果直立，圆柱形，长2～5.8cm，直径1.2～2.5cm；中部种鳞近斜方形，长0.9～2.2cm，宽1.2～2.5cm，先端宽圆，基部两边耳形；苞鳞外露，长匙形，上部宽，边缘有细齿，先端尖。种子三角状扁卵圆形，长4～8mm，下面散生淡褐色油点，种翅比种子长，先端宽圆。花期3月下旬至4月中旬，球果10月成熟。

原产于福建、湖南、广东、广西、贵州。杭州市区（杭州植物园）有栽培，生长良好。

木材可作建筑、家具、船舶、桩木、板材及木纤维工业等用材；枝皮可提制栲胶。

图2-14 长苞铁杉

2. 铁杉 南方铁杉 浙江铁杉（图2-15）
Tsuga chinensis (Franch.) Pritz. —— *T. chinensis* var. *tchekiangensis* (Flous) Cheng et L.K. Fu —— *T. tchekiangensis* Flous

常绿乔木，高达50m。树皮暗深灰色，纵裂；一年生枝淡黄褐色，有毛，稍下垂；冬芽卵圆形或圆球形。叶片条形，排成2列，长短极度不一，长0.5～2.7cm，宽2～3mm，先端钝圆，具凹缺，中脉在上面下陷，下面具2条灰绿色气孔带；叶柄膝曲状。球果下垂，卵球形或长卵球形，长1～4cm，具短梗；中部种鳞圆楔形、近圆形或近方形，长1～1.2cm，先端圆形或近截形，微向内弯曲；苞鳞内藏，倒三角状楔形或斜方形，先端2裂。种子连翅短于种鳞。花期4月，球果10月成熟。

产于临安、淳安、仙居、缙云、遂昌、松阳、龙泉、庆元。生于海拔800m以上的山地林中。分布于华东、华中、华南、西南及陕西、甘肃。

木材结构细而均匀，可作建筑、飞机、舟车、家具等用材；树干可割取树脂，树皮含鞣质，可提制栲胶。

与长苞铁杉的区别在于后者的一年生小枝无毛；叶片长短差异较小，在小枝上辐射伸展，先端尖，无凹缺；球果圆柱形，直立，苞鳞外露，先端尖。

四 松科 Pinaceae   21

图 2-15　铁杉

5 云杉属 Picea A. Dietr.

常绿乔木。仅具长枝，无短枝；小枝具木钉状叶枕。叶片四棱柱形或近条形，通常坚硬，在小枝上螺旋状着生，通常不排成2列，横切面菱形或近扁平，四面有气孔线或仅上面有气孔带，树脂道常2，边生。雄球花单生于叶腋，稀单生于枝顶；雌球花单生于枝顶。球果下垂，当年成熟；种鳞木质或薄革质，宿存；苞鳞短小，不露出。种子倒卵形或卵圆形，具膜质长翅。

约35种，分布于亚洲、欧洲、北美洲。我国有16种，分布于东北、华北、西北、西南及台湾的高山地带，另引入2种；浙江不产本属树种，引入栽培4种。

分种检索表

1. 叶片四棱柱形，横切面菱形，四面有气孔线。
　　2. 一年生枝被疏或密的短柔毛 ·· 1.云杉 P. asperata
　　2. 一年生枝无毛或近无毛。
　　　　3. 冬芽先端尖，上部芽鳞先端常向外反曲；球果较短，长5～8cm；种子较小，长约4mm············
　　　　·· 2.红皮云杉 P. koraiensis

3. 冬芽先端钝，上部芽鳞先端不反曲；球果较长，长7.5~12.5cm；种子较大，长6~8mm ·· 3. 日本云杉 P. torano

1. 叶片条形，近扁平，上面有2条白色气孔带，下面无气孔线 ···················· 4. 鱼鳞云杉 P. jezoensis

1. 云杉 粗枝云杉 （图2-16）

Picea asperata Mast.

乔木，在原产地高达45m。树皮灰褐色或淡灰褐色，裂成不规则鳞片状剥落；一年生枝淡黄褐色或淡红褐色，被疏或密的短柔毛；冬芽圆锥形，有树脂，基部膨大，上部芽鳞先端微反曲或不反曲。叶片四棱柱形，坚硬，长1~2cm，微弯曲，先端微尖或急尖，横切面菱形，四面有气孔线。球果长圆状圆柱形或圆柱形，长5~16cm，直径2.5~3.5cm，成熟时呈淡褐色或栗褐色；中部种鳞倒卵形，长约2cm，宽约1.5cm；苞鳞三角状匙形，长约5mm。种子倒卵形，长约4mm，种翅淡褐色，倒卵状长圆形，种子连翅长约1.5cm。花期4—5月，球果9—10月成熟。

原产于四川、陕西、宁夏、甘肃、青海。杭州市区（杭州植物园）、临安（西天目山）、景宁（草鱼塘）等地有栽培。

树形优美，可供庭园观赏或制作盆景。

图2-16 云杉

2. 红皮云杉 （图2-17）
Picea koraiensis Nakai

乔木，在原产地高达30m。树皮灰褐色或淡红褐色，稀灰色，裂成不规则薄条片剥落，裂缝处常呈红褐色；一年生枝黄色、淡黄褐色或淡红褐色，无毛或几无毛；冬芽圆锥形，先端尖，淡黄褐色或淡红褐色，上部芽鳞先端常向外反曲。叶片四棱柱形，坚硬，长1.2～2.2cm，先端急尖，横切面菱形，四面有气孔线。球果卵状圆柱形或长卵状圆柱形，成熟时呈绿黄褐色至褐色，长5～8cm，直径2.5～3.5cm；中部种鳞倒卵形或三角状倒卵形，长1.5～1.9cm，宽1.2～1.5cm，先端圆形或钝三角形，基部宽楔形，鳞背露出部分微有光泽，平滑，无明显的条纹；苞鳞条状，长约5mm，边缘有极细的小缺齿。种子倒卵形，长约4mm，种翅淡褐色，倒卵状长圆形，先端圆，种子连翅长1.3～1.6cm。花期5—6月，球果9—10月成熟。

原产于我国东北。俄罗斯远东地区、朝鲜北部也有。杭州市区（杭州植物园）、临安（西天目山）等地有栽培。

木材可作建筑、电杆、船舶、家具、木纤维工业、细木工等用材；树干可割取树脂；树皮及球果的种鳞均含鞣质，可提制栲胶；在本省可作高海拔地区造林树种。

图2-17　红皮云杉

3. 日本云杉（图2-18）

Picea torano (Siebold ex K. Koch) Koehne

乔木，在原产地高达40m。树皮粗糙，淡灰色，浅裂成不规则的小块片，裂缝处常呈灰褐色；一年生枝粗壮，淡黄色或淡黄褐色，无毛；冬芽长卵形或卵状圆锥形，深褐色，先端钝，长6～10mm，芽鳞排列紧密，先端不反曲。叶片四棱柱形，长1.5～2cm，坚硬，先端锐尖，横切面菱形，四面有气孔线。球果长卵圆形、卵圆形或柱状椭球形，无梗，成熟时呈淡红褐色，长7.5～12.5cm，直径约3.5cm；种鳞近圆形或倒卵圆形，上端圆，有微缺齿，下部宽楔形；苞鳞短小。种子长6～8mm，连翅长约2cm。花期5—6月，球果9—10月成熟。

原产于日本。河北、山东等地有引种。杭州市区、临安（西天目山）、宁波市区、余姚（四明山）、奉化（溪口）、东阳（东白山）、景宁（草鱼塘）等地有栽培。

树形优美，可供园林观赏。

图2-18　日本云杉

4. 鱼鳞云杉 （图2-19）

Picea jezoensis (Siebold et Zucc.) Carr.

乔木，在原产地高可达50m。树皮灰色，裂成鳞状块片；一年生枝褐色或淡黄褐色，无毛或疏生短毛；冬芽圆锥形，淡褐色，几无树脂，芽鳞排列较疏松，通常向外开展或微反曲，小枝基部宿存芽鳞的先端反卷或开展。叶片条形，近扁平，常微弯，稍坚硬，长1~2cm，宽1.5~2mm，上面有2条白色气孔带，下面亮绿色，无气孔线。球果长圆状圆柱形或长卵圆形，成熟时呈褐色或淡黄褐色，长3~7cm，直径2~3.5cm；种鳞薄，排列疏松；中部种鳞卵状椭圆形或菱状椭圆形，中部较宽，先端近截形或圆形，边缘有不规则细缺齿；苞鳞长约3mm。花期5—6月，球果9—10月成熟。

原产于黑龙江、吉林、内蒙古。俄罗斯远东地区、日本、朝鲜半岛也有。杭州市区（杭州植物园）、临安（西天目山）、奉化（溪口）等地有栽培。

木材可作建筑、飞机、桥梁、舟车、家具及木纤维工业等用材；树皮可提制栲胶；树干可割取松脂；叶可提取芳香油；树形优美，可供园林观赏。

图2-19 鱼鳞云杉

6 落叶松属 Larix Mill.

落叶乔木。枝有长枝和短枝之分。叶片条形，扁平，柔软，在长枝上螺旋状散生，在短枝上簇生。雌、雄球花均单生于短枝顶端；雄球花具多数雄蕊；雌球花直立。球果直立，具短梗，当年成熟，成熟时种鳞张开；种鳞革质，宿存。种子上部有膜质长翅。

约20种，分布于北半球的亚洲、欧洲、北美洲的高海拔山地。我国有11种，分布于东北、华北、西北、西南；浙江引种3种。

分种检索表

1. 一年生枝无白粉；球果具16～50种鳞，种鳞先端通常不反曲；种子连翅长9～12mm。
 2. 小枝仅幼时有毛；叶片较长，长2～3.5cm；种鳞25～50，中部者长大于宽，背面光滑；种子连翅长1～1.2cm ·· **1. 华北落叶松 L. principis-rupprechtii**
 2. 小枝常有毛；叶片较短，长1.5～2.5cm；种鳞16～40，中部者长与宽近相等，背面有细小瘤突；种子连翅长约9mm ·· **2. 黄花落叶松 L. olgensis**
1. 一年生枝有白粉；球果具46～65种鳞，种鳞先端显著向外反曲；种子连翅长11～14mm ················ **3. 日本落叶松 L. kaempferi**

1. 华北落叶松 （图2-20）

Larix principis-rupprechtii Mayr — *L. gmelinii* (Rupr.) Kuzen. var. *principis-rupprechtii* (Mayr) Pilg.

乔木，在原产地高达30m。枝条平展；一年生长枝淡褐色或淡黄褐色，无白粉，幼时有毛，后渐脱落；冬芽圆球形或卵圆形，暗褐色或红褐色，基部芽鳞先端长尖，边缘具睫毛。叶片窄条形，长

图2-20 华北落叶松

2～3.5cm，宽约1mm，先端尖或微钝。球果长卵圆形或卵圆形，长2～4cm，直径约2cm；种鳞25～50，先端不反曲，下面光滑无毛；中部种鳞近五角状卵形，长1.2～1.5cm，宽0.8～1cm，长明显大于宽，边缘具不规则细齿，先端不反曲，背面光滑；苞鳞暗紫色，仅球果基部的苞鳞先端露出。种子斜倒卵状椭圆形，灰白色，具不规则的褐色斑纹，长3～4mm，种翅上部三角状，种子连翅长1～1.2cm。花期4—5月，球果10月成熟。

原产于河北、山西、河南。建德（建德林场）、余姚（四明山）、景宁（草鱼塘）等地有引种栽培。

材质坚韧，结构致密，纹理直，含树脂，耐久用，可作建筑、桥梁、车辆、家具用材。

2. 黄花落叶松　长白落叶松　（图2-21）
Larix olgensis A. Henry

乔木，在原产地高达30m。树皮灰色、暗灰色或灰褐色，纵裂成长鳞片状，易剥落，剥落后呈酱紫红色；大枝平展或斜展，树冠塔形；一年生长枝淡褐色或淡红褐色，无白粉，微有光泽，密被毛，有时仅小枝下部有毛；冬芽淡紫褐色，顶芽卵圆形，芽鳞边缘具睫毛，基部芽鳞先端有长尖头。叶片倒披针状条形，长1.5～2.5cm，宽约1mm，先端钝或微尖。球果长卵圆形，通常长1.5～2.6cm，稀达4.6cm，直径1～2cm；种鳞16～40，先端不反曲，背面有或密或疏的细小瘤突，间或在近中部杂有短毛，稀近于光滑；中部种鳞常呈四方状宽卵形或近方圆形，长0.9～1.2cm，宽约1cm，长与宽近相等，先端不反曲；苞鳞不露出。种子近倒卵形，淡黄白色或白色，具不规则的紫色斑纹，长3～4mm，种翅先端钝尖，中部或中下部较宽，种子连翅长约9mm。花期5月，球果9—10月成熟。

图2-21　黄花落叶松

原产于吉林、辽宁。俄罗斯远东地区、朝鲜北部也有。临安（西天目山）、景宁（草鱼塘）等地有栽培。

用途同华北落叶松。

3. 日本落叶松 （图2-22）
Larix kaempferi (Lamb.) Carr.

乔木，在原产地高达30m。树皮暗褐色，纵裂，粗糙，呈鳞片状脱落；大枝平展，树冠塔形；幼枝有淡褐色柔毛，后渐脱落；一年生长枝淡黄色或淡红褐色，有白粉，二年生、三年生枝灰褐色或黑褐色；短枝较粗壮；冬芽紫褐色，顶芽近球形，基部芽鳞三角形，先端具长尖头，边缘有睫毛。叶片倒披针状条形，长1.5~3.5cm，宽1~2mm，先端微尖或钝。雄球花淡黄褐色，卵圆形，长6~8mm，直径约5mm；雌球花紫红色，苞鳞反曲，有白粉，先端3裂，中裂片急尖。球果卵圆形或圆柱状卵形，成熟时呈黄褐色，长2~3.5cm，直径1.8~2.8cm；种鳞46~65，上部边缘波状，先端显著向外反曲，下面具褐色瘤状突起和短粗毛；中部种鳞卵状长圆形或卵方形，长1.2~1.5cm，宽约1cm，长大于宽；苞鳞不露出。种子倒卵圆形，长3~4mm，种翅上部三角状，中部较宽，种子连翅长1.1~1.4cm。花期4—5月，球果10月成熟。

原产于日本。东北、华北及河南、湖北、江西、四川等地有引种。杭州市区（杭州植物园）、仙居（萍溪林场）、景宁（草鱼塘）等地有栽培。

用途同华北落叶松。

图2-22 日本落叶松

7 金钱松属 Pseudolarix Gord.

落叶乔木。枝有长枝和短枝之分。叶片条形,扁平,柔软,在长枝上螺旋状散生,在短枝上簇生,脱落后有密集成环节状的叶枕。雄球花簇生于短枝顶端;雌球花单生于短枝顶端。球果当年成熟;种鳞木质,成熟或干后离轴脱落;苞鳞小,不露出。种子上端有宽大的翅。

1种,我国特有,分布于华东、华中及四川;浙江主产。

金钱松(图2-23)

Pseudolarix amabilis (J. Nelson) Rehder — *P. kaempferi* Gord. — *P. fortunei* May

落叶乔木,高达58m。树干通直,树皮粗糙,灰褐色,裂成不规则的鳞片状块片;大枝平展,树冠宽塔形;一年生长枝淡红褐色,无毛,有光泽。叶片条形,柔软,镰状或直,上部稍宽,长2~5.5cm,宽1.5~4mm,先端锐尖或尖,下面中脉明显,每边有5~14条气孔线,气孔带较中脉带宽或近等宽;长枝上的叶辐射伸展,散生,短枝上的叶簇生,平展成圆盘形,秋后叶呈金黄色。雄球花多数,黄色,圆柱状,下垂,长5~8mm;雌球花紫红色,直立,椭球形,长约1.3cm。球果卵圆形,长6~7.5cm,成熟时呈淡红褐色,有短梗;中部种鳞卵状披针形,两侧耳状,先端钝且有凹缺。种子卵圆形,白色,长约6mm,种翅三角状披针形,淡黄褐色。花期4月,球果10月成熟。

产于湖州、杭州、绍兴、宁波及天台。多散生于海拔600m以上的落叶林中;全省各地普遍有栽培。分布于华东、华中及四川。模式标本采自英国栽培植株,其种源由R. Fortune于1853—1855年间引自宁波。

树姿优美,秋后叶色金黄,颇为美观,为世界著名五大庭园观赏树种之一;为优良材用树种;树皮、根皮可药用。为国家Ⅱ级重点保护野生植物。

图2-23 金钱松

8 雪松属 Cedrus Trew

常绿乔木。枝有长枝和短枝之分。叶片针形，具3或4棱，不成束，坚硬，在长枝上螺旋状散生，在短枝上簇生。雌雄同株，稀异株，球花单生于短枝顶端，直立。球果次年或第三年成熟；种鳞木质，扇状倒三角形，成熟或干后自中轴脱落；苞鳞短小，不露出。种子具宽大的膜质翅。

4种，分布于亚洲西南部、喜马拉雅山脉西部、非洲西北部。我国连引种有2种；浙江栽培1种。

雪松（图2-24）
Cedrus deodara (Roxb. ex D. Don) G. Don

常绿乔木，在原产地高达50m。树皮灰褐色或深灰色，裂成不规则的鳞状块片；大枝平展或微下垂，基部宿存芽鳞向外反曲；小枝常下垂；一年生长枝淡灰黄色，密生短柔毛，略有白粉，二年生、三年生枝灰色或灰褐色。叶片针形，坚硬，深绿色，在长枝上散生，辐射伸展，在短枝上簇生，长2.5～5cm，宽1～1.5mm，常呈三棱形，幼时有白粉，背、腹面各有数条气孔线。球果卵状椭球形，有短梗；种鳞宽倒三角形，下面密被锈色绒毛，成熟时离轴脱落；苞鳞短小。种子上端具倒三角形种翅，翅比种子长，种子连翅长2～4cm。花期9—12月，球果次年9—12月成熟。

图2-24　雪松

原产于西藏西南部。南亚、西亚也有。全世界普遍栽培。全省各地常见栽培。为世界著名五大庭园观赏树种之一。

嘉善、海宁等地尚栽培1品种垂枝雪松'Pendula'（图2-25），枝条下垂。

图2-25　垂枝雪松

松属 Pinus L.

常绿乔木。冬芽发达，芽鳞多数。叶片二型；鳞叶（原生叶）膜质，基部下延或不下延，褐色（幼苗时绿色）；针叶（次生叶）常2、3、5针成1束，绿色，基部具宿存或早落的叶鞘，叶内具1或2条维管束，树脂道2至多个，中生、边生或内生。雄球花聚生于新枝下部；雌球花单生或数个生于新枝近顶端。球果次年成熟；种鳞宿存，成熟时张开，稀不张开，背部上方具鳞盾及鳞脐等结构。种子具长翅或短翅，种皮薄，稀无翅而种皮坚硬。

约110种，分布于亚洲、欧洲、北美洲、非洲北部。我国连引种有39种；浙江连引种有12种。

分种检索表

1. 叶鞘早落；针叶基部的鳞叶不下延，针叶内具1条维管束；鳞脐顶生（白皮松背生）。
　　2. 老树树皮鳞块状开裂；叶5针1束；鳞脐顶生，无尖刺。
　　　　3. 一年生枝光滑无毛；针叶长8～20cm，树脂道3；球果较大，长10～25cm。
　　　　　　4. 针叶不下垂；种子大，长1～1.5cm，无翅，种皮厚而坚硬 ················1. 华山松 P. armandii
　　　　　　4. 针叶细柔下垂；种子小，长7～8mm，具长2～3cm的翅，种皮薄而柔软 ··2. 乔松 P. wallichiana

3. 一年生枝密被毛；针叶长3.5～5.5cm，树脂道2；球果较小，长4～7.5cm·············· 3.日本五针松 **P. parviflora**

2. 老树树皮薄片状剥落，内皮灰白色；叶3针1束；鳞脐背生，有尖刺·········· 4.白皮松 **P. bungeana**

1. 叶鞘宿存；针叶基部的鳞叶下延，针叶内具2条维管束；鳞脐背生。

5. 叶2针1束。

6. 针叶细柔，树脂道边生；鳞盾扁平或微隆起，鳞脐通常无刺·············· 5.马尾松 **P. massoniana**

6. 针叶粗硬，树脂道中生；鳞盾隆起，鳞脐有尖刺。

7. 针叶长（2.5）6～12cm，不扭曲，横切面半圆形，树脂道（3）4～11；鳞脐具短尖刺。

8. 冬芽栗褐色；分布于海拔700m以上山地；本土树种·············· 6.黄山松 **P. taiwanensis**

8. 冬芽银白色；多见于低海拔的沿海地带；外来树种·············· 7.黑松 **P. thunbergii**

7. 针叶长4～8cm，常扭曲，横切面扁半圆形，树脂道2或3；鳞脐具下弯的长尖刺·············· 8.矮松 **P. virginiana**

5. 叶3针1束，或2针、3针1束并存。

9. 针叶长20～45cm；冬芽银白色；球果长15～25cm·············· 9.长叶松 **P. palustris**

9. 针叶长不逾30cm；冬芽红褐色；球果长不达15cm。

10. 球果较大，长6.5～15cm，成熟时种鳞张开；树干上无不定芽及针叶。

11. 小枝红褐色，无白粉；叶通常3针1束；叶鞘长约2.5cm·············· 10.火炬松 **P. taeda**

11. 小枝灰褐色，有白粉；叶2针、3针1束并存；叶鞘长约1.2cm·············· 11.湿地松 **P. elliottii**

10. 球果较小，长5～9cm，成熟时种鳞不张开；树干上常簇生有不定芽及针叶·············· 12.晚松 **P. serotina**

1. 华山松（图2-26）
Pinus armandii Franch.

乔木，在原产地高达35m。树皮灰色，长方形或方形鳞块状开裂；一年生枝绿色或灰绿色，光滑无毛，微被白粉。叶5针1束，长8～16cm，直径1～1.5mm，不下垂，边缘有细锯齿，仅腹面两侧各具4～8条白色气孔线，维管束1，树脂道3，下面2个边生，腹面1个中生；鳞叶不下延；叶鞘早落。球果圆锥状长卵圆形，长10～25cm，直径4～8cm，成熟时呈黄色或黄褐色，梗长2～3cm；中部种鳞长3～4cm，宽2.5～3cm，鳞盾不具纵脊，先端钝圆或微尖，不反曲或微向内反曲，鳞脐顶生，无尖刺。种子卵形或卵圆形，长1～1.5cm，直径6～10mm，无翅，种皮厚而坚硬，两侧顶端常具棱脊。花期4—5月，球果次年9—10月成熟。

原产于华北、西南、西北。杭州、宁波、丽水等地有栽培。

材质轻软，可作建筑、桥梁、枕木、家具等用材；种子可食，亦可榨油。

图 2-26 华山松

2. 乔松（图 2-27）

Pinus wallichiana A.B. Jacks. — *P. griffithii* McClell.

大乔木，在原产地高达 70 m。树皮暗灰褐色，鳞块状开裂；一年生枝绿色，光滑无毛，有光泽，微被白粉。叶 5 针 1 束，细柔，下垂，长 10～20 cm，直径约 1 mm，先端渐尖，边缘具细锯齿，下面苍绿色，无气孔线，腹面每侧具 4～7 条白色气孔线，横切面三角形，维管束 1，树脂道 3，边生，稀腹面 1 个中生；鳞叶不下延；叶鞘早落。球果圆柱形，下垂，中下部稍宽，两端钝，长 15～25 cm，梗长 2.5～4 cm；中部种鳞长 3～5 cm，宽 2～3 cm，鳞盾菱形，微呈蚌壳状隆起，有光泽，常有白粉，鳞脐顶生，微隆起，无尖刺。种子褐色或黑褐色，椭圆状倒卵形，长

7～8mm，直径4～5mm，种皮薄而柔软，种翅长2～3cm，宽8～9mm。花期4—5月，球果次年秋季成熟。

原产于云南、西藏。南亚及缅甸、阿富汗也有。杭州市区（杭州植物园）有栽培，生长良好。

树干高大，挺直，材质优良，可作建筑、器具、枕木等用材，亦可提取松脂及松节油；生长快，针叶细柔，形态优美，可作园林景观树。

图2-27 乔松

3. 日本五针松　大阪松（图2-28）
Pinus parviflora Siebold et Zucc.

乔木，在原产地高达25m。树皮暗灰色或灰褐色，鳞块状开裂；一年生枝密被淡黄色柔毛；冬芽无树脂。叶5针1束，长3.5～5.5cm，边缘具细锯齿，下面暗绿色，无气孔线，腹面每边有3～6条灰白色气孔线，维管束1，树脂道2，边生；鳞叶不下延；叶鞘早落。球果较小，长4～7.5cm，直径3.5～4.5cm，卵圆形或卵状椭圆形，几无梗；成熟时种鳞张开，鳞脐顶生，无尖刺。种子为不规则倒卵形，黑褐色，长8～10mm，直径约7mm，种翅三角形，连种子长1.8～2cm。花期4—5月，球果次年9—10月成熟。

原产于日本。我国广泛栽培。全省各地普遍有引种栽培。

树形优美，针叶细短，生长缓慢，耐修剪造型，为重要的盆景树种和常见的园林景观树种。

图 2-28 日本五针松

4. 白皮松（图 2-29）
Pinus bungeana Zucc. ex Endl.

乔木，在原产地高达30m。幼树树皮光滑，灰绿色，大树树皮呈不规则薄片状剥落，内皮灰白色，光滑，褐白相间呈斑块状；小枝淡黄绿色，无毛；冬芽褐色，无树脂。叶3针1束，长5~10cm，粗硬，边缘有细锯齿，背、腹面均有气孔线，维管束1，树脂道6或7，边生，稀1或2个中生；鳞叶不下延；叶鞘早落。球果卵圆形或圆锥状卵形，长5~7cm，直径4~6cm，有短梗或近无梗，成熟时呈淡黄褐色；种鳞先端增厚，鳞盾近菱形，鳞脐背生，三角状，有尖刺。种子近倒卵形，灰褐色，长约1cm，种翅短，长约5mm，有关节，易脱落。花期4—5月，球果次年10—11月成熟。

原产于山西、山东、河南、湖北、四川、陕西、甘肃，为我国特有树种。华北栽培较多。湖州、杭州、宁波有栽培。

木材轻软，纹理美观，但材质较脆，可作家具、文具等细木工用材；树形优美，树皮特异，为优良的园林观赏树种。

图 2-29　白皮松

5. 马尾松 （图 2-30）
Pinus massoniana Lamb.

乔木，高达 40m。树皮红褐色，不规则鳞块状开裂；小枝淡黄褐色；冬芽赤褐色。叶 2 针 1 束，细柔，长 10～20cm，两面有气孔线，边缘有细锯齿，维管束 2，树脂道 4～8，边生；鳞叶下延；叶鞘褐色至灰黑色，宿存。一年生小球果紫褐色，成熟时呈长卵形或卵圆形，长 4～7cm，直径 2.5～4cm，栗褐色，有短梗，常下垂；鳞盾菱形，扁平或微隆起，鳞脐背生，微凹，通常无刺。种子具翅，翅长 1.5～2cm。花期 3—4 月，球果次年 10—11 月成熟。

除嘉兴等平原地区外，遍布全省各地。海拔 700m 以下地区常见，生于光照充足的山坡、山冈或溪边滩地上。分布于华东、华中、华南、西南。

木材纹理直，结构粗，富含树脂，耐水湿，为重要的材用树种；成年树可采割松脂；枝条及针叶可造纸；松针可提取芳香油；花粉可食用。

四 松科 Pinaceae

图 2-30 马尾松

6. 黄山松 短叶松 台湾松 （图 2-31）

Pinus taiwanensis Hayata — *P. hwangshanensis* W.Y. Hsia — *P. luchuensis* Mayr. var. *hwangshanensis* (W.Y. Hsia) C.L. Wu

乔木，高达30m。树皮深灰褐色，不规则鳞块状开裂；大枝轮生；一年生小枝淡黄褐色或暗红褐色，无毛；冬芽栗褐色。叶2针1束，粗硬，不扭曲，长7～11cm，横切面半圆形，边缘有细锯齿，两面有气孔线，维管束2，树脂道4～8，中生；鳞叶下延；叶鞘宿存。球果卵圆形，长

4～6cm，直径3～4cm，近无梗，成熟时呈暗褐色或栗褐色，宿存于树上数年不脱落；鳞盾稍肥厚，隆起，近扁菱形，横脊明显，鳞脐背生，具短尖刺。种子长4～6mm，连翅长1～2cm。花期4—5月，球果次年10月成熟。

产于全省山区。通常生于海拔700m以上的山地沟谷、山坡、山脊、山顶或悬崖峭壁上。分布于华东、华中及台湾。

材质优于马尾松，质坚硬，含树脂，耐久用；在立地条件优越之处常形成纯林，生于生境较差的悬崖峭壁上的植株，常成为特异的自然景观。

图2-31　黄山松

6a. 短叶黄山松（变种）（图2-32）

var. brevifolia G.Y. Li et Z.H. Chen

本变种植株低矮，枝叶密集，针叶较短，长2.5～4.5cm，树脂道中生，通常3。

产于景宁、苍南。散生于海拔600～1250m的山坡黄山松林中。模式标本采自苍南（玉苍山）。

图2-32 短叶黄山松

7. 黑松 （图2-33）

Pinus thunbergii Parl. — *P. thunbergiana* Franco, nom. illeg.

乔木，在原产地高达30m。幼树树皮暗灰色，老则灰黑色，粗厚，鳞块状开裂；小枝黄褐色，无毛；冬芽银白色。叶2针1束，深绿色，粗硬，不扭曲，长6～12cm，横切面半圆形，边缘有细锯齿，背、腹面均有气孔线，维管束2，树脂道6～11，中生；鳞叶下延；叶鞘宿存。球果圆锥状卵圆形，长4～6cm，直径3～4cm，有短梗，向下弯曲，成熟时呈褐色；鳞盾肥厚隆起，横脊明显，鳞脐背生，微凹，有短尖刺。种子灰褐色，倒卵状椭圆形，长5～7mm，直径2～3.5mm，翅长1.5～1.8cm。花期4月，球果次年10—11月成熟。

原产于日本、朝鲜半岛。本省于1907年开始在嵊泗花鸟岛引进栽植，后沿海各地相继引种，本种成为主要造林绿化树种，曾遍布全省沿海地区，但近几十年来因松材线虫危害严重，已越来越少。

木材富含树脂，较坚韧，纹理直，耐久用，多作为房屋建筑、船舶、家具等用材；为日本五针松的嫁接砧木；也是重要的园林造型树种。

图2-33 黑松

本省园林中尚栽培有3个品种：寸梢黑松'Sunshou-Kuromatsu'（图2-34），针叶粗短坚硬，通常短于3cm；花叶黑松'Aurea'（图2-35），针叶具长短不一的黄斑；龟甲黑松'Nisikimatsu'（图2-36），树皮极厚，裂成龟甲状。

四　松科 Pinaceae　　41

图 2-34　寸梢黑松

图 2-35　花叶黑松

图 2-36　龟甲黑松

8. 矮松　北美二针松（图 2-37）
Pinus virginiana Mill.

小乔木，在原产地高达 15 m。树皮鳞块状浅裂；大枝平展或下垂，枝皮平滑；小枝暗红褐色，有白粉；冬芽深褐色，富含树脂。叶 2 针 1 束，长 4～8 cm，宽约 1 mm，较粗硬，常扭曲，横切面扁半圆形，维管束 2，树脂道 2 或 3，中生，稀 1 个内生；鳞叶下延；叶鞘宿存。球果圆锥状卵圆形或椭球形，对称，长 4～6 cm，红褐色，有光泽，宿存树上数年不落；成熟时种鳞张开，鳞盾多少沿横脊隆起，鳞脐背生，突起，具下弯的长尖刺。花期 4—5 月，球果次年秋季成熟。

原产于北美洲。江苏（南京）等地有引种。宁波市区有栽培，生长良好。

图2-37 矮松

9. 长叶松 （图2-38）
Pinus palustris Mill.

乔木，在原产地高达45m。树皮灰褐色，鳞块状开裂；小枝粗壮，红褐色；冬芽大，银白色，无树脂。叶3针1束，长20～45cm，粗硬，下垂，深绿色，先端尖，维管束2，树脂道3～7，多内生；鳞叶下延；叶鞘长约2.5cm，宿存。球果大，窄卵状圆柱形或卵状圆锥形，长15～25cm，直径5～6cm，成熟时呈栗褐色；种鳞的鳞盾肥厚，显著隆起，横脊明显，鳞脐背生，宽短，具尖刺。种子大，长1.1～1.3cm，具长翅，翅长约为种子的3倍。花期4—5月，球果次年12月成熟。

原产于美国东南部。德清（莫干山）最早引种，现保存大树1株，杭州、绍兴、宁波等地也有引种。

木材坚实，耐久用，可作建筑、家具等用材；树姿雄伟，四季常绿，针叶下垂，为优美的庭园观赏树。

图2-38　长叶松

10. 火炬松（图2-39）

Pinus taeda L.

乔木，在原产地高达30m。树干通直，树皮棕褐色或淡褐色，鳞块状开裂；枝条每年生长2或3轮；小枝红褐色，无白粉；冬芽红褐色。叶3针1束，稀2针1束，鲜绿色，硬直，长15～23cm，横切面三角形，维管束2，树脂道2，稀3，中生；鳞叶下延；叶鞘长约2.5cm，宿存。球果卵状圆锥形，长7～15cm，近无梗；种鳞张开，鳞盾、鳞脊显著隆起，鳞脐背生，具粗壮尖刺。种子卵圆形，栗褐色，长约6mm，种翅长2～2.5cm。花期3—4月，球果次年10月成熟，可宿存至第三年4月。

原产于北美洲东南部。我国南北各地常有引种。全省各地多有栽培。

木材纹理直，结构粗，材质中等，可作建筑、造纸、车辆、船舶、家具等用材；生长快，病虫害少，为优良的造林和绿化观赏树种。

图2-39 火炬松

11. 湿地松（图2-40）
Pinus elliottii Engelm.

乔木，在原产地高达30m。树干通直；树皮灰褐色至红褐色，鳞块状开裂；枝条每年生长2或3轮；小枝粗壮，

图2-40 湿地松

灰褐色，有白粉；冬芽红褐色，无树脂，芽鳞淡灰色，有白色柔毛。叶2针、3针1束并存，长16～28cm，较粗硬，深绿色，背、腹面均有气孔线，边缘有细锯齿，维管束2，树脂道2～9，内生；鳞叶下延；叶鞘长约1.2cm，宿存。球果2～4个聚生，少有单生，长卵圆形或长圆锥形，长6.5～13cm，直径3～5cm，有梗；种鳞张开，鳞盾近斜方形，肥厚，有锐横脊，鳞脐背生，瘤状，具小尖刺。种子卵圆形，长约6mm，黑色，有灰色斑点，种翅长0.8～3.3cm，易脱落。花期3—4月，球果次年10月成熟。

原产于北美洲东南部低海拔潮湿地带。我国南北各地多有引种。全省各地普遍栽培。

为优良的采脂树种；木材可作建筑、胶合板、造纸等用材；树干通直，生长快速，病虫害少，为优良的荒山、滩地造林和园林绿化观赏树种。

12. 晚松 （图2-41）
Pinus serotina Michx.

乔木，在原产地高达25m。幼树树皮暗灰色，老树树皮黑褐色或灰黑色，鳞块状开裂；主枝及树干均簇生有不定芽及针叶；冬芽红褐色，富含树脂。叶3针1束，长15～25cm，维管束2，树脂道5～7，中生或内生；鳞叶下延；叶鞘宿存。球果3～5个聚生于小枝基部，较小，卵圆形，长5～9cm，成熟时呈灰褐色，常宿存于树上多年；种鳞不张开，鳞盾隆起、鳞脐背生，微突起，先端有短尖刺。种子卵圆形，长4～5mm，种翅长1～1.3cm。花期5月，球果次年10—11月成熟。

原产于美国东南部。我国各地常有引种。杭州市区、富阳、象山等地有引种栽培。

木材性质和用途同湿地松。

图2-41 晚松

五　金松科 Sciadopityaceae

常绿乔木。枝短，水平开展。叶片二型；鳞状叶小，膜质苞片状，螺旋状互生于小枝上或簇生于短枝顶端而呈伞状；叶片由2枚合生而成，扁平，条形，革质，两面中央均有1条纵槽，着生于鳞叶腋部不育短枝顶端，辐射状伸展而呈伞状。雌雄同株；雄球花簇生于枝顶，雄蕊多数，螺旋状排列，花药2；雌球花单生于枝顶，珠鳞螺旋状排列，苞鳞与珠鳞合生，仅先端分离。球果次年成熟，种鳞木质，每种鳞具5~9种子。种子扁平，有窄翅。

1属，1种，原产于日本。我国有引种；浙江也有栽培。

金松属　Sciadopitys Siebold et Zucc.

属特征与科同。

金松　日本金松（图2-42）
Sciadopitys verticillata (Thunb.) Siebold et Zucc.

乔木，在原产地高达40m。树皮淡红褐色或灰褐色，不规则纵裂。鳞状叶片三角形，长3~6mm，基部绿色，上部膜质，红褐色，先端钝，次年变褐色；合生叶片条形，边缘较厚，先端钝，有微凹缺，两面各有1条纵槽，上面亮绿色，下面淡绿色，纵槽两侧各有1条白色气孔带。雄球花卵圆形，长约1.2cm，有短梗，雄蕊宽矩圆形，花药2室，纵裂。球果卵状长圆形，有短梗；种鳞宽楔形或扇形，宽1.2~2cm，先端宽圆，边缘薄并向外反卷，腹面与背面下部被覆盖部分均有细毛；苞鳞先端分离部分呈三角形，向后反曲。种子扁椭球形。花期4月，球果次年10月成熟。

原产于日本。山东、江苏、江西、湖北等地有引种。杭州市区（杭州植物园）、临安（西天目山）等地有栽培，生长较慢。

树形优美，枝叶清秀，为世界著名五大庭园观赏树种之一。

五　金松科 Sciadopityaceae

图 2-42　金松

六　杉科 Taxodiaceae

　　常绿或落叶乔木。树干端直；树皮纵裂成长条片，富含纤维；大枝轮生或近轮生。叶在小枝上螺旋状排列，稀交互对生，条形、钻形或披针形，稀为鳞形。雌雄同株；雄蕊和珠鳞螺旋状着生，稀交互对生；雄球花小，单生或簇生于枝顶，或排成圆锥花序状，或生于叶腋，每雄蕊有2～9（常3或4）花药，花粉无气囊；雌球花顶生或生于去年生枝近顶端，珠鳞与苞鳞部分合生或完全合生，或苞鳞发育而珠鳞甚小，或苞鳞退化，珠鳞的腹面基部有2～9直生或倒生胚珠。球果当年成熟，成熟时张开；种鳞（或苞鳞）扁平或盾形，木质或革质，螺旋状排列或交互对生，宿存或成熟后逐渐脱落，每种鳞具2～9种子。种子扁平或呈三棱锥形，周围或两侧有窄翅，稀下部具长翅。

　　9属，12种，主要分布于北温带地区。我国连引种有8属，11种；浙江连引种有7属，9种。

　　本科树种均为高大乔木，干形通直，其中杉木、柳杉、水杉、落羽杉均为我国南方重要的造林树种；有的还是防护林树种和优良的庭园观赏树种。

分属检索表

1. 叶和种鳞（或苞鳞）均螺旋状排列；叶片条形、披针形、条状披针形、钻形、鳞状钻形或鳞形。
　　2. 常绿乔木；无膝状呼吸根；无冬季脱落的侧生小枝；种鳞（或苞鳞）木质或革质。
　　　　3. 种鳞（或苞鳞）扁平，革质。
　　　　　　4. 叶片披针形或条状披针形，边缘有细锯齿；种鳞小，先端3浅裂，具3种子；苞鳞大 ················
　　　　　　　　·· **1. 杉木属 Cunninghamia**
　　　　　　4. 叶片钻形或鳞状钻形，全缘；种鳞大，不裂，具2种子；苞鳞退化 ········· **2. 台湾杉属 Taiwania**
　　　　3. 种鳞盾形，木质。
　　　　　　5. 叶片钻形；球果直立，近无柄；种鳞先端有3～7裂齿 ················ **3. 柳杉属 Cryptomeria**
　　　　　　5. 叶片条形或鳞形；球果下垂，有柄；种鳞先端无裂齿，有凹槽 ········· **6. 北美红杉属 Sequoia**
　　2. 落叶或半常绿乔木；有膝状呼吸根；具冬季脱落的侧生小枝；种鳞木质。
　　　　6. 叶三型，鳞形、条形和钻形；雄球花单生；种子扁椭球形，下端有膜质长翅 ························
　　　　　　··· **4. 水松属 Glyptostrobus**
　　　　6. 叶二型，条形和钻形；雄球花排成总状或圆锥状；种子不规则三棱锥形，有锐棱 ····················
　　　　　　··· **5. 落羽杉属 Taxodium**
1. 叶和种鳞均对生；叶片条形 ·· **7. 水杉属 Metasequoia**

1 杉木属 Cunninghamia R. Br.

常绿乔木。叶螺旋状排列，披针形或条状披针形，边缘有细锯齿。雄球花簇生于枝顶，雄蕊多数；雌球花单生或2个、3个集生于枝顶，苞鳞与珠鳞（种鳞）螺旋状排列，苞鳞大，珠鳞（种鳞）小，位于苞鳞腹面，下部与苞鳞合生，先端3浅裂，腹面基部具3胚珠。球果近球形或卵圆形；能育种鳞具3种子；苞鳞扁平，革质。种子扁平，两侧有窄翅。

2种，产于我国秦岭、长江以南各地及台湾。越南北部也有。浙江有1种。

杉木　刺杉　杉树 （图2-43）
Cunninghamia lanceolata (Lamb.) Hook. — *Pinus lanceolata* Lamb.

乔木，高达35m，胸径可达2m以上。幼树树冠尖塔形，大树树冠圆锥形；树皮灰褐色，裂成长条片脱落，内皮红褐色；小枝近对生或轮生，幼枝绿色。叶片革质，披针形或条状披针形，长2.5~6.5cm，先端急尖，上面绿色，有光泽，微有白粉，下面淡绿色，沿中脉两侧各有1条白色气孔带。球果近球形或卵圆形；苞鳞革质，三角状卵形，先端有刺状尖头，边缘有不规则锯齿，向内紧包，向外反卷或不反卷；种鳞小，先端3裂，腹面着生3种子。种子扁平，两侧有窄翅。花

图2-43　杉木

期3—4月,球果10月成熟。

产于全省山区、丘陵,以临安、开化、遂昌、龙泉、庆元最为集中;多属人工栽培。生于海拔1300m以下土层深厚的沟谷中、坡地上,多为成片人工林。分布于秦岭和大别山以南各地。越南北部也有。发表时绘图所用标本被指定为后选模式,采自浙江,具体地点不详。《中国植物志》记载模式标本采自舟山。

木材纹理直,材质轻软,结构细致,易加工,有香气,耐腐蚀,为重要的材用树种。

本省尚有1变型灰叶杉木 form. **glauca** (Dallimore et Jackson) S.Y. Hu — *C. lanceolata* 'Glauca'(图2-44),叶片灰绿色或蓝绿色,两面有明显的白粉。分布、生境同杉木。根据野外调查情况,植株通常极零星混生于杉木林中,不像是人为刻意选育而来,故作变型处理。

图2-44 灰叶杉木

❷ 台湾杉属 Taiwania Hayata

常绿乔木。大枝平展,小枝细长,下垂。叶片全缘,螺旋状排列,基部下延,二型;幼树和萌生枝上的叶钻形;老树的叶鳞状钻形,较小。雄球花数个簇生于小枝顶端;雌球花单生于小枝顶端,珠鳞腹面基部着生2胚珠。球果小,短圆柱形或椭球形;种鳞大,革质,扁平,不裂,具2种子;苞鳞退化。种子扁平,上下两端有凹缺,两侧有窄翅。

仅1种,分布于我国和缅甸北部。浙江有栽培。

台湾杉 秃杉 (图2-45)

Taiwania cryptomerioides Hayata — *T. flousiana* Gaussen

乔木,在原产地高达75m。树皮淡灰褐色,裂成不规则的长条片,内皮红褐色;小枝常排成

2列而下垂。大树的叶四棱状钻形，长2～5mm，先端尖或钝，四面有气孔线；幼树及萌生枝上的叶钻形，长0.5～1cm，两侧扁平，直伸或向内弯曲，先端急尖，四面均有3～6条气孔线。球果长1.5～2.5cm，直径约1cm，成熟时呈褐色；种鳞15～40，宽倒三角形，先端有突起的尖头，鳞背露出部分有气孔线。种子倒卵形或长椭球形，两侧具窄翅。花期4月，球果10—11月成熟。

原产于湖北、台湾、四川、贵州、云南。本省多有栽培。

材质轻软，结构细，纹理直，易加工，为优良的材用树种；树体高大，姿态优美，四季常绿，为珍贵的庭园观赏树种。

图2-45 台湾杉

❸ 柳杉属 Cryptomeria D. Don

常绿乔木。叶片钻形，略排成螺旋状5列。雄球花单生于小枝上部叶腋，常密集成穗状；雌球花常单生于枝顶，珠鳞与苞鳞合生，螺旋状排列，每能育珠鳞具2～5胚珠。球果近球形，直立，近无柄，当年成熟；种鳞盾形，木质，先端有3～7裂齿，其下具1枚分离的三角状苞鳞。种子呈不规则扁椭球形或扁三角状椭球形，两侧有窄翅。

1种（含1变种），分布于我国和日本。浙江有1变种，另引入1种。

日本柳杉 （图2-46）
Cryptomeria japonica (Thunb. ex L. f.) D. Don

乔木，在原产地高达40m。树皮红褐色，纤维状，裂成长条片脱落；大枝常轮状着生，水平开展或微下垂；小枝微下垂，当年生枝绿色。叶片钻形，直而斜展，先端不内曲，长0.4~1.5cm，幼树及萌生枝上的叶长达2cm。球果近球形，直径1.5~2.5cm或更大；种鳞20~30，苞鳞的尖头及种鳞的先端裂齿均较长，裂齿长6~7mm，能育种鳞具2~5种子。种子棕褐色，长2~4mm，边缘有窄翅。花期4月，球果10—11月成熟。

原产于日本。我国南方常见栽培。全省各地普遍栽培。

图2-46　日本柳杉

本省园林中尚栽培有2个品种：短叶柳杉（猴爪杉）'Araucarioides'（图2-47），灌木状，叶片短小，较硬，长不及1cm，通常长短不一；鳞叶柳杉'Dacrydioides'（图2-48），乔木，叶片极短，近鳞形。

六 杉科 Taxodiaceae

图2-47 短叶柳杉

图2-48 鳞叶柳杉

a. 柳杉 榅杉（变种）（图2-49）

var. **sinensis** Miq. — *C. fortunei* Hooibrenk ex Otto et Dietr. nom. invalid. — *C. japonica* (L. f.) D. Don var. *sinensis* Siebold et Zucc.

与日本柳杉的区别在于叶片先端内弯；球果种鳞较少，约20枚、先端裂齿较短，长2～4mm；能育种鳞具2种子。

产于临安、天台、遂昌、龙泉、庆元、景宁。生于海拔1200m以下的山坡、沟谷林中；全省各地常见栽培。分布于长江以南各地。

材质轻软，容易加工，可作建筑、船舶、桥梁、家具等用材；树皮可入药；树形优美，可作园林绿化树种。

图2-49 柳杉

❹ 水松属 Glyptostrobus Endl.

半常绿乔木。有膝状呼吸根；具冬季脱落的侧生小枝。叶片三型：鳞形、条形和钻形，螺旋状排列，基部下延。球花均单生于枝顶；雄球花椭球形；雌球花近球形或卵状椭圆形。球果直立，倒卵形；苞鳞与种鳞几全部结合，三角形，向内反曲，位于种鳞的中部以上；种

六 杉科 Taxodiaceae

鳞木质,能育种鳞具2种子。种子扁椭球形,褐色,下端具膜质长翅。

1种,特产于我国南部和西南部;浙江有引种。

水松 (图2-50)
Glyptostrobus pensilis (Staunton. ex D. Don) K. Koch

半常绿乔木,高达25m。树干基部常膨大成板根状;有伸出土面或水面的膝状呼吸根;树皮褐色或灰褐色,纵裂成不规则的长条片,厚而柔软。叶片三型,常生于同一枝上;鳞形叶长2~3mm,螺旋状排列,可宿存2~3年;条形叶长1~3cm,着生于幼树当年生枝或大树萌生枝上,常排成2列;钻形叶长4~11mm,生于一年生短枝上,辐射伸展或排成3列;后两者均于冬季连同侧生短枝一起脱落。球果倒卵形,长1.5~2.5cm,直径1~1.5cm;种鳞鳞背近边缘有6~10枚微向外反曲的三角状尖齿。种子长5~7mm,下端有膜质长翅,翅长4~7mm。花期2—3月,球果9—10月成熟。

原产于江西、福建、广东、广西、四川、云南,为我国特有的单种属植物。杭州、宁波、舟山、温州等地有栽培。

图2-50 水松

材质轻软，纹理直，结构细，耐水湿，可作建筑、船舶、水闸板等用材；根部木质疏松，可代软木；树皮富含单宁，可提取栲胶；耐水湿，适宜在低湿地和汛期水淹的江边及围垦地造林，为优良的护堤固岸和湿地美化树种。

5 落羽杉属 Taxodium Rich.

落叶或半常绿乔木。有伸出土面或水面的膝状呼吸根；具冬季脱落的侧生小枝。叶螺旋状排列，叶片二型；钻形叶在主枝上斜展，或向上弯曲而贴近小枝，宿存；条形叶在侧生小枝上排成2列，冬季与枝一同脱落。雄球花排成总状或圆锥状，生于当年生枝顶端；雌球花单生于去年生枝顶端，苞鳞与珠鳞几全合生。球果球形或卵圆形；种鳞螺旋状排列，木质，盾形，腹面基部具2种子。种子不规则三棱锥形，有锐棱。

3种，原产于美国东南部、墨西哥。我国引种3种；浙江均有栽培。

本属树种均为平原水网地区重要的造林树种，也是优美的庭园及湿地景观树种。

分种检索表

1. 叶片一型，条形，排成羽状2列；大枝平展，树冠较宽大。
   2. 落叶；侧生小枝近呈2列；叶片长1～1.5cm，叶间较疏 ·················· **1. 落羽杉 T. distichum**
   2. 半常绿；侧生小枝不呈2列；叶片长约1cm，叶间较密 ············ **3. 墨西哥落羽杉 T. mucronatum**
1. 叶片二型，多为钻形叶，贴近小枝，不排成2列，少为条形叶，排成羽状2列；大枝斜展，树冠较狭窄 ··· **2. 池杉 T. ascendens**

1. 落羽杉　落羽松　（图2-51）

Taxodium distichum (L.) Rich.

落叶乔木，在原产地高达50m。具膝状呼吸根；树皮棕灰色，裂成长条片脱落；大枝平展，树冠圆锥形，较宽大；幼枝绿色，入冬变为棕色；具叶的侧生小枝近呈2列。叶片条形，排成羽状2列，叶间较疏，长1～1.5cm；中脉在上面凹下，在下面隆起，与无芽的侧生小枝于冬季一起脱落。球果近球形或卵圆形，直径2～2.5cm，具短梗，淡褐色，有白粉；种鳞木质，盾形。种子长1.2～2cm，褐色。花期3—4月，球果10—11月成熟。

原产于北美洲东南部。我国大部分地区有栽培。本省均有栽培。

木材重，纹理直，结构较粗，硬度适中，耐腐力强，可作建筑、船舶、家具、农具等用材。

六　杉科 Taxodiaceae

图 2-51　落羽杉

本省沿海地区常见栽培 1 品种中山杉 **Taxodium distichum × T. mucronatum** 'Zhongshanshan'（图 2-52），半常绿，叶片全为条形，小于落羽杉，气孔线较少；球果、种子大小介于落羽杉和墨西哥落羽杉之间。是由江苏省中国科学院植物研究所（南京中山植物园）以落羽杉为母本，墨西哥落羽杉为父本杂交后选育的品种。较耐盐碱。

图 2-52　中山杉

2. 池杉 池柏 （图2-53）

Taxodium ascendens Brongn. — *T. distichum* (L.) Rich. var. *imbricarium* (Nutt.) Croom

落叶乔木，在原产地高达25m。树干基部膨大，有膝状呼吸根；树皮褐色，纵裂，裂成长条片脱落；大枝斜展，树冠尖塔形，较狭窄；侧生小枝不排成2列，绿色，细长，通常向下弯垂；二年生小枝红褐色。叶片二型；绝大多数为钻形叶，长4～10mm，贴近小枝，不排成2列；少量为条形叶，排成稍上折的羽状2列；有时仅具钻形叶。球果球形或椭球形，有短梗，成熟时呈黄褐色，长2～4cm，直径1.8～3cm；种鳞木质，盾形，中部种鳞长1.5～2cm。种子微扁，红褐色，长1.3～1.8cm，宽0.5～1.1cm，有锐棱。花期3—4月，球果10月成熟。

原产于北美洲东南部。华东、华中及山东等地有栽培。本省普遍有栽培，生长良好。

木材性质和用途同落羽杉；为优良的低湿地绿化树种和园林景观树种。

有学者将其作为落羽杉的变种，但其与落羽杉在形态上区别明显，作者认为以作种处理为宜。

图2-53　池杉

3. 墨西哥落羽杉 （图2-54）
Taxodium mucronatum Tenore

半常绿乔木，在原产地高达50 m。树干基部膨大；有膝状呼吸根；树皮裂成长条片脱落；小枝微下垂，侧生小枝螺旋状散生，不呈2列。叶片条形，排成羽状2列，叶间较密，长约1 cm，宽约1 mm，向上逐渐变短。雄球花卵圆形，近无梗，组成圆锥花序状。球果卵圆形，直径1.5～2.5 cm，被白粉。花期春季，球果秋季成熟。

原产于危地马拉、墨西哥、美国西南部。江苏、江西、湖北、四川等地有引种。本省有零星栽培，生长良好。

用途同落羽杉。

图2-54 墨西哥落羽杉

⑥ 北美红杉属 Sequoia Endl.

常绿大乔木。叶螺旋状排列，叶片二型；鳞形叶贴生或微开展，上面有气孔线；条形叶基部扭转排成2列，下面有2条白色气孔带。雄球花单生于枝顶或叶腋；雌球花生于短枝顶端，珠鳞15~20，具3~7直生胚珠。球果形小，下垂，有柄；种鳞盾形，木质，先端无裂齿，有凹槽，具2~5种子。种子两侧有翅。

仅1种，特产于美国。我国引种1种；浙江也有引种。

北美红杉　海岸红松　红杉（图2-55）
Sequoia sempervirens (D. Don) Endl.

在原产地高达110m，胸径可达8m。树冠圆锥形；树皮红褐色，纵裂，厚达15~25cm。主枝上的叶卵状长圆形，长约6mm；侧枝上的叶条形，长8~20mm，先端急尖，基部扭转排成2列，无柄，上面深绿色或亮绿色，下面有2条白色气孔带，中脉明显。球果卵状椭圆形或卵圆形，长2~2.5cm，直径1.2~1.5cm，淡红褐色；种鳞盾形，先端有凹槽，中央有1小尖头。种子椭圆状长圆形，长约1.5mm，淡褐色，两侧有翅。花期4月，球果10月成熟。

图2-55　北美红杉

原产于美国加利福尼亚州海岸地带。1972年2月,时任美国总统尼克松访华时赠送给我国1株小树作为国礼,种植于杭州植物园,之后进行扦插繁育并陆续引种至全国多地。杭州、宁波、舟山、台州、丽水、温州等地有栽培,长势良好。

树体雄伟,姿态优美,为世界著名观赏树种。

7 水杉属 Metasequoia Hu et Cheng

落叶乔木。小枝对生。叶片条形,对生,在侧生小枝上排成羽状2列,冬季与侧生无芽小枝一起脱落。雄球花单生于叶腋或枝顶,多数排成总状或圆锥花序状,雄蕊约20,交互对生,每雄蕊有3花药,花粉无气囊;雌球花有短梗,单生于去年生枝顶或近枝顶,珠鳞11～14对,交互对生。球果近球形,有长梗,当年成熟;种鳞盾形,交互对生,宿存,顶端有横向凹槽,具5～9种子。种子扁平,周围有窄翅,先端有凹缺。

本属仅1种,我国特有;浙江有栽培。

水杉（图2-56）
Metasequoia glyptostroboides Hu et Cheng

乔木,高达35m。树干基部通常凹凸不平;树皮灰褐色,裂成薄片状脱落;小枝对生,下垂。叶片条形,长1～2cm,上面淡绿色,下面颜色较淡,沿中脉有2条淡黄色气孔带,每条气孔带有

图2-56 水杉

4~8条气孔线;叶在侧生小枝上排成2列,呈羽状,冬季与枝一起脱落。球果近球形或四棱状球形,下垂,成熟时呈深褐色,直径1.5~2.5cm,梗长2~4cm;能育种鳞具5~9种子。种子扁平,周围有翅,先端具凹缺。花期3月,球果10月成熟。

原产于湖北(利川)、湖南(龙山、桑植)和重庆(石柱)。为我国特有的古老树种。世界各地广为引种。本省普遍有栽培。

材质轻软,易加工,多用于板壁和室内装修,也可用于造纸;树形端整,秋叶亮丽,为优良的行道树和观赏树,也是农田防护林和江河护岸林的优良树种。

本省园林中尚栽培有1品种金叶水杉'Gold Rush'(图2-57),叶片呈金黄色。

图2-57 金叶水杉

七　柏科 Cupressaceae

常绿乔木或灌木。具叶小枝排成一平面或否。叶片小，鳞形或刺形，交互对生或3枚、4枚轮生，或同一树上兼有两种叶，鳞叶紧贴小枝，刺叶多少开展。球花单性，雌雄同株或异株，单生于枝顶或叶腋；雄球花具3~8对交互对生的雄蕊，每雄蕊具2~6枚花药；雌球花有3~16枚交互对生或3枚、4枚轮生的珠鳞，能育珠鳞的腹面基部有1至多数直立胚珠，稀胚珠单生于2珠鳞之间，苞鳞与珠鳞（种鳞）完全合生。球果圆球形、卵圆形或长椭球形；种鳞扁平或盾形，成熟时张开，或肉质合生而呈浆果状，成熟时不裂或顶端微开裂，能育种鳞具1至多粒种子。种子周围具窄翅或无翅，稀上部有2枚大小不等的翅。

约19属，125种，广泛分布于全球。我国连引种有9属，约46种；浙江连引种有8属，15种。

本科植物多为珍贵的材用树种和重要的园林观赏树种；叶可提取芳香油。

分属检索表

1. 具叶小枝扁平，排成一平面（扁柏属的品种有时例外）。
   2. 鳞叶较大，长4~7mm；叶在小枝上4枚近轮生，排成节状，每节下面具并列的2大2小4条白色气孔带。
      3. 鳞叶先端多少内曲；种鳞扁平，能育种鳞具3~5种子；种子两侧有窄翅⋯⋯ **1. 罗汉柏属 Thujopsis**
      3. 鳞叶先端通常不内曲；种鳞盾形，能育种鳞具2种子；种子上部具2枚大小不等的翅⋯⋯⋯⋯⋯⋯⋯⋯⋯⋯⋯⋯⋯⋯⋯⋯⋯⋯⋯⋯⋯⋯⋯⋯⋯⋯⋯⋯⋯⋯⋯⋯⋯⋯⋯⋯⋯⋯ **6. 福建柏属 Fokienia**
   2. 鳞叶较小，长不逾3mm；叶在小枝上的排列及表现不为上述情况。
      4. 种鳞扁平或近扁平，能育种鳞具1或2种子。
         5. 小枝平展或近平展；种鳞4~6对，薄革质，鳞背无尖头；种子两侧有窄翅⋯⋯ **2. 崖柏属 Thuja**
         5. 小枝直立或斜展；种鳞4对，厚木质，鳞背有1弯钩状尖头；种子无翅⋯ **3. 侧柏属 Platycladus**
      4. 种鳞盾形，能育种鳞具1~5（通常3）种子⋯⋯⋯⋯⋯⋯⋯⋯⋯⋯⋯ **5. 扁柏属 Chamaecyparis**
1. 具叶小枝四棱形或圆柱形，不排成一平面（柏木属的柏木例外，但其小枝下垂）。
   6. 球果的种鳞木质，成熟时张开；种子两侧有窄翅⋯⋯⋯⋯⋯⋯⋯⋯⋯⋯ **4. 柏木属 Cupressus**
   6. 球果的种鳞肉质，成熟时不张开或顶端微开裂；种子无翅。
      7. 全为刺叶或鳞叶，或同一树上两者兼有，刺叶基部无关节，下延生长；球花单生于枝顶⋯⋯⋯⋯⋯⋯⋯⋯⋯⋯⋯⋯⋯⋯⋯⋯⋯⋯⋯⋯⋯⋯⋯⋯⋯⋯⋯⋯⋯⋯⋯⋯⋯⋯⋯ **7. 圆柏属 Sabina**
      7. 全为刺叶，基部有关节，不下延生长；球花单生于叶腋⋯⋯⋯⋯⋯⋯⋯ **8. 刺柏属 Juniperus**

1 罗汉柏属 Thujopsis Siebold et Zucc.

常绿乔木。具叶小枝扁平，排成一平面。鳞叶交互对生，在小枝上4枚近轮生，排成节状，每节下面具并列的2大2小4条白色气孔带，二型：两侧鳞叶对折成舟状，长4~7mm，先端多少内曲，中央鳞叶较小。雌雄同株，球花单生于短枝顶端；雄球花椭球形，雄蕊6~8对，交互对生；雌球花具3或4对珠鳞，仅中间1或2对珠鳞的腹面基部各生3~5胚珠。球果当年成熟；种鳞成熟时张开，木质，扁平，在顶端的下方有1短尖头，能育种鳞2对，有3~5种子。种子近圆形，两侧具窄翅。

仅1种，特产于日本。我国有引种栽培；浙江有栽培。

罗汉柏 （图2-58）
Thujopsis dolabrata (Thunb. ex L. f.) Siebold et Zucc.

乔木，在原产地高达20m。树皮薄，灰色或红褐色，裂成长条片脱落；树冠尖塔形或卵状圆柱形。鳞叶质地较厚，两侧鳞叶卵状披针形，长4~7mm，宽1.5~2.5mm，先端常较钝，多少内曲，上侧面深绿色，下侧面具1条较大的白色气孔带，先端钝圆或近三角状，下面中央的叶具2条较小的白色气孔带。球果近球形，直径1~1.5cm。

原产于日本。我国常见栽培。全省各地多见栽培。

图2-58 罗汉柏

七　柏科 Cupressaceae

❷ 崖柏属 Thuja L.

常绿乔木。具叶小枝扁平，排成一平面，平展或近平展。鳞叶在小枝上交互对生，排成4列，二型：两侧鳞叶对折成舟状，长不逾3mm，中央鳞叶倒卵状斜方形，下面的鳞叶无或微有白粉。雌雄同株，球花单生于小枝顶端；雄球花具多数雄蕊，每雄蕊具4花药；雌球花具3~5对交互对生的珠鳞，仅下面2或3对的腹面基部各具1或2直生胚珠。球果当年成熟；种鳞4~6对，成熟时张开，木质，扁平，近顶端有突起的尖头，仅下面2或3对能育种鳞各具1或2种子。种子扁平，两侧有窄翅。

约5种，分布于美洲北部和亚洲东部。我国有2种，另引种3种；浙江引种栽培2种。

1. 北美香柏　金钟柏（图2-59）
Thuja occidentalis L.

乔木，在原产地高达20m。树皮红褐色或灰褐色，纵裂成条块状脱落；生鳞叶的小枝扁平，排成一平面。叶片鳞形，先端尖，小枝上面的叶暗绿色，下面的叶灰绿色或淡黄绿色，中央鳞叶尖头下方有1透明隆起的圆形油腺点，主枝上鳞叶的腺点较侧枝的大，两侧的叶舟形，叶缘瓦覆于中央叶的边缘，尖头内弯，揉碎后有甜香味。球果长椭球形，长8~14mm，成熟时呈淡红褐色，向下弯垂；种鳞常5对，薄木质，近顶端有突起的尖头，上部的不育种鳞呈条形。花期3—4月，球果8—9月成熟。

原产于北美洲。我国各地多有引种。全省各地常见栽培。

材质坚韧，结构细致，有香气，耐腐性强，可作家具和细木工用材；叶可提取芳香油；树形美观，为优良的园林观赏树种。

图2-59　北美香柏

2. 日本香柏 大叶香柏 （图2-60）

Thuja standishii (Gord.) Carr.

乔木，在原产地高达18m。树皮红褐色，裂成鳞状薄片脱落；生鳞叶的小枝扁平，排成一平面。小枝下面的鳞叶无明显白粉或微有白粉；鳞叶先端钝尖或微钝，中央鳞叶尖头下方无油腺点，平，稀有纵槽，两侧的叶较中央的叶稍短或等长，尖头内弯。球果卵圆形，长8～10mm，成熟时呈暗褐色；种鳞5或6对，仅中间2或3对生有种子。种子扁，两侧有窄翅。花期3—4月，球果8—10月成熟。

原产于日本。我国各地多有引种。本省普遍引种，多栽培于高海拔山地。

用途同北美香柏。

与北美香柏的主要区别在于后者中央鳞叶的尖头下方有1透明隆起的油腺点。

图2-60 日本香柏

七　柏科 Cupressaceae

❸ 侧柏属 Platycladus Spach

常绿乔木或灌木。具叶小枝扁平，排成一平面，直立或斜展。鳞叶在小枝上交互对生，排成4列，二型：两侧鳞叶对折成舟状，长1～3mm，中央鳞叶较小，两面均无白粉。雌雄同株，球花单生于枝顶；雄球花有6对交互对生的雄蕊；雌球花有4对交互对生的珠鳞，仅中间2对珠鳞各生1或2直立胚珠。球果当年成熟；种鳞4对，成熟时张开，厚木质，近扁平，鳞背有1弯钩状尖头，中部的能育种鳞各具1或2种子。种子无翅。

仅1种，分布于我国、俄罗斯东部、朝鲜半岛。浙江有栽培。

侧柏（图2-61）

Platycladus orientalis (L.) Franco

乔木，高达20m。小枝排成一平面，两面一型（两面无白粉）。鳞叶小，中央鳞叶露出部分呈倒卵状菱形或斜方形，下面中间有条状腺槽，两侧鳞叶舟形，背部尖头的下方有腺点。球果宽卵球形，长1.5～2.5cm，成熟前近肉质，蓝绿色，被白粉，成熟后厚木质，红褐色，张开；中间2对种鳞背部顶端的下方有1向外呈弯钩状的尖头。种子卵圆形或近椭球形，灰褐色或紫褐色，长5～8mm，无翅，稍有棱脊。花期3—4月，球果10—11月成熟。

原产于华北及吉林、河南、陕西、云南等地。朝鲜半岛也有。全国大部分地区均有栽培。本省普遍有栽培。

材质细密，坚实耐用，可作建筑、家具、农具等用材；生长缓慢，在石灰岩山地和冲积土上生长较好，耐旱，常作阳坡造林树种和园林绿化树种。

本省园林中常见栽培有4个品种：千头柏'Sieboldii'（图2-62），丛生灌木，无主干，枝密，向上伸展，树冠卵圆形或球形，叶绿色；金枝千头柏'Aurea'（图2-63），丛生灌木，新叶淡黄绿色，入冬转褐绿色；金塔侧柏'Beverleyensis'（图2-64），树冠尖塔形，新叶金黄色；洒银柏'Argentea'（图2-65），丛生灌木，树冠近球形，先端枝叶呈银白色。

图2-61　侧柏

图2-62 千头柏

图2-63 金枝千头柏

图2-64 金塔侧柏

图2-65 洒银柏

4 柏木属 Cupressus L.

常绿乔木，稀灌木。具叶小枝四棱形或圆柱形，稀扁平，常向上斜展，稀下垂，不排成一平面，稀排成一平面。鳞叶小，长不逾2mm，交互对生，幼苗或萌生枝具刺叶。雌雄同株，球花单生于枝顶；每雄蕊具2～6花药；雌球花具4～8对盾形珠鳞，部分珠鳞腹面着生5至多数直立胚珠。球果次年夏季成熟；种鳞4~8对，分离，成熟时张开，木质，盾形，能育种鳞具5至多粒种子。种子稍扁，具棱角，有窄翅。

约17种，分布于东亚、欧洲南部、北美洲南部、非洲北部等温暖地带。我国有5种，分布于秦岭及长江以南各地，另引入4种；浙江有2种。

该属树种材质坚硬，有香气，耐久用，是优良的材用树种和庭园观赏树种。

《浙江植物志》记载浙江栽培有干香柏 C. duclouxiana Hickel 和墨西哥柏木 C. lusitanica Mill.，但目前已不见或栽培极少，故本志不予收录。

1. 绿干柏（图2-66）
Cupressus arizonica Greene

乔木，在原产地高达25m。树皮红褐色，纵裂成长条状剥落；枝条较粗壮，向上斜展；具叶小枝四棱形，不排成一平面；二年生枝暗紫褐色，稍有光泽。鳞叶交互对生，斜方状卵形，长1.5~2mm，蓝绿色，微被白粉，先端锐尖，下面具棱脊，中部具明显的圆形腺体。球果圆球形或椭球形，直径1.5~3cm，成熟时呈暗紫褐色；种鳞3或4对，顶部五角形，中央具显著的锐尖头。种子倒卵圆形，暗灰褐色，长5~6mm，稍扁，具不明显的棱角，上部两侧微有窄翅。花期3—4月，球果次年7—8月成熟。

原产于美洲。江苏（南京）、江西（庐山）等地引种栽培，生长良好。杭州市区（杭州植物园）有栽培。

图2-66 绿干柏

本省园林中常见栽培有1园艺品种蓝冰柏'Blue Ice'（图2-67），灌木或小乔木；树冠圆锥形；小枝四棱形或圆柱形；鳞叶小，蓝灰色或粉绿色。

图2-67 蓝冰柏

2. 柏木 瓔珞柏 （图2-68）
Cupressus funebris Endl.

乔木，高可达30m。树皮灰褐色，裂成窄长条片；具叶小枝扁平，排成一平面，细长，下垂，两面同形，绿色。鳞叶绿色，二型：中央的叶背部有腺点，两侧的叶对折，背部有棱脊；幼苗或萌生枝具刺叶。球果圆球形，成熟时呈暗褐色，直径8～12mm；种鳞4对，能育种鳞具5或6种子。种子长约2.5mm，成熟时呈淡褐色，有窄翅。花期3—4月，球果次年8月成熟。

图2-68 柏木

产于淳安等地。生于石灰岩山地的峭壁上或岩缝中；全省各地广泛栽培。分布于华东、华中及广东、广西、四川、贵州、云南、陕西、甘肃。模式标本采自杭州。

木材纹理直，结构细，具香气，耐水湿，为船舶、建筑、车辆、家具等优质用材；枝叶可提取芳香油；树姿优美，小枝下垂，为重要的园林景观树种；为喜钙树种，适于石灰岩山地造林。

与绿干柏的区别在于后者具叶小枝不排成一平面，直立或斜展，蓝绿色或灰绿色；球果较大，直径1.5～3cm，成熟时呈暗紫褐色。

5 扁柏属 Chamaecyparis Spach

常绿乔木。具叶小枝扁平，排成一平面（品种有时例外），平展或近平展。叶片鳞形（品种有时具刺叶），在小枝上交互对生，排成4列，二型：两侧鳞叶对折成舟状，长不逾3mm，中央鳞叶较小，下面有或无白粉。雌雄同株，球花单生于枝顶；雄球花具3或4对雄蕊，交互对生，各有3～5花药；雌球花有3～6对交互对生的珠鳞，每珠鳞具1～5胚珠。球果当年成熟；种鳞3～6对，成熟时张开，木质，盾形，能育种鳞有1～5（通常3）种子。种子两侧有窄翅，稀为宽翅。

6种，分布于东亚和北美洲。我国有1种，产于台湾，另引入4种；浙江栽培2种。

该属树种材质致密，纹理通直，不翘不裂，有香气，耐腐性强，为珍贵的材用树种；枝叶茂密，树形美观，为优良的园林绿化树种。

《浙江植物志》记载浙江尚栽培有美国尖叶扁柏 C. thyoides (L.) Britton et al. 和美国扁柏 C. lawsoniana (A. Murray) Parl.，但目前均已不见，故本志不予收录。

1. 日本花柏 （图2-69）
Chamaecyparis pisifera (Siebold et Zucc.) Endl.

乔木，在原产地高50m。树皮红褐色，裂成长条状薄片剥落；生鳞叶的小枝扁平，排成一平面。鳞叶先端尖锐，小枝下面的鳞叶有明显白粉。球果圆球形，直径约6mm，成熟时呈暗褐色；种鳞5或6对，顶部中央微凹，凹内有突起的小尖头，能育种鳞具1或2种子。种子三角状卵圆形，有棱脊，两侧有宽翅。花期4月，球果10—11月成熟。

原产于日本。我国各地多有引种。全省各地普遍有栽培。

本省常见栽培有5个园艺品种：线柏 'Filifera'（图2-70），树冠近球形，较低矮，枝叶浓密，生鳞叶的小枝细长，下垂，鳞叶先端急尖；金线柏 'Filifera Aurea'（图2-71），形态似线柏，枝叶金黄色；羽叶花柏（细叶花柏）'Plumosa'（图2-72），树冠圆锥形，高大，枝叶浓密，鳞叶条状钻形，柔软，开展，呈羽毛状；皮球柏 'Tamu Himura'（图2-73），灌木，树冠圆球形，鳞叶蓝绿色，条状钻形，柔软，不排成一平面；绒柏 'Squarrosa'（图2-74），乔木，枝叶浓密，叶片条形，柔软，不排成一平面，叶片下面中脉两侧有白粉带。

图 2-69 日本花柏

图 2-70 线柏

图 2-71 金线柏

图2-72 羽叶花柏

图2-73 皮球柏

图2-74 绒柏

2. 日本扁柏 (图2-75)

Chamaecyparis obtusa (Siebold et Zucc.) Endl.

乔木，在原产地高40m。树皮红褐色，呈长条状薄片剥落，光滑；生鳞叶的小枝扁平，排成一平面。鳞叶肥厚，长1～1.5mm，先端钝，小枝下面的鳞叶有较明显的白粉。球果圆球形，直径8～10mm，成熟时呈红褐色；种鳞4对，顶部五角形、平或中央微凹，凹内有突起的小尖头，能育种鳞具2或3种子。种子近扁球形，直径约3mm，两侧有窄翅。花期4月，球果10—11月成熟。

原产于日本。全国各地多有引种。全省各地普遍有栽培。

与日本花柏的区别在于后者鳞叶先端尖锐；球果较小，直径约6mm；种鳞5或6对；能育种鳞具1或2种子。

本省栽培有5个园艺品种：云片柏'Breviramea'（图2-76），小乔木，树冠窄塔形，枝短，生鳞叶的小枝薄片状，排列规则，侧生片状小枝盖住顶生片状小枝，形如层云，鳞叶绿色；洒金云片柏'Breviramea Aurea'（图2-77），形态与云片柏相同，小枝上部鳞叶呈金黄色；凤尾柏

'Filicoides'（图2-78），灌木状，生鳞叶的末端分枝短而扁平，在主枝上排列密集，外观形似凤尾，鳞叶先端钝，常有腺点；孔雀柏'Tetragona'（图2-79），灌木状，枝近直展，生鳞叶的小枝辐射状排列或稍排成一平面，生鳞叶的末端小枝呈四棱形，鳞叶下部有纵脊，亮绿色；金孔雀柏'Tetragona Aurea'（图2-80），形态与孔雀柏相同，鳞叶呈金黄色。

图2-75　日本扁柏

七 柏科 Cupressaceae

图 2-76　云片柏

图 2-77　洒金云片柏

图 2-78　凤尾柏

图 2-79　孔雀柏

图 2-80　金孔雀柏

⑥ 福建柏属　Fokienia A. Henry et H.H. Thomas

常绿乔木。生鳞叶的小枝扁平，排成一平面。鳞叶交互对生，在小枝上4枚近轮生，排成节状，每节下面具并列的2大2小4条白色气孔带，二型：两侧鳞叶对折成舟状，长4～7mm，先端通常不内曲，中央鳞叶通常较短。雌雄同株，球花单生于小枝顶端；雄球花有6～8对雄蕊；雌球花有6～8对交互对生的珠鳞，每珠鳞基部具2胚珠。球果次年成熟；种鳞6～8对，成熟时张开，木质，盾形，能育种鳞具2种子。种子卵形，种脐明显，上部具2枚大小不等的翅。

仅1种，产于我国南部及越南、老挝。浙江也有。

福建柏（图2-81）

Fokienia hodginsii (Dunn) A. Henry et H.H. Thomas — *Cupressus hodginsii* Dunn

乔木，高30m。树皮红褐色，纵裂成条片状脱落；具叶小枝扁平，排成一平面。鳞叶较大，质地较薄，长4～7mm，2对交互对生，近轮生而呈节状，先端渐尖或急尖，两侧的叶常较中央的叶稍长，上面中央的叶蓝绿色，下面中央的叶中脉两侧各具1条较小的白色气孔带，两侧的叶各具1条较大的白色气孔带。球果近球形；种鳞6～8对，顶部多角形，顶面皱缩微凹，中间具1小尖头。种子长约5mm，具2枚大小不等的薄翅。花期在本省北部为9—11月，在本省南部为3—7月，球果次年10—11月成熟。

图2-81　福建柏

七　柏科 Cupressaceae

产于丽水及文成、苍南、泰顺。生于海拔600～1200m的山地林中。分布于西南及江西、福建、湖南、广东、广西。越南、老挝也有。

木材纹理细致，坚实耐用，可作建筑、雕刻、家具、农具等用材；枝叶浓密而清秀，树形端庄而优雅，为极好的园林景观树种；全株可提取芳香油，供制香皂；心材可药用。为国家Ⅱ级重点保护野生植物。

❼ 圆柏属 Sabina Mill.

乔木、灌木或匍匐状。具叶小枝圆柱形或四棱形，不排成一平面。叶片刺形或鳞形，幼树的叶均为刺叶，老树的叶则全为刺叶或鳞叶，或同一树上刺叶、鳞叶兼有；刺叶对生或3叶轮生，基部无关节，下延生长，鳞叶常交互对生，下面常具腺体。雌雄异株或同株，球花单生于枝顶；雄蕊4～8对，交互对生；珠鳞2～4对，交互对生或3枚轮生，具1～6胚珠。球果多为次年成熟；种鳞肉质，合生，成熟时不张开。种子1～6，坚硬，骨质，常有棱脊，无翅。

约50种，分布于北半球，北至北极地区，南至亚热带高山。我国有15种，分布于西部、西北部和西南部高山地带，另引入2种；浙江连引种有5种。

木材纹理直，坚韧耐用，有香气，可作建筑、家具、室内装饰、文具及细木工等用材；不少种类为习见的庭园观赏树。

分种检索表

1. 全为刺叶。
　2. 直立灌木或小乔木；球果具1种子 ··· **1.高山柏 S. squamata**
　2. 匍匐灌木；球果通常具2或3种子 ·· **2.铺地柏 S. procumbens**
1. 同一植株兼有鳞叶和刺叶，或全为鳞叶。
　3. 低矮灌木，枝干斜展 ··· **3.沙地柏 S. vulgaris**
　3. 高大乔木，在圆柏的品种中有枝干直立或斜展的灌木。
　　4. 鳞叶先端急尖，刺叶不等长，交互对生；球果当年成熟，每球果通常具2种子 ·················
　　　 ··· **4.北美圆柏 S. virginiana**
　　4. 鳞叶先端钝或稍尖，刺叶等长，常3枚轮生；球果次年成熟，每球果具1～4种子 ··············
　　　 ··· **5.圆柏 S. chinensis**

1. 高山柏　翠柏　（图2-82）

Sabina squamata (Lamb.) Ant. — *Juniperus squamata* Lamb.

直立灌木或小乔木，高1～5m。树皮灰褐色，裂成不规则薄片脱落；小枝常呈弧状弯曲，下垂或伸展。全为刺叶，3叶轮生，基部下延，常平展或斜展，长5～12mm，宽1～1.5mm，直或微弯,先端急尖为刺尖头,上面凹,具2条不明显的白色气孔带,下面具纵脊,沿脊或下部有细槽。球果卵圆形或近球形,成熟时呈黑色或蓝黑色,稍有光泽,无白粉,具1种子。种子卵圆形,长3～8mm,上面有2或3条钝纵脊。花期9月,球果次年6—10月成熟。

产于龙泉(凤阳山)、庆元(百山祖)。生于海拔1200m以上的山地上。分布于西南及安徽、福建、湖北、台湾、陕西、甘肃。南亚及缅甸、阿富汗也有。

生长缓慢,可栽为观赏树或盆景。

图2-82　高山柏

本省园林中常见栽培1园艺品种粉柏(翠柏)'Meyeri'(图2-83),直立灌木,枝叶密集;刺叶条状披针形,长6～10mm,先端渐尖,两面均有白色气孔带,外观呈灰绿色或蓝绿色;球果卵圆形,长约6mm。

图2-83　粉柏

2. 铺地柏 匍匐柏 （图2-84）

Sabina procumbens (Siebold ex Endl.) Iwata et Kusaka — *Juniperus procumbens* (Siebold ex Endl.) Miq.

匍匐灌木。大枝沿地面伸展，褐色，密生小枝，枝梢及小枝向上斜展。全为刺叶，3枚轮生，披针形，长6～8mm，先端锐刺尖，基部下延，上面凹，有2条白色气孔带，气孔带常在上部汇合，绿色中脉仅下部可见，中脉在下面突起，蓝绿色，沿中脉有细纵槽。球果近球形，直径8～9mm，成熟时呈蓝黑色，被白粉，通常具2或3种子。种子长约4mm，有棱脊。花期3月，球果次年8—11月成熟。

原产于日本。全国各地多有栽培。全省各地园林中广泛栽培。

适作缓坡地被或岩石园配置，也可用于制作盆景。

图2-84　铺地柏

3. 沙地柏 叉子圆柏 （图2-85）

Sabina vulgaris Antoine — *Juniperus sabina* L. — *J. arenaria* (E.H. Wilson) Florin

低矮灌木，高通常不逾1m。枝干斜展，分枝稠密。叶二型：刺叶常生于幼树上，交互对生或兼有3枚轮生，长3～7mm，先端急尖，上面凹，下面拱圆，中部有长椭圆形或条形腺体；鳞叶交互对生，斜方形或菱状卵形，长1～2.5mm，先端微钝或急尖，下面中部有明显的椭圆形或卵形腺体。雌雄异株，稀同株。球果生于向下弯曲的小枝顶端，倒三角状球形，直径5～8mm，成熟前呈蓝绿色，成熟时呈褐色、蓝紫色或黑色，多少被白粉，通常具2或3种子。种子常为卵圆形，微扁，长4～5mm，顶端钝或微尖，有纵脊与树脂槽。花期3月，球果次年10—11月成熟。

原产于西北及内蒙古。南欧至中亚及俄罗斯、蒙古也有。本省园林中常有栽培。

图2-85 沙地柏

4. 北美圆柏　铅笔柏　（图2-86）

Sabina virginiana (L.) Antoine — *Juniperus virginiana* L.

高大乔木，在原产地高达36m。树皮红褐色，裂成长条片脱落；树冠圆锥形或圆柱形；枝条通常向上直立，生鳞叶的小枝细，四棱形。叶二型：鳞叶长约1.5mm，先端急尖，下面下部有下凹腺体；刺叶较少，交互对生，不等长，长4～6mm，上面凹，有白色气孔带。雌雄同株，稀异株。球果近球形或卵球形，长5～6mm，蓝紫色，被白粉，具2（3或4）种子。种子卵圆形，褐色，长约3mm。花期3月，球果10—11月成熟。

七　柏科 Cupressaceae

原产于北美洲东部。华东有引种。本省普遍有栽培。

材质稍软，结构均匀致密，易于加工，为制造铅笔杆的优良材料，也是家具和室内装饰的良材；树形美观，适应性强，为园林绿化及营建沿海防护林的优良树种。

图 2-86　北美圆柏

5. 圆柏　桧柏（图 2-87）

Sabina chinensis (L.) Antoine — *Juniperus chinensis* L. — *J. sphaerica* Lindl.

高大乔木，高达20m。树皮深灰色或淡红褐色，裂成长条片剥落；生鳞叶的小枝近圆柱形。叶二型：幼苗期多为刺叶，中龄树和老树兼有刺叶与鳞叶；当树体生长不良或光照不足时，则刺叶比例增加；刺叶通常3枚轮生，等长，排列稀疏，长6～12mm，上面微凹，有2条白色气孔带；鳞叶先端钝或稍尖，交互对生，间或3枚轮生，排列紧密。球果近球形，直径6～8mm，黄褐色，被白粉，具1～4种子。种子卵圆形，扁，顶端钝，有棱脊。花期10—11月，球果次年9—11月成熟。

产于安吉、富阳、临安、桐庐、鄞州、奉化、象山、江山、武义。生于海拔1000m以下的悬崖峭壁上；全省各地普遍栽培。分布于华北、西南及广东、广西、陕西、甘肃。日本、朝鲜半岛也有。

木材坚韧致密，可作房屋建筑、家具及细木工等用材；树根及枝叶可提取柏木油；种子可提取润滑油；枝叶可入药；为重要的园林景观树种和盆景树种。为浙江省重点保护野生植物。

图2-87　圆柏

七　柏科 Cupressaceae

本省常见栽培有5个园艺品种：龙柏'Kaizuca'（图2-88），树冠圆柱状或尖塔形，大枝扭曲向上伸展，小枝密集，在枝端呈密簇状，几全为鳞叶；匍地龙柏'Kaizuca-Procumbens'（图2-89），无直立主干，大枝匍匐平展，几全为鳞叶；金球柏（金叶桧）'Aureoglobosa'（图2-90），直立灌木，树冠间杂有金黄色枝叶；鹿角柏'Pfitzeriana'（图2-91），丛生灌木，枝干自地面向四周斜展，间有部分枝条鹿角状向上伸出；塔柏'Pyramidalis'（图2-92），树形高大，树冠尖塔形或圆柱状塔形，枝条近直立，密生，多为刺叶，间有少量鳞叶。

图2-88　龙柏

图2-89　匍地龙柏

图2-90　金球柏

图 2-91 鹿角柏

图 2-92 塔柏

⑧ 刺柏属 Juniperus L.

常绿乔木或灌木。具叶小枝四棱形或圆柱形,不排成一平面。全为刺叶,3枚轮生,基部有关节,不下延生长,披针形或条状披针形,上面平或凹下,有1或2条气孔带,下面隆起具棱脊。雌雄同株或异株,球花单生于叶腋;雄球花具雄蕊约5对;雌球花具3枚轮生珠鳞,胚珠3。球果浆果状,次年或第三年成熟;种鳞肉质,合生,成熟时不张开或顶端微开裂。种子常3粒,卵圆形,具棱脊,无翅。

10余种,分布于北半球。我国有3种,另引入1种;浙江有1种。

刺柏 山刺柏 （图2-93）

Juniperus formosana Hayata —— *J. formosana* var. *sinica* Nakai —— *J. chekiangensis* Nakai, nom. nud.

乔木,高达15m。树皮褐色或灰褐色,纵裂成长条片脱落;树冠圆柱形或尖塔形;大枝斜展或直立,小枝下垂,三棱形。叶片刺形,3枚轮生,条形或条状披针形,长1.2~2cm,宽1~2mm,先端渐尖,具锐尖头,基部有关节,上面微凹,中脉微隆起,绿色,两侧各有1条白色或淡绿色气孔带,在叶的先端汇成1条,下面绿色,有光泽,具纵钝脊。球果近球形或宽卵圆形,肉质,直径6~10mm,成熟时呈淡红褐色,被白粉或白粉脱落,间或顶部微开裂。种子半月形,具3或4棱脊。花期4月,球果次年11—12月成熟。

产于全省山区、丘陵。生于海拔1500m以下干燥瘠薄的山冈、山坡疏林中或悬崖峭壁上。分布于我国淮河以南广大地区及台湾。

材质优良,可作船舶、桩柱、农具、家具及细木工等用材;小枝下垂,树形美观,可供庭园观赏。

七 柏科 Cupressaceae

图 2-93 刺柏

八　罗汉松科 Podocarpaceae

常绿乔木或灌木。叶多型，螺旋状散生、近对生或交互对生，下面有或无气孔线，但绝不构成明显的气孔带。球花单性，雌雄异株，稀同株；雄球花穗状，单生或簇生于叶腋，稀生于枝顶，雄蕊多数，螺旋状排列，花药2，花粉有气囊；雌球花单生于叶腋或苞腋，稀穗状，具多数或少数螺旋状着生的苞片，部分、全部或仅顶端的苞腋着生1胚珠，胚珠为辐射对称或近于辐射对称的囊状或杯状套被所包围，稀无套被。种子核果状或坚果状，全部或部分为肉质或薄而干的假种皮所包，着生于由苞片与轴愈合发育的膨大成肉质或非肉质的种托上。

18属，约180种，分布于全球热带、亚热带地区，少数产于南温带地区，以南半球为分布中心。我国有4属，12种，产于华东、华中、华南、西南；浙江有2属，5种。

多数种类为园林绿化树种；部分种类种子可榨油；某些种类还可供材用。

① 竹柏属 Nageia Endl.

常绿乔木。叶对生或近对生，革质，长卵形至椭圆状披针形，无中脉，具多数纵向并列细脉，树脂道多数。雌雄异株，稀同株；雄球花穗状，腋生，单生或分枝状，或数条簇生于花序梗上；雌球花常单生于叶腋。种子球形，为肉质假种皮所包，呈核果状，种托肥厚肉质或几不发育。

约6种，分布于亚洲东部热带、亚热带地区。我国有3种，分布于长江流域及以南各地；浙江有2种。

1. 竹柏（图2-94）

Nageia nagi (Thunb.) Kuntze —— *Podocarpus nagi* (Thunb.) Zoll. et Mor. ex Zoll.

乔木，高达20m。树皮不规则薄片状剥落，光滑；枝条不下垂。叶片长卵形或卵状披针形，长3.5~10cm，宽1~3cm，对生或近对生，有多数平行细脉，无中脉，基部楔形或宽楔形，向下窄成柄状。雄球花腋生，穗状圆柱形，常3~5条簇生于花序梗上，呈分枝状，长1.8~2.5cm，花序梗粗短，基部有少数三角状苞片；雌球花单生于叶腋，稀成对腋生，基部有数枚苞片。种子球形，直径1.2~1.5cm，假种皮成熟时呈暗紫色，有白粉，梗长7~13mm，种托几不发育，外种皮骨质，黄褐色，顶端圆，基部尖，表面密生细凹点，内种皮膜质。花期4—5月，种子10—12月成熟。

产于温州及普陀、龙泉。生于海拔500m以下的山谷溪边或山坡阔叶林中；全省各地常见栽培。分布于华南及江西、福建、湖南、四川。日本也有。

树冠浓郁，木材优质，为优良的材用和园林绿化树种；种子可提取工业用油。为浙江省重点保护野生植物。

图2-94 竹柏

2. 长叶竹柏（图2-95）

Nageia fleuryi (Hick.) de Laub.

乔木，高达25m。枝条常下垂。叶交互对生，椭圆状披针形，厚革质，无中脉，有多数并列的细脉，长8～18cm，宽2～5cm，上部渐窄，先端渐尖，基部楔形，窄成扁平的短柄。雄球花腋生，穗状圆柱形，常3～6条簇生于花序梗上，呈分枝状，长2～6.5cm，花序梗长2～5mm；雌球花单生于叶腋，有梗，梗上具数枚苞片，苞腋具1～3倒生胚珠，后仅1粒发育。种子球形，直径1.5～1.8cm，假种皮成熟时呈蓝紫色，有白粉，梗长约2cm，种托几不发育。花期2—3月，种子11—12月成熟。

原产于华南及云南。越南、老挝、柬埔寨也有。杭州市区（杭州植物园）等地有栽培。

与竹柏的主要区别在于后者枝条不下垂；叶片较小，长3.5～10cm，宽1～3cm；雄球花较短，长1.8～2.5cm；种子较小，直径1.2～1.5cm。

图2-95　长叶竹柏

❷ 罗汉松属 Podocarpus L'Hér. ex Pers.

常绿乔木，稀灌木。叶片条形、披针形或狭椭圆形，螺旋状排列或近对生，具明显中脉，树脂道多数；具极短柄。雌雄异株；雄球花穗状，单生或簇生，花粉具2气囊；雌球花单生于叶腋，轴端的苞腋有1或2胚珠，其下不生胚珠的苞片与轴愈合发育成肉质种托。种子核果状或坚果状，全为肉质假种皮所包，成熟时通常呈绿色，生于红色或紫黑色肉质种托上。

约100种，分布于全球热带、亚热带地区及南半球温带地区。我国有7种，分布于长江以南各地及台湾；浙江有3种。

与竹柏属的区别在于后者叶对生或近对生；叶片宽阔，无中脉；种托通常不为肉质肥厚。

分种检索表

1. 叶片长为宽的7倍以上。
   2. 叶片先端渐尖，有时急尖；雄球花单生或2条、3条簇生；种子成熟时假种皮通常呈绿色，几无白粉 ·· **1. 百日青 P. neriifolius**
   2. 叶片先端短尖或钝尖，有时圆钝；雄球花常3～5条簇生；种子成熟时假种皮呈粉绿色，白粉明显······ ·· **2. 罗汉松 P. macrophyllus**
1. 叶片长为宽的5倍以下 ·· **3. 小叶罗汉松 P. wangii**

1. 百日青 （图2-96）
Podocarpus neriifolius D. Don

乔木，高达25m。树皮灰褐色，浅纵裂。叶片革质，长披针形，长7～16cm，宽0.9～1.4cm，上部较窄，先端渐尖（萌生枝上的叶稍宽，先端急尖），基部渐窄，楔形，有短柄，上面中脉隆起，

图2-96 百日青

下面微隆起或近平。雄球花穗状，单生或2条、3条簇生，花序梗较短，基部有多数螺旋状排列的苞片。种子卵圆形，直径7~8mm，顶端钝圆，成熟时假种皮呈绿色，几无白粉，种托肉质，鲜红色、紫红色至紫黑色，梗长1~2.5cm。花期5—6月，种子7—9月成熟。

产于松阳（箬寮岘）。生于海拔200~900m的山地阔叶林中。杭州、宁波、丽水等地有少量栽培。分布于华南、西南及江西、福建、湖南。尼泊尔、不丹、缅甸、老挝、印度尼西亚也有。

材质优良，可作高级家具、雕刻、文体用具及细木工用材；种仁出油率30%，可供制皂等工业用；树姿优美，可作园林景观树。为浙江省重点保护野生植物。

2. 罗汉松 （图2-97）

Podocarpus macrophyllus (Thunb.) Sweet

乔木，高达20m。树皮灰色或灰褐色，浅纵裂，成片脱落。叶片条状披针形，微弯，长7~13cm，宽0.7~1cm，先端短尖或钝尖，基部楔形，中脉显著隆起，下面灰绿色或浅绿色，中脉微隆起。雄球花穗状，腋生，常3~5条簇生于极短的花序梗上，长3~5cm，基部有数枚三角状苞片；雌球花单生于叶腋，有梗，基部有少数钻形苞片。种子卵圆形，直径约1cm，顶端钝

图2-97 罗汉松

圆，成熟时假种皮呈粉绿色，白粉明显，种托肉质，黄红色、鲜红色、紫红色至紫黑色，梗长1～1.5cm。花期5—6月，种子8—10月成熟。

产于丽水、温州及普陀。生于低海拔的山沟阔叶林中或海岛崖壁上；全省各地普遍有栽培。分布于华东、西南及湖南、广东、广西。日本也有。

树姿优美，为优良的园林景观树种，也是制作盆景的常用树种；材质优良，可作家具、文体用具及细木工等用材；种托成熟时可食。

2a. 短叶罗汉松（变种）（图2-98）
var. **maki** Siebold et Zucc.

叶片长2.5～7cm，宽3～7mm，可与罗汉松相区别。

原产于日本。全国大部分地区有栽培。本省均有栽培。

图2-98　短叶罗汉松

2b. 柱冠罗汉松（变种）（图2-99）
var. **chingii** N.E. Gray — *P. macrophyllus* 'Chingii' — *P. chingianus* S.Y. Hu

树冠圆柱形。生殖枝上的叶片短小，条形或倒披针形，长1.5～3.5cm，宽2～4mm，先端圆钝或钝尖，基部楔形下延。雄球花常3个簇生。

产于龙泉。栽于村边宅旁。模式标本采自龙泉（锦溪镇青云山半溪村邱庄宅旁）。

据2020年7月实地调查，有关文献所记载的模式标本树及其母树均已不见。邱家后人早已搬迁到山下外林岙，移栽有小树2株，另锦溪镇上及半溪村安垾自然村各有1株大树。

图2-99 柱冠罗汉松

3. 小叶罗汉松（图2-100）
Podocarpus wangii C.C. Chang

乔木，高达15m。树皮不规则纵裂，赭黄色带白色或褐色。叶常密生于枝条的上部，叶间距离极短，革质或薄革质，斜展，长椭圆形、狭长圆形或披针状椭圆形，长1.5～5.5cm，宽3～11mm，中脉两面隆起，边缘微反卷，先端微尖或钝，基部渐窄，叶柄极短，长1.5～4mm。雄球花穗状，单生或2条、3条簇生于叶腋，长1～1.5cm，近于无梗，基部有苞片约6枚；雌球花单生于叶腋，具短梗。种子椭圆状球形或卵圆形，长7～9mm，先端钝圆，有突起的小尖头，种托肉质，圆柱形，长达8mm，直径3～4mm，梗长5～15mm。花期3月，种子6—8月成熟。

原产于华南及云南。菲律宾、印度尼西亚也有。宁波及萧山、金华市区（婺城）、磐安等地有栽培。

八 罗汉松科 Podocarpaceae

图 2-100 小叶罗汉松

九　三尖杉科 Cephalotaxaceae

常绿乔木或灌木。小枝常对生，基部具宿存芽鳞。叶片条形或条状披针形，螺旋状着生，在侧枝上基部扭转排成2列，中脉在上面隆起，下面沿中脉两侧有2条明显的宽气孔带。雌雄异株，稀同株；雄球花6～11个聚生成头状，生于叶腋，基部有苞片，雄蕊4～16，花药通常3，花粉无气囊；雌球花具长梗，生于小枝基部（稀近枝顶）的苞腋，花梗上部的花轴上具数对交互对生的苞片，每苞腋的珠托上具2直生胚珠。种子核果状，次年成熟，全部包于由珠托发育的肉质假种皮中，顶端具突起的小尖头，基部无膨大的种托，但有宿存苞片，外种皮骨质，内种皮薄膜质。

1属，8～11种，分布于东亚、东南亚及印度。我国有6种，分布于黄河流域及以南各地；浙江有2种。

三尖杉属 Cephalotaxus Siebold et Zucc. ex Endl.

属形态特征与科同。

1. 三尖杉　石榧　血榧　（图2-101）
Cephalotaxus fortunei Hook.

乔木或小乔木，高达20m。树皮褐色或红褐色，裂成不规则片状脱落；小枝稍下垂；芽鳞宿存。叶排成微下垂的2列，条状披针形，微弯，长4～13cm，宽0.3～0.5cm，先端长渐尖，基部楔形，中脉隆起，下面气孔带白色，较绿色边带宽3～4倍。雄球花8～10个聚生成头状，生于去年生枝的叶腋；雌球花具长1.2～2cm的花序梗，3～8胚珠可发育成种子。种子椭球形或近球形，长1.5～2.5cm，顶端有小尖头，假种皮成熟时呈紫褐色，外种皮褐色；胚乳不内皱。花期3—4月，种子次年8—10月成熟。

产于全省山地。散生于海拔1450m以下的山谷、溪边阔叶林中。分布于华东、华中、华南、西南及陕西、甘肃。缅甸北部也有。模式标本采自宁波。

植株含有三尖杉酯类和高三尖杉酯类生物碱，可治白血病；种子可食用或供药用；种仁可榨油，供工业用。

九　三尖杉科 Cephalotaxaceae

图 2-101　三尖杉

2. 粗榧（图 2-102）

Cephalotaxus sinensis (Rehder et E.H. Wilson) H.L. Li

灌木或小乔木，高可达10m。树皮灰色或灰褐色，薄片状脱落。叶在小枝上排成常"V"形上折的2列，条形，通直，长2～5cm，宽约3mm，先端微突尖或短渐尖，基部近圆形，两面中脉明显隆起，下面气孔带白色，较绿色边带宽2～3倍。雄球花6或7个聚生成头状，生于叶腋；雌球花头状，常生于小枝基部，具柄，通常2～5胚珠可发育成种子。种子卵圆形、椭圆状卵形或近球形,长1.8~3cm,顶端中央有尖头,假种皮成熟时呈红褐色。花期3—4月,种子次年10—11月成熟。

产于全省山区、丘陵。散生于海拔1430m以下的山坡、沟谷、山脊、溪谷疏林或灌丛中。分布于华东、华中、华南、西南及陕西、甘肃。

树姿雅观,可制作盆景;木材坚实,可作农具及细木工等用材;肉质假种皮可食;药用价值同三尖杉。

与三尖杉的区别在于后者叶片较长,微弯,长4~13cm,通常排成微下垂的2列,先端长渐尖。

图2-102　粗榧

一〇 红豆杉科 Taxaceae

常绿乔木或灌木。叶螺旋状排列或交互对生，条形或披针形，中脉在上面明显或略明显，下面中脉两侧各有1条明显的气孔带。雌雄异株，稀同株；雄球花单生或双生于叶腋或苞腋，或组成穗状集生于枝顶，雄蕊多数，各具3~9枚花药，花粉无气囊；雌球花单生，或成对生于叶腋或苞腋，具短梗或无梗，基部具多数覆瓦状排列或交互对生的苞片，每苞腋仅具1直生胚珠。种子核果状或坚果状，全部或部分为肉质假种皮所包，基部无膨大的种托。

5属，27~29种，主要分布于北半球。我国有4属，20~22种；浙江有4属，12种。

分属检索表

1. 叶螺旋状排列或交互对生，上面中脉明显；雌球花单生于叶腋或苞腋；种子生于杯状或囊状假种皮中，上部或顶端尖头露出。
   2. 叶螺旋状排列；雄球花单生于叶腋；雌球花近无梗；种子生于杯状肉质假种皮中，上部露出。
      3. 小枝不规则互生；叶片下面有2条淡黄色或淡灰绿色气孔带；种子成熟时假种皮呈红色 ·· 1. 红豆杉属 Taxus
      3. 小枝近对生或轮生；叶片下面有2条白色气孔带；种子成熟时假种皮呈白色 ·· 2. 白豆杉属 Pseudotaxus
   2. 叶交互对生；雄球花多数排成穗状，1~6条集生于枝顶；雌球花有长梗；种子包于囊状肉质红色假种皮中，仅顶端尖头露出 ·· 3. 穗花杉属 Amentotaxus
1. 叶交互对生，上面中脉不明显或稍明显；雌球花成对生于叶腋；种子全部包于肉质假种皮中 ·· 4. 榧树属 Torreya

1 红豆杉属 Taxus L.

常绿乔木或灌木。小枝不规则互生。叶片条形或披针状条形，螺旋状排列，基部扭转排成2列，上面中脉明显隆起，下面有2条淡黄色或淡灰绿色气孔带，无树脂道。球花均单生于叶腋；雄球花球形，有梗，雄蕊6~14，盾状，花药4~9，辐射排列；雌球花近无梗，珠托圆盘状。种子坚果状，当年成熟，生于杯状肉质假种皮中，上部露出，假种皮红色。

13~15种，产于北半球。我国有8~10种，分布于东北、华东、华中、华南、西南，另引进2种；浙江连引种有5种。

本属均为珍贵树种；木材纹理直，结构细，坚实耐用，可作建筑、家具、细木工等用材；叶色深绿，假种皮肉质鲜红色，为优良的园林绿化树种；假种皮味甜，可食。

分种检索表

1. 叶在小枝上排成较整齐的2列；乡土树种。
    2. 叶片长1～2.5cm，较通直，下面气孔带与中脉近同色，中脉上密生均匀而微小的角质乳头状突起；分布于高海拔地带 ·· **1. 红豆杉 T. chinensis**
    2. 叶片长1.5～4cm，稍弯曲，下面气孔带与中脉呈异色，中脉上无或仅局部有成片或零星的角质乳头状突起；高低海拔地带均有分布 ································ **2. 南方红豆杉 T. mairei**
1. 叶在小枝上排成不规则的2列；引进树种。
    3. 乔木或灌木状；树冠宽大；若为灌木状（矮紫杉），则分枝常平展或斜展。
        4. 种子通常露出假种皮外；气孔带宽约为绿色边带的2倍 ············ **3. 东北红豆杉 T. cuspidata**
        4. 种子通常不露出假种皮外；气孔带宽约为绿色边带的3倍 ············ **4. 欧洲红豆杉 T. baccata**
    3. 灌木状；树冠狭窄；分枝向上直立 ·· **5. 曼地亚红豆杉 T. × media**

1. 红豆杉 （图2-103）

Taxus chinensis (Pilger) Rehder — *T. wallichiana* Zucc. var. *chinensis* (Pilger) Florin

乔木，高可达30m。树皮灰褐色或暗红褐色；大枝开展；二年生、三年生枝黄褐色或淡红褐色；冬芽黄褐色或红褐色，有光泽。叶片条形，排成较整齐的2列，长1～2.5cm，宽2～4mm，较通直，上部渐窄，先端微急尖，下面气孔带淡黄绿色，中脉上密生均匀而微小的圆形角质乳头状突起，常与气

图2-103 红豆杉

一〇 红豆杉科 Taxaceae

孔带近同色。种子生于鲜红色肉质杯状假种皮中，卵圆形，长5~7mm，直径3.5~4.5mm，上部常具2钝脊，稀三角状面具3钝脊，先端有突起的短钝尖头，种脐近圆形或宽椭圆形。花期4月，种子10月成熟。

产于龙泉（凤阳山）。生于海拔1000~1500m的山坡、沟谷混交林中。分布于西南及安徽、湖北、湖南、广西、陕西、甘肃。为国家Ⅰ级重点保护野生植物。

华中所产的红豆杉叶片较短，质地较硬。本省产的与其稍有差异。

2. 南方红豆杉 美丽红豆杉 （图2-104）

Taxus mairei (Lemée et H. Lév.) S.Y. Hu — *T. wallichiana* Zucc. var. *mairei* (Lemée et H. Lév.) L.K. Fu et Nan Li — *T. chinensis* (Pilger) Florin var. *mairei* (Lemée et H. Lév.) Cheng et L.K. Fu

乔木，高达20m。树皮赤褐色或灰褐色，浅纵裂。叶片通常较宽较长，多呈镰状，排成较整齐的2列，长1.5~4cm，宽3~5mm，稍弯曲，上部渐窄，先端渐尖，下面中脉带上局部有成片或零星的角质乳头状突起或无，中脉明显可见，淡绿色或绿色，气孔带黄绿色，与中脉异色，绿色边带较宽而明显。种子生于鲜红色肉质杯状假种皮中，长6~8mm，直径4~5mm，微扁，上部较宽，呈倒卵圆形或椭圆状卵形，

图2-104 南方红豆杉

有钝纵脊，种脐椭圆形或近三角形。花期3—4月，种子11月成熟。

产于全省山区、丘陵。散生于海拔100m以上的常绿阔叶林或混交林中；全省各地广泛栽培。分布于长江流域以南各地及河南、陕西、甘肃。

树体雄伟，枝叶茂密，假种皮红艳，材质优良，花纹美观，为极好的园林观赏树种及材用树种。近年发现其假种皮有橘黄色及金黄色的类型。为国家Ⅰ级重点保护野生植物。

3. 东北红豆杉 （图2-105）
Taxus cuspidata Siebold et Zucc.

乔木，高达20m。树冠宽大；树皮红褐色，有浅裂纹；冬芽淡黄褐色，芽鳞先端渐尖，下面有纵脊；枝条平展或斜展；小枝基部有宿存芽鳞；一年生枝绿色，秋后呈淡红褐色，二年生、三年生枝红褐色或黄褐色。叶在小枝上排成不规则的2列；叶片斜展，条形，直或微弯，长1～2.5cm，宽2.5～3mm，苗期长可达4cm，基部窄，有短柄，先端通常突尖，上面深绿色，有光泽，下面有2条灰绿色气孔带，气孔带宽约为绿色边带的2倍，中脉带上无角质乳头状突起。种子生于红色肉质杯状假种皮中，通常露出，有光泽，卵圆形，长约6mm，上部具3或4钝脊，顶端有小钝尖头。花期4—5月，种子9—10月成熟。

原产于东北。东北亚也有。杭州等地有栽培。

图2-105　东北红豆杉

3a. 矮紫杉　枷罗木（变种）（图2-106）

var. nana Rehder —— var. *umbraculifera* (Siebold) Makino

灌木状，高1~3m。分枝平展或斜展，小枝密集。叶片短小。

原产于东北。日本、朝鲜半岛也有。我国南北各地多有栽培。杭州、宁波、舟山等地有零星栽培。

耐寒性强，极耐修剪，为优良的庭园观赏植物，也是很好的盆景树种。

图2-106　矮紫杉

4. 欧洲红豆杉 （图2-107）
Taxus baccata L.

乔木，高达20m。树皮红褐色；树冠宽大；分枝多而密集；小枝基部有宿存芽鳞；一年生枝绿色，秋后呈淡红褐色，二年生、三年生枝呈红褐色或黄褐色。叶螺旋状着生，在直立枝上辐射伸展，在横向侧枝上排成不整齐的2列；叶片条形，长1～4cm，先端急尖至渐尖，上面暗绿色，下面淡黄绿色，气孔带宽约为绿色边带的3倍。雌雄异株；雄球花黄色。种子坚果状，生于红色杯状肉质假种皮中，通常不露出。花期3—4月，种子7—9月成熟。

原产于欧洲及亚洲西南部、北非西部。我国各地多有引种。杭州等地有栽培。

图2-107　欧洲红豆杉

5. 曼地亚红豆杉 （图2-108）
Taxus × media Rehder

灌木状，高0.5～2m。树冠狭窄；树皮薄，淡红色；分枝密集而向上直立；小枝基部宿存有褐色芽鳞；一年生、二年生枝绿色。叶在直立枝条上螺旋状着生，四面伸展，在横向侧枝上排成不整齐的2列，叶片通直，长1～2.5cm，宽2～2.5mm，先端急尖、圆钝或短尖，具小尖头，基部宽楔形，边缘微反卷，上面深绿色，中脉隆起，下面气孔带淡绿色，宽为绿色边带的2～3倍；具短柄。雌雄异株。种子扁卵圆形，长4～5mm，生于红色杯状肉质假种皮中。花期3—4月，种子10—11月成熟。

原产于北美洲。为一杂交种，资料记载，其母本为东北红豆杉，父本为欧洲红豆杉。我国自20世纪90年代从加拿大引进，现全国大部分地区有引种。全省各地常见栽培。

灌木状，枝叶密集，适作盆栽观赏或作园林绿篱、造型、地被；紫杉醇含量较高，但生长缓慢。

一〇　红豆杉科 Taxaceae

图 2-108　曼地亚红豆杉

❷ 白豆杉属 Pseudotaxus Cheng

常绿小乔木或灌木。大枝常轮生；小枝近对生或轮生，基部有宿存的芽鳞；冬芽芽鳞背部有明显的纵脊。叶螺旋状排列，基部扭转排成2列，条形，直或微弯，中脉明显，两面隆起，上面亮绿色，下面有2条白色气孔带。球花均单生于叶腋，几无梗；雄球花球形，雄蕊6～12，盾形，花药4～6，辐射对称；雌球花的胚珠生于圆垫状珠托中。种子当年成熟，上部露出，假种皮肉质杯状，白色，基部有宿存苞片。

1种，我国特产；浙江也有。

白豆杉（图2-109）
Pseudotaxus chienii (Cheng) Cheng — *Taxus chienii* Cheng

常绿小乔木或灌木，高可达7m。树皮灰褐色，片状脱落；一年生小枝黄褐色或黄绿色。叶片长1～2.6cm，宽0.2～0.5cm，先端急尖，基部近圆形，有短柄。种子卵圆形，长5～8mm，直径4～5mm，上部微扁，顶端有突起的小尖，生于白色肉质的杯状假种皮中。花期3—4月，种子10—11月成熟。

产于衢州市区（衢江大源尾）、缙云（大洋山）、遂昌（九龙山）、松阳（箬寮岘）、龙泉（昂山、凤阳山）、庆元（百山祖）等地。生于海拔1100～1600m的阴坡、谷地针阔混交林中，或生于悬崖峭壁上。分布于江西、湖南、广东、广西。模式标本采自龙泉（昂山）。

木材纹理均匀，结构细致，可作美工及细木工用材；枝叶清秀，假种皮洁白醒目，可供园林观赏。为国家Ⅱ级重点保护野生植物。

图2-109 白豆杉

一〇 红豆杉科 Taxaceae

③ 穗花杉属 Amentotaxus Pilger

常绿小乔木或灌木。小枝对生，基部无宿存芽鳞；冬芽四棱状卵圆形，先端尖，有光泽，芽鳞3～5轮，每轮4，交互对生，背部有纵脊。叶交互对生，排成2列，中脉在上面明显隆起。雄球花多数，排成穗状，（1）2～6条集生于近枝顶的苞腋，近无梗；雌球花单生于叶腋或苞腋，有长梗，胚珠生于漏斗状珠托上，基部有6～10对交互对生的苞片。种子核果状，包于囊状肉质的红色假种皮中，仅顶端尖头露出，基部有宿存的苞片，具长梗。

5或6种，分布于我国和越南。我国有3种；浙江有1种。

穗花杉（图2-110）
Amentotaxus argotaenia (Hance) Pilger

小乔木，高3～8m。树皮灰黄褐色，薄片状脱落。叶片条状披针形，稍呈"S"形弯曲，长3～11cm，宽6～11mm，萌生枝上的叶较长，先端尖或钝，基部渐窄成楔形，具短柄，叶缘微反

图2-110　穗花杉

卷，下面2条白色气孔带与绿色边带等宽或较窄。雄球花2~6条集生，长3~6.5cm，花药2~4；雌球花生于新梢叶腋。种子倒卵状椭圆形，长1.6~2.6cm，直径约1.3cm，肉质假种皮鲜红色，基部宿存苞片的背部有纵脊，种梗长1.8~2.4cm。花期4—5月，种子次年4—5月成熟。

产于龙泉（宝溪乡塘上村、岩樟乡梨树坑）。生于海拔400~700m的沟谷两侧阴湿常绿阔叶林下。分布于华东及湖北、湖南、广东、广西、四川、贵州、甘肃、西藏。越南也有。

木材细密，易加工，可作细木工、雕刻与农具等用材；叶色深绿，假种皮深红色，可供园林观赏；假种皮味甜可食。为浙江省重点保护野生植物。

4 榧树属 Torreya Arn.

常绿乔木。树皮纵裂；大枝轮生，小枝近对生或轮生。叶交互对生，基部扭转排成2列，条形或条状披针形，上面中脉不明显或稍明显，下面有2条浅褐色或白色气孔带。雄球花单生于叶腋，雄蕊4~8轮，每轮4枚，花药（3）4；雌球花无梗，成对生于叶腋，胚珠生于漏斗状珠托上。种子核果状，全部包于肉质假种皮中，次年秋季成熟；种子近顶部常具2~4（8）个眼状突起物，俗称"榧眼"。

8种，分布于北美洲及我国、日本。我国连引种有6种；浙江有5种。

资料记载浙江引种有日本榧 T. nucifera (L.) Siebold et Zucc.，但作者未见实物及标本，故不予收录。

分种检索表

1. 叶片条形，长不超过4cm，先端急尖，基部近圆形或宽楔形，两侧稍不对称；胚乳周围向内深皱或微皱。
  2. 叶片上面无或具2条不明显的凹槽；胚乳周围向内微皱；分布海拔高度通常在800m以下 ················· 1.榧树 T. grandis
  2. 叶片上面通常有2条明显的凹槽；胚乳周围向内深皱；分布海拔高度通常在800m以上 ················· 2.巴山榧 T. fargesii
1. 叶片条状披针形，长3~14cm，先端渐尖，基部楔形或宽楔形，两侧近对称；胚乳周围向内深皱。
  3. 叶片较长，长3.5~14cm；带假种皮种子长2~3cm ················· 3.长叶榧 T. jackii
  3. 叶片较短，长3~7cm；带假种皮种子长3~4cm。
    4. 带假种皮种子椭球形，去皮种子直径不逾1.5cm，基部锐尖至长渐尖，先端圆钝，具尖头 ················· 4.九龙山榧 T. jiulongshanensis
    4. 带假种皮种子近球形或宽倒卵形，去皮种子直径1.6~2.4cm，基部钝尖，先端微凹，凹陷中央具小尖头 ················· 5.大盘山榧 T. dapanshanica

1. 榧树 野杉（图2-111）

Torreya grandis Fort. ex Lindl. — var. *dielsii* Hu — var. *chingii* Hu — var. *sargentii* Hu — form. *majus* Hu — form. *non-apiculata* Hu

常绿乔木，高达32m。主干通直而明显，树皮淡黄灰色或灰褐色；二年生、三年生小枝黄绿色至淡褐色。叶片条形，通常直，长0.7～3.6cm，宽1.5～3.5mm，先端急尖，具刺状短尖头，基部近圆形，两侧稍不对称，上面亮绿色，中脉不明显，无或具2条不明显的凹槽，下面淡绿色，气孔带与中脉带近等宽，绿色边带与气孔带等宽或稍宽。带假种皮种子椭球形、卵圆形、倒卵形或长椭球形，长2.3～4.5cm，直径2～2.8cm，成熟时假种皮呈淡紫褐色，有白粉，先端有小尖头；种子形态变异较大，胚乳周围向内微皱。花期4月，种子次年10—11月成熟。

产于全省山区、丘陵。多生于海拔800m以下的低山谷地混交林中。分布于华东及湖南、贵州。模式标本采自宁波。

图2-111　榧树

为优良的材用树种；假种皮可提取芳香油，种子可食，又可榨油；树姿优美，可用于园林绿化或制作盆景。为国家Ⅱ级重点保护野生植物。

除香榧外，胡先骕先生曾依据采自诸暨枫桥的标本（其中茄榧采自安徽休宁），按照种子形状、大小等特征分出了3个变种和2个变型：即圆榧var. *dielsii* Hu、茄榧var. *sargentii* Hu、秦氏榧var. *chingii* Hu、大圆榧（栾泡榧）form. *majus* Hu 和蛋榧 form. *non-apiculata* Hu，然而作者在实地调查中发现，野生榧树的种子在形态和大小上变异很大，且常有过渡类型，故有人在实践中又细分为茄榧、芝麻榧、圆榧、大圆榧、米榧、獠牙榧、旋纹榧及苹果榧（仅产于安徽黟县）等类型。鉴于此，本志赞同《中国植物志》的观点，均予以归并。另外，也有人将这些类群均作为品种处理，但除香榧外，其余均为实生树，并未经过人为选育及嫁接过程，故作为品种处理并不适宜。

历史上位于会稽山脉的诸暨、嵊州、东阳等地集中栽培有香榧（细榧）'Merrilii' — var. *merrillii* Hu（图2-112），均为人工嫁接树，高可达32m，无明显主干，干基高30～60cm，近基部具3或4个斜上伸展的大分枝；小枝下垂，三年生枝呈绿褐色或褐色；叶片深绿色，质较软；均为雌株；带肉质假种皮的种子呈宽椭球形或倒卵球形，长3～4cm，直径1.5～2.5cm，胚乳微内皱；种子倒卵状椭球形或短圆柱状椭球形，长2.7～3.2cm，直径1～1.6cm，微有纵浅凹槽，基部尖，近顶部具2个对生的"榧眼"。

香榧为浙江特产的重要经济果树，寿命长，产量高，其种子为著名干果，炒熟后食用，香脆味美，营养丰富，其种仁含油率高达54.62%～61.47%，含蛋白质约10%，含有17种氨基酸及钙、钾、镁、铁、锌、硒等19种矿物元素，不仅不饱和脂肪酸含量很高，还含有一种特殊的脂肪酸——金松酸；种子油可食用，也可用作润滑剂及制蜡等；肉质假种皮可提炼芳香油，供药用及用作香料、化妆品的原料等。现上述产区仍保存有大量百年以上的古树，近年来不仅省内各地正在大力发展，华东及湖北、湖南、四川、贵州、云南等地也在大力发展。模式标本采自诸暨（枫桥）。

图2-112 香榧

2. 巴山榧 (图2-113)
Torreya fargesii Franch.

常绿小乔木或灌木状，高3～10m。树皮深灰色；二年生、三年生枝呈黄绿色或黄色，稀淡黄褐色。叶片条形，通常直，长0.6～3cm，宽2～4mm，先端急尖，具刺状短尖头，基部宽楔形，两侧稍不对称，上面中脉不明显隆起，通常有2条明显的凹槽，下面淡绿色，中脉不隆起，气孔带比中脉带窄，绿色边带较宽。雄球花卵圆形，基部的苞片背部具纵脊，雄蕊常具4花药，花丝短，药隔三角状，边具细缺齿。带假种皮种子卵圆形、圆球形或宽椭球形，微被白粉，直径约1.5cm，顶端具小尖头，基部有宿存的苞片，骨质种皮的内壁平滑；胚乳周围向内深皱。花期4—5月，种子次年9—10月成熟。

产于安吉、临安、衢州市区（衢江）。散生于海拔800m以上的针、阔叶林中或沟谷乱石堆中。分布于陕西、湖北、湖南、江西、四川、云南。为我国特有树种。

木材坚硬，结构细致，可制家具、农具等；种子可榨油。为国家Ⅱ级重点保护野生植物。

图2-113　巴山榧

3. 长叶榧　浙榧 (图2-114)
Torreya jackii Chun

常绿乔木或灌木状，高3～14m。树皮灰色或深灰色，裂成不规则的薄片脱落，露出淡褐色的内皮；小枝平展或下垂；二年生、三年生枝红褐色，有光泽。叶片条状披针形，长3.5～14cm，宽约4mm，先端渐尖，具刺状尖头，基部楔形，两侧近对称，有短柄，上面有2条浅槽，中脉不明显，下面淡黄绿色，中脉微隆起，气孔带灰白色，绿色边带宽约为气孔带的2倍。带假种皮种子倒卵形至宽倒卵形，长2～3cm，被白粉，先端有小尖头，柄极短；胚乳周围向内深皱。花期3—4月，种子次年10月中下旬成熟。

产于丽水及桐庐、建德、浦江、武义、天台、临海、仙居、永嘉、泰顺（黄桥）。生于海拔200～1320m的山谷沟边、山坡针阔混交林中或悬崖峭壁上及石缝中。分布于福建。为我国特有树种。模式标本采自仙居溪港乡陈庄村（现名仁庄村）。

木材耐水湿，耐腐蚀，可制工艺品、器具等；种子可食，可榨油；树形优美，可作观赏树种。为国家Ⅱ级重点保护野生植物。

图2-114　长叶榧

4. 九龙山榧 （图2-115）

Torreya jiulongshanensis (Z.Y. Li, Z.C. Tang et N. Kang) C.C. Pan, J.L. Liu et X.F. Jin — *T. grandis* Fort. ex Lindl. var. *jiulongshanensis* Z.Y. Li, Z.C. Tang et N. Kang

常绿乔木，高达30m。树皮灰色或深灰色，裂成不规则的薄片脱落，露出淡褐色的内皮；小枝平展或下垂；二年生、三年生枝红褐色，有光泽。叶片条状披针形，长3～7cm，宽2.5～4mm，先端渐尖，具刺状尖头，基部楔形，两侧近对称，有短柄，上面有2条浅槽，中脉不明显，下面淡黄绿色，中脉微隆起，气孔带灰白色，绿色边带宽约为气孔带的2倍。带假种皮种子椭球形，长3～4cm，成熟时假种皮呈淡紫褐色，有白粉；去皮种子基部锐尖至长渐尖，先端圆钝，具尖头，直径不逾1.5cm；胚乳周围向内深皱。花期4月，种子次年10月成熟。

产于莲都、遂昌、松阳、龙泉。生于海拔500～800m的山坡或沟谷林中。为浙江特有树种。模式标本采自遂昌（九龙山）。

为国家Ⅱ级重点保护野生植物。

图2-115 九龙山榧

5. 大盘山榧 （图2-116）

Torreya dapanshanica X.F. Jin, Y.F. Lu et Zi L. Chen

常绿小乔木，高5~8m。树皮灰褐色，不规则纵裂；小枝无毛，稍具光泽；一年生枝绿色，二年生枝黄绿色或绿色，三年生枝黄褐色。叶片条状披针形，长3~6cm，宽约3mm，先端渐尖，具刺状尖头，基部宽楔形，两侧近对称，上面深绿色，具光泽，中脉稍下凹，有2条达近顶部的纵凹槽，下面中脉稍突起，每边各有1条与中脉近等宽的灰白色气孔带（干时变褐色），绿色边带宽约为气孔带的2倍；叶柄长约1mm。带假种皮种子近球形或宽倒卵形，长3.5~4cm，直径2.5~3cm，两头圆钝，先端具稍突起的短尖头，被白粉；去皮种子直径1.6~2.4cm，基部钝尖，先端微凹，凹陷处颜色较深，中央有小尖头；胚乳周围向内深皱。花期4月，种子次年9—10月成熟。

产于磐安（大盘山）。生于海拔550m左右的沟谷林中。为浙江特有树种。模式标本采自磐安（大盘山花溪）。

为国家Ⅱ级重点保护野生植物。

图2-116　大盘山榧

被子植物门 Angiospermae

被子植物也称有花植物（flowering plants），是现代植物界中最高等、种类最繁盛、分布最广泛、构成当今地球上植被景观最壮丽、物种与形态多样性最丰富的类群。其主要形态特征为常绿或落叶；乔木、灌木、藤本或草本；木质部具导管，稀无导管；叶片通常宽阔，有单叶、复叶及退化等，互生、对生、轮生或簇生，具网状脉或平行脉；有典型的花，即通常具花萼、花冠、雄蕊、雌蕊等结构；雄蕊由花丝、花药组成；雌蕊由子房、花柱、柱头组成，胚珠包藏于子房内；传粉方式多种，自花授粉、异花授粉（风媒、虫媒、鸟媒、水媒等）；种子成熟时，子房发育为果实；在有性生殖中，具有双受精现象，即1个精子与卵核融合发育成胚，另1个精子与2个极核融合发育成胚乳；种子具1或2子叶，稀3或4；除依靠种子繁殖外，还具有利用分蘖、地下茎、鳞茎、块茎、块根、珠芽等器官或方式进行扩大个体数量的无性繁殖能力。

现知全球有被子植物30万～40万种，我国约有2.5万种，浙江有4300余种。

被子植物用途极广，对人类的生存与发展具有极其重要的意义，人类日常生活中的衣、食、住、行及医药、工业等都离不开它们。

根据花部构造和种子内子叶数目，本门又分为木兰纲 Magnoliopsida（双子叶植物纲 Dicotyledoneae）和百合纲 Liliopsida（单子叶植物纲 Monocotyledoneae）两大类群；前者又分为木兰亚纲、金缕梅亚纲、石竹亚纲、五桠果亚纲、蔷薇亚纲和菊亚纲，后者又分为泽泻亚纲、槟榔亚纲、鸭跖草亚纲、姜亚纲和百合亚纲。

分亚纲检索表

1. 胚具2子叶，稀1或较多；主根发达，多为直根系；茎内维管束排成1环，具形成层；叶片具网状脉；花被通常4或5基数，少为3基数（木兰纲 Magnoliopsida）。
2. 花被常1或多层，全为花萼状或花瓣状，或有花萼与花冠之分，少数花被退化或无；当有花萼和花冠之分时，萼片离生或合生，但花瓣多为离生，很少合生；当花瓣合生时，雄蕊多于花冠裂片或与花冠裂片同数且对生。
3. 花两性，花被呈花瓣状（或有时稍有花萼和花冠之分）且1至多层，雄蕊多数且初生时向心发育，心皮多数，均离生（有时无花被且心皮合生）；或花单性，且常排成柔荑花序，花被无或仅1层（呈花萼状）；或花杂性（两性花与单性花并存），有花萼和花冠之分，但雄蕊多数且初生时为离心发育，胎座各式，常为侧膜胎座、特立中央胎座、基生胎座或中轴胎座；一些雄蕊较少和中轴胎座的类群通常每室具数粒至多数胚珠。
4. 花两性，花被呈花瓣状（或有时稍有花萼和花冠之分）且1至多层，雄蕊多数且初生时向心发育，心皮多数，均离生（有时无花被且心皮合生）；或花单性，且常排成柔荑花序，花被无或仅1层（呈花萼状）。

5. 花单生或排成花序,若排成花序,则非柔荑花序,子房上位;花被呈花瓣状(或有时稍有花萼和花冠之分)且1至多层;心皮多数,均离生(有时无花被且心皮合生)··· 木兰亚纲 Magnoliidae

5. 花常排成柔荑花序,若非柔荑花序,则子房半下位或下位;花被无或仅1层(呈花萼状);心皮定数,通常合生·· 金缕梅亚纲 Hamamelidae

4. 花两性,或杂性(两性花与单性花并存),有花萼和花冠之分,但雄蕊多数且初生时为离心发育,胎座各式,常为侧膜胎座、特立中央胎座、基生胎座或中轴胎座;一些雄蕊较少和中轴胎座的类群通常每室具数粒至多数胚珠。

6. 子房具特立中央胎座或基底胎座;雄蕊大多定数;种子具外胚乳,胚常弯曲··· 石竹亚纲 Caryophyllidae

6. 子房具中轴胎座或侧膜胎座;雄蕊多数至定数;种子不具外胚乳,胚不弯曲··· 五桠果亚纲 Dilleniidae

3. 花常两性,花被有花萼和花冠之分,常具2至数室的子房,每室仅具1或2胚珠(特别是雄蕊较少的类群),很少为侧膜胎座,也很少为特立中央胎座或基生胎座(寄生的类群除外);少数花单性,无花瓣或有花瓣,但均不排成柔荑花序································· 蔷薇亚纲 Rosidae

2. 花被2层;明显分为花萼和花冠,花萼和花冠均合生(但菊科中有部分种类的花萼退化成冠毛状);雄蕊少于或等于花冠裂片,且常与其互生··· 菊亚纲 Asteridae

1. 胚具1子叶;主根不发达,由多数不定根形成须根系;茎内维管束散生或排成2环,不具形成层;叶片具平行脉或弧形脉,少为网状脉;花被通常3基数,少为4基数(百合纲 Liliopsida)。

7. 花多数,常集成具佛焰苞包裹的肉穗花序································· 槟榔亚纲 Arecidae

7. 花多数或少数,单生或集成各式花序,但不为具佛焰苞包裹的肉穗花序。

8. 花被缺或不显著,有时呈鳞片状,若有显著的花被,则常为水生或湿生植物(如泽泻科、鸭跖草科和水鳖科)。

9. 雌蕊由离生或近离生的心皮组成,若心皮合生,则为子房下位的水生植物(水鳖科);胚乳为非淀粉·· 泽泻亚纲 Alismatidae

9. 雌蕊由合生心皮组成;胚乳大多为淀粉··· 鸭跖草亚纲 Commelinidae

8. 花被存在,通常显著而呈花瓣状;通常为陆生植物。

10. 花序常具大型、显著着生的苞片;雄蕊常特化为花瓣状··············· 姜亚纲 Zingiberidae

10. 花序不具大型、显著着生的苞片;雄蕊不特化成花瓣状,或与花柱合生形成合蕊柱··· 百合亚纲 Liliidae

木兰亚纲分科检索表

1. 木本植物(乔木、灌木或木质藤本)。

2. 直立木本植物。

3. 花单生或少数簇生,不形成花序;花被不分化或略有分化;心皮离生,螺旋状排列或轮状排列。

4. 花被轮状排列;心皮螺旋状或轮状排列,生于隆起的花托上。

5. 花托显著隆起,心皮螺旋状排列···························· 一 木兰科 Magnoliaceae(二)

————
注:科名后括号中的中文序号表示该科所在的卷。

5. 花托不显著隆起,心皮轮状排列 ·· 九　八角科 Illiciaceae（二）
4. 花被螺旋状排列;心皮螺旋状排列,生于壶形花托内 ········ 三　蜡梅科 Calycanthaceae（二）
3. 花通常形成花序,若单生,则枝条有叶刺;花被分化为花萼和花瓣,稀缺,若花被不分化,则花药瓣裂;心皮合生。
　　6. 植物体含油细胞,有香气;花被不分化,花萼状;花药瓣裂 ·········· 四　樟科 Lauraceae（二）
　　6. 植物体不含油细胞,无香气;花被分化为花萼和花瓣;花药纵裂或瓣裂。
　　　　7. 基生或侧膜胎座;浆果 ·················· 一七　小檗科 Berberidaceae（木本各属）（二）
　　　　7. 中轴胎座;核果 ····························· 二一　清风藤科 Sabiaceae（泡花树属）（二）
2. 木质藤本（木通科的猫儿屎属为灌木）。
　　8. 叶对生或与花簇生;聚合瘦果,宿存花柱伸长成羽毛状 ··· 一五　毛茛科 Ranunculaceae（铁线莲属）（二）
　　8. 叶互生;聚合果肉质（浆果状）或核果,无伸长成羽毛状的宿存花柱。
　　　　9. 复叶（掌状或三出复叶,稀羽状复叶）。
　　　　　　10. 掌状复叶或三出复叶,小叶片近等形,有明显的小叶柄 ··· 一九　木通科 Lardizabalaceae（二）
　　　　　　10. 三出复叶,中央小叶与两侧小叶片不等形,无小叶柄或具极短的柄 ··· 一八　大血藤科 Sargentodoxaceae（二）
　　　　9. 单叶。
　　　　　　11. 花3基数;心皮3至多数,离生。
　　　　　　　　12. 雄蕊和心皮均多数;聚合浆果。
　　　　　　　　　　13. 花两性;花被分化为花萼和花瓣 ······················ 二　番荔枝科 Annonaceae（二）
　　　　　　　　　　13. 花单性;花被不分化为花萼和花瓣 ·············· 一○　五味子科 Schisandraceae（二）
　　　　　　　　12. 雄蕊通常6~8,心皮多为3~6;核果 ············ 二○　防己科 Menispermaceae（二）
　　　　　　11. 花4或5基数;心皮2,合生 ············ 二一　清风藤科 Sabiaceae（清风藤属）（二）
1. 草本植物（一年生至多年生草本或草质藤本,胡椒科胡椒属和金粟兰科草珊瑚属为木本）。
　　14. 典型的水生植物;坚果或浆果。
　　　　15. 花有花被,分化为花萼和花冠;叶一型（浮水或挺水）或二型（浮水和沉水）。
　　　　　　16. 叶浮水或挺水;花葶挺直,花远离水面;果生于倒圆锥形海绵质的果托上 ··· 一一　莲科 Nelumbonaceae（二）
　　　　　　16. 叶浮水或兼有沉水;花葶柔弱,花漂浮或贴近水面;果不生于倒圆锥形海绵质的果托上。
　　　　　　　　17. 植株表面不具透明胶质物;花瓣多数 ·············· 一二　睡莲科 Nymphaeaceae（二）
　　　　　　　　17. 植株表面具透明胶质物;花瓣3~6 ·················· 一三　莼菜科 Cabombaceae（二）
　　　　15. 花无花被;叶一型（全为沉水）······················ 一四　金鱼藻科 Ceratophyllaceae（二）
　　14. 陆生植物,偶水生;蒴果、核果、浆果、瘦果或蓇葖果;若为水生植物,则果为聚合瘦果（毛茛科水毛茛属）。
　　　　18. 花无花被。
　　　　　　19. 雌蕊由3或4枚近乎分离或结合的心皮组成,胚珠2至多数 ··· 六　三白草科 Saururaceae（二）
　　　　　　19. 雌蕊为单心皮,或由2~5心皮结合而成,胚珠1。

20. 雌蕊由2～5心皮结合而成, 胚珠直立 ·· 七　胡椒科 Piperaceae（二）
20. 雌蕊由1心皮构成, 胚珠悬垂 ··· 五　金粟兰科 Chloranthaceae（二）
18. 花有明显的花被。
　21. 花仅具花萼, 花瓣状; 子房下位或半下位 ·· 八　马兜铃科 Aristolochiaceae（二）
　21. 花具花萼和花冠, 若仅具花萼, 则子房非下位或半下位; 子房上位。
　　22. 雄蕊多数, 离生。
　　　23. 萼片4或5, 或较多; 蓇葖果或瘦果 ··· 一五　毛茛科 Ranunculaceae（二）
　　　23. 萼片2, 稀3; 蒴果 ··· 二二　罂粟科 Papaveraceae（二）
　　22. 雄蕊6, 离生或结合成2束。
　　　24. 花两侧对称; 雄蕊结合成2束 ·· 二三　紫堇科 Fumariaceae（二）
　　　24. 花辐射对称; 雄蕊离生 ······················ 一七　小檗科 Berberidaceae（草本各属）（二）

金缕梅亚纲分科检索表

1. 乔木, 似木贼状类植物, 枝有明显的节; 节上轮生鳞片状叶 ····· 三八　木麻黄科 Casuarinaceae（三）
1. 非似木贼状植物; 叶为正常叶。
　2. 花通常单性, 雄花和雌花都组成柔荑花序, 或至少雄花组成柔荑花序（或类似柔荑花序）, 或雄花和雌花共同形成隐头花序。
　　3. 叶为羽状复叶 ··· 三四　胡桃科 Juglandaceae（三）
　　3. 叶为单叶。
　　　4. 坚果, 生于叶状、囊状或杯状总苞内, 或与鳞片合成球果状聚花果（即果序）。
　　　　5. 坚果生于类似叶状或囊状的总苞内, 或与鳞片合成球果状聚花果 ··· 三七　桦木科 Betulaceae（三）
　　　　5. 坚果生于具鳞片或具刺的木质总苞（即壳斗）内 ·············· 三六　壳斗科 Fagaceae（三）
　　　4. 核果或瘦果, 不生于类似叶状、囊状或杯状的总苞内。
　　　　6. 植物体不具白色乳汁; 叶背面具腺鳞; 核果大, 不形成聚花果 ··· 三五　杨梅科 Myricaceae（三）
　　　　6. 植物体具白色乳汁; 叶背面不具腺鳞; 瘦果或核果, 形成聚花果或隐花果 ··· 三二　桑科 Moraceae（二）
　2. 花两性或单性, 但不组成柔荑花序或隐头花序。
　　7. 草本或草质藤本植物, 若为灌木或亚灌木, 则果实为瘦果。
　　　8. 叶片掌状分裂或为掌状复叶; 雌蕊由1心皮构成; 花丝在花蕾中直立 ··· 三一　大麻科 Cannabaceae（二）
　　　8. 叶片全缘、具齿或羽状分裂; 雌蕊由2心皮构成; 花丝在花蕾中屈曲 ··· 三三　荨麻科 Urticaceae（二）
　　7. 乔木或灌木, 果实类型多样, 但均非瘦果。
　　　9. 枝有长枝和短枝之分; 花无花被; 聚合翅果或聚合蓇葖果。
　　　　10. 叶在长枝上互生; 花两性; 聚合翅果 ············· 二五　领春木科 Eupteleaceae（二）
　　　　10. 叶在长枝上对生; 花单性; 聚合蓇葖果 ······· 二四　连香树科 Cercidiphyllaceae（二）
　　　9. 枝无长枝和短枝之分; 花有花被, 若无花被, 则果为核果或具翅的小坚果。

11. 花有花被；翅果、坚果、聚合小坚果、蒴果或核果。
　　12. 侧芽包藏于膨大的叶柄基部；花单性，雄花和雌花均形成球形头状花序；聚合小坚果…………………………………………………………………………………… 二六　悬铃木科 Platanaceae（二）
　　12. 侧芽生于叶腋；花两性或单性，若单性，则不形成或至少雄花不形成球形头状花序；翅果、核果、坚果或蒴果。
　　　　13. 花无花瓣；子房上位；翅果、核果或坚果…………………… 三〇　榆科 Ulmaceae（二）
　　　　13. 花有花瓣或无花瓣；子房下位或半下位；蒴果……… 二七　金缕梅科 Hamamelidaceae（二）
11. 花无花被；核果或具翅的小坚果。
　　14. 落叶乔木；枝、叶折断有细丝相连；花单生或簇生；具翅的小坚果………………………………………………………………………………… 二九　杜仲科 Eucommiaceae（二）
　　14. 常绿乔木；枝、叶折断无细丝相连；花组成总状花序；核果……………………………………………………………………………… 二八　虎皮楠科 Daphniphyllaceae（二）

石竹亚纲分科检索表

1. 茎非肉质，若肉质，则无刺窝；叶正常或退化成鳞片状；特立中央胎座或基生胎座。
　　2. 茎节不膨大，若膨大，则叶对生；叶互生、对生或轮生，无托叶，若有托叶也不呈明显鞘状；蒴果、胞果、浆果、翅果或浆果状核果，若为瘦果，则无托叶。
　　　　3. 胞果（果皮薄而疏松，易与种子分离）；雄蕊与花被片同数且对生，稀较少。
　　　　　　4. 花被膜质，干燥，常有色彩；雄蕊基部常连合…………… 四四　苋科 Amaranthaceae（三）
　　　　　　4. 花被草质，不干燥，绿色；雄蕊通常离生…………… 四三　藜科 Chenopodiaceae（三）
　　　　3. 非胞果；雄蕊与花被片不同数，或同数而互生，稀同数而对生且果不为胞果。
　　　　　　5. 子房下位；坚果或蒴果，若为蒴果，则成熟后渐变成浆果状 …… 四一　番杏科 Aizoaceae（三）
　　　　　　5. 子房上位，稀半下位；浆果、蒴果、瘦果或浆果状核果，若为蒴果，则成熟后不变为浆果状。
　　　　　　　　6. 心皮离生，若合生，则子房3至多室，边缘胎座或中轴胎座。
　　　　　　　　　　7. 叶互生；子房每室（或每心皮）具1胚珠；浆果……… 三九　商陆科 Phytolaccaceae（三）
　　　　　　　　　　7. 叶对生或轮生；子房每室具多数胚珠；蒴果……… 四七　粟米草科 Molluginaceae（三）
　　　　　　　　6. 心皮合生，子房1室，稀不完全2～5室，特立中央胎座或基生胎座。
　　　　　　　　　　8. 花单被，仅有花萼而无花冠，或花被呈花瓣状；瘦果或浆果状核果。
　　　　　　　　　　　　9. 缠绕草本；花被片离生，花萼状；浆果状核果……… 四六　落葵科 Basellaceae（三）
　　　　　　　　　　　　9. 直立草本或木本；花被片合生，花瓣状；瘦果… 四〇　紫茉莉科 Nyctaginaceae（三）
　　　　　　　　　　8. 花双被，既有花萼又有花冠；蒴果，稀浆果。
　　　　　　　　　　　　10. 花被2轮均离生，或至少有1轮离生；子房通常具多数胚珠；胚弯曲。
　　　　　　　　　　　　　　11. 萼片通常2；雄蕊大多与花瓣同数且对生，稀更多……………………………………………………………………………… 四五　马齿苋科 Portulacaceae（三）
　　　　　　　　　　　　　　11. 萼片4或5；雄蕊大多为花瓣的倍数，稀同数 ……………………………………………………………………………… 四八　石竹科 Caryophyllaceae（三）
　　　　　　　　　　　　10. 花被2轮均合生；子房仅具1倒生胚珠；胚直立…………………………………………………………………………… 五〇　白花丹科 Plumbaginaceae（三）

2. 茎节膨大；叶互生，具明显托叶鞘；小坚果具3棱或双凸镜状……… 四九　蓼科 Polygonaceae（三）
1. 茎肉质，扁平、球形或圆柱形，具明显刺窝，着生刺或刺毛；叶通常退化；侧膜胎座；浆果………
　……………………………………………………………………… 四二　仙人掌科 Cactaceae（三）

五桠果亚纲分科检索表

1. 花瓣分离或缺。
　2. 花既无花萼也无花冠，或有花萼而无花冠。
　　3. 花无花被，排成柔荑花序；蒴果………………………………… 六九　杨柳科 Salicaceae（三）
　　3. 花有花萼而无花冠，不排成柔荑花序；浆果或蓇葖果。
　　　4. 雌蕊由5枚近于分离的心皮组成；蓇葖果……… 五七　梧桐科 Sterculiaceae（梧桐属）（三）
　　　4. 雌蕊由2～6枚心皮组成；浆果………………… 六一　大风子科 Flacourtiaceae（柞木属）（三）
2. 花具花萼和花冠，或有2层以上的花被片。
　5. 子房上位。
　　6. 叶变为捕虫器，食虫植物……………………………………… 六〇　茅膏菜科 Droseraceae（三）
　　6. 叶不变为捕虫器，非食虫植物。
　　　7. 雄蕊数多于10枚，或超过花瓣的2倍。
　　　　8. 雌蕊由2至多枚分离的心皮组成；蓇葖果………………… 一六　芍药科 Paeoniaceae（二）
　　　　8. 雌蕊由2至数枚结合的心皮组成；非蓇葖果。
　　　　　9. 子房1室，或因假隔膜发育而为不完全2至多室。
　　　　　　10. 叶互生。
　　　　　　　11. 子房具子房柄；单叶或掌状复叶……………… 七〇　白花菜科 Capparaceae（四）
　　　　　　　11. 子房不具子房柄；单叶………………… 六一　大风子科 Flacourtiaceae（三）
　　　　　　10. 叶对生，稀轮生……………………………………… 六二　半日花科 Cistaceae（三）
　　　　　9. 子房2至多室。
　　　　　　12. 掌状复叶；种子为内果皮的丝状绵毛所包……… 五八　木棉科 Bombacaceae（三）
　　　　　　12. 单叶；种子有毛或无毛，但不为内果皮的丝状绵毛所包。
　　　　　　　13. 萼片镊合状排列。
　　　　　　　　14. 花通常具副萼（总苞状小苞片）；花药1室，花丝结合成筒状………………
　　　　　　　　　………………………………………………… 五九　锦葵科 Malvaceae（三）
　　　　　　　　14. 花不具副萼；花药2室，花丝离生或结合成束，稀呈筒状。
　　　　　　　　　15. 花丝结合成筒状；蒴果…………………………………………………
　　　　　　　　　　………… 五七　梧桐科 Sterculiaceae（午时花属、梭罗树属）（三）
　　　　　　　　　15. 花丝分离，稀结合成束；核果、蒴果或浆果状。
　　　　　　　　　　16. 常绿乔木；叶片脱落前常变为红色；花药孔裂…………………
　　　　　　　　　　　……………………………………… 五五　杜英科 Elaeocarpaceae（三）
　　　　　　　　　　16. 落叶乔木或灌木，或为草本或亚灌木；叶片脱落前常变为黄色；花药
　　　　　　　　　　　纵裂或孔裂………………………………… 五六　椴树科 Tiliaceae（三）
　　　　　　　13. 萼片覆瓦状或旋转状排列。

17. 叶互生；叶片不具透明或黑色腺点；花丝分离，有时基部结合成筒。
    18. 木质藤本；花单性；浆果，果实较大，直径超过5mm ·················
        ·· 五二　猕猴桃科 Actinidiaceae（三）
    18. 直立木本；花两性；蒴果，若为单性花，则为浆果，且果实较小，直径不超过5mm ·········
        ·· 五一　山茶科 Theaceae（三）
17. 叶对生；叶片常具透明或黑色腺点；花丝通常结合成3～5束 ·············
        ·· 五四　藤黄科 Clusiaceae（三）
7. 雄蕊数不超过10枚，或不超过花瓣的2倍。
  19. 腐生植物，具鳞片状叶，无叶绿素；雄蕊为花瓣的倍数；蒴果 ·············
        ·· 七五　水晶兰科 Monotropaceae（四）
  19. 非腐生植物，具绿叶。
    20. 子房1室，或因假隔膜分成2至数室，或上部1室，下部数室。
      21. 花冠整齐（辐射对称），或近于整齐。
        22. 草质藤本，具卷须；花有副花冠，具子房柄；果肉质，不开裂 ·········
          ·· 六六　西番莲科 Passifloraceae（三）
        22. 直立或蔓生草本或木本，不具卷须；花无副花冠；果非肉质，开裂。
          23. 叶小，鳞片状；木本植物 ·············· 六五　柽柳科 Tamaricaceae（三）
          23. 叶非鳞片状；草本或木本植物。
            24. 雄蕊6，四强，偶2或4；子房无柄，由假隔膜隔成2室；角果 ·············
              ······································ 七一　十字花科 Brassicaceae（四）
            24. 雄蕊6或较多，非四强；子房通常有柄，1室或由假隔膜隔成2室；蒴果 ·······
              ························ 七〇　白花菜科 Capparaceae（白花菜属）（四）
      21. 花冠不整齐（两侧对称） ·················· 六四　堇菜科 Violaceae（三）
    20. 子房2～5室。
      25. 雄蕊与花瓣同数且对生，花丝基部结合成筒状 ·························
        ······················ 五七　梧桐科 Sterculiaceae（马松子属）（三）
      25. 雄蕊与花瓣同数且互生，或不同数，花丝离生。
        26. 木本植物。
          27. 花药纵裂；浆果 ·················· 六三　旌节花科 Stachyuraceae（三）
          27. 花药孔裂；蒴果 ·················· 七二　山柳科 Clethraceae（四）
        26. 草本植物。
          28. 叶互生；花通常组成聚伞花序或总状花序。
            29. 花组成聚伞花序；蒴果具钩刺 ······ 五六　椴树科 Tiliaceae（刺蒴麻属）（三）
            29. 花组成总状花序；蒴果不具钩刺 ·········· 七四　鹿蹄草科 Pyrolaceae（四）
          28. 叶对生；花单生于叶腋 ·············· 五三　沟繁缕科 Elatinaceae（三）
5. 子房下位 ······································ 六八　秋海棠科 Begoniaceae（三）
1. 花瓣通常连合。
  30. 子房上位。
    31. 雄蕊多于花冠裂片。

32. 花单性，雌雄异株，或单性与两性花并存，杂性同株；浆果……七六　柿树科 Ebenaceae（四）
32. 花两性；核果或蒴果。
　　33. 雄蕊离生，花药孔裂……………………………………七三　杜鹃花科 Ericaceae（四）
　　33. 雄蕊着生于花冠筒上，花药纵裂………………………七七　安息香科 Styracaceae（四）
31. 雄蕊不多于花冠裂片。
　　34. 木本植物……………………………………………………七九　紫金牛科 Myrsinaceae（四）
　　34. 草本植物……………………………………………………八〇　报春花科 Primulaceae（四）
30. 子房下位或半下位。
　　35. 雄蕊为花冠裂片的倍数或多数；木本植物；核果或浆果。
　　　　36. 花药孔裂；浆果………………………七三　杜鹃花科 Ericaceae（越橘属）（四）
　　　　36. 花药纵裂；核果。
　　　　　　37. 植物体常被星状毛；子房下部3～5室；果为干燥的核果……………………
　　　　　　　……………………………………………………七七　安息香科 Styracaceae（四）
　　　　　　37. 植物体大多不被星状毛；子房有完全的3～5室；果为肉质的核果……………
　　　　　　　……………………………………………………七八　山矾科 Symplocaceae（四）
　　35. 雄蕊与花冠裂片同数或较少；草质攀缘藤本植物；瓠果………六七　葫芦科 Cucurbitaceae（三）

蔷薇亚纲分科检索表

1. 花瓣分离或缺。
　2. 花无花萼且无花冠，或有花萼而无花冠。
　　3. 植物体具乳汁；花单性，无花被，雄花和雌花生于同一杯状体内，形似1朵两性花…………
　　　……………………………………………………一一四　大戟科 Euphorbiaceae（大戟属）（六）
　　3. 植物体不具乳汁；花两性或单性，有花萼，若花单性，则雄花和雌花不生于同一杯状体内。
　　　4. 子房上位。
　　　　5. 木本植物或亚灌木。
　　　　　6. 子房1室。
　　　　　　7. 子房内有2胚珠。
　　　　　　　8. 花萼杯状，裂片非线形，也不反卷………………………………………………
　　　　　　　　…………………………………………一一四　大戟科 Euphorbiaceae（五月茶属）（六）
　　　　　　　8. 花萼花蕾时筒状，开放时裂片线形，向外反卷……九一　山龙眼科 Proteaceae（五）
　　　　　　7. 子房内有1胚珠。
　　　　　　　9. 枝、叶和花均被银白色或棕褐色的鳞片；花萼筒宿存……………………………
　　　　　　　　………………………………………………九〇　胡颓子科 Elaeagnaceae（五）
　　　　　　　9. 枝、叶和花均不具上述鳞片；花萼筒花后脱落…………………………………
　　　　　　　　………………………………………………九四　瑞香科 Thymelaeaceae（五）
　　　　　6. 子房2至多室。
　　　　　　10. 胚珠具腹脊；叶互生，通常具托叶…………一一四　大戟科 Euphorbiaceae（六）
　　　　　　10. 胚珠具背脊；叶对生或互生，无托叶………一一三　黄杨科 Buxaceae（六）
　　　　5. 草本植物。

11. 肉质寄生植物；叶退化成鳞片状，无叶绿素；子房通常1室⋯⋯一○九 蛇菰科 Balanophoraceae（五）
11. 非寄生植物；叶正常，有叶绿素；子房2或3室⋯⋯⋯⋯一一四 大戟科 Euphorbiaceae（六）
4. 子房下位或半下位。
　12. 半寄生植物；浆果、坚果或核果。
　　13. 草本或灌木；寄生于其他植物的根上；核果或坚果⋯⋯一○六 檀香科 Santalaceae（五）
　　13. 灌木；寄生于其他植物的树干上；浆果，具黏性。
　　　14. 茎和枝不具关节状的节；叶具羽状脉；花有副萼⋯⋯⋯⋯⋯⋯⋯⋯⋯⋯⋯⋯⋯⋯⋯⋯⋯⋯⋯⋯⋯⋯⋯⋯⋯⋯⋯一○七 桑寄生科 Loranthaceae（五）
　　　14. 茎和枝具明显关节；叶具平行脉或退化为鳞形；花无副萼⋯⋯⋯⋯⋯⋯⋯⋯⋯⋯⋯⋯⋯⋯⋯⋯⋯⋯⋯⋯⋯⋯⋯⋯⋯⋯一○八 槲寄生科 Viscaceae（五）
　12. 非寄生植物；蒴果⋯⋯⋯⋯⋯⋯⋯⋯⋯⋯⋯八五 虎耳草科 Saxifragaceae（金腰属、扯根菜属）（四）
2. 花具花萼和花冠，或有2层以上的花被片（臭樱属、地榆属、黄连木属、荔枝属无花瓣、枣属、槭属、千屈菜科草本各属有时无花瓣）。
　15. 子房上位。
　　16. 雄蕊多于10枚，或比花瓣的倍数多。
　　　17. 雌蕊由1心皮或多枚离生心皮构成；蓇葖果、瘦果或核果，若由5心皮合生，则为蒴果⋯⋯⋯⋯⋯⋯⋯⋯⋯⋯⋯⋯⋯⋯⋯⋯⋯⋯⋯⋯⋯⋯⋯⋯⋯⋯⋯⋯⋯⋯⋯八六 蔷薇科 Rosaceae（四）
　　　17. 雌蕊由3至多枚心皮构成；柑果、核果或蒴果。
　　　　18. 叶片具透明油点；花两性；柑果⋯⋯⋯⋯⋯⋯一二九 芸香科 Rutaceae（柑橘亚科）（六）
　　　　18. 叶片不具透明油点；花单性；核果或蒴果⋯⋯⋯⋯⋯⋯⋯⋯⋯⋯⋯⋯⋯⋯⋯⋯⋯⋯⋯⋯⋯⋯⋯⋯⋯一一四 大戟科 Euphorbiaceae（油桐属、巴豆属）（六）
　　16. 雄蕊少于10枚，或不超过花瓣的倍数。
　　　19. 雌蕊由2至数枚离生或近于离生的心皮构成。
　　　　20. 肉质草本；花的各轮同数且离生；蓇葖果⋯⋯⋯⋯⋯八四 景天科 Crassulaceae（四）
　　　　20. 非肉质草本或木本。
　　　　　21. 叶片常有透明油点；蓇葖果或分果瓣⋯⋯⋯⋯⋯⋯一二九 芸香科 Rutaceae（六）
　　　　　21. 叶片不具透明油点；蓇葖果、瘦果、核果、翅果或分果。
　　　　　　22. 果不开裂，核果或翅果；花单性或两性，两者混生（杂性）⋯⋯⋯⋯⋯⋯⋯⋯⋯⋯⋯⋯⋯⋯⋯⋯⋯⋯⋯⋯⋯⋯⋯⋯⋯一二七 苦木科 Simaroubaceae（六）
　　　　　　22. 果开裂，蓇葖果或分果。
　　　　　　　23. 子房5深裂，成熟时分离成5分果，花柱相连；单叶，掌状或羽状分裂⋯⋯⋯⋯⋯⋯⋯⋯⋯⋯⋯⋯⋯⋯⋯⋯一三二 牻牛儿苗科 Geraniaceae（老鹳草属）（六）
　　　　　　　23. 子房完整，蓇葖果；一回羽状复叶⋯⋯⋯⋯⋯⋯⋯⋯⋯⋯⋯⋯⋯⋯⋯⋯⋯⋯⋯⋯⋯⋯一二○ 省沽油科 Staphyleaceae（野鸦椿属）（六）
　　　19. 雌蕊由1心皮构成，或由数枚心皮结合而成。
　　　　24. 心皮1；荚果。
　　　　　25. 花冠假蝶形，上向覆瓦状排列（最上1枚花瓣在最内侧）；花丝通常离生⋯⋯⋯⋯⋯⋯⋯⋯⋯⋯⋯⋯⋯⋯⋯⋯⋯⋯⋯⋯⋯⋯⋯⋯⋯⋯八八 云实科 Caesalpiniaceae（五）

25.花冠蝶形,下向覆瓦状排列(最上1枚花瓣在最外侧);花丝结合成二体或离生·············
·· 八九　蝶形花科 Fabaceae(五)
24.心皮2至数枚结合而成;非荚果。
　26.子房1室。
　　27.子房内仅有1胚珠。
　　　28.无托叶;花柱侧生或顶生,2枚或3裂;核果······ 一二六　漆树科 Anacardiaceae(六)
　　　28.有托叶但早落;花柱顶生,1枚;浆果状·································
　　　·· 一二〇　省沽油科 Staphyleaceae(樱椒树属)(六)
　　27.子房内有2至多粒胚珠。
　　　29.果肉质,核果··························· 一一二　茶茱萸科 Icacinaceae(五)
　　　29.果非肉质,蒴果。
　　　　30.木本植物;雄蕊和花瓣生于花托上,下位花······ 八一　海桐花科 Pittosporaceae(四)
　　　　30.草本植物;雄蕊和花瓣生于花萼上,周位花·······························
　　　　·················· 八五　虎耳草科 Saxifragaceae(黄水枝属、梅花草属)(四)
　26.子房2～5室。
　　31.花辐射对称或近于辐射对称。
　　　32.雄蕊与花瓣同数且对生。
　　　　33.攀缘藤本,茎具卷须;浆果················ 一一六　葡萄科 Vitaceae(六)
　　　　33.直立或蔓生木本,茎不具卷须;核果或浆果状核果·····················
　　　　····································· 一一五　鼠李科 Rhamnaceae(六)
　　　32.雄蕊与花瓣不同数,或同数且互生。
　　　　34.叶片具透明油点························ 一二九　芸香科 Rutaceae(六)
　　　　34.叶片不具透明油点。
　　　　　35.果实为双翅果(2分果在顶端各具翅);木本;叶对生···················
　　　　　································· 一二四　槭树科 Aceraceae(六)
　　　　　35.果实不为双翅果。
　　　　　　36.叶为单叶。
　　　　　　　37.果实成熟时分裂为5分果,但花柱相连·························
　　　　　　　································ 一三二　牻牛儿苗科 Geraniaceae(六)
　　　　　　　37.果实成熟时不分裂为分果。
　　　　　　　　38.木本植物。
　　　　　　　　　39.雄蕊数为花瓣的倍数········ 一一七　古柯科 Erythroxylaceae(六)
　　　　　　　　　39.雄蕊与花瓣同数。
　　　　　　　　　　40.蒴果;种子无假种皮·································
　　　　　　　　　　········· 八三　茶藨子科 Grossulariaceae(鼠刺属)(四)
　　　　　　　　　　40.核果,若为蒴果则种子具假种皮。
　　　　　　　　　　　41.花不具花盘;核果······ 一一一　冬青科 Aquifoliaceae(五)
　　　　　　　　　　　41.花具花盘;蒴果(具翅或不具翅)·····················
　　　　　　　　　　　·························· 一一〇　卫矛科 Celastraceae(五)
　　　　　　　　38.草本植物或亚灌木。

42.叶互生；雄蕊生于花托上，基部合生 ························· 一一八　亚麻科 Linaceae（六）
42.叶对生或轮生；雄蕊生于花萼筒上，离生 ············ 九三　千屈菜科 Lythraceae（五）
36.叶为复叶。
　43.木本植物。
　　44.叶互生。
　　　45.雄蕊离生。
　　　　46.果为核果状分果、具假种皮的核果状果或膀胱状蒴果 ·····················
　　　　　 ··· 一二二　无患子科 Sapindaceae（六）
　　　　46.果为不具假种皮的核果。
　　　　　47.雄蕊8或10；花柱分离；子房每室具1胚珠 ·················
　　　　　　 ··· 一二六　漆树科 Anacardiaceae（六）
　　　　　47.雄蕊6；花柱结合成一整体；子房每室具2胚珠 ·············
　　　　　　 ··· 一二五　橄榄科 Burseraceae（六）
　　　45.雄蕊结合成筒状，或分离而着生于子房柄上 ······ 一二八　楝科 Meliaceae（六）
　　44.叶对生；子房2或3浅裂；果为膀胱状蒴果 ··
　　　 ····································· 一二〇　省沽油科 Staphyleaceae（省沽油属）（六）
　43.草本植物。
　　48.藤本，具卷须；蒴果囊状 ············ 一二二　无患子科 Sapindaceae（倒地铃属）（六）
　　48.草本，不具卷须；分果或蒴果非囊状。
　　　49.羽状复叶；果分为数个分果 ··················· 一三〇　蒺藜科 Zygophyllaceae（六）
　　　49.掌状复叶；蒴果 ·· 一三一　酢浆草科 Oxalidaceae（六）
31.花两侧对称。
　50.乔木；复叶。
　　51.奇数羽状复叶，互生 ··································· 一二一　钟萼木科 Bretschneideraceae（六）
　　51.掌状复叶，对生 ·· 一二三　七叶树科 Hippocastanaceae（六）
　50.草本或灌木；单叶。
　　52.花丝结合成筒状，花药顶孔开裂或有短裂隙 ············ 一一九　远志科 Polygalaceae（六）
　　52.花丝离生，或花药围绕雌蕊合生或贴生。
　　　53.花萼为圆筒状，基部有囊状突起；子房2室 ··········· 九三　千屈菜科 Lythraceae（五）
　　　53.花萼基部或其中1枚萼片延伸成距；子房3～5室。
　　　　54.子房3室，每室具1胚珠 ···················· 一三三　旱金莲科 Tropaeolaceae（六）
　　　　54.子房4或5室，每室具数粒胚珠 ············ 一三四　凤仙花科 Balsaminaceae（六）
15.子房下位（扯根菜属、黄水枝属子房近上位）。
　55.种子于落地前在母树上发芽（胎生）；木本；叶对生，全缘 ·····························
　　 ··· 一〇一　红树科 Rhizophoraceae（五）
　55.种子不于落地前在母树上发芽；木本或草本；叶互生或对生。
　　56.雄蕊数多于10枚或多于花瓣的2倍。
　　　57.子房多室，上下叠生；种子有肉质假种皮 ············ 九七　石榴科 Punicaceae（五）
　　　57.子房2～6室，非上下叠生；种子无肉质假种皮。

58. 有托叶；叶互生或在短枝上簇生；梨果 ………… 八六　蔷薇科 Rosaceae（苹果亚科）（四）
58. 无托叶；叶对生，稀轮生；蒴果、浆果或核果状。
　　59. 叶片及花具透明小点；花柱单一；蒴果、浆果或核果状 …… 九六　桃金娘科 Myrtaceae（五）
　　59. 叶片及花不具透明小点；花柱离生；蒴果 ………… 八二　八仙花科 Hydrangeaceae（四）
56. 雄蕊与花瓣同数，或为花瓣的2倍。
　60. 心皮近离生；叶二回至三回羽状复叶；蓇葖果 … 八五　虎耳草科 Saxifragaceae（落新妇属）（四）
　60. 心皮合生；单叶或复叶；非蓇葖果。
　　61. 子房1至数室，每室有1胚珠。
　　　62. 萼片、花瓣和雄蕊各2枚；瘦果，常具钩毛 ……………………………………………………
　　　　……………………………………………… 九八　柳叶菜科 Onagraceae（露珠草属）（五）
　　　62. 萼片、花瓣和雄蕊各4～10枚；非瘦果。
　　　　63. 花柱1。
　　　　　64. 水生草本植物；浮水叶片菱形或肾圆形；坚果，有2或4角，稀无角 ………………
　　　　　　……………………………………………………………… 九五　菱科 Trapaceae（五）
　　　　　64. 陆生木本植物；核果或蒴果。
　　　　　　65. 叶互生；花瓣4～10；聚伞、头状、伞房状或伞形花序。
　　　　　　　66. 聚伞花序；花瓣4～10，初时合成筒状，后向外反卷 …………………………
　　　　　　　　……………………………………………… 一〇二　八角枫科 Alangiaceae（五）
　　　　　　　66. 头状、伞房状或伞形花序；花瓣5，不反卷 ………………………………………
　　　　　　　　……………………………………………… 一〇三　蓝果树科 Nyssaceae（五）
　　　　　　65. 叶对生（灯台树叶互生）；花瓣4；头状花序、圆锥花序或生于叶片上面中脉 ……
　　　　　　　……………………………………………… 一〇四　山茱萸科 Cornaceae（五）
　　　　63. 花柱2～5。
　　　　　67. 叶对生或轮生；花腋生或组成顶生总状花序或穗状花序 ……………………………
　　　　　　………………………………………… 九二　小二仙草科 Haloragaceae（五）
　　　　　67. 叶基生或茎上互生，稀轮生；花组成伞形或复伞形花序。
　　　　　　68. 木本植物，稀草本；伞形花序或圆锥花序；核果或浆果 ……………………………
　　　　　　　……………………………………………… 一三五　五加科 Araliaceae（六）
　　　　　　68. 草本植物；复伞形花序或伞形花序；双悬果 …… 一三六　伞形科 Apiaceae（六）
　　61. 子房1至数室，每室有少数至多数胚珠。
　　　69. 子房1室，侧膜胎座。
　　　　70. 叶柄和叶基不具腺体；花瓣极小，不显著；浆果 ……………………………………
　　　　　……………………………… 八三　茶藨子科 Grossulariaceae（茶藨子属）（四）
　　　　70. 叶柄和叶基具腺体；花瓣大，显著；坚果、核果或翅果 ……………………………
　　　　　……………………………………………… 一〇〇　使君子科 Combretaceae（五）
　　　69. 子房2至数室，中轴胎座。
　　　　71. 花药顶孔开裂；叶片有数条基出脉 ………… 九九　野牡丹科 Melastomataceae（五）
　　　　71. 花药纵裂；叶片不具数条基出脉。
　　　　　72. 花萼筒狭长；花柱1 ……………………… 九八　柳叶菜科 Onagraceae（五）

72.花萼筒短浅；花柱2或3。
　　73.木本植物，稀草本而有不孕放射花 ·························· 八二　八仙花科 Hydrangeaceae（四）
　　73.草本植物 ················· 八五　虎耳草科 Saxifragaceae（虎耳草属、涧边草属）（四）
1.花瓣通常连合（金合欢属有时离生）。
　74.子房上位。
　　75.雄蕊数多于花冠裂片。
　　　76.雌蕊由1心皮构成；荚果；二回羽状复叶；木本或非肉质草本 ···························
　　　　　·· 八七　含羞草科 Mimosaceae（五）
　　　76.雌蕊由4或5心皮构成；蓇葖果；单叶；肉质草本 ········ 八四　景天科 Crassulaceae（四）
　　75.雄蕊数不多于花冠裂片。
　　　77.蔓性木本；花柱1，顶端5裂（限浙江）················ 一一二　茶茱萸科 Icacinaceae（五）
　　　77.直立木本；花柱缺 ································· 一一一　冬青科 Aquifoliaceae（五）
　74.子房下位。
　　78.雄蕊与花冠裂片同数且对生；叶互生 ·········· 一〇五　铁青树科 Olacaceae（青皮木属）（五）
　　78.雄蕊多数；幼树叶对生，成树叶互生 ················ 九六　桃金娘科 Myrtaceae（桉属）（五）

菊亚纲分科检索表

1.花无花被或仅有花萼而无花瓣。
　2.花无花被；雄花有1枚雄蕊；水生或湿生植物 ················ 一四九　水马齿科 Callitrichaceae（七）
　2.花有花萼而无花冠；雄花有多数雄蕊；陆生植物 ············ 一六三　假繁缕科 Theligonaceae（八）
1.花有花瓣且通常连合（木犀科少数种类无花瓣）。
　3.子房上位。
　　4.食虫植物或寄生植物。
　　　5.食虫植物，无真正的叶而具由茎枝变态而成的叶器；湿生或水生 ·····················
　　　　　·· 一六〇　狸藻科 Lentibulariaceae（八）
　　　5.寄生植物，具鳞片状叶；陆生。
　　　　6.直立草本，寄生于其他植物的根上 ············· 一五五　列当科 Orobanchaceae（七）
　　　　6.缠绕草本，寄生于其他植物的茎上 ············· 一四三　菟丝子科 Cuscutaceae（七）
　　4.非食虫植物，也非寄生植物。
　　　7.雌蕊由2至数枚离生或近于离生的心皮组成，或心皮虽然结合，但子房2或4深裂，后形成2或4个分果（小坚果）。
　　　　8.子房2个，成熟时为2角状蓇葖果（有时仅1个发育而只有1个蓇葖果），稀核果或蒴果，含多粒种子；植物体具乳汁。
　　　　　9.花粉粒分离，不形成花粉块；花柱连合为1；叶柄基部或中下部具钻形或线状腺体 ·······
　　　　　　　·· 一三九　夹竹桃科 Apocynaceae（六）
　　　　　9.花粉粒结合成花粉块；花柱2；叶柄顶端具丛生腺体 ······························
　　　　　　　·· 一四〇　萝藦科 Asclepiadaceae（七）
　　　　8.子房1个，通常4深裂，后形成4个分果（小坚果），各含1种子；植物体不具乳汁。

10.花冠辐射对称，辐状、漏斗状或钟状；叶互生⋯⋯⋯⋯⋯⋯⋯ 一四六　紫草科 Boraginaceae（七）
10.花冠两侧对称，唇形，或近辐射对称；叶对生⋯⋯⋯⋯⋯⋯ 一四八　唇形科 Lamiaceae（七）
7.雌蕊由2至数枚心皮结合而成，子房不深裂，后也不形成分果（马蹄金属有时子房2深裂成2分果状）。
 11.花冠辐射对称。
  12.雄蕊与花冠裂片同数。
   13.花冠干膜质，4裂；叶基生；穗状花序⋯⋯⋯⋯⋯⋯ 一五〇　车前科 Plantaginaceae（七）
   13.花冠非干膜质；叶基生和茎生；各式花序。
    14.子房1室。
     15.花冠裂片花蕾时覆瓦状排列；叶基生，少茎生；常附生于岩石上⋯⋯⋯⋯⋯⋯⋯⋯⋯⋯⋯⋯⋯⋯⋯⋯⋯⋯⋯⋯⋯⋯⋯⋯⋯⋯⋯⋯⋯ 一五六　苦苣苔科 Gesneriaceae（七）
     15.花冠裂片花蕾时常呈回旋状或内折的镊合状排列；叶基生或茎生；常生于土中或水中。
      16.叶通常对生，稀互生；花冠裂片花蕾时常呈回旋状排列；陆生植物⋯⋯⋯⋯⋯⋯⋯⋯⋯⋯⋯⋯⋯⋯⋯⋯⋯⋯⋯⋯⋯⋯⋯⋯⋯ 一三八　龙胆科 Gentianaceae（六）
      16.叶互生；花冠裂片花蕾时为内折的镊合状排列；水生植物⋯⋯⋯⋯⋯⋯⋯⋯⋯⋯⋯⋯⋯⋯⋯⋯⋯⋯⋯⋯⋯⋯⋯⋯⋯⋯⋯ 一四四　睡菜科 Menyanthaceae（七）
    14.子房2～4室。
     17.叶互生。
      18.蔓生或缠绕草本；植物体常含乳汁；子房每室具2胚珠⋯⋯⋯⋯⋯⋯⋯⋯⋯⋯⋯⋯⋯⋯⋯⋯⋯⋯⋯⋯⋯⋯⋯⋯ 一四二　旋花科 Convolvulaceae（七）
      18.直立草本或灌木；植物体常不含乳汁；子房每室具1或多数胚珠。
       19.子房2室；花柱1，柱头头状或2裂⋯⋯⋯⋯ 一四一　茄科 Solanaceae（七）
       19.子房3～5室；花柱1，顶端3裂⋯⋯⋯⋯ 一四五　花荵科 Polemoniaceae（七）
     17.叶对生。
      20.具托叶；子房2室，每室有少数至多粒胚珠；蒴果或浆果。
       21.花冠高脚碟状，4裂，裂片在蕾中覆瓦状排列；直立灌木⋯⋯⋯⋯⋯⋯⋯⋯⋯⋯⋯⋯⋯⋯⋯⋯⋯⋯⋯⋯⋯⋯⋯⋯⋯⋯⋯⋯⋯⋯⋯⋯⋯⋯⋯⋯ 一五一　醉鱼草科 Buddlejaceae（七）
       21.花冠漏斗状、辐状或钟状，4或5裂，裂片在蕾中镊合状排列；直立草本或木质藤本⋯⋯⋯⋯⋯⋯⋯⋯⋯⋯⋯⋯⋯ 一三七　马钱科 Loganiaceae（六）
      20.无托叶；子房4室，每室有1胚珠；核果⋯⋯ 一四七　马鞭草科 Verbenaceae（七）
  12.雄蕊比花冠裂片少。
   22.木本植物；子房每室通常具2胚珠，稀1或较多（连翘属）。
    23.叶对生，叶片不具透明小点；雄蕊2⋯⋯⋯⋯⋯ 一五二　木犀科 Oleaceae（七）
    23.叶互生，叶片具透明小点；雄蕊4⋯⋯⋯⋯⋯ 一五四　苦槛蓝科 Myoporaceae（七）
   22.草本植物；子房每室具少数至多数胚珠⋯⋯⋯⋯⋯⋯ 一五三　玄参科 Scrophulariaceae（七）
 11.花冠两侧对称。
  24.子房1室，或因侧膜胎座的深入而呈假2室。
   25.乔木、灌木或木质藤本；叶对生或轮生；种子有翅⋯⋯ 一五九　紫葳科 Bignoniaceae（八）

25. 草本植物；叶基生，稀茎上对生；种子无翅 ············ 一五六　苦苣苔科 Gesneriaceae（七）
24. 子房2～4室。
　　26. 子房每室有1或2胚珠；核果或裂为2～4分果（小坚果或小核果）··
　　　　·· 一四七　马鞭草科 Verbenaceae（七）
　　26. 子房每室有少数至多粒胚珠；蒴果。
　　　　27. 子房裂为4室；植物体常具分泌黏液的腺体毛茸 ··
　　　　　　·· 一五八　胡麻科 Pedaliaceae（胡麻属）（七）
　　　　27. 子房2室；植物体常不具分泌黏液的腺体毛茸。
　　　　　　28. 种子生于胎座的钩状突起或杯状体上，无胚乳；叶对生 ···
　　　　　　　　·· 一五七　爵床科 Acanthaceae（七）
　　　　　　28. 种子不生于钩状突起或杯状体上，有胚乳；叶对生或互生 ···
　　　　　　　　·· 一五三　玄参科 Scrophulariaceae（七）
3. 子房下位或半下位。
　　29. 雄蕊的花药各自分离。
　　　　30. 植物体有乳汁；子房每室有多粒胚珠；叶互生，少对生或轮生 ···
　　　　　　·· 一六一　桔梗科 Campanulaceae（八）
　　　　30. 植物体无乳汁；子房每室含1至多粒胚珠；叶对生，稀轮生。
　　　　　　31. 水生植物；能育雄蕊2；蒴果不开裂，有1种子，顶端具3长2短的钩状附属物 ·······························
　　　　　　　　·· 一五八　胡麻科 Pedaliaceae（茶菱属）（七）
　　　　　　31. 陆生植物；能育雄蕊3～6；瘦果、浆果、核果或蒴果，顶端无钩状附属物。
　　　　　　　　32. 子房1室（败酱科子房3室但仅1室发育），具1胚珠；瘦果。
　　　　　　　　　　33. 花序为具总苞的头状花序或轮伞花序；瘦果具宿存的小总苞和花萼 ·····························
　　　　　　　　　　　　··· 一六六　川续断科 Dipsacaceae（八）
　　　　　　　　　　33. 聚伞花序排列成伞房状或圆锥状；瘦果具羽毛状冠毛或苞片增大的翅 ···························
　　　　　　　　　　　　··· 一六五　败酱科 Valerianaceae（八）
　　　　　　　　32. 子房2至多室，含多粒胚珠，若子房1室，含1胚珠，则果不为瘦果：浆果、核果或蒴果。
　　　　　　　　　　34. 通常有明显托叶，生于叶柄间；子房通常2室 ······ 一六二　茜草科 Rubiaceae（八）
　　　　　　　　　　34. 无托叶，稀有托叶但不生于叶柄间；子房2～5室 ···
　　　　　　　　　　　　···························· 一六四　忍冬科 Caprifoliaceae（八）
　　29. 雄蕊的花药互相黏合。
　　　　35. 花冠两侧对称；花单生或集成总状或穗状花序；子房2室，含多粒胚珠 ··
　　　　　　·· 一六一　桔梗科 Campanulaceae（八）
　　　　35. 花冠辐射对称或两侧对称；花集成具总苞的头状花序；子房1室，含1胚珠 ···
　　　　　　·· 一六七　菊科 Asteraceae（八）

泽泻亚纲分科检索表

1. 花被存在，通常显著而呈花瓣状。
　2. 子房下位；植物体全部或部分沉没水中………………………… 一六九　水鳖科 Hydrocharitaceae（九）
　2. 子房上位。
　　3. 雌蕊由6至多数离生或近于离生的心皮组成；聚合果。
　　　4. 自养植物；子房内具1或2胚珠；聚合瘦果，稀为聚合小坚果………………………………………
　　　　…………………………………………………………………… 一六八　泽泻科 Alismataceae（九）
　　　4. 腐生植物；子房内具1胚珠；聚合蓇葖果 ………………… 一七五　霉草科 Triuridaceae（九）
　　3. 雌蕊由3心皮中下部结合而成；蒴果；腐生植物 ……… 一七六　无叶莲科 Petrosaviaceae（九）
1. 花被缺或不显著，有时呈花瓣状。
　5. 花两性，稀单性，排成不分枝或分枝的穗状花序。
　　6. 花排列于扁平穗轴的一侧；每心皮具2至多粒胚珠；蓇葖果…………………………………………
　　　……………………………………………………………… 一七〇　水蕹科 Aponogetonaceae（九）
　　6. 花排列于穗轴的周围；每心皮常仅具1胚珠；核果状果或小坚果。
　　　7. 花被片4；雄蕊4；果实无梗或具短梗 ………………… 一七一　眼子菜科 Potamogetonaceae（九）
　　　7. 无花被；雄蕊2；果实有长梗 ………………………………… 一七二　川蔓藻科 Ruppiaceae（九）
　5. 花单性，单生于叶腋，或在叶腋间形成聚伞花序。
　　8. 叶片细条形，全缘；小坚果半月形，通常具柄……… 一七四　角果藻科 Zannichelliaceae（九）
　　8. 叶片条形，边缘有齿或刺；小坚果椭圆形、长椭圆形或新月形，无柄………………………………
　　　……………………………………………………………………… 一七三　茨藻科 Najadaceae（九）

槟榔亚纲分科检索表

1. 乔木或灌木，茎直立，稀攀缘；掌状或羽状复叶，叶片在芽中呈折扇状纵叠 ………………………
　…………………………………………………………………………… 一七七　槟榔科 Arecaceae（九）
1. 草本植物，稀为攀缘灌木状；单叶，不分裂或各式分裂，但在芽中不呈折扇状纵叠。
　2. 植物具正常的茎和叶；陆生或沼生植物，稀漂浮（大漂属）。
　　3. 叶片狭长剑形；佛焰苞与叶片同形 …………………………… 一七八　菖蒲科 Acoraceae（九）
　　3. 叶片宽，不为剑形；佛焰苞与叶片异形 ……………………… 一七九　天南星科 Araceae（九）
　2. 植物体为叶状体，无真正的叶片；漂浮或沉水植物 ………… 一八〇　浮萍科 Lemnaceae（九）

鸭跖草亚纲分科检索表

1. 花被显著，分化为花萼和花冠 ……………………… 一八一　鸭跖草科 Commelinaceae（九）
1. 花被缺或存在，但均不显著。
　2. 花被存在，呈两轮排列。
　　3. 花单性，排成头状花序；叶基生，叶片呈禾叶状 ……… 一八二　谷精草科 Eriocaulaceae（九）
　　3. 花两性，排成聚伞花序或圆锥花序；叶基生兼茎生，叶片扁平或圆柱形，有时退化仅剩叶鞘
　　　………………………………………………………………………… 一八三　灯心草科 Juncaceae（九）

2. 花被缺或退化成鳞片状。
  4. 花聚成圆柱形的肉穗花序或球形的头状花序；花单性，雌雄同株；坚果或小坚果。
    5. 花聚成圆柱形的肉穗花序 ·· 一八七　香蒲科 Typhaceae（十）
    5. 花聚成球形的头状花序，再组成圆锥花序或穗状花序······一八六　黑三棱科 Sparganiaceae（十）
  4. 花聚成小穗再形成各式花序；花两性或单性，雌雄同株或异株；颖果或小坚果。
    6. 秆大多中空，圆筒形；秆生叶常排成2纵列；叶鞘通常一侧开放；颖果 ·································
      ··· 一八四　禾本科 Poaceae（九）
    6. 秆大多实心，常为三棱形；秆生叶常排成3纵列；叶鞘通常封闭；小坚果 ·······················
      ··· 一八五　莎草科 Cyperaceae（十）

姜亚纲分科检索表

1. 后方的1枚雄蕊通常不发育，其余5枚雄蕊则均发育而具花药 ········ 一八八　芭蕉科 Musaceae（十）
1. 后方的1枚雄蕊发育而具花药，其余2~4或5枚雄蕊退化或变形成花瓣状。
  2. 花药2室；萼片连合成1萼筒（即萼筒长度超出下位子房，上部再形成萼裂片），有时呈佛焰苞状 ······
    ··· 一八九　姜科 Zingiberaceae（十）
  2. 花药1室；萼片相互分离或下部合生（即萼筒长度与下位子房相等，于果顶再形成萼裂片），各不育雄蕊呈花瓣状。
    3. 花冠裂片披针形，等大且不为风帽状；退化雄蕊内轮的1枚较狭，外反；子房每室具多数胚珠 ······
      ··· 一九〇　美人蕉科 Cannaceae（十）
    3. 花冠裂片外方的1枚通常大而多少呈风帽状；退化雄蕊内轮的2枚中1枚为兜状，包围花柱；子房每室具1胚珠 ··· 一九一　竹芋科 Marantaceae（十）

百合亚纲分科检索表

1. 子房上位。
  2. 花辐射对称；通常为陆生草本。
    3. 子房3~10室；花被片和雄蕊均为3基数，若为4基数，则叶均轮生于茎顶。
      4. 植物体无托叶变成的卷须；花两性，稀单性；蒴果或浆果。
        5. 植物体不为灌木状；叶片非肉质，边缘或顶端通常无硬齿或刺·······························
          ··· 一九四　百合科 Liliaceae（十）
        5. 植物体为常绿灌木状；叶片肉质或质厚而坚挺，边缘或顶端通常有硬齿或刺。
          6. 叶片肉质，边缘有硬齿或刺 ··············· 一九六　芦荟科 Aloeaceae（十）
          6. 叶片质厚而坚挺，顶端有刺 ··············· 一九七　龙舌兰科 Agavaceae（丝兰属）（十）
      4. 植物体有托叶变成的卷须；花单性，雌雄异株；浆果 ······· 一九九　菝葜科 Smilacaceae（十）
    3. 子房1室；花被片和雄蕊均为4基数；叶对生或轮生于茎上 ··· 一九八　百部科 Stemonaceae（十）
  2. 花两侧对称；水生或沼生草本。
    7. 雄蕊3或6（稀1，但浙江不产）；花被片6；总状、穗状或圆锥状花序 ·······························
      ·· 一九三　雨久花科 Pontederiaceae（十）
    7. 雄蕊1；花被片4；穗状或复穗状花序 ··············· 一九二　田葱科 Philydraceae（十）

1. 子房下位或半下位。
　　8. 子房半下位；叶为禾叶状，较柔软 ……… 一九四　百合科 Liliaceae（粉条儿菜属、沿阶草属）（十）
　　8. 子房下位；叶不为禾叶状，若为禾叶状则叶片较硬直，或退化成鳞片状。
　　　　9. 花辐射对称或近辐射对称；雄蕊不与花柱合生成合蕊柱。
　　　　　　10. 缠绕藤本；叶片宽广，叶柄细长，具网状脉；蒴果有3锐棱……………………………………
　　　　　　　　……………………………………………………………… 二〇〇　薯蓣科 Dioscoreaceae（十）
　　　　　　10. 通常为直立草本；叶片狭窄，叶柄不明显或无；具平行脉。
　　　　　　　　11. 雄蕊6；伞形花序，稀单生或排成总状、穗状或圆锥花序。
　　　　　　　　　　12. 常绿灌木状或乔木状草本；基生叶簇生，叶片条形或条状披针形，草质，边缘无硬刺
　　　　　　　　　　　　…………………………………………………………… 一九四　百合科 Liliaceae（十）
　　　　　　　　　　12. 常绿灌木状或乔木状草本；基生叶呈莲座状，叶片剑形，肉质或木质，有时边缘有硬刺
　　　　　　　　　　　　………………………………………………………… 一九七　龙舌兰科 Agavaceae（十）
　　　　　　　　11. 雄蕊3；花单生、簇生，或排成总状、穗状、聚伞或圆锥花序。
　　　　　　　　　　13. 绿色植物；叶不退化，2列状排列，由下向上套叠 …… 一九五　鸢尾科 Iridaceae（十）
　　　　　　　　　　13. 腐生或绿色植物；叶大多退化为鳞片状，稀不退化但小，基生或在茎上互生…………
　　　　　　　　　　　　…………………………………………………… 二〇一　水玉簪科 Burmanniaceae（十）
　　　　9. 花两侧对称；雄蕊1或2，与花柱合生成1合蕊柱 ………… 二〇二　兰科 Orchidaceae（十）

一　木兰科 Magnoliaceae

　　常绿或落叶，乔木或灌木。芽为盔帽状的托叶所包围，托叶脱落后在小枝上留下环状托叶痕。单叶互生，全缘，稀具缺裂；具叶柄。花大，单生于枝顶或叶腋，稀2或3朵组成聚伞花序；两性，稀杂性（具雄花与两性花）或单性异株；花下具1或数枚佛焰苞状苞片；花被通常不分化为花萼与花瓣，统称为花被片，花被片6~45，通常9，2至多轮，每轮3，外轮有时呈萼片状；花托柱状隆起；雄蕊多数（称雄蕊群），螺旋状排列于柱状花托下部，花药条形，2室，纵裂，花丝粗短，偶伸长，药隔常具尖头；心皮通常多数（称雌蕊群），离生，稀多少合生，螺旋状排列于花柱上部，每心皮具2至多粒胚珠；雄蕊群与雌蕊群之间无或有间隔（若有则称为雌蕊群柄）。聚合果，小果为蓇葖果，成熟时常沿一侧或两侧开裂，稀成熟小果为具翅坚果。种子1至多粒，成熟时常悬垂于具弹性的丝状假珠柄上，肉质外种皮常呈红色或橘红色。

　　15属，约300种，主产于亚洲东南部和南部、北美洲东南部、南美洲。我国有11属，约110种，主要分布于东南部至西南部；浙江有6属，45种。

　　本科为世界瞩目的双子叶植物中的原始类群，具极高的科研价值；不少种类花大色艳，芳香宜人，树姿优美，为优良的园林绿化材料；有些是组成我国南方常绿阔叶林的主要树种；有的木材可作建筑、家具、细木工等用材；有的树种的花或树皮是著名中药材；不少树种的花、叶是提制香精的原料。

分属检索表

1. 叶片边缘无侧裂片，不呈马褂形，幼叶在芽中直立、对折或平展；小果为蓇葖果。
　2. 花顶生；雌蕊群无柄或具极短的柄；常绿或落叶。
　　3. 叶柄上具托叶痕；幼叶在芽中对折；花两性，雌蕊群无柄。
　　　4. 每心皮具4粒以上胚珠；常绿乔木，稀落叶 ·················· **1. 木莲属 Manglietia**
　　　4. 每心皮通常具2胚珠；落叶乔木或灌木，稀常绿 ·················· **2. 木兰属 Magnolia**
　　3. 叶柄上无托叶痕；幼叶在芽中平展；花两性或杂性（雄花及两性花），雌蕊群具极短的柄 ··················
　　　·················· **3. 拟单性木兰属 Parakmeria**
　2. 花腋生；雌蕊群具显著的柄；常绿。
　　5. 心皮部分不发育，分离，形成疏离的聚合果，成熟时蓇葖果沿背缝线或同时沿腹缝线2瓣开裂，果瓣干后宿存 ·················· **4. 含笑属 Michelia**
　　5. 心皮全部发育，合生或部分合生，形成完全合生的聚合果，成熟时蓇葖果裂为2个果瓣，果瓣干后自中轴脱落 ·················· **5. 观光木属 Tsoongiodendron**
1. 叶片边缘具1~3对侧裂片，呈马褂形，幼叶在芽中对折再下折；小果为具翅坚果 ··················
　·················· **6. 鹅掌楸属 Liriodendron**

1. 木莲属 Manglietia Blume

常绿乔木，稀落叶。叶全缘，幼叶在芽中直立，对折；托叶与叶柄合生，脱落后在叶柄上留有托叶痕。花两性，单生于枝顶；花被片9～12（16），外轮3枚稍小，常带绿色或红色；雄蕊早落于花被片，花药内向纵裂；雌蕊群无柄，心皮多数，离生，每心皮具4粒以上胚珠。聚合果紧密；成熟蓇葖果沿背缝线或同时沿腹缝线开裂，顶端常具宿存的喙；每蓇葖果具1至多粒种子。外种皮红色。

约40种，分布于亚洲热带至亚热带地区。我国约有29种，产于长江流域及以南各地；浙江有6种。

本属本省引入栽培多种，其中毛桃木莲 *M. moto* Dandy、苍背木莲 *M. glaucifolia* Y.W. Law et Y.F. Wu、川滇木莲 *M. duclouxii* Finet et Gagnep. 等因栽培不普遍或长势不良，本志暂不收录。

分种检索表

1. 常绿乔木；花被片9或12，排成3或4轮，红色或白色；蓇葖果离生，开裂后果轴不撕裂。
  2. 叶柄上的托叶痕长5～12mm；花红色，花被片9或12 ·················· 2.红花木莲 M. insignis
  2. 叶柄上的托叶痕长3～6mm；花白色，花被片9（桂南木莲有时11）。
    3. 嫩枝被红褐色短毛；叶柄有毛或至少嫩时有毛。
      4. 花梗细长下垂，长4～7cm；侧脉12～14对 ·················· 1.桂南木莲 M. conifera
      4. 花梗粗短直立，长6～12mm；侧脉8～12对 ·················· 5.木莲 M. fordiana
    3. 嫩枝与叶柄均无毛。
      5. 叶片较狭小，长8～14cm，宽2.5～4cm，侧脉8～14对 ·········· 3.乳源木莲 M. yuyuanensis
      5. 叶片较宽大，长14～20cm，宽3.5～7cm，侧脉13～15对 ········ 4.巴东木莲 M. patungensis
1. 落叶乔木；花被片15（16），排成5轮，淡黄色；蓇葖果合生，开裂后果轴撕裂 ·· 6.落叶木莲 M. decidua

1. 桂南木莲　仁昌木莲（图2-117）
Manglietia conifera Dandy

常绿乔木，高20m。树皮灰色，光滑；芽、嫩枝、托叶被红褐色短毛。叶片革质，倒披针形或狭倒卵状椭圆形，长12～15cm，宽2～5cm，先端短渐尖或钝，基部狭楔形或楔形，嫩叶被微硬毛或具白粉，侧脉12～14对；叶柄长2～3cm，嫩时被平伏柔毛，托叶痕长3～5mm。花梗细长下垂，长4～7cm，顶端具1圈苞片痕；花被片9（11），排成3或4轮，外轮3枚常呈绿色，质较薄，内2轮白色，肉质。聚合果卵球形，下垂；蓇葖果离生，具疣状突起，顶端具短喙，开裂后果轴不撕裂。花期5—6月，果期8—10月。

一　木兰科 Magnoliaceae　　　　　　　　　　　　　　　　　　　　　　133

原产于湖南、广东、广西、贵州、云南。越南北部也有。杭州、绍兴、宁波、金华、丽水、温州等地有少量栽培。

木材为家具等优良用材；花色美丽，可作庭园观赏树种。

图 2-117　桂南木莲

2. 红花木莲 红色木莲 （图2-118）

Manglietia insignis (Wall.) Blume

常绿乔木，高达30m。小枝无毛或幼嫩时节上被毛。叶片革质，倒披针形、长圆形或长圆状椭圆形，长10～26cm，宽4～10cm，先端渐尖或尾状渐尖，基部楔形，稍反卷，下面中脉具红褐色柔毛或散生平伏微毛，侧脉12～24对；叶柄长1.8～3.5cm，托叶痕长5～12mm。花红色，芳香；花梗粗壮，直径0.8～1cm；花被片9或12，排成3或4轮，外轮3枚褐绿色，腹面染红色或紫红色，向外反曲，内2轮直立，乳白色带粉红色。聚合果成熟时呈深紫红色，卵状长圆形；蓇葖果离生，沿背缝线全裂，具瘤状突起，开裂后果轴不撕裂。花期5—6月，果期8—9月。

原产于西南及湖南、广西。泰国、缅甸、印度、尼泊尔也有。本省均有零星栽培。

木材为家具等优良用材；花色美丽，可作庭园观赏树种。

图2-118 红花木莲

3. 乳源木莲 （图2-119）
Manglietia yuyuanensis Y.W. Law

常绿乔木，高达20m。树皮灰色，平滑；小枝黄褐色，除芽鳞被锈黄色平伏柔毛外，余均无毛。叶片革质，倒披针形、狭倒卵状长圆形或狭椭圆形，长8～14cm，宽2.5～4cm，先端渐尖，稀短尾状，基部楔形、宽楔形至窄楔形，边缘稍反卷，侧脉8～14对；叶柄长1～2.5cm，无毛，托叶痕长3～4mm。花芳香；花梗长1.5～2cm；花被片9，排成3轮，外轮绿色，薄革质，内2轮肉质，白色。聚合果卵球形，长2.5～3.5cm；蓇葖果离生，先端具短喙，开裂后果轴不撕裂。花期4—5月，果期9—10月。

产于杭州、衢州、台州、丽水、温州及安吉、诸暨、宁海、武义。散生于海拔480～1200m的山地阔叶林中。分布于华东及湖南、广东。模式标本采自临安（昌化大明山）。

木材可作板料、细木工用材；果及树皮入药，可治便秘和干咳；叶色亮绿，花芳香美丽，可供绿化观赏。

图2-119 乳源木莲

4. 巴东木莲 (图2-120)
Manglietia patungensis Hu

常绿乔木,高达25m。树皮淡灰褐色带红色;小枝带灰褐色。叶片薄革质,倒卵状椭圆形,长14～20cm,宽3.5～7cm,先端尾状渐尖,基部楔形,两面无毛,上面绿色,有光泽,下面淡绿色,叶面中脉凹下,侧脉13～15对;叶柄长2.5～3cm,无毛,托叶痕长3～6mm。花芳香,直径8.5～11cm;花梗长约1.5cm;花被片9,排成3轮,白色。聚合果圆柱状椭圆形,淡紫红色;蓇葖果离生,露出面具点状突起,开裂后果轴不撕裂。花期5—6月,果期8—10月。

原产于湖北、四川。杭州市区、富阳、定海等地有栽培。

树皮为中药"厚朴"代用品;叶色亮绿,花芳香美丽,可供绿化观赏。

图2-120 巴东木莲

5. 木莲 (图2-121)
Manglietia fordiana Oliv.

常绿乔木,高达20m。嫩枝、芽、叶柄、幼叶下面及花梗均疏生脱落性红褐色平伏短毛。叶片革质,狭倒卵形、狭椭圆状倒卵形或倒披针形,长8～17cm,宽2.5～5.8cm,先端短急尖,基部楔形,沿叶柄稍下延,边缘稍内卷,侧脉8～12对;叶柄长1～3cm,基部稍膨大,有毛,托叶痕长3～4mm。花梗粗短,直立,长6～12mm;花被片9,排成3轮,外轮带绿色,薄革质,内2轮稍小，白色，常肉质。聚合果褐色，卵球形；蓇葖果离生，露出面有粗点状突起，先端具短喙，开裂后果轴不撕裂。花期5月，果期9—10月。

产于泰顺。生于山地阔叶林中。分布于江西、福建、湖南、广东、广西、贵州、云南。

用途同乳源木莲。

图2-121　木莲

6. 落叶木莲　华木莲　（图2-122）

Manglietia decidua Q.Y. Zheng — *Magnolia decidua* (Q.Y. Zheng) V.S. Kumar — *Sinomanglietia glauca* Z.X. Yu et Q.Y. Zheng

落叶乔木，高达30m。树皮灰白色，具不规则裂纹；小枝紫褐色，光滑，散生灰白色圆形皮孔。叶常集生于枝顶；叶片纸质，狭倒卵形、狭椭圆形或椭圆形，长14~20cm，宽3.5~7cm，先端钝短尖，基部楔形，上面深绿色，下面灰绿色，具脱落性灰白色微毛，全缘，边缘稍反卷，侧脉9~12对；叶柄长2.5~4.5cm，托叶痕长6~12mm。花淡黄色，具芳香；花梗长约1cm，有脱落性毛；花被片15（16），排成5轮。聚合果卵球形或近球形；蓇葖果合生，成熟时呈红褐色，开裂后果轴撕裂。花期4—5月，果期9—10月。

原产于江西（宜春）、湖南（永顺）。杭州市区、嵊州等地有引种栽培。

为我国特有的古老珍稀濒危植物；树形优美，花大芳香，具重要的保护与利用价值。

图2-122　落叶木莲

② 木兰属　Magnolia L.

落叶乔木或灌木，稀常绿。叶全缘，稀先端具凹缺，幼叶在芽中直立，对折；托叶与叶柄贴生，脱落后在叶柄上留有托叶痕，稀离生。花大，两性，单生于枝顶，通常芳香；花被片9～21（48），每轮通常3，同一或外轮花被片较小而呈萼片状；雄蕊早落，花药内向或侧向开裂，药隔延伸；雌蕊群无柄，心皮分离，常部分不育，每心皮通常具2胚珠。聚合果常弯曲；蓇葖果沿背缝线开裂，顶端具喙，全部宿存于果轴上；每蓇葖果具1或2种子。外种皮橘红色或鲜红色。

约90种，分布于亚洲东南部、喜马拉雅地区、北美洲。我国有30余种，分布于西南、秦岭以南至华东、东北；浙江有14种。

本属植物在本省园林中引种较多，如馨香玉兰 M. odoratissima Y.W. Law et R.Z. Zhou、武当木兰 M. sprengeri Pamp.、宝华玉兰 M. zenii Cheng 等，但仅在个别地区有栽培，本志暂不收录。

分种检索表

1. 常绿。
   2. 灌木或小乔木；全体无毛；叶片革质，先端长渐尖；花梗向下弯垂 ············ 2.夜香木兰 M. coco
   2. 乔木；小枝（至少新枝）、叶柄、叶下面及蓇葖果多少被毛；叶片厚革质，先端圆钝、微凹或钝尖；花梗直立或缺。
      3. 叶柄长5~10cm，托叶痕几达叶柄顶端；叶基宽圆形至微心形，叶缘波状起伏，不反卷 ············
      ··· 1.山玉兰 M. delavayi
      3. 叶柄长1.5~4cm，无托叶痕；叶基楔形，叶缘平整，反卷 ············ 5.荷花玉兰 M. grandiflora
1. 落叶。
   4. 叶片长20cm以上，集生于枝顶而呈轮生状，侧脉15~25对；托叶痕长约为叶柄的2/3 ············
   ··· 3.厚朴 M. officinalis
   4. 叶片长不及20cm，在小枝上散生，侧脉6~13对；托叶痕长不超过叶柄的1/2。
      5. 二年生枝紫褐色或灰褐色。
         6. 花被片一型或近一型，即外轮3枚与内轮的大小相近。
            7. 叶片下面散生金黄色小点；花梗细长，达3~7cm，下垂；灌木或小乔木，高不逾5m ············
            ··· 4.天女花 M. sieboldii
            7. 叶片下面无金黄色小点；花梗粗短，长不逾5mm，直立；乔木或小乔木，高6m以上。
               8. 乔木；花被片白色或外面中下部呈紫红色（品种则为淡黄色或黄绿色） ············
               ··· 6.玉兰 M. denudata
               8. 小乔木；花被片外面浅红色至深红色 ············ 7.二乔木兰 M. × soulangeana
         6. 花被片二型，即外轮3枚远较小且呈萼片状。
            9. 乔木。
               10. 小枝无毛；叶片下面仅沿脉及脉腋有白色柔毛；聚合果常明显扭曲；引种植物 ············
               ··· 11.日本辛夷 M. kobus
               10. 小枝被毛；叶片下面被淡黄色短绢毛；聚合果通直或稍扭曲；野生植物 ············
               ··· 13.黄山木兰 M. cylindrica
            9. 灌木。
               11. 花被片15~48；叶柄长3~10mm；叶片倒卵状长圆形，有时倒披针形，长4~10cm，宽不逾4cm ··· 12.星花木兰 M. stellata

11. 花被片9（12）；叶柄长0.8～2cm；叶片椭圆状倒卵形或倒卵形，长8～18cm，宽3～8cm ·· **14.紫玉兰 M. liliiflora**
5. 二年生枝带绿色或黄绿色。
　　12. 花被片一型，即内、外轮大小近相等。
　　　　13. 乔木；侧脉10～13对；叶柄长1～1.5cm；花蕾、花梗密被白色绢毛；花被片9，长5～6.5cm ··· **8.天目木兰 M. amoena**
　　　　13. 灌木或小乔木；侧脉6～8对；叶柄长0.3～1.2cm；花蕾、花梗密被黄色绢毛；花被片12～18，长3～4.5cm ··· **9.景宁木兰 M. sinostellata**
　　12. 花被片二型，即外轮3枚远较小且呈萼片状，常早落 ·················· **10.望春木兰 M. biondii**

1. 山玉兰　优昙花　（图2-123）

Magnolia delavayi Franch.

常绿乔木，高达12m。树皮灰色或灰黑色，粗糙开裂；嫩枝榄绿色，老枝粗壮，具圆点状皮孔；嫩枝、叶柄、雌蕊及蓇葖果被淡黄色柔毛。叶片厚革质，卵形或卵状长圆形，长10～20cm，宽5～10cm，先端圆钝，稀微凹，基部宽圆形，有时微心形，边缘波状起伏，硬化增厚，不反卷，上面被脱落性卷曲长毛，中脉在上面平坦或凹入，残留有毛，下面密被交织长绒毛及白粉，后仅脉上残留有毛；侧脉11～16对，网脉致密；叶柄长5～10cm，托叶痕几达叶柄顶端。花梗直立；花芳香，直径15～20cm；花被片通常9，外轮3枚淡绿色，向外反卷，内2轮乳白色。聚合果卵状长圆体形；蓇葖果背缝线两瓣全裂，顶端喙外弯。花期5—6月，果期8—10月。

图2-123　山玉兰

原产于西南。杭州市区、富阳、普陀等地有栽培，在富阳冬季幼树略受冻害，在杭州市区、普陀长势良好，开花结果正常。

为优良的观赏及造林树种；优昙花为佛教名花。

2. 夜香木兰 夜合花 （图2-124）
Magnolia coco (Lour.) DC.

常绿灌木或小乔木，高2～4m。全体无毛。树皮灰色；小枝绿色，平滑，稍具棱角。叶片革质，椭圆形、狭椭圆形或倒卵状椭圆形，长7～8cm，宽3～6.5cm，先端长渐尖，基部楔形，上面深绿色，有光泽，稍具波皱，边缘稍反卷，硬化增厚；侧脉8～10对，网脉稀疏；叶柄长5～10mm，托叶痕达叶柄顶端。花圆球形，直径3～4cm，夜间极香；花梗向下弯垂；花被片9，肉质，外轮3枚白色带绿色，有5条纵线，内2轮纯白色。聚合果长约3cm；蓇葖果近木质。花期夏季，果期秋季。

原产于华南及江西、福建、四川、云南。越南东南部也有。杭州市区、象山、台州市区（黄岩）、乐清有栽培，在台州市区（黄岩）、乐清可露地越冬。

为名贵的庭园观赏树种；花可提取香精，亦可掺入茶叶内作熏香剂；根皮可入药，有散瘀除湿等功效。

图2-124 夜香木兰

3. 厚朴 （图2-125）

Magnolia officinalis Rehder et E.H. Wilson

落叶乔木，高达20m。树皮厚，褐色，不裂，有圆形突起皮孔；小枝粗壮，淡黄色或灰黄色；顶芽大，窄卵状圆锥形，无毛。叶常集生于枝顶而呈轮生状；叶片大，长圆状倒卵形，长20～30cm，宽8～17cm，先端短急尖或圆钝，基部楔形，上面绿色，无毛，下面灰绿色，有白粉，被灰色平伏柔毛，侧脉15～25对；叶柄长2.5～5cm，粗壮，托叶痕长约为叶柄的2/3。花大，直径约15cm，与叶同放，白色，芳香；花梗粗短，被柔毛；花被片9～12（17），厚肉质，外轮3枚淡绿色，内2轮白色。聚合果长圆状卵形，长9～15cm，基部宽圆；蓇葖果具长3～4mm的短喙。花期4—5月，果期9—10月。

原产于华中及四川、贵州、陕西、甘肃。本省山区、丘陵普遍有栽培。

树皮、花、种子皆可入药，树皮"厚朴"为著名中药材；种子有明目益气等功效，也可榨油供制肥皂；木材纹理直，质轻软，结构细，可作建筑、板料、雕刻、乐器、细木工等用材；花大美丽，叶大荫浓，可作绿化观赏树种。

图2-125　厚朴

3a. 凹叶厚朴（亚种）（图2-126）

subsp. biloba (Rehder et E.H. Wilson) Y.W. Law

与厚朴的区别在于叶片先端具明显的凹缺，有时2裂状；聚合果基部较窄。

产于杭州、金华、台州、丽水及安吉、嵊州、新昌、奉化、宁海、开化、常山等地。生于海拔300～1400m的林中；浙西南山区多为人工栽培。分布于华东及湖南、广东、广西、贵州。

用途同厚朴。为国家Ⅱ级重点保护野生植物。

一　木兰科 Magnoliaceae

图 2-126　凹叶厚朴

本省尚栽培有1变型红花凹叶厚朴 subsp. **biloba** form. **rubicunda** (Yi) G.Y. Li et Z.H. Chen —— *M. officinalis* subsp. *biloba* var. *rubicunda* Yi（图2-127），与凹叶厚朴的区别在于花被片基部白色，中上部紫红色。原产于四川。武义、景宁等地有栽培，可能是从四川引种厚朴时带入。用途同厚朴，但其花色艳丽，观赏价值更高。

图 2-127　红花凹叶厚朴

4. 天女花 天女木兰 小花木兰 （图2-128）

Magnolia sieboldii K. Koch

落叶灌木或小乔木，高2～5m。树皮灰白色；幼枝淡灰褐色，连同芽、叶下面、叶柄、花梗均被褐色及灰白色柔毛；二年生枝灰褐色。叶散生；叶片薄纸质，宽倒卵形或倒卵状圆形，长6～15cm，宽4～10cm，先端短急尖至圆钝，基部近圆形、浅心形或宽楔形，上面沿脉被弯曲柔毛，下面有白粉，散生金黄色小点，沿脉密生白色长绢毛，侧脉6～8对；叶柄细，长1～4cm，托叶痕长约为叶柄的1/2。花单生于枝顶，与叶近对生，直径7～10cm，白色，芳香；花梗细长，下垂，达3～7cm；花被片9，一型；雄蕊群带紫红色；雌蕊群黄绿色。聚合果倒卵圆状或长圆体形，长5～7cm，成熟时呈红色；蓇葖果沿背缝线开裂。花期5—6月，果期8—9月。

产于安吉、临安、遂昌、龙泉、庆元。生于海拔1100m以上的山顶、沟谷或山坡较湿润的矮林、灌丛中。分布于东北、华东、华中及河北、广西、贵州。日本、朝鲜半岛也有。

花梗细长，花洁白无瑕，芳香，可供观赏；木材可制农具；花入药，可制浸膏。为浙江省重点保护野生植物。

图2-128 天女花

5. 荷花玉兰　广玉兰（图2-129）
Magnolia grandiflora L.

常绿乔木，高达30m。树皮灰褐色，老时薄鳞片状开裂；小枝粗壮，具横隔的髓心；小枝、芽、叶下面及叶柄均密被锈褐色短绒毛。叶片厚革质，椭圆形或倒卵状椭圆形，长10～20cm，宽4～10cm，先端圆钝或钝尖，基部楔形，边缘平整而反卷，上面深绿色，有光泽；叶柄粗壮，长1.5～4cm，无托叶痕，具深沟。花大，白色，直径15～20cm，芳香；花梗缺或不明显，长不足1mm；花被片9～12，厚肉质；雌蕊群密被长绒毛，花柱卷曲。聚合果圆柱形，长7～10cm，直径4～5cm；蓇葖果背裂，下面圆，顶端外侧具长喙，密被灰黄色或褐色绒毛。花期5—6月，果期9—11月。

原产于美洲东南部。长江流域及以南各地均有栽培。全省各地广泛栽培。

喜光，适生于肥沃湿润土壤。对二氧化硫、氯气、氟化氢等有毒气体有较强抗性，也耐烟尘。树干挺直，枝叶浓绿，花大似荷花，芳香，供绿化观赏；木材黄白色，材质坚重，可作装饰用材；叶、幼枝、花可提取芳香油。

图2-129　荷花玉兰

5a. 狭叶荷花玉兰（变种）（图2-130）
var. lanceolata Ait.

与荷花玉兰的区别在于叶片长椭圆形或披针形，基部狭楔形，下面淡绿色，无毛或仅被极稀疏微柔毛。

嘉兴、杭州、宁波等地有栽培。

图2-130 狭叶荷花玉兰

6. 玉兰 白玉兰 迎春花 （图2-131）
Magnolia denudata Desr.

落叶乔木，高25m。树皮深灰色，不规则块状剥落；二年生枝灰褐色；冬芽及花梗密被灰黄色长柔毛。叶散生；叶片纸质，宽倒卵形或倒卵状椭圆形，长8～18cm，宽6～10（12）cm，先端宽圆或平截，具短突尖，基部楔形或近圆形，两面沿脉被柔毛，侧脉8～10对；叶柄长1～2.5cm，被柔毛，托叶痕长为叶柄的1/4～1/3。花芳香，先于叶开放，直立，直径12～15cm，大而显著；花梗粗短而直立，长不逾5mm；花被片9，一型，栽培者白色，野生者外面中下部常呈紫红色。聚合果长而扭曲，长8～17cm；蓇葖果厚木质，具白色皮孔。花期3月，偶见7—9月第二次开花，果期9—10月。

产于全省山区、丘陵。生于海拔300～1000m的山地林中。分布于华中、西南及安徽、江西、广东、陕西。

一　木兰科 Magnoliaceae

为著名庭园观赏树种；木材细致，可作家具、细木工用材；花蕾可入药；花可用于配制香精或浸膏；花被片可食用；种子可榨油，供工业用；常用作嫁接木兰科树种的砧木。

本种在生产中应用较多的还有飞黄玉兰'Fei Huang'（图2-132），与白玉兰的区别在于花淡黄色或黄绿色；花期4月，明显晚于白玉兰。全省各地普遍栽培，供观赏。

图 2-131　玉兰

图 2-132 飞黄玉兰

7. 二乔木兰 （图 2-133）
Magnolia × soulangeana Soul.-Bod.

落叶小乔木，高 6～10m。小枝无毛；二年生枝紫褐色。叶散生；叶片倒卵形，长 6～15cm，宽 4～7.5cm，先端短急尖，2/3 以下渐狭成楔形，上面中脉基部常有毛，下面多少被柔毛，侧脉 7～9 对；叶柄长 1～1.5cm，被柔毛，托叶痕长为叶柄的 1/3。花先于叶开放；花梗粗短直立，长

图 2-133 二乔木兰

不逾5mm；花被片6～9，近一型，外面浅红色至深红色，内面白色，外轮3枚常稍短，约为内轮长的2/3。聚合果长约8cm，直径约3cm；蓇葖果卵形，成熟时呈黑色，具白色皮孔。花期3—4月，果期9—10月。

为玉兰与紫玉兰的杂交种。全省各地均有栽培。

为优良的绿化观赏树种，多园艺品种，其花被片大小、形状、颜色多变化。

在本省应用较多的品种有红运玉兰'Hong Yun'（图2-134），与二乔木兰的区别在于小枝粗壮；花紫红色，花瓣较宽短；除3—4月外，6—9月还可零星开花1或2次。白嵊州王飞罡育成，全国各地普遍栽培。

图2-134 红运玉兰

8. 天目木兰 （图2-135）
Magnolia amoena Cheng

落叶乔木，高达12m。树皮灰色，平滑；小枝较细，直径3～4mm，无毛；二年生枝带绿色；顶芽、花蕾、花梗及果梗均密被平伏白色长绢毛。叶散生；叶片倒披针形或倒披针状椭圆形，长9～15cm，宽3～5cm，先端渐尖或急尖成尾状，基部楔形或圆形，上面无毛，下面沿脉和脉腋有弯曲短柔毛，侧脉10～13对；叶柄长1～1.5cm，初被白色长毛，托叶痕长为叶柄的1/5～1/3（1/2）。花先于叶开放，直径约6cm，芳香；花被片9，一型，排成3轮，长5～6.5cm，外面粉红色或下部紫色。聚合果呈不规则细柱形，常弯曲。花期3—4月，果期9—10月。

产于宁波及湖州市区（吴兴）、安吉、德清、临安、诸暨、龙泉、泰顺等地。生于海拔150～1200m的阴坡或沟谷阔叶林中。分布于华东。模式标本采自临安（西天目山）。

可供观赏；常用作嫁接木兰科树种的砧木。为浙江省重点保护野生植物。

图2-135 天目木兰

本省尚有以下2变型：紫花天目木兰 form. **purpurascens** F.Y. Zhang et X.Y. Ye（图2-136），花被片外面紫红色，内面白色；产于临安；生于海拔约300m的石灰岩山地林中；模式标本采自临安（高山）。白花天目木兰 form. **alba** H.L. Lin et G.Y. Li（图2-137），花被片绿白色或白色；生于海拔约150m的山坡林中；模式标本采自宁波市区（北仑大碶）。

图2-136 紫花天目木兰

一 木兰科 Magnoliaceae

图 2-137 白花天目木兰

9. 景宁木兰 （图 2-138）
Magnolia sinostellata P.L. Chiu et Z.H. Chen

落叶灌木或小乔木，高2～3m。多呈丛生状。小枝纤细，具皮孔；二年生枝带绿色。叶散生；叶片椭圆形、狭椭圆形至倒卵状椭圆形，长7～12cm，宽2.5～4cm，先端渐尖或尾尖，基

图 2-138 景宁木兰

部楔形，两面无毛或下面脉腋被白色柔毛，侧脉6~8对；叶柄长0.3~1.2cm，托叶痕长为叶柄的1/2。花单生于枝顶，先于叶开放，直径5~7cm，芳香；花蕾、花梗密被黄色绢毛；花被片12~18，一型，排成4~6轮，初时淡红色，外侧基部及中间色较深，后渐变淡，倒披针形或倒卵状匙形，长3~4.5cm。聚合果圆柱形，微弯。花期2—3月，果期8—9月。

产于景宁、松阳、云和、莲都、青田、乐清。生于海拔800~1300m的稀疏阔叶林下、林缘及沟谷灌丛中。模式标本采自景宁（草鱼塘）。

花色艳丽，可作景观绿化树种。为浙江省重点保护野生植物。

在园林中应用的尚有1品种景新木兰'Jing Xin'（图2-139），与景宁木兰的区别在于花瓣明显增多，达20枚以上。由嵊州王飞罡育成，临安、嵊州、鄞州等地有栽培。

图2-139　景新木兰

10. 望春木兰　望春花　（图2-140）
Magnolia biondii Pamp.

落叶乔木，高达12m。树皮淡灰色，光滑；小枝较细，无毛；二年生枝带绿色或黄绿色；顶芽密被淡黄色开展长柔毛，花蕾及花梗均密被白色绢毛。叶散生；叶片椭圆状披针形、卵状披针形、狭倒卵形

图2-140　望春木兰

或卵形，长10～18cm，宽3.5～6.5cm，先端急尖或短渐尖，基部宽楔形或圆钝，上面暗绿色，下面浅绿色，被脱落性平伏毛，侧脉7～12对；叶柄长1～2cm，托叶痕长为叶柄的1/5～1/3。花先于叶开放，直径6～8cm，芳香；花梗顶端膨大，长约1cm；花被片9，二型，外轮3枚萼片状，白色或带紫红色，常早落，内2轮花瓣状，白色，外面中下部常呈紫红色。聚合果圆柱形，常扭曲；蓇葖果浅褐色，具突起瘤点。花期3月，果期9—10月。

原产于华中及四川、陕西、甘肃等地。湖州市区（吴兴）、杭州市区、富阳、临安、诸暨、宁波市区、奉化、宁海等地有栽培，生长良好。

为优良的庭园绿化树种；可作木兰属树种的嫁接砧木；花可提取香精；花蕾可入药。

11. 日本辛夷 （图2-141）
Magnolia kobus DC. —— *M. praecocissima* Koidz.

落叶乔木，高达20m。常从近基部分枝；树皮灰色，粗糙开裂；小枝无毛；二年生枝紫褐色；顶芽被黄色长绢毛；叶上面中脉基部、下面沿脉及脉腋、叶柄均被白色柔毛。叶散生；叶片倒卵状椭圆形，长8～17cm，宽3.5～9.5cm，先端急渐尖，基部窄楔形，上面深绿色，下面灰绿色，叶缘微波状，侧脉7～11对；叶柄长1～2.5cm，托叶痕长为叶柄的1/3。花先于叶开放，芳香，直径9～10cm；花被片9，二型，外轮3枚萼片状，绿色或淡褐色，内2轮花瓣状，白色，有时基部带红色；药室内向开裂，花丝红色。聚合果圆柱形，明显扭曲；蓇葖果具白色皮孔。花期3—4月，果期9—10月。

原产于日本、朝鲜半岛。杭州市区、临安有栽培。

为庭园观赏树种；木材可作家具及建筑等用材。

图2-141 日本辛夷

12. 星花木兰　日本毛木兰　（图2-142）

Magnolia stellata (Siebold et Zucc.) Maxim.

落叶灌木，高2~4m。树皮灰褐色；分枝繁密；一年生枝密被白色绢毛，二年生枝紫褐色；顶芽密被平伏长柔毛。叶散生；叶片倒卵状长圆形，有时倒披针形，长4~10cm，宽约3.7cm，先端钝圆、急尖或短渐尖，基部渐狭成楔形，上面深绿色，无毛，下面浅绿色，侧脉7~9对，中脉被柔毛；叶柄长3~10mm，有毛，托叶痕长约为叶柄的1/2。花蕾密被淡黄色长毛；花先于叶开放，直立，芳香，直径7~9cm；花被片15~48，二型，外轮3枚萼片状，披针形，早落，内数轮花被片狭长圆状倒卵形，白色、粉色至紫红色。聚合果长约5cm，扭曲。花期3—4月，果期9—10月。

原产于日本。杭州市区、萧山、临安、嵊州、宁波市区、景宁等地有栽培。

为美丽的庭园观赏树种。

本省生产中应用较多的还有苏珊木兰'Susan'（图2-143），与星花木兰的区别在于花被片内外均为红色。由美国引进；海宁、杭州市区、宁波市区等地有栽培。

图2-142　星花木兰

图2-143　苏珊木兰

13. 黄山木兰（图2-144）
Magnolia cylindrica E.H. Wilson

落叶乔木，高达10m。树皮淡灰褐色，平滑；幼枝、叶柄、叶片下面、花蕾、花梗被均匀的淡黄色短绢毛；二年生枝紫褐色。叶散生；叶片倒卵形或倒卵状椭圆形，长6～13cm，宽3～6cm，先端钝尖或圆，2/3以下渐狭成楔形，上面绿色，无毛，下面灰绿色，侧脉6～8对；叶柄长1～2cm，有狭沟，托叶痕长为叶柄的1/6～1/3。花直立，先于叶开放，无香气；花被片9，二型，外轮3枚萼片状，白色略带紫绿色，内2轮花瓣状，白色，外面下部及沿中肋常带紫红色。聚合果圆柱形，通直或稍扭曲，下垂，成熟时呈红色；蓇葖果间有不同程度的愈合。花期3—4月，果期8—10月。

产于丽水及临安、淳安、上虞、衢州市区（衢江）、开化、江山、金华市区（婺城）、临海、仙居、永嘉、文成、泰顺。生于海拔400m以上的林中。分布于华东、华中。

花大果红，可供观赏；花蕾可入药，有润肺止咳、利尿、解毒等功效；花可提取香精。

本省尚有1变型紫花黄山木兰 form. **purpurascens** (Y.L. Wang et S.Z. Zhang) G.Y. Li et Z.H. Chen — *M. cylindrica* var. *purpurascens* Y.L. Wang et S.Z. Zhang（图2-145），与黄山木兰的区别在于花被片外面紫红色。产于景宁、松阳。模式标本采自景宁。

图2-144　黄山木兰

图2-145 紫花黄山木兰

14. 紫玉兰 辛夷 木笔 （图2-146）
Magnolia liliiflora Desr.

落叶灌木，高3~4m。常丛生。二年生枝紫褐色，有明显灰白色皮孔；顶芽卵形，被淡黄色绢毛。叶散生；叶片椭圆状倒卵形或倒卵形，长8~18cm，宽3~8cm，先端急尖或渐尖，基部楔形，下延至柄，幼时上面疏生短柔毛，下面沿脉有细柔毛，侧脉8~10对；叶柄长0.8~2cm，托叶痕长为叶柄的1/2。花直立，与叶同放；花梗粗壮，被毛；花被片9（12），二型，外轮3枚萼片状，淡紫色或绿白色，内2轮花瓣状，外面紫色，内面白色带紫色。聚合果成熟时呈褐色。花期

图2-146 紫玉兰

3—4月,果期8—9月。

原产于西南及福建、湖北、陕西。本省普遍有栽培。

为著名的庭园观花树种;树皮、叶、花蕾均可入药;花蕾晒干后称"辛夷",主治鼻炎、头痛、疮毒等;常用作嫁接木兰科树种的砧木。

③ 拟单性木兰属 Parakmeria Hu et Cheng

常绿乔木。全体无毛。小枝节间密集成竹节状。叶螺旋状、近2列或2列排列,全缘,具骨质半透明边缘并下延至柄,幼叶在芽中直立,平展;托叶与叶柄离生,叶柄上无托叶痕。花两性或杂性,单生于枝顶;花被片9~14;雄花雄蕊10~75,早落于花被片,花药内向开裂;两性花雄蕊10~35,雌蕊群具极短的柄,心皮10~20,发育时全部互相愈合,常部分不育,每心皮具2胚珠。聚合果;蓇葖果沿背缝线及顶端开裂;每心皮具1或2种子。外种皮红色或黄色。

有7种,分布于东南亚热带和亚热带地区。我国有5种,分布于西南部至东南部;浙江有2种。

本省尚引种有云南拟单性木兰 *P. yunnanensis* Hu,因数量极少,且在浙西北一带冬季幼树易受冻害,本志不予收录。

1. 光叶拟单性木兰 (图2-147)

Parakmeria nitida (W.W. Sm.) Y.W. Law

常绿乔木,高达30m。近顶部嫩枝、芽、叶柄具明显白粉;小枝绿色。叶片革质,椭圆形或长圆状椭圆形,稀倒卵状椭圆形,长5.5~9.5cm,宽2~4cm,先端急尖或短渐尖,基部楔形或

图2-147 光叶拟单性木兰

宽楔形，上面深绿色，有光泽，嫩叶红褐色；叶柄长1～4cm。花两性，芳香；花被片9或12，倒卵状匙形，先端具突尖，外轮3枚浅黄色，下面中部带紫红色，内2或3轮淡黄白色；雄蕊多数；雌蕊群伸出雄蕊群之外，花柱红色。聚合果绿色，长圆状卵圆形或椭圆状卵圆形，长5～7.5cm。外种皮鲜黄色。花期3—5月，果期9—10月。

原产于云南、西藏。缅甸北部也有。富阳、建德、慈溪、鄞州、定海等地有引种栽培，除在富阳幼年叶片易受冻害外，其余地区生长良好，但尚未见开花结实。

枝叶浓密，叶色亮绿，新叶鲜红色，花美丽，可作景观绿化及材用树种。

2. 乐东拟单性木兰　乐东木兰　（图2-148）
Parakmeria lotungensis (Chun et Tsoong) Y.W. Law

常绿乔木，高达30m，胸径90cm。树皮灰白色；嫩枝、芽、叶柄无白粉；当年生枝绿色。叶片厚革质，椭圆形或倒卵状椭圆形，长6～11cm，宽2.5～3.5cm，先端钝尖，基部楔形，沿叶柄下延，上面深绿色，具光泽，中脉在两面突起；叶柄长1.5～2cm。花杂性，雄花与两性花异株；雄花花被片9～14，倒卵状长圆形，先端圆，外轮3或4枚浅黄色，内2或3轮乳白色，雄蕊30～70，花丝及药隔紫红色；两性花花被片与雄花同形而较小，雄蕊10～35，雌蕊群被包围在雄蕊群内，心皮10～20，稀退化为1至数枚。聚合果长椭球形，长3～6cm。外种皮鲜红色。花期

图2-148　乐东拟单性木兰

4—5月，果期10—11月。

产于缙云、松阳、龙泉、庆元、景宁、瑞安、文成、泰顺。生于海拔600～1200m的山坡、沟谷常绿阔叶林中。分布于华南及江西、福建、湖南、贵州。

树干通直，材质优良，枝叶浓密，叶色亮绿，新叶鲜红色或紫褐色，花朵美丽，为优良的材用及景观绿化树种；也可作防火林带树种。为浙江省重点保护野生植物。

与光叶拟单性木兰的区别在于后者花两性，花被片先端具突尖，雌蕊群伸出雄蕊群之外，种子外种皮鲜黄色，近顶部嫩枝、芽、叶柄具明显白粉。

4 含笑属 Michelia L.

常绿乔木或灌木。叶片全缘；幼叶在芽中直立，对折；托叶与叶柄贴生或离生。花两性，单生于叶腋，芳香；花被片6～23；雄蕊晚落于花被片，花药侧向或内向开裂；雌蕊群具显著的柄，心皮多数至少数，部分不发育，分离，每心皮具2至数粒胚珠。聚合果疏离；蓇葖果成熟时沿背缝线或同时沿腹缝线2瓣开裂，果瓣干后宿存；每蓇葖果具2至数粒种子。外种皮红色或红褐色。

60余种，分布于亚洲热带和亚热带地区。我国约有37种，主产于西南部至东部；浙江有19种。

本属植物本省引入栽培较多，如台湾含笑 *M. compressa* (Maxim.) Sarg.、黄兰 *M. champaca* L.、苦梓含笑 *M. balansae* (DC.) Dandy、细毛含笑 *M. balansae* (DC.) Dandy var. *appressipubescens* Y.W. Law等，因仅在个别地点引种栽培，部分种不能露地越冬或长势不良，本志暂不收录。

另据司马永康的研究结果，刘玉壶、吴容芬(1988)引证的产自浙江庆元的雅致含笑 *M. elegans* Y.W. Law et Y.F. Wu标本(M.H. Wu, 83014，中国科学院华南植物园标本馆)，实为金叶含笑 *M. foveolata* Merr. ex Dandy。

分种检索表

1. 托叶与叶柄贴生，在叶柄上留有托叶痕。
    2. 叶柄长1～4cm；托叶痕长不达叶柄的1/2，稀略过之，但不及2/3。
        3. 叶片薄革质，下面绿色；花被片10，披针形；盛夏开花，花极香，通常不结实·· **1. 白兰花 M. × alba**
        3. 叶片革质，下面苍白色或灰白色；花被片9～13，匙形、倒披针形或倒卵形；春季开花，具芳香，结实。
            4. 花白色；花被片宽4～7mm；托叶痕长约为叶柄的1/2或略过之；聚合果长2～6cm ·· **2. 多花含笑 M. floribunda**

4. 花黄色；花被片宽1～2.5cm；托叶痕长为叶柄的1/8～1/4；聚合果长12～15cm···3. 峨眉含笑 M. wilsonii
2. 叶柄长2～5mm；托叶痕达叶柄的2/3或顶端。
　5. 叶柄长2～4mm；花淡黄色、紫红色或深紫色，花被片6。
　　6. 叶片先端长尾状渐尖、骤尾尖或急尖；雌蕊群密被毛；花有芳香。
　　　7. 叶片长5～14cm，先端长尾状渐尖或急尖，侧脉8～13对。
　　　　8. 侧脉8～10对；花紫红色至深紫色；雌蕊群柄长约2mm················5. 紫花含笑 M. crassipes
　　　　8. 侧脉10～13对；花淡黄色；雌蕊群柄长4～7mm················6. 野含笑 M. skinneriana
　　　7. 叶片长5～7.5cm，先端骤尾尖，侧脉约6对·····························7. 尾叶含笑 M. caudata
　　6. 叶片先端钝尖；雌蕊群无毛；花具香蕉型浓甜香气·····························8. 含笑 M. figo
　5. 叶柄长4～5mm；花白色，花被片6～12（17）·····························4. 云南含笑 M. yunnanensis
1. 托叶与叶柄离生，叶柄上无托叶痕。
　9. 嫩枝无毛或仅节上有微毛。
　　10. 叶片下面绿色，无白粉；花被片6～8，淡黄色。
　　　11. 雌蕊群柄无毛；叶片革质，倒披针形或狭倒卵状椭圆形·····························9. 黄心夜合 M. martinii
　　　11. 雌蕊群柄密被银灰色平伏微柔毛；叶片薄革质，倒卵形、狭倒卵形或长圆状倒卵形···········
　　　　···10. 乐昌含笑 M. chapensis
　　10. 叶片下面灰绿色，有白粉；花被片9，纯白色·····························14. 深山含笑 M. maudiae
　9. 嫩枝有毛。
　　12. 侧脉16～26对。
　　　13. 花被片9～12；嫩枝、叶下面、芽上的毛被呈红褐色或银灰色·····15. 金叶含笑 M. foveolata
　　　13. 花被片13～17；嫩枝、叶下面、芽上的毛被呈红铜色·····························16. 铜色含笑 M. aenea
　　12. 侧脉7～15对。
　　　14. 叶柄长2.5～4cm；雌蕊群柄长1～2cm·····························12. 醉香含笑 M. macclurei
　　　14. 叶柄长0.5～3cm；雌蕊群柄长不逾1cm。
　　　　15. 一年生枝绿色或黄绿色，疏被短伏毛；叶下面呈灰绿色或灰白色。
　　　　　16. 叶片较小，长9～15cm，下面散生直立的红褐色毛；花淡黄色·····························
　　　　　　···11. 川含笑 M. szechuanica
　　　　　16. 叶片较大，长10～24cm，下面被平伏毛；花白色。
　　　　　　17. 叶片下面灰白色；花被片9，外轮3枚长5～7cm·····13. 阔瓣含笑 M. platypetala
　　　　　　17. 叶片下面灰绿色；花被片12，外轮3枚长2.5～4cm····17. 平伐含笑 M. cavaleriei
　　　　15. 一年生枝密被深褐色或红棕色毛，常呈灰褐色或红棕色；叶下面呈淡褐色或红棕色。
　　　　　18. 花被片7～10；聚合果长4～10cm；叶柄长5～10mm；侧脉7～12对·····························
　　　　　　···18. 美毛含笑 M. caloptila
　　　　　18. 花被片12；聚合果长2～3cm；叶柄长6～15mm；侧脉9～15对·····························
　　　　　　···19. 福建含笑 M. fujianensis

一 木兰科 Magnoliaceae

1. 白兰花 （图2-149）
Michelia × alba DC.

常绿乔木，高达17m。树皮灰色；幼枝、托叶被脱落性淡黄白色绢毛。叶片薄革质，长椭圆形或披针状椭圆形，长10～29cm，宽4～9.5cm，先端长渐尖或尾尖，基部楔形，上面无毛，下面绿色，疏生微柔毛，干时两面网脉均明显；叶柄长1.5～3cm，疏被微柔毛，托叶与叶柄贴生，托叶痕几达叶柄中部。花白色，极芳香；花被片10，披针形；雌蕊群柄长约4mm。聚合果长圆柱状；蓇葖果成熟时呈鲜红色。花期4—9月，夏季盛开，通常不结实。

原产于印度尼西亚爪哇岛。我国南方广泛栽培。全省各地普遍栽培，金华、台州、温州等地可露地越冬，西部及北部地区多为盆栽。

为庭园观赏及芳香花木；花可提取香精或用于熏茶，也可提制浸膏供药用，有行气化浊、治咳嗽等功效；鲜叶可提取香油，称"白兰叶油"，可供调配香精；根皮入药，可治便秘。

图2-149 白兰花

2. 多花含笑 （图2-150）

Michelia floribunda Finet et Gagnep.

常绿乔木，高达20m。树皮灰色，平滑；幼枝、叶下面、叶柄、花序梗、子房均密被灰白色平伏毛。叶片革质，狭卵状椭圆形、披针形或狭倒卵状椭圆形，长7~14cm，宽2~4cm，先端渐尖或尾状渐尖，基部宽楔形或圆形，上面深绿色，有光泽，下面苍白色，中脉常有白色残留毛，侧脉8~12对；叶柄长1~2.5cm，托叶与叶柄贴生，托叶痕长为叶柄的1/2或略过之。花蕾被金黄色平伏柔毛；花芳香；花被片11~13，白色，匙形或倒披针形，长2.5~3.5cm，宽4~7mm；雌蕊群柄长约5mm。聚合果长2~6cm，扭曲。花期2—4月，果期8—9月。

原产于西南及湖北、湖南、广西。东南亚也有。杭州市区、富阳、建德、宁波市区（北仑）、定海等地有栽培，开花结实正常。

花期早，具芳香，枝叶常绿，可供园林观赏。

图2-150 多花含笑

3. 峨眉含笑 （图2-151）

Michelia wilsonii Finet et Gagnep.

常绿乔木，高达20m。小枝绿色，疏被淡褐色短伏毛。叶片革质，倒卵形、狭倒卵形或倒披针形，长10~15cm，宽3.5~7cm，先端短尖或短渐尖，基部楔形或宽楔形，上面无毛，有光泽，下面灰白色，疏被白色有光泽的短伏毛，侧脉8~18对，网脉细密；叶柄长1.5~4cm，托叶与叶柄贴生，托叶痕长为叶柄的1/8~1/4。花梗具2~4个佛焰苞状鳞片和苞片的脱落痕；花黄色，芳香，直径5~6cm；花被片9~12，有时更多，倒卵形或倒披针形，长4~5cm，宽1~2.5cm；子房密被银灰色平伏细毛。聚合果长12~15cm，扭曲；蓇葖果紫褐色，具灰黄色皮孔，顶端具弯曲短喙，成熟后2瓣开裂。花期3—4月，果期9—10月。

原产于西南及江西、湖北。杭州、金华、丽水、温州及嵊州等地有栽培。

可作绿化观赏树种。

图2-151 峨眉含笑

4. 云南含笑　皮袋香　（图2-152）
Michelia yunnanensis Franch. ex Finet et Gagnep.

常绿灌木，高可达4m。芽、幼枝、幼叶上面及叶柄、花梗密被深红色平伏毛。叶片革质，倒卵形、狭倒卵形或狭倒卵状椭圆形，长4~10cm，宽1.5~3.5cm，先端圆钝或短急尖，基部楔形，上面深绿色，有光泽，下面常残留平伏毛，侧脉7~9对；叶柄长4~5mm，托叶与叶柄贴生，托叶痕达叶柄的2/3或顶端。花梗粗短，长3~7mm；花白色，极芳香；花被片6~12（17）；雌蕊群及雌蕊群柄均被红褐色平伏细毛。聚合果通常仅5~9个蓇葖果发育；蓇葖果扁球形，顶端具短尖，有残留毛。花期2—3月，果期8—9月。

原产于西南。杭州市区、富阳、余姚、定海等地有引种，在富阳幼年新梢嫩叶易受冻害（可能与种源有关），在定海开花结实正常。

为优良观赏植物。

图2-152　云南含笑

5. 紫花含笑　（图2-153）
Michelia crassipes Y.W. Law

常绿灌木或小乔木，高2~5m。树皮灰褐色；枝叶较稀疏；芽、嫩枝、叶柄、花梗、雌蕊群和心皮均密被红褐色或黄褐色长绒毛。叶片革质，狭长圆形、倒卵形或狭倒卵形，稀狭椭圆形，长7~13cm，宽2.5~4cm，先端尾状渐尖或急尖，基部楔形或宽楔形，上面深绿色，有光泽，无毛，下面淡绿色，脉上被长柔毛，侧脉8~10对；叶柄长2~4mm，托叶与叶柄贴生，托叶痕达叶柄顶端。花紫红色或深紫色，极芳香；花被片6；雌蕊群柄长约2mm，果时长3~4mm。聚合果长2.5~5cm，具蓇葖果10个以上；蓇葖果具乳头状突起，有残留毛，果梗粗短。花期4—5月，果期9—10月。

原产于江西、湖南、广东、广西。金华及海宁、杭州市区、富阳、建德、宁波市区（北仑）、定海等地有栽培，开花结实正常。

花芳香艳丽，可供园林观赏。

图 2-153　紫花含笑

6. 野含笑 （图 2-154）
Michelia skinneriana Dunn

乔木，高达15m。树皮灰白色，平滑；芽、幼枝、叶柄、叶下面中脉及花梗均密被褐色长柔毛，外轮花被基部、心皮、雌蕊群柄均被褐色毛。叶片革质，狭倒卵状椭圆形、倒披针形或狭椭圆形，长5～14cm，宽1.5～4cm，先端尾状渐尖，基部楔形，上面深绿色，有光泽，下面疏被褐色长毛，侧脉10～13对；叶柄长2～4mm，托叶与叶柄贴生，托叶痕达叶柄顶端。花梗细长；花淡黄色，芳香；花被片6，倒卵形；雌蕊群柄长4～7mm。聚合果长4～7cm，常扭曲，具细长的梗。花期4—5月，果期9—10月。

产于衢州、丽水、温州。生于海拔800m以下的山谷山坡阔叶林中；全省各地多有栽培。分布于江西、福建、湖南、广东、广西。

枝叶浓密，叶色亮绿，花具芳香，可供绿化观赏。为浙江省重点保护野生植物。

图 2-154　野含笑

7. 尾叶含笑 （图2-155）

Michelia caudata M.X. Wu, X.H. Wu et G.Y. Li

常绿灌木或小乔木，高1～6m。树皮灰白色；老枝深棕色，嫩枝棕色；嫩枝、叶下面及叶下面中脉、花梗、雌蕊群柄、心皮均密被黄褐色绒毛。叶片革质，宽倒卵形至倒卵状长圆形，长5～7.5cm，宽2.5～3.2cm，先端骤尾尖，基部楔形，上面无毛，侧脉6对，在下面不明显，干时两面网脉隆起；叶柄长2～4mm，托叶与叶柄贴生，托叶痕达叶柄顶端。花梗长7～10mm，密被毛；花淡黄色，芳香；花被片6，椭圆形；雌蕊群柄长3～4mm。聚合果常扭曲，长6～8cm。花期5—6月，果期9—10月。

产于庆元（松源、卢峰林区、隆宫）。生于海拔400～600m的沟谷常绿阔叶林中。模式标本采自庆元（松源焦坑村）。

用途同野含笑。

图 2-155 尾叶含笑

8. 含笑 香蕉花（图2-156）
Michelia figo (Lour.) Spreng.

常绿灌木，高达3～5m。树皮灰褐色；分枝密集；芽、小枝、叶柄、叶下面中脉、花梗均密被黄褐色柔毛。叶片革质，倒卵形或倒卵状椭圆形，长4～8cm，宽2～4.5cm，先端钝尖，基部楔形；叶柄长2～4mm，托叶与叶柄贴生，托叶痕达叶柄顶端。花具香蕉型浓甜香气，直径约15mm；花被片

图 2-156 含笑

6，厚肉质，淡黄色，边缘有时带紫红色；雌蕊群无毛，雌蕊群柄长约6mm，被淡黄色短柔毛。聚合果长2~3.5cm。花期4—5月，果期9—10月。

原产于华南南部。本省普遍有栽培。

为传统庭园香花树种；花蕾可熏茶、提取芳香油或药用。

9. 黄心夜合 马丁含笑 （图2-157）
Michelia martinii (H. Lév.) Dandy

常绿乔木，高可达20m。树皮灰色，平滑；幼枝榄绿色，无毛；芽、花梗密被黄褐色或红褐色开展绒毛。叶片革质，倒披针形或狭倒卵状椭圆形，长12~18cm，宽3~5cm，先端急尖或短尾尖，基部楔形或宽楔形，上面深绿色，有光泽，下面绿色，两面无毛，侧脉11~17对；叶柄长1.5~2cm，托叶与叶柄离生，叶柄上无托叶痕。花梗粗短，长约7mm；花淡黄色，芳香；花被片6~8；雌蕊群及柄均无毛。聚合果长9~15cm，扭曲；蓇葖果成熟后腹背两缝线同时开裂，具白色皮孔，顶端具短喙。花期2—3月，果期9—10月。

原产于华中、西南及广西。本省均有引种栽培，部分种源幼年期易受冻害。

枝叶浓密亮绿，花芳香，可作景观绿化树种；花可提取芳香油。

图2-157　黄心夜合

10. 乐昌含笑　景烈白兰　（图2–158）
Michelia chapensis Dandy

常绿乔木，高30m。树皮灰色至深褐色；小枝无毛或仅嫩时节上被灰色微柔毛，芽多少被银灰色平伏微柔毛。叶片薄革质，倒卵形、狭倒卵形或长圆状倒卵形，长6.5~16cm，宽3.5~7cm，先端骤狭渐尖或短渐尖，尖头钝，基部楔形或宽楔形，上面深绿色，有光泽，下面绿色，两面无毛，侧脉9~15对，网脉稀疏；叶柄长1.5~2.5cm，托叶与叶柄离生，叶柄上无托叶痕，幼时被微柔毛。花梗长4~10mm，被平伏灰色微柔毛，具2~5苞片脱落痕；花被片6，淡黄色，芳香；雌蕊群柄长约7mm，密被银灰色平伏微柔毛。聚合果长约10cm。花期3—4月，果期9—10月。

原产于江西、湖南、广东、广西、贵州、云南。越南北部也有。本省均有栽培。

为景观绿化树种，在山地及群植、半阴条件下生长迅速，长势良好，但作单行行道树时通常长势不佳，宜采用多行或群植配置。

图2–158　乐昌含笑

11. 川含笑 （图2-159）

Michelia szechuanica Dandy —— *M. wilsonii* Finet et Gagnep. subsp. *szechuanica* (Dandy) J. Li

常绿乔木，高达25m。一年生枝绿色，疏被红褐色平伏短毛。叶片革质，狭倒卵形，长9~15cm，宽3~6cm，先端短尾状急尖，基部楔形或宽楔形，上面中脉基部常残留有红褐色平伏毛，下面灰绿色，散生直立的红褐色毛，侧脉8~13对；叶柄长1.5~3cm，初被红褐色毛，后无毛，托叶与叶柄离生，叶柄上无托叶痕。花蕾卵圆形，被红褐色绒毛；花梗长约7mm，密被红褐色柔毛，具1或2苞片脱落痕；花被片9，狭倒卵形，长2~2.5cm，淡黄色；雌蕊群柄长约6mm，被黄褐色平伏微柔毛，雌蕊长3~4mm，密被黄色平伏微柔毛。聚合果长6~8cm；蓇葖果扁球形，直径0.7~1.4cm，2瓣全裂。花期3—4月，果期9—10月。

原产于湖北、四川、贵州、云南。杭州市区、富阳、金华市区、定海等地有引种栽培，生长良好。

*Flora of China*将其降为峨眉含笑的亚种。但峨眉含笑叶柄上有托叶痕，叶下面毛被伏贴，花被片9~12，聚合果长12~15cm，明显有别于本种，故作者认为宜保留其种级地位。

图2-159　川含笑

12. 醉香含笑 火力楠（图2-160）
Michelia macclurei Dandy

常绿乔木，高达35m。树皮灰白色，光滑，不裂；芽、嫩枝、叶柄、托叶及花梗均被紧贴而有光泽的红褐色短绒毛。叶片革质，倒卵形、椭圆状倒卵形、菱形或长圆状椭圆形，长7～14cm，宽5～7cm，先端短急尖或渐尖，基部楔形或宽楔形，上面被脱落性短柔毛，下面被灰色毛杂有褐色平伏短绒毛，侧脉10～15对，网脉细，蜂窝状；叶柄长2.5～4cm，托叶与叶柄离生，叶柄上无托叶痕。花梗长1～1.3cm，具2或3苞片脱落痕；花被片通常9，白色，匙状倒卵形或倒披针形；雌蕊群柄长1～2cm，密被褐色短绒毛。聚合果长3～7cm。花期3—4月，果期9—11月。

原产于华南及云南。越南北部也有。本省均有栽培。

为景观绿化树种；木材易加工，切面光滑，美观耐用，为建筑、家具的优质用材；花芳香，可提取香精；较耐火，可作防火树种。

图2-160 醉香含笑

13. 阔瓣含笑 云山白兰（图2-161）
Michelia platypetala Hand.-Mazz. —— *M. cavaleriei* Finet et Gagnep. var. *platypetala* (Hand.-Mazz.) N.H. Xia

常绿乔木，高达20m。芽、嫩枝、幼叶、叶柄均被红褐色短伏毛；一年生枝黄绿色，疏被短伏毛。叶片薄革质，长圆形或椭圆状长圆形，长11～20cm，宽4～7cm，先端渐尖或骤狭短渐尖，基部宽楔形或圆钝，下面灰白色，疏被红褐色平伏短毛，侧脉8～14对；叶柄长1～3cm，托叶与叶柄离生，叶柄上无托叶痕。花梗长0.5～2cm，通常具2苞片脱落痕，被平伏毛；花被片9，白色，外轮3枚长5～7cm；雌蕊群被灰色及金黄色微柔毛；雌蕊群柄长约5mm。聚合果长5～15cm；蓇葖果无柄，有灰白色皮孔，常沿背腹两侧全部开裂。花期2—4月（有时8—12月可再度开花），果期9—10月。

原产于湖北、湖南、广东、广西、贵州。本省常见栽培。

为优良的景观绿化树种。

图2-161 阔瓣含笑

14. 深山含笑　莫夫人含笑　仁昌含笑　（图2-162）

Michelia maudiae Dunn —— *M. chingii* Cheng

常绿乔木，高达20m。树皮浅灰色或灰褐色；各部无毛；芽、嫩枝及苞片被白粉。叶片革质，长圆状椭圆形或倒卵状椭圆形，长7～18cm，宽4～8cm，先端急尖或钝尖，基部楔形或近圆钝，上面深绿色，有光泽，中脉隆起，下面灰绿色，有白粉，侧脉7～12对，网脉明显；叶柄长

2～3cm，托叶与叶柄离生，叶柄上无托叶痕。花梗绿色，具3个环状佛焰苞状鳞片和苞片的脱落痕；花芳香，直径5～7cm；花被片9，纯白色，稀外轮外侧基部稍带淡红色。聚合果长7～15cm；蓇葖果先端圆钝或具短尖头。花期2—4月，果期10—11月。

产于丽水、温州及台州市区（黄岩）、临海、仙居。生于海拔300～1100m的山谷常绿阔叶林中；全省各地广泛栽培。分布于华东及湖南、广东、广西、贵州。

为绿化观赏树种；木材纹理直，结构细，可作家具、细木工等用材；叶可提取浸膏；花蕾可入药。

图2-162 深山含笑

14a. 红花深山含笑 红运含笑（变种）
（图2-163）

var. rubicunda Yi et J.C. Fan

与深山含笑的区别在于花略小，花被片下部紫红色，中、上部密布紫红色细小斑纹。

原产于湖南（通道侗族自治县）。安吉、嘉善、嵊州、金华市区、景宁等地有引种。

花色艳，花期长，观赏价值较高，为优良的园林景观树种。

图2-163 红花深山含笑

15. 金叶含笑 （图2-164）

Michelia foveolata Merr. ex Dandy —— *M. elegans* auct., non Y.W. Law et Y.F. Wu

乔木，高达30m。树皮淡灰色或深灰色；芽、嫩枝、叶柄、叶下面、花梗均密被红褐色短绒毛。叶片厚革质，长圆状椭圆形、椭圆状卵形或宽披针形，长17～23cm，宽6～11cm，先端渐尖或短渐尖，基部宽楔形、圆钝或近心形，通常两侧不对称，上面深绿色，有光泽，侧脉16～26对，网脉致密；叶柄长1.5～3cm，托叶与叶柄离生，叶柄上无托叶痕。花梗粗短，直径约5mm，具3或4苞片脱落痕；花被片9～12，淡黄绿色，基部带紫色，外轮3枚宽倒卵形；雌蕊群柄长1.7～2cm，被银灰色短绒毛。聚合果长7～20cm。花期4—5月，果期9—10月。

图2-164 金叶含笑

产于庆元（松源和山）。生于山坡林中；全省各地多有栽培，生长良好。分布于华中、华南及江西、福建、贵州、云南。越南北部也有。

叶色浓绿，芽及幼枝、新叶下面密被红褐色绒毛，花美丽，为优良的景观绿化树种。

15a. 灰毛含笑（变种）（图2-165）
var. cinerascens Y.W. Law et Y.F. Wu

与金叶含笑的区别在于芽、幼枝、叶柄、叶片下面、花梗均被有银灰色短绒毛。

产于庆元、泰顺。生于海拔500~900m的常绿阔叶林中；全省各地多有栽培。分布于福建、广东、云南。模式标本采自庆元。

图2-165　灰毛含笑

16. 铜色含笑 （图2-166）
Michelia aenea Dandy

常绿乔木，高达16m。一年生枝紫褐色，直径约4mm，连同芽、叶柄、叶片下面、花蕾均密被红铜色绒毛，毛被通直或稍弯曲；老枝稍粗糙，开裂。叶片厚革质，长圆形至狭长圆形，长18~25cm，宽4~6cm，先端短渐尖至急尖，基部圆形、楔形或狭楔形，上面绿色，无毛，下面淡绿色，侧脉16~18对，网脉细密；叶柄长1.3~2.8cm，托叶与叶柄离生，叶柄上无托叶痕。花梗粗壮，被细绒毛；花芳香；花被片13~17，白色至微黄色，外轮3枚倒卵形；雌蕊群被微绒毛，超出雄蕊群，雌蕊群柄长2~4mm，果时长1.8~2.5cm。聚合果穗状，长6~10.5cm。花期4—5月，果期9—10月。

原产于云南。越南也有。定海等地有引种，开花结实正常。

用途同金叶含笑。

本种与金叶含笑相似，但芽、叶片下面、叶柄、花蕾上的红铜色绒毛更密集，毛被通直或稍弯曲；花被片13~17。

图 2-166 铜色含笑

17. 平伐含笑 （图 2-167）

Michelia cavaleriei Finet et Gagnep.

常绿乔木，高达10m。树皮灰白色；一年生枝绿色或黄绿色，疏被短伏毛；芽、叶柄、幼叶下面、花蕾、花梗、果梗均被银灰色或红褐色平伏柔毛。叶片薄革质，狭长圆形或狭倒披针状长圆形，长10~24cm，宽3.5~6.5cm，先端渐尖或短急尖，基部楔形或宽楔形，上面常有残留毛，下面灰绿色，被银灰色或红褐色平伏柔毛，侧脉11~15对，网脉致密；叶柄长1.5~3cm，托叶与叶柄离生，叶柄上无托叶痕。花梗长1.5~2.5cm，具1或2苞片脱落痕；花被片12，白色，外轮3枚长2.5~4cm；雌蕊群柄长约4mm；心皮密被平伏微柔毛，花柱被灰黄色柔毛。聚合果长5~10cm；蓇葖果腹背2瓣开裂，顶端圆或稍有短尖。花期3月，果期9—10月。

图 2-167 平伐含笑

原产于华中、西南及福建、广东、广西。富阳、临安、奉化、象山、定海等地有引种，长势良好。

18. 美毛含笑 （图 2-168）
Michelia caloptila Y.W. Law et Y.F. Wu

常绿乔木，高15m。树皮灰色，平滑；一年生枝常呈灰褐色，与芽、叶柄、果柄均密被深褐色绒毛。叶片薄革质，狭椭圆形或椭圆形，长9～16cm，宽2.5～5cm，先端渐尖或尾状渐尖，基部楔形，上面褐色，稍有光泽，下面被褐色微绒毛，呈淡褐色，边缘稍反卷，侧脉7～12对；叶柄长5～10mm，托叶与叶柄离生，叶柄上无托叶痕。花被片7～10，白色；雌蕊群柄长8～10mm。聚合果长4～10cm，幼时有褐色短柔毛，果梗长约1.5cm；成熟蓇葖果2瓣全裂，顶端具短喙，密被微白色皮孔。花期3—4月，果期10—11月。

原产于江西东部。富阳、临安、定海等地有引种栽培，开花结实正常。

图 2-168　美毛含笑

19. 福建含笑 （图 2-169）
Michelia fujianensis Q.F. Zheng

常绿乔木，高达30m。树皮灰白色，光滑；一年生枝常呈红棕色，与芽、叶柄、幼叶两面、花梗均密被红棕色柔毛。叶片薄革质，狭椭圆形或狭倒卵状椭圆形，长8～15cm，宽3～5cm，先端渐尖或急尖，基部圆形或宽楔形，下面密被红棕色毛而呈红棕色，侧脉9～15对，网脉细密；叶柄长6～15mm，托叶与叶柄离生，叶柄上无托叶痕。花梗粗短，长约7mm；花被片约12，白色；雄蕊群超出雌蕊群；雌蕊群柄长约1mm，被柔毛，雌蕊密被短绒毛。聚合果常弯曲，长2～3cm；蓇葖果黑色，顶端圆，有明显的白色皮孔。花期4—5月，果期9—10月。

原产于江西、福建、广东。杭州市区、富阳、定海等地有引种，长势良好。

图 2-169 福建含笑

5 观光木属 Tsoongiodendron Chun

常绿乔木。叶全缘，幼叶在芽中直立，对折；托叶与叶柄合生。花两性，单生于叶腋，花被片9，3轮，一型；雄蕊约30，药室侧向开裂；雌蕊群具显著的柄，但不超出雄蕊群；心皮9～13，全部发育，合生或部分合生，每心皮具12～16胚珠，排成2列，叠生。聚合果大，木质；蓇葖果合生，表面弯拱起伏，成熟时每蓇葖果纵裂为2个果瓣，果瓣近基部横裂，干后单个或数个一起自中轴脱落。种子悬垂于丝状有弹性的假珠柄上，外种皮红色。

仅1种，产于我国南部。越南也有。浙江有引种栽培。

观光木 （图2-170）

Tsoongiodendron odorum Chun —— *Michelia odora* (Chun) Nooteboom et B.L. Chen

常绿乔木，高达30m。树皮淡灰褐色，具深皱纹；小枝、芽、叶柄、叶面中脉、叶下面和花梗均被黄棕色糙状毛。叶片通常为长椭圆形，长8～17cm，宽3.5～7cm，先端急尖或钝，基部楔形至近圆形，上面绿色，有光泽，侧脉10～15对，叶脉在上面均凹下；叶柄长1.2～2.5cm，托叶痕达叶柄中部。花梗长约6mm；花芳香；花被片9，淡紫色或肉红色，外轮外面黄绿色，狭倒卵状椭圆形；雌蕊密被平伏柔毛，雌蕊群柄粗，具槽，密被糙状毛。聚合果长椭球形，长达13cm，直径约9cm，垂悬于具皱纹的老枝上，外果皮橄榄色，有苍白色皮孔，干时深棕色，具显著的黄色斑点。花期3—4月，果期9—11月。

原产于江西、福建、湖南、广东、海南、广西、贵州、云南。越南北部也有。杭州市区、富阳、临安、嵊州、宁波市区、鄞州、定海、金华市区、苍南等地有引种栽培，能开花结实。

为景观绿化树种；花可提取芳香油；种子可榨油。

一 木兰科 Magnoliaceae

图2-170 观光木

6 鹅掌楸属 Liriodendron L.

落叶乔木。树皮纵裂；小枝髓心片状分隔。叶片马褂形，先端平截或微凹，边缘具1～3对侧裂片（不含顶端2尖角），幼叶在芽中对折再下折；具长柄；托叶与叶柄离生。花两性，单生于枝顶，与叶同放，无香气；花被片9，近相等；雄蕊晚落于花被片，花药外向开裂；雌蕊群无柄，心皮多数，离生，每心皮具2胚珠。聚合果纺锤形，小果为具翅坚果，成熟时自花托上脱落；每小果具1或2种子。

2种，分布于亚洲东南部和北美洲东南部，另有1人工杂交种。我国有3种；浙江均有。

分种检索表

1. 叶片具1对侧裂片，下面中脉圆滑无棱，无毛；雌蕊群花时超出花被片 ············ 1. 鹅掌楸 L. chinense
1. 叶片具1～3对侧裂片，下面中脉有棱，脉上有毛或无毛；雌蕊群花时不超出花被片。

2. 叶片具2或3对侧裂片,下面脉上有星状毛或至少嫩时有毛 ·················· **2. 北美鹅掌楸 L. tulipifera**
2. 叶片具1或2对侧裂片,下面脉上无毛 ································· **3. 杂交鹅掌楸 L. × sino-americanum**

1. 鹅掌楸　马褂木 (图2-171)
Liriodendron chinense (Hemsl.) Sarg.

落叶大乔木,高达40m,胸径达1m。树皮灰白色,纵裂;小枝灰色或灰褐色。叶片马褂形,长6~16cm,先端平截或微凹,边缘具1对侧裂片,两面无毛,上面深绿色,下面苍白色,中脉隆起,圆滑无棱,无毛;叶柄长4~14cm。花杯状,直径约5cm;花被片9,外轮3枚淡绿色,萼片状,向外弯垂,内2轮花瓣状,直立,长3~4cm,黄绿色,内面具黄色纵条纹;花药长10~16mm,花丝长5~6mm;雌蕊群花时超出花被片。聚合果纺锤形,长5~6cm;小坚果连翅长约1.5cm。花期4—6月,果期9—10月。

产于丽水及安吉、临安、桐庐、淳安、台州市区(黄岩)、天台、云和、永嘉、文成、苍南。生于海拔700~1200m的阔叶林中;全省各地均有栽培。星散分布于华东、华中、西南及广西、陕西。越南北部也有。

木材细致轻软,可作建筑、家具、细木工等用材;树干高大通直,叶形奇特,为珍贵的观赏树木。为国家Ⅱ级重点保护野生植物。

图2-171　鹅掌楸

2. 北美鹅掌楸 （图2-172）

Liriodendron tulipifera L.

落叶大乔木，在原产地高达60m，胸径3.5m。树皮深褐色，深纵裂；小枝褐色或紫褐色，常带白粉，无毛。叶片马褂状，长7～12cm，先端平截或微凹，边缘具2或3对侧裂片，下面脉上被星状毛或至少幼时有毛，中脉具棱。花杯状；花被片9，外轮3枚浅绿色，萼片状，向下弯垂，内2轮花瓣状，直立，长4～6cm，黄绿色，下部有1块不规则的深橘色斑块；花药长1.5～2.5cm，花丝长10～15mm；雌蕊群花时不超出花被片。聚合果纺锤形，长约7cm；小坚果连翅长约2cm。花期4—5月，果期9—10月。

原产于北美洲东南部。本省有栽培，生长良好。

用途同鹅掌楸。

图2-172　北美鹅掌楸

本省园林中应用的品种有金边北美鹅掌楸'Aureo-marginatum'（图2-173），叶片边缘黄绿色。引自北美洲。慈溪等地有栽培。

图2-173　金边北美鹅掌楸

3. 杂交鹅掌楸　亚美马褂木　（图2-174）

Liriodendron × sino-americanum P.C. Yieh ex C.B. Shang et Z.R. Wang

落叶大乔木。树皮深灰色，纵裂。叶片马褂形，先端平截或微凹，边缘具1或2对侧裂片，下面脉上无毛，中脉稍有棱。花杯状；花被片9，外轮3枚萼片状，绿色，里面带黄色脉纹，内2轮花瓣状，深黄色；雌蕊群花时通常不超出花被片。聚合果纺锤形；小坚果具翅。花期4—5月，果期9—10月。

由南京林业大学叶培忠教授及其助手以鹅掌楸为母本与北美鹅掌楸进行杂交，于1963年育成，因其生长快速，在园林、林业中应用广泛，现国内多数地区普遍栽培应用，本省普遍有栽培。

为优良的速生用材及观赏树种。

图2-174　杂交鹅掌楸

二　番荔枝科 Annonaceae

乔木、灌木或藤本。单叶互生，全缘；无托叶。花通常两性，辐射对称，单生或多朵组成花序；萼片3，分离或基部合生，裂片镊合状或覆瓦状排列；花瓣6，2轮，与花萼极相似；雄蕊多数，螺旋状着生，药隔突出，形态各异，花丝短；心皮1至多数；花托通常突起，少数平坦或凹陷。成熟心皮离生，少数合生成1个肉质的聚合浆果，果通常不开裂，少数呈蓇葖果状开裂，多具果柄。种子通常有假种皮。

约129属，2300余种，广泛分布于全球热带和亚热带地区，尤以东半球为多。我国有24属，120余种；浙江有1属，1种。

瓜馥木属　Fissistigma Griff.

木质藤本。单叶互生；叶片全缘，侧脉明显，斜伸至近叶缘。花单生、簇生或组成密伞、团伞、圆锥花序；花序顶生、腋生或与叶对生；萼片3，小，基部合生，被毛；花瓣6，2轮，镊合状排列；雄蕊紧密排列；心皮多数，通常被毛，每心皮有1~14胚珠。聚合果，小果浆果状。

约75种，分布于非洲热带地区、亚洲热带及亚热带地区、大洋洲。我国有23种；浙江有1种。

瓜馥木　（图2-175）
Fissistigma oldhamii (Hemsl.) Merr.

常绿大藤本。幼枝被锈色短柔毛。叶片革质，倒卵状椭圆形或长圆形，长6~12.5cm，宽2~5cm，先端圆钝，有时急尖或微凹，基部阔楔形或圆形，中脉凹陷，侧脉16~20对，整齐；叶柄长约1cm，被短柔毛。密伞花序具1~3花，与叶对生或腋生；萼片阔三角形，先端急尖；外轮花瓣卵状长圆形，长约2.1cm，宽约1.2cm，内轮花瓣长2cm，宽6mm；雄蕊多数；心皮被绢质长柔毛，花柱稍弯，柱头顶端2裂，每心皮有胚珠约10粒，2排。聚合果近球形，直径8~10cm，小果卵球形，直径约2cm，密被绒毛，成熟时呈紫红色，具柄。种子近圆饼形，直径约8mm，黑色。花期4—9（12）月，果期10月至次年2月。

产于温州及庆元（五岭坑）、景宁（九龙、炉西峡、沙湾）。生于海拔650m以下的沟谷林中或山坡灌丛中。分布于华南及江西、福建、湖南、云南。

花可用于调制化妆品、皂用香精；种子油可供工业用或调制化妆品；根可药用，有活血止痛等功效；果实味甜可食；藤蔓修长，嫩叶鲜艳，果形奇特，可供园林垂直绿化应用。

图 2-175 瓜馥木

三　蜡梅科 Calycanthaceae

落叶或常绿灌木。鳞芽、裸芽或叶柄下芽。单叶对生；叶片全缘或具不明显细锯齿，羽状脉；有短柄；无托叶。花两性，单生，具短柄；花被片多数，螺旋状排列；雄蕊多数，2轮，外轮能育，内轮不育；心皮多数，离生，着生于壶形花托内，子房上位，1室，倒生胚珠2，仅1粒发育。瘦果数粒藏于果托内，果托通常呈坛状、壶状或钟状，外被柔毛。种子胚大，无胚乳，子叶2，席卷状。

3属，9种，分布于东亚、北美洲。我国有3属，9种；浙江有3属，7种。

本科植物可供观赏或药用。

分属检索表

1. 落叶；裸芽（露出或隐藏于叶柄基部）；花直径4～8cm，顶生；能育雄蕊10～20；花期4—6月。
    2. 叶片宽不逾8cm；叶柄长3～10mm；花被片较狭长，一型，即内、外轮花被片的形状和颜色相似；最内轮花被片、能育雄蕊及退化雄蕊先端具白色多汁的食物体；花常有香气⋯⋯⋯⋯⋯⋯⋯⋯⋯⋯⋯⋯⋯⋯⋯⋯⋯⋯⋯⋯⋯⋯⋯⋯⋯⋯⋯⋯⋯⋯⋯⋯⋯⋯⋯1.美国蜡梅属 Calycanthus
    2. 叶片宽8～16cm；叶柄长12～18mm；花被片较宽阔，二型，即内、外轮花被片的形状和颜色明显不同；花被片、能育雄蕊及退化雄蕊先端无食物体；花无香气⋯⋯⋯⋯ 2.夏蜡梅属 Sinocalycanthus
1. 落叶、常绿或半常绿；鳞芽；花直径不逾3.5cm，腋生；能育雄蕊4～7；花期10月至次年2月⋯⋯⋯ 3.蜡梅属 Chimonanthus

1 美国蜡梅属 Calycanthus L.

落叶灌木。裸芽露出或隐藏于叶柄基部（叶柄下芽）。单叶对生，全缘，羽状脉；叶片宽常不逾8cm；叶柄长3～10mm。花单生于枝顶，直径4～8cm，常有香气；花被片15～30，狭长，一型，螺旋状排列，具柔毛，最内轮的花被片先端具白色多汁的食物体（供昆虫食用）；能育雄蕊10～20，退化雄蕊10～35，能育与退化雄蕊先端均有白色食物体；离生心皮10～35。瘦果具1种子。花期4—6月。

2种，原产于北美洲，现世界各国广泛栽培。我国引种2种；浙江均有。

1. 美国蜡梅 （图2-176）
Calycanthus floridus L.

落叶灌木，高1～4m。具根萌现象。芽隐藏于叶柄基部；幼枝密被柔毛。叶片椭圆形、长圆形或卵圆形，长5～15cm，宽2～6cm，先端急尖、渐尖或钝圆，基部楔形至截形，上面粗糙，下面绿色或粉绿色,有柔毛;叶柄长3~10cm,幼时有毛。花单生于短侧枝顶端,直径4~7cm,稍有香气;花被片15~30,条形、条状长圆形、条状倒卵形或椭圆形,紫褐色或红褐色,两面被短毛,最内轮花被片内面的毛尖向下;退化雄蕊多于能育雄蕊,与最内轮花被片先端均具白色多汁的食物体;离生心皮10~35,有毛,花柱丝状,伸出。果托长圆筒形、椭球形、梨形、圆球形或倒圆锥形,长2~6cm,直径1~3cm,褐色,内有5~35瘦果;瘦果长椭球形,长8~12mm,直径6~9mm,茶褐色,被毛。花期4—6月,果期9—10月。

原产于美国东部。江苏、江西等地有引种。湖州、杭州、绍兴、宁波等地有栽培。

花色艳丽,有香气,为优良的观赏花木。

图 2-176　美国蜡梅

浙江农林大学赵宏波教授以美国蜡梅为母本、夏蜡梅为父本进行杂交,成功育成了1个属间杂交种——美夏蜡梅(暂拟,学名待定)(图2-177)。

图 2-177　美夏蜡梅

1a. 光叶红蜡梅（变种）（图2-178）
var. glaucus (Willd.) Torrey et A. Gray

小枝、叶柄及叶片下面无毛或微有毛。

原产于美国东部。江苏、江西等地有引种。湖州市区（吴兴）、临安等地有栽培。

图2-178 光叶红蜡梅

2. 西美蜡梅 （图2-179）
Calycanthus occidentalis Hook. et Arn.

落叶灌木，高可达4m。芽露出，枝条上部的芽常叠生，顶端密被毛；幼枝有毛。叶片卵形、长卵形、卵状披针形、长圆状披针形或卵状椭圆形，长5～18cm，宽2～8cm，先端钝或急尖，基部圆形或近心形，全缘，侧脉5或6对，上面有糙毛或光滑，下面绿色，有稀疏短柔毛；叶柄长5～10mm，有或无毛。花单生于短侧枝顶端，直径4～8cm；花梗长约2cm；花被片15～30，条形、倒匙形至条状匙形，桃红色、栗褐色至红褐色，有时反卷，被短毛，最内轮花被片内面的毛尖向下，退化雄蕊多于能育雄蕊，与最内轮花被片先端均具白色多汁的食物体；离生心皮10～33，有毛，花柱丝状，伸出。果托钟形或卵状钟形，长2～4cm，直径1～3.2cm，褐色；瘦果长椭球形或肾形，微弯，长6.5～10mm，直径3～4mm，暗栗褐色，沿2条纵脊密被毛。花期4—6月，果期8—9月。

原产于美国。江苏等地有引种。杭州市区（杭州植物园）、临安（浙江农林大学）、湖州市区（吴兴鹿山林场）等地有栽培。

花美丽，可供观赏。

与美国蜡梅的主要区别在于后者的芽隐藏于叶柄基部，而本种的芽露出。

图2-179 西美蜡梅

2 夏蜡梅属 Sinocalycanthus (Cheng et S.Y. Chang) Cheng et S.Y. Chang

落叶灌木。裸芽，隐藏于叶柄之下。单叶对生，全缘或具不规则细齿；叶片宽8～16cm；叶柄长12～18mm。花大，直径4.5～7cm，单生于枝顶，无香气；花被片15～30，宽阔，二型，外轮10～14，远较大，白色或带紫晕，质薄，内轮8～12，明显较小，黄色，质厚，先端无食物体；能育雄蕊18～20，黄色，退化雄蕊（6）10～12，白色，无食物体；离生心皮10～16，生于花托内。瘦果两侧有纵脊。花期5—6月。

仅1种，我国特产，分布于浙江、安徽。

夏蜡梅 （图2-180）

Sinocalycanthus chinensis Cheng et S.Y. Chang — *Calycanthus chinensis* Cheng et S.Y. Chang, nom. inval. — *C. chinensis* (Cheng et S.Y. Chang) Cheng et S.Y. Chang ex P.T. Li

灌木，高1～3m。小枝对生，二歧状分枝。叶片纸质，宽卵状椭圆形、倒卵状椭圆形或宽椭圆形，长13～27cm，宽8～16cm，先端急尖，基部宽楔形或圆形，全缘或有不规则的细齿；叶柄长12～18mm。花大，直径4.5～7cm；外轮花被片10～14，倒卵形或倒卵状长圆形，长1.4～3.6cm，先端圆，白色或淡紫色，具淡紫色边晕，内轮花被片8～12，肉质，黄色，腹面基部常散生淡紫红色斑点；能育雄蕊18～20，黄色，退化雄蕊（6）10～12，白色；离生心皮有白色

图2-180 夏蜡梅

绢毛。果托钟形，或近顶端微收缩，长3～6cm，直径1.5～3cm，外面有纵棱；瘦果长椭球形，褐色，长1～1.6cm，两侧有纵脊，基部密被灰白色毛。花期5—6月，果期9—11月。

产于安吉（九亩）、临安（清凉峰镇）、天台（大雷山）、东阳（东江源省级自然保护区）。生于海拔500m以上的沟谷或阴坡林中。分布于安徽（绩溪龙须山）。全国各地常有栽培。北美洲、欧洲有引种。模式标本采自临安（昌化顺溪坞）。

花大美丽，可供观赏。为浙江省重点保护野生植物。

3 蜡梅属 Chimonanthus Lindl.

落叶、常绿或半常绿灌木。鳞芽露出；枝有棱，皮孔明显。叶对生，革质或纸质。花较小，直径不逾3.5cm，腋生，有短梗，芳香或否；花被片10～27，外轮呈黄色、淡黄色或近白色，内轮有时呈紫黑色或有紫红色条纹；能育雄蕊4～7，退化雄蕊5或6；离生心皮5～15。果托坛状，先端多少收缩，有毛；瘦果长椭球形，暗褐色。花期10月至次年2月。

6种，均为我国特产；浙江有4种。

有文献记载浙江产山蜡梅 C. nitens Oliv.，但作者未见典型标本，调查也未及。

分种检索表

1. 叶片揉碎后无明显香气；花黄色或带紫色，具浓香或淡香。
    2. 落叶；叶片上面粗糙，几无光泽；花具浓香；果托口部通常收缩 ·················· 1. 蜡梅 C. praecox
    2. 常绿；叶片上面光滑，具光泽；花具淡香；果托口部通常不收缩 ·············· 4. 西南蜡梅 C. campanulatus
1. 叶片揉碎后有浓郁香气；花白色或微黄色，几无香气。
    3. 半常绿；叶片薄革质，宽1～3cm，下面具白粉和短毛 ·························· 2. 柳叶蜡梅 C. salicifolius
    3. 常绿；叶片革质，宽2～6cm，下面无白粉和毛 ································ 3. 浙江蜡梅 C. zhejiangensis

1. 蜡梅 腊梅（图2-181）
Chimonanthus praecox (L.) Link

落叶大灌木，高达4m。叶片纸质，揉碎后无明显香气，卵圆形、椭圆形至卵状披针形，长5～20cm，宽2～8cm，先端渐尖或急尖，基部楔形、宽楔形或圆形，近全缘，上面粗糙，几无光泽，下面脉上被短毛；叶柄有毛。花单生于叶腋，先于叶开放，直径1.5～2.5cm，香气浓郁；花被片15或16，无毛，有光泽，外轮的狭长，金黄色，内轮的短小，紫黑色或具紫红色条纹，栽培者有时黄色，基部有爪；能育雄蕊5～7，退化雄蕊10～15。成熟果托坛状、椭球状或卵状椭球形，长2～5cm，直径1～2.5cm，口部通常收缩，外被毛；瘦果长椭球形，长1～1.3cm，暗褐色，具2条纵脊，两端有毛。花期11月至次年2月，果期次年6—7月。

产于杭州市区、富阳、临安。生于海拔300m以下的石灰岩山地。分布于华中及四川、陕西。现世界各地广泛栽培。

为我国传统花木之一，栽培历史悠久，花色金黄，香气馥郁，宜作庭园花灌木、切花或用于制作盆景等；根、叶可药用，有理气止痛、散寒解毒等功效；花蕾浸生油可治烫伤；花可解暑生津，还可提取芳香油。为浙江省重点保护野生植物。

本省栽培有以下4个品种：罄口蜡梅'Glandiflorus'（图2-182），叶片长达20cm，花直径3~3.5cm，外轮花被片狭长而张开，淡黄色，内轮花被片有深紫红色边缘与条纹；素心蜡梅'Concolor'（图2-183），花被片狭长，全为纯黄色，芳香；金铃蜡梅'Jinling'（图2-184），外轮花被片宽短而内弯，内、外轮花被片均呈黄色，花形似铃，香气浓郁，为浙江农林大学赵宏波教授育成的新品种；小花蜡梅'Parviflorus'（图2-185），花直径约9mm，外轮花被片黄白色，内轮花被片有紫黑色条纹。

图2-181　蜡梅

图2-182　罄口蜡梅

图2-183　素心蜡梅

三　蜡梅科 Calycanthaceae

图 2-184　金铃蜡梅

图 2-185　小花蜡梅

2. 柳叶蜡梅　黄金茶　（图 2-186）
Chimonanthus salicifolius S.Y. Hu

半常绿灌木，高达3m。小枝细，被硬毛。叶片薄革质，揉碎后有浓郁香气，叶形变化较大，长椭圆形、长卵状披针形、卵形或条状披针形，长3~12cm，宽1~3cm，先端钝或渐尖，基部楔形，全缘，上面粗糙，无光泽，下面灰绿色，有白粉，被短毛；叶柄被短毛。花单生于叶腋，稀2朵并生，直径2~2.8cm，白色或微黄色，几无香气；花被片15~20，外面的近圆形或长圆形，中间的条状披针形，里面的卵状披针形或菱形；能育雄蕊4~6，退化雄蕊6~10。成熟果托近壶形，长2.3~3.6cm，先端收缩；瘦果长椭球形，长1~1.4cm，深栗褐色，被疏毛，果脐平。花期10—12月，果期次年5月。

产于衢州及建德、淳安、遂昌、松阳。生于海拔700m以下的沟谷、山坡疏林下或灌丛中。分布于安徽、江西。

叶可药用，有解表祛风、理气化痰、消暑解渴等功效，在产区常用于制作保健茶，在江西称"黄金茶"。

图 2-186　柳叶蜡梅

3. 浙江蜡梅 石凉茶 （图2-187）

Chimonanthus zhejiangensis M.C. Liu

常绿灌木，高达4m。小枝有毛。叶片革质，揉碎后有浓郁香气，卵状椭圆形或椭圆形，先端急尖或渐尖，基部楔形至宽楔形，长3～13cm，宽2～6cm，上面深绿色，有光泽，网脉凹陷，两面粗糙，下面淡绿色，无白粉，无毛；叶柄长5～8mm。花单生于叶腋，直径1.6～2.7cm，白色或微黄色，几无香气；花被片10～22，下面有短毛，外面的花被片卵圆形，中间的条状披针形，里面的卵状披针形；能育雄蕊4～7，退化雄蕊（5）8～12；离生心皮5～9。成熟果托常钟形，长2.3～4.2cm，宽1.2～2cm，外面具微隆起的网纹，先端微收缩或不收缩，外面有毛；瘦果长椭球形，长1～1.6cm，栗褐色，有柔毛，果脐周围具领状隆起。花期10—12月，果期次年6—7月。

产于丽水及文成、平阳、泰顺。生于海拔900m以下的山坡、沟谷灌丛中；全省各地常有栽培。模式标本采自龙泉（凤阳山）。

枝叶密集，叶色亮绿，可供观赏；叶可提取香精，药用可消食，在产区常用于制作保健茶，称"石凉茶"。

图2-187　浙江蜡梅

4. 西南蜡梅 鸡腰子果 （图2-188）

Chimonanthus campanulatus R.H. Chang et C.S. Ding

常绿灌木，高3～5m。小枝幼时被短柔毛，后脱落。叶片薄革质，揉碎后无明显香气，椭圆形或椭圆状披针形，长6～14cm，宽3～6.5cm，先端渐尖或急尖，基部楔形至宽楔形，全缘，幼时两面有蛛丝状毛，后变无毛，上面光滑，有光泽，下面具糠秕状小点，侧脉每边4～6；叶柄长5～8mm。花单生于叶腋，直径约1.8cm，黄色，有淡香；花被片18～23，基部几无爪；能育雄蕊5，退化雄蕊7～9；离生心皮3或4，稀稍多，花柱丝状。成熟果托钟状，长4～6cm，直径2.5～3.7cm，顶端有4～6粗齿，口部不收缩，稀微收缩，外面密被褐色短毛，内有3或4瘦果；瘦果长椭球形，长1.4～1.8cm，栗褐色，有光泽，仅基部有微柔毛，余光滑，果脐匙形，平。花期11—12月，果期次年7—9月。

原产于云南。湖州市区、临安有栽培。

三 蜡梅科 Calycanthaceae   193

图 2-188 西南蜡梅

四 樟科 Lauraceae

常绿或落叶，乔木或灌木，稀草质寄生藤本（无根藤属）。植物体具油细胞，有香气。单叶，互生、对生、近对生或轮生；叶片全缘，稀具缺裂，羽状脉、基出三出脉或离基三出脉；无托叶。圆锥、总状、聚伞或伞形花序，腋生或近顶生；花小，两性或单性，辐射对称，（2）3基数；花被基部合生成短筒，裂片4或6，2轮排列，早落或宿存；雄蕊3或4轮，每轮（2）3，第3轮雄蕊花丝基部有2腺体或无，最内轮雄蕊常退化或缺，花药2~4室，舌瓣开裂，通常两性花的雄蕊第1、2轮花药内向，第3轮外向，单性花的雄蕊花药全部内向；子房通常上位，1室，胚珠1，下垂，倒生，花柱1。浆果状核果，有时基部具宿存花被，或花被筒增大为杯状或盘状而包住果实基部，稀全包果实。

约45属，2000~2500种，广泛分布于全球热带和亚热带地区。我国有25属，445种，多数种类分布于长江以南各地，仅少数达长江以北；浙江有10属，56种。

《中国植物志》等文献记载浙江分布有无根藤 *Cassytha filiformis* L.，其依据为采于1927年的2号标本，其中1447号标本（江苏省中国科学院植物研究所标本馆）采自温州雁荡山，336号标本（中国科学院植物研究所标本馆）记载采自杭州，经查均为菟丝子属 *Cuscuta* L. 植物的误定，作者多次去温州实地调查也未及。故本志不予收录。

本科植物多为我国南方常绿阔叶林中常见的建群树种；经济用途广泛，不少种为建筑、高级家具及细木工优良用材，有些种是重要经济树种，有些种的根、茎、叶、果可提取樟脑或芳香油，或为著名的中药材、调味香料；很多种是重要的园林观赏树。

分属检索表

1. 聚伞状圆锥花序或伞形花序；叶片不裂或偶有缺裂；常绿或落叶。
   2. 聚伞状圆锥花序；花两性；第3轮雄蕊花药外向，其余内向。
      3. 果硕大，长8~18cm，直径逾5cm（仅指浙江栽培者）·················· **1.鳄梨属 Persea**
      3. 果较小，长或直径通常不逾3cm。
         4. 花被裂片果时宿存。
            5. 宿存花被裂片仅包果实基部；花药4室。
               6. 宿存花被裂片通常向外反曲；果常扁球形或球形；果序梗与果梗常呈红色·· **2.润楠属 Machilus**
               6. 宿存花被裂片通常直立并紧贴，或松散且先端稍外展；果常卵形或椭球形；果序梗与果梗常不呈红色·· **3.楠木属 Phoebe**
            5. 果全包于花后增大的花被筒内；花药2室 ············ **10.厚壳桂属 Cryptocarya**
         4. 花被裂片花后脱落 ··· **4.樟属 Cinnamomum**
   2. 伞形花序；花单性，雌雄异株；所有雄蕊花药均内向。
      7. 花部3基数，花被裂片6，每轮3。

四　樟科 Lauraceae

　　　8. 花药4室 ··· **6.木姜子属 Litsea**
　　　8. 花药2室 ··· **8.山胡椒属 Lindera**
　　7. 花部2基数，花被裂片4，每轮2。
　　　9. 叶片具离基三出脉，揉碎后无甜香味 ··· **7.新木姜子属 Neolitsea**
　　　9. 叶片具羽状脉，揉碎后具浓郁甜香味 ·· **9.月桂属 Laurus**
1. 总状花序；叶片常具2或3缺裂；落叶 ·· **5.檫木属 Sassafras**

1 鳄梨属 Persea Mill.

　　常绿乔木或灌木。叶互生，不裂，羽状脉。聚伞状圆锥花序，腋生或近对生；花两性；花被裂片6，被毛，花后增厚，早落或宿存；发育雄蕊9，排成3轮，花丝稍扁，被毛，花药4室，第1、2轮的花药内向，第3轮外向，或上2室侧向，下2室外向，退化雄蕊3，位于最内，箭头状心形，具柄；子房卵球形。肉质核果，小型或大型，梨形、卵形、倒卵形或球形。

　　约50种，大部分产于美洲，少数产于东南亚。我国栽培1种；浙江也有栽培。

鳄梨　油梨　牛油果　（图2-189）
Persea americana Mill.

　　乔木，高约10m。叶互生；叶片革质，椭圆形、长椭圆形、卵形至倒卵形，长8~20cm，宽5~12cm，先端急尖，基部楔形或近圆形，幼时上面疏被黄褐色短柔毛，下面密被黄褐色短柔毛，老后上面近无毛，下面疏被毛，中、侧脉在下面显著隆起，网脉在两面明显，侧脉5~7对；叶柄长2~5cm。聚伞状圆锥花序在新枝下部腋生，长

图2-189　鳄梨

8~14cm,花序梗长4.5~7cm;花两性,淡黄绿色;花梗长6mm,与花序梗均被黄褐色短柔毛;花被裂片6,长圆形,长4~5mm,外轮稍小,两面密被黄褐色短柔毛。果硕大,常为梨形,有时卵形或球形,长8~18cm,直径逾5cm,外果皮木栓质,中果皮肉质,可食;果核大型。花期3—5月,果期8—9月。

原产于美洲热带地区。全球热带地区常有栽培。福建、台湾、广东、海南、云南、四川等地有栽培。平阳(水头)、苍南(马站)有引种,能正常开花结果。

为富含营养价值的高热量热带水果,果肉富含脂肪、蛋白质和多种维生素,除供生食外,也可制成罐头;种子中的脂肪油可供食用及医药、化妆品等用。

2 润楠属 Machilus Nees

常绿乔木或灌木。芽鳞多数,覆瓦状排列。叶互生,不裂,全缘,羽状脉。聚伞圆锥花序顶生、近顶生或生于新枝下部;花两性;花被裂片6,排成2轮;发育雄蕊9,排成3轮,花药4室,通常外面2轮雄蕊花丝无腺体,花药内向,第3轮雄蕊花丝基部具2有柄腺体,花药外向,有时上方2室侧向,下方2室外向,第4轮为退化雄蕊,形短小;子房卵形或近球形,无柄。果较小,直径不逾2cm,常扁球形或球形,基部为宿存且向外反曲的花被裂片所包;果序梗与果梗常呈红色。

约100种,分布于亚洲东南部的热带及亚热带地区。我国约有82种,产于长江流域及以南各地;浙江有11种。

分种检索表

1. 一年生小枝无毛,有时仅新枝基部或芽鳞痕间有毛。
 2. 叶片两面均无毛。
  3. 叶片椭圆形至长椭圆形,长9~18cm,宽2.5~5cm,基部宽楔形至近圆形·················· **1. 凤凰润楠 M. phoenicis**
  3. 叶片倒卵形至倒卵状披针形,长4.5~10cm,宽1.5~4cm,基部楔形 ······ **2. 红楠 M. thunbergii**
 2. 叶片下面被毛,至少幼时被毛。
  4. 侧脉6~8(11)对·················· **3. 木姜润楠 M. litseifolia**
  4. 侧脉8~24对。
   5. 小枝隔年生交接处的芽鳞痕密集,肿胀成节状 ·················· **6. 雁荡润楠 M. minutiloba**
   5. 小枝隔年生交接处的芽鳞痕较稀疏,不肿胀成节状。
    6. 叶片较宽大,长14~24cm,宽3.5~7cm;侧脉14~24对 ······ **8. 薄叶润楠 M. leptophylla**
    6. 叶片较狭小,长6.5~15cm,宽2~5cm;侧脉8~17对。
     7. 圆锥花序腋生于当年生枝下部;叶片压干后中脉不呈紫红色。
      8. 侧脉12~17对;果实直径10~13mm ·················· **7. 刨花润楠 M. pauhoi**

8. 侧脉10～12对；果实直径6～7mm ·············· **9. 浙江润楠 M. chekiangensis**
7. 圆锥花序顶生或近顶生；叶片压干后中脉呈紫红色 ·············· **10. 黄枝润楠 M. versicolora**
1. 一年生小枝被锈色或黄褐色绒毛或柔毛。
  9. 叶片倒卵形或倒卵状长圆形，长5～14cm，宽2.5～7cm，下面密被绒毛。
    10. 叶片基部楔形；花序密被毛；果梗红色，几无光泽；花期10—11月 ····· **4. 绒毛润楠 M. velutina**
    10. 叶片基部宽楔形至近圆形；花序疏被毛；果梗鲜红色，有光泽；花期2—4月 ···················· **5. 黄绒润楠 M. grijsii**
  9. 叶片长披针形，长12～18cm，宽1.5～3cm，下面疏被柔毛，沿脉较密 ····· **11. 建润楠 M. oreophila**

1. 凤凰润楠 光楠（图2-190）

Machilus phoenicis Dunn —— *M. levinei* Merr.

小乔木，高达5m。树皮褐色；一年生小枝无毛，二年生小枝无皮孔。叶互生；叶片厚革质，椭圆形至长椭圆形，长9～18cm，宽2.5～5cm，先端渐尖至短尾尖，尖头钝，基部宽楔形至近圆形，上面深绿色，下面灰白色，具白粉，两面无毛，中脉在下面显著隆起，带红褐色，侧脉8～12对，下面的较为明显。花序近顶生，2/3以上有分枝；花黄绿色；花被裂片近等大，长圆形，长6～10mm。果球形，直径9～10mm，成熟时呈紫黑色；果梗粗壮，肉质，鲜红色。花期5月，果期6—7月。

产于丽水、温州及江山。生于海拔450～1500m的山坡、沟谷疏林下或灌丛中。分布于江西、福建、湖南、广东。

树皮可作熏香原料。

图2-190　凤凰润楠

2. 红楠 (图2-191)

Machilus thunbergii Siebold et Zucc. — *M. thunbergii* var. *linrongshanensis* X.Z. Lin

乔木，高达20m，胸径达1m。树皮黄褐色，浅纵裂至不规则鳞片状剥落；顶芽卵形至长卵形，多少被毛；一年生小枝绿色，无毛，二年以上生小枝疏生显著隆起皮孔。叶片革质，倒卵形至倒卵状披针形，长4.5～10cm，宽1.5～4cm，先端突钝尖或短尾尖，基部楔形，叶缘微反卷，上面有光泽，下面微被白粉，两面无毛，中脉近基部带红色，侧脉7～12对，在两面微隆起；叶柄较细，长1～3cm，微带红色。花序腋生于新枝下部，长5～12cm，上部1/3具分枝；花序梗常带紫红色，无毛。果扁球形，直径8～10mm，成熟时呈紫黑色；果梗长14～20mm，肉质增粗，鲜

图2-191 红楠

红色。花期4月，果期6—7月。

产于全省山区、丘陵。生于海拔1300m以下的山地阔叶林中。分布于华东、华南及山东、湖南。日本、朝鲜半岛也有。

木材纹理细致，硬度适中，可作建筑、桥梁、家具等用材；树皮可作熏香原料；叶与果可提取芳香油；种子油可作润滑油及肥皂等原料；树冠端整，枝叶浓密，果梗鲜红，为优美的观赏树种。

本省海岛尚产1类型，形态与产于大陆山地的不太一样，叶质较厚，基部常呈宽楔形、近圆形或耳形。两者之间的关系有待进一步研究。

林夏珍（2007）根据采自临安玲珑山的标本发表了一个变种——玲珑山红楠 var. *linrongshanensis*，认为其与红楠的区别在于其叶较小，长3.5～9.5cm，宽1.1～3cm，顶芽密被淡黄褐色毛。但据观察，其与红楠并无明显的不同，应在红楠的变异范围之内，故予以归并。

3. 木姜润楠 （图2-192）
Machilus litseifolia S.K. Lee

乔木，高达13m。树皮黑褐色或棕褐色；一年生小枝无毛；顶芽近球形，芽鳞近无毛。叶常集生于枝顶；叶片革质，常呈倒披针形，长6～12cm，宽2～4.2cm，先端急尖至钝，基部楔形或两侧不对称，上面暗绿色，有光泽，下面粉绿色，幼时密被贴生短毛，老后两面无毛，中脉在上面凹下，在下面隆起，侧脉6～8（11）对，弧曲延伸至近叶缘网结，网脉纤细而明显；叶柄细，长1～2cm。花序腋生于新枝下部，或兼有近顶生者；花序梗红色，稍粗壮，中部以上分枝；花梗细，长5～7mm；花被裂片近等大，外面无毛或近无毛，里面被小柔毛。果球形，直径约7mm，宿存花被裂片长圆形，薄革质，其下部多少变厚；果梗长约5mm。花期3—5月，果期6—7月。

产于温州及普陀、江山、缙云、遂昌、龙泉。生于海拔1300m以下的山坡疏林下或密林中。分布于广东、广西、贵州。

图2-192 木姜润楠

4. 绒毛润楠 绒楠 （图2-193）
Machilus velutina Champ. ex Benth.

小乔木，高4～6m。树皮灰褐色；一年生小枝、芽、叶柄、叶片下面均密被锈色绒毛。叶片革质，倒卵形或倒卵状长圆形，长5～13cm，宽2.5～5cm，先端短渐尖，基部楔形，上面深绿色，有光泽，侧脉8～11对，中、侧脉均在上面略凹陷，在下面隆起，网脉不明显；叶柄长1～3cm。花序单生或数个集生于小枝顶端，近无花序梗，分枝多而短，与花梗均密被锈色绒毛；花黄绿色，有清香；花被裂片卵形，外轮的较短而窄，内轮的较长而宽，均被锈色绒毛。果球形，直径约8mm，成熟时呈紫黑色；果梗红色，几无光泽。花期10—11月，果期次年2—3月。

产于丽水、温州及常山、江山。生于海拔500m以下的山坡、沟谷阔叶林中。分布于江西、福建、广东、海南、广西、贵州。中南半岛也有。

木材纹理直，结构细，耐水湿，适作家具等用材。

图2-193　绒毛润楠

5. 黄绒润楠 黄桢楠 （图2-194）
Machilus grijsii Hance

小乔木或灌木状，高2～5m。树皮灰褐色；一年生小枝、芽、叶柄、叶片下面均密被黄褐色短绒毛。叶片革质，倒卵状长圆形，长8～14（18）cm，宽3.5～7cm，先端钝尖、急尖或短尾尖，基部宽楔形至近圆形，上面无毛，中、侧脉在上面凹下，在下面隆起，侧脉8～11对，网脉不明显；叶柄较粗，长0.7~1.8cm。花序簇生于小枝顶端，长3~5.5cm，疏被黄褐色短绒毛；有或近无花序梗；花梗长约5mm；花被裂片长椭圆形，近等大，长约3.5mm，两面被黄褐色绒毛。果球形或近扁球形，直径约1cm，成熟时呈紫黑色，无毛，有光泽；果梗鲜红色，有光泽。花期2—4月，果期5—6月。

产于衢州、丽水、温州。生于海拔500m以下的山坡灌丛、疏林中或林缘。分布于江西、福建、广东、海南。

本种与绒毛润楠较易混淆，以往一些文献中常根据有无花序梗来区分，但本省产的黄绒润楠花序也常无花序梗。据观察，本种叶基部较宽，小枝及叶下面毛被颜色较浅，花(果)序毛被较稀疏，果梗及果序分枝鲜红色且有光泽，花期2—4月等特征可与绒毛润楠相区别。

图2-194　黄绒润楠

6. 雁荡润楠 （图2-195）
Machilus minutiloba S.K. Lee

乔木，高达20m。树皮灰褐色或灰白色；一年生枝无毛，仅基部和芽鳞痕间有棕色绒毛，二年生枝皮孔大小不一，纵裂，红褐色，在隔年生交接处芽鳞痕密集，肿胀成节状；顶芽长卵形，密被棕红色绒毛。叶集生于枝梢；叶片长椭圆形，长5~10cm，宽1.5~3cm，先端钝，基部楔形，上面绿色无毛，下面被微柔毛，中脉在上面稍凹下，在下面明显突起。侧脉10~13对，纤细，在两面微突起，网脉细密网结，明显，压干后中脉不呈紫红色；叶柄较细，长0.8~1.2cm。花未见。果序腋生于当年生枝下部，果序梗长约7cm；果扁球形，直径1.2cm；果梗纤细，红色，长6～8mm，宿存花被裂片两面无毛。花期不详，果期6月。

产于乐清（雁荡山）、永嘉（龙湾潭）。生于海拔300m以下的山坡房屋边或山沟林中。浙江特有。模式标本采自乐清（雁荡山灵岩景区）。

图2-195　雁荡润楠

7. 刨花润楠　刨花楠（图2-196）
Machilus pauhoi Kaneh.

乔木，高20m，胸径达50cm。树皮浅纵裂；一年生小枝绿色，干时常带黑色，无毛或仅基部有浅棕色小柔毛，在隔年生交接处芽鳞痕较稀疏，不肿胀成节状；混合芽、顶芽球形至近纺锤形，芽鳞外面密被棕色或黄棕色柔毛。叶常集生于枝顶；叶片革质，常呈长椭圆形，稀倒披针形，长8~15cm，宽2~5cm，先端渐尖至尾状渐尖，基部楔形，上面无毛，有光泽，下面密被灰黄色平伏绢毛，中脉在上面凹下，在下面显著隆起，侧脉12~17对，压干后中脉不呈紫红色；叶柄长1.2~2.5cm，上面具凹槽。花序腋生于当年生枝下部，长5~9cm或过之，被微柔毛；花梗纤细，长8~12mm；花被裂片卵状披针形或窄披针形，长约6mm，两面被短柔毛。果球形，直径10~13mm，成熟时呈黑色；果梗红色。花期3月，果期6月。

图2-196　刨花润楠

产于除湖州、嘉兴、绍兴、舟山外的全省山区。生于海拔700m以下的山坡、沟谷阔叶林中。分布于江西、福建、湖南、广东、广西。

心材较坚实，稍带红色，纹理美观，可作建筑、家具等用材；刨成薄片"刨花"，浸水后有黏液，可作黏结剂或用于造纸；种子富含油脂，为肥皂及蜡烛等的优良原料；树形优美，枝叶浓密，新叶红艳，生长较快，可供园林观赏。

8. 薄叶润楠　华东楠　（图2-197）
Machilus leptophylla Hand.-Mazz.

乔木，高10～25m。树皮平滑不裂；一年生小枝无毛；顶芽近球形，直径可达2cm，外部芽鳞外被有早落的小绢毛。叶互生或轮生；叶片坚纸质，倒卵状长圆形，长14～24cm，宽3.5～7cm，先端短渐尖，基部楔形，幼时下面被贴生银白色绢毛，老时上面深绿色，无毛，下面带灰白色，疏生绢毛，脉上较密，后渐脱落，中脉在上面凹下，在下面隆起，侧脉14～24对，在两面均微隆起且略带红色，网脉纤细，压干后中脉不呈紫红色；叶柄长1～3cm，上面具浅凹槽，无毛。圆锥花序6～10个腋生于新枝下部，长8～12（15）cm；花序梗及花梗疏被灰色微柔毛；花白色至黄绿色，有香气；花被裂片几等大，外面被柔毛，里面疏被小柔毛至无毛。果球形，直径约1cm，成熟时呈紫黑色；果梗长5～10mm，肉质，鲜红色。花期4月，果期7月。

图2-197　薄叶润楠

产于全省山区、丘陵。生于海拔1200m以下的阴坡沟谷、溪边杂木林中。分布于华东及湖南、广东、广西、贵州。模式标本采自仙居。

木材纹理直，结构粗，质坚实，可作建筑、家具等用材；种子可榨油供制皂、蜡烛等；树姿优美，富有层次，为极佳的园林观赏树种。

9. 浙江润楠 （图2-198）
Machilus chekiangensis S.K. Lee — *M. longipedunculata* S.K. Lee et F.N. Wei

乔木，高达15m。一年生小枝无毛，二年生枝疏生皮孔，隔年生交接处具密集而显著的芽鳞痕，不肿胀成节状；顶芽球形至长卵形，芽鳞外被褐色柔毛及睫毛。叶常集生于枝顶；叶片革质，常呈倒披针形，长6.5～13cm，宽2～4cm，先端尾状渐尖，常镰状弯曲，基部楔形，上面深绿色，有光泽，无毛，下面粉绿色，被短伏毛，中脉在上面稍凹下，在下面隆起，侧脉10～12对，纤细，与网脉在两面均隆起；叶柄长0.8～2cm，无毛。花序腋生于新枝下部，被灰白色微柔毛或无毛，自中部以上分枝；花序梗长3～11cm；花黄绿色；花被裂片近等大，长4～5mm，两面及边缘具短柔毛。果球形，直径6～7mm；果梗被毛或无毛，红色或带红色。花期4—5月，果期6—7月。

产于温州及杭州市区（西湖）、温岭、松阳、庆元、景宁。生于海拔500m以下的山坡、沟谷、溪边阔叶林中。分布于福建、广东。模式标本采自杭州市区（灵隐飞来峰）。

图2-198　浙江润楠

10. 黄枝润楠 （图2-199）

Machilus versicolora S.K. Lee et F.N. Wei

大乔木，高达30m。老树皮木栓质，易脱落；一年生、二年生小枝黄色或黄褐色，无毛，皮孔唇状，显著突起。叶片革质，长椭圆形，长9～15cm，宽2.5～5cm，先端渐尖，基部窄楔形，上面无毛，下面有伏贴短柔毛，中脉在上面凹下，在下面突起，压干后中脉呈紫红色，侧脉8～13对，纤细，斜伸，稍弯拱，在下面较明显；叶柄长1～2.5cm，无毛，上面有沟槽。圆锥花序多个，顶生或近顶生，长5～10cm；花梗长5～10mm；花被裂片卵形或近长圆形，先端圆钝，两面有毛，不等大，外轮稍短，长约4mm；子房卵形。果扁球形，直径约1cm；果梗长约1cm，与果序分枝均呈紫红色。花期4—5月，果期7—8月。

产于缙云（大洋山）、景宁（草鱼塘、大仰湖）。生于海拔700～1000m的沟谷阔叶林中。分布于江西、福建、广东、海南、广西。

树形优美，枝叶浓绿，为优良的行道树及庭园绿化树种；茎、叶、皮药用可治霍乱、吐泻不止、抽筋及足肿；质材致密，芳香，可制梁、柱、家具等。

图2-199　黄枝润楠

11. 建润楠 建楠（图2-200）
Machilus oreophila Hance

灌木或小乔木，高4～6m。顶芽卵球形，与一年生小枝、嫩叶下面及上面中脉均被黄褐色绒毛，老枝变无毛。叶片革质，长披针形，长12～18cm，宽1.5～3cm，先端长渐尖，基部楔形，上面深绿色，近无毛，无光泽，下面带粉绿色，被疏柔毛，沿中、侧脉较密，中脉在上面凹下，在下面隆起，侧脉8～10对，纤细，在下面较为明显，网脉细而清晰，干时在两面微隆起；叶柄纤细，长1～1.5cm，被绒毛。花序多个集生于枝端，长4～7cm；花序梗、花梗及花被裂片两面均被黄棕色短柔毛；花梗长约5mm；花淡黄色；花被裂片长圆形，先端钝。果球形，直径7～10mm，紫黑色；果梗与果序分枝均被短柔毛，呈红褐色。花期3—4月，果期5—7月。

产于遂昌（九龙山）、龙泉（凤阳山）、庆元（五岭坑）。生于海拔800m以下的沟谷林下或林缘；杭州市区（杭州植物园）有栽培（引自福建武夷山）。分布于福建、湖南、广东、广西、贵州。

图2-200 建润楠

③ 楠木属 Phoebe Nees

常绿乔木，稀灌木。叶互生，不裂，羽状脉。聚伞状圆锥花序腋生，稀顶生；花两性；花被裂片6，近等大或外轮稍小；发育雄蕊9，排成3轮，花药4室，第1、2轮雄蕊花药内向，无腺体，第3轮雄蕊花药外向，花丝基部或近基部具2腺体，退化雄蕊3，三角形或箭头形。果较小，常卵形或椭球形，长不逾2cm，基部具宿存的花被裂片，直立并紧贴果实基部，或松散且先端微外展；果序梗与果梗通常不呈红色。

约100种，分布于美洲热带、亚热带地区和亚洲。我国约有35种，产于长江流域及以南各地；浙江有5种。

本属树种多为高大乔木，干形通直，材质坚实，结构细致，不易变形和开裂，美观耐用，统称"楠木"，属珍贵用材；树冠端整，枝叶浓密，为优良的园林绿化树种。

分种检索表

1. 灌木或小乔木，高3~8m；小枝无毛；花序无毛 ·· 1.湘楠 P. hunanensis
1. 乔木或大乔木，高10m以上；小枝有毛（闽楠有时近无毛）；花序有毛。
  2. 叶片较狭小，长7~15cm，宽2~5cm；宿存花被裂片紧贴果实基部。
    3. 叶片边缘常明显反卷；种子两侧不对称，多胚性，子叶不等大 ········· 2.浙江楠 P. chekiangensis
    3. 叶片边缘不反卷或微反卷；种子两侧对称，单胚性，子叶等大。
      4. 叶片披针形或倒披针形，横脉及小脉在下面十分明显，结成小网格状；花序分枝紧密而不开展 ··· 3.闽楠 P. bournei
      4. 叶片长椭圆形，稀披针形，横脉及小脉在下面不明显或略明显，不结成小网格状；花序十分开展 ·· 4.楠木 P. zhennan
  2. 叶片较宽大，长8~27cm，宽4~9cm；宿存花被裂片不紧贴果实基部 ············· 5.紫楠 P. sheareri

1. 湘楠 （图2-201）

Phoebe hunanensis Hand.-Mazz.

灌木或小乔木，高3~8m。小枝有棱，无毛。叶片革质或薄革质，倒阔披针形，稀倒卵状披针形，长（7.5）10~18（23）cm，宽3~4.5（6.5）cm，先端短渐尖，有时尖头呈镰状，

图2-201　湘楠

基部楔形或狭楔形，老叶上面无毛，光亮，下面无毛或有伏贴短柔毛，苍白色或被白粉，幼叶下面密被银白色绢状伏毛，上面常带紫红色，中脉粗壮，在上面下陷或平坦，在下面显著突起，侧脉每边6～14，与网脉在下面均明显突起；叶柄长7～15（24）mm，无毛。花序生于当年生枝上部，细弱，无毛，长8～14cm，近于总状或在上部有分枝。果卵形，长1～1.2cm，直径约7mm，宿存花被裂片卵形，松散，上部外展，纵脉明显，常有缘毛；果梗略增粗。花期5—6月，果期8—9月。

原产于江苏、安徽、江西、湖北、湖南、贵州、陕西、甘肃。杭州市区（杭州植物园）、临安（浙江农林大学）、温州市区（浙江亚热带作物研究所）有栽培。

2. 浙江楠 （图2-202）
Phoebe chekiangensis C.B. Shang

乔木，高达20m，胸径达60cm。树皮淡黄褐色，呈不规则薄片状剥落；小枝密被黄褐色至灰黑色毛。叶片革质，倒卵状椭圆形至倒卵状披针形，稀披针形，长7～15cm，宽3～5cm，先端突渐尖至长渐尖，基部楔形至近圆形，边缘常明显反卷，上面幼时有毛，后渐变无毛，下面被灰褐色毛，侧脉每边8～10，与中脉在上面凹下，在下面隆起，网脉在下面明显；叶柄长1～1.5cm，密被黄褐色毛。花序腋生，密被黄褐色绒毛，长5～10cm；花梗长2～3cm；花被裂片卵形，长约4mm，两面被毛。果卵状椭球形，长1.2～1.5cm，成熟时呈蓝黑色，外

图2-202　浙江楠

被白粉，宿存花被裂片革质，紧贴果实基部。种子两侧不对称，多胚性，子叶不等大。花期4—5月，果期9—10月。

产于杭州、宁波、台州、丽水、温州及安吉、诸暨、开化、武义。生于低山丘陵常绿阔叶林中；全省各地有栽培。分布于江西、福建。模式标本采自杭州市区（西湖云栖）。

本种分布数量不及紫楠，但干形通直，出材率高，生长快，为珍贵的材用树种；枝叶稠密，树姿雄伟，为优良的绿化树种。为国家Ⅱ级重点保护野生植物。

开化县齐溪镇官台自然村有一古树群，其叶片先端呈长尾尖，与其他地方所产的略有不同，有待进一步研究。

3. 闽楠 （图2-203）

Phoebe bournei (Hemsl.) Yen C. Yang — *Machilus bournei* Hemsl.

乔木，高达25m。树皮浅褐色至灰白色，粗糙至不规则浅纵裂；小枝被疏毛，有时近无毛。叶片革质，披针形或倒披针形，长7～15cm，宽2～4cm，先端渐尖至长渐尖，近镰状弯曲，基部渐狭或楔形，边缘不反卷或微反卷，上面深绿色，有光泽，下面稍淡，被短柔毛，脉上被长柔毛，侧脉每边10～14，与中脉在上面凹下，在下面隆起，横脉及小脉在下面十分明显，结成小网格状；叶柄长5～12mm。花序分枝紧密而不开展，腋生于新枝中下部，有毛，长3～10cm；花被裂片卵形，长约4mm。果椭球形，长1.1～1.6cm，直径6～7mm，成熟时呈蓝黑色，微被白粉，宿

图2-203 闽楠

存花被裂片紧贴果实基部，两面被毛。种子两侧对称，单胚性，子叶等大。花期4月，果期10—11月。

产于丽水、温州及衢州市区。生于海拔1000m以下的常绿阔叶林中。分布于江西、福建、湖北、广东、海南、广西、贵州。

树干通直圆满，木材黄褐色略带浅绿，结构致密，有香气，为建筑、高级家具、雕刻等珍贵用材；树冠雄伟端整，树叶浓密，为优良的园林景观树种。为国家Ⅱ级重点保护野生植物。

4. 楠木　桢楠　雅楠（图2-204）
Phoebe zhennan S.K. Lee et F.N. Wei

大乔木，高达30m以上。树干通直；芽鳞被灰黄色伏贴长毛；小枝被灰黄色或灰褐色柔毛。叶片革质，长椭圆形，稀披针形，长7～13cm，宽2.5～4cm，先端渐尖，尖头直或呈镰状，基部楔形，边缘不反卷，上面光亮无毛或下半部沿中脉有柔毛，下面密被短柔毛，脉上毛较长，侧脉每边8～13，斜伸，至近边缘网结，并渐消失，横脉及小脉在下面不明显或略明显，不结成小网格状；叶柄长1～2.2cm，被毛。花序十分开展，有毛，长6～12cm，纤细，在中部以上分枝；花被裂片近等大，长3～3.5mm。果椭球形，长1.1～1.4cm，直径6～7mm，宿存花被裂片卵形，革质，紧贴果实基部，两面被短柔毛或外面被微柔毛。种子两侧对称，单胚性，子叶等大。花期4—5月，果期9—10月。

原产于湖北、四川、贵州。宁波、丽水、温州等地有引种栽培。

树干通直，树冠雄伟，四季常绿，为优良绿化树种；木材富有香气，纹理通直，结构细密，不易变形和开裂，为建筑、高级家具等优良用材，著名的"金丝楠木"一般指本种的木材。

图2-204　楠木

5. 紫楠 (图 2-205)

Phoebe sheareri (Hemsl.) Gamble — *Machilus sheareri* Hemsl.

乔木，高 10～20m，常呈多干性。树皮灰色至灰褐色；小枝、叶柄及花序均密被黄褐色至灰褐色柔毛或绒毛。叶互生；叶片革质，倒卵形、椭圆状倒卵形或倒卵状披针形，长 8～27cm，宽 4～9cm，先端突渐尖或突尾尖，基部渐狭成楔形，上面绿色，幼时沿脉有毛，老后渐稀疏，下面密被黄褐色长柔毛，侧脉每边 8～13，与中脉在上面凹下，在下面隆起，网脉致密，结成网格状；叶柄长 1～2.5cm。圆锥花序腋生，长 7～18cm，在上部分枝，有毛；花黄绿色，直径 5～6mm；花被裂片卵形，长 3～3.5mm，两面被毛。果卵形至卵圆形，长 8～10mm，直径 5～6mm，成熟时呈黑色，基部宿存花被裂片多少松散，不紧贴果实基部。种子单胚性，两侧对称，子叶等大。花期 4—5 月，果期 9—10 月。

产于全省山区、丘陵。生于海拔 800m 以下的沟谷、山坡阔叶林中。分布于长江流域及以南各地。模式标本采自宁波。

枝叶浓密，可作绿化树种；木材纹理直，结构细，为建筑、船舶、车辆、家具等优良用材；种子可榨油供制皂、润滑油等。

图 2-205 紫楠

④ 樟属 Cinnamomum Trew

常绿乔木或灌木。叶互生、近对生至对生，有时在近枝顶集生，革质，不裂，离基三出脉、基出三出脉或羽状脉。聚伞状圆锥花序腋生或近顶生；花两性，稀杂性；花被筒短，杯状或钟状，花被裂片 6，近等大；发育雄蕊常 9，3 轮，第 1、2 轮雄蕊无腺体，花药内向瓣开裂，4 室，第 3 轮雄蕊具腺体，花药外向，退化雄蕊 3，箭头状，位于最内轮。果较小，长或直径不逾 3cm，生于膨大的果托上，花被裂片花后脱落。

四　樟科 Lauraceae

约250种，分布于亚洲、大洋洲的热带至亚热带地区及太平洋岛屿。我国约有49种，主产于西南部至东南部；浙江有14种。

分种检索表

1. 叶互生，在侧枝上不排成2列，羽状脉，稀离基三出脉，上面脉腋有泡状隆起，下面脉腋有腺窝。
   2. 羽状脉，有时少数叶片兼具离基三出脉（云南樟）。
      3. 叶片下面淡绿色或黄绿色，无毛，边缘常波状起伏；花序顶生兼腋生，长3～5cm；果较大，椭球形，长1.5～2.2cm；花期7—8月 ·················· **2.沉水樟 C. micranthum**
      3. 叶片下面粉绿色，多少贴生短柔毛，有时脱落变无毛，边缘不呈波状起伏；花序腋生，长4～15cm；果较小，球形或倒卵形，直径不逾1cm；花期4—6月。
         4. 叶柄上面平坦；小枝被白色绢毛；花序梗及花梗均有毛；花期5—6月 ··· **1.银木 C. septentrionale**
         4. 叶柄上面具凹槽；小枝无毛；花序梗及花梗均无毛；花期4—5月 ··· **4.云南樟 C. glanduliferum**
   2. 离基三出脉 ··· **3.香樟 C. camphora**
1. 叶对生或近对生，有时为互生至近对生，在小枝上排成2列（圆头叶桂例外），三出脉或离基三出脉，脉腋无泡状隆起及腺窝。
   5. 小枝无毛或仅幼时有微毛；叶片下面无毛，或幼时有毛后渐变无毛。
      6. 花序无毛。
         7. 多呈灌木状，高不逾4m；常有根蘖现象；分布于海拔700m以上的内陆山地 ··· **6.野黄桂 C. jensenianum**
         7. 乔木，高可达10m以上；无根蘖现象；分布于海拔200m以下的滨海地带 ··· **7.普陀樟 C. japonicum var. chenii**
      6. 花序明显被毛。
         8. 叶片下面幼时被微毛，后渐脱落，基出三出脉或离基三出脉；野生树种。
            9. 花序通常单生于当年生小枝下部无叶处，具1～3花；果椭球形，长约11mm，直径5～5.5mm；果托浅杯状，高约3mm ·················· **5.少花桂 C. pauciflorum**
            9. 花序在新枝下部或叶腋单生，在老枝上通常数个集生于叶腋具顶芽的无叶短枝上，具3～5花；果卵形、长卵形或倒卵形，长约15mm，直径约7mm；果托碗状，高5～6mm ··· **8.浙江樟 C. chekiangense**
         8. 叶片两面无毛，离基三出脉；栽培树种。
            10. 叶片较小，长5.5～10.5cm，宽2～5cm；叶柄长0.5～1.2cm；果长约8mm ·················· **9.阴香 C. burmanni**
            10. 叶片较大，长11～16cm，宽4.5～5.5cm；叶柄长约2cm；果长10～15mm ·················· **10.锡兰肉桂 C. verum**
   5. 小枝密被毛；叶片下面始终被密或疏毛。
      11. 叶片厚革质，下面疏被毛；栽培树种 ······································· **11.肉桂 C. cassia**
      11. 叶片革质或薄革质，下面密被毛（细叶香桂初被密毛，后渐变疏）；野生树种。
         12. 叶片在侧枝上排成2列，叶缘不反卷，先端急尖至渐尖；乔木；山地树种。

13. 叶片较宽大,长14~20cm,宽4~8cm;果较大,长9~12mm,直径7~8mm ············· ·· **12. 华南樟 C. austrosinense**
13. 叶片较狭小,长3.5~13cm,宽2~6cm;果较小,长约7mm,直径约5mm ··············· ·· **13. 细叶香桂 C. subavenium**
12. 叶片在侧枝上不排成2列,叶缘显著反卷,先端圆钝;常呈丛生灌木状;滨海树种 ············ ·· **14. 圆头叶桂 C. daphnoides**

1. 银木　四川大叶樟　（图2-206）

Cinnamomum septentrionale Hand.-Mazz. — *C. inunctum* (Nees.) Meissn. var. *albosericeum* Gamble — *C. albosericeum* (Gamble) Cheng

乔木,高达25m。小枝较粗壮,具棱脊,被白色绢毛;芽卵形,芽鳞外面被白色绢毛。叶互生,不排成2列;叶片薄革质,椭圆形或椭圆状倒披针形,长8~18cm,宽5~7cm,先端短渐尖,基部楔形,边缘不呈波状起伏,上面绿色,幼时被白色短柔毛,后变无毛,下面粉绿色,被白粉及贴生短柔毛,羽状脉,每边约4条,弧曲,上面脉腋有泡状隆起,下面脉腋有

图2-206　银木

腺窝；叶柄长2～3cm，仅幼时被白色绢毛，上面平坦。花序腋生，长7～15cm，花多而密集，分枝细；花序梗长3～4（6）cm，与花梗均被白色绢毛；花长约2.5mm；花被裂片宽卵圆形，长约1.5mm，两面被白色绢毛。果球形或倒卵形，直径不逾1cm，无毛；果托盘状，高约5mm，顶端直径达4mm。花期5—6月，果期7—9月。

原产于四川、陕西、甘肃。本省常有栽培。

2. 沉水樟　牛樟　（图2-207）
Cinnamomum micranthum (Hayata) Hayata

乔木，高达20m。小枝无毛，疏生圆形皮孔；顶芽卵形，芽鳞外面被褐色绢状短柔毛。叶互生，不排成2列；叶片坚纸质至薄革质，长圆形、椭圆形至卵状椭圆形，长7.5～10cm，宽4～6cm，先端短渐尖，基部宽楔形至近圆形，两侧常略不对称，边缘常波状起伏，上面深绿色稍

图2-207　沉水樟

具光泽，下面淡绿色或黄绿色，无毛，羽状脉，侧脉每边4或5，弧曲，上面脉腋有泡状隆起，下面脉腋有腺窝，窝穴中有微柔毛，网脉在两面结成蜂窝状小穴；叶柄长2～3cm，无毛。花序顶生兼腋生，长3～5cm，花少数；花被裂片外面无毛，里面密被柔毛。果椭球形，长1.5～2.2cm，无毛，具斑点，有光泽；果托壶形，高约9mm，顶端呈喇叭状，直径达0.9～1cm，边缘全缘或具波状锯齿。花期7—8月，果期10月。

产于丽水、温州。生于海拔700m以下的沟谷、山坡常绿阔叶林中；全省各地常有栽培。分布于华南及江西、福建、贵州。越南北部也有。

木材较松软，用途基本同香樟。为浙江省重点保护野生植物。

3. 香樟　樟树　（图2-208）
Cinnamomum camphora (L.) Presl

大乔木，高达30m。小枝光滑无毛。叶互生，不排成2列；叶片薄革质，卵形或卵状椭圆形，长6～12cm，宽2.5～5.5cm，先端急尖，基部宽楔形至近圆形，边缘呈微波状起伏，上面绿色至黄绿色，有光泽，下面灰绿色，薄被白粉，两面无毛或下面幼时略被微柔毛，离基三出脉，上面脉腋

图2-208　香樟

有泡状隆起，下面脉腋有腺窝，窝穴内常被微柔毛；叶柄细，长2～3cm，无毛。花序生于当年生枝叶腋，长3.5～7cm，无毛或在节上被灰白色至黄褐色微柔毛；花淡黄绿色，有清香；花梗长1～2mm，无毛；花被裂片椭圆形，长约2mm，外面无毛，里面密被短柔毛。果近球形，直径6～8mm，成熟时呈紫黑色；果托杯状，高约5mm，顶端平截，直径约4mm。花期4—5月，果期8—11月。

产于全省各地，但以栽培者居多，野生者海拔可达1000m。分布于长江流域及以南各地。日本、越南、朝鲜半岛也有；世界许多国家有引种。

木材纹理致密，色泽美观，易加工，具芳香，防虫蛀，耐水湿，为船舶、建筑、家具、雕刻工艺等的优良珍贵用材；根、枝、木材、叶可提取樟脑、樟油，供医药、化工、防腐杀虫等用；种子榨油，可制肥皂、润滑油等；树冠宽广，枝叶茂密，为我国南方地区极为重要的行道树、景观树、庭荫树和风水树，古树名木极多。为浙江省省树。为国家Ⅱ级重点保护野生植物。

4. 云南樟 （图2-209）

Cinnamomum glanduliferum (Wall.) Meisn.

乔木，高可达20m。小枝绿褐色，具棱脊，无毛。叶互生，不排成2列；叶片革质，椭圆形、卵状椭圆形或椭圆状披针形，长6～15cm，宽4～6.5cm，先端急尖至短渐尖，基部楔形、宽楔形或近圆形，边缘不呈波状起伏，上面深绿色，具光泽，下面粉绿色，幼时贴生短柔毛，老时脱落

图2-209　云南樟

或仍被短伏毛，羽状脉，稀兼具离基三出脉，侧脉每边4或5，上面脉腋有泡状隆起，下面脉腋有腺窝，窝穴内被毛或近无毛；叶柄长2~4cm，上面具凹槽。花序腋生，长4~10cm；花序梗及花梗均无毛，花梗长1~3mm；花被裂片宽卵形，长约2mm，外面无毛或被疏毛，内面密被毛。果球形，直径约1cm，成熟时呈黑色；果托膨大，倒圆锥形，高约1cm，顶端直径约6mm，边缘波状，带红色。花期4—5月，果期7—9月。

原产于西南。缅甸、马来西亚、印度、尼泊尔、不丹也有。温州及诸暨等地有栽培。

5. 少花桂　岩桂　（图2-210）
Cinnamomum pauciflorum Nees

乔木，高5~12m。树皮灰白色，不裂；小枝近圆柱形，无毛。叶对生或近对生，排成2列；叶片革质，卵圆形或卵圆状披针形，长3.5~10.5cm，宽2~5cm，先端短渐尖，基部宽楔形至近圆形，上面绿色，无毛，下面粉绿色，幼时被疏或密的灰白色短柔毛，后渐变无毛，基出三出脉或离基三出脉，在两面均突起，脉腋无泡状隆起及腺窝。花序通常单生于当年生小枝下部无叶处，明显短于叶，具1~3花；花序梗长1.5~3cm，与花梗均疏被灰白色微柔毛；花小，黄白色；花被裂片长圆形，两面均密被短绢毛。果椭球形，长约11mm，直径5~5.5mm，成熟时呈紫黑色，具栓质斑点；果托浅杯状，高约3mm，边缘具整齐的截状圆齿。花期5—6月，果期9—10月。

产于常山（三衢山）。生于海拔350~420m的石灰岩山地疏林中。分布于江西、湖北、湖南、

图2-210　少花桂

广东、广西、四川、贵州、云南。印度、尼泊尔也有。

树皮及根入药可治肠胃病及腹痛；枝叶含芳香油，主要成分为黄樟油素，含量为80%~95%，为重要的香料工业原料；树形优美，枝叶繁茂，可用于园林绿化及石灰岩山地造林。

本种外形及营养体形态与浙江樟极为相似，但花序、果实、果托形态及生境明显不同。另文献记载本种花序具3~5（7）花，而本省所产的通常仅具1~3花。

6. 野黄桂 （图2-211）

Cinnamomum jensenianum Hand.-Mazz.

灌木状，高1~4m。常有根蘖现象。芽纺锤形，外面被短绢毛；小枝常具4棱，绿色，无毛。叶对生或近对生，排成2列；叶片薄革质，披针形或长圆状披针形，长5~15cm，宽1.5~3cm，先端渐尖或尾状渐尖，基部楔形至宽楔形，上面绿色，光亮，无毛，下面幼时被微柔毛，老时近无毛，被蜡粉，离基三出脉在两面均突起，脉腋无泡状隆起及腺窝。花序伞房状，无毛，具（1）2~5花；花序梗纤细，长1.5~2.5cm；花小，淡黄色；花被裂片倒卵圆形，外面无毛，内面密被绢毛，花被筒极短。果卵球形，长1~1.2cm，直径约6mm，无毛；果托倒卵形，高约6mm，具齿裂，齿端平截。花期6—7月，果期8—9月。

图2-211 野黄桂

产于龙泉（凤阳山、披云山）、庆元（百山祖）、景宁（郑坑乡）、苍南（莒溪）、泰顺（黄桥）。生于海拔700～1500m的山坡、山脊常绿阔叶林下或毛竹林中。分布于江西、福建、湖北、湖南、广东、四川等地。

树皮甘而辣，芳香，入药功效同"桂皮"。

据在本省产地观察，本种的繁殖方式颇为特别，其结果极少，常采用在横向侧根上萌生不定芽以增殖个体的营养繁殖方式，这可能与其所处的光照较弱、土层浅薄、水分较少的林下环境有关。

7. 普陀樟　普陀桂（变种）（图2-212）

Cinnamomum japonicum Siebold var. **chenii** (Nakai) G.F. Tao — *C. chenii* Nakai

乔木，高10～15m。无根蘖现象。树皮灰黄色，平滑不裂；小枝绿色，嫩时具钝棱，无毛。叶对生或近对生，排成2列；叶片革质，卵形至长卵形，长(5)8～12cm，宽2～4.3cm，先端急尖、钝尖或圆形，基部楔形、宽楔形至近圆形，上面深绿色，有光泽，下面绿色，无毛，离基三出脉，偶在叶基有1或2对较细弱的侧脉而近似羽状脉，脉腋无泡状隆起及腺窝；叶柄长0.8～2cm，上面具凹槽，无毛。花序腋生，呈伞形，具5～14花，无毛。果序长4.5～9.5cm，常具1～3果；果序梗较粗，微扁，长2.5～7.5cm，直径约1mm；果梗长7～15mm，顶端增粗；果椭球形，长约1.3cm，直径约1cm，成熟时呈蓝黑色，有光泽；果托浅盘状，直径6mm，高1～1.5mm，边缘全缘或外缘具14～16条纵裂纹。花期5—6月，果期11—12月。

产于象山、普陀、嵊泗。生于海拔200m以下的岛屿或滨海山坡林中；全省各地常有栽培。分布于上海（大金山岛）。模式标本采自普陀。

木材坚实，耐水湿，有香气，为建筑、船舶、家具等优良用材；树冠浓郁，为良好的绿化观赏树种；抗风能力强，适应性广，适用于沿海山地造林。为国家Ⅱ级重点保护野生植物。

图2-212　普陀樟

8. 浙江樟 浙江桂（图2-213）

Cinnamomum chekiangense Nakai — *C. japonicum* Siebold var. *chekiangense* (Nakai) M.B. Deng et G.Yao — *C. japonicum* auct., non Siebold — *C. pedunculatum* auct., non Nees

乔木，高达15m。树皮灰褐色，平滑至近圆块片状剥落，有芳香及辛辣味；小枝绿色至暗绿色，幼时有微毛，后渐变无毛。叶互生或近对生，排成2列；叶片薄革质，长椭圆形、长椭圆状披针形至狭卵形，长6～14cm，宽1.7～5cm，先端长渐尖至尾尖，基部楔形，上面深绿色，有光泽，无毛，下面稍被白粉及微毛，后变几无毛，基出三出脉或离基三出脉，侧脉自离叶基0.2～1cm处斜向伸出，在两面隆起，网脉不明显，脉腋无泡状隆起及腺窝；叶柄长0.7～1.7cm，被细柔毛。花序在新枝下部或叶腋单生，在老枝上通常数个集生于叶腋具顶芽的无叶短枝上，具3～5花，长1.5～5cm；花序梗几无至长约3cm，与花梗均被短伏毛；花梗长5～17mm；花黄绿色；花被裂片长椭圆形，长约5mm，两面均被毛。果卵形、长卵形或倒卵形，长约15mm，直径约7mm，蓝黑色，微被白粉；果托碗状，高5～6mm，边缘常具6圆齿。花期4—5月，果期10—11月。

产于全省山区。生于海拔800m以下的山坡、沟谷阔叶林中。分布于华东、华中及台湾。模式标本采自杭州市区（西湖）。

木材耐水湿，具香气，为船舶、建筑、家具等优良用材；全株可提取芳香油，供制香精；树皮、枝皮入药称"香桂皮"，有行气健胃、祛寒镇痛等功效，也可作烹饪佐料。

《中国植物志》等将浙江产的本种归并入天竺桂 *C. japonicum* Siebold，但天竺桂的叶片下面、花序梗、花梗、花被裂片外面均无毛，主、侧脉自离叶基约1.3cm处伸出，花序具3～10花，花序梗长1～6cm，均与浙江樟有明显不同，故本志仍作独立种处理。

图2-213 浙江樟

9. 阴香 （图2-214）

Cinnamomum burmanni (Nees et T. Nees) Blume

乔木，高达14m。树皮光滑，灰褐色至黑褐色，内皮红色，味似肉桂；枝条纤细，绿色或褐绿色，无毛。叶互生至近对生，排成2列；叶片革质，卵圆形、长圆形至披针形，长5.5～10.5cm，宽2～5cm，先端短渐尖，基部宽楔形，上面绿色，光亮，下面粉绿色，两面无毛或下面有微伏毛，离基三出脉，中脉及侧脉在下面明显突起，脉腋无泡状隆起及腺窝；叶柄长0.5～1.2cm，近无毛。花序腋生或近顶生，比叶短，长3～6cm，少花，疏散，密被灰白色微柔毛；花小，绿白色；花被裂片两面密被微柔毛。果卵球形，长约8mm，直径约5mm；果托具齿裂，齿端平截。花期4—5月，果期11—12月。

原产于福建、广东、海南、广西、云南。东南亚及印度也有。温州及宁波市区（镇海）、定海等地有引种，多作行道树或景观树。

叶能祛风，根可止心气痛，树皮能健胃祛风；树皮可作"桂皮"代用品，叶可代月桂叶作调味香料；全株可提制芳香油，用作食用香精、香皂和化妆品的原料；干直荫浓，为优良的行道树和庭园观赏树；亦可材用。

图2-214 阴香

10. 锡兰肉桂 （图2-215）
Cinnamomum verum J. Presl — *C. zeylanicum* Blume

乔木，高达10m。树皮黑褐色；幼枝略具4棱，无毛。叶对生或近对生，排成2列，但在直立枝上不排成2列；叶片革质，卵形或卵状披针形，长11～16cm，宽4.5～5.5cm，先端渐尖，基部楔形，上面深绿色，有光泽，下面淡绿白色，两面无毛，离基三出脉，在两面隆起，细脉网结，在下面呈蜂窝状小网格，脉腋无泡状隆起及腺窝；叶柄长约2cm，无毛。花序腋生或顶生，长10～12cm；花序梗及花梗均被绢状毛，花梗长3～4mm；花黄色，形小，长约6mm；花被裂片长圆形，外面被灰色微柔毛。果卵球形，长10～15mm，成熟时呈黑色；果托杯状，缘具齿裂，齿端平截或锐尖。花期3—4月，果期6—8月。

原产于斯里兰卡。华南及福建有栽培。温州有引种，全省各地也常有盆栽供观赏。

树皮及枝叶具浓郁香气，为良好的香料。

图2-215 锡兰肉桂

11. 肉桂 （图2-216）
Cinnamomum cassia (L.) J. Presl

乔木，高达10m以上。树皮灰褐色，具浓烈香气，辛辣而微甜；幼枝略具4棱，密被灰黄色短绒毛。叶对生或近对生，排成2列；叶片厚革质，长椭圆形或椭圆状披针形，长8～20cm，宽3～5.5cm，先端急尖至短渐尖，基部宽楔形，边缘内卷，上面深绿色，无毛，有光泽，下面淡绿色，始终疏被灰黄色短绒毛，离基三出脉，在下面明显隆起，网脉在下面不甚明显，脉腋无泡状隆起及腺窝；叶柄长1～2cm，粗壮，被黄色短绒毛。花序腋生或近顶生，常与叶近等长，长8～19cm；花梗长3～6mm，与花序梗均被黄色绒毛；花小，直径约5mm；花被裂片椭圆形，两面密被黄色短绒毛。果椭球形，长约10mm，直径7～8mm，成熟时呈紫黑色，无毛；果托浅杯状，边缘略具齿裂或平截。花期5—6月，果期10—12月。

原产于我国，原产地可能为广西，现华南及福建、贵州、云南等地均有栽培。东南亚及印度也有栽培。温州有引种，杭州市区（杭州植物园）温室有栽培。

全株含芳香油，可提取桂油，用作食品、化妆品等原料；树皮、枝条、花、果等均可入药，主治脾肾阳虚、感冒风寒、胃腹疼痛等；干燥树皮名"桂皮"，为著名烹饪调味香料。

图2-216 肉桂

12. 华南樟　华南桂（图2-217）
Cinnamomum austrosinense Hung T. Chang

乔木，高达20m，胸径达40cm。树皮灰褐色，平滑；小枝密被灰褐色平伏短柔毛；顶芽小，密被毛。叶对生或近对生，有时互生，排成2列；叶片革质或薄革质，长椭圆形，长14～20cm，宽4～8cm，先端急尖至渐尖，基部钝，叶缘不反卷，上面幼时被淡灰黄色微柔毛，后脱落至无

图2-217 华南樟

毛，下面灰绿色，始终密被淡灰黄色短伏毛，三出脉或离基三出脉，近达叶先端，其侧脉向叶缘一侧常有4～10条弧形分枝，中、侧脉在下面明显突起，横脉在侧脉间排成梯状，脉腋无泡状隆起及腺窝；叶柄长1～1.5cm，密被灰黄色短柔毛。花序生于当年生枝叶腋，长4.5～11（16）cm，3次分枝，密被淡灰黄色短伏毛；花黄绿色；花被裂片卵圆形，长约2.5mm，两面密被微毛。果椭球形，长9～12mm，直径7～8mm；果托浅杯状，高约3mm，直径约5mm，边缘具浅齿裂，齿端平截。花期6—7月，果期10—11月。

产于丽水、温州及宁海、江山、仙居。生于海拔130～900m的沟谷或山坡常绿阔叶林中。分布于江西、福建、广东、广西、贵州。

木材结构细致，纹理直，可作建筑、家具、雕刻等用材；树皮、枝、叶均可提取芳香油，供制香料；树皮及枝皮入药可作"桂皮"代用品。

13. **细叶香桂** 香桂 秦氏樟（图2-218）
Cinnamomum subavenium Miq. — *C. chingii* F.P. Metcalf

乔木，高达20m，胸径达50cm。树皮灰色，平滑或呈圆片状剥落；小枝纤细，密被黄色绢状短伏毛。叶互生或近对生，排成2列；叶片革质，长椭圆形、卵状椭圆形至卵状披针形，长3.5～13cm，宽2～6cm，先端急尖至渐尖，基部圆形或楔形，叶缘不反卷，上面幼时密被黄色绢状短伏毛，后变无毛，深绿色，有光泽，下面黄绿色，幼时密被黄色绢状短伏毛，后渐变稀疏，三出脉或离基三出脉，中脉及侧脉在上面凹陷，在下面明显隆起，近达叶先端，脉腋无泡状隆起及腺窝；叶柄长0.5～1.5cm，被短毛。花序腋生，长4.5～10cm；花序梗长1～6cm；花梗长2～3mm，均密被短毛；花淡黄色，长3～4mm；花被裂片近椭圆形，长约3mm，两面密被毛。果椭球形，长约7mm，直径约5mm，成熟时呈蓝黑色；果托杯状，顶端直径达5mm，全缘。花期6—7月，果期8—10月。

图2-218 细叶香桂

产于全省山区、丘陵。生于海拔1200m以下的沟谷、山坡常绿阔叶林中。分布于华东、华南、西南及湖北等地。东南亚及印度也有。

木材有香气，为建筑、家具的优良用材；树皮与叶等为菜肴、罐头的佐料，可增加食品香味；树皮可入药，有祛寒镇痛、健胃行气等功效。

14. 圆头叶桂 （图2-219）
Cinnamomum daphnoides Siebold et Zucc.

小乔木，常呈丛生灌木状，高3～4m。枝叶密集，小枝密被伏贴毛。叶对生或近对生，有时互生，密集，斜上举，不排成2列；叶片革质，倒卵形至长圆形，长2～4cm，宽1～2cm，先端圆钝，基部楔形，边缘显著反卷，幼时上面被紧贴柔毛，后变无毛，光亮，下面始终密被淡黄色至黄褐色绢毛，三出脉至近先端连结，脉腋无泡状隆起及腺窝；叶柄长5～10mm，上面具沟槽，密被绢毛。花序生于新枝叶腋，通常长于叶片，具7～20余花，近顶端分枝，密被绢毛；花小，密集，黄绿色；花被裂片宽倒卵形或近圆形，两面被毛。核果倒卵状椭球形，长11～13mm，直径8～9mm，成熟时呈亮紫黑色；果托碗状，密被绢毛。种子具7或8条棕色纵条纹。花期6月，果期10—12月。

产于象山（南韭山岛）。生于海拔15～40m的岩质海岸岩隙间或矮林中。日本也有。

为近年发现的中国分布新记录种，也是典型的中国与日本间断分布植物。之前被认为是日本特有种，并被列为日本近危植物。据调查，本种在本省仅有20余株，处于极危状态，亟待重点保护。

枝叶稠密，叶片光亮，树形优美，耐旱、耐瘠薄、抗风、耐海雾、耐强光，是滨海地区困难地绿化造林的优良乡土树种和园林观赏树种。

图2-219　圆头叶桂

5 檫木属 Sassafras Trew

落叶乔木。叶互生，羽状脉或离基三出脉，常2、3缺裂或不裂。总状花序顶生；花单性，雌雄异株，或两性；花被裂片6，近等大，排成2轮，脱落；雄花具9发育雄蕊，排成3轮，第1、2轮雄蕊花丝无腺体，第3轮花丝基部有2腺体，花药2室，全部内向或第3轮侧向；雄花具6或12退化雄蕊，排成2或4轮；两性花花药4室，第1、2轮内向，第3轮外向，退化雄蕊3，子房卵形，花柱细，柱头盘状。果近球形；果梗上部增粗，果托浅杯状。

3种，东亚、北美洲间断分布。我国有2种，分布于长江以南各地及台湾；浙江有1种。

檫木 檫树（图2-220）
Sassafras tzumu (Hemsl.) Hemsl. — *Psudosassafras tzumu* (Hemsl.) Lecomte — *P. laxiflora* (Hemsl.) Nakai

乔木，高达35m，胸径达1m。树皮平滑，老时不规则深纵裂；小枝黄绿色，无毛。叶互生，常集生于枝顶；叶片卵形或倒卵形，长9~20cm，宽6~12cm，先端渐尖，基部楔形，不裂或2、3裂，两面无毛或下面沿脉疏生毛，离基三出脉；叶柄长2~7cm，常带红色。总状花序多数，顶生，密被毛，先于叶开放；雌雄异株；花梗纤细，长4.5~6mm；花黄色；花被裂片披针形，长约3.5mm，外面疏被毛。果近球形，直径约8mm，成熟时呈蓝黑色，被白粉；果梗长1.5~2cm，上端增粗成棒状，肉质，与果托均呈鲜红色，果托浅杯状。花期2—3月，果期7—8月。

产于全省山区、丘陵。散生于海拔1000m以下的山坡、沟谷常绿落叶阔叶混交林中；全省普遍有造林或零星栽培。分布于华东、华中、华南、西南。合模式标本采自宁波。

木材坚硬致密，纹理美观，耐腐、耐水湿，为船舶、建筑、桥梁、家具等的优良用材；根、叶、果可提取芳香油；树干通直挺拔，冠形伟岸端整，早春繁花金黄艳丽，晚秋红叶鲜红悦目，为极好的风景树种。

图2-220 檫木

6 木姜子属 Litsea Lam.

常绿或落叶，乔木或灌木。叶互生，稀对生或轮生，不裂，羽状脉。雌雄异株；伞形花序，或由伞形花序再组成总状或圆锥花序，稀单花；簇生或单生于叶腋；总苞片4~8，交互对生，花后脱落；花被筒长或短；花部3基数；花被裂片6，每轮3，稀8或缺，早落；雄花具9或12发育雄蕊，每轮3，花药4室，均内向，第3轮和最内轮花丝基部具2腺体，退化雌蕊有或无；雌花的退化雄蕊与雄花同数，子房上位，柱头常盾状。浆果状核果，基部具杯状、盘状或扁平的果托。

约200种，分布于亚洲热带及亚热带地区、北美洲、南美洲亚热带地区。我国约有74种；浙江有7种。

分种检索表

1. 落叶；叶片纸质或薄纸质。
   2. 叶片宽大，倒卵形或倒卵状椭圆形，基部耳形；叶柄长3~11cm；树皮呈斑块状剥落 ·· **1. 天目木姜子 L. auriculata**
   2. 叶片狭长，披针形、长圆状披针形或倒卵状披针形，基部楔形；叶柄长0.5~1.5cm；树皮不剥落，较光滑或粗糙。
      3. 树皮较光滑；果直径4~6.5mm；果梗长3~5mm；侧脉细弱；花期2—3月 ·· **2. 山鸡椒 L. cubeba**
      3. 树皮粗糙，密生突起皮孔；果直径7~10mm；果梗长10~25mm；侧脉发达；花期3—5月 ·· **3. 木姜子 L. pungens**
1. 常绿；叶片革质或薄革质。
   4. 树皮呈不规则斑状剥落；叶下面侧脉微突起 ··· **5. 朝鲜木姜子 L. coreana**
   4. 树皮不为斑状剥落，但有时具褐色斑块；叶下面侧脉明显突起。
      5. 小枝无毛或仅幼时有短柔毛；叶两面无毛或仅幼时下面沿脉有疏柔毛。
         6. 叶片长2.5~5.5cm，卵状长圆形至倒卵状长圆形，先端钝至短渐尖，下面网脉不明显；叶柄长4~7mm；几无果梗；果球形，直径约6mm ············ **4. 豹皮樟 L. rotundifolia var. oblongfolia**
         6. 叶片长5.5~20cm，披针形或椭圆状披针形，先端渐尖或微呈镰状弯曲，下面网脉明显；叶柄长1.2~3cm；果梗长4~6mm；果椭球形，长约15mm，直径约8mm ·· **6. 桂北木姜子 L. subcoriacea**
      5. 小枝密被褐色绒毛；叶下面有毛 ·· **7. 黄丹木姜子 L. elongata**

1. 天目木姜子 （图2-221）
Litsea auriculata Chien et Cheng

落叶乔木，高达25m，胸径达60cm。树皮呈不规则斑块状剥落，内皮黄褐色；小枝紫褐色，平滑无毛，有大而明显的近圆形叶痕及小的皮孔。叶互生；叶片纸质，宽大，倒卵形或倒卵状椭圆形，长8～23cm，宽5.5～13.5cm，先端钝尖至钝圆，基部耳形，上面深绿色，有光泽，下面苍白色，幼时两面脉上被短柔毛，老后上面脱落，各级叶脉在下面隆起，侧脉7～9对；叶柄长3～11cm，无毛。花先于叶开放；伞形花序，雄花序具5～9花；总苞片8，花后与花序一起脱落；花梗长1.3～1.6cm，被丝状柔毛；花黄色。果卵形至椭球形，长1.3～1.7cm，直径1.1～1.3cm，成熟时呈紫黑色，稍具光泽；果梗粗壮，长1.3～2.2cm，果托杯状。花期3—4月，果期9—10月。

产于安吉、德清、临安、淳安、天台、庆元。生于海拔500～1000m的山坡、沟谷阔叶林中；全省各地常有零星栽培。安徽也有。模式标本采自临安（西天目山）。

木材带黄色，可作建筑、家具用材；根、果及叶可药用；早春开花，花繁如金，秋叶黄色，可供园林观赏。为浙江省重点保护野生植物。

图2-221　天目木姜子

2. 山鸡椒　山苍子 （图2-222）
Litsea cubeba (Lour.) Pers.

落叶小乔木，高3～6m。树皮初黄绿色，后渐变灰褐色，较光滑；小枝绿色，无毛；枝叶与果实揉碎后具浓烈香气。叶互生；叶片薄纸质，狭长，披针形或长圆状披针形，长4～11cm，宽

1.5~3cm，先端渐尖，基部楔形，上面绿色，下面粉绿色，两面无毛，侧脉6~10对，细弱；叶柄长0.5~1.5cm，微带红色。花蕾秋季形成，于次年早春先于叶开放；伞形花序单生或簇生，发自枝上部叶腋；花序梗长6~10mm；总苞片4；每花序具4~6花；花黄白色；花被裂片6，宽卵形至椭圆形，长约2mm；雌花较小。果球形，直径4~6.5mm，成熟时呈紫黑色；果梗长3~5mm，先端稍膨大，疏被毛。花期2—3月，果期9—10月。

主要产于临海至江山一线以北地区，以南地区极少见。生于海拔1200m以下的向阳山坡、山区公路边坡、旷地上及疏林中，以火烧迹地最为常见。分布于华东、华中、华南、西南。东南亚也有。

叶、花、果均富含芳香油，为提取柠檬醛的重要原料，可制香皂、食品、化妆品等；种仁可榨油供工业用；根及果入药可治支气管哮喘、中暑、胃痛、跌打损伤等，果实中药名为"毕澄茄"。

图2-222　山鸡椒

本省尚有1变型红果山鸡椒 form. **rubra** G.Y. Li, Z.H. Chen et H.D. Li（图2-223），与山鸡椒的区别在于果成熟时呈红色。产于余姚四明山。生于海拔300m左右的沟谷或山坡疏林中。果实红艳，十分醒目，可供园林观赏；其他用途同山鸡椒。浙江特有。模式标本采自余姚（四明山）。

图2-223　红果山鸡椒

2a. 毛山鸡椒 毛山苍子（变种）（图2-224）
var. formosana (Nakai) Yen C. Yang et P.H. Huang

与山鸡椒的区别在于幼枝、芽、叶片下面及花序均被灰白色短柔毛。

产于宁波、金华、台州、丽水、温州。生于海拔1200m以下的向阳山坡、沟谷疏林下、灌丛中或荒山上。分布于江西、福建、台湾、广东。

用途同山鸡椒。

图2-224　毛山鸡椒

3. 木姜子（图2-225）
Litsea pungens Hemsl.

落叶小乔木，高6～10m。树皮粗糙，密生显著突起的皮孔；幼枝黄绿色、被柔毛。叶互生，常集生于枝端；叶片薄纸质，狭长，披针形或倒卵状披针形，长5～10（15）cm，宽2.5～5.5cm，先端短尖，基部楔形，幼叶下面被白色绢毛，后渐脱落变无毛，或仅中脉疏生毛，或脉腋有簇毛，侧脉发达，5～7对，在上面明显凹陷，在下面显著突起；叶柄长1～1.5cm，仅幼时有柔毛。花芽秋季形成；伞形花序腋生；花序梗长5～8mm，无毛；花先于叶开放，黄色；花梗长5～6mm，被柔毛；花被裂片倒卵形，外面被稀疏柔毛。果球形，直径7～10mm，成熟时呈蓝黑色；果梗长10～25mm，先端略增粗。花期3—5月，果期8—10月。

图2-225　木姜子

产于丽水、温州。生于海拔800～1600m的山坡、沟谷阔叶林中。分布于华中、西南及山西、福建、广东、广西、陕西、甘肃。

果可提取芳香油，为化妆品及食用香精的原料；种子可榨油，供制皂等。

4. 豹皮樟（变种）（图2-226）
Litsea rotundifolia Hemsl. var. **oblongifolia** (Nees) Allen

常绿小乔木，高达5m。树皮灰色至灰褐色，不为斑状剥落，常有褐色斑块；小枝灰褐色，无毛或仅幼时有短柔毛。叶互生；叶片薄革质，卵状长圆形至倒卵状长圆形，长2.5～5.5cm，宽1～2.2cm，先端钝至短渐尖，基部楔形或钝，上面绿色，有光泽，下面粉绿色，两面无毛，侧脉6～8对，在下面明显突起，网脉不明显；叶柄长4～7mm，初被柔毛，后渐变无毛。伞形花序腋生，常3个花序簇生；几无花序梗及花梗。果球形，直径约6mm，成熟时由红色转为蓝黑色，被白粉；几无果梗。花期8—9月，果期10—12月。

产于永嘉、文成、苍南、泰顺。生于海拔200m以下的低山丘陵或海岛的山坡灌丛中或疏林下；临安（浙江农林大学）有栽培。分布于华南及江西、福建、湖南。越南也有。

根可入药，有祛风湿、止痛等功效；果可榨油供工业用；叶、果可提取芳香油。

与圆叶豹皮樟 L. rotundifolia 的区别在于后者叶片宽卵圆形至近圆形，长2.2～4.5cm，宽1～4cm，先端圆钝，基部近圆形，侧脉3或4对。产于广东、广西。本省不产。

图2-226　豹皮樟

5. 朝鲜木姜子
Litsea coreana H. Lév.

常绿乔木，高8～15m。树皮灰色，呈不规则斑状剥落；幼枝红褐色，无毛。叶互生；叶片革质，倒卵状椭圆形或倒卵状披针形，长4.5～9.5cm，宽1.4～4cm，先端钝渐尖，基部楔形，上面深绿色，下面粉绿色，两面无毛，羽状脉，侧脉每边7～10，在下面微突起，中脉在两面突起，网脉不明显；叶柄长6～16mm，无毛。伞形花序腋生；花序梗无或极短；苞片4，外面被黄褐色丝状短柔毛,内面无毛;每花序具3或4花;花梗粗短,密被长柔毛;花被裂片卵形或椭圆形,外面被柔毛。果近球形,直径7～8mm;果梗长约5mm,颇粗壮,果托扁平,花被裂片宿存。

分布于福建、台湾。日本、朝鲜半岛也有。浙江不产,但产以下2变种。

5a. 豹皮樟(变种)(图2-227)
var. **sinensis** (Allen) Yen C. Yang et P.H. Huang — *Actinodaphne lancifolia* (Siebold et Zucc.) Meissn. var. *sinensis* C.K. Allen — *Iozoste hirtipes* Migo

与朝鲜木姜子的区别在于叶片长圆形或披针形,先端多急尖,上面较光亮,幼时基部沿中脉有柔毛;叶柄上面有毛,下面无毛。花期8—9月,果期次年5月。

产于全省山区、丘陵。生于海拔1000m以下的山坡、沟谷阔叶林中。分布于华东及河南、湖北。

木材纹理美观,结构致密,易加工,可作工艺品、高级家具用材;树皮奇特,枝叶繁茂,四季常绿,可供园林观赏。

图2-227 豹皮樟

5b. 毛豹皮樟（变种）（图2-228）
var. lanuginose (Migo) Yen C. Yang et P.H. Huang

与朝鲜木姜子的区别在于幼枝密被灰黄色长柔毛；幼叶两面全部被灰黄色长柔毛，下面尤密，且老叶下面仍有疏毛，侧脉9～12对；叶柄长1～2.2cm，全面被毛。

产于建德、鄞州、象山、开化、平阳。生于山谷或海岛阔叶林中。分布于华东、华中、华南、西南。

图2-228 毛豹皮樟

6. 桂北木姜子 （图2-229）
Litsea subcoriacea Yen C. Yang et P.H. Huang

常绿小乔木，高6～7m。树皮灰褐色，不为斑状剥落；小枝红褐色，无毛，有显著棱角；顶芽卵圆形，鳞片外面被丝状短柔毛。叶互生；叶片薄革质，披针形或椭圆状披针形，长5.5～20cm，宽1.5～5.5cm，先端渐尖或微呈镰状弯曲，基部楔形，上面深绿色，有光泽，无毛，下面粉绿色，无毛或仅幼时沿脉有疏柔毛，侧脉每边9～13，在上面平坦，在下面明显突起，网脉明显；叶柄长1.2～3cm，有沟槽，无毛。伞形花序多个聚生于短枝先端的叶腋；花序梗短，长2mm，有短柔毛；苞片4，外面有柔毛；每花序具5花；花梗有柔毛；花被裂片6，卵形，无毛。果椭球形，长约15mm，直径约8mm；果梗长4～6mm，较粗壮，有柔毛，果托杯状。花期8—9月，果期次年1—2月。

产于鄞州、宁海。生于海拔300m以下的沟谷、山坡阔叶林中。分布于湖南、广东、广西、贵州。

图2-229 桂北木姜子

7. 黄丹木姜子　长叶木姜子（图2-230）
Litsea elongata (Wall. ex Nees) Benth. et Hook. f.

常绿乔木，高达20m，胸径达40cm。树皮灰黄色或红褐色；小枝密被褐色绒毛。叶互生；叶片革质，长圆状披针形至长圆形，稀倒披针形，长6~22cm，宽2~6cm，先端钝至短渐尖，基部楔形或近圆形，上面深绿色，无毛，下面沿中脉及侧脉被黄褐色长柔毛，余处被短柔毛，侧脉10~20对，中脉、侧脉在上面平或稍凹下，在下面隆起，侧脉间网脉相连，明显；叶柄长1~2.5cm，密被褐色绒毛。伞形花序单生，稀簇生，着生于当年生枝叶腋；花序梗粗短，长2~5mm，密被褐色绒毛；每花序具4或5花；花梗被丝状长柔毛；花黄白色，微具香气。果椭球形，长1.1~1.3cm，直径0.7~0.8cm，成熟时呈紫黑色；果梗长2~3mm，果托杯状。花期8—11月，果期次年6—7月。

产于全省山区。生于海拔500~1500m的山坡、沟谷阔叶林中。分布于华东、华中、华南、西南。印度、尼泊尔也有。

木材可作建筑、家具等用材；种子可榨取工业用油；枝叶浓密，新叶艳丽，可供园林观赏。

图2-230　黄丹木姜子

7a. 石木姜子（变种）（图2-231）
var. faberi (Hemsl.) Yen C. Yang et P.H. Huang

与黄丹木姜子的主要区别在于叶片狭披针形或长圆状披针形，长5~16（26）cm，宽1.2~2.5（3.6）cm，先端尾尖至长尾尖；花序梗细长，长5~10mm。

产于台州、衢州、丽水、温州及武义。生于海拔500~1000m的山坡、沟谷阔叶林中。分布于四川、贵州、云南。

用途同黄丹木姜子。

图2-231　石木姜子

在平阳(怀溪)、泰顺(黄桥)分布有1存疑种(图2-232),因其营养体与华南木姜子 *L. greenmaniana* Allen 极为相似,故曾被报道为浙江分布新记录种。但经作者实地观察,发现其与华南木姜子存在较大差异:叶片上面中脉隆起而非下陷;果球形而非椭球形,果序梗及果梗也远较长。因未见花,且查阅有关志书也无法确定,其分类地位留待进一步观察研究。

图2-232 存疑种

7 新木姜子属 Neolitsea Merr.

常绿乔木或灌木。叶互生或轮生,稀对生,不裂,离基三出脉,稀羽状脉或三出脉,揉碎后无甜香味。雌雄异株;伞形花序单生或簇生,通常具5花;苞片大,宿存;花部2基数;花被裂片4,每轮2;雄花具6发育雄蕊,排成3轮,花药4室,均内向,第3轮花丝基部有2腺体;雌花具6退化雄蕊,棍棒状,子房上位。浆果状核果;果梗常稍膨大,果托盘状或浅杯状。

约85种,分布于印度、马来西亚至日本。我国有45种;浙江有2种。

1. 舟山新木姜子 (图2-233)
Neolitsea sericea (Blume) Koidz.

常绿乔木,高达12m。树皮灰白色,平滑不裂;小枝幼时密被金黄色绢状柔毛,老枝无毛。叶互生;叶片革质,椭圆形至披针状椭圆形,长6~20cm,宽3~5.5cm,先端渐钝尖,基部窄楔形,叶缘反卷,幼叶两面密被金黄色绢毛,老叶上面深绿色,无毛,有光泽,下面粉绿色,密被金黄色或橘褐色绢毛,离基三出脉,侧脉4或5对,中、侧脉在两面均隆起,横脉明显;叶柄长2~3.5cm,幼时密被毛,老时无毛。伞形花序3~5个簇生于新枝苞腋或叶腋;花序梗无或极短,花梗长3~6mm,密被毛;花淡黄色。果倒卵形至近球形,直径约1.3cm,成熟时呈鲜红色,有光泽;果梗粗壮,长0.6~1cm,有柔毛,果托浅盘状。花期10—11月,果期次年10月至第三年2月。

产于宁波市区(北仑)、鄞州、象山、宁海、定海、普陀。生于海拔300m以下的山坡阔叶林中或林缘；杭州、宁波、舟山及诸暨、玉环等地有栽培。分布于上海（崇明岛）、台湾。日本、朝鲜半岛也有。

木材有香气，纹理美观，为高级家具用材；树冠端整，枝叶茂密，春天嫩叶金黄，冬季红果累累，为极好的景观树种，俗称"佛光树"。为舟山市市树。为国家Ⅱ级重点保护野生植物。

图2-233 舟山新木姜子

2. 新木姜子

Neolitsea aurata (Hayata) Koidz.

常绿乔木，高达14m。幼枝黄褐色或红褐色，被锈色短柔毛；顶芽圆锥形，鳞片外面被丝状短柔毛，边缘有锈色睫毛。叶互生或聚生于枝顶而呈轮生状；叶片革质，长圆形、椭圆形至长圆状披针形或长圆状倒卵形，长8～14cm，宽2.5～4cm，先端镰状渐尖或渐尖，基部楔形或近圆形，上面绿色，无毛，下面密被金黄色或棕红色绢毛，离基三出脉，侧脉每边3或4，最下1对离叶基2～3mm处分出，中脉与侧脉在两面突起，横脉不明显；叶柄长8～12mm，被锈色短柔毛。伞形花序3～5个簇生于枝顶或节间；花序梗长约1mm；苞片圆形；每花序具5花，黄色；花梗长2mm，有毛；花被裂片4，椭圆形，长约3mm。果椭球形，长约8mm，成熟时呈紫黑色；果梗长5～7mm，先端略增粗，有疏毛，果托浅盘状，直径3～4mm。花期2—3月，果期9—10月。

分布于华南、西南及江西、福建、湖北、湖南。日本也有。浙江不产，但产以下3变种。

分变种检索表

1. 幼枝与叶柄均被毛。
    2. 叶片宽2.5～4cm，下面密被金黄色或棕红色绢毛 ·················· **2.新木姜子 var. aurata**
    2. 叶片宽0.9～2.4cm，下面疏被棕黄色丝状毛，后脱落变近无毛 ··················
    ·················· **2a.浙江新木姜子 var. chekiangensis**

1. 幼枝与叶柄均无毛。
   3. 叶片基部圆形或近楔形，不下延，边缘不透明，无波状皱褶 ···· **2b. 云和新木姜子** var. **paraciculata**
   3. 叶片基部下延，边缘透明并具波状皱褶 ························ **2c. 浙闽新木姜子** var. **undulatula**

2a. 浙江新木姜子（变种）（图2-234）

var. **chekiangensis** (Nakai) Yen C. Yang et P.H. Huang

幼枝与叶柄均被毛。叶片披针形、倒披针形或长圆状倒披针形，较狭窄，宽0.9～2.4cm，下面疏被棕黄色丝状毛，后脱落变近无毛，薄被白粉；叶柄长0.7～1.2cm。果椭球形或卵形，长约8mm，直径5～6mm，成熟时呈紫黑色。花期3月，果期10—12月。

产于全省山区。生于海拔1100m以下的山坡阔叶林中。分布于华东。模式标本采自龙泉。

根及树皮民间可药用，治气痛、水肿、胃脘胀痛；果核榨油可供制皂或作润滑油；枝叶可提取芳香油，用作化妆品的原料。

图2-234　浙江新木姜子

2b. 云和新木姜子（变种）（图2-235）

var. **paraciculata** (Nakai) Yen C. Yang et P.H. Huang

幼枝与叶柄均无毛。叶片基部圆形或近楔形，不下延，边缘不透明，无波状皱褶，下面疏被黄色丝状毛，后脱落变近无毛，白粉明显；叶柄短于1.5cm。果椭球形或卵形，长约8mm，直径5～6mm，成熟时呈紫黑色。花期3—4月，果期11—12月。

产于丽水及开化、江山、武义、瑞安、泰顺。生于海拔900～1620m的山坡阔叶林中。分布于江西、湖南、广东、广西。模式标本采自景宁（原属云和）。

四　樟科 Lauraceae

图 2-235　云和新木姜子

2c. 浙闽新木姜子（变种）（图2-236）

var. undulatula Yen C. Yang et P.H. Huang

幼枝与叶柄均无毛。叶片基部下延，边缘透明并具波状皱褶，下面初被红褐色丝状毛，后脱落变无毛，白粉明显；叶柄短于1.5cm。果椭球形或卵形，长约8mm，直径5～6mm，成熟时呈紫黑色。花期3—4月，果期11—12月。

图 2-236　浙闽新木姜子

产于丽水及仙居、文成、泰顺。生于海拔850～1500m的山坡、沟谷阔叶林中。分布于福建。模式标本采自龙泉。

上述3变种与舟山新木姜子的主要区别在于后者的叶柄较长，长2～3.5cm；幼叶两面密被金黄色绢毛，老叶下面密被金黄色或橘褐色绢毛；果较大，直径约1.3cm，成熟时呈鲜红色。

8 山胡椒属 Lindera Thunb.

常绿或落叶，乔木或灌木。叶互生，不裂，稀3裂，羽状脉、三出脉或离基三出脉。花单性，雌雄异株；伞形花序单生、簇生于叶腋或短枝端，或生于腋芽两侧；总苞片4，交互对生；花部3基数；花被裂片6，每轮3，脱落，稀宿存；雄花通常具9发育雄蕊，每轮3，花药2室，均内向，第3轮雄蕊花丝基部具2有柄腺体，退化雄蕊细小，退化雌蕊有或无；雌花通常具9退化雄蕊，第3轮花丝基部有具柄腺体。浆果状核果；果托盘状或浅杯状。

约100种，分布于亚洲、北美洲温带至亚热带地区。我国约有38种，主要分布于长江以南各地；浙江有13种。

分种检索表

1. 常绿；叶片革质。
   2. 羽状脉；乔木，高5m以上；根不膨大成纺锤状。
      3. 叶片倒卵状披针形至倒卵状长圆形，长10～25cm，宽4～7.5cm；果成熟时呈紫黑色 ·················· **1.黑壳楠 L. megaphylla**
      3. 叶片卵形、宽卵形、椭圆形或长椭圆形，长3～12cm，宽1.5～5cm；果成熟时呈红色。
         4. 果序梗长逾3mm，果梗连果托长5～9mm；叶片通常长6.5～12cm，宽3.5～5cm，下面密被黄褐色长柔毛，老时叶脉、小枝仍残存黑色长柔毛 ·················· **8.绒毛山胡椒 L. nacusua**
         4. 果序梗长不逾2mm，果梗连果托长不逾4mm；叶片通常长3～8cm，宽1.5～3.5cm，下面常疏被或密被黄白色柔毛，老时叶片下面、小枝无毛或近无毛 ·················· **9.香叶树 L. communis**
   2. 三出脉；灌木，高4m以下；根常膨大成纺锤状 ·················· **13.乌药 L. aggregata**
1. 落叶；叶片纸质或厚纸质。
   5. 叶片不具缺裂，羽状脉、基出三出脉或离基三出脉。
      6. 二年生、三年生小枝通常绿色或黄绿色，无皮孔。
         7. 羽状脉；花序梗密被毛；果梗长1～2cm ·················· **4.山橿 L. reflexa**
         7. 基出三出脉或离基三出脉；花序梗无毛；果梗长4～7mm ·················· **11.绿叶甘橿 L. neesiana**
      6. 二年生、三年生小枝灰白色或呈各种褐色，有明显或不明显皮孔。
         8. 羽状脉。
            9. 叶片最宽处在中部以上，冬季常全部脱落；果成熟时呈鲜红色。
               10. 叶片基部楔形，通常不下延，网脉明显；小枝黄褐色，皮孔稀疏；果直径达1～1.1cm，果托直径7mm ·················· **2.江浙钓樟 L. chienii**

10.叶片基部窄楔形，显著下延，网脉不明显；小枝灰白色，皮孔密集；果直径7～8mm，果托直径3～4mm ··· 3.红果钓樟 **L. erythrocarpa**

　9.叶片最宽处通常在中部或以下（山胡椒有时在中部以上），冬季常枯而不落；果成熟时呈紫黑色或黄褐色。

　　11.小枝纤细，密生皮孔；果直径1.2～1.5cm，成熟时呈黄褐色，有突起皮孔·· 5.油乌药 **L. praecox**

　　11.小枝较粗，皮孔不明显；果直径不逾8mm，成熟时呈紫黑色，无突起皮孔。

　　　12.冬芽芽鳞无脊，混合芽；叶片椭圆形、宽椭圆形或倒卵形，长为宽的2倍左右·· 6.山胡椒 **L. glauca**

　　　12.冬芽芽鳞具脊，单芽；叶片椭圆状披针形，长为宽的3倍以上················ 7.狭叶山胡椒 **L. angustifolia**

　8.离基三出脉 ··· 10.红脉钓樟 **L. rubronervia**

5.叶片先端3浅裂或不裂，基外三出脉（外侧2条主脉基部裸露）·············· 12.三桠乌药 **L. obtusiloba**

1. 黑壳楠 （图2-237）
Lindera megaphylla Hemsl.

常绿乔木，高达25m。小枝粗壮，紫黑色，无毛，具隆起的圆形皮孔。叶近枝顶集生；叶片革质，倒卵状披针形至倒卵状长圆形，长10～25cm，宽4～7.5cm，先端急尖至渐尖，基部楔形，

图2-237　黑壳楠

上面深绿色，有光泽，下面灰白色，两面无毛，羽状脉，侧脉15~21对；叶柄长1.5~3cm，无毛。伞形花序成对生于叶腋，具9~16花；雄花序梗长1~1.5cm，雌花序梗长0.6cm，花序梗与花梗均密被黄褐色绒毛；花紫红色或黄绿色。果椭球形或卵形，长约1.8cm，直径约1.3cm，成熟时呈紫黑色；果梗长达1.5cm，果托浅杯形，长约0.8cm，直径达1.5cm。花期3—4月，果期9—10月。

产于杭州、衢州、金华、丽水及诸暨、奉化等地。生于海拔720m以下的山坡、沟谷阔叶林中，石灰岩山地较常见。分布于华东、华中、华南、西南、西北。

木材结构致密，适作建筑、家具等用材；种子榨油可供制皂；果与叶可提取芳香油。

本省尚有1变型毛黑壳楠 form. **trichoclada** (Rehder) Cheng — *L. megaphylla* Hemsl. form. *touyunensis* (H. Lév.) Rehder — *L. touyunensis* H. Lév.（图2-238），与黑壳楠的区别在于幼枝、叶柄及叶片下面具或疏或密的柔毛，老后渐变为仅在脉上有毛。产于庆元、景宁、泰顺。生于海拔750m以下的沟谷、山坡林中。用途同黑壳楠。

图2-238　毛黑壳楠

2. 江浙钓樟　江浙山胡椒　（图2-239）
Lindera chienii Cheng

落叶灌木或小乔木，高达5m。树皮灰色；二年生、三年生枝常呈黄褐色，有纵条纹，幼时被白色柔毛，后渐脱落，疏生皮孔；顶芽长卵形，长约5mm，先端渐尖，芽鳞外面无毛，具隆起纵脊。叶互生；叶片纸质，倒卵形至倒卵状披针形，长6~10cm，宽2.5~4.5cm，最宽处在中部以上，先端急尖至短渐尖，基部楔形，通常不下延，上面深绿色，下面淡绿色，沿脉被白色柔毛，羽状脉，侧脉5~8对，网脉在两面明显；叶柄长2~10mm，常带红色并被白色柔毛。伞形花序生于腋芽两侧；花序梗长5~7mm；每花序具5~12花；花梗长2~2.5mm，密被白色绢毛；花丝黄绿色，花药淡黄色，腺体绿色。果圆球形，直径1~1.1cm，成熟时呈鲜红色；果梗长6~12mm，果托增大成盘状，直径约7mm。花期3—4月，果期8—10月。

产于长兴、安吉、杭州市区（余杭）。生于低山丘陵的山坡、沟谷林缘或灌丛中；杭州市区（杭州植物园）有栽培。分布于江苏、安徽、河南。

种子可榨油，供制皂和润滑油；叶与果可提取芳香油，供制皂或作化妆品的香精。

图 2-239 江浙钓樟

3. 红果钓樟　红果山胡椒（图2-240）
Lindera erythrocarpa Makino

落叶灌木至小乔木，高可达6.5m。树皮灰褐色至黄白色；二年生、三年生小枝通常灰白色，皮孔密集，显著隆起。叶互生；叶片纸质，倒卵形至倒卵状披针形，长7～14cm，宽2～5cm，最宽处在中部以上，先端渐尖，基部狭楔形，显著下延，上面绿色，疏被伏贴短柔毛至几无毛，下面灰白色，被平伏柔毛，脉上较密，羽状脉，侧脉4或5对，网脉不明显；叶柄长0.5～1cm，常呈暗红色。伞形花序生于腋芽两侧；花序梗长约5mm；总苞片4；每花序具15～17花，花梗长约1.8mm；花黄绿色，先于叶开放。果球形，直径7～8mm，成熟时呈鲜红色；果梗长1.5～1.8cm，

图 2-240 红果钓樟

顶端较粗，果托直径3～4mm。花期3—4月，果期7—10月。

产于全省山区、丘陵。生于海拔1200m以下的山地阔叶林或灌丛中。分布于长江流域以南各地及山东、台湾。日本、朝鲜半岛也有。

种子可榨油；果实密集红艳，可供园林观赏。

4. 山檀　钓樟　（图2-241）
Lindera reflexa Hemsl. — *L. umbellata* Thunb. var. *latifolia* Gamble

落叶灌木，高1～3m。小枝仅幼时被绢状短柔毛，常呈"之"字形曲折，基部无芽鳞痕；二年生、三年生枝无皮孔，平滑，黄绿色，有黑褐色斑块。叶互生；叶片纸质，卵形或倒卵状椭圆形，稀窄倒卵形或窄椭圆形，长4～15cm，宽4～10cm，先端渐尖，有时略呈尾状，基部宽楔形至圆形，稀近心形，上面绿色，幼时沿中脉被微柔毛，后脱落，下面带灰白色，被白色细柔毛，后脱落至近无毛，羽状脉，侧脉6～8对；叶柄长0.6～1.5cm，幼时被柔毛，后脱落至无毛。花芽秋季形成，生于叶芽两侧；伞形花序具短梗，密被红褐色微柔毛；花梗长4～5mm，密被白色柔毛；花黄色。果圆球形，直径约7mm，成熟时呈鲜红色；果梗长1～2cm，上部膨大成倒圆锥形。花期3—4月，果期6—9月。

产于全省山区、丘陵。生于海拔1200m以下的山坡林下、林缘或灌丛中。分布于华东、华中、华南及贵州、云南。

根及果实可入药，有止血、止痛、消肿等功效；种子可榨油，供制皂和润滑油；枝、叶、果可提取芳香油；红果艳丽，可供观赏。

本省尚有2变型：黑果山檀 form. **melanocarpa** Z.H. Chen et G.Y. Li（图2-242），果成熟时由红色变为黑色；产于武义；生于海拔约1200m的山脊路边林下；模式标本采自武义（武义林场东坑林区）。黄果山檀 form. **xanthocarpa** G.Y. Li et Z.H. Chen（图2-243），果成熟时呈黄色；产于临安；生于海拔约1200m的山坡路边灌丛中；模式标本采自临安（千顷塘）。

图2-241　山檀

图 2-242 黑果山橿

图 2-243 黄果山橿

4a. 陷脉山橿(变种)（图2-244）
var. impressivena G.Y. Li et J.F. Wang

与山橿的区别在于冬芽、小枝、叶片下面及叶柄均密被毛；叶片厚纸质，网脉在上面明显凹陷。

产于青田、乐清、瑞安。生于海拔1000～1200m的山坡灌丛中。模式标本采自青田（金鸡山）。

图 2-244 陷脉山橿

5. 油乌药 大果山胡椒 （图2-245）

Lindera praecox (Siebold et Zucc.) Blume — *Parabenzoin praecox* (Siebold et Zucc.) Nakai

落叶灌木，高2～4m。二年生、三年生枝纤细，褐色，密生皮孔，无毛。叶互生；叶片纸质，冬季常枯而不落，卵形至宽椭圆形，长5～8cm，宽2～4cm，最宽处通常在中部或以下，先端渐尖或尾尖，基部宽楔形，两面无毛，羽状脉，侧脉4～7对，在上面微凹下，在下面隆起；叶柄长5～10mm，无毛。花芽秋季形成，成对着生于叶腋；伞形花序具梗，长4～4.5mm，无毛，顶端具5花；花黄绿色。果球形，直径1.2～1.5cm，成熟时呈黄褐色，有褐色突起皮孔；果梗长7～10mm，具皮孔，向上渐粗，果托直径约3mm。花期3月，果期9—10月。

产于安吉、临安、宁波市区（北仑）、余姚、上虞、诸暨、衢州市区（衢江）、兰溪、东阳。生于海拔500～1200m的山坡、沟谷阔叶林或灌丛中；杭州市区（杭州植物园）有栽培。分布于安徽、湖北。日本也有。

枝叶密集，耐修剪，可供园林应用，宜作绿篱。

图2-245 油乌药

本省尚有1变型毛叶油乌药 form. **pubescens** (Honda) Ohba（图2-246），与油乌药的区别在于叶片上面中脉疏被毛，下面有毛。产于临安（西天目山）。生于海拔1000m左右的林下或林缘。日本也有。

图2-246 毛叶油乌药

6. 山胡椒　牛筋树　假死柴 （图2-247）
Lindera glauca (Siebold et Zucc.) Blume

落叶灌木至小乔木，高达8m。树皮平滑；二年生、三年生枝较粗，灰白色，幼时被褐色柔毛，后变无毛，皮孔不明显；混合芽，冬芽芽鳞无脊。叶互生；叶片厚纸质，揉碎后有鱼腥草气味，冬季常枯而不落，椭圆形、宽椭圆形或倒卵形，长4～9cm，宽2～4cm，最宽处通常在中部或以下，有时在中部以上，先端急尖，基部楔形，上面深绿色，下面粉绿色，被灰白色柔毛，羽状脉，侧脉5或6对；叶柄长3～6mm，几无毛。伞形花序腋生于新枝下部，与叶同放；花序梗短或不明显，与花梗、花被裂片均被柔毛；每花序具3～8花；花梗长1～1.2cm；花黄绿色。果球形，直径6～7mm，成熟时呈紫黑色，有光泽，无突起皮孔；果梗长1.2～1.5cm。花期3—4月，果期8—10月。

产于全省山区、丘陵。生于海拔900m以下的山坡灌丛中或疏林下。分布于长江流域以南各地及山东、河南、台湾、陕西。日本、缅甸、越南、朝鲜半岛也有。

果、叶含芳香油，可提取香精；种子可榨油，供制皂或作润滑油；根、树皮、果及叶入药可治胃痛、气喘、风湿痹痛等。

图2-247　山胡椒

7. 狭叶山胡椒　鸡婆子　华山胡椒 （图2-248）
Lindera angustifolia Cheng — *Benzoin sinoglaucum* Nakai

落叶灌木或小乔木，高2～8m。树皮黄灰色，平滑；一年生枝黄绿色，无毛，二年生、三年生枝较粗，通常黄褐色，皮孔不明显；单芽，冬芽芽鳞具脊。叶互生；叶片厚纸质，冬季常枯而不落，椭圆状披针形，长6～14cm，宽1.5～3.7cm，最宽处在中部或以下，先端渐尖，基部楔形，上面绿色，无毛，下面粉绿色，被短柔毛，羽状脉，侧脉8~10对；叶柄长约5mm，初被柔毛，后变无毛。花蕾秋季形成，成对生于冬芽基部或叶腋；伞形花序无梗；每花序具2~7花；花梗长3~6mm；花黄绿色。果球形，直径约8mm，成熟时呈紫黑色，无突起皮孔；果梗长5~15mm，果托直径约2mm。花期3—4月，果期9—10月。

产于杭州、宁波、金华、温州及湖州市区、上虞、诸暨、常山、台州市区、遂昌。生于海拔1000m以下的山坡疏林下或灌丛中。分布于华东、华中、华南及山东、陕西。朝鲜半岛也有。

叶与果实可提取芳香油，供制皂或作化妆品的香精；种子油可作润滑油或供制皂。

图2-248　狭叶山胡椒

8. 绒毛山胡椒 （图2-249）
Lindera nacusua (D. Don) Merr.

常绿乔木，高约12m，胸径达30cm。树皮灰褐色，斑状剥落；一年生小枝灰黄色，老时仍残存黑色长柔毛，基部尤著，二年生枝近黑褐色，或多或少被毛；顶芽卵形，芽鳞背部被黄褐色柔毛，近边缘无毛或具锈色睫毛。叶互生；叶片革质，椭圆形或长椭圆形，有时卵形，长6.5~12cm，宽3.5~5cm，先端常突尾尖至渐尖，基部楔形至宽楔形，稀近圆形，上面深绿色，无毛，稍具光泽，下面淡绿色，密被黄褐色长柔毛，中脉上尤密，老时仍有残存，羽状脉，侧脉5~7对，与中脉同在上面凹下，在下面隆起，支脉在下面明显隆起成网格；叶柄较粗，长5~7mm，密被黄褐色柔毛。伞形花序，雄花序常具7或8花，雌花序具3~6花；花黄色。果近球形或卵形，长8~10mm，直径约8mm，成熟时呈红色，有光泽；果序梗长逾3mm，果梗粗壮，连果托长5~9mm，果托浅盘状，外面与果梗同被黄褐色柔毛。花期3—4月，果期10—11月。

产于建德、常山、松阳、庆元、景宁、瑞安、文成、泰顺。生于海拔320～500m的沟谷阔叶林中。分布于江西、福建、广东、海南、广西、四川、云南、西藏。越南、缅甸、印度、尼泊尔、不丹也有。

图2-249　绒毛山胡椒

9. 香叶树 （图2-250）
Lindera communis Hemsl.

常绿乔木，高达13m，胸径达40cm。树皮灰褐色，斑状剥落；一年生枝细瘦，绿色，初被黄白色短柔毛，后渐变无毛。叶互生；叶片革质，常卵形或宽卵形，稀椭圆形，长3～8cm，宽1.5～3.5cm，先端常突短尖至圆钝，稀渐尖，基部楔形至近圆形，上面绿色，无毛，有光泽，下面灰绿色，被黄白色柔毛，后渐变疏至近无毛，羽状脉，中脉在上面凹下，在下面隆起，侧脉5～7对，弧曲，在下面隆起，支脉网格不明显；叶柄长5～8mm，被黄褐色微柔毛或近无毛。伞形花序具5～8花，单生或成对生于叶腋；花序梗极短；总苞片4，早落；花梗长2～2.5mm。果卵形或近球形，直径7～8mm，成熟时呈红色，无毛；果序梗长常不及2mm，果梗连果托长约4mm，被黄褐色微柔毛。花期3—4月，果期9—10月。

产于丽水、温州及安吉、杭州市区、常山、温岭。生于海拔600m以下的山地、丘陵常绿阔叶林中；杭州市区、宁波市区、鄞州、玉环等地有栽培。分布于华东南部、华中、华南、西南及陕西、甘肃。东南亚及印度也有。

果与叶可提取芳香油，供制香料；叶片为烹饪常用调味品；种子可榨油，供工业用；木材淡红褐色，结构致密，为细木工、家具用材；枝叶浓密，冠形优美，为优良的园林树种。

图 2-250　香叶树

10. 红脉钓樟　庐山乌药　（图 2-251）

Lindera rubronervia Gamble

落叶灌木，高达 5m。树皮灰黑色；小枝细瘦；二年生、三年生枝紫褐色至黑褐色，平滑，有小皮孔。叶互生；叶片纸质，卵形、卵状椭圆形至卵状披针形，长 4~8cm，宽 2~5cm，先端渐尖，基部楔形，上面深绿色，沿中脉疏生短柔毛，下面淡绿色，被柔毛，离基三出脉，第 1 对侧脉自基部以上 4~10mm 处分出，弧曲上伸至叶中部以上，侧脉 3 或 4 对，第 1 至第 2 对侧脉的间距大于叶片长度的一半，网脉明显，叶脉与叶柄秋后常变红色；叶柄细弱，长 0.5~1cm，被短柔毛。花蕾秋季形成，常于叶芽两侧各 1；伞形花序具短梗，长约 2mm；总苞片里面密被柔毛；每花序具 5~8 花；花先于叶开放至与叶同放，黄绿色；花梗长 2~2.5mm，密被白色柔毛。果近球形，直径 0.6~1cm，成熟时呈紫黑色；果梗长 10~15mm，先端稍增粗，果托直径约 3mm。花期 3—4 月，果期 8—9 月。

产于全省山区、丘陵。生于海拔800m以下的山坡、沟谷林下或灌丛中。分布于江苏、安徽、江西、河南。

叶与果实可提取芳香油，供制皂用香精；秋叶红艳，为极好的秋色叶树种。

图2-251　红脉钓樟

11. 绿叶甘檀 （图2-252）

Lindera neesiana (Nees) H. Kurz — *L. fruticosa* Hemsl.

落叶灌木，高1～3m。二年生、三年生枝常略呈"之"字形曲折，绿色或黄绿色，光滑无毛，无皮孔。叶互生；叶片纸质，宽卵形至卵形，长5～14cm，宽2.5～8cm，先端渐尖，基部圆形至宽楔形，上面深绿色，无毛，下面灰绿色，幼时密被细柔毛，后渐脱落变无毛，基出三出脉或离基三出脉；叶柄长1～1.2cm，无毛。伞形花序生于顶芽及腋芽两侧；花序梗长约4mm，无毛；每花序具7～9花；花黄绿色。果圆球形，直径6～8mm，成熟时呈鲜红色；果梗长4～7mm。花期3—5月，果期8—10月。

产于全省山区。生于海拔300m以上的山坡、沟谷阔叶林下或灌丛中。分布于华东、华中、西南及陕西。缅甸、印度、尼泊尔、不丹也有。

图 2-252　绿叶甘檀

12. 三桠乌药 （图 2-253）

Lindera obtusiloba Blume — *L. cercidifolia* Hemsl.

落叶灌木或小乔木，高2～8m。小枝黄绿色，平滑无毛，老枝有圆形至椭圆形灰白色皮孔。叶互生；叶片纸质，卵圆形、扁圆形或近圆形，长6～12cm，宽5～11cm，先端急尖，3浅裂或不裂，基部圆形、平截至心形，稀宽楔形，上面深绿色，有光泽，下面幼时被柔毛，后渐变近无毛，

图 2-253　三桠乌药

呈灰绿色，基外三出脉（外侧2条主脉基部裸露），网脉明显，在下面隆起；叶柄长0.7~3cm，幼时密被毛，后变无毛，常呈红色。花芽秋季形成；伞形花序生于二年生枝上部叶痕腋部；总苞片4，花后即落；每花序常具5花；花黄绿色，先于叶开放；花梗长6~12mm，密被绢毛。果卵球形，长8mm，直径5~6mm，成熟时呈暗红色，后变紫黑色；果梗长1~2cm。花期3—4月，果期7—9月。

产于安吉、临安、建德、淳安、衢州市区（衢江）、武义、天台、缙云、遂昌、龙泉、庆元、景宁。生于海拔1000m以上的山坡、沟谷阔叶林下或灌丛中。分布于华东、华中及辽宁、山东、四川、西藏、陕西、甘肃。日本、朝鲜半岛也有。

种子榨油可供制皂及作润滑油；枝叶可提取芳香油；材质致密，可作细木工等用材。

13. 乌药　天台乌药　（图2-254）
Lindera aggregata (Sims) Kosterm. —— *L. strychnifolia* (Siebold et Zucc.) F. Vill.

常绿灌木，高可达4m。根常膨大成纺锤状，外皮淡紫红色，内皮白色；小枝幼时密被金黄色绢毛，后渐变无毛。叶互生；叶片革质，卵形、卵圆形至近圆形，长3~5（7）cm，宽1.5~4cm，先端尾尖，基部圆形至宽楔形，上面绿色有光泽，下面灰白色，幼时密被灰黄色伏柔毛，后渐脱落，基出三出脉，在上面凹下，在下面隆起；叶柄长0.5~1cm，幼时被毛，后渐脱落。伞形花序生于二年生枝叶腋；花序梗极短或无；花梗被柔毛；花黄绿色，雄花较雌花为大；花被裂片外被白色柔毛，里面无毛。果卵形至椭球形，长0.6~1cm，直径0.4~0.7cm，成熟时呈亮黑色。花期3—4月，果期9—11月。

产于全省山区、丘陵。生于海拔1000m以下的山坡、谷地林下或灌丛中。分布于华东、华南及湖南、贵州。越南、菲律宾也有。

根可药用，有散寒、理气、健胃等功效；果、根、叶可提取芳香油，供制皂；根、种子磨粉可杀虫；枝叶茂密，终年翠绿，可供园林观赏。

图2-254　乌药

本省尚有1变型红果乌药 form. **rubra** P.L. Chiu ex L.H. Lou et al.（图2-255），与乌药的区别在于嫩叶常呈淡红色；果成熟时呈鲜红色。产于庆元、景宁、文成、泰顺。生境与用途同乌药，但更具观赏价值。模式标本采自庆元（五岭根）。

图2-255　红果乌药

❾ 月桂属 Laurus L.

常绿小乔木。叶互生；叶片革质，不裂，羽状脉，揉碎后有甜香味。花单性，雌雄异株，或两性；伞形花序腋生，具梗；总苞片4，交互对生；花部2基数；花被筒短，花被裂片4，每轮2；雄花通常具12雄蕊，排成3轮，花药均内向，第2、3轮雄蕊花丝中部有2无柄腺体；雌花具4退化雄蕊，花丝顶端具2无柄腺体，腺体间有1枚由药隔延伸形成的披针形舌状体。果卵球形。

2种，分布于大西洋加那利群岛、马德拉群岛及地中海沿岸地区。我国引入1种；浙江也有栽培。

月桂　香叶　（图2-256）
Laurus nobilis L.

小乔木或灌木状，高可达12m。小枝绿色，幼时略被微柔毛或近无毛。叶互生；叶片硬革质，揉碎后有甜香味，长圆形或长圆状披针形，长5.5～12cm，宽1.8～3.2cm，先端急尖或渐尖，基部楔形，边缘常微波状，两面无毛，侧脉10～12对，在近叶缘处连结；叶柄长5～10mm，常带紫红色，略被微柔毛至近无毛。花单性异株；伞形花序腋生；花序梗长约7mm；花淡黄色。果实卵球形，成熟时呈紫黑色。花期3—5月，果期6—10月。

原产于地中海沿岸地区。我国长江以南各地及台湾常有引种。宁波及嘉善（大云）、海宁（长安）、杭州市区、临安（浙江农林大学）、开化（古田山）、天台（天台山）等地有栽培。

叶和果均含芳香油，供制食品、化妆品及皂用香精等；叶为著名的调味香料，常用作罐装食品调味剂；叶可药用，有健胃理气等功效；枝叶稠密光亮，为很好的园林观赏树种；古希腊人以月桂枝叶编成花环戴于头上，称为"桂冠"，为胜利或杰出的象征。

四 樟科 Lauraceae

图2-256 月桂

⑩ 厚壳桂属 Cryptocarya R. Br.

常绿乔木或灌木。芽鳞少数，叶状。叶互生，稀近对生，羽状脉，稀离基三出脉。圆锥花序腋生或近顶生，通常短小；花两性；花被裂片6，早落；发育雄蕊3、6或9，生于花被筒喉部，花药2室，第1、2轮雄蕊花药内向，无腺体，第3轮外向，花丝基部具2腺体，第4轮为退化雄蕊；子房被顶端收缩的花被筒所包。果球形、椭球形至长椭球形，全包于花后增大的花被筒内。

200~250种，分布于全球热带、亚热带地区。我国有21种，产于东南部、南部、西南部；浙江有1种。

硬壳桂　平阳厚壳桂　仁昌桂　(图2-257)
Cryptocarya chingii Cheng

小乔木，高达12m。幼枝被灰黄色短柔毛，老后变无毛，呈灰褐色，疏生皮孔。叶互生；叶片革质，长圆形至椭圆状长圆形，稀倒卵形，长5～13cm，宽2～5cm，先端骤渐尖，稀钝头，基部楔形，边缘稍反卷，上面榄绿色，下面粉绿色，被贴生灰黄色丝状短柔毛，羽状脉，侧脉5或6对，与中脉在上面稍凹陷，在下面隆起；叶柄长5～10mm，幼时被毛。圆锥花序腋生及顶生，长3～6cm，多少松散，花序各部密被灰黄色丝状短柔毛；花序梗长2～3cm；花被筒陀螺状。果成熟时呈椭球形，长约1.7cm，直径约1cm，暗红色，无毛，具12条纵棱。花期6—10月，果期9月至次年3月。

产于平阳(顺溪)、泰顺(雅阳、垟溪)。生于低海拔的沟谷、山坡常绿阔叶林中。分布于江西、福建、广东、海南、广西。越南北部也有。模式标本采自平阳(顺溪)。

叶可提取芳香油；木材刨片浸出液具黏性，可作发胶等。

图2-257　硬壳桂

五　金粟兰科 Chloranthaceae

多年生草本、灌木或小乔木。茎具明显的节。单叶对生，羽状脉，有锯齿；叶柄基部常合生成鞘状；托叶小。花小，两性或单性，排成穗状、头状或圆锥花序，无花被或在雌花中有浅杯状、3齿裂的花被（萼筒）；两性花具1或3雄蕊，着生于子房的一侧，花丝不明显，药隔发达，有3枚雄蕊时，药隔下部结合、仅基部结合或分离，花药1或2（3）室，纵裂，雌蕊由1心皮组成，子房下位，1室，胚珠1，无花柱或有短花柱；单性花的雄花多数，雄蕊1，雌花少数，有与子房贴生并具3齿的萼状花被。核果卵形或球形，外果皮多少肉质，内果皮硬。

5属，约70种，分布于全球热带和亚热带地区。我国有3属，15种；浙江有2属，7种。本科植物主要供药用、观赏和提取芳香油。

1 草珊瑚属 Sarcandra Gardner

亚灌木。叶对生；叶片常多对，有锯齿，齿尖具腺体；叶柄短，基部合生；托叶小。穗状花序顶生，通常分枝，多少呈圆锥花序状；花两性，无花被亦无花梗；苞片1，三角形，宿存；雄蕊1，肉质，棒状或圆柱状，花药2（3）室，纵裂；子房卵形，胚珠1，无花柱，柱头近头状。核果红色。

3种，分布于东亚至印度。我国有1种；浙江也有。

草珊瑚　九节茶　（图2-258）
Sarcandra glabra (Thunb.) Nakai

常绿亚灌木，高50～120cm。茎与枝均有膨大的节。叶对生；叶片薄革质，椭圆形、卵形至卵状披针形，长6～17cm，宽2～6cm，先端渐尖，基部尖或楔形，边缘具粗锐锯齿，齿尖有1腺体，两面均无毛；叶柄长0.5～1.5cm，基部合生成鞘状；托叶钻形。穗状花序顶生，通常有分枝而呈圆锥花序状，连花序梗长1.5～4cm；苞片三角形；花黄绿色；雄蕊1，肉质，棒状至圆柱状，花药2室，生于药隔上部的两侧；子房球形或卵形。核果球形，直径3～4mm，成熟时呈亮红色。花期6月，果期10月至次年2月。

产于宁波、台州、丽水、温州及临安、桐庐、普陀、开化、江山、金华市区（婺城）、武义。生于海拔800m以下的沟谷、阴湿山坡林下或灌丛中。分布于华东、华南、西南及湖南等地。东亚、东南亚、南亚也有。

全株可药用，有清热解毒、祛风活血、抗菌消炎、接骨止痛等功效；红果艳丽，可供观赏。

图 2-258 草珊瑚

❷ 金粟兰属 Chloranthus Sw.

多年生草本或亚灌木。叶对生或呈轮生状；叶柄基部稍合生成鞘状；托叶微小。花序穗状或圆锥状，顶生或腋生；花两性，无花被；雄蕊（1）3，生于子房的上部一侧，药隔下半部互相结合，或仅基部结合，或分离而基部相接或覆叠，卵形、披针形或延长成丝状，花药1或2室，如雄蕊为3枚，则中央的花药2室或偶无花药，两侧的花药1室，如雄蕊为1枚，则花药2室；子房1室，胚珠1，通常无花柱，柱头平截或具分裂。核果球形、倒卵形或梨形，通常不为红色。

约17种，分布于亚洲温带和热带地区。我国约有13种；浙江有6种。

与草珊瑚属的区别在于后者雄蕊1，棒状或圆柱状，2室，稀3室；果红色。

分种检索表

1. 亚灌木；茎具分枝；叶常多对，在茎上稀疏着生；穗状花序多条，排成圆锥状；栽培植物 ·· 1.金粟兰 C. spicatus
1. 多年生草本；茎通常不分枝；叶2或3对，集生于茎顶或疏生于茎上部；穗状花序1至多条，不排成圆锥状；野生植物。
   2. 叶2或3对，疏生，偶在仅具2对叶时密生。
      3. 雌蕊无柄；叶片椭圆形、倒卵形或卵状披针形，长7～15cm，先端长渐尖或尾状渐尖 ··· 2.及己 C. serratus
      3. 雌蕊具长4～7mm的柄；叶片长圆形或宽椭圆形，长5～8cm，先端突尖 ·· 3.天目金粟兰 C. tianmushanensis
   2. 叶通常2对，密生。
      4. 叶片下面无毛，侧脉4～6对；穗状花序1条；药隔顶端延长成丝状，长1～2cm ·· 4.丝穗金粟兰 C. fortunei
      4. 叶片下面脉上有细小鳞屑状毛，侧脉6～8对；穗状花序多条或具分枝；药隔顶端不延长成丝状。
         5. 叶柄长8～20mm；穗状花序顶生兼腋生，多条，单一或具分枝 ···· 5.多穗金粟兰 C. multistachys
         5. 叶柄长4～12mm；穗状花序顶生，通常二歧或总状分枝 ··············· 6.宽叶金粟兰 C. henryi

1. 金粟兰 珠兰 （图2-259）

Chloranthus spicatus (Thunb.) Makino

常绿亚灌木，高30～60cm。全体无毛。茎具分枝，圆柱形。叶多对，在茎上稀疏着生；叶片厚纸质，椭圆形或倒卵状椭圆形，长5～11cm，宽2.5～5.5cm，先端急尖或钝，基部楔形，边缘具圆齿状锯齿，齿端有1腺体，上面亮绿色，下面淡黄绿色，侧脉6～8对；叶柄长0.8～1.8cm，基部多少合生；托叶微小。穗状花序多条，排成圆锥状，通常顶生；苞片三角形；花小，白色或黄绿色，极芳香；雄蕊3，药隔合生成1卵状体，上部不整齐3裂，中裂片较大，有时末端再3浅裂，有1枚2室的花药，两侧裂片较小，各有1枚1室的花药；子房倒卵形。花期4—7月，果期8—9月。

原产于福建、广东、四川、贵州、云南。本省常有零星栽培，供观赏。

花香宜人，为著名香花植物；花和根状茎可提取芳香油；鲜花常用于熏茶；全株可入药，有活血散瘀、祛风利湿、杀虫止痛等功效，有毒，应慎用。

图 2-259　金粟兰

2. 及己　四叶箭　（图 2-260）

Chloranthus serratus (Thunb.) Roem. et Schult.

多年生草本，高 15~50cm。全体无毛。根状茎横生，粗短，具多数土黄色须根；茎直立，单生或数枝丛生，常不分枝，具明显的节，下部节上对生 2 枚三角形的鳞状叶。叶对生，2 或 3 对疏生于茎上部，稀在 2 对叶时密生；叶片纸质，椭圆形、倒卵形或卵状披针形，偶卵状椭圆形或长圆形，长 7~15cm，宽 3~6cm，先端长渐尖或尾状渐尖，基部楔形至阔楔形，边缘密生锐齿，齿尖有 1 腺体，侧脉 6~8 对；叶柄长 1~2cm。穗状花序顶生，偶腋生，单一或 2、3 分枝；花序梗长 1~3.5cm；苞片先端常数齿裂；花白色；雄蕊 3，药隔下部合生，生于子房上部外

图 2-260　及己

侧，中央药隔有1枚2室的花药，两侧药隔各有1枚1室的花药，药隔长圆形，3药隔相抱，中央药隔向内弯，长2～3mm，药室位于药隔中部或以上；雌蕊无柄，子房卵形，无花柱，柱头粗短。核果近球形或梨形，绿色。花期4—5月，果期6—8月。

产于全省山区、丘陵。生于海拔1500m以下的山地林下湿润处或山谷溪边草丛中。分布于华东、华南、西南及湖北、湖南。俄罗斯、日本也有。

全株可药用，有活血散瘀、祛风利湿、杀虫止痛等功效，有毒，应慎用。

3. 天目金粟兰 （图2-261）
Chloranthus tianmushanensis K.F. Wu

多年生草本，高20～26cm。全体无毛。根状茎具多数淡黄色须根；茎直立，单生或数枝丛生，常不分枝，有6或7个明显的节，下部节上对生2枚宽卵形的鳞状叶，后期脱落。叶对生，常3对疏生于茎上部；叶片纸质，长圆形或宽椭圆形，长5～8cm，宽3～5.5cm，先端突尖，基部阔楔形至钝圆，边缘具锯齿，齿端具1腺体，侧脉5～7对；叶柄长1～2cm。穗状花序顶生，1～3条，连花序梗长约2.8cm；苞片宽卵形；花小，白色；雄蕊3，药隔3/4以下合生，着生于子房上部外侧，中央雄蕊有1枚2室的花药，两侧雄蕊花药1（2）室，药隔长圆形，药室位于药隔中部；雌蕊具长4～7mm的柄，子房卵形，无花柱，柱头头状。核果倒卵形或近球形。花期5—6月，果期7—8月。

产于临安。生于海拔约1050m的山坡林下湿润处。浙江特有。模式标本采自临安(西天目山)。

图2-261 天目金粟兰

4. 丝穗金粟兰 水晶花 （图2-262）
Chloranthus fortunei (A. Gray) Solms-Laubach

多年生草本，高15～40cm。全体无毛。根状茎粗短，密生多数细长须根；茎直立，单生或数枝丛生，不分枝，下部节上对生2枚三角形鳞状叶。叶对生，通常2对密生于茎顶，偶疏生；叶片纸质，宽椭圆形、长椭圆形或倒卵形，长5～11cm，宽3～7cm，先端短尖，基部宽楔形，边缘有圆或粗锯齿，齿尖有1腺体，近基部全缘，侧脉4~6对，网脉明显；叶柄长5~15mm。穗状花序1条，顶生，不分枝，连花序梗长4~6cm；苞片倒卵形，通常2或3齿裂；花白色，有香气；雄蕊3，药隔基部合生，生于子房上部外侧，中央药隔具1枚2室的花药，两侧药隔各具1枚1室的花药，药隔顶端延长成白色丝状，长1~2cm，药室位于药隔基部；子房倒卵形，无花柱。核果球形，淡黄绿色，有纵条纹，直径约3mm，近无柄。花期3—4月，果期5—6月。

产于全省山区、丘陵。生于海拔1250m以下的阴湿山坡或溪沟旁林下草丛中。分布于华东、华南及山东、湖北、湖南、四川、云南。

全株可药用，有镇痛、活血散瘀等功效，有毒，应慎用；开花时洁白的丝状药隔在绿叶映衬下分外醒目，可供园林观赏。

图2-262　丝穗金粟兰

5. 多穗金粟兰　四块瓦　（图2-263）
Chloranthus multistachys Pei

多年生草本，高16~50cm。根状茎粗壮，生多数细长须根；茎直立，单生，常不分枝，下部节上生1对鳞片叶。叶对生，通常2对集生于茎顶；叶片坚纸质，椭圆形至宽椭圆形、卵状椭圆形或宽卵形，长10~20cm，宽6~11cm，先端渐尖，基部宽楔形至圆形，边缘具粗锯齿或圆锯齿，齿端有1腺体，腹面亮绿色，下面沿叶脉有细小的鳞屑状毛，有时两面具小腺点，侧脉6~8对，网脉明显；叶柄长8~20mm。穗状花序多条，粗壮，顶生兼腋生，单一或分枝，连花序梗长4~11cm；花小，白色，排列稀疏；雄蕊1~3，着生于子房上部外侧，若雄蕊为1枚，则花药2室，若雄蕊为2枚，则花药1室，若雄蕊为3枚，则中央花药2室，侧生花药1室，且远比中央的小；子房卵形，无花柱，柱头平截。核果球形，绿色，直径2.5~3mm，具长1~2mm的柄，表面有小腺点。花期5—7月，果期8—10月。

产于丽水、温州及临安、衢州市区（衢江）、江山、磐安、武义。生于海拔300~1100m的山坡林下阴湿处或沟谷溪旁草丛中。分布于华东、华中、华南及四川、贵州、陕西、甘肃。合模式标本采自临安（西天目山、昌化）。

根及根状茎可药用，能祛湿散寒、理气活血、散瘀解毒，有毒，应慎用。

图2-263　多穗金粟兰

6. 宽叶金粟兰　　大叶及己　四叶对　（图2-264）
Chloranthus henryi Hemsl.

多年生草本，高40～65cm。根状茎粗壮，具多数细长的棕色须根；茎直立，单一或数个丛生，常不分枝，有6或7个明显的节，节间长0.5～3cm，下部节上生1对卵状三角形的鳞状叶。叶对生，通常2对集生于茎顶；叶片纸质，宽椭圆形、卵状椭圆形或倒卵形，长9～18cm，宽5～9cm，先端渐尖，基部楔形至宽楔形，边缘具锯齿，齿端有1腺体，下面脉上有细小的鳞屑状毛，侧脉6～8对；叶柄长4～12mm。穗状花序顶生，通常二歧或总状分枝，连花序梗长10～16cm；花白色；雄蕊3，基部几分离，仅内侧稍相连，中央药隔长3mm，有1枚2室的花药，两侧药隔稍短，各有1枚1室的花药，药室在药隔的基部；子房卵形，无花柱，柱头近头状。核果球形，直径约3mm，具短柄。花期4—6月，果期7—8月。

产于杭州、丽水、温州及诸暨、宁波市区（北仑）、鄞州、普陀、磐安。生于海拔1500m以下的山坡阴湿林下或路边灌丛中。分布于华东、华南及湖北、湖南、四川、贵州、陕西、甘肃。

全草可药用，功效同及己，有毒，应慎用。

图2-264　宽叶金粟兰

六　三白草科 Saururaceae

多年生草本。茎直立或匍匐状，具明显的节。单叶互生；托叶贴生于叶柄上。花两性，聚集成稠密的穗状或总状花序；总苞有或无，苞片显著；无花被；雄蕊3、6或8，稀更少，离生或贴生于子房基部或完全上位，花药2室，纵裂；雌蕊由3或4心皮组成，离生或合生，如为离生，则每心皮有2～4胚珠，如为合生，则子房1室而具侧膜胎座，每胎座有6～8或多数胚珠，花柱离生。果为分果瓣或蒴果顶端开裂。

4属，约6种，分布于亚洲东部和北美洲。我国有3属，4种；浙江有2属，2种。

1 三白草属 Saururus L.

多年生草本。具根状茎。叶全缘，具柄；托叶着生于叶柄边缘。花小，具梗，聚集成与叶对生或兼有顶生的总状花序；无总苞片，苞片小，贴生于花梗基部；雄蕊通常6，有时8，稀退化为3，花丝与花药近等长；雌蕊由3或4心皮组成，分离或基部合生，子房上位，每心皮有2～4胚珠，花柱4，离生，柱头位于花柱的内侧面。果为蒴果，裂成3或4个分果瓣。

2种，分布于亚洲东部和北美洲。我国有1种；浙江也有。

三白草　三张白　白头翁　（图2-265）
Saururus chinensis (Lour.) Baill.

多年生草本，高30～100cm。茎粗壮，有纵长粗棱和沟槽，下部根状茎匍匐，白色，节上常生不定根。叶互生；叶片纸质，密生腺点，宽卵形至卵状披针形，长10～20cm，宽5～10cm，先端短尖或渐尖，基部心形或耳状，两面无毛，上部的叶较小，茎顶端的1～3枚花时常全部或部分变为白色花瓣状，基出脉5；叶柄长1～3cm，基部有托叶合生成鞘状，略抱茎。总状花序生于茎顶，与叶对生；花序轴与花梗密被短柔毛；花小，两性，生于苞腋，有花梗，无花被；苞片微小；雄蕊6，花药长圆形，纵裂。蒴果裂为4个近球形的分果瓣，表面多疣状突起。种子球形。花期5—7月，果期8—10月。

产于全省各地。生于海拔600m以下的水沟边、水塘边、溪边，或常年积水、腐殖质丰富的沼泽地中。分布于华东、华中、华南、西南及河北、山东、陕西、青海。日本、朝鲜半岛、越南、菲律宾、印度也有。

全草可入药，有清热解毒、利尿消肿等功效；茎顶白色叶片花瓣状，极为醒目，可供湿地美化。

图 2-265 三白草

2 蕺菜属 Houttuynia Thunb.

多年生草本。叶全缘，具柄；托叶贴生于叶柄上，膜质。花小，无梗，聚集成顶生或与叶对生的穗状花序，花序基部有4枚白色花瓣状总苞片；无花被；雄蕊3，花丝明显长于花药，下部与子房合生，花药长圆形，纵裂；雌蕊由3枚部分合生的心皮所组成，子房上位，1室，侧膜胎座3，每侧膜胎座有6~8胚珠，花柱3，柱头侧生。蒴果近球形，顶端开裂。

1种，分布于东亚、南亚及泰国、缅甸。我国有1种；浙江也有。

与三白草属的区别在于后者为总状花序，花具梗，花序基部无4枚白色花瓣状的总苞片，雄蕊通常6，花丝与花药近等长。

蕺菜　鱼腥草　（图2-266）
Houttuynia cordata Thunb.

多年生草本，高30~60cm。全株有浓烈的鱼腥味。地下根状茎横生，白色，节上生须根，上部茎直立，常紫色。叶互生；叶片薄纸质，有腺点，下面尤密，卵形或宽卵形，长4~10cm，宽2.5~6cm，先端短渐尖，基部心形，下面常呈紫红色，脉上有毛；叶柄长1~3.5cm，无毛；托叶长1~2.5cm，先端钝，下部与叶柄合生成长8~20mm的鞘。穗状花序长约2cm；花序梗长1.5~3cm，无毛；花小，无梗；总苞片4，白色，花瓣状，长圆形或倒卵形，先端钝圆；雄蕊长于子房，花丝长约为花药的3倍。蒴果长2~3mm，顶端3裂，花柱宿存。花期4—8月，果期6—10月。

产于全省各地。生于海拔1200m以下的背阴湿地中、林缘路边、林下或溪沟边草丛中。分布于华东、华中、华南、西南、西北。东亚、南亚及泰国、缅甸也有。

全草可入药，含鱼腥草素、挥发油和蕺菜碱等，有清热解毒、利尿消肿等功效；嫩根状茎可作蔬菜；全草浸出液可制生物农药，对防治蚜虫、红蜘蛛、桑螟等有效。

图 2-266 蕺菜

本省园林中尚栽培有观叶品种花叶蕺菜（花叶鱼腥草）'Variegata'（图 2-267），叶片间杂红色、黄色和绿色。

图 2-267 花叶蕺菜

七　胡椒科 Piperaceae

草本、灌木或藤本，稀乔木。植物体常有香气。单叶互生，少为对生或轮生，全缘，两侧常不对称；托叶多少贴生于叶柄上或否，或无托叶。花小，两性或单性，密集成穗状花序或由穗状花序再排成伞形花序，极稀呈总状花序排列，花序与叶对生或腋生，少为顶生；苞片小；无花被；雄蕊1~10，花丝通常离生，花药2室；子房上位，1室，胚珠1，柱头1~5，无或有极短的花柱。浆果卵形或球形。

8或9属，2000~3000种，分布于全球热带和亚热带温暖地区。我国有3属，68种；浙江有2属，5种。

本科植物经济价值较大，有些种类具辛辣味，为常用的调味品；有些为名贵药材，不少种类具一定的镇痛作用。

1 胡椒属 Piper L.

灌木或攀缘藤本，稀草本或小乔木。茎、枝有膨大的节，揉之有香气。叶互生，全缘；托叶多少贴生于叶柄上，早落。花单性，雌雄异株，或稀有两性或杂性，聚集成与叶对生或稀有顶生的穗状花序，花序通常明显粗于花序梗；苞片离生，少有与花序轴或与花合生，盾状或杯状；雄蕊2~6，通常着生于花序轴上，稀着生于子房基部，花药2室，2或4裂；子房离生或有时嵌生于花序轴中而与其合生，胚珠1，柱头3~5，稀2。浆果倒卵形、卵形或球形，稀长椭球形，红色或黄色，无柄或具长短不等的柄。

1000~2000种，主产于全球热带地区。我国有60种，产于华东、华南至西南各地；浙江有3种。

分种检索表

1. 叶片卵形、长卵形、卵状披针形或椭圆形，先端短尖、渐尖或钝。
    2. 叶片卵形或长卵形，基部心形，稀钝圆；雄花序长3~5.5cm，雌花序长1~2cm；叶鞘仅在叶柄基部具有 ··· **1. 风藤 P. kadsura**
    2. 叶片卵状披针形或椭圆形，基部渐狭或楔形，有时钝；雄花序长6~10cm，雌花序长约3cm；营养枝叶鞘长约为叶柄的一半 ··· **2. 山蒟 P. hancei**
1. 叶片披针形至狭披针形，先端长渐尖 ···································· **3. 竹叶胡椒 P. bambusifolium**

1. 风藤 细叶青蒌藤（图2-268）

Piper kadsura (Choisy) Ohwi

木质藤本。茎有纵棱，幼时被疏毛，节上生根。叶片薄革质，具白色腺点，卵形或长卵形，长6～12cm，宽3.5～7cm，先端短尖或钝，基部心形，稀钝圆，上面无毛，下面常被短柔毛；叶脉5，基出或近基出，最外1对细弱，不甚显著，中脉中上部发出的小脉弯拱；叶柄长1～1.5cm，有时被毛，叶鞘仅基部有。花单性，雌雄异株，聚集成与叶对生的穗状花序；雄花序长3～5.5cm，花序梗略短于叶柄，花序轴被微硬毛，苞片圆形，盾状，直径约1mm，边缘不整齐，腹面被白色粗毛，雄蕊2或3，花丝短；雌花序长1～2cm，花序梗与叶柄等长，苞片和花序轴与雄花序相同，子房球形，离生，柱头3或4，条形，被短柔毛。浆果球形，黄褐色或橘红色，直径3～4mm。花期3—6月，果期10月至次年4月。

产于舟山至温州的沿海各地。生于滨海及海岛的山谷、密林或疏林中，攀缘于树上或岩石上。分布于福建、台湾沿海地区。日本、朝鲜半岛也有。

中药"海风藤"即为本种和山蒟的茎藤，有祛风湿、通经络、止痹痛等功效。

文献记载本种果成熟时呈黄色，但作者在舟山等地春季所见者多呈橘红色，对于其是否在越年后会变红，有待进一步研究。

尽管相关志书均记载浙江有本种分布，但也存在不同意见：一是未见到典型标本；二是在野外其叶形、叶鞘、花序长短等特征有时与山蒟很难区分；三是中药学者认为两者的区别还有风藤茎的薄壁组织中散生棕色分泌细胞，而山蒟则无，但至今本省被鉴定为风藤的茎中仍检测不到分泌细胞。另外，*Flora of China* 也认为产于浙江、福建的标本因叶背均匀被毛和花序梗较长，而不同于风藤的模式，也许将其作为石楠藤 *P. wallichii* 的一个类型更为合适。特附记于此，留待后人深入研究。

图2-268 风藤

2. 山蒟　海风藤（图2-269）
Piper hancei Maxim.

攀缘藤本。茎、枝具细纵纹，节上生根。叶片纸质或薄革质，卵状披针形或椭圆形，长6～12cm，宽2.5～4.5cm，先端短尖或渐尖，基部渐狭或楔形，有时钝；叶脉5或7，最上1对互生，离基1～3cm，从中脉发出，弯拱上伸几达叶片顶部，如为7脉时，则最外1对细弱，网状脉通常明显；叶柄长5～12mm；营养枝叶鞘长约为叶柄的一半，生殖枝则仅基部有叶鞘。花单性，雌雄异株，聚集成与叶对生的穗状花序；雄花序长6～10cm，直径约2mm，花序梗与叶柄等长或略长，花序轴被毛，苞片近圆形，盾状，向轴面和柄上被柔毛，雄蕊2，花丝短；雌花序长约3cm，果时延长，苞片与雄花序相同，但柄略长，子房近球形，离生，柱头4，稀3。浆果球形，黄色，直径2.5～3mm。花期5—8月，果期10月至次年4月。

产于除浙北外的全省山区、丘陵。生于山地溪涧边、密林或疏林中，攀缘于树上或岩石上。分布于福建、江西、湖南、广东、广西、贵州、云南。

茎、叶可药用，有祛风湿、通经络、解暑、止痛等功效。

图2-269　山蒟

3. 竹叶胡椒 （图2-270）
Piper bambusifolium Y.C. Tseng

攀缘藤本。叶片纸质，有细腺点，披针形至狭披针形，长4~8cm，宽1.2~3cm，先端长渐尖，基部稍狭或钝，两侧相等；叶脉5，稀4，最上1对互生，离基1~1.5cm，从中脉发出，有时其中1条不明显，弯拱上伸达叶片2/3处即弯拱网结，基部1对细弱，斜伸1~2cm即弯拱网结；叶柄长4~6mm，仅基部具鞘。花单性，雌雄异株，聚集成与叶对生的穗状花序；雄花序花时通常长为叶片的一半，黄色，花序梗与叶柄等长或略长，花序轴被毛，苞片圆形，盾状，雄蕊3，花药肾形，比花丝略短；雌花序特短，花序梗略长于叶柄，花序轴和苞片与雄花序的相同，子房离生，柱头3或4，短，卵状渐尖。浆果球形，干时呈红色，平滑，直径2~2.5mm。花期4—7月，果期10月至次年3月。

产于临安（昌化白马崖）、武义（桃溪镇大坑村）。生于沟谷林中，攀爬于石壁上或树上。分布于江西、湖北、四川、贵州。

图2-270 竹叶胡椒

❷ 草胡椒属 Peperomia Ruiz et Pavon

矮小肉质草本，常附生于树上或岩石上。叶对生或轮生，稀互生；无托叶。花极小，两性，无梗，常与苞片同生于花序轴凹陷处，排成顶生、腋生或与叶对生的细弱穗状花序，花序单生、双生或簇生；苞片圆形、近圆形或长圆形，盾状或否；雄蕊2，花药球形、椭球形或长椭球形，有短花丝；柱头球形，顶端钝、短尖、喙状或画笔状，侧生或顶生，不裂，稀2裂。浆果小，不开裂。

约1000种，广泛分布于全球热带和亚热带地区。我国有7种；浙江有2种。

与胡椒属的区别在于本属为矮小肉质草本；无托叶；叶对生或轮生，稀互生。

1. 石蝉草 （图2-271）
Peperomia blanda (Jacq.) Kunth

一年生肉质草本，高10～45cm。茎直立或基部匍匐，分枝，被短柔毛，下部节上常生不定根。叶对生或3枚、4枚轮生；叶片稍肉质，有腺点，椭圆形、倒卵形或倒卵状菱形，长2～4cm，宽1～2cm，先端圆或钝，稀短尖，基部渐狭或楔形，两面被短柔毛，叶脉5，基出，最外1对细弱而短或有时不明显；叶柄长6～18mm，被毛。穗状花序腋生或顶生，单生或2条、3条集生，长5～8cm，直径1.3～2mm；花序梗被疏柔毛，长5～15mm；花疏离；苞片圆形，盾状，有腺点；雄蕊与苞片同着生于子房基部，花药长椭球形，有短花丝；子房倒卵形，顶端钝，柱头顶生，被短柔毛。浆果球形，顶端稍尖，直径0.4～0.8mm。花期4—7月，果期8—11月。

产于瑞安（横山）、平阳（南麂列岛）、泰顺（乌岩岭、雅阳、龟湖）。生于海拔600m以下的阴湿山谷、溪旁的潮湿岩石上。分布于华南及福建、贵州、云南。东南亚、南亚、西亚、非洲、南美洲及日本也有。

全草可药用，有散瘀消肿、止血等功效；植株小巧可爱，可供盆栽观赏。

图2-271 石蝉草

2. 草胡椒 (图2-272)

Peperomia pellucida (L.) Kunth

一年生肉质草本，高10～40cm。茎直立或基部有时平卧，分枝，无毛，下部节上常生不定根。叶互生；叶片膜质，半透明，宽卵形或卵状三角形，长与宽近相等，1～3.5cm，先端短尖或钝，基部心形，两面无毛，基出脉5或7，网状脉不明显；叶柄长1～2cm。穗状花序顶生或与叶对生，细弱，长2～6cm，与花序轴均无毛；花疏生；苞片近圆形，盾状；花药近球形，有短花丝；子房椭球形，柱头顶生，被短柔毛。浆果球形，顶端尖，直径约0.5mm。花期6—10月，果期9—12月。

原产于美洲热带地区，现全球热带、亚热带地区广泛归化。华东、华中、华南、西南等地均有归化。全省各地几全有归化，常通过花木、盆景调运等渠道传播，生于阴湿石缝中、水沟边、圃地中、花盆中及宅基墙脚下。

与石蝉草的区别在于后者叶对生或轮生，基部渐狭或楔形，叶柄有毛。

图 2-272 草胡椒

八　马兜铃科 Aristolochiaceae

多年生草本或藤本，稀亚灌木。茎缩短或缠绕。叶近基生或互生；叶片常心形，全缘，稀3或5裂，多为掌状脉，有柄，无托叶。花两性，辐射对称或两侧对称，单生、簇生或排成总状、聚伞花序，顶生、腋生或生于老茎上；花被常艳丽而具腐肉臭味，钟状或管状，檐部3浅裂，喇叭状或中裂片向一侧延伸成舌状，稀6裂而排列成2轮；雄蕊6至多数；心皮合生，子房下位或半下位，4~6室，每室具多枚胚珠，花柱先端3~6裂，或与雄蕊黏合成合蕊柱。蒴果，开裂或不开裂。种子扁平或背凸腹凹，或周围具海绵质翅。

8属，约600种，主要分布于全球热带和亚热带地区。我国有4属，约86种，全国各地均有分布；浙江有2属，15种。

1 细辛属 Asarum L.

多年生草本。根状茎短，斜伸或横走；根常稍肉质，有芳香和辛辣味。叶1~4，近基生；叶片通常心形或肾形，全缘，具长柄。花辐射对称，单生于叶腋，紫色或褐色；花被钟状，檐部3裂；雄蕊12，排成2轮；子房下位或半下位。蒴果近球形，成熟时不规则开裂。种子多数，椭球形，背面凸出，腹面平坦，有肉质附属物。

约90种，主要分布于北温带地区。我国约有39种，广泛分布于长江以南各地，华中至西南尤盛；浙江有8种。

本属植物因其根纤细而有辛辣味，故名"细辛"，有祛风、散寒、行水、开窍等功效。

分种检索表

1. 植株被多细胞长柔毛；花被在子房以上分离，花柱合生成柱状，先端放射状6裂。
  2. 花被裂片花时直立，先端具长尖头或长尖尾；根状茎粗短，斜生。
    3. 叶片宽卵形、三角状卵形或卵状心形；花被裂片先端有长约1cm的尖尾··1. 尾花细辛 A. caudigerum
    3. 叶片肾状心形；花被裂片先端渐狭成长0.2~0.4cm的长尖头······2. 肾叶纸辛 A. renicordatum
  2. 花被裂片花时反折，先端钝尖；根状茎细长，横走·····················3. 长毛细辛 A. pulchellum
1. 植株被微毛或短伏毛；花被在子房以上合生，花柱离生或仅基部合生。
  4. 花柱先端不分裂，柱头顶生。
    5. 叶片纸质，圆心形或卵状心形，下面无毛；花被筒卵球形，无毛，喉部缢缩，内侧具突起的网格···5. 马蹄细辛 A. ichangense
    5. 叶片薄革质，长卵形，下面密被黄色短伏毛；花被筒倒圆锥状钟形，被短柔毛，喉部不缢缩或稍缢缩，内侧具多数纵褶··6. 福建细辛 A. fukienense

4. 花柱先端2裂，柱头位于花柱裂片下方的外侧。
  6. 雄蕊着生于子房上，花丝长于或等长于花药 ································· **4. 细辛 A. sieboldii**
  6. 雄蕊着生于花柱上，花丝极短，远短于花药。
    7. 叶片薄纸质，肾形或圆心形，先端圆钝；花被筒钟形，1～1.5cm ············· **7. 杜衡 A. forbesii**
    7. 叶片薄革质，戟状卵形，先端急尖；花被筒漏斗状钟形，长3～7cm ································· **8. 祁阳细辛 A. magnificum**

1. 尾花细辛　土细辛　（图2-273）
Asarum caudigerum Hance

多年生草本。全株被白色多细胞长柔毛。根状茎粗短，斜生，直径2～4mm；须根细长，几无辛辣味。叶2～4；叶片厚纸质，宽卵形、三角状卵形或卵状心形，长3～10cm，宽3～8cm，先端常急尖，基部耳状或心形，上面深绿色，常有云斑，下面常带紫色；叶柄长3～15cm；鳞片叶长圆形，长8～13mm。花单生于叶腋；花梗长1～2cm；花被筒卵状钟形，紫褐色、绿褐色或紫绿色，直径1～1.5cm，在子房以上分离，花被裂片卵形，花时直立，先端具长约1cm的尖尾；雄蕊12，花丝长于花药，药隔延伸成短舌状；子房半下位，花柱合生成柱状，先端放射状6裂，柱头顶生。蒴果近球形，直径约1.8cm。花期3—4月，果期6—7月。

产于丽水、温州及宁海、衢州市区（衢江）、金华市区（婺城）、武义、临海、仙居。生于山坡或沟谷林下阴湿处。分布于华南、西南及江西、福建、湖北、湖南。

全草民间可药用，有祛寒止咳等功效。

图2-273　尾花细辛

本省尚产1变型绿花细辛（薄叶细辛）form. **leptophyllum** (Hayata) W.J. Wu, J.F. Wang et Z.H. Chen — *A. leptophyllum* Hayata — *A. caudigerum* Hance var. *leptophyllum* (Hayata) S.S. Ying（图2-274），与尾花细辛的区别在于花呈鲜绿色。产于松阳（潘坑）。生于海拔约640m的阴湿山沟中。分布于我国台湾。

图2-274　绿花细辛

2. 肾叶细辛 （图2-275）

Asarum renicordatum C.Y. Cheng et C.S. Yang

多年生草本。全株被白色多细胞长柔毛。根状茎粗短，斜生，直径约3mm，有多条须根。叶2，对生；叶片纸质，肾状心形，长3～5cm，宽5～7.5cm，先端钝圆，基部心形，两侧裂片常内弯而与叶柄靠近，上面淡绿色，散生短柔毛，下面及边缘密被多细胞长柔毛；叶柄长10～14cm；鳞片叶阔卵形，长约1cm。花生于2叶之间；花梗长约2.5cm；花被在子房以上分离，裂片下部靠合如管状，管长1cm，直径约1.2cm，裂片直立，上部三角状披针形，长约1cm，宽约4mm，先端渐狭成长2～4mm的长尖头；雄蕊12，与花柱等长或稍长，花丝长约1mm，药隔锥尖；子房半下位，花柱合生成柱状，先端放射状6裂，裂片常内凹成倒心形，柱头位于裂片凹缝处。蒴果近球形，直径约1.2cm。花期4—5月，果期7—8月。

产于安吉、临安、新昌、宁海。生于山坡林下阴湿处。分布于安徽（黄山、九华山）。

图2-275　肾叶细辛

3. 长毛细辛 （图2-276）

Asarum pulchellum Hemsl.

多年生草本。全体被白色多细胞长柔毛。根状茎细长，横走，长达50cm，直径3～4mm，上部有短分枝,每分枝上有2~4叶;须根细长,无辛辣味。叶对生;叶片纸质,宽卵状心形,长5~8cm,宽4.5~7cm,先端急尖,基部心形;叶柄长10~20cm;鳞片叶长圆状披针形,长1.5~2cm。花单生于叶腋;花梗长约1cm;花被在子房以上分离,花被筒卵球形,直径约1cm,花被裂片三角状卵形,长约1cm,宽约7mm,花时上部反折,先端钝尖;雄蕊12,花丝长于花药,药隔延伸成短舌状;子房半下位,花柱合生成柱状,先端放射状6裂,柱头顶生。蒴果近球形,直径约1.5cm。花期4—5月,果期7—8月。

产于衢州市区(衢江)、江山、金华市区(婺城)、武义、永嘉、瑞安、平阳、苍南、泰顺。生于山坡或沟谷林下阴湿处。分布于安徽南部、江西、湖北、四川、贵州。

图2-276　长毛细辛

4. 细辛　华细辛　(图2-277)
Asarum sieboldii Miq.

多年生草本。根状茎短;须根肉质,极辛辣,有麻舌感。叶1或2;叶片薄纸质,肾状心形,长7~14cm,宽6~12cm,先端短渐尖,基部深心形,上面常有云斑,被微毛,下面脉上被微毛;叶柄长10~20cm,无毛;鳞片叶椭圆形,长约1.3cm。花单生于叶腋;花梗长2~3cm;花被在子房以上合生,花被筒钟形,直径约1cm,内侧具多数纵褶,喉部无膜环,花被裂片宽卵形,长约7mm,宽约1cm,平展;雄蕊12,着生于子房上,花丝长于或等长于花药,药隔延伸成短舌状;子房半下位,花柱6,仅基部合生,先端2浅裂,柱头位于花柱裂片下方的外侧。蒴果近球形,直径约1.5cm。花期4—5月,果期6—7月。

产于安吉、德清、临安、淳安、鄞州、余姚、奉化、宁海、衢州市区(衢江)、金华市区(婺城)、武义、莲都、景宁。生于山坡或沟谷林下阴湿处。分布于山东、安徽、江西、河南、湖北、四川、陕西。日本也有。

为常用中药,全草可药用,有祛风散寒、止痛等功效。

图 2-277　细辛

5. 马蹄细辛　小叶马蹄香　宜昌细辛　（图 2-278）
Asarum ichangense C.Y. Cheng et C.S. Yang

多年生草本。根状茎短；须根肉质，微具辛辣味。叶1～3；叶片纸质，圆心形或卵状心形，长4～9cm，宽3～8cm，先端圆钝或急尖，基部心形，上面有时具云斑，近边缘处被微毛，下面幼时带紫红色，无毛；叶柄长3～15cm，无毛；鳞片叶椭圆形，长约1cm，边缘有睫毛。花单生于叶腋；花梗长约1cm，常弯垂；花被在子房以上合生，花被筒卵球形，无毛，直径约1cm，内侧具突起的网格，喉部缢缩，具宽约1mm的膜环，花被裂片三角状卵形，长1～1.4cm，宽

图 2-278　马蹄细辛

0.8~1cm，平展，近喉部有乳突状横褶区；雄蕊12，花丝极短，药隔稍伸出；子房半下位，花柱6，离生，先端不分裂，柱头顶生。蒴果卵球形，直径约1.8cm。花期4—5月，果期6—7月。

产于台州、丽水、温州及余姚、象山、宁海、衢州市区（衢江）、江山、金华市区（婺城）、磐安、武义。生于山坡林下阴湿处。分布于安徽、江西、福建、湖北、湖南。

6. 福建细辛 （图2-279）
Asarum fukienense C.Y. Cheng et C.S. Yang

多年生草本。根状茎短；须根肉质，微具辛辣味。叶2~4；叶片薄革质，长卵形，长4.5~13cm，宽2.5~6cm，先端急尖，基部耳状心形，上面绿色，有光泽，脉上被微毛，下面绿色或淡紫色，密被黄色短伏毛；叶柄长5~15cm，被黄色短柔毛；鳞片叶长圆形，长约1cm，被毛。花单生于叶腋；花梗长1~2cm，被毛，弯垂；花被在子房以上合生，花被筒倒圆锥状钟形，长约1.5cm，外侧被短柔毛，内侧具多数纵褶，喉部不缢缩或稍缢缩，无膜环，花被裂片宽卵形，边缘反卷，中部以下有半圆形黄棕色的垫状斑块；雄蕊12，花丝极短，药隔稍伸出；子房半下位，花柱6，离生，先端不分裂，柱头顶生。蒴果卵球形，直径约1.4cm。花期4—6月，果期8—10月。

产于丽水、温州及开化、江山。生于山坡或沟谷林下阴湿处。分布于安徽东南部、江西东部、福建北部。

《浙江植物志》记载浙江产五岭细辛 *A. wulingense* C.F. Liang，作者核查了有关标本，实为福建细辛的误定。

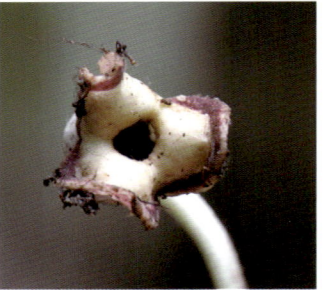

图2-279 福建细辛

7. 杜衡 （图2-280）
Asarum forbesii Maxim.

多年生草本。根状茎短，横走；须根肉质，微具辛辣味。叶1或2，偶3；叶片薄纸质，肾形或圆心形，长与宽各为2.5~8cm，先端圆钝，基部深心形，上面有时具云斑，两面脉上及上面近边缘处被微毛；叶柄长4~15cm，无毛；鳞片叶圆肾形或倒卵形，长约1.5cm，边缘有睫毛，脉纹明显。花单生于叶腋；花梗长1~3cm；花被在子房以上合生，花被筒钟形，长1~1.5cm，直径0.5~1cm，内侧具突起的网格，喉部有狭膜环，花被裂片直立，宽卵形，长5~7mm，宽5~6mm，脉纹明显；雄蕊12，着生于花柱上，花丝极短，远短于花药，药隔延伸成短舌状；子房半下位，花柱6，离生，先端2浅裂，柱头位于花柱裂片下方的外侧。蒴果卵球形，直径约1.3cm。花期3—4月，果期5—6月。

产于湖州、杭州、宁波及诸暨、嵊州、嵊泗、定海。生于山坡林下阴湿处。分布于江苏、安徽、江西、河南、湖北、四川。模式标本采自安吉（梅溪）。

全草可入药，有祛风止痛、温经散寒等功效。

图2-280 杜衡

8. 祁阳细辛 （图2-281）
Asarum magnificum Tsiang ex C.Y. Cheng et C.S. Yang

多年生草本。根状茎短；须根肉质，直径2~4mm，微具辛辣味。叶2或3；叶片薄革质，戟状卵形，长6~19cm，宽4.5~10cm，先端急尖，基部耳状心形，边缘骨质，上面深绿色，有时有云斑，中脉被微毛，下面绿色，无毛；叶柄长7~16cm，腹面被上弯的短伏毛；鳞片叶长圆形，长1.5cm。花单生于叶腋，大型，直径3~7cm；花梗长1.5~3cm；花被在子房以上合生，花被筒漏斗状钟形，长3~7cm，内侧下部具多数纵褶区，喉部不缢缩，花被裂片三角状卵形，长2.5~3.5cm，宽2.5~3cm，先端及边缘紫绿色；雄蕊12，着生于花柱上，花丝极短，远短于花药，药隔稍伸出；子房近上位，花柱6，离生，先端2裂，柱头位于花柱裂片下方的外侧。蒴果倒卵状球形,直径约3.5cm。花期3—5月,果期6—7月。

产于衢州及桐庐、建德、金华市区(婺城)、磐安、武义、莲都、缙云、遂昌、松阳。生于山坡林下阴湿处。分布于江西、湖北、湖南、广东。

图2-281　祁阳细辛

❷ 马兜铃属 Aristolochia L.

草质或木质藤本。叶互生；叶片全缘或具浅裂，无托叶。花两侧对称，腋生，排成短的总状、聚伞或伞房花序，稀单生；花被管状，花被筒直或弯曲，上部有1舌片或3浅裂；雄蕊6，环绕花柱排列，且与花柱结合；子房下位，6室。蒴果，室间开裂；种子多数。

约400种，广泛分布于欧洲、亚洲、非洲热带、亚热带及温带地区，澳大利亚也有。我国有45种，广泛分布于南北各地，以西南部和南部较多；浙江有7种。

《中国植物志》记载丽水有广西马兜铃 *A. kwangsiensis* W.Y. Chun et F.C. How ex C.F. Liang，但作者未见可靠标本，故不予收录。

与细辛属的区别在于后者为多年生草本；花辐射对称；花冠钟状；雄蕊6，与花柱分离；蒴果浆果状，成熟时常不规则开裂。

分种检索表

1. 木质或草质藤本；花被筒烟斗状弯曲，檐部顶端或边缘常微3裂。
   - 2. 叶片卵状心形、卵形或卵状披针形，先端渐尖 ························ **1.鲜黄马兜铃 A. hyperxantha**
   - 2. 叶片圆心形、宽卵状心形或卵状心形，先端圆钝、急尖或短渐尖。

八 马兜铃科 Aristolochiaceae

　　3.叶片下面密被毡状绵毛；檐部直径2～2.5cm ……………………………… **2.绵毛马兜铃 A. mollissima**
　　3.叶片下面被较疏的短柔毛；檐部直径约3cm ……………………… **3.大别山马兜铃 A. dabieshanensis**
1.草质藤本；花被筒直或稍弯，基部膨大成球形，檐部一侧极短，另一侧延伸成长舌片。
　　4.植株多少被毛，至少叶片下面网脉上密被短绒毛。
　　　　5.叶片卵状心形或卵状三角形，下面网脉上密被短绒毛 ………………… **4.通城虎 A. fordiana**
　　　　5.叶片圆心形或宽卵状心形，两面密被长柔毛 ……………… **5.福建马兜铃 A. fujianensis**
　　4.植株无毛。
　　　　6.叶片卵状三角形至戟状披针形，长明显大于宽，油点不明显；嫩枝、叶柄折断后无微红色汁液 ……
　　　　　　……………………………………………………………………………… **6.马兜铃 A. debilis**
　　　　6.叶片卵状心形或圆心形，长与宽近相等，油点明显；嫩枝、叶柄折断后有微红色汁液 ……………
　　　　　　………………………………………………………………… **7.管花马兜铃 A. tubiflora**

1. 鲜黄马兜铃 （图2-282）
Aristolochia hyperxantha X.X. Zhu et J.S. Ma

草质藤本。茎圆柱状，被脱落性短柔毛。叶片纸质，卵状心形、卵形或卵状披针形，下部最宽，长3～15cm，宽2～9cm，先端渐尖，基部心形或近耳状，两面被短柔毛，下面较密，基出脉5，网脉明显；叶柄长1～5cm，被短柔毛。花单生于叶腋；花梗长1～3cm，近基部处具1枚小的叶状苞片；花被筒烟斗状弯曲，被疏柔毛，檐部直径1.5～2cm，微3裂，裂片钝三角形，亮黄色，喉部黄白色，具密集的紫红色斑块，喉孔小，直径约5mm；雄蕊6；花柱先端3裂。蒴果圆柱形，长3～4cm，直径约2cm，有6条翅状棱，成熟时上部开裂。种子倒卵形，长3～4mm，宽2～3mm，背面平凸状，腹面凹入，中间具种脊。花期5—6月，果期7—8月。

产于临安、淳安、宁海、江山、天台、莲都、景宁、青田。生于沟谷、溪边及山坡灌丛中。

图2-282　鲜黄马兜铃

浙江特有。模式标本采自临安（昌北百丈岭）。

在本省曾被误定为大叶马兜铃 A. kaempferi Willd.，区别在于大叶马兜铃叶形多变，常具戟状耳形叶片。

2. 绵毛马兜铃　寻骨风 （图2-283）
Aristolochia mollissima Hance

木质藤本。茎具纵沟，幼时密被白色长绵毛。叶片纸质，圆心形或宽卵状心形，长5~10cm，宽4.5~8cm，先端圆钝或急尖，基部心形，全缘，上面被较稀的黄白色绵毛，下面密被毡状绵毛（在放大镜下不见底），基出脉5或7；叶柄长1.5~5cm，密被白色长绵毛。花单生于叶腋；花梗长1.5~3cm，中下部具1枚小的叶状苞片；花被筒烟斗状弯曲，外侧密被白色绵毛，檐部直径2~2.5cm，微3裂，裂片钝三角形，浅黄色，并有紫色网纹，喉部近圆形，紫红色，直径2~3mm，稍呈领状突起；雄蕊6；花柱先端3裂。蒴果圆柱形或倒卵形，长3~5cm，直径1.5~2cm，成熟时上部开裂。种子多数，背凸腹凹，中间具膜质种脊。花期6—7月，果期9—10月。

产于长兴。生于山坡灌草地上。分布于华中及山西、山东、江苏、安徽、江西、贵州、陕西。

全株可药用，有祛风湿、通经络及止痛等功效。

图2-283　绵毛马兜铃

3. 大别山马兜铃 （图2-284）
Aristolochia dabieshanensis C.Y. Cheng et W. Yu

木质藤本，长3~5m。老茎具纵沟，无毛，幼茎被黄白色短柔毛。叶片纸质至厚纸质，卵状心形，长6~17cm，宽5~12cm，先端急尖至短渐尖，基部心形，两面被黄白色短柔毛，幼时较密，老时渐脱落，基出脉5，网脉明显；叶柄长2~9cm，被短柔毛。花单生于叶腋；花梗长2~4cm，近基部处具1枚小的叶状苞片；花被筒烟斗状弯曲，被疏柔毛，檐部直径约3cm，微3裂，裂片钝三角形，内面黄绿色，具紫色条纹或斑块，喉部圆形，直径约7mm，内面紫色或具紫色斑块；雄蕊6；花柱先端3裂。蒴果圆柱形，长6～7cm，有6条翅状棱，成熟时上部开裂。种子多数，倒卵形，背凸腹凹。花期5—6月，果期7—8月。

产于全省山区、丘陵。生于山坡林下阴湿处。分布于安徽、福建。

本种在本省山区分布广泛，花色及斑纹变化较大，其喉部内面紫色或具紫色斑块的性状较为稳定。《浙江植物志》记载的木香马兜铃 A. moupinensis Franch. 实为本种的误定。木香马兜铃檐部较大，直径3～3.5cm，裂片内面黄色，具紫红色斑点，喉部内面鲜黄色，无紫色斑块，易与本种相区别。

图2-284　大别山马兜铃

4. 通城虎（图2-285）

Aristolochia fordiana Hemsl.

草质藤本。根圆柱形，细长；茎无毛，常有纵棱。叶片革质或薄革质，卵状心形或卵状三角形，长10～12cm，宽5～8cm，先端短渐尖至长渐尖，基部心形，全缘，密布油点，揉之具芳香，上面绿色，无毛，下面粉绿色，基出脉5～7，网脉在下面突起，密被短绒毛；叶柄长2～4cm，上面具纵槽，基部稍膨大，近无毛。总状花序具3或4花，腋生；苞片和小苞片卵形或钻形；花被筒稍弯，基部膨大成球形，直径约3.5mm，檐部一侧极短，一侧延伸成长1～1.5cm的卵状长圆形舌片，先端钝而具突尖，暗紫色，常被稀疏短柔毛；雄蕊6；花柱顶端6裂。蒴果长椭球形或倒卵形，长3～4cm，直径1.5～2cm，成熟时由基部向上6瓣开裂，果梗亦随之开裂。种子卵状三角形，长与宽均约5mm，背面平凸状，具小疣点，腹面凹入。花期3—4月，果期5—7月。

产于德清、淳安、江山、金华市区（婺城）、莲都、松阳、龙泉、云和、景宁。生于山谷林下灌丛中和山坡石隙中。分布于江西、福建、广西、广东。

根可药用，有小毒，有解毒消肿、祛风镇痛、行气止咳等功效。

图 2-285 通城虎

5. 福建马兜铃 （图 2-286）
Aristolochia fujianensis S.M. Hwang

草质藤本。植株各部密被黄棕色多节柔毛。茎具纵沟。叶片厚纸质，圆心形或宽卵状心形，长与宽均为 4～12cm，先端急尖，基部深心形，全缘，两面均密被白色长柔毛，基出脉 5 或 7，网脉明显；叶柄长 2～6cm，密被长柔毛。花单生或 3 朵、4 朵排成腋生

图 2-286 福建马兜铃

总状花序；花梗长5～15mm，中下部有1枚小的叶状苞片；花被筒长约3cm，直或稍弯，黄绿色带紫色条纹，基部膨大成球形，檐部一侧极短，一侧延伸成披针形的长舌片，先端具长1～2cm的条状尖头；雄蕊6；花柱先端6裂。蒴果长椭球形或长倒卵形，长约2cm，直径约1cm，被褐色或白色长柔毛。种子卵状三角形，长与宽均约3mm，背面平凸状，密布小点，腹面凹入，中间具种脊。花期3—4月，果期5—8月。

产于龙泉、永嘉、瑞安、泰顺。生于山地沟边林下。分布于福建（宁德）。

6. 马兜铃 （图2-287）

Aristolochia debilis Siebold et Zucc. —— *A. recurvilabra* Hance

草质藤本。植株各部无毛。茎具纵沟。叶片纸质，卵状三角形至戟状披针形，长3～8cm，宽1～4cm，先端圆钝，具小尖头，基部心形，两侧常突然外展成圆耳，基出脉5或7，各级叶脉在两面明显，油点不明显；叶柄长0.5～3cm。花1或2朵生于叶腋；花梗长1～1.5cm，开花后顶端常稍弯，基部有1枚极小的苞片；花被筒长2.5～4cm，直或稍弯，下部黄绿色，基部膨大成球形，檐部暗紫色，一侧极短，一侧延伸成三角状披针形的长舌片，先端渐尖；雄蕊6；花柱先端6裂。蒴果近球形，长5～6cm，直径3～4cm，成熟时开裂成提篮状。种子扁平，梯形，周围具宽翅。花期6—7月，果期9—10月。

产于全省各地。生于山谷、沟边、路旁草地上及山坡灌丛中。分布于黄河以南各地。日本也有。

本种为常用中药，根称"青木香"，可行气、解毒、消肿；茎称"天仙藤"，可行气化湿；果称"马兜铃"，可清肺降气、化痰止咳。

图2-287 马兜铃

7. 管花马兜铃　辟蛇雷　(图2-288)
Aristolochia tubiflora Dunn

草质藤本。植株各部无毛。根圆柱形，细长，黄褐色，内面白色；嫩枝、叶柄折断后渗出微红色汁液。叶片纸质，卵状心形或圆心形，长与宽近相等，均为3.5~15cm，先端钝或急尖，基部心形，下面有时具白粉，油点明显，基出脉7，叶脉干后呈红色，网脉不明显或稍明显；叶柄长2~10cm。花单生于叶腋或2朵、3朵排成腋生总状花序；花梗长1~2cm，近基部处有1枚小的叶状苞片；花被筒长1.5~2.5cm，直或稍弯，黄绿色且稍带紫色，基部膨大成球形，喉部带紫色，檐部一侧极短，一侧延伸成三角状披针形的长舌片，先端圆钝或微凹；雄蕊6；花柱先端6裂。蒴果圆柱形或倒卵形，长2.5~3cm，直径约1.5cm，成熟时开裂成提篮状。种子倒卵状盾形，先端近平截，背面散生疣状斑点，腹面微凹，中间具种脊。花期4—8月，果期10—12月。

产于丽水、温州及临安、淳安、诸暨、江山、金华市区（婺城）、东阳、磐安、武义、临海、仙居。生于山坡林下灌丛中。分布于华中及江西、福建、广东、广西、四川、贵州。

根和果实可入药，有清肺热、止咳、平喘等功效。

图2-288　管花马兜铃

九 八角科 Illiciaceae

常绿乔木或灌木。全体无毛。单叶互生，常集生于枝顶，有时假轮生状或近对生；叶片革质，揉碎后有香气，全缘，羽状脉；有叶柄；无托叶。花常单生，有时2~5朵簇生；花两性；花被片7~33，稀更多，常有腺点，离生，轮状或覆瓦状排列；雄蕊4至多数，离生，1至数轮排列；心皮5~21，离生，排成1轮；子房1室，胚珠1。聚合蓇葖果；蓇葖果排成1轮，放射状，侧向压扁状，成熟时沿腹缝线开裂。种子1，扁椭球形或扁卵形，有光泽。

1属，40余种，主要分布于亚洲东部和东南部。我国有27种；浙江有4种。

八角属 Illicium L.

属特征与科同。

分种检索表

1. 叶片中脉在上面隆起；花白色或乳黄色。
    2. 叶片长7~16cm；叶柄长1.5~3.5cm；花梗长2~3cm；花被片34~55；雄蕊28~32；蓇葖果12~14 ·· **1. 假地枫皮 I. jiadifengpi**
    2. 叶片长3~8cm；叶柄长0.7~2cm；花梗长0.5~1.5cm；花被片15~24；雄蕊15~25；蓇葖果6~9 ·· **2. 白花八角 I. anisatum**
1. 叶片中脉在上面微凹；花粉红色、红色至深红色。
    3. 叶片披针形或倒披针形，先端渐尖或尾尖；蓇葖果10~14，先端具长而内弯的尖头 ·· **3. 披针叶茴香 I. lanceolatum**
    3. 叶片倒卵状椭圆形或椭圆形，先端短渐尖或稍圆钝；蓇葖果通常8，先端钝或钝尖 ··· **4. 八角 I. verum**

1. 假地枫皮 百山祖八角 （图2-289）

Illicium jiadifengpi B.N. Chang — *I. jiadifengpi* var. *baishanense* B.N. Chang et S.H. Ou

常绿乔木，高8~20m。树皮暗褐色，分层剥落；芽鳞卵形或披针形，边缘具细睫毛。叶片椭圆形或长椭圆形，长7~16cm，宽2~4.5cm，先端尾尖或渐尖，基部渐狭，下延至叶柄形成狭翅，边缘外卷，中脉在两面隆起，侧脉5~8对；叶柄长1.5~3.5cm，上面具狭沟。花白色或乳黄色，腋生或近顶生；花梗长2~3cm；花被片34~55，三角形至椭圆形；雄蕊28~32；心皮12~14。聚合蓇葖果直径3~4cm；蓇葖果12~14，先端有长3~5mm的上弯尖头。花期3—5月，果期8—10月。

产于淳安（磨心尖）、衢州市区（衢江千里岗）、缙云（大洋山）、遂昌（九龙山）、龙泉（凤阳山)、庆元(百山祖)。生于海拔1000m以上的山坡、沟谷阔叶林中。分布于江西、湖北、湖南、广东、广西、四川。

图2-289 假地枫皮

2. 白花八角 日本八角 (图2-290)
Illicium anisatum L. — *I. philippinense* Merr.

常绿灌木或小乔木,高2~6m。小枝绿色,有纵向皮孔,无毛。叶集生于枝顶;叶片长椭圆形、长倒卵形或倒卵状披针形,长3~8cm,宽1~4cm,先端急尖、钝尖或短渐尖,基部楔形至宽楔形,全缘,两面无毛,中脉在两面隆起,侧脉4~7对,在上面可见,在下面不清晰;叶柄长0.7~2cm,无毛。花白色或乳黄色,腋生,常数朵生于小枝上端,直径2.5~3cm;花梗长0.5~1.5cm;花被片15~24,宽条形或披针形,长7~17mm;雄蕊15~25;心皮6~9。聚合果直径2~2.5cm;蓇葖果6~9,肥厚,先端有长2~3mm的尖头;果梗长可达2.5cm。花期3—4月,果期9—11月。

原产于我国台湾。日本、韩国、菲律宾也有。江苏等地有引种。临安、宁波市区、鄞州等地有零星栽培。

九　八角科 Illiciaceae

图2-290　白花八角

3. 披针叶茴香　红毒茴　莽草（图2-291）
Illicium lanceolatum A.C. Smith

　　常绿小乔木或灌木，高3～10m。树皮灰褐色至灰白色。叶片披针形或倒披针形，长5～15cm，宽1.5～4.5cm，先端渐尖或尾尖，基部窄楔形，中脉在上面微凹，在下面稍隆起，侧脉、网脉不明显；叶柄纤细，长5～20mm。花腋生或近顶生，红色或深红色；花梗纤细，长1.5～5cm；花被片10～15；雄蕊6～11；心皮10～14。聚合果直径3.4～4cm；蓇葖果10～14，先端具长3～7mm的内弯尖头；果梗长可达5.5～8cm。花期5—6月，果期8—10月。

　　产于全省山区。通常生于海拔1100m以下的阴湿沟谷、山坡林下或溪流沿岸。分布于华东及湖北、湖南、贵州。模式标本采自龙泉。

　　树冠端整，枝叶浓密，叶绿花红，果形奇特，为优良的园林观赏树种；果和叶有强烈香气，可提取芳香油，为高级香料的原料；根和根皮有毒，入药可祛风除湿、散瘀止痛；种子浸出液可制生物农药；果实有毒，不可作调味香料使用。

图2-291　披针叶茴香

4. 八角　八角茴香　大茴香　（图2-292）
Illicium verum Hook. f.

常绿乔木，高10～15m。叶片革质或厚革质，倒卵状椭圆形或椭圆形，长5～15cm，宽2～5cm，先端短渐尖或稍圆钝，基部渐狭或楔形，在阳光下可见密的透明油点，中脉在叶上面微凹，在下面隆起；叶柄长8～20mm。花单生于叶腋或近顶生，粉红色至深红色；花梗长1.5～4cm；花被片7～12，常具不明显的半透明腺点；雄蕊11～20；心皮常8。聚合果直径3.5～4cm，饱满平直；蓇葖果通常8，先端钝或钝尖。花期3—4月，果期9—10月。

原产于广西。我国南方多有栽培。杭州市区（杭州植物园）、莲都、苍南等地有引种。

果为著名的调味香料；果可药用，有祛风理气、和胃调中等功效；果皮、种子、叶均含芳香油，称"八角茴香油"，为制造化妆品、甜香酒和啤酒的重要原料；木材淡红褐色至红褐色，有香气，可作细木工、家具、箱板等用材。

九　八角科 Illiciaceae

图 2-292　八角

一〇 五味子科 Schisandraceae

常绿或落叶木质藤本。单叶互生，常具透明油点；无托叶。花单生或数朵簇生于叶腋；花单性，雌雄异株，稀同株；花无花瓣、花萼之分；花被片6～24，2至多轮排列，外轮较小，中轮最大，内轮渐小；雄花具多数雄蕊，稀4或5，离生、部分或全部合生成肉质雄蕊群，花丝短或无，花药小，2室，纵裂；雌花具12～300离生心皮，螺旋状排列于肉质花托上，每心皮具2～5（11）倒生胚珠。聚合浆果近球形或长穗状；每小果具1～5种子。

2属，40余种，分布于亚洲东部、东南部和北美洲东南部。我国有2属，约27种；浙江有2属，6种。

❶ 南五味子属 Kadsura Juss.

木质藤本。芽鳞常早落。叶片纸质或革质，全缘或有锯齿，具油腺点，叶上面中脉及侧脉常不明显。花单生或2～4朵聚生于叶腋；花被片7～24；雄蕊分离或合生成头状的肉质雄蕊群；花托果时不伸长。聚合果球形或椭球形；小果肉质，常具革质的外果皮，具2～5种子。

约16种，主产于东亚和东南亚。我国有8种；浙江有2种。

1. 黑老虎　大冷饭团　（图2-293）
Kadsura coccinea (Lem.) A.C. Smith

常绿藤本，全株无毛。叶片革质，长圆形至卵状披针形，长7～18cm，宽3～8cm，先端钝或短渐尖，基部宽楔形或近圆形，全缘，侧脉每边6或7，网脉不明显；叶柄长1～2.5cm。花单生于叶腋，稀成对，雌雄异株；雄花花被片10～16，红色，中轮最大1枚椭圆形，长2～2.5cm，宽约14mm，最内轮3枚明显增厚，肉质，花托长圆锥形，长7～10mm，顶端具1～20条分枝的钻状附属体，雄蕊群椭球形或近球形，直径6～7mm，雄蕊14～48，花梗长1～4cm；雌花花被片与雄花相似，雌蕊50～80，花梗长0.5～1cm。聚合果近球形，红色或暗紫色，直径6～10cm或更大。花期6—7月，果期9—11月。

原产于华南、西南及江西、湖南。越南也有。杭州市区（杭州植物园）、临安（浙江农林大学）、庆元（淤上）、苍南（莒溪）、泰顺（左溪）等地有栽培。

根可药用，有行气活血、消肿止痛等功效；果成熟后味甜，可食。

图2-293 黑老虎

2. 南五味子 （图2-294）
Kadsura japonica (L.) Dunal — *K. longipedunculata* Finet et Gagnep.

常绿藤本，全株无毛。小枝圆柱形，疏生皮孔。叶片椭圆形或椭圆状披针形，长5～13cm，宽2～6cm，先端渐尖或尖，基部楔形，边缘有疏齿，侧脉每边5～7；叶柄长0.6～2.5cm。花单生于叶腋，雌雄异株；花被片8～17，淡黄色或粉红色，有香气；雄花花梗长1～4.5cm，雌花花梗长3～15cm。聚合果球形，直径3～5cm，成熟时呈深红色或暗紫色。种子肾形。花期6—9月，果期9—12月。

产于全省山区、丘陵。生于海拔1000m以下的山坡、溪涧林中、林缘或灌丛中。分布于华东、华南、西南及湖北、湖南。日本、朝鲜半岛也有。

根、茎、果、种子均可入药，根、茎有祛风活血、理气止痛等功效，果有收敛滋补、生津、止泻等功效，种子为滋补强壮剂和镇咳药；茎、叶、果实可提取芳香油；终年常绿，果大形奇，

图2-294 南五味子

可供观赏。

与黑老虎的主要区别在于后者叶片全缘；花红色；雌花花梗较短，长0.5~1cm；聚合果较大，直径6~10cm或更大。

❷ 五味子属 Schisandra Michx.

落叶木质藤本，稀常绿。芽鳞6~8，外芽鳞常宿存。叶片纸质或膜质，边缘常具小齿，常有透明油腺点。花单朵或数朵簇生于短枝的叶腋或苞腋；花被片5~12（20）；雄蕊离生或聚生于肉质花托上，呈球形或扁球形；花托果时伸长。聚合浆果下垂，穗状；小果肉质，具1或2种子。

22种，主产于东亚、东南亚，北美洲有1种。我国有19种；浙江有4种。

与南五味子属的主要区别在于后者果时花托几不伸长，聚合果呈球形或椭球形，芽鳞常早落；本属果时花托显著伸长，聚合果呈穗状，外芽鳞常宿存，内芽鳞早落或宿存。

分种检索表

1. 幼枝有明显翅棱；叶片下面具明显白粉而呈粉白色 ·················· 1.翼梗五味子 S. henryi
1. 幼枝无翅棱或微有棱；叶片下面无白粉而呈淡绿色，或微有白粉而呈灰绿色。
   2. 花被片5~9；雄花有雄蕊10~20；叶缘有浅波状疏齿或点状小齿。
      3. 叶片最宽处通常在中上部；叶柄常呈紫红色；种皮光滑 ············ 2.华中五味子 S. sphenanthera
      3. 叶片最宽处通常在中下部；叶柄绿色，有时带淡紫色；种皮具皱纹或小瘤点 ·················· 3.绿叶五味子 S. viridis
   2. 花被片7~13；雄花有雄蕊5；叶缘近全缘，有时具少数点状小齿 ············ 4.二色五味子 S. bicolor

1. 翼梗五味子　粉背五味子　东南五味子　（图2-295）

Schisandra henryi Clarke — *S. henryi* var. *marginalis* A.C. Smith — *S. henryi* subsp. *marginalis* (A.C. Smith) R.M.K. Saunders

落叶藤本。幼枝淡绿色，具宽近1~5mm的翅棱，小枝紫褐色；芽鳞紫红色，宿存于新枝基部。叶片椭圆形、宽卵形或近圆形，长6~16cm，宽3~10cm，先端短渐尖或短急尖，基部阔楔形或近圆形，边缘上部具齿尖或全缘，下面具明显白粉而呈粉白色，侧脉4~6对；叶柄长1~5cm。花单生于叶腋，雌雄异株；花梗长2~7cm；花被片6~10，外轮黄色，内轮常带红色；雄蕊25~40；雌蕊约50。聚合果穗状，成熟时呈红色；小果球形。花期5—6月，果期9—10月。

产于全省山区。生于海拔300m以上的沟谷边、山坡林下或灌丛中。分布于华东、华中、西南及广东、广西。

茎可药用，有通经活血、强筋壮骨等功效。

图 2-295 翼梗五味子

2. 华中五味子 东亚五味子 （图2-296）

Schisandra sphenanthera Rehder et E.H. Wilson — *S. elongata* (Blume) Baill.

落叶藤本。冬芽、芽鳞具长缘毛；幼枝无翅棱，小枝红褐色，具皮孔。叶片纸质，倒卵形、宽倒卵形或倒卵状长椭圆形，长4～16cm，宽2～8cm，通常最宽处在中上部，先端短急尖或渐尖，基部楔形至阔楔形，边缘具浅波状疏齿，下面无白粉，呈淡绿色，侧脉3～6对，网脉明显；叶柄常呈紫红色，长1～5cm。花常单生于短枝叶腋，雌雄异株；花梗长2～4.5cm；花被片5～9，外轮常淡黄绿色，内轮黄色或橘黄色；雄蕊10～20；雌蕊15～60。聚合浆果穗状，成熟时呈红色，果梗长3～13cm；小果球形。种

图 2-296 华中五味子

子椭球形,长约4mm,种皮光滑。花期4—5月,果期8—10月。

产于全省山区、丘陵。生于海拔200m以上的湿润沟谷、山坡林缘或灌丛中。分布于华东、华中、西南及山东、山西、陕西、甘肃。东南亚、南亚也有。

果可药用,为"五味子"代用品;种子榨油可制肥皂或作润滑油。

3. 绿叶五味子 (图2-297)

Schisandra viridis A.C. Smith — *S. arisanensis* Hayata subsp. *viridis* (A.C. Smith) R.M.K. Saunders

落叶藤本。全株无毛。幼枝稍有纵棱,小枝近圆柱形。叶片纸质,卵状椭圆形,长4~16cm,宽2~8cm,通常最宽处在中下部,先端渐尖,基部楔形、阔楔形至圆钝,边缘浅波状,有点状小齿,稀有粗浅锯齿,上面绿色,下面无白粉,淡绿色,侧脉每边3~6,网脉稀疏,绿色而明显;叶柄长1.5~4cm,绿色或稍带淡紫色。花单生于短枝叶腋,雌雄异株;花梗长1.5~7cm;花被片6~8,绿色或黄绿色,大小相似,阔椭圆形、倒卵形或近圆形;花托椭圆状圆柱形,顶端伸长成盾状附属物;雄蕊10~20;雌蕊15~25。聚合浆果穗状,成熟时由黄色转为红色,果梗长3.5~9.5cm;小果球形,具黄色腺点。种子肾状椭球形,长3.5~4.5mm,种皮具皱纹或小瘤点。花期4—6月,

图2-297 绿叶五味子

果期6—10月。

产于杭州市区（西湖灵山）、临安、新昌、鄞州、余姚、宁海、开化、江山、天台、三门、临海、仙居、缙云、遂昌、松阳、龙泉、景宁、泰顺。生于海拔500～900m的山沟、溪谷林缘或灌丛中。分布于安徽、江西、福建、湖南、广东、广西、贵州。

4. 二色五味子 （图2-298）
Schisandra bicolor Cheng

落叶藤本。全株无毛。一年生枝淡红色，幼时微有棱，二年生枝紫褐色或灰褐色，老枝皮不规则片状剥落。叶片近圆形，长5.5～9cm，先端急尖，基部阔楔形，上面绿色，下面微有白粉，呈灰绿色，近全缘，有时具少数点状小齿，侧脉4～6对；叶柄长2～4.5cm，绿色或淡红色。花雌雄同株；花被片7～13，外轮浅黄绿色，内轮红色；雄花花梗长1～1.5cm，雄蕊群扁平五角形，雄蕊5；雌花花梗长2～6cm，雌蕊群宽卵球形，雌蕊9～16。聚合浆果穗状，成熟时呈红色，长3～7cm；小果球形，具白色斑点。种皮具小瘤点。花期6—7月，果期9—10月。

产于温州及临安、仙居、景宁。生于海拔700～1400m的山坡、沟谷林缘。分布于江西、湖南、广西、云南。模式标本采自临安（西天目山）。

图2-298　二色五味子

一一　莲科 Nelumbonaceae

多年生水生草本。具乳汁。根状茎肥大，横走，具节，节上生须根，节间内多孔道。叶片挺水或浮水，盾状着生，近圆形，具长柄，叶柄与花梗常有刺。花大而美丽，单生于花梗顶端；花梗常高于叶；花被片多数，螺旋状着生，外层4或5，绿色，较小，向内渐大，花瓣状；雄蕊极多，螺旋状着生，花丝细长，花药窄，外向，药隔棒状；心皮多数，分离，嵌生于顶部平截的海绵质花托(莲蓬)内。坚果(莲子)椭球形或近球形，果皮革质，平滑。

1属，2种，1种产于亚洲和大洋洲，另1种产于美国东部。我国有2种；浙江均有。

莲属　Nelumbo Adans.

属特征与科同。

1. 莲　荷花 （图2-299）
Nelumbo nucifera Gaertn.

多年生水生草本。根状茎肥厚，横走，具节，节部缢缩，节间膨大，内有多数纵行通气孔道。叶二型，浮水叶和挺水叶；叶片盾状圆形，直径25~90cm，全缘稍呈波状，上面光滑，具白粉，下面淡绿色，叶脉从中央向外辐射，具1或2回叉状分枝；叶柄中空，外面散生小刺。花单生于花梗顶端，直径10~20cm；单瓣、复瓣或重瓣；瓣状花被片多数，红色、粉红色、白色或复色，长圆状椭圆形至倒卵形，呈舟状弧弯；花药条形，花丝细长，着生于花托之下；花柱极短，柱头顶生；花托直径5~10cm。坚果椭球形或卵形，长1.8~2.5cm，果皮革质，坚硬，成熟时呈黑褐色。种子椭球形或卵形，种皮红色或白色。花期6—9月，果期8—10月。

产于宁海(岔路九顷塘)。生于古池塘中，据记载已有700余年历史；全省各地广泛栽培。分布于我国南北各地。大洋洲、南亚、东北亚也有。

根状茎(藕)及叶柄、花梗可作蔬菜；根状茎可提制淀粉(藕粉)；种子可食用；叶可制饮品，又可用于食品包装；全株均可药用；品种众多，花大而美，花色丰富，极具观赏价值。为国家Ⅱ级重点保护野生植物。

一一 莲科 Nelumbonaceae

图2-299 莲

2. 美洲黄莲 美洲莲 （图2-300）

Nelumbo lutea Willd. — *Nelumbium pentapetalum* (Walter) Willd.

多年生水生草本。根状茎细长，横走，节处生多数须根。叶片浮水或挺水，盾状，近圆形，直径25～32cm，全缘或多少波状，光滑，上面深绿色，下面较浅；叶柄较细，长50～90cm，无刺，具红褐色皮孔。花鲜黄色，单瓣，直径12～20cm；花瓣15～18，倒卵形；雄蕊多数；花托倒圆锥形。果托（莲蓬）呈暗褐色。花果期6—9月。

原产于美国、加拿大、圭亚那等地，现已引种到许多国家和地区。我国有引种。杭州天景水生植物园等地有栽培。

与莲的区别在于后者的根状茎粗壮肥厚；叶柄有刺，叶片较大；花红色、粉红色、白色或复色。

图 2-300 美洲黄莲

一二　睡莲科 Nymphaeaceae

多年生或一年生草本，水生或沼生。根状茎肥厚。叶二型：沉水叶与浮水叶；叶片圆形、心形或戟形，具长叶柄。花两性，单生于花梗顶端；萼片3～12，有时花瓣状；花瓣多数，常渐变为雄蕊，稀无花瓣；雄蕊多数，螺旋状着生，花药向内；心皮3或多数，分离或与花托愈合为多室的子房，子房上位或下位，柱头盘状或环状。果实浆果状，不裂或不规则开裂。种子小，常具假种皮。

6属，约70种，广泛分布于全球热带和北温带地区。我国连引种有4属，约18种；浙江有4属，12种。

分属检索表

1. 浮水叶大型，直径0.5～3m，边缘有1或2个凹缺，叶柄盾状着生于叶下面中央；植物体多少具锐刺。
  2. 叶缘平展，有1个凹缺，叶两面均有刺；花直径约5cm，花瓣蓝紫色 ·················· 1. 芡属 Euryale
  2. 叶缘直立或斜展成檐，有2个相对的凹缺，叶仅下面有刺；花直径20cm以上，花瓣初时白色，后渐变为粉红色至紫红色 ·················· 2. 王莲属 Victoria
1. 浮水叶中小型，直径或长通常在0.4m以下，基部具显著弯缺，叶柄着生于弯缺处；全体无刺。
  3. 萼片4，绿色，非花瓣状；花瓣大，向内渐小，有时内轮渐变为雄蕊 ·················· 3. 睡莲属 Nymphaea
  3. 萼片通常5，黄色，外面微带绿色，花瓣状；花瓣小，雄蕊状 ·················· 4. 萍蓬草属 Nuphar

1 芡属 Euryale Salisb.

一年生水生草本。植物体具锐刺；根状茎粗壮。叶分沉水叶和浮水叶，浮水叶大型，圆形或椭圆形，直径0.5～3m，叶缘平展，有1个凹缺，两面在叶脉分枝处具锐刺；叶柄盾状着生于叶片下面中央。花单生，直径约5cm，挺出水面；萼片4，披针形，内面紫色，外面密生稍弯硬刺；花瓣多数，蓝紫色，排成数轮，向内渐变为雄蕊；柱头红色，盘状，凹陷。浆果状果实近球形，密生硬刺。种子多数，黑色，球形，具浆质假种皮及黑色厚种皮。

1种，分布于亚洲东部。我国有1种；浙江也有。

芡实　鸡头米（图2-301）
Euryale ferox Salisb.

一年生水生草本。植株具刺；根状茎粗壮。叶二型；初生叶为沉水叶，箭形或椭圆形，两面无刺；次生叶为浮水叶，幼苗叶片箭形，小，有褐色斑点，成株叶片圆形，盾状，直径0.5～3m，全缘，具1小凹缺和1小突尖，上面深绿色，下面常紫色，被短柔毛，两面在叶脉分枝处具锐刺；

叶柄及花梗粗壮,长可达25cm,皆有锐刺。花单生,伸出水面,直径约5cm;萼片4,披针形,内面紫色,外面密生稍弯锐刺;花瓣多数,比萼片小,长圆状披针形或披针形,长1.5~2cm,蓝紫色,呈数轮排列,向内渐变为雄蕊;无花柱,柱头红色,盘状,凹陷。浆果状果实近球形,直径4~6cm,密生硬锐刺,顶端有直立宿萼。种子多数,球形,直径6~10mm,黑色。花期7—8月,果期8—10月。

产于全省平原地区。多生于平原地带的池塘、湖泊中。分布于全国各地。东北亚及印度、孟加拉国也有。

种子富含淀粉,可供食用、酿酒等,药用有补脾益肾、涩精等功效;叶柄、花梗可蔬食;叶

图2-301 芡实

片硕大，花果奇特，可供水体美化。为浙江省重点保护野生植物。

南芡（苏芡）'Nanqian'（图2-302），为芡实的栽培品种，除叶缘、叶下面脉上稍有小刺外，其余部位无刺，果实产量高。原产于江苏；湖州、嘉兴、杭州一带有少量栽培。

图 2-302　南芡

❷ 王莲属　Victoria Lindl.

多年生或一年生水生草本。根状茎肥大；叶片下面、叶柄、花梗、子房均具尖刺。叶片大型，圆形，直径 1～3m，浮于水面，边缘直立或斜展成檐，有2个相对的凹缺，一级叶脉放射状，叶脉在下面显著隆起；叶柄盾状着生于叶片下面中央。花大，直径 20cm 以上，单生于长花梗顶端，浮于水面；萼片4；花瓣多数，初时白色，后渐变为粉红色至紫红色；雄蕊多数；子房下位，心皮 30～40。浆果状果实大型。

2种，分布于南美洲。我国均有引种栽培；浙江有栽培。

1. 亚马逊王莲　王莲（图2-303）
Victoria amazonica (Poepp.) Sowerby

多年生或一年生大型浮水草本。浮水叶片圆形，直径 1～3m；叶缘的檐斜展，檐高 2～3cm，上面绿色，下面紫红色，叶脉显著突起，一级叶脉从中央向周围放射状分布，脉上具多数长达 2～3cm 的锐刺；叶柄、花梗、萼片及子房均密被粗刺。花单生，直径 20～40cm；萼片卵状三角形，长 10～20cm，宽 6～8cm，棕褐色；花瓣多数，倒卵形，外层与萼片近等大，向内渐小渐狭，初时白色，后渐变为粉红色至紫红色；雄蕊多数，外层呈花瓣状，花丝扁平，基部渐宽，顶端有披针形附属物。果实球形。种子极多，直径 5～8mm。花果期 7—9月（在温室可延至12月）。

原产于巴西、玻利维亚。我国有引种栽培。杭州市区、普陀等地有少量栽培。

为著名的水生观赏植物。

图 2-303 亚马逊王莲

2. 克鲁兹王莲　小王莲　(图 2-304)
Victoria cruziana Orbign.

多年生或一年生大型浮水草本。浮水叶片圆形，直径 1～2.5 m；叶缘的檐直立，檐高 10～15 cm，上面绿色，下面紫红色，多皱，叶脉显著隆起，具长锐刺；叶柄及花梗紫红色，粗壮，

图 2-304 克鲁兹王莲

具长锐刺。花单生，浮水，直径25～35cm；萼片光滑无刺；花瓣多数，初开时白色，次日颜色逐渐变深，呈粉红色、红色至紫红色；雄蕊多数，花丝宽扁，花瓣状；子房密被锐刺。果实近球形，多刺，在水下生长发育。种子多数，直径7～12mm，具假种皮。花果期7—9月（在温室可延至12月）。

原产于巴拉圭、阿根廷北部。我国有引种栽培。湖州市区、杭州市区、临安、诸暨、普陀等地有栽培。

为世界著名水生观赏植物。

与亚马逊王莲的区别在于后者叶缘的檐斜展，高仅2～3cm；萼片密被刺；种子较小，直径5～8mm。

3 睡莲属 Nymphaea L.

多年生水生草本。全体无刺。根状茎肥厚。浮水叶片中小型，直径通常不逾0.4m，基部具显著弯缺，叶柄着生于弯缺处；沉水叶片薄膜质。花大而美丽，浮水或高出水面；萼片4，绿色，非花瓣状；花瓣多数，较大，排成多轮，向内渐小，有时内轮渐变为雄蕊；雄蕊短于萼片和花瓣；心皮多数，藏于肉质杯状花托内。浆果状果实海绵质，不规则开裂，在水下成熟。种子坚硬，包有胶质物，具肉质杯状假种皮。

约50种，广泛分布于全球温带和热带地区。我国连引种有10余种；浙江有7种。

分种检索表

1. 叶片全缘或微波状。
  2. 叶片较大，直径10～25cm；花大，直径通常在10cm以上；栽培。
    3. 花瓣纯白色、玫红色或乳白带粉红色；根状茎横走或斜卧。
      4. 花瓣纯白色或玫红色；叶片下面淡褐色，与叶柄均无毛 ·························· **1. 白睡莲 N. alba**
      4. 花瓣乳白带粉红色；叶片下面紫红色或深红色，与叶柄均被柔毛 ········ **4. 香睡莲 N. odorata**
    3. 花瓣鲜黄色；根状茎直生 ··· **2. 黄睡莲 N. mexicana**
  2. 叶片较小，直径5～12cm；花小，直径2～4cm；野生 ························· **3. 睡莲 N. tetragona**
1. 叶片边缘常具齿缺（延药睡莲有时近全缘）。
  5. 叶片较小，直径7～15cm；花瓣白色带青紫、鲜蓝色或紫红色 ············· **5. 延药睡莲 N. nouchali**
  5. 叶片较大，直径15～40cm；花瓣蓝紫色或白色。
    6. 花瓣15～20，蓝紫色；叶片下面常有不规则的小紫点；花通常午前开放，黄昏闭合 ·· **6. 埃及蓝睡莲 N. capensis**
    6. 花瓣12～14，白色；叶片下面带红色；花通常傍晚开放，午前闭合 ········· **7. 埃及白睡莲 N. lotus**

1. 白睡莲 （图2-305）
Nymphaea alba L.

多年生水生草本。根状茎粗壮，横走。叶片纸质，漂浮于水面，近圆形，直径10～25cm，基部具深弯缺，全缘或微波状，上面深绿色，平滑，下面淡褐色，两面无毛，有小点；叶柄长可达70cm。花纯白色，芳香，单生于花梗顶端，通常漂浮于水面，直径10～20cm，早晨开放，晚上闭合；萼片4，披针形，长3～6cm；花瓣20～25，纯白色，卵状长圆形，外轮比萼片稍长；雄蕊多数，外轮花瓣状；柱头扁平，具14～20条辐射线。果实卵球形至半球形，长2.5～3cm。种子椭球形，长2～3cm。花期6—8月，果期8—10月。

原产于亚洲西部、北部和欧洲。为现代睡莲栽培品种的主要亲本，现已引种至世界各地。我国常见栽培。全省各地公园多有栽培供观赏。

《中国植物志》等文献记载浙江有分布，但作者在野外调查中从未见过，也无标本依据。《中国水生植物》认为其属于人工栽培或栽培后逸生，我国无自然分布。

图 2-305　白睡莲

1a. 红睡莲（变种）（图2-306）
var. rubra Lönnr.

花玫红色，直径约10cm，近全日开放。

原产于瑞典。我国南北各地均有引种。全省各地公园有栽培。

图 2-306　红睡莲

2. 黄睡莲 （图 2-307）
Nymphaea mexicana Zucc.

多年生水生草本。根状茎粗壮，直生，短圆柱形。浮水叶片卵圆形，直径10～25cm，全缘或微波状，叶片上面绿色，具暗褐色斑纹，下面紫红褐色，具小黑斑点，两面无毛，基部深裂至叶柄；叶柄光滑无毛。花单生于花梗顶端，直径10～15cm，通常中午开放，傍晚闭合；花萼外面绿色，内面带黄色；花瓣鲜黄色，多数，向内渐变小；雄蕊多数，花药黄色。通常不结实。花期6—10月。

原产于墨西哥。我国南北各地多有引种。本省公园有零星栽培。

图 2-307　黄睡莲

3. 睡莲（图2-308）

Nymphaea tetragona Georgi

多年生水生草本。根状茎粗短，直生或横走。叶片纸质，漂浮于水面，卵形或卵圆形，长5～12cm，宽4～10cm，先端钝圆，基部具深弯缺，全缘，上面绿色，光亮，下面带红色或紫色，两面无毛；叶柄长达60cm。花单生于花梗顶端，直径2～4cm，白色，通常午后开放；花蕾桃形，具4棱；花萼4，宽披针形或窄卵形，长2～3.5cm，宿存；花瓣8～15，宽披针形、长圆形或倒卵形，长2～2.5cm；雄蕊多数，花药条形，长3～5mm；子房圆锥形，柱头盘状。果实球形，直径2～2.5cm，为宿萼包裹。种子多数，椭球形，长2～3mm，黑色。花期6—8月，果期8—10月。

产于杭州市区（西湖）、临安、兰溪、磐安、天台、遂昌、龙泉、永嘉、文成、泰顺。生于海拔60～1500m的丘陵池塘或山地沼泽中。广泛分布于我国南北各地。欧洲、北美洲及日本、朝鲜半岛、越南、印度、哈萨克斯坦也有。

根状茎含淀粉，可供食用或酿酒；耐寒性极强，为培育耐寒品种的重要亲本。为浙江省重点保护野生植物。

图 2-308　睡莲

4. 香睡莲 （图2-309）
Nymphaea odorata Aiton

多年生水生草本。根状茎粗壮，横走或斜卧。浮水叶片圆形，幼时紫色，后逐渐变绿色，薄革质，直径10～25cm，全缘，上面绿色，下面紫红色或深红色，被柔毛，基部深裂至叶柄；叶柄紫红色，被柔毛。花单生，直径10～15cm，通常午前开放；花乳白色带粉红色，芳香，浮于水面；花瓣外轮大，向内渐小至雄蕊状；雄蕊多数，黄色。果实近球形，水下发育。花期7—10月，室内栽培可更长。

原产于美国，品种较多，现已引种至世界各地。我国有引种。杭州市区、诸暨等地有栽培。

图2-309 香睡莲

5. 延药睡莲 蓝睡莲 （图2-310）
Nymphaea nouchali Burm. f. — *N. stellata* Willd.

多年生水生草本。根状茎短，肥厚。叶片圆形或卵圆形，直径7～15cm，基部具弯缺，裂片平行或开展，先端急尖或圆钝，边缘常具齿缺，有时近全缘，下面带紫色，两面无毛，皆具小点；叶柄长达50cm。花直径3～15cm，微香；花梗与叶柄近等长；萼片条形或长圆状披针形，长7～8cm，有紫色条纹，宿存；花瓣10～30，白色带青紫色、鲜蓝色或紫红色，条状长圆形或披针形，长4.5～5cm，先端急尖、渐尖或稍圆钝，内轮渐变为雄蕊，外围雄蕊药隔先端具长附属物；柱头具10～30辐射线，先端呈短角，但无附属物。果实球形。种子具条纹。花果期7—10月。

原产于安徽、湖北、广东、海南、云南等地。非洲及越南、缅甸、泰国、印度也有。全国各地有栽培。本省公园有零星栽培。

花美丽，可供观赏；根状茎可煮食。

图 2-310 延药睡莲

6. 埃及蓝睡莲 南非睡莲 （图 2-311）
Nymphaea capensis Thunb.

多年生水生草本。根状茎呈不规则球形。叶片近圆形或宽椭圆形，直径 20～40cm，基部深裂至半径的 4/5 或更深，边缘常具齿缺，上面绿色，下面常有不规则的小紫点，两面无毛；叶柄细长，无毛。花单生于花梗顶端，挺出水面，直径 10～15cm，芳香，通常午前开放，黄昏闭合；花蕾时花萼外侧绿色，具紫褐色斑点，萼片条形或长圆状披针形；花瓣 15～20，蓝紫色；雄蕊多数，花药金黄色。果实水下发育。种子较少。花期 6—10 月，果期 8—12 月。

原产于非洲南部、东部及马达加斯加，现已引种至世界各地。我国有引种。海宁、杭州市区、诸暨、普陀等地有栽培。

一二　睡莲科 Nymphaeaceae

图 2-311　埃及蓝睡莲

7. 埃及白睡莲　齿叶白睡莲　（图2-312）
Nymphaea lotus L.

多年生水生草本。根状茎匍匐，肥厚。叶片卵圆形，直径15～30 cm，基部具深弯缺，裂片圆钝，近平行，边缘有三角状锐齿缺，上面绿色，下面带红色，两面无毛；叶柄无毛。花单生于花梗顶端，挺出水面，直径12～25 cm，通常傍晚开放，午前闭合；萼片长圆形，外面带绿色；花瓣12～14，白色，长圆形，先端圆钝；雄蕊多数，花药金黄色，先端不延长，外轮花瓣状，内轮不育。果实凹卵形。种子近球形，两端尖，中部有条纹。花期8—11月，果期10—12月。

原产于埃及尼罗河流域。我国有引种。湖州、杭州等地有栽培。

图 2-312　埃及白睡莲

❹ 萍蓬草属 Nuphar J.E. Smith

多年生水生草本。全体无刺。根状茎粗壮。叶二型；浮水或出水叶片中型，直径或长通常不逾25cm，基部具显著弯缺，叶柄着生于弯缺处，全缘；沉水叶片膜质，皱。花单生于花梗顶端，伸出水面；萼片4～7，通常5，黄色，外面微带绿色，花瓣状，宿存；花瓣小，多数，雄蕊状；雄蕊比萼片短，花丝扁平，花药内向；心皮多数，子房上位，柱头盘状，辐射状排列。果实卵形至圆柱形，不规则开裂。种子多数，有肉质假种皮。

约25种，分布于北温带地区。我国约有5种；浙江有2种。

1. 萍蓬草　黄金莲　（图2-313）
Nuphar pumila (Timm) DC.

多年生水生草本。浮水或出水叶片宽卵形或卵形，长8～17cm，宽5～12cm，先端圆钝，基部具深弯缺，心形，裂片远离，圆钝，上面光亮，无毛，下面密生较均匀的柔毛，侧脉羽状，数回二歧分枝；叶柄长20～50cm，有柔毛。花直径3～4cm；花梗伸出水面，有柔毛；萼片5，黄色，花瓣状，外面中央带绿色，长圆形或椭圆形，长1～2cm；花瓣狭楔形，长5～7mm，先端微凹；柱头盘8～10裂，红色。果实卵形，长3～4cm。种子椭球形，长约5mm，有白色假种皮。花期6—9月，果期8—11月。

产于湖州、杭州、宁波、金华、台州及开化等地。生于湖泊或池沼中；全省各地普遍栽培。分布于华东（除福建）及黑龙江、

图2-313　萍蓬草

一二　睡莲科 Nymphaeaceae

吉林、内蒙古、河北、湖北、河南、广东、贵州、新疆。欧洲、东北亚也有。

根状茎可食用，也可药用，有补虚、止血等功效；花可供观赏。

2. 中华萍蓬草　（图2-314）
Nuphar sinensis Hand.-Mazz.

多年生水生草本。叶二型；浮水或出水叶片心状卵形，长8～17cm，宽8～12cm，先端圆钝，基部具深弯缺，裂片开展，上面几无光泽，下面被疏密不等的短柔毛；沉水叶片膜质，无毛；叶柄基部有膜质翅，具长柔毛。花直径5～6cm；花梗伸出水面；萼片5，长圆形或倒卵形，黄色，花瓣状，长2～2.5cm；花瓣多数，倒卵状楔形，长约7mm，先端微凹，雄蕊多数，花丝扁平；子房卵球形，柱头盘10～13裂，红色。果实卵球形，长约3cm。种子多数，卵球形，长约3mm，有白色假种皮。花期6—10月，果期9—12月。

产于鄞州、奉化、宁海。生于湖泊、河流或山塘中；杭州等地公园中有栽培。分布于华东及湖南、广东、广西、贵州。

与萍蓬草的区别在于后者叶片下面密生较均匀的柔毛；花较小，直径3～4cm；柱头盘8～10裂。

图2-314　中华萍蓬草

一三　莼菜科 Cabombaceae

多年生水生草本。根状茎匍匐；茎纤细，有分枝。具沉水叶和浮水叶，互生、对生或轮生，掌状细裂或不裂。花小，两性，单生于叶腋；萼片及花瓣均3或4，宿存；雄蕊3至多数；子房上位，心皮3～18，离生，每心皮具2或3倒生胚珠，花柱短，柱头顶生或侧生。坚果，果皮革质，不开裂。

2属，6种，分布于全球热带和温带地区。我国有2属，2种；浙江均有。

1 莼菜属 Brasenia Schreb.

多年生水生草本。根状茎细长，匍匐；茎纤细，多分枝。叶二型；浮水叶片椭圆形，互生，盾状着生，全缘，有长柄；沉水叶片至少在芽时存在，小而退化；叶柄及花梗等有透明胶质物。花小，单生；萼片及花瓣均宿存；雄蕊12～18或更多，花药侧向；心皮6～18，离生，花柱短，柱头侧生。坚果。种子1或2。

仅1种，分布于东亚、南亚、非洲、大洋洲和北美洲。我国有1种；浙江也有。

莼菜　蓴菜（图2-315）
Brasenia schreberi J.F. Gmel.

多年生水生草本。根状茎匍匐，具沉水叶及匍匐枝；茎细长，多分枝，嫩茎、叶及花梗被透明胶质物。浮水叶片盾状着生，椭圆形，长5～10cm，宽3～6cm，全缘，上面绿色，下面紫红色，

图2-315　莼菜

两面无毛；叶柄长25～40cm，着生于叶片中央。花单生于叶腋，暗紫色，直径1～2cm；花梗长6～10cm；萼片3～4，绿褐色或紫褐色，花瓣状，宿存；花瓣3或4，紫褐色，宿存；雄蕊紫红色。坚果革质，数个聚生，不开裂。种子1或2，卵形。花期5—9月，果期10月至次年2月。

产于临安、磐安、永康、武义、青田、景宁、乐清、文成、泰顺。通常生于海拔700m以上的山塘或山地沼泽中；本省低海拔地区有栽培。分布于江苏、安徽、江西、湖南、台湾、四川、云南。美洲、非洲、东北亚及印度、澳大利亚也有。

嫩茎叶可作蔬菜食用；可供水体美化。为国家Ⅰ级重点保护野生植物。

❷ 水盾草属 Cabomba Aubl.

多年生水生草本。植株幼嫩部分常被锈色短柔毛。叶二型，沉水叶与浮水叶；沉水叶片明显，扇形，对生，数回掌状2或3叉分裂，末回裂片丝状；浮水叶片不明显，花时存在于茎上部，互生，条状椭圆形，稀戟形或盾状，基部全缘或有齿。花单生于枝上部叶腋；花梗短；花萼花瓣状，倒卵形；花瓣宽椭圆形，基部耳状；雄蕊3～6，与花瓣对生；雌蕊通常2～4，柱头头状，胚珠多为3。果实长梨形，先端渐尖。

5种，原产于美洲。我国归化1种；浙江也有。

与莼菜属的主要区别在于后者以浮水叶为主，互生，叶片椭圆形，全缘，不裂；植物体具透明胶质物。

水盾草 竹节水松 （图2-316）
Cabomba caroliniana A. Gray

多年生水生草本。茎细长，长可达2m，下部近无毛，上部常有锈色毛。叶二型；沉水叶片扇形，长2.5～7cm，宽2～5cm，掌状三回至四回2或3叉细裂，末回裂片丝状，叶柄长3～15mm；浮水叶片仅出现于花期，狭椭圆形，盾状着生，长1.4～2cm，宽约0.3cm，叶柄长1.5～2cm。花小，开放时伸出水面，花瓣状花萼6，2轮，倒卵形，白色。花期8月，果期10月。

原产于美洲，现世界各地将其作为水族箱高级观赏草引种并常有逸生。华东、华中、华南等地有归化。杭州、绍兴、宁波等地有归化，在本省罕见开花结果，通常在水网地区其茎被船舶螺旋桨切断后进行无性繁殖并扩散，已成为入侵物种，对水体生态系统会造成严重影响，需严加控制。

图 2-316 水盾草

一四　金鱼藻科 Ceratophyllaceae

多年生沉水草本。无根。茎纤细，漂浮，有分枝。叶4～12枚轮生；叶片一回至四回2叉状分歧，裂片条形，边缘一侧有锯齿或微齿，先端有2刚毛；无叶柄和托叶。花单性，雌雄同株，微小，单生于叶腋，雌、雄花异节着生，近无梗；总苞有8～12苞片，先端具带色毛；无花被；雄花有10～20雄蕊，花丝极短，花药外向，纵裂，药隔延长成粗大附属物，先端有2或3齿；雌蕊心皮1，柱头侧生，子房上位，1室。坚果革质，卵形或椭球形，先端有长刺状宿存花柱，基部有2刺，有时上部还有2刺。种子1，具单层种皮。

1属，6种，广泛分布于全球热带和温带地区的净水中。我国有3种；浙江有2种。

金鱼藻属 Ceratophyllum L.

属特征与科同。

1. 金鱼藻　混草（图2-317）
Ceratophyllum demersum L.

多年生沉水草本。茎长40～150cm，平滑，具分枝。叶4～12枚轮生；叶片一回或二回2叉状分歧，裂片丝状或条形，长1.5～2cm，宽0.1～0.5mm，边缘仅一侧有数枚细齿。花小，单性，1～3朵生于节部叶腋；苞片9～12，条形，长1.5～2mm，浅绿色，透明，先端有3齿及带紫色毛；

图2-317　金鱼藻

雄蕊10～16；子房卵形，花柱钻状。坚果宽椭球形，长4～5mm，宽约2mm，黑色，平滑，边缘无翅，有3刺，顶生刺（宿存花柱）长8～10mm，先端具钩，基部2刺向下斜展，长4～7mm，先端渐细成刺状。花期6—7月，果期8—10月。

产于全省各地。生于池塘、河沟中。全国广泛分布。全球广泛分布。

可作水族箱观赏草；也是优良的鱼类饲料。

2. 五刺金鱼藻（亚种）（图2-318）

Ceratophyllum platyacanthum Cham. subsp. **oryzetorum** (Kom.) Les —— *C. oryzetorum* Kom.

多年生沉水草本。茎平滑，多分枝，节间长1～2.5cm，向上渐短。叶常10枚轮生；叶片二回2叉状分歧，裂片条形，长1～2cm，宽0.3～0.5mm。花未见。坚果椭球形，长4～5mm，直径1～1.5mm，褐色，平滑，边缘无翅，有5尖刺，顶生刺长7～10mm，2刺生于果实近先端1/3处，且和果实垂直，长2～4mm，基部2刺长6～8mm，平展或向下斜展。果期9—11月。

产于嘉兴、杭州、金华及德清、鄞州、慈溪、温岭等地。生于河沟或池沼中。分布于东北、华北、华东、华中、华南及宁夏等地。东北亚也有。

与金鱼藻的区别在于后者叶4～12枚轮生，叶片一回或二回2叉状分歧；果实具3刺。

图2-318　五刺金鱼藻

一五　毛茛科 Ranunculaceae

一年生或多年生草本，少为灌木或木质藤本。叶互生或基生，少为对生；单叶或复叶，通常掌状分裂，无托叶；叶柄基部有时扩大成鞘状。花两性，稀单性，雌雄同株或异株，辐射对称，稀两侧对称；单生或组成聚伞、总状或圆锥花序；萼片（2）4或5，或更多，绿色，或特化成分泌器官，或呈花瓣状；花瓣存在或缺，（2）4或5，或更多，常有蜜腺，或特化成分泌器官，此时常远比萼片小，呈杯状、筒状或二唇状，基部常有距；雄蕊多数，稀少数，螺旋状排列，花药2室，纵裂，退化雄蕊有时存在；心皮多数、少数或1枚，离生，稀合生，在隆起的花托上螺旋状排列或轮生，柱头不明显或明显；胚珠多数、少数至1粒，倒生。蓇葖果或瘦果，稀为蒴果或浆果，花柱常宿存。

约60属，2500余种，广泛分布于世界各地，主要分布于北半球温带和亚寒带地区。我国有38属，约921种，全国广泛分布，以西南山地最为丰富；浙江有19属，82种。

该科拥有不少著名的药用植物、观赏植物和有毒植物。

分属检索表

1. 每心皮胚珠2至多数；蓇葖果，稀蒴果（黑种草属）。
   2. 花两侧对称。
      3. 上萼片无距；花瓣有爪 ·· **5.乌头属 Aconitum**
      3. 上萼片有距；花瓣无爪。
         4. 退化雄蕊2，花瓣状，有爪；花瓣分离；心皮3～7 ············· **6.翠雀属 Delphinium**
         4. 无退化雄蕊；花瓣合生；心皮1 ································ **7.飞燕草属 Consolida**
   2. 花辐射对称。
      5. 花多数，组成圆锥花序或总状花序 ··························· **2.升麻属 Cimicifuga**
      5. 花单朵顶生或数朵组成单歧、二歧、多歧、蝎尾状聚伞花序。
         6. 叶为单叶。
            7. 叶片不裂或3～5浅裂至近深裂。
               8. 叶片基部着生，不分裂；花瓣状花萼通常黄色；无花瓣 ············ **1.驴蹄草属 Caltha**
               8. 叶片盾状着生，不裂或3～5浅裂至近深裂；花瓣状花萼白色；花瓣极小，黄色 ·· **13.星果草属 Asteropyrum**
            7. 叶片鸟足状全裂、深裂或掌状3～5全裂。
               9. 叶片鸟足状全裂或深裂，基生兼茎生 ······················ **3.铁筷子属 Helleborus**
               9. 叶片掌状3或5全裂，基生 ···································· **12.黄连属 Coptis**
         6. 叶为掌状三出复叶、鸟足状复叶、一回三出复叶、二回至三回三出复叶或二回至三回羽状复叶。
            10. 心皮合生，成熟时形成蒴果；一年生草本 ··················· **4.黑种草属 Nigella**

10.心皮分离，或仅在基部合生（人字果属），成熟时形成蓇葖果；多年生草本。
　　11.叶的裂片和牙齿先端微凹；花瓣有长爪；心皮2，基部合生 ·········· **8.人字果属 Dichocarpum**
　　11.叶的裂片和牙齿先端全缘；花瓣无爪；心皮通常2枚以上，分离。
　　　　12.掌状三出复叶；花直径4～6mm，萼片白色；雄蕊8～14；花柱远短于子房············
　　　　　　 ··· **9.天葵属 Semiaquilegia**
　　　　12.二回或三回三出复叶；花直径2cm以上，萼片颜色丰富；雄蕊多于20；花柱通常长于子房
　　　　　　 ·· **10.耧斗菜属 Aquilegia**
1.每心皮胚珠1；瘦果。
　　13.木质或多年生草质藤本，稀灌木或草本；叶对生；萼片镊合状排列 ········· **17.铁线莲属 Clematis**
　　13.多年生或一年生草本；叶互生或基生；萼片覆瓦状排列。
　　　　14.有花瓣，黄色、白色或下部黄色；萼片通常比花瓣小，多为绿色。
　　　　　　15.陆生草本，稀水生；瘦果平滑或有瘤状、刺状突起 ············ **18.毛茛属 Ranunculus**
　　　　　　15.水生草本；瘦果有数条横皱纹 ···································· **19.水毛茛属 Batrachium**
　　　　14.无花瓣；萼片通常花瓣状，多色，稀淡绿色。
　　　　　　16.叶基生或茎生，一回至五回三出复叶；花下无总苞············ **11.唐松草属 Thalictrum**
　　　　　　16.叶全为基生，单叶或复叶；花下有总苞。
　　　　　　　　17.总苞紧接于花萼下，呈花萼状·································· **15.獐耳细辛属 Hepatica**
　　　　　　　　17.总苞不与花萼紧接，呈叶状。
　　　　　　　　　　18.花单生或数朵排成聚伞花序；瘦果成熟时花柱不伸长成羽毛状·············
　　　　　　　　　　　　 ·· **14.银莲花属 Anemone**
　　　　　　　　　　18.花单生；瘦果成熟时花柱伸长成羽毛状 ················ **16.白头翁属 Pulsatilla**

1 驴蹄草属 Caltha L.

多年生草本。具肉质须根。茎少分枝。单叶，基生或茎生，茎生叶互生；叶片不裂，基部着生，边缘有齿或全缘；叶柄基部具鞘。花辐射对称，单朵顶生或2至数朵组成单歧聚伞花序；萼片5或较多，花瓣状，黄色，稀白色或红色，早落；无花瓣；心皮4～15，每心皮胚珠多数，呈2列生于子房腹缝线上。蓇葖果开裂。种子椭球形，表面光滑或具少数纵皱纹。

约15种，分布于全球温带或亚寒带地区。我国有4种；浙江有1种。

驴蹄草 马蹄草 （图2-319）
Caltha palustris L.

多年生草本，高20～50cm。具多数肉质须根。全体无毛。茎实心，具细纵沟。基生叶3～7，叶片近圆形、圆肾形或心形，长2.5～6cm，宽3～9cm，先端圆形，基部心形或宽心形，边缘密生细牙齿，叶柄长7～24cm；茎生叶向上渐小，圆肾形或三角状心形。单歧聚伞花序生于茎或分枝顶端，通常具2花；苞片叶状，三角状心形，边缘具牙齿；花梗长2～10cm；萼片5，黄色，倒

卵形或狭倒卵形，长1～2.5cm，宽0.6～1.5cm，先端圆形或急尖；雄蕊多数，花药长圆形；心皮7～12，与雄蕊近等长。蓇葖果长8～10mm，具横脉。种子狭卵球形，长1.5～2mm，黑色，有光泽，具少数纵皱纹。花期4—5月，果期7—8月。

产于安吉、临安、天台、景宁。生于海拔800～1500m的山谷、溪边、林下阴湿处或山地沼泽中。分布于东北、西南、西北及河南。

全草有毒，含白头翁素和其他植物碱，可药用，有祛风散寒、解暑、消肿等功效；亦可制生物农药；花繁艳丽，可供湿地美化。

图 2-319　驴蹄草

a. 华东驴蹄草(变种)（图2-320）
var. orientali-sinensis X.H. Guo

与驴蹄草的区别在于茎中空，心皮4～8。

产于安吉、临安、磐安、天台、缙云。生境同驴蹄草。分布于安徽。

用途同驴蹄草。

图 2-320 华东驴蹄草

② 升麻属 Cimicifuga L.

多年生草本。根状茎粗壮，稍带木质。茎直立，圆柱形，少分枝。叶大型，一回三出复叶或二回至三回三出复叶，具长柄；小叶片卵形、菱形至狭椭圆形，边缘具粗锯齿。花多数，组成圆锥或总状花序；花序轴密被腺毛和柔毛；花小，具短柄；萼片4或5，花瓣状，早落；花瓣不存在；心皮1~8，每心皮胚珠2至多数。蓇葖果先端具1外弯的喙。种子少数，通常四周具膜质的鳞翅。

约18种，分布于北半球温带地区。我国有8种；浙江有3种。

本属植物的根状茎可药用。

分种检索表

1. 一回三出复叶；退化雄蕊与萼片近同形，基部具蜜腺；心皮1或2 ················· 1. 小升麻 C. japonica
1. 二回至三回三出复叶；退化雄蕊与萼片不同形，基部无蜜腺；心皮2~7。
　2. 花序不分枝或下部有少数极短的分枝 ································· 2. 单穗升麻 C. simplex
　2. 花序有3~20分枝 ·· 3. 升麻 C. foetida

1. 小升麻　金龟草　(图2-321)

Cimicifuga japonica (Thunb.) Spreng. — *C. acerina* (Siebold et Zucc.) Tanaka

多年生草本，高25～120cm。根状茎粗大，横走，棕黑色。茎下部近无毛，上部密被灰色柔毛。叶1或2，近基生，一回三出复叶，叶柄长达32cm；叶片宽达35cm，小叶柄长4～12cm，顶生小叶片卵状心形，长5～20cm，宽4～18cm，具5～7对浅裂片，裂片三角形或斜梯形，边缘有不整齐锯齿，侧生小叶片比顶生小叶片略小，基部稍不对称。穗状花序顶生，单一或有1～5分枝，长10～25cm；花小，直径约4mm，近无梗；萼片4，白色，椭圆形至倒卵状椭圆形，长3～5mm；退化雄蕊与萼片近同形，长约4.5mm，基部具蜜腺；花药扁椭球形，长1～1.5mm，花丝狭条形，长4～7mm；心皮1或2，无毛。蓇葖果长约10mm，宽约3mm。种子8～12，椭圆状卵形，长约2.5mm，浅褐色。花期8—9月，果期10—11月。

产于丽水及安吉、临安、淳安、奉化、宁海、金华市区（婺城）、磐安、武义、永嘉、泰顺。生于海拔700m以上的山地林下阴湿草丛中或溪沟边。分布于华中及山西、安徽、四川、贵州、广东、陕西、甘肃。日本也有。

根状茎可药用，有清热解毒、活血消肿、降压等功效。

图2-321　小升麻

2. 单穗升麻　(图2-322)

Cimicifuga simplex (DC.) Wormsk. ex Turcz.

多年生草本，高1～1.5m。根状茎粗壮，横走，表面带黑色。地上茎自花序以下无毛。茎下部叶为二回至三回三出复叶，具长柄；叶片卵状三角形，宽达30cm，顶生小叶片宽披针形至菱形,长3.5～9cm,宽2～5.5cm,3浅裂至深裂,边缘有锯齿,具短柄,侧生小叶片狭斜卵形,比顶生小叶片小,通常无柄;茎上部叶较小,一回至二回羽状三出复叶。总状花序顶生,长达35cm,不分枝或有时在基部有少数极短的分枝;花梗长5～8mm,和花序轴均密被灰色腺毛及柔毛;萼片宽椭圆形,白色,长约4mm;退化雄蕊与萼片不同形,顶端膜质,2浅裂,基部无蜜腺;花药黄白色,长约1mm,花丝狭条形,长5～8mm;心皮2～7,密被灰色短绒毛,具柄。蓇葖果长7～9mm,宽4～5mm,被伏贴短柔毛。种子4～8,椭球形,长约3.5mm。花期8—9月,果期10—11月。

产于安吉、临安、淳安。生于海拔1000～1500m的山坡林下富含腐殖质的阴湿处及沟边。分布于东北及内蒙古、河北、四川、陕西、甘肃。东北亚也有。

根状茎可药用,有散风、解毒、透疹等功效。

图2-322 单穗升麻

3. 升麻 (图2-323)

Cimicifuga foetida L.

多年生草本,高1～2m。根状茎粗壮,近黑色,有多数内陷的老茎残迹。茎微具槽,有分枝,被短柔毛。二回至三回三出复叶,叶柄长达15cm;茎下部叶片三角形,宽达30cm,顶生小叶片菱形,长7～10cm,宽4～7cm,常浅裂,边缘有锯齿,具长柄,侧生小叶片斜卵形,比顶生小叶片略小,具短柄或无柄;茎上部叶较小,具短柄或无柄。花序具3～20分枝,长达45cm,下部的分枝长达15cm;花序轴密被灰色或锈色的腺毛及短毛;萼片倒卵状圆形,白色或绿白色,长3～4mm;退化雄蕊与萼片不同形,长约3mm,顶端微凹或2浅裂,基部无蜜腺;雄蕊长4～7mm,花药黄色或黄白色;心皮2～5,密被灰色毛,近无柄。蓇葖果长椭球形,长8～14mm,

宽2.5~5mm，有伏毛。种子椭球形，长2.5~3mm，褐色。花期8—9月，果期10—11月。

产于安吉、临安。生于海拔1200m左右的阴湿山沟林缘、林下或湿地草丛中。分布于西南、西北及山西、河南。俄罗斯、蒙古也有。

升麻在《神农本草经》中被列为上品，根状茎可入药，治风热头痛、咽喉肿痛、斑疹不易透发等；也可制生物农药，用于杀灭为害马铃薯块茎的蛾、蝇蛆等。

图2-323 升麻

❸ 铁筷子属 Helleborus L.

多年生草本。有根状茎。单叶，鸟足状全裂或深裂，基生兼茎生。花1朵顶生或少数组成顶生聚伞花序；花较大；萼片5，花瓣状，白色、粉红色或绿色，常宿存；花瓣小，筒形或杯形，有短柄，先端多少呈唇形；雄蕊多数，花药扁椭球形，花丝狭条形，具1脉；心皮3或4，每心皮胚珠多数。蓇葖果革质，具宿存花柱。种子椭球形。

约20种，主要分布于欧洲东南部和亚洲西部。我国原产1种，引进数种；浙江常见栽培2种。

1. 铁筷子 （图2-324）

Helleborus thibetanus Franch. — *H. chinensis* Maxim. — *H. viridis* L. var. *thibetanus* (Franch.) Finet et Gagnep.

多年生常绿草本，高30~50cm。根状茎直径约4mm，密生肉质长须根。茎无毛，上部分枝，基部有2或3鞘状叶。基生叶1（2），无毛；叶片轮廓肾形或五角形，长7.5~16cm，宽14~24cm，鸟足状3全裂，边缘密生锐锯齿，中裂片不裂，倒披针形，侧裂片不等3全裂；叶柄长20~24cm；茎生叶较基生叶小，侧裂片不等2或3深裂，近无柄。花1（2）朵生于茎或枝端，无毛；萼片初时粉红色，果时变绿色，椭圆形或狭椭圆形，长1.1~2.3cm，宽0.5~1.6cm；花瓣8~10，淡黄绿色，圆筒状漏斗形，具短柄，长5~6mm，腹面稍2裂；雄蕊长4.5~10mm；心皮2或3，长约1cm，花柱与子房近等长。蓇葖果扁平，长1.6~2.8cm，宽0.9~1.2cm，有横脉，喙长约6mm。种子扁椭球形，长4~5mm，宽约3mm，光滑，有1条纵肋。花期3—5月，果期5—6月。

原产于湖北、四川、陕西、甘肃。本省园林中偶有栽培。

为观赏植物；地下部分可药用，治膀胱炎、尿道炎、疮疖肿毒和跌打损伤等。

图2-324　铁筷子

2. 杂种铁筷子 （图2-325）

Helleborus × hybridus Hort. ex Vilmorin

形态特征与铁筷子相似。花色品种较多，萼片有蓝色、红色、白色、黄色等。

人工杂交而成。引自欧洲、北美洲。我国园林中常有栽培，供观赏。

图 2-325　杂种铁筷子

❹ 黑种草属　Nigella L.

一年生草本。叶互生，通常为二回至三回羽状复叶。花单朵顶生，辐射对称；萼片5，花瓣状，黄色、白色或蓝色等，卵形，常有爪，脱落；花瓣5～8，具短柄，二唇形，上唇较短，下唇有蜜槽；雄蕊多数，花药椭圆形，花丝丝状；心皮3～10，无柄，合生，每心皮胚珠多数。蓇葖果，在心皮腹缝线的上部开裂。种子具棱，常有皱纹或疣状突起。

约20种，主要分布于地中海地区。我国引种栽培2种；浙江栽培1种。

黑种草（图2-326）
Nigella damascena L.

一年生草本，高25～50 cm。全体无毛。茎不分枝或上部分枝。叶为二回至三回羽状复叶，末回裂片狭条形或丝状，先端锐尖，茎下部叶有短柄，上部叶无柄。花单生于枝顶，直径2.5～3 cm，下面有鹿角状总苞；萼片5，蓝色，卵形，长1～1.2 cm，宽5～6 mm，先端锐渐尖，基部有短爪；花瓣5～8，长约5 mm，具短爪，唇形，上唇较下唇略短，披针形，下唇2裂超过中部，裂片宽菱形，先端近球形变粗，基部有蜜槽；雄蕊多数，长约8 mm，无毛，花药扁椭球形，花丝丝状；心皮通常5，子房合生至花柱基部。蓇葖果椭球形，长1.8～2.2 cm。花期5—7月，果期8—9月。

原产于欧洲南部。我国部分城市有栽培，供观赏。本省园林中偶见栽培。

种子含芳香油；可作蜜源植物。

图 2-326　黑种草

5 乌头属　Aconitum L.

多年生草本。具块根。茎直立或缠绕。单叶互生；叶片掌状分裂，稀不分裂。花序总状，稀聚伞状；花两侧对称；萼片5，花瓣状，紫色、蓝色或黄色，上萼片舟形、盔形或圆筒形，无距，侧萼片近圆形，下萼片长圆形；花瓣2，有爪，瓣片有唇和距；退化雄蕊3~6；心皮3~5，每心皮胚珠多数。蓇葖果，宿存花柱短。种子四面体形，沿棱生翅或在表面生横膜翅。

约400种，分布于北半球温带地区，主要分布于亚洲，其次是欧洲和北美洲。我国约有211种；浙江有4种。

本属植物块根含多种乌头碱，有毒，可药用；有些种类花色艳丽，可供观赏。

分种检索表

1. 茎缠绕。
　　2. 茎疏生短柔毛；叶片五角状肾形，叶柄长达30cm；花淡紫色至近白色；上萼片圆筒形 ·· 1. 赣皖乌头　A. finetianum
　　2. 茎无毛；叶片五角形或卵状五角形，叶柄长不超过12cm；花蓝色；上萼片高盔形或圆筒状盔形。
　　　　3. 叶片3深裂；花序轴和花梗无毛或疏生短伏毛；心皮5 ············ 2. 瓜叶乌头　A. hemsleyanum
　　　　3. 叶片3全裂；花序轴和花梗被开展柔毛；心皮3 ········· 3. 展毛川鄂乌头　A. henryi var. villosum
1. 茎直立 ·· 4. 乌头　A. carmichaelii

1. 赣皖乌头　缙兰花　（图 2-327）

Aconitum finetianum Hand.-Mazz.

多年生草质藤本，长达2m。根圆柱形，具分枝，长约8cm。茎缠绕，疏生反曲的短柔毛。茎下部叶片五角状肾形，长6～10cm，宽10～16cm，掌状分裂至中部，两面疏被紧贴的短毛，叶柄长达30cm，几无毛；茎上部叶渐变小，叶柄与叶片近等长或稍短。总状花序具4～9花；花序轴和花梗均密被淡黄色反曲的短柔毛；花梗长3.5～8mm；小苞片条形，生于花梗的中部或近基部；花淡紫色至近白色；萼片外面被紧贴的短柔毛，上萼片圆筒形，高1.3～1.5cm，直或稍向内弯曲，侧萼片倒卵形，下萼片狭椭圆形；花瓣与上萼片等长，无毛，距与唇近等长或稍长，顶端稍拳卷；雄蕊无毛，花丝全缘；心皮3，子房疏被紧贴的淡黄色短柔毛。蓇葖果长0.8～1.1cm。种子倒圆锥状三棱锥形，长约1.5mm。花期8—9月，果期10—11月。

产于安吉、临安、桐庐、淳安、余姚、宁海、江山、金华市区（婺城）、兰溪、天台、缙云、遂昌、景宁、泰顺。生于海拔800～1400m的山地阴湿处。分布于安徽、江西、湖南。

图 2-327　赣皖乌头

2. 瓜叶乌头 （图2-328）

Aconitum hemsleyanum Pritz.

多年生草质藤本，长2~4m。块根圆锥形，长1.6~3cm。茎缠绕，无毛，常带紫色，具分枝。叶互生；茎中部叶片五角形或卵状五角形，长6.5~12cm，宽8~13cm，基部心形，3深裂，中裂片梯状菱形或卵状菱形，先端短渐尖，不明显3浅裂，侧裂片斜扇形，不等2浅裂；叶柄长达12cm。总状花序生于茎或分枝顶端，具2~6（12）花；花序轴和花梗无毛或疏生短伏毛；下部苞片叶状，上部苞片条形；花梗常下垂，弧状弯曲，长2.2~6cm；小苞片条形，长3~5mm；花蓝色；上萼片高盔形或圆筒状盔形，高2~2.4cm，侧萼片近圆形，长1.5~1.6cm；花瓣无毛，瓣片长约10mm，宽约4mm，唇长5mm，距长约2mm，向后弯；雄蕊无毛，花丝有2小齿或全缘；心皮5。蓇葖果椭球形，长1.2~1.5cm，喙长约2.5mm。种子三棱锥形，长约3mm。花期8—10月，果期10—11月。

产于安吉、临安。生于海拔800m以上的山坡、山谷腐殖质土深厚的灌丛中。分布于华中及安徽、江西、四川、陕西。

块根民间药用，可治跌打损伤、关节疼痛。

图2-328 瓜叶乌头

3. 展毛川鄂乌头（图2-329）

Aconitum henryi Pritz. var. **villosum** W.T. Wang

多年生草质藤本。块根胡萝卜形或倒圆锥形，长1.5～3.8cm。茎缠绕，无毛，具分枝。茎中部叶片坚纸质，卵状五角形，长4～10cm，宽6.5～12cm，3全裂，中全裂片披针形或菱状披针形，先端渐尖，基部楔形，边缘疏生或稍密生钝牙齿，侧生全裂片斜扇形，不等2深裂，两面几无毛；叶柄长2～8cm，无毛。花序有3～6花；花序轴和花梗被开展柔毛；苞片条形；花梗长1.8～3.5（5）cm；小苞片钻形，长3.5～6.5mm；花蓝色；萼片外面被开展柔毛，上萼片高盔形，高2～2.5cm，具喙，侧萼片长1.3～1.8cm；花瓣无毛，唇长约8mm，微凹，距长4～5mm，向内弯曲；雄蕊无毛，花丝全缘；心皮3，子房无毛或疏被短柔毛。花期9—10月，果期10—11月。

产于安吉、临安、淳安。生于海拔850m以上的山地灌丛中或山谷沟边。分布于华中及山西、安徽、四川、陕西。

图2-329 展毛川鄂乌头

4. 乌头 （图2-330）

Aconitum carmichaelii Debeaux — *A. autumnale* Lindl.

多年生草本，高60～150cm。块根倒圆锥形，长2～4cm，直径1～1.6cm。茎直立，中部以上疏被反曲的短柔毛。叶互生，下部叶花时枯萎；叶片薄革质或纸质，五角形，长6～11cm，宽9～15cm，3全裂，中央全裂片宽菱形，有时为倒卵状菱形，先端急尖或短渐尖，近羽状分裂，小裂片斜三角形，有1～3牙齿或全缘，侧全裂片斜扇形，不等2深裂，上面疏被短伏毛，下面沿脉疏被短柔毛；叶柄长1～2.5cm，疏被短柔毛。顶生总状花序长6～10（25）cm；花序轴及花梗多少被反曲的伏毛；花梗长1.5～3cm；小苞片生于花梗中下部；花蓝紫色；萼片外面被短柔毛，上萼片高盔形，高2～2.6cm，侧萼片长1.5～2cm；花瓣无毛，瓣片长约1.1cm，唇长约6mm，微凹，距长（1）2～2.5mm，通常拳卷。蓇葖果长1.5～1.8cm。种子三棱锥形，长3～3.2mm。花期9—10月，果期10—11月。

产于宁波、台州、温州及安吉、临安、嵊州、普陀、衢州市区（衢江）、江山、金华市区（婺城）、武义、缙云。生于海拔100～1400m的山坡草地上或灌丛中。分布于华中及辽宁、山东、江苏、安徽、江西、广东、广西、四川、贵州、云南、陕西。越南也有。

块根为著名中药，主根称"乌头"，含次乌头碱、乌头碱、新乌头碱等化合物，可用作镇痛剂，也可制农药；花可供观赏。

图2-330 乌头

4a. 黄山乌头（变种）（图2-331）

var. **hwangshanicum** (W.T. Wang et Hsiao) W.T. Wang et Hsiao

与乌头的区别在于叶片中央全裂片先端渐尖或长渐尖，小裂片较狭；花序轴极短，花序近似簇生的伞形花序。

一五　毛茛科 Ranunculaceae

产于安吉、临安、淳安、宁波市区（镇海、北仑）、东阳、天台、缙云、云和。生于山坡草地上、路边林缘或灌丛中。分布于安徽、江西。

块根可药用，治跌打损伤、无名肿毒等。

图2-331　黄山乌头

4b. 展毛乌头　草乌（变种）（图2-332）
var. truppelianum (Ulbr.) W.T. Wang et Hsiao

与乌头的区别在于花序轴和花梗有开展的柔毛；叶的中裂片菱形，先端急尖。

产于安吉、临安。生于山坡海拔800m以上的草地上、灌丛中或林缘。分布于辽宁、山东、江苏。

图2-332　展毛乌头

6 翠雀属 Delphinium L.

多年生或一年生草本。单叶，互生或基生，掌状分裂，有时近羽状分裂。总状花序顶生，有时伞房状；花两侧对称；花梗有2小苞片；萼片5，花瓣状，卵形或椭圆形，上萼片有距，侧萼片和下萼片无距；花瓣2，分离，条形，无爪，有距；退化雄蕊2，花瓣状，有爪；心皮3～7，每心皮胚珠多数。蓇葖果，花柱宿存。种子四面体形或近球形。

约350种，广泛分布于北温带地区。我国约有173种；浙江有2种。

本属植物可药用，治跌打损伤、风湿、牙痛、肠炎等；部分种类可制生物农药，用于杀灭虱和蚊、蝇幼虫；有的种类可供观赏。

1. 高翠雀花　高飞燕草　大花飞燕草　（图2-333）
Delphinium elatum L.

多年生草本，高70～200cm。茎近无毛，叶在茎上近等距着生。下部叶花时枯萎，茎中部叶有稍长柄，叶片五角状肾形，长约7cm，宽约10cm，3～5深裂，中裂片宽菱形，短渐尖，3深裂，二回裂片有少数狭三角形小裂片，锐尖，侧裂片扇形，不等2深裂，两面散生少数短柔毛；叶柄与叶片近等长。总状花序长达20cm，栽培者可达1m，花密集；花序轴及花梗无毛或疏生短腺毛；苞片条形；花梗向上斜展，长1～1.5cm；小苞片与花邻接，狭条形或条状钻形，长5～10mm，宽0.3mm；萼片紫蓝色，卵形或狭倒卵形，长1.2～1.5cm，无毛或疏生短腺毛，距圆筒状钻形，与萼片近等长；花瓣黑色，无毛，先端钝；退化雄蕊褐色，宽卵形，花瓣状，长约4mm，先端2浅裂，腹面有淡黄色髯毛，基部渐狭成宽爪；雄蕊无毛；心皮3，无毛。花期7—8月。

原产于欧洲至西伯利亚地区。全世界多有栽培。我国南北各地多有栽培。本省园林中常有应用。

本种经长期杂交选育，已形成4000多个园艺品种，植株有高矮之分，花期有早晚之别，花色有蓝色、紫色、粉色、红色、白色、杂色等，花型有紫罗兰型、风信子型及重瓣类型。

植株高大，花大密集，色彩艳丽，为极好的观赏花卉，尤适于庭园及花境等应用。

图2-333　高翠雀花

2. 还亮草　鱼灯苏（图2-334）
Delphinium anthriscifolium Hance

一年生草本，高20～100cm。茎无毛或被短柔毛，具分枝。二回至三回羽状复叶，近基部叶花时常枯萎，叶片菱状卵形或三角状卵形，长5～11cm，宽4.5～8cm，羽片2～4对，对生，稀互生，下部羽片有细柄，狭卵形，长渐尖，通常分裂至近中脉，末回裂片狭卵形或披针形；叶柄长2.5～6cm。总状花序具2～15花；花序轴和花梗被反曲的短柔毛；基部苞片叶状，上部苞片披针形；花梗长0.4～1.2cm；小苞片生于花梗中部，披针形；萼片堇色或紫色，椭圆形至长圆形，长6～9（11）mm，外面疏被短柔毛，距钻形或圆锥状钻形，长5～9（15）mm，稍向上弯曲或近直伸；花瓣紫色，无毛；退化雄蕊与萼片同色，无毛，斧形，2深裂至近基部；雄蕊无毛；心皮3。蓇葖果长1.1～1.6cm。种子扁球形，直径2～2.5mm。花期3—6月，果期6—8月。

产于全省各地。生于海拔1200m以下的山麓林缘、溪边、阴湿山坡上或草丛中。分布于华东、华中及广东、广西、贵州。

全草可药用，治风湿骨痛。

图2-334　还亮草

2a. 卵瓣还亮草（变种）（图2-335）
var. **savatieri** (Franch.) Munz —— *D. anthriscifolium* var. *calleryi* (Franch.) Finet et Gagnep.

与还亮草的区别在于退化雄蕊卵形，先端微凹或2浅裂，偶不分裂或分裂达中部。

产于安吉、临安、宁波市区、三门、莲都、景宁。生于海拔30～1300m的低山丘陵林缘、灌丛中或草坡较阴湿处。分布于江苏、江西、湖南、广东、广西、四川、贵州、云南、陕西。越南北部也有。合模式标本采自宁波和绍兴。

与高翠雀花的区别在于后者为栽培植物；多年生；单叶；植株、叶片、花等均远较本种大。

图2-335　卵瓣还亮草

7 飞燕草属 Consolida (DC.) Gray

一年生草本。叶互生，掌状细裂。花序总状或复总状；花梗有2小苞片；花两性，两侧对称；萼片5，花瓣状，紫色、蓝色或白色，上萼片有距，2侧萼片和2下萼片无距；花瓣2，合生，无爪，上部全缘或3～5裂，距伸入萼距之中，有分泌组织；无退化雄蕊；心皮1，有多数胚珠。蓇葖果具脉网。种子多少四面体形，有鳞状横翅。

40余种，分布于欧洲南部、非洲北部和亚洲西部的较干旱地区。我国有2种；浙江栽培1种。

飞燕草（图2-336）

Consolida ambigua (L.) P. W. Ball et Heywood —— *C. ajacis* (L.) Schur

一年生草本，高30～100cm。茎疏被弯曲的短柔毛，中部以上分枝。茎下部叶具长柄，花时枯萎，中部以上叶具短柄，叶片长达3cm，掌状细裂，小裂片狭条形，宽0.4～1mm，有短柔毛。总状花序生于茎或分枝顶端，长7～15cm，被弯曲的短柔毛；下部苞片叶状，上部苞片小，条形；花梗长0.7～2.8cm；小苞片生于花梗中部附近，条形；萼片5，紫色、粉红色或白色，宽卵形，长约1.2cm，外面中央疏被短柔毛，距钻形，长约1.6cm；花瓣的瓣片3裂，中裂片长约5mm，先端2浅裂，侧裂片与中裂片呈直角伸展，卵形；花药长约1mm。蓇葖果长达1.8cm，密被短柔毛，网脉稍隆起，不甚明显。种子长约2mm。花期5—7月，果期8月。

原产于欧洲南部和亚洲西南部。全国各地有栽培。本省园林中多有栽培。

花可供观赏；种子含油率约30%，可供工业用。

图2-336　飞燕草

⑧ 人字果属　Dichocarpum W.T. Wang et Hsiao

多年生草本。具根状茎。叶基生或茎生；鸟足状复叶或一回三出复叶，裂片和牙齿先端微凹。单歧或二歧聚伞花序；花辐射对称；萼片5，花瓣状，通常白色；花瓣5，小，金黄色，有长爪；雄蕊5～25，花药黄色，花丝狭条形；心皮2，基部合生，每心皮胚珠多数。蓇葖果2，2叉状或近水平状展开，顶端具细喙。种子圆球形。

约15种，分布于亚洲东部和喜马拉雅山区。我国有11种，分布于秦岭以南的亚热带地区；浙江有3种。

分种检索表

1. 花瓣上部卷成漏斗状；种子椭球形，表面具纵肋 ··· 1.纵肋人字果　D. fargesii
1. 花瓣近圆形，不卷成漏斗状；种子圆球形，表面光滑。
    2. 叶基生；苞片小，不为叶状 ·· 2.蕨叶人字果　D. dalzielii
    2. 叶基生兼茎生；苞片明显，叶状 ··· 3.人字果　D. sutchuenense

1. 纵肋人字果 （图2-337）
Dichocarpum fargesii (Franch.) W.T. Wang et Hsiao

多年生草本，高14~35cm。全体无毛。根状茎粗短，生多数须根。茎中部以上分枝。叶基生及茎生；基生叶少数，具长柄，为一回三出复叶，叶片轮廓卵圆形，宽1.8~3.5cm，中央小叶片肾形或扇形，长5~12mm，宽7~16mm，先端具5浅牙齿，叶脉明显，侧生小叶片轮廓斜卵形，具2枚不等大的小叶片，上面小叶片斜倒卵形，下面小叶片卵圆形，叶柄长3~8cm，基部具鞘；茎生叶似基生叶，渐变小，对生。花小，直径6~7.5mm；苞片3全裂；花梗纤细，长1~3.5cm；萼片白色，倒卵状椭圆形，长4~5mm，先端钝；花瓣金黄色，上部卷成漏斗状，先端近截形或近圆形；雄蕊10，花药黄白色，花丝长3~4mm。蓇葖果2，钝角至近水平叉开，条形，长12~15mm，顶端急尖，喙极短而不明显。种子约9，椭球形，表面具纵肋。花期5—6月，果期7月。

产于临安（清凉峰、银珑坞）。生于海拔300~800m的沟谷林下阴湿处。分布于河南、湖北、四川、贵州、陕西、甘肃。

图2-337　纵肋人字果

2. 蕨叶人字果 （图2-338）
Dichocarpum dalzielii (J.R. Drumm. et Hutch.) W.T. Wang et Hsiao

多年生草本，高10~35cm。全体无毛。根状茎较短，密生多数黄褐色的须根。鸟足状复叶3~11，全部基生，具5~7小叶；中央小叶片菱形，长2.5~6.5cm，宽1.7~3cm，中部以上具3或4对浅裂片，边缘具锯齿，侧生小叶片斜菱形或斜卵形，较中央小叶片小；叶柄长3.5~11.5cm。花葶3~11，高20~28cm；聚伞花序具3~8花；花梗长2~3cm；苞片小，不为叶状，3全裂；花直径1.4～1.8cm；萼片白色，倒卵状椭圆形，长8～10mm，宽3.8～4mm，先端钝尖；花瓣金黄色，近圆形，不卷成漏斗状，长2.8～4.5mm，先端微凹或有时全缘，凹缺中央常具1小短尖；雄蕊多数，长3.5～4.5mm，花药黄白色。蓇葖果2，近水平叉开，狭倒卵状披针形，连同喙长11～12mm。种子约8，圆球形，褐色，表面光滑。花期4—5月，果期5—6月。

产于龙泉、庆元、景宁、文成、泰顺。生于海拔580～1600m的山坡林下、溪边阴湿处。分布于江西、福建、广东、广西、四川、贵州。

根可药用，治红肿疮毒等。

图2-338　蕨叶人字果

3. 人字果 （图2-339）

Dichocarpum sutchuenense (Franch.) W.T. Wang et Hsiao

多年生草本，高7.5～30cm。全体无毛。根状茎横走，较粗壮，密生多数细根。茎单一。叶基生兼茎生；基生叶为鸟足状复叶，花时枯萎，长1.5～4cm，宽1.9～4.5cm，中央小叶片圆形或宽倒卵圆形，长5～23mm，宽6～25mm，基部宽楔形，中部以上3～5浅裂，侧生小叶片不等大，斜卵圆形、菱状卵形或倒卵形，叶柄长3～7.5cm；茎生叶通常1枚，似基生叶，具长达5cm的叶柄。聚伞花序具3～8花；中下部苞片似茎生叶，但较小，上部苞片3全裂；花直径0.8～1.4cm；萼片白色或淡紫色，倒卵状椭圆形，长6～11mm，宽3～6mm，先端钝；花瓣金黄色，近圆形，不卷成漏斗状，长3mm，先端通常微凹或全缘；雄蕊20～45，长约7mm，花药黄白色。蓇葖果2，近水平叉开，狭倒卵状披针形，连同喙长1.2～1.5cm。种子8～10，圆球形，黄褐色，表面光滑。花期4—5月，果期5—6月。

产于丽水及衢州市区（衢江）、江山、苍南、泰顺。生于海拔600m以上的山坡林下、沟边阴湿处或滴水的岩壁上。分布于福建、湖北、四川、云南。

图 2-339 人字果

⑨ 天葵属 Semiaquilegia Makino

多年生草本。具块根。叶基生和茎生，掌状三出复叶，裂片和牙齿先端全缘。单歧或蝎尾状聚伞花序；苞片小，3深裂或不裂；花小，辐射对称；萼片5，白色，花瓣状，狭椭圆形；花瓣5，匙形，基部囊状，无爪；雄蕊8~14，退化雄蕊2，与花丝近等长；心皮3~5，分离，花柱远短于子房，每心皮胚珠多数。蓇葖果3~5，星状叉开，卵状长椭圆形，先端具喙。种子黑褐色，密生小瘤突。

1种，分布于我国、日本。浙江也有。

天葵 紫背天葵 千年老鼠屎 （图2-340）
Semiaquilegia adoxoides (DC.) Makino

高10~30cm。茎被稀疏的白色柔毛。块根长1~2cm，直径3~6mm，外皮棕黑色。基生叶多数，掌状三出复叶，叶片卵圆形至肾形，长1.2~3cm，小叶片扇状菱形或倒卵状菱形，3深裂，裂片又有2或3小裂片，下面常呈紫色，叶柄长3~12cm，基部扩大成鞘状；茎生叶与基生叶相似，但较小。花小，直径4~6mm；苞片倒披针形至倒卵圆形，不裂或3深裂；花梗纤细，长1~2.5cm，被伸展的白色短柔毛；萼片白色，常带淡紫色，狭椭圆形，长4~6mm，宽1.2~2.5mm，先端急尖；花瓣匙形，长2.5~3.5mm，先端近截形，基部突起成囊状；退化雄蕊条状披针形，与花丝近等长。蓇葖果卵状长椭圆形，长6~7mm，宽约2mm，表面具突起的横向脉纹。种子卵状椭圆形，褐色至黑褐色，长约1mm，表面密生小瘤突。花期2—3月，果期4—5月。

产于全省各地。生于海拔1300m以下的山坡林缘、路旁、沟边或山谷较阴处。分布于华东、华中及广西、四川、贵州、陕西。日本、朝鲜半岛也有。

块根为常用中药材，名"天葵子"，有小毒，有清热解毒、利尿、散结等功效；也可制生物农药，用于防治蚜虫、红蜘蛛、稻螟等。

图 2-340　天葵

⑩ 耧斗菜属 Aquilegia L.

多年生草本。基生叶为二回至三回三出复叶，裂片和牙齿先端全缘，有长柄，叶柄基部具鞘；茎生叶通常存在，比基生叶小，有短柄或近无柄。单歧或二歧聚伞花序；花大，直径通常2cm以上，辐射对称，美丽；萼片5，花瓣状，颜色丰富；花瓣5，与萼片同色或异色，下部延伸成距，距通常长而直或先端弯钩状，稀呈囊状或无距；雄蕊多数，20枚以上，具退化雄蕊；心皮5，分离，花柱长于子房，每心皮具多数胚珠。蓇葖果顶端有细喙。种子多数。

约70种，分布于北温带地区。我国有13种，分布于东北、华北、西南、西北；浙江栽培5种。

本属植物多为优美的观赏花卉，极易杂交，园艺品种较多，鉴别难度较大。

分种检索表

1. 距细长，长4～6cm，直伸或微弯。
　　2. 萼片及距红色，花瓣黄色 ·· 1.加拿大耧斗菜 A. canadensis
　　2. 萼片、花瓣及距均亮黄色 ·· 2.黄花耧斗菜 A. chrysantha
1. 距较粗短，长不逾2.5cm，先端钩状内曲。
　　3. 心皮与蓇葖果均被毛。
　　　　4. 萼片与花瓣同色，均为紫色；退化雄蕊先端尖，边缘皱波状 ············ 3.华北耧斗菜 A. yabeana
　　　　4. 萼片与花瓣同色或异色，常为蓝色，有时白色或红色；退化雄蕊先端钝，边缘不呈皱波状··········
　　　　　··· 4.欧耧斗菜 A. vulgaris
　　3. 心皮与蓇葖果均无毛 ··· 5.洋牡丹 A. flabellata

1. 加拿大耧斗菜 （图2-341）

Aquilegia canadensis L.

多年生草本，高50～70cm。茎有微毛。二回三出复叶，具长柄；顶生小叶片近扇形，3裂，裂片再圆齿状浅裂。花数朵着生于茎上，常下垂，有微毛；花直径4～6cm；苞片单叶状，近无柄，不裂或3裂；花萼5，长卵形，边缘多少向外反折，先端尖或钝，红色；花瓣5，长圆形，先端平截或微凹，黄色，基部带红色，距细长，长约4cm，红色，直伸或微弯；雄蕊多数，不等长，不伸出花瓣外，花药黄色；心皮5，疏生微毛，柱头卷曲。蓇葖果5，疏生微毛，柱头卷曲。花期4—6月，果期5—7月。

原产于北美洲。我国有引种。海宁、杭州市区等地有引种栽培。

花色艳丽，花形特异，为极好的观花植物，适作庭园美化或花境材料。

图2-341　加拿大耧斗菜

2. 黄花耧斗菜（图2-342）

Aquilegia chrysantha A. Gray

多年生草本，高60～100cm。多分枝，被柔毛。基生叶为二回或三回三出复叶，小叶片下面密被柔毛。花大，直立、斜向或稍下垂，直径3.5～7cm；萼片5，亮黄色，狭长，先端渐尖，长2.5～4cm；花瓣5，亮黄色，先端圆，长10～15mm，距细长，亮黄色，长4～6cm，直伸或先端微弯曲；雄蕊多数，花药黄色；心皮5，被毛。蓇葖果5，被柔毛，柱头卷曲。花期4—6月，果期5—7月。

原产于北美洲。我国部分城市有引种。海宁等地有栽培。

花色亮丽，花形奇特，为优美的观赏花卉。

图2-342 黄花耧斗菜

3. 华北耧斗菜（图2-343）

Aquilegia yabeana Kitag.

多年生草本，高40～60cm。根圆柱形，直径约1.5cm，黑褐色。茎疏被短柔毛和少数腺毛。基生叶少数，一回或二回三出复叶，叶片宽约10cm，小叶片菱状倒卵形或宽菱形，长2.5～5cm，宽2.5～4cm，3裂，边缘有圆齿，上面无毛，下面疏被短柔毛，叶柄长8～25cm；茎中部叶通常为二回三出复叶，宽达20cm；茎上部叶小，为一回三出复叶。花序有少数花，密被短腺毛；苞片3裂或不裂，狭长圆形；花下垂；萼片紫色，狭卵形，长1.6～2.6cm，宽7～10mm；花瓣紫色，长1.2～1.5cm，先端圆截形，距长1.7～2cm，先端钩状内曲，外面有稀疏短柔毛；雄蕊多数，长达1.2cm，花药黄色，退化雄蕊长约5.5mm，白色，膜质，先端尖，边缘皱波状；心皮5，密被短腺毛。蓇葖果长1.5～2cm，脉网明显，有毛。种子黑色，光滑，狭卵球形，长约2mm。花期4—6月，果期5—7月。

原产于华北及辽宁、河南、湖北、陕西。海宁等地有引种栽培。

为优良的观赏花卉；根含糖类，可制饴糖或用于酿酒。

图 2-343　华北耧斗菜

4. 欧耧斗菜 （图 2-344）
Aquilegia vulgaris L.

多年生草本，高 30～60cm。茎光滑或具微柔毛。基生叶具长柄；基生叶及茎下部叶为二回三出复叶，小叶片 2 或 3 裂，裂片边缘具圆齿；茎上部叶近无柄，狭 3 裂。聚伞花序具数花；花大，直径 3～5cm；萼片与花瓣同色或异色，常为蓝色，有时白色或红色，通常下垂；萼片 5，开展，卵形或狭卵形，先端急尖，长约 2.5cm，长于

图 2-344　欧耧斗菜

花瓣；花瓣5，距长约2cm，先端钩状内曲；雄蕊多数，不伸出花瓣外，花药黄色，退化雄蕊先端钝，边缘不呈皱波状；心皮5，被柔毛。蓇葖果5，长1.5～2.5cm，直立，密被毛。种子黑色，有光泽。花期4—6月，果期5—7月。

原产于欧洲，品种较多，花色丰富，也有重瓣及斑叶品种。我国各地多有引种。海宁、杭州市区（西湖）、台州市区（黄岩）等地有引种栽培。

为极好的观赏花卉，适于庭园、花境、花坛应用。

5. 洋牡丹 （图2-345）
Aquilegia flabellata Siebold et Zucc.

多年生草本，高30～45cm。全株带粉白色；除花梗和叶柄外，其余部分光滑无毛。基生叶数枚，具长柄，二回三出复叶，小叶片3深裂至3全裂，裂片扇状倒三角形，长与宽各为1.5～4cm，裂片再3浅裂，先端钝，边缘具缺刻；茎上部叶无柄，渐小。聚伞花序具数花；花大，直径3～4cm，下垂；萼片5，卵形至椭圆形，长约2.5cm，通常蓝紫色或淡紫色，偶有白色，长为花瓣的2倍；花瓣5，长约1.5cm，淡黄色，稀白色，距短于萼片，先端内曲；雄蕊多数，不伸出花瓣外，花药黄色；心皮5，无毛。蓇葖果5，光滑无毛。花期4—6月，果期5—7月。

原产于日本。我国北方城市多有引种。海宁、台州市区（黄岩）等地有引种栽培。

用途同欧耧斗菜。

图2-345 洋牡丹

⑪ 唐松草属 Thalictrum L.

多年生草本。茎圆柱形或有棱，具分枝。叶基生或在茎上互生，一回至五回三出复叶；小叶片通常掌状浅裂；叶柄基部稍变宽成鞘。花通常两性，少数至多数，组成单歧聚伞花序或圆锥状，无总苞；萼片4或5，覆瓦状排列，花瓣状，早落；无花瓣；雄蕊多数；心皮2～20，无柄或有柄，每心皮胚珠1。瘦果椭圆球形或狭卵形，具纵肋。

约200种，分布于亚洲、欧洲、非洲、北美洲和南美洲。我国约有67种，全国各地均有分布，多数产于西南；浙江有8种。

分种检索表

1. 小叶片基部着生。
　　2. 小叶片先端圆或钝尖。
　　　　3. 顶生小叶片长1～2.5cm；子房有柄或无柄。
　　　　　　4. 茎生叶4～6，三回至四回三出复叶；花序常多回二歧分枝而呈圆锥状；心皮（4）6～15。
　　　　　　　　5. 植株高20～66cm；花柱顶端拳卷，子房无柄；瘦果具6～9纵肋·· 1.爪哇唐松草 T. javanicum
　　　　　　　　5. 植株高60～150cm；花柱直，子房具长柄；瘦果具3宽纵翅·· 6.唐松草 T. aquilegiifolium var. sibiricum
　　　　　　4. 茎生叶1～3，一回至三回三出复叶；单歧聚伞花序分枝少；心皮3～7。
　　　　　　　　6. 宿存花柱顶端常拳卷；萼片倒卵形；花梗长0.6～1.6cm；萼片早落·· 2.华东唐松草 T. fortunei
　　　　　　　　6. 宿存花柱直；萼片椭圆形或狭椭圆形；花梗长1.2～3cm；萼片迟落·· 3.武夷唐松草 T. wuyishanicum
　　　　3. 顶生小叶片长通常不逾1.2cm；子房无柄·· 5.瓣蕊唐松草 T. petaloideum
　　2. 小叶片先端急尖或短渐尖。
　　　　7. 小叶片坚纸质，边缘具5～10粗齿；圆锥花序，花密集·· 4.大叶唐松草 T. faberi
　　　　7. 小叶片草质，边缘具少数疏牙齿；单歧聚伞花序，花稀疏·· 7.尖叶唐松草 T. acutifolium
1. 小叶片盾状着生·· 8.盾叶唐松草 T. ichangense

1. 爪哇唐松草 （图2-346）

Thalictrum javanicum Blume

多年生草本，高30～100cm。全体无毛。茎中部以上分枝。基生叶花时枯萎；茎生叶4～6，三回至四回三出复叶，叶片长6～25cm；小叶片纸质，基部着生，顶生小叶片倒卵形、椭圆形或近圆形，长1.2～2.5cm，宽1～1.8cm，基部宽楔形、圆形或浅心形，先端钝尖，3浅裂，有圆齿，叶脉在下面隆起，网脉明显，小叶柄长0.5～1.4cm；叶柄长达5.5cm；托叶棕色，膜质，边缘流苏状分裂，宽2～3mm。花序常多回二歧分枝而呈圆锥状，花通常多数；花梗长3～7（10）mm；萼片4，长2.5～3mm，早落；雄蕊多数，长2～5mm，花药长0.6～1mm，花丝上部倒披针形，比花药稍宽，下部丝状；心皮8～15，子房无柄。瘦果长椭球形，长2～3mm，有6～9纵肋，宿存花柱长0.6～1mm，顶端拳卷。花期4—6月，果期6—8月。

产于长兴、安吉、临安、诸暨、磐安、天台、温岭、景宁、永嘉。生于海拔200～1000m的山地林下、沟边或陡崖边阴湿处。分布于西南及江西、湖北、台湾、广东、甘肃。南亚及印度尼西亚也有。

一五　毛茛科 Ranunculaceae

本省所产者，全株通常多少被微腺毛。

全草可入药，可治关节炎、跌打损伤等。

图 2-346　爪哇唐松草

2. 华东唐松草 （图 2-347）
Thalictrum fortunei S. Moore

多年生草本，高20～66cm。全体无毛。须根末端稍增粗。茎自下部或中部分枝。基生叶具长柄；茎生叶2或3，二回至三回三出复叶，叶片宽5～10cm；小叶片草质，基部着生，顶生小叶片近圆形，长与宽各为1～2cm，先端圆，基部圆形或浅心形，不明显3浅裂，边缘有浅圆齿，侧生小叶片基部斜心形，叶脉在下面隆起，网脉明显；叶柄细，具细纵槽，长约6cm，基部具短鞘。

图 2-347　华东唐松草

单歧聚伞花序分枝少，花少数；花粉白色或淡堇色；花梗丝状，长0.6~1.6cm；萼片4，倒卵形，长3~4.5mm，迟落；花药扁椭球形，长0.5~1.2mm，先端钝，花丝比花药宽或窄，上部倒披针形；心皮3~6，子房无柄，长圆形，长2~2.5mm，花柱短，顶端常弯曲，沿腹面生柱头组织。瘦果圆柱状长圆形，长4~5mm，具6~8纵肋，宿存花柱长1~1.2mm，顶端通常拳卷。花期3—5月，果期5—7月。

产于杭州、宁波、丽水、温州及长兴、安吉、诸暨、衢州市区（衢江）、开化、磐安、天台、仙居、临海。生于海拔300~1500m的沟谷或山坡林下阴湿处。分布于江苏、安徽、江西。模式标本采自宁波。

3. 武夷唐松草 （图2-348）
Thalictrum wuyishanicum W.T. Wang et S.H. Wang

多年生草本，高18~35cm。全体无毛或微被腺毛。茎纤细，中部以上有少数分枝或不分枝。基生叶1~3，有长柄，二回三出复叶，叶片长4.5~9cm，小叶片圆菱形、倒卵状菱形或宽卵形，顶生者长1.8~2.5cm，宽1.5~2.5cm，先端钝或圆形，基部宽楔形至浅心形，3浅裂，边缘有少数牙齿，叶脉在下面隆起，网脉明显，小叶柄长1.5~2cm；叶柄长8~12cm，托叶全缘；茎生叶1或2，为一回三出复叶。简单的单歧聚伞花序顶生或腋生，花少数；花梗纤细，长1.2~3cm；花白色或淡粉红色；萼片4，椭圆形或狭椭圆形，长3~4mm，宽1.5~2mm，迟落；雄蕊12~16，长约5mm，花药扁椭球形，长约0.8mm，顶端

图2-348　武夷唐松草

钝，花丝比花药稍宽或宽为其2倍，上部倒披针形，下部丝状；心皮（4）6或7，子房无柄，柱状面狭披针形。瘦果纺锤形，长3~4mm，有6纵肋，宿存花柱直。花期4月，果期6—7月。

产于安吉、临安、淳安、衢州市区（衢江）、磐安、龙泉、景宁。生于海拔500~800m的沟谷阴湿岩隙中。分布于江西、福建。

本省所产者，茎、叶、花梗及心皮常微被腺毛，小叶片通常为宽卵形，基部浅心形，与《中国植物志》的描述略有不同。

李进宇等（2016）报道浙江有西南唐松草 T. fargesii Franch. ex Finet et Gagnep.，经核实其所引证的标本（贺贤育，20878）系本种的误定。

4. 大叶唐松草　大叶马尾莲　（图2-349）
Thalictrum faberi Ulbr. — *T. macrophyllum* Migo

多年生草本，高45~110cm。全体无毛。根状茎短，下部密生细长的须根。茎上部分枝。基生叶花时枯萎；茎下部叶为二回至三回三出复叶，叶片长达30cm，小叶大，坚纸质，基部着生，顶生小叶片宽卵形，有时近菱形，长5~10cm，宽3.5~9cm，先端急尖或短渐尖，基部圆形、浅心形或截形，3浅裂，边缘每侧有5~10枚不等大的粗齿，叶脉在上面近平，在下面隆起，网脉明显，小叶柄长1.5~4cm；叶柄长4.5~6cm，基部具鞘。圆锥花序长20~40cm，花密集，白色或

图2-349　大叶唐松草

紫色；花梗细，长3～7mm；萼片4，宽椭圆形，长3～3.5mm，早落；雄蕊多数，花药扁椭球形，长1～2mm，花丝比花药窄或等宽，长5～7mm，上部倒披针形，下部丝状；心皮3～6，花柱与子房等长，沿腹面生柱头组织。瘦果狭卵形，长5～6mm，具9～11细纵肋，宿存花柱长约1mm，拳卷。花期7—9月，果期10—11月。

产于宁波、金华、丽水及安吉、临安、淳安、嵊州、开化、天台、临海、瑞安、文成、泰顺。生于海拔500～1300m的山地林下、沟谷阴湿处。分布于华东及河南、湖南。模式标本采自宁波。

根可药用，有清热解毒、利湿等功效；花色艳丽，可供观赏。

5. 瓣蕊唐松草 （图2-350）
Thalictrum petaloideum L.

多年生草本，高20～80cm。全体无毛。根状茎短，下部密生须根。茎上部分枝。基生叶数枚，三回至四回三出或羽状复叶，叶片长5～15cm；小叶片形状变异很大，基部着生，顶生小叶片倒卵形、宽倒卵形、菱形或近圆形，长3～12mm，宽2～15mm，先端钝尖，基部圆楔形或楔形，3浅裂至3深裂，裂片全缘，叶脉平，网脉不明显，小叶柄长5～7mm；叶柄长达10cm，基部具鞘。花序伞房状，花白色；花梗长0.5～2.5cm；萼片4，卵形，长3～5mm，早落；雄蕊多数，长5～12mm，花药长椭球形，长0.7～1.5mm，顶端钝，花丝上部倒披针形，比花药宽；心皮4～13，子房无柄，花柱短，腹面密生柱头组织。瘦果卵形，长4～6mm，具8纵肋，宿存花柱长约1mm。花期4—5月，果期6—7月。

产于定海（大菜花岛、小鬌果山岛）。生于山坡草地上。分布于东北、华北、西北及江苏、安徽、河南。俄罗斯、朝鲜半岛也有。

根可药用，治黄疸型肝炎、腹泻、痢疾、渗出性皮炎等。

图2-350 瓣蕊唐松草

6. 唐松草 草黄连（变种）（图2-351）

Thalictrum aquilegiifolium L. var. **sibiricum** Regel et Tiling

多年生草本，高60～150cm。全体无毛。根状茎粗壮，具多数须根。茎粗壮，直径达1cm，上部分枝。基生叶花时枯萎；茎生叶3～5，三回至四回三出复叶，叶片长10～30cm，小叶片基部着生，顶生小叶片倒卵形或扁圆形，长1.5～2.5cm，宽1.2～3cm，先端圆，基部圆楔形或微心形，3浅裂，裂片全缘或有1或2牙齿，两面脉平或在下面稍隆起；叶柄长4.5～8cm，具鞘。花序常多回二歧分枝而呈圆锥状，具多数密集的花，花白色或稍带紫色；花梗长4～17mm；萼片4，宽椭圆形，长3～3.5mm，早落；雄蕊多数，长6～9mm，花药扁椭球形，长约1.2mm，顶端钝，上部倒披针形，比花药宽或稍窄，下部丝状；心皮6～8，子房具长柄，花柱短，柱头侧生。瘦果倒卵形，长4～7mm，有3宽纵翅，基部突变狭，柄长3～5mm，宿存花柱直。花期6—7月，果期8—9月。

产于临安。生于海拔800～1100m的山坡疏林下、溪边或路边草丛中。分布于东北、华北。东北亚也有。

根可药用，功效同大叶唐松草。

图2-351 唐松草

7. 尖叶唐松草 (图2-352)

Thalictrum acutifolium (Hand.-Mazz.) Boivin

多年生草本，高25～65cm。全体无毛。根肉质，胡萝卜形，长约5cm，直径达4mm。茎中部以上分枝。基生叶2或3，二回三出复叶，叶片长7～18cm，草质，小叶片基部着生，顶生小叶片有较长柄，卵形，长2.3～5cm，宽1～3cm，先端急尖或短渐尖，基部圆形、圆楔形或心形，不分裂或不明显3浅裂，边缘有少数疏牙齿，叶脉在下面稍隆起，叶柄长10～20cm；茎生叶较小，具短柄。单歧聚伞花序，花稀疏，白色、粉色或紫色；花梗长3～8mm；萼片4，卵形，长约2mm，早落；雄蕊多数，长达5mm，花药扁椭球形，长0.8～1.3mm，花丝上部倒披针形，宽约为花药的3倍，下部丝状；心皮6～12，子房具细柄，花柱短，腹面生柱头组织。瘦果扁，长椭球形，稍不对称，有时略镰状弯曲，长3～4mm，宽0.6～0.8mm，具6～8细纵肋，柄长1～2.5mm。花期4—6月，果期6—8月。

产于宁波、台州、衢州、丽水、温州及安吉、临安、淳安、嵊州、金华市区（婺城）、磐安。生于海拔200～900m的山地湿润沟边、路旁、林缘及草丛中。分布于安徽、江西、福建、湖南、四川、贵州、广东、广西、陕西。

花色艳丽，可供观赏。

图2-352 尖叶唐松草

8. 盾叶唐松草 (图2-353)

Thalictrum ichangense Lecoy. ex Oliv.

多年生草本，高14～40cm。全体无毛。根状茎斜伸，密生须根，须根末端具纺锤形小块根。茎上部常分枝。基生叶长8～25cm，一回至三回三出复叶，叶片长4～14cm，小叶片盾状着生，顶生小叶片卵形、宽卵形、宽椭圆形或近圆形，长2～4cm，宽1.5～4cm，先端微钝至圆形，基部圆形或近截形，边缘有疏圆齿，两面脉平，小叶柄长1.5～2.5cm，叶柄长5～12cm；茎生叶1~3，渐变小。复单歧聚伞花序，分枝稀疏；花白色；花梗纤细，长0.3~2cm；萼片4，卵形，长约3mm，早落；雄蕊长4~6mm，花药扁椭球形，长约0.6mm，花丝上部倒披针形，比花药宽，下部丝状；心皮5~16，子房具细柄，柱头近球形，无柄。瘦果纺锤形，有时稍弯曲，长约4.5mm，具6~8细纵肋，柄长约1.5mm。花期6—8月，果期7—9月。

产于仙居（淡竹）、景宁（香菇厂）。生于海拔250~700m的山地沟边、阴湿灌丛中或林下。分布于辽宁、湖北、四川、贵州、云南、陕西。越南、朝鲜半岛也有。

全草可药用，有散寒除湿、消浮肿等功效。

图2-353　盾叶唐松草

⑫ 黄连属 Coptis Salisb.

多年生草本。根状茎黄色，生多数须根。单叶基生，掌状3或5全裂，有时为一回至三回三出复叶。花葶1或2；单歧、二歧或多歧聚伞花序；苞片披针形，通常羽状分裂；花小，辐射对称；萼片5，黄绿色或白色，花瓣状；花瓣比萼片短；雄蕊多数，无退化雄蕊；心皮4~13，基部有明显的柄，每心皮胚珠多数。蓇葖果具柄，柄有短毛。种子少数，长椭球形。

约16种，分布于北温带地区，多数分布于亚洲东部。我国有6种；浙江有1种。

黄连　川连　（图2-354）
Coptis chinensis Franch.

常绿草本。根状茎黄色，常分枝，密生多数须根，味极苦。叶片稍带革质，卵状三角形，宽达12cm，3全裂，中裂片具长0.8~1.8cm的柄，卵状菱形，长3~8cm，宽2~4cm，先端急尖，具3或5对羽状裂片，边缘具细刺尖状的锐锯齿，侧裂片具长1.5~5mm的柄，斜卵形，不等2深裂，两面叶脉均隆起，上面沿脉被短柔毛；叶柄长5~12cm，无毛。花葶1或2，高12~25cm；

二歧或多歧聚伞花序，具3～8花；苞片披针形，3～5羽状深裂；萼片黄绿色，长椭圆状卵形，长9～12.5mm，宽2～3mm；花瓣条形或条状披针形，长5～6.5mm，先端渐尖，中央有蜜槽；雄蕊12～20，花药长约1mm，花丝长2～5mm；心皮8～12，花柱微外弯。蓇葖果长6～8mm，具长柄。种子7或8，长椭球形，长约2mm，褐色。花期2—3月，果期4—6月。

分布于湖北、湖南、四川、贵州、陕西南部。杭州市区（余杭）、淳安、开化、金华市区（婺城）、磐安、莲都、缙云等地有栽培。

为著名中药材，根状茎可药用，有泻火、燥湿、解毒等功效。

图2-354 黄连

a. 短萼黄连 浙黄连（变种）（图2-355）

var. **brevisepala** W.T. Wang et Hsiao

与黄连的区别在于萼片较短，长约6.5mm，仅比花瓣长1/5～1/3。

产于丽水、温州及临安、淳安、开化、江山、永康、武义、天台、临海、仙居。生于海拔400～1400m的沟谷林下阴湿处。分布于安徽、福建、广东、广西。

用途同黄连。为浙江省重点保护野生植物。

图2-355 短萼黄连

⑬ 星果草属 Asteropyrum Drumm. et Hutch.

多年生小草本。根状茎短，生多数细根。单叶基生，有长柄，基部具鞘；叶片盾状着生，不裂或3~5浅裂至深裂，轮廓圆形或五角形。花茎1~3条；苞片对生或轮生；花辐射对称，单朵顶生；萼片5，白色，花瓣状，倒卵形；花瓣5，极小，黄色，瓣片倒卵形或近圆形，下部具细爪；雄蕊多数；心皮5~8，无毛，每心皮胚珠多数。蓇葖果成熟时呈星状展开，卵形，顶端有尖喙。种子多数，小，棕黄色。

2种，我国特产，原产于湖北、湖南、广西、四川、贵州、云南；浙江栽培1种。

裂叶星果草　五角莲　（图2-356）
Asteropyrum cavaleriei (H. Lév. et Vaniot) Drumm. et Hutch.

多年生草本。根状茎短，密生许多条黄褐色的细根。叶2~7；叶片轮廓五角形，宽4~14cm，3~5浅裂至近深裂，先端急尖，基部近截形，并常在中央具1浅圆缺，裂片三角形，边缘具不规则的浅波状圆缺，表面绿色，稀被黄色短硬毛，下面淡绿色，无毛；叶柄长6~13cm，无毛，基部具膜质鞘。花葶1~3，通常高12~20cm，无毛或疏被柔毛；苞片卵形至宽卵形，长约3mm，近互生或轮生；花直径1.3~1.6cm；萼片白色，椭圆形至倒卵形，长7~8mm，宽3~5mm，先端圆形；花瓣长约为萼片的1/2，瓣片近圆形，下部具细爪；雄蕊比花瓣稍长，花药黄色；心皮5~8。蓇葖果长达8mm。种子椭球形，长约1.5mm。花期5—6月，果期6—7月。

原产于湖南、广西、四川、贵州、云南。杭州市区（杭州植物园）有引种栽培。

地下部分在广西作"黄连"代用品。

图2-356　裂叶星果草

14 银莲花属 Anemone L.

多年生草本。具根状茎。叶基生，掌状分裂、一回或二回至三回三出复叶，叶脉掌状。花单生或数朵排成聚伞花序；苞片叶状，对生或轮生，形成总苞，不与花萼紧接；萼片5至多数，覆瓦状排列，花瓣状，白色或蓝紫色；无花瓣；雄蕊常多数，花丝丝状或条形；心皮多数或少数，每心皮有1下垂胚珠。瘦果卵球形或近球形，花柱不伸长成羽毛状。

约150种，世界广泛分布，多数产于亚洲和欧洲。我国约有53种，除海南外，广泛分布于全国各地，但以西南高山地区居多；浙江有4种。

本属植物多可药用；花朵美丽，可供观赏。

分种检索表

1. 单叶，3全裂，裂片无柄 ·· 2.鹅掌草 A. flaccida
1. 一回或一回至二回三出复叶（打破碗花花有时具单叶），小叶片有柄。
  2. 一回三出复叶，稀有单叶；苞片有柄；野生。
    3. 植株低矮，高10～30cm；心皮约30；花单生，白色 ·················· 1.多被银莲花 A. raddeana
    3. 植株高大，高30～120cm；心皮约400；花数朵组成花序，紫红色或粉红色··········
    ··· 3.打破碗花花 A. hupehensis
  2. 一回至二回三出复叶；苞片无柄；栽培 ··································· 4.欧洲银莲花 A. coronaria

1. 多被银莲花 龙王山银莲花 （图2-357）

Anemone raddeana Regel — *A. raddeana* var. *lacerata* Y.L. Xu — *A. lacerata* (Y.L. Xu) Luferov

多年生草本，高10～30cm。根状茎横走，圆柱形，长2～4cm，直径3～7mm。一回三出复叶，基生叶1，叶柄长5～15cm；小叶片2或3深裂，疏被脱落性长柔毛，小叶柄长2～7.8cm，有疏柔毛。花单朵顶生；苞片3，叶状，具长2～5mm的柄，近扇形，长1～2cm，3全裂，中裂片倒卵形或倒卵状长圆形，先端圆形，上部边缘有少数小锯齿，侧裂片基部稍偏斜；花梗长1～1.3cm，疏被脱落性长柔毛；萼片9～18，白色，长圆形或条状长圆形，长1.2～1.9cm，宽2.2～6mm，先端圆或钝，无毛；雄蕊长4～8mm，花药扁椭圆形，长约0.6mm，顶端圆形，花丝丝状；心皮约30，子房密被短柔毛，花柱短。花期3—4月，果期5—6月。

产于安吉、临安。生于海拔1000m以上的山地林下或草地阴湿处。分布于东北及山东、江苏、安徽。俄罗斯、朝鲜半岛也有。

龙王山银莲花 *A. raddeana* var. *lacerata* Y.L. Xu，系依据其基生叶质地较薄，小叶片的全裂片分裂程度大，小裂片数目较多，叶柄及小叶柄上的毛较密等特征发表的变种。作者根据模式产地及其周边地区大量居群观察，发现其叶柄及小叶柄被毛情况、小叶片的分裂程度、小裂片的数目等特征均不稳定，故予以归并。

根状茎可药用，功效同鹅掌草。

图 2-357　多被银莲花

2. 鹅掌草　蜈蚣三七　（图 2-358）
Anemone flaccida F. Schmidt

多年生草本，高 15~40cm。根状茎斜伸，近圆柱形，长 3~8cm，直径 3~10mm，节间缩短。单叶，基生叶 1 或 2，具长 10~28cm 的柄；叶片五角形，长 3.5~7.5cm，宽 6.5~10cm，基部深心形，3 全裂，裂片无柄，中裂片菱形，3 裂，末回裂片卵形或宽披针形，具 1~3 齿或全缘，侧裂片不等 2 深裂，上面有疏毛，下面近无毛。聚伞花序具 2 或 3 花；苞片 3，似基生叶，无柄，不等大，菱状三角形或菱形，长 4.5~6cm，3 深裂；花梗长 4.2~7.5cm，被疏柔毛；萼片 4~8，内面白色，下面淡紫色至紫红色，倒卵形或椭圆形，长 7~10mm，宽 4~5.5mm，先端钝或圆形，外面被疏柔毛；雄蕊多数，长为萼片的一半，花药扁椭球形，长约 0.8mm，花丝丝状；心皮 8，子房密被淡黄色短柔毛，柱头近三角形。瘦果卵形，被短柔毛。花期 4—6 月，果期 7—8 月。

产于安吉、临安、桐庐、淳安、诸暨、余姚、宁海、磐安、天台、遂昌、庆元。生于海拔 500~1500m 的山地林缘、路旁、沟边草丛中。分布于江苏、江西、湖北、湖南、四川、贵州、云南、陕西、甘肃。俄罗斯、日本也有。

根状茎可药用，有祛风湿、利筋骨等功效；植株清秀，花朵美丽，可供观赏。

图2-358 鹅掌草

3. 打破碗花花 （图2-359）
Anemone hupehensis (Lemoine) Lemoine

多年生草本，高30～120cm。根状茎斜伸或直伸，长约10cm，直径4～7mm。基生叶3～5，有长柄，通常为一回三出复叶，有时1枚、2枚或全部为单叶，中央小叶片有长柄，柄长1～6.5cm，小叶片卵形或宽卵形，长4～11cm，宽3～10cm，先端急尖或渐尖，基部圆形或心形，不分裂或3～5浅裂，边缘有锯齿，两面具疏糙毛，侧生小叶片较小；叶柄长3～36cm，疏被柔毛，基部具短鞘。聚伞花序2或3次分枝，具数花；苞片3，具长0.5～6cm的柄，稍不等大，似基生叶；花梗长3～10cm，被密或疏柔毛；萼片5（6），紫红色或粉红色，倒卵形，长2～3cm，宽1.3～2cm，外面有短绒毛；雄蕊长约为萼片的1/4，花药黄色，扁椭球形，花丝丝状；心皮约400，长约1.5mm，子房具长柄，被短绒毛，柱头长方形。聚合果球形，直径约1.5cm；瘦果长约3.5mm，具细柄，密被绵毛。花期9—10月，果期10—11月。

一五　毛茛科 Ranunculaceae

产于临安、淳安、鄞州、开化、天台、乐清。生于山坡草地上或沟边。分布于江西、湖北、广东、广西、四川、贵州、云南、陕西。

根状茎可药用，有清热解毒、截疟、杀虫等功效，有毒，内服慎用，外敷会引起皮肤起泡；花色艳丽，可供观赏。

图 2-359　打破碗花花

3a. 秋牡丹（变种）（图2-360）
var. **japonica** (Thunb.) Bowles et Stearn

与打破碗花花的区别在于基生叶全为一回三出复叶；花半重瓣，萼片约20，紫红色。花期10—11月。

产于杭州市区（西湖）、临安、淳安、江山、天台、临海、莲都、遂昌、龙泉。生于海拔1100m以下的山坡草地、路旁、沟边。分布于华东及广东、云南。日本也有。

用途同打破碗花花。

图 2-360　秋牡丹

4. 欧洲银莲花 罂粟银莲花 罂粟牡丹 （图2-361）
Anemone coronaria L.

多年生草本，高25～40cm。地下具有分枝的褐色块根。叶基生，具长柄；一回至二回三出复叶，小叶片再一回至二回羽状深裂。苞片叶状，对生或轮生，无柄，二回至三回羽状深裂；花大，单生于茎顶，直径3.5～6cm；萼片5～20，花瓣状，倒卵形至近圆形，上面常有丝绢状光泽，下面有毛，有白色、粉色、红色、橘色、紫色、蓝色等及复色，也有重瓣及半重瓣品种；雄蕊多数，有时瓣化，花药呈淡黄色、深灰色或紫黑色；心皮数百枚，密集排列，常呈黑色或蓝色。花期3—5月。

原产于地中海。我国北方多有引种。海宁、杭州市区等地有栽培。

为世界著名花卉，适用于庭园、花境、花坛、岩石园，也可作盆栽或切花。

图2-361　欧洲银莲花

15 獐耳细辛属 Hepatica Mill.

多年生草本。具短根状茎。叶基生；单叶，3或5浅裂，裂片全缘或有牙齿，具长柄。花葶不分枝；苞片3，轮生，形成总苞，与花萼紧接，呈花萼状；花单生于花葶顶端，两性；萼片5～10，覆瓦状排列，花瓣状，狭倒卵形或长圆形；无花瓣；雄蕊多数，花药扁椭球形，花丝狭条形；心皮多数，具短花柱，果时不伸长，每心皮有1胚珠。瘦果卵球形。

约7种，分布于北半球温带地区。我国有2种，分布于华东、华中、东北；浙江有1种。

獐耳细辛 幼肺三七（变种）（图2-362）
Hepatica nobilis Schreb. (Nakai) H. Hara

多年生草本，高8～18cm。根状茎短，密生须根。基生叶3～6，具长柄；叶片正三角状宽卵形，长2.5～6.5cm，宽4.5～7.5cm，基部深心形，3裂至中部，裂片宽卵形，全缘，先端钝，有时具短尖头，被稀疏柔毛；叶柄长6～12cm，被脱落性长柔毛。花葶1～6，被长柔毛；苞片卵形或椭圆状卵形，长7～12mm，宽3～6mm，先端急尖或微钝，全缘，下面密被长柔毛；萼片白色、粉红色或堇色，狭长圆形，长8～14mm，宽3～6mm，先端钝；雄蕊长2～6mm，花药扁椭球形，长约0.7mm；子房密被长柔毛。瘦果卵球形，长4mm，具长柔毛和宿存短花柱。花期4—5月，果期6—7月。

产于安吉、临安、诸暨、嵊州、余姚、奉化、宁海、磐安、临海、仙居。生于海拔800m以上的山坡林下阴湿处。分布于辽宁、河南、安徽。朝鲜半岛也有。

根状茎可药用，有祛风活血、杀虫止痒等功效。

图2-362　獐耳细辛

16 白头翁属 Pulsatilla Adans.

多年生草本。具根状茎，常有长柔毛。叶基生，掌状或羽状分裂，有长柄。花葶1或2，有总苞，不与花葶紧接，呈叶状；苞片3，分生，基部合生成筒；花两性，单生于花葶顶端；花托近球形；萼片5或6，覆瓦状排列，花瓣状，蓝紫色或黄色；无花瓣；雄蕊多数，花药扁椭球形,花丝狭条形;心皮多数,每心皮有1胚珠。聚合果球形;瘦果近纺锤形,有柔毛,宿存花柱伸长,呈羽毛状。

约33种,主要分布于欧洲和亚洲。我国约有11种,分布于长江以北各地;浙江栽培1种。本属植物多含白头翁素等化合物,可药用,治痢疾等,也可制土农药。

白头翁 （图2-363）
Pulsatilla chinensis (Bunge) Regel

多年生草本,高15~35cm。根状茎直径0.8~1.5cm。基生叶4或5,开花时生出;叶片宽卵形,长4.5~14cm,宽6.5~16cm,3全裂,中裂片有柄或近无柄,宽卵形,3深裂,中深裂片楔状倒卵形,少有狭楔形或倒梯形,全缘或有齿,侧深裂片不等2浅裂,侧全裂片近无柄,不等3深裂,上面变无毛,下面有长柔毛;叶柄长7~15cm,密被长柔毛。花葶1或2,具柔毛;苞片3,基部合生成筒,3深裂,深裂片条形,不分裂或上部3浅裂,下面密被长柔毛;花梗长2.5~5.5cm,果时长达23cm;花直立;萼片蓝紫色,长圆状卵形,长2.8~4.4cm,宽0.9~2cm,下面密被柔毛;雄蕊长约为萼片的1/2。聚合果直径9~12cm;瘦果纺锤形,长3.5~4mm,具长柔毛,宿存花柱长3.5~6.5cm,羽毛状。花期4—5月,果期5—6月。

原产于东北、华北、西北及江苏、安徽、河南、湖北、四川。俄罗斯、朝鲜半岛也有。临安等地有引种栽培。

根状茎可药用,有清热、凉血、解毒等功效;花大果奇,可供观赏。

图2-363　白头翁

17 铁线莲属 Clematis L.

木质或多年生草质藤本，稀灌木或草本。叶对生，三出复叶至二回羽状复叶或二回三出复叶，少为单叶；叶柄存在，有时基部扩大而连合。花两性，稀单性；聚伞或圆锥花序，有时单生或数朵与叶簇生；萼片4～8，镊合状排列；无花瓣；雄蕊多数，退化雄蕊有时存在；心皮多数，每心皮具1下垂胚珠。瘦果，宿存花柱伸长，常呈羽毛状。

约300种，各大洲均有分布，主要分布于热带和亚热带地区，寒带地区也有。我国约有147种，全国广泛分布，以西南种类较多；浙江有32种。

本属多数植物为药用植物；有些种可制生物农药；有些种花大美丽，为优良的观赏植物。铁线莲在国际园艺界被誉为"藤本皇后"，培育出的园艺品种极多，园林中应用极广，欧美国家栽培尤多，但育种所用的主要亲本多源于我国。

《浙江植物志》记载浙江有短尾铁线莲 C. brevicaudata DC.，经查证，属误定，浙江不产；另王瑞江（1999）依据贺贤育采集的30216号标本发表了浙江铁线莲 C. zhejiangensis R.J. Wang，经杨亲二等（2017）考证该标本实为柱果铁线莲。故上述2种本志不予收录。

分种检索表

1. 萼片4～8，平展（仅湖州铁线莲为下部直立，上部反卷，但其花下垂）；雄蕊无毛；藤本。
  - 2. 花常1～5朵与数枚三出复叶簇生于具多数芽鳞的短枝上··················· 1.绣球藤 C. montana
  - 2. 花、叶着生不为上述情况。
    - 3. 花常数朵组成花序（牯牛铁线莲为1朵）；萼片在花开放后不向外延展成翅。
      - 4. 叶为三出或羽状复叶（仅浙江山木通兼有单叶）；萼片白色（有时微带淡紫色、淡红色）或淡绿色。
        - 5. 雄蕊花药扁椭球形，顶端钝。
          - 6. 三出复叶。
            - 7. 落叶藤本；叶纸质或草质，有锯齿或缺裂，有毛；花丝不皱缩。
              - 8. 聚伞圆锥花序具多花，花较小，直径约1.5cm，萼片白色；枝叶上的毛均伏贴·········
                ·· 2.女萎 C. apiifolia
              - 8. 聚伞花序仅具1花，花较大，直径6～8cm；萼片淡绿色；枝叶上的毛均开展··········
                ·· 3.牯牛铁线莲 C. guniuensis
            - 7. 常绿藤本；叶革质，全缘，无毛；花丝皱缩················ 9.厚叶铁线莲 C. crassifolia
          - 6. 一回至二回羽状复叶或二回三出复叶。
            - 9. 通常为具5小叶的一回羽状复叶；全体干后不变黑色或变黑色（粗齿铁线莲）。
              - 10. 瘦果卵形或卵圆形，多少扁平；小叶片常有锯齿。
                - 11. 花较大，直径2～3.5cm；花序梗基部无叶状苞片；小叶片边缘有粗大牙齿；全体干后变黑色·· 4.粗齿铁线莲 C. grandidentata
                - 11. 花较小，直径1.5～2cm；花序梗基部常具1对叶状苞片；小叶片边缘有小牙齿，偶全缘；全体干后不变黑色········· 5.毛果铁线莲 C. peterae var. trichocarpa
              - 10. 瘦果纺锤形或狭卵形，不扁平；小叶片常全缘············ 6.小蓑衣藤 C. gouriana

9. 通常不为具5小叶的一回羽状复叶；全体干后变黑色。
　　12. 瘦果仅两侧稍扁，边缘不增厚；花梗上具小苞片 …………………… 7. 裂叶铁线莲 C. parviloba
　　12. 瘦果扁平，边缘明显增厚；花梗上无小苞片 ………………………… 8. 短毛铁线莲 C. puberula
5. 雄蕊花药厚条形，顶端通常具短尖头。
　　13. 茎基部或上部为单叶，其余为三出复叶；苞片大，叶状 ………… 11. 浙江山木通 C. chekiangensis
　　13. 所有叶均为复叶（山木通有时下部叶为单叶）；苞片小，非叶状。
　　　　14. 叶为三出复叶。
　　　　　　15. 腋生花序基部通常无宿存芽鳞 ……………………………… 10. 毛柱铁线莲 C. meyeniana
　　　　　　15. 腋生花序基部常具多数宿存芽鳞。
　　　　　　　　16. 幼枝、花梗均无毛；花序常具1～3（7）花 ……………… 12. 山木通 C. finetiana
　　　　　　　　16. 幼枝、花梗被短柔毛；花序常具多花 ………………………… 14. 小木通 C. armandii
　　　　14. 叶为羽状复叶。
　　　　　　17. 对生叶的叶柄基部合生扩大成舟状；萼片5或6（7） ……… 13. 舟柄铁线莲 C. dilatata
　　　　　　17. 对生叶的叶柄基部不扩大成舟状；萼片通常4。
　　　　　　　　18. 一回羽状复叶；小叶柄不具关节；萼片、瘦果均被毛。
　　　　　　　　　　19. 全体（包括瘦果）干后变黑色 ……………………………… 15. 威灵仙 C. chinensis
　　　　　　　　　　19. 全体干后不变黑色；瘦果橘黄色 ………………………… 16. 圆锥铁线莲 C. terniflora
　　　　　　　　18. 一回至二回羽状复叶；小叶柄具关节；萼片、瘦果均无毛…………
　　　　　　　　　　……………………………………………………………………… 17. 柱果铁线莲 C. uncinata
4. 叶全为单叶；萼片紫红色、紫黑色或白色带紫色 ………………… 18. 菝葜叶铁线莲 C. smilacifolia
3. 聚伞花序仅具1花（湖州铁线莲、毛叶铁线莲、天台铁线莲偶可具3花）；萼片在花开放后多少向外延展成翅（毛萼铁线莲除外）。
　　20. 萼片暗紫色，在花开后两边缘不向外延展，而向下反卷 ………… 19. 毛萼铁线莲 C. hancockiana
　　20. 萼片淡紫色、白色或淡黄色，在花开放时两边缘多少向外延展，不向下反卷。
　　　　21. 单花腋生（湖州铁线莲偶有由3花组成的腋生聚伞花序）。
　　　　　　22. 花不下垂，萼片平展，两侧显著向外延展；一回至二回三出复叶或一回羽状复叶。
　　　　　　　　23. 小叶片通常全缘，稀有少数牙齿；苞片边缘无小齿及缺刻。
　　　　　　　　　　24. 萼片先端急尖或锐尖；雄蕊紫红色或紫黑色（铁线莲品种可呈黄色或白色）。
　　　　　　　　　　　　25. 宿存花柱上部一段无毛；花梗长3.5～11cm。
　　　　　　　　　　　　　　26. 柱头不膨大，不裂；小叶片长1～3cm，宽0.5～1.5cm，叶脉上有毛…………
　　　　　　　　　　　　　　　　…………………………………………………………… 20. 光柱铁线莲 C. longistyla
　　　　　　　　　　　　　　26. 柱头膨大，2裂；小叶片长2～6cm，宽1～2cm，两面均无毛 ……………
　　　　　　　　　　　　　　　　…………………………………………………………………… 23. 铁线莲 C. florida
　　　　　　　　　　　　25. 宿存花柱全体被毛；花梗长12～18cm ……………… 21. 大花威灵仙 C. courtoisii
　　　　　　　　　　24. 萼片先端圆钝；雄蕊淡黄色 ……………………………… 24. 短柱铁线莲 C. cadmia
　　　　　　　　23. 小叶片及苞片边缘具小齿和缺刻 …………………… 22. 齿缺铁线莲 C. inciso-denticulata
　　　　　　22. 花下垂，萼片下部直立，上部反卷，两侧稍向外延展；一回羽状复叶 ……………………
　　　　　　　　…………………………………………………………………………… 27. 湖州铁线莲 C. huchouensis
　　　　21. 单花顶生（毛叶铁线莲、天台铁线莲有时具3花组成的顶生聚伞花序或单花腋生）。

一五　毛茛科 Ranunculaceae

27. 花梗上常有1对大型叶状苞片（单花者或花序中间者无）；萼片5或6，白色或淡紫色；野生。
　　28. 通常单叶；小叶两面被毛；萼片淡紫色（品种则多色）………… **25. 毛叶铁线莲 C. lanuginosa**
　　28. 通常三出复叶；小叶两面近无毛；萼片白色………………… **26. 天台铁线莲 C. tientaiensis**
27. 花梗上无叶状苞片；萼片8（品种则不定），白色或淡黄色（品种则多色）；栽培 ……………………
　　……………………………………………………………………………… **28. 转子莲 C. patens**
1. 萼片4，直立或上部多少反卷；雄蕊有毛；藤本或直立亚灌木。
　　29. 直立亚灌木；萼片蓝紫色，花开放后两侧稍向外延展 …………………………………………
　　……………………………………………………… **29. 狭卷萼铁线莲 C. tubulosa var. ichangensis**
　　29. 攀缘藤本；萼片不为蓝紫色，花开放后两侧不向外延展。
　　　　30. 常绿木质藤本；单叶；萼片白色或淡黄绿色；花期11月至次年2月 ……………………………
　　　　……………………………………………………………………… **30. 单叶铁线莲 C. henryi**
　　　　30. 草质藤本；复叶；萼片黄色、粉红色或紫红色；花期8—10月。
　　　　　　31. 三出复叶；萼片黄色，直立 ………………… **31. 华中铁线莲 C. pseudootophora**
　　　　　　31. 一回至二回三出复叶或羽状复叶；萼片粉红色或紫红色，下部直立，上部反卷 ……………
　　　　　　……………………………………………………………… **32. 毛蕊铁线莲 C. lasiandra**

1. 绣球藤 （图2-364）

Clematis montana Buch.-Ham. ex DC.

落叶木质藤本。茎圆柱形，有纵条纹，幼时有短柔毛，后变无毛，老时外皮剥落。一回三出复叶；小叶片卵形、宽卵形至椭圆形，长2～7cm，宽1～5cm，边缘具缺刻状锯齿，先端3浅裂或

图2-364　绣球藤

不明显，两面疏生短柔毛，有时下面较密；叶柄长4～7cm。花直径3～5cm，常1～5朵与数枚复叶簇生于具多数芽鳞的短枝上；花梗长5～10cm；萼片4，平展，白色或外面带淡红色，长圆状倒卵形至倒卵形，长1.5～2.5cm，宽0.8～1.5cm，外面疏生短柔毛，内面无毛；雄蕊无毛，长约1cm。瘦果扁，卵形或卵圆形，长4～5mm，宽3～4mm，无毛，宿存花柱长达2.2cm。花期4—6月，果期7—9月。

产于安吉、临安、临海、龙泉、景宁。生于海拔900m以上的山坡、沟谷灌丛中、林边或沟旁。分布于华中、西南、西北及安徽、江西、福建、台湾、广西。喜马拉雅山区西部至尼泊尔、印度北部也有。

茎藤可入药，有利水通淋、活血通经、通关顺气等功效；花大美丽，可供观赏。

2. 女萎 钥匙藤 花木通 （图2-365）
Clematis apiifolia DC.

落叶木质藤本。茎具棱，与小枝、花序梗和花梗均密生伏贴短柔毛。三出复叶，连叶柄长5～17cm；小叶片草质，卵形或宽卵形，长2.5～8cm，宽1.5～7cm，常不明显3浅裂，边缘有锯齿，上面疏生伏贴短柔毛或无毛，下面通常疏生短伏毛或仅沿叶脉较密；叶柄长3～7cm。聚伞

图2-365 女萎

圆锥花序顶生或腋生，具多花，花序较叶短；花序梗基部具小型叶状苞片；花直径约1.5cm；萼片4，平展，白色，狭倒卵形，长约8mm，两面有短柔毛，外面较密，边缘不向外延展成翅；雄蕊无毛，花丝比花药长5倍，花药扁椭球形，顶端钝。瘦果纺锤形或狭卵形，长3~5mm，顶端渐尖，不扁，有柔毛，宿存花柱长约1.5cm。花期7—9月，果期9—10月。

产于全省山区、丘陵。生于海拔1100m以下的山坡、路旁、溪边灌丛中及林缘。分布于华东。日本、朝鲜半岛也有。

根、茎藤或全株可入药，有消炎消肿、利尿通乳等功效。

2a. 钝齿铁线莲　　川木通（变种）（图2-366）

var. argentilucida (H. Lév. et Vaniot) W.T. Wang —— *C. apiifolia* var. *obtusidentata* Rehder et E.H. Wilson

与女萎的区别在于小叶片较大，长5~13cm，宽3~9cm，通常下面密生短柔毛，边缘有少数钝牙齿。

产于安吉、临安、建德、诸暨、宁波市区（镇海、北仑）、金华市区（婺城）、浦江、天台、莲都、龙泉、云和、永嘉、瑞安、泰顺。生于海拔200~1000m的山坡林缘、水沟边、山谷灌丛中。分布于江苏、安徽、江西、湖北、湖南、广东、广西、四川、贵州、云南、陕西、甘肃。

茎可药用，功效同女萎。

图2-366　钝齿铁线莲

3. 牯牛铁线莲 （图2-367）

Clematis guniuensis W.Y. Ni, R.B. Wang et S.B. Zhou

落叶木质藤本。茎具棱，幼茎、叶、叶柄及花序均密被开展长柔毛。三出复叶；小叶片纸质，卵形至宽卵形，长6～7.5cm，宽3.5～4cm，不裂或3浅裂，边缘具稀疏粗齿，先端渐尖；小叶柄长1～2cm；叶柄长7～12cm。聚伞花序腋生，仅具1花；花序梗长3～6cm，密被柔毛；苞片小型，对生，近无柄，长椭圆形，长1.2～1.7cm，宽5～7mm，全缘；花直径6～8cm；花梗长约2cm；萼片4或5，淡绿色，平展，卵形至卵状披针形，长3.5～4.5cm，宽1.8～2.3cm，内面无毛，下面疏生白色短柔毛，边缘不向外延展成翅；雄蕊无毛，长1～3cm，花药扁椭球形，顶端钝。瘦果卵形至宽卵形，被短柔毛，宿存花柱长达2cm，黄色。花期4—5月，果期9—10月。

产于金华及淳安、诸暨、新昌、余姚、象山、宁海、衢州市区（衢江）、莲都、景宁。生于海拔600m以下的山坡林中或沟谷阴湿处。分布于安徽。

图2-367　牯牛铁线莲

4. 粗齿铁线莲　大木通　（图2-368）

Clematis grandidentata (Rehder et E.H.Wilson) W.T.Wang — *C. grata* Wall. var. *grandidentata* Rehder et E.H.Wilson

落叶木质藤本。小枝密生白色短柔毛，老时外皮剥落。全体干后变黑色。一回羽状复叶，具5小叶，有时茎端为三出复叶；小叶片卵形或椭圆状卵形，长5～10cm，宽3.5～6.5cm，先端渐尖，基部圆形、宽楔形或微心形，常具不明显3裂，边缘有粗大锯齿状牙齿，上面疏生短柔毛，下面密生白色短柔毛至近无毛。腋生聚伞花序常有3～7花，或呈顶生圆锥状聚伞花序而具多花，较叶短；花序梗基部无叶状苞片；花直径2～3.5cm；萼片4，平展，白色，近长圆形，长1～1.8cm，宽约5mm，先端钝，下面有短柔毛，内面较疏至近无毛，边缘不向外延展成翅；雄蕊无毛，花药扁椭球形，顶端钝。瘦果扁卵圆形，长约4mm，被柔毛，宿存花柱长达3cm。花期5—7月，果期7—10月。

产于安吉、临安、诸暨、浦江、东阳、遂昌。生于海拔450～1000m的山坡、沟谷林缘或灌丛中。分布于华中及河北、山西、安徽、四川、贵州、云南、陕西、甘肃。

根可药用，能行气活血、祛风湿、止痛。

图2-368　粗齿铁线莲

4a. 丽江铁线莲（变种）

var. **likiangensis** (Rehder) W.T. Wang — *C. argentilucida* W.T. Wang var. *likiangensis* (Rehder) W.T. Wang

与粗齿铁线莲的区别在于子房和瘦果无毛。

产于临安。生于山坡、沟旁灌丛或疏林中。分布于河北、湖北、四川、贵州、云南。

5. 毛果铁线莲　大木通(变种)（图2-369）
Clematis peterae Hand.-Mazz. var. **trichocarpa** W.T. Wang

落叶木质藤本。全体干后不变黑色。一回羽状复叶，具5小叶，偶尔基部1对为3小叶；小叶片卵形或长卵形，少数卵状披针形，长3～9cm，宽2～4.5cm，先端常锐尖或短渐尖，少数长渐尖，基部圆形至浅心形，边缘疏生1至数枚锯齿状小牙齿，偶全缘，两面疏生短柔毛至近无毛。圆锥状聚伞花序多花；花序梗、花梗密生短柔毛，花序梗基部常具1对叶状苞片；花直径1.5～2cm；萼片4，平展，白色，倒卵形至椭圆形，长0.7～1.1cm，先端钝，两面有短柔毛，外面边缘密生短绒毛，边缘不向外延展成翅；雄蕊无毛，花药扁椭球形，顶端钝；子房有毛。瘦果卵形，稍扁平，被柔毛，长约4mm，宿存花柱长达3cm。花期6—9月，果期8—12月。

产于杭州市区(西湖)、临安、建德。生于山坡、沟谷、溪边灌丛中。分布于河北、山西、河南、湖北、四川、贵州、云南、陕西、甘肃。

全株可入药，有清热、利尿、止痛等功效。

与原种钝萼铁线莲 C. peterae (浙江不产)的区别在于后者子房和瘦果无毛或近无毛。

图2-369　毛果铁线莲

6. 小蓑衣藤 （图2-370）
Clematis gouriana Roxb. ex DC.

落叶木质藤本。一回羽状复叶，具5小叶，有时3或7；小叶片纸质，卵形、长卵形至披针形，长4～11cm，宽3～5cm，先端渐尖至长渐尖，基部圆形至浅心形，通常全缘，有时疏生锯齿状牙齿，两面无毛或近无毛，有时下面疏生短柔毛。圆锥状聚伞花序多花；花序梗、花梗密生短柔毛；花直径1.2～2cm；萼片4，平展，白色，椭圆形或倒卵形，长5～9mm，先端钝，两面有短柔毛，边缘不向外延展成翅；雄蕊无毛，花药扁椭球形，顶端钝；子房被柔毛。瘦果纺锤形或狭卵形，不扁，顶端渐尖，具柔毛，长3～5mm，宿存花柱长达3cm。花期9—10月，果期11—12月。

产于建德（梅城）。生于海拔约50m的路边岩石下。分布于湖北、湖南、广东、广西、四川、贵州、云南。东南亚、南亚也有。

茎和根可药用，有行气活血、祛风止痛等功效。

图 2-370　小蓑衣藤

7. 裂叶铁线莲 （图2-371）
Clematis parviloba Gardner et Champ.

常绿木质藤本。全体干后变黑色。小枝有棱，被柔毛。一回至二回羽状复叶或二回三出复叶，基部2对常2裂、3裂或为3小叶，茎上部有时为三出复叶；小叶片卵状披针形、长卵形至卵形，长1.5～8.5cm，宽1～3cm，先端渐尖，基部圆形，全缘或有粗锯齿，上面深绿色，下面灰绿色，两面有伏贴柔毛，下面较密。聚伞花序或圆锥状聚伞花序，具3至多花，偶单生，腋生或顶生，常与叶近等长；花梗上具显著小苞片，卵形、椭圆形或披针形；花直径1.5～3.5cm；萼片4，平展，白色，近长圆形至狭倒卵形，长0.8～2cm，宽3～7mm，外面有绢状毛，内面近无毛，边缘不向外延展成翅；雄蕊无毛，花药扁椭球形，顶端钝。瘦果卵形，两侧稍扁，边缘不增厚，长约5mm，宽约3mm，被柔毛，宿存花柱长达4cm。花期5—9月，果期7—10月。

产于龙泉、庆元、乐清、文成、平阳、苍南、泰顺。生于山坡灌丛中、路边、溪边。分布于江西、台湾、广东、广西、四川、贵州、云南。日本也有。

图 2-371　裂叶铁线莲

8. 短毛铁线莲

Clematis puberula Hook. f. et Thomson

落叶木质藤本。全体干后变黑色。小枝有棱，被短柔毛。一回至二回羽状复叶或二回三出复叶，有3～21小叶，基部2对常为3小叶或2裂、3裂，茎上部有时为三出复叶；小叶片纸质，长卵形至宽卵形，有时呈卵状披针形，不裂或3裂，长1.5～10cm，宽0.8～5cm，先端锐尖、短渐尖至长渐尖，基部宽楔形、圆形或心形，边缘有粗锯齿或全缘，上面疏被短柔毛或近无毛，下面密被短柔毛。圆锥状聚伞花序或单聚伞花序，具3至多花，腋生或顶生，常短于叶；花梗长1.5～7cm，无小苞片；花直径2～2.5cm；萼片4，平展，白色，狭倒卵形或长椭圆形，长0.5～1.8cm，上面无毛，下面密被短柔毛，边缘不向外延展成翅；雄蕊无毛，花药扁椭球形，先端钝。瘦果卵圆形或近圆形，扁平，边缘明显增厚，长约5mm，宽约3mm，被短柔毛，宿存花柱长2～3.5cm，羽状。花果期7—10月。

原产于四川、云南、西藏。不丹、尼泊尔、印度、缅甸也有。浙江不产，但产以下2变种。

8a. 扬子铁线莲(变种)(图2-372)

var. **ganpiniana** (H. Lév. et Vaniot) W.T. Wang —— *C. ganpiniana* (H. Lév. et Vaniot) Tamura

与短毛铁线莲和毛果扬子铁线莲的区别在于瘦果无毛。

产于安吉、杭州市区(西湖)、临安、淳安、金华市区(婺城)、磐安、遂昌、云和。生于山坡、溪沟边的灌丛或杂木林中。分布于安徽、江西、湖北、湖南、广东、广西、四川、贵州、云南、陕西。

图2-372 扬子铁线莲

8b. 毛果扬子铁线莲(变种)(图2-373)

var. **tenuisepala** (Maxim.) W.T. Wang —— *C. ganpiniana* var. *tenuisepala* (Maxim.) C.T. Ting

与扬子铁线莲的区别在于瘦果有短柔毛,与短毛铁线莲的区别在于小叶片和萼片下面疏被短柔毛或近无毛。

产于杭州市区(西湖)、富阳、临安。生于山坡林下或沟边、路旁草丛中。分布于山西、山东、江苏、河南、湖北、陕西、甘肃。

图2-373　毛果扬子铁线莲

9. 厚叶铁线莲　（图2-374）

Clematis crassifolia Benth.

常绿木质藤本。茎紫红色或暗紫色，圆柱形，具纵条纹，无毛。三出复叶；小叶片革质，长椭圆形、椭圆形或卵形，长5～12cm，宽2.5～6.5cm，先端锐尖或钝，基部楔形至近圆形，全缘，上面深绿色，下面浅绿色，两面无毛；叶柄长7～12cm，常卷曲。圆锥状聚伞花序腋生或顶生，具多花，长而舒展；花直径2.5～4cm；萼片4，平展，白色或略带淡红色，披针形或倒披针形，长1.2～2cm，外面近无毛，边缘密生短绒毛，内面有较密短柔毛，边缘不向外延展成翅；雄蕊无毛，花药扁椭球形，顶端钝，长1～2mm，花丝明显皱缩，比花药长3～5倍。瘦果镰刀状狭卵形，具柔毛，长4～6mm，宿存花柱长约1.6cm。花期11月至次年1月，果期2—4月。

产于文成（猴王谷）、泰顺（黄桥）。生于海拔800m以下的沟谷溪边、山地路旁密林或疏林中。分布于福建、湖南、台湾、广东、广西。日本也有。

图 2-374 厚叶铁线莲

10. 毛柱铁线莲（图 2-375）

Clematis meyeniana Walp.

木质藤本。老枝圆柱形，具纵棱，小枝被短柔毛。三出复叶；小叶片薄革质，卵形或卵状长圆形，有时为宽卵形，长 3～10 cm，宽 2～5 cm，先端锐尖、渐尖或钝急尖，基部圆形、浅心形或宽楔形，全缘，两面无毛。圆锥状聚伞花序具多花，腋生或顶生，常比叶长或与叶近等长；花梗被短柔毛；花序基部通常无宿存芽鳞；苞片小，钻形；花直径 1.5～2.5 cm；萼片 4，平展，白色，长椭圆形或披针形，先端钝、突尖，有时微凹，长 0.7～1.2 cm，外面边缘有绒毛，内面无毛，边缘不向外延展成翅;雄蕊无毛,花药厚条形,顶端具短尖头。瘦果镰刀状狭卵形或狭倒卵形,长约4.5mm,具柔毛,宿存花柱长达2.5cm。花期6—8月,果期8—10月。

产于遂昌、龙泉、乐清、永嘉、文成、泰顺。生于海拔1200m以下的山坡疏林下、路旁灌丛中或山谷溪边。分布于江西、福建、湖南、台湾、广东、广西、四川、贵州、云南。日本、越南、老挝也有。

全株可药用,有破血通经、活络止痛等功效。

图2-375　毛柱铁线莲

11. 浙江山木通 （图2-376）
Clematis chekiangensis Pei

木质藤本。茎圆柱形,有纵棱,小枝疏生短柔毛,后变无毛。三出复叶,但茎基部或上部常为单叶;小叶片纸质,卵状披针形至长椭圆状披针形,长4~12cm,宽2~5cm,先端短渐尖至渐尖,基部浅心形或圆形,全缘,两面无毛。圆锥状聚伞花序具多花,顶生或腋生;苞片大,叶状,卵形至披针状卵形,有柄;花直径约1.5cm;萼片4,平展,白色,卵形,长0.8~1cm,外面边缘密生短绒毛,中间有短柔毛,内面无毛,边缘不向外延展成翅;雄蕊无毛,花药厚条形,顶端具短尖头。瘦果有柔毛（未成熟）。花期6月。

产于庆元。生于山坡林中。浙江特有。模式标本采自庆元（应岭岚）。

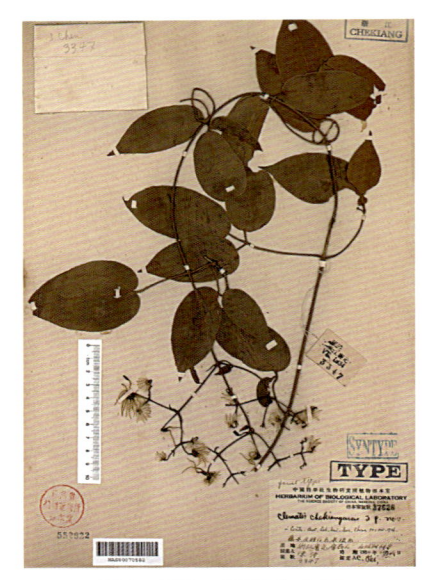

图2-376　浙江山木通

12. 山木通 大叶光板力刚 （图2-377）
Clematis finetiana H. Lév. et Vaniot

半常绿木质藤本。茎圆柱形，无毛，有纵条纹，小枝有棱，无毛。三出复叶，茎下部有时为单叶；小叶片薄革质，卵状披针形、狭卵形至卵形，长3～9（16）cm，宽1.5～3.5（6.5）cm，先端锐尖至渐尖，基部圆形、浅心形或斜肾形，全缘，两面无毛。花常单生，或为聚伞花序、总状聚伞花序，腋生或顶生，具1～3（7）花，少数具花7朵以上而呈圆锥状聚伞花序，通常比叶长或与叶近等长；花序基部常有多数长三角形至三角形的宿存芽鳞，长5～8mm；下部苞片为宽条形至三角状披针形，先端3裂，上部苞片小，钻形；花梗无毛；萼片4（6），平展，白色，狭椭圆形，长1～2cm，外面边缘密生短绒毛，不向外延展成翅；雄蕊无毛，花药条形，顶端具短尖头。瘦果镰刀状狭卵形，长约5mm，具柔毛，宿存花柱长达3cm。花期4—6月，果期7—11月。

产于全省山区、丘陵。生于山坡疏林下、溪边、路旁灌丛中及山谷石缝中。分布于华东、华中及广东、广西、四川、贵州、云南。

全株可药用，有清热解毒、止痛、活血、利尿、祛风利湿等功效。

图2-377 山木通

13. 舟柄铁线莲 （图2-378）
Clematis dilatata Pei

常绿木质藤本。茎、枝圆柱形,有纵条纹,被短柔毛,后变无毛。一回至二回羽状复叶,有5~13小叶,通常基部1对以至第2对有2或3小叶;小叶片革质,长卵形、卵形、卵圆形或长圆状披针形,长3~9cm,宽1.5~3.5cm,先端锐尖或钝,有时渐尖,基部圆形或浅心形,全缘,两面无毛,下面粉绿色,干时两面网脉隆起;小叶柄不具关节;叶柄基部合生扩大成舟状。圆锥状聚伞花序顶生或腋生,比叶短;花序梗、花梗有较密柔毛;苞片小,非叶状;花直径达5.5cm;萼片5或6（7）,平展,白色或微带淡紫色,长2~3.5cm,宽0.5~1cm,倒卵状披针形或长椭圆形,两面有短柔毛,边缘不向外延展成翅;雄蕊无毛,花药厚条形,顶端具短尖头。瘦果两侧扁,狭卵形,长约5mm,被短柔毛,宿存花柱长达3.5cm。花期5—6月,果期7—8月。

产于丽水及金华市区（婺城）、磐安、武义、仙居、永嘉、文成、泰顺（黄桥）。生于海拔600m以下的山坡林中或山谷路边林缘。模式标本采自莲都（白云山,花）、云和（牛首山,果）。

花大美丽,可供观赏。浙江特有,资源稀少。为浙江省重点保护野生植物。

图2-378　舟柄铁线莲

14. 小木通 (图2-379)
Clematis armandii Franch.

常绿木质藤本，长达6m。茎圆柱形，有纵条纹，小枝有棱，被白色短柔毛，后脱落。三出复叶；小叶片革质，卵状披针形、长椭圆状卵形至卵形，长4~14cm，宽2~6cm，先端渐尖，基部圆形、心形或宽楔形，全缘，两面无毛。聚伞花序或圆锥状聚伞花序，具多花，从1腋芽内生出，通常比叶长或近等长；花序基部有多数宿存芽鳞，为三角状卵形、卵形至长圆形，长0.8~3.5cm；花序下部苞片近长圆形，常3浅裂，上部苞片渐小，披针形至钻形；花梗被短柔毛；萼片4（5），平展，白色，偶带淡红色，长圆形或长椭圆形，大小变异极大，长1~4cm，宽0.3~2cm，外面边缘密生或疏生短绒毛，边缘不向外延展成翅；雄蕊无毛，花药厚条形，顶端具短尖头。瘦果扁卵形至扁椭球形，长4~7mm，疏生柔毛，宿存花柱长达5cm。花期3—4月，果期4—7月。

产于莲都、云和、景宁、永嘉、泰顺。生于山坡、山谷、路边灌丛中、林边或水沟旁。分布于西南及福建、湖北、湖南、广东、广西、陕西、甘肃。越南也有。

藤茎可药用，有利尿消肿、通经下乳等功效。

图2-379 小木通

15. 威灵仙 铁脚威灵仙 (图2-380)
Clematis chinensis Osbeck

落叶木质藤本。全体干后变黑色。茎、小枝近无毛或疏生短柔毛。一回羽状复叶，具5小叶，有时3或7，偶尔基部1对以至第2对2裂、3裂或为2或3小叶；小叶片纸质，卵形至卵状披针形，或为条状披针形、卵圆形，长1.5~10cm，宽1~7cm，先端锐尖至渐尖，偶微凹，基部圆形、宽楔形至浅心形，全缘，两面近无毛或疏生短柔毛，干时两面网脉不隆起。圆锥状聚伞花序，具多花，腋生或顶生；花直径1～2cm；萼片通常4，平展，白色，长圆形或长圆状倒卵形，长0.5～1.5cm，先端常突尖，外面边缘密生绒毛或中间有短柔毛，边缘不向外延展成翅；雄蕊无毛，花药厚条形，顶端具短尖头。瘦果扁，卵形至宽椭球形，长5～7mm，被柔毛，宿存花柱长2～5cm。花期6—9月，果期8—11月。

产于宁波及临安、岱山、天台、莲都、龙泉、温州市区（瓯海）、瑞安。生于海拔600m以下的山坡、山谷灌丛中或沟边、路旁草丛中。分布于华东、华中、华南、西南及陕西。越南也有。

根可入药，有祛风湿、利尿、通经、镇痛等功效。

图2-380　威灵仙

15a. 安徽威灵仙　安徽铁线莲（变种）

var. **anhweiensis** (M.C. Chang) W.T. Wang — *C. anhweiensis* M.C. Chang

与威灵仙的区别在于聚伞花序仅具1～3花，花较大，直径2～4cm。花期5月，果期7月。

产于建德。生于山坡、山脚、溪边、路旁灌丛中。分布于安徽（歙县、贵池）。

15b. 毛叶威灵仙（变种）

var. **vestita** (Rehder et E.H. Wilson) W.T. Wang — *C. chinensis* Osbeck form. *vestita* Rehder et E.H. Wilson

与威灵仙的区别在于小叶片通常较厚而小，常为卵形至长圆形，长1～3.5（5）cm，宽0.5～2（2.5）cm，先端钝或锐尖，下面有较密的短柔毛，老时易脱落。

《中国植物志》记载浙江有分布，但作者未见标本。分布于江苏、安徽、湖北、陕西。

16. 圆锥铁线莲　铜威灵　（图2-381）
Clematis terniflora DC.

木质藤本。全体干后不变黑色。茎、小枝有短柔毛，后近无毛。一回羽状复叶，通常具5小叶，有时3或7，偶尔基部1对2裂、3裂或为2或3小叶，茎基部为单叶或三出复叶；小叶片狭卵形至宽卵形，长2.5～8cm，宽1～5cm，先端钝或锐尖，有时微凹，基部圆形、浅心形或楔形，全缘，两面疏生短柔毛或近无毛，网脉干后在上面不明显，在下面隆起。圆锥状聚伞花序腋生或顶生，具多花，长5～19cm，较开展；花序梗、花梗被短柔毛；花直径1.5～3cm；萼片通常4，平展，白色，狭倒卵形或长圆形，先端锐尖或钝，长0.8～2cm，宽2.5～4mm，外面有短柔毛，边缘密生绒毛，不向外延展成翅；雄蕊无毛，花药厚条形，顶端具短尖头。瘦果橘黄色，常5～7个，倒卵形至宽椭球形，扁，长5～9mm，宽3～6mm，边缘突起，被伏贴柔毛，宿存花柱长达4cm。花期6—8月，果期8—11月。

产于全省山区、丘陵。生于海拔500m以下的山地、丘陵的林边或路旁草丛中。分布于华中及江苏、安徽、江西、陕西。日本、朝鲜半岛也有。模式标本采自浙江，地点在自杭州沿钱塘江至建德梅城一线。

根可入药，有凉血、降火、解毒等功效。

本种新鲜时常被误定为威灵仙，但其干后不变黑色的特征可与威灵仙相区别。

图2-381　圆锥铁线莲

17. 柱果铁线莲 小叶光板力刚 浙江铁线莲 （图2-382）
Clematis uncinata Champ. ex Benth. — *C. zhejiangensis* R.J. Wang

常绿木质藤本。枝叶干时常呈黑褐色。除花柱有羽状毛及萼片外面边缘有短柔毛外，余光滑无毛。茎圆柱形，有纵条纹。一回至二回羽状复叶，有5～15小叶，茎基部常为1～3小叶；小叶片厚纸质或薄革质，宽卵形、卵形、长圆状卵形至卵状披针形，长3～13cm，宽1.5～7cm，先端锐尖至渐尖，偶有微凹，基部圆形或宽楔形，有时浅心形或截形，全缘，上面亮绿，下面灰绿色，干时两面网脉隆起；小叶柄中部具关节。圆锥状聚伞花序腋生或顶生，具多花，通常长超过复叶；萼片4（5），平展，白色，条状披针形至倒披针形，长1～1.5cm，边缘不向外延展成翅；雄蕊无毛，花药厚条形，顶端具短尖头。瘦果近圆柱形，上部渐细，长5～8mm，宿存花柱长1～2cm。花期6—8月，果期9—11月。

产于全省山区、丘陵。生于海拔1000m以下的山地、沟谷、溪边灌丛中或林缘。分布于华东、华南及湖南、四川、贵州、云南、陕西、甘肃。越南也有。

根可入药，有祛风除湿、舒筋活络、镇痛等功效。

图2-382　柱果铁线莲

18. 菝葜叶铁线莲　紫木通　（图 2-383）

Clematis smilacifolia Wall. — *C. loureiriana* DC.

常绿木质藤本。茎粗壮，圆柱形，有明显的纵纹。全为单叶，厚革质；叶片宽卵圆形、心形或长圆形，长 8～14cm，宽 5～8cm，先端钝圆或钝尖，基部常浅心形，两面无毛，全缘，稀有浅波状小齿，基出脉 3 或 5，在上面微突，在下面显著隆起，侧脉不明显；叶柄粗壮，长 3.5～6cm，上部圆柱形，基部扁平，常卷曲。圆锥花序腋生兼顶生，连花序梗长约 15cm，花疏生；花序梗与花梗均密被短绒毛；苞片或小苞片狭倒卵形或细条形；花直径约 3cm；萼片 4 或 5，平展，紫红色、紫黑色或白色带紫色，长圆形或狭倒卵形，长约 1.5cm，宽 5～7mm，内面无毛，外面密生锈色绒毛，边缘不向外延展成翅；雄蕊无毛，黄色，长 8～12mm，花丝条形，药隔延长；花柱长约 6mm，密被长柔毛。果未见。花期 5—6 月。

产于苍南（莒溪）、泰顺（黄桥）。生于海拔 250～350m 的路边灌丛中。分布于海南、广西、贵州、云南、西藏。东南亚、南亚及巴布亚新几内亚也有。

花色艳丽，可供观赏。

本省产的与文献记载有所不同，花期为 5—6 月，而非 11—12 月；花序腋生兼顶生；萼片有时呈白色。

图 2-383　菝葜叶铁线莲

19. 毛萼铁线莲　曾氏铁线莲　（图 2-384）
Clematis hancockiana Maxim. — *C. tsengiana* F.P. Metcalf

木质攀缘藤本，长 2~4m。茎圆柱形，节部常膨大，具 6 浅纵沟，幼时被稀疏柔毛，后近于无毛。茎上部叶常为三出复叶，茎中下部叶为羽状复叶或二回三出复叶，小叶 3~9；小叶片宽卵形至卵状披针形，长 4~6cm，宽 2~4cm，先端钝尖，基部宽楔形或圆形，全缘；小叶柄呈"之"字形曲折或扭曲；叶柄长 4~11cm，被稀疏开展的柔毛。花单生于叶腋；花梗直立，长 4~8cm，被稀疏曲柔毛，中部具 1 对叶状苞片；萼片 4，平展，暗紫色，长椭圆形或狭倒卵形，长 1.5~2.5cm，宽 5~7mm，内面无毛，外面密被曲柔毛及绒毛，开放时两边缘不向外延展而向下反卷；雄蕊无毛，紫黑色；子房及花柱被黄色柔毛。瘦果扁宽卵形至近圆饼形，长约 5mm，被黄色短柔毛，宿存花柱长 3.5~5cm，被灰黄色长柔毛。花期 4—5 月，果期 6—7 月。

产于杭州及长兴、上虞、诸暨、宁波市区、奉化、永康、天台。常生于海拔 500m 以下的山沟、山坡灌丛中。分布于江苏、安徽、江西、河南、湖北。模式标本采自宁波市区（北仑）。

图 2-384　毛萼铁线莲

20. 光柱铁线莲　（图 2-385）
Clematis longistyla Hand.-Mazz.

木质攀缘藤本。羽状复叶或一回至二回三出复叶；小叶片卵圆形，长 1~3cm，宽 0.5~1.5cm，先端锐尖，基部圆形或楔形，边缘全缘或有少数牙齿，常 3 浅裂，稀 3 深裂至基部，仅叶脉上有柔毛，网脉在两面微突起，侧生小叶具短柄，顶生小叶片与小叶柄近等长；叶柄基部微增宽、加厚并结合。单花腋生；花梗长 3.5~11cm，上部有毛，中部或中下部有 1 对大型叶状苞片；苞片卵形，不裂或3裂；花直径3～9cm；萼片6，稀4或5，平展，白色，阔椭圆形或近菱形，先端急尖，具长约2mm的尖头，内面无毛，外面沿3条直的主脉形成1条披针形的带，有疏柔毛，外侧被密绒毛，边缘无毛，向外延展成翅，不反卷；雄蕊紫红色，无毛，花丝长于花药；心皮被绒毛。瘦果宿存羽毛状花柱长约4cm，有金黄色长柔毛，上端无毛部分长约1.2cm，柱头不膨大，不裂。花期5月，果期7—8月。

产于金华，具体地点与生境不详。分布于河南、湖北。

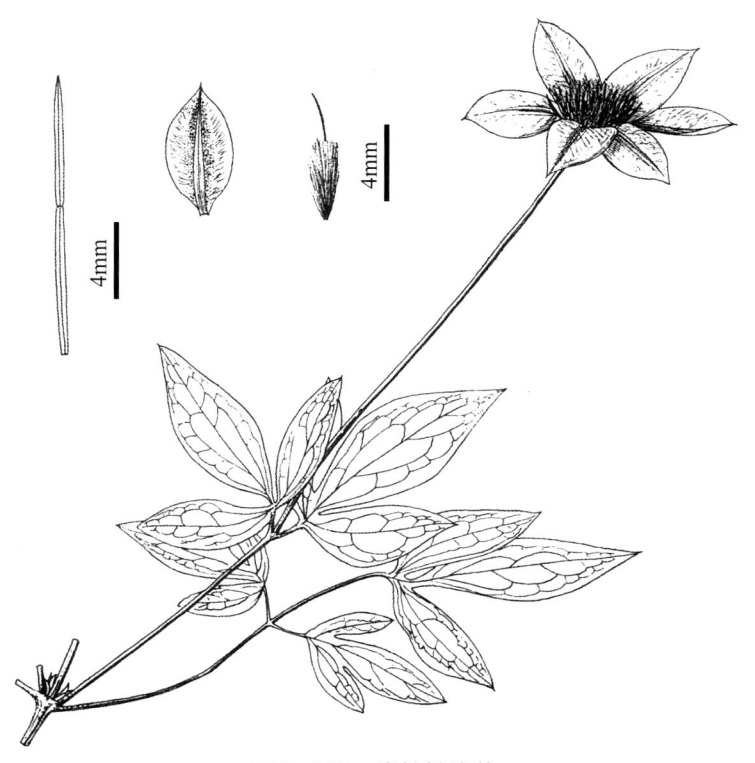

图2-385 光柱铁线莲
（图片来源：傅德志. 王文采院士论文集·上卷[C]. 北京：高等教育出版社，2011：1161.）

21. 大花威灵仙　大花铁线莲　（图2-386）
Clematis courtoisii Hand.-Mazz.

木质攀缘藤本。一回至二回三出复叶；小叶片长圆形或卵状披针形，长5～7cm，宽2～3.5cm，先端渐尖，基部阔楔形至圆形，全缘，稀2或3浅裂，上面主脉微被柔毛，下面被极稀疏柔毛，叶脉在两面隆起；叶柄长6～10cm，基部微膨大。花单生于叶腋；花梗长12～18cm，被紧贴的柔毛，中部着生1对叶状苞片；苞片卵圆形或宽卵形，长4.5～7cm，宽2.5～4.5cm，边缘有时2或3裂，具短柄；花大，直径5～8cm；萼片常6，平展，白色，到卵状披针形或宽披针形，长3.5～4.5cm，宽1.5～2.5cm，先端锐尖，内面无毛，外面被稀疏柔毛，边缘向外延展成翅，不反卷；雄蕊紫黑色，无毛，长达1.5cm。瘦果倒卵圆形，长约5mm，宽约4mm，棕红色，被稀疏柔毛，宿存花柱长1.5～3cm，全体被毛，柱头膨大。花期4—5月，果期7—8月。

产于安吉、杭州市区（西湖）、富阳、临安、建德、诸暨、宁波市区（北仑）、鄞州、慈溪、宁海。生于海拔200～1150m的山坡林缘、溪边、路旁灌丛中。分布于江苏、安徽、河南、湖南。

全草可药用，有解毒、利尿、祛瘀等功效。

图2-386　大花威灵仙

22. 齿缺铁线莲 （图2-387）

Clematis inciso-denticulata W.T. Wang

半木质藤本。当年生枝纤细，直径约1.2mm，具4浅纵纹。一回至二回三出复叶；小叶片纸质，卵形或菱状卵形，不裂，长1～2.4cm，宽0.6～1.2cm，先端钝，具小尖头，基部圆形或宽楔形，边缘具小齿和缺刻，疏被柔毛或近无毛；叶柄纤细，长1～2.6cm，被疏毛。花单生于叶腋；花梗纤细，长8～9.6cm，具4～6浅沟，被短柔毛，中下部具2枚椭圆形或卵形的叶状苞片；苞片2或3全裂，有小齿和缺刻，长1.2～1.8cm；花直径3.4～4.2cm；萼片6，平展，白色，边缘宽，窄菱形，长1.7~2.2cm，宽6~9mm，先端具尖头，内面无毛，具天鹅绒般的光泽，边缘有毛，向外延展成翅，不反卷；雄蕊无毛，长6~10mm，花丝狭条形，长3~5mm，花药厚条形或扁的长椭球形，长3~4mm。瘦果长6mm，密被柔毛，宿存花柱长2cm以上，密被短柔毛，毛长约0.3mm。花果期不详。

特产于浙江。模式标本采自浙江，藏于美国，未记载具体采集地、生境及日期等信息。

图 2-387　齿缺铁线莲
（图片来源：傅德志．王文采院士论文集·上卷［C］．北京：高等教育出版社，2011：1164.）

23. 铁线莲 （图 2-388）
Clematis florida Thunb.

草质藤本。茎棕色或紫红色，具6纵纹，节部膨大，被稀疏短柔毛。二回三出复叶，连叶柄长达12cm；小叶片狭卵形至披针形，长2~6cm，宽1~2cm，先端钝尖，基部圆形或阔楔形，边缘全缘，两面无毛，脉纹不清晰；小叶柄短或长达1cm；叶柄长4cm。单花腋生；花梗长6~11cm，近无毛，中下部具1对大型叶状苞片；苞片宽卵圆形或卵状三角形，长2~3cm，基部无柄或具短柄，被黄色柔毛；花直径约5cm，开展；萼片6，平展，白色，倒卵圆形或匙形，先端急尖或锐尖，基部渐狭，内面无毛，外面沿3条直的主脉形成1条狭披针形的带，密被绒毛，边缘向外延展成翅，不反卷；雄蕊紫红色（品种可呈白色、黄色等），无毛，花丝条形，花药短于花丝；子房狭卵形，被淡黄色柔毛，花柱短，上部无毛，柱状膨大成头状。瘦果倒卵形，扁平，边缘增厚，宿存花柱伸长成喙状，细瘦，下部有开展的短柔毛，上部无毛，柱头膨大，2裂。花期1—2月，果期3—4月。

原产于江西、湖南、广东、广西。本种在200多年前即被引至国外，并成为铁线莲杂交育种的重要亲本之一，现已培育出大量的园艺品种，花色、花形极为丰富。本省园林中引入不少品种。

根和全草可药用，有利尿通经、解毒、祛瘀等功效；花大美丽，可供观赏。

浙江不产原种，但产以下1变种。

图 2-388　铁线莲

23a. 重瓣铁线莲　铁线牡丹花（变种）（图2-389）
var. flore-plena G. Don

与铁线莲的区别在于萼片淡绿色，初开时两侧内卷；雄蕊几全部变成花瓣状，白色或淡绿色，远较萼片狭小。花期4—5月，果期6—8月。

产于台州市区（黄岩）、庆元（大济）、景宁、文成、平阳、泰顺。生于海拔600m以下的山谷、溪边林中或灌丛中。分布于云南。全世界园林中常有栽培。

为花大形美的野生观赏植物。植株稀少。为浙江省重点保护野生植物。

图 2-389　重瓣铁线莲

24. 短柱铁线莲 （图2-390）

Clematis cadmia Buch.-Ham. ex Hook. f. et Thomson

攀缘草质藤本。茎圆柱形，有纵棱，疏被开展柔毛。二回三出复叶或羽状复叶；小叶片狭卵形或椭圆状披针形，长2~5cm，宽1~2cm，先端渐尖，基部楔形，全缘或2裂、3裂，中脉在两面微隆起，被疏柔毛；小叶柄不明显；叶柄长2~6cm。单花腋生；花梗长7~10cm，被开展的毛，中下部有1对大型叶状苞片；苞片宽卵形，长2.5~5cm，宽1~3cm，无柄；花淡紫色，直径4~8cm；萼片6，稀4或5，平展，椭圆形，先端圆钝，基部渐狭，脉纹显著，外面被短绒毛，内面和边缘无毛，边缘向外延展成翅，不反卷；雄蕊淡黄色，无毛，长约7mm，花丝扁而短；子房狭卵形，被紧贴的伏毛，花柱被短伏毛。瘦果棕红色，倒卵形，扁平，边缘框状增厚，宿存花柱喙状，长约5mm，贴生柔毛。花期4—5月，果期8—10月。

产于长兴、杭州市区（余杭）。生于低海拔的溪边、路旁、阴湿草丛中。分布于江苏、安徽、江西、湖北、广东。越南、缅甸、印度也有。

根和全草可药用，能通经络、解毒；花色美丽，可供观赏。

图2-390 短柱铁线莲

25. 毛叶铁线莲 （图2-391）

Clematis lanuginosa Lindl. — *C. florida* Thunb. var. *lanuginosa* (Lindl.) Kuntze

攀缘木质藤本，长达3m。茎圆柱形，有6纵棱，棕色或紫红色，幼时被紧贴的淡黄色柔毛。单叶，稀为三出复叶；叶片心形或宽卵状披针形，长6~12cm，宽3~7.5cm，先端渐尖，基部心形或近于圆形，全缘，上面被疏毛，下面密被伏贴毛，基出弧形脉常5；叶柄长4～8cm，常扭曲，被黄色柔毛。单花顶生或腋生，或3朵组成顶生聚伞花序；花梗直而粗壮，长5～10cm，密被黄色柔毛，腋生花及侧生2花有1对卵圆形的大型叶状苞片，单朵顶生者或3朵的中间者无苞片；花大，直径7～12cm；萼片常6，平展，淡紫色，菱状椭圆形或倒卵状椭圆形，先端锐尖，基部渐狭，边缘向外延展成翅，不反卷；雄蕊无毛，长1～2cm，花药紫红色，花丝白色。瘦果扁平，菱形或倒卵状三角形，长与宽各为4～5mm，中部具棱状隆起，边缘增厚，被伏毛，宿存花柱纤细，被黄色柔毛。花期6月，果期7—8月。

产于宁波及天台、临海。生于海拔800m以下的沟谷、山坡、溪边灌丛中或林缘。浙江特有。模式标本采自鄞州（天童）。

花大艳丽，供观赏。本种自1850年引到英国后，作为极其重要的杂交育种亲本，已选育出众多的大花型园艺品种。为浙江省重点保护野生植物。

图2-391　毛叶铁线莲

26. 天台铁线莲 （图2-392）

Clematis tientaiensis (M.Y. Fang) W.T. Wang — *C. patens* subsp. *tientaiensis* M.Y. Fang — *C. patens* C. Morren et Decne. var. *tientaiensis* (M.Y. Fang) W.T. Wang

草质攀缘藤本，长达4m。茎圆柱形，棕黑色或暗红色，有纵棱，幼时被稀毛，后脱落，仅在节部宿存。三出复叶，稀单叶；小叶片薄革质，卵状披针形，长4～7cm，宽2～3.5cm，先端渐尖或钝尖，基部圆，稀宽楔形或近心形，全缘，边缘具开展睫毛，两面近无毛；小叶柄常扭曲；叶柄长4～6cm。单花顶生或腋生，或3朵组成顶生聚伞花序；花梗粗壮，长3.5～4cm，被毛，腋生花及侧生2花有1对大型叶状苞片，单朵顶生者或3朵的中间者无苞片；花大，直径8～14cm；萼片5或6，平展，白色，倒卵圆形或匙形，长4～6cm，宽2～4cm，先端圆形，具长约2mm的尖头，基部渐狭，内面无毛，外面沿3条主脉形成1条披针形的带，被长柔毛，外侧疏被短柔毛和绒毛，边缘无毛，向外延展成翅，不反卷；雄蕊无毛，长达1.7cm，花丝条形，白色，宽于花药，花药紫色。瘦果卵形，宿存花柱长3~3.5cm，被白色或淡黄色长柔毛。花期5—6月，果期8—9月。

产于磐安（大盘山）、天台（华顶山）、临海（括苍山）、乐清（北雁荡山）。生于海拔200~1200m的山坡林下及灌丛中。浙江特有。模式标本采自天台（天台山）。

花大而美丽，可供观赏。为浙江省重点保护野生植物。

图2-392　天台铁线莲

27. 湖州铁线莲　吴兴铁线莲　金剪刀（图2-393）
Clematis huchouensis Tamura

草质藤本。茎具6纵棱，淡黄色，有曲柔毛或无毛。一回羽状复叶，小叶5~9，顶生小叶较小，基部小叶较大，2或3深裂，形似剪刀；小叶片卵形至卵状披针形，长4~5cm，宽2~3cm，先端钝圆，有小尖头，基部圆形、微心形或楔形，全缘，上面微被柔毛，下面密被伏贴柔毛，网脉微隆起；小叶柄长约1cm；叶柄长2~3cm。聚伞花序通常具1花，稀具3花，腋生；花序梗长2~6.5cm，上部有1对卵圆形的苞片，苞片有时3裂；花下垂，直径2.5~3cm；萼片4，白色，长椭圆形至椭圆状披针形，长1.5~2cm，宽约6mm，下部直立，上部反卷，内面无毛，外面被短柔毛，边缘稍向外延展；雄蕊无毛，长为萼片的一半或更短；心皮6～14，被白色柔毛，花柱棒状，长6～7mm。瘦果卵圆形，扁平，长约7mm，宽5mm，边缘增厚，宿存花柱被紧贴的短柔毛。花期7月，果期9月。

产于湖州市区（吴兴）、长兴、安吉、德清、海宁、杭州市区（西湖）、临安。生于低海拔的湖边、沟边、路边草地及田埂上。分布于江苏、安徽、江西、湖南。模式标本采自湖州市区（吴兴）。

全株可药用，有祛风、消肿等功效。

图2-393　湖州铁线莲

28. 转子莲（图2-394）

Clematis patens Morr. et Decne.

多年生草质攀缘藤本。须根密集，红褐色。茎圆柱形，表面棕黑色或暗红色，有6条明显的纵条纹，幼时被稀疏柔毛，后渐脱落，仅在节部宿存。一回羽状复叶，小叶常3，稀5；小叶片纸质，卵圆形或卵状披针形，长4～7.5cm，宽3～5cm，先端渐尖或钝尖，基部常圆形，稀宽楔形或亚心形，边缘全缘，有淡黄色开展的睫毛，基出主脉3或5，在下面微突起，沿叶脉被疏柔毛，其余部分无毛；小叶柄常扭曲，长1.5～3cm，顶生的小叶柄常较长，侧生者微短；叶柄长4～6cm。单花顶生；花梗直而粗壮，长4～9cm，被淡黄色柔毛，无叶状苞片；花大，直径8～14cm；萼片通常8，平展，白色或淡黄色，倒卵圆形或匙形，长4～6cm，宽2～4cm，先端圆形，有长约2mm的尖头，基部渐狭，内面无毛，3条直的中脉及侧脉明显，外面沿3条直的中脉形成1条披针形的带，被长柔毛，外侧疏被短柔毛和绒毛，边缘无毛，向外延展成翅，不反卷；雄蕊无毛，长达1.7cm，花丝条形，短于花药，花药黄色，长约1cm；子房狭卵形，长约1.3cm，被绢状淡黄色长柔毛，花柱上部被短柔毛。瘦果卵形，宿存花柱长3～3.5cm，被金黄色长柔毛。

花期5—6月，果期6—7月。

原产于辽宁、山东。日本、朝鲜半岛也有。原种浙江不产，但由其作为主要亲本杂交培育的品种十分丰富，全世界广泛栽培，全省各地也有引种栽培。

图 2-394 转子莲

29. 狭卷萼铁线莲　大叶铁线莲　草牡丹 （图2-395）

Clematis tubulosa Turcz. var. **ichangensis** (Rehder et E.H.Wilson) W.T. Wang —— *C. heracleifolia* DC. var. *ichangensis* Rehder et E.H. Wilson —— *C. heracieifolia* auct., non DC.

落叶亚灌木，高0.3~1m。茎直立，粗壮；幼枝有明显的纵条纹，密生白色糙绒毛。三出复叶；小叶片厚纸质，卵圆形、宽卵圆形至近圆形，长6~10cm，宽3~9cm，先端短尖，基部圆形或楔形，有时偏斜，边缘有不整齐的粗锯齿，齿尖有短尖头，下面有曲柔毛，网脉在下面显著隆起；叶柄粗壮，长达15cm，被毛。聚伞花序顶生或腋生；花梗粗壮，有淡灰色的糙绒毛；花直径2~3cm；萼片4，下部管状，直立，上部反卷，蓝紫色，长椭圆形至宽条形，长1.1~2.1cm，宽3~6mm，内面无毛，外面密生白色绢状短柔毛，边缘密生绒毛，稍向外延展；雄蕊有毛，长约1cm。瘦果卵圆形，两面突起，长约4mm，红棕色，被短柔毛，宿存花柱丝状，长达3cm，有白色长柔毛。花期8—9月，果期10月。

产于临安（西天目山、顺溪坞）。生于海拔700m以上的沟谷、山坡乱石堆的疏林下或灌丛中。分布于山西、山东、安徽、河北、河南、湖南、贵州、陕西。日本、朝鲜半岛也有。

全草及根可药用，有祛风除湿、解毒消肿等功效。

图 2-395　狭卷萼铁线莲

附记：安吉龙王山尚产1种本属植物（图2-396），多年生直立草本；三出复叶，茎与叶柄均具锐棱及沟槽，无毛，叶柄基部稍呈鞘状；聚伞花序腋生或生于枝顶叶腋；花极小，桃形，无梗或具短梗，有时具2枚有柄的叶状苞片；萼片4，长5～7mm，白色或淡黄色，上端带紫色，外面被短柔毛，开放时直立，仅先端微向外反曲；瘦果略扁，疏被毛，花柱密生白色开展的长柔毛；花期7—8月，果期10—11月。因作者掌握资料所限，留待进一步研究。

图 2-396　附记种

30. 单叶铁线莲　雪里开　（图 2-397）
Clematis henryi Oliv.

常绿木质藤本。纺锤状块根直径约 2 cm。单叶；叶片卵状披针形，长 10～15 cm，宽 3～7.5 cm，先端渐尖，基部浅心形，边缘具刺头状的浅齿，两面无毛或幼时被紧贴的绒毛，基出脉 3 或 5，网脉明显；叶柄长 2～6 cm，幼时被毛，后脱落。聚伞花序腋生，常仅具 1 花，稀具 2 或 3 花；花序梗细瘦，与叶柄近等长，下部有 2～4 对条状苞片，交互对生；花钟状，直径 2～2.5 cm；萼片 4，直立或上部多少反卷，较肥厚，花蕾时呈绿色，开放后呈淡黄绿色、白色或下部多少带紫红色，卵圆形或长卵圆形，长 1.5～2.2 cm，宽 7～12 mm，先端钝尖，外面疏生紧贴的绒毛，边缘具白色绒毛，内面无毛，两侧不向外延展成翅；雄蕊有毛，长 1～1.2 cm。瘦果狭卵形，长约 3 mm，被短柔毛，宿存花柱长达 4.5 cm。花期 11 月至次年 2 月，果期次年 4—6 月。

产于全省山区、丘陵。生于海拔 250～1200 m 的溪边、山谷中、阴湿坡地上、林下及灌丛中。分布于华东、华南及湖北、湖南、四川、贵州、云南、陕西。

根可药用，有祛痰镇咳、解痉止痛、解毒等功效。

图 2-397　单叶铁线莲

31. 华中铁线莲 （图2-398）
Clematis pseudootophora M.Y. Fang ex W.T. Wang

草质攀缘藤本。茎圆柱形，淡黄色，有浅纵棱，无毛。一回三出复叶；小叶片长椭圆状披针形或卵状披针形，长7～11cm，宽2～5cm，先端渐尖，基部圆形或宽楔形，有时偏斜，上部边缘有不整齐的浅锯齿，下部全缘，基出脉3～5；小叶柄短，常扭曲；叶柄长4～7cm。聚伞花序腋生，具1～3花；花序梗长2～7cm，具1对叶状苞片；苞片长椭圆状披针形，全缘，稀分裂；花梗长1～4cm；花钟状，下垂，直径2～3.5cm；萼片4，直立，质厚，黄色，卵圆形或卵状椭圆形，长2.5～3cm，宽1～1.2cm，先端急尖，外面无毛，内面有紧贴的短柔毛，边缘密被淡黄色绒毛，两侧不向外延展成翅；雄蕊有毛，短于萼片。瘦果棕色，纺锤形或倒卵形，长约5mm，被短柔毛，宿存花柱长4～5cm，被黄色长柔毛。花期8—9月，果期9—10月。

图 2-398　华中铁线莲

产于安吉、临安、淳安、龙泉、云和。生于海拔850～1100m的山坡、沟边林下及灌丛中。分布于华中及江西、福建、广西、贵州。

32. 毛蕊铁线莲　丝瓜花　（图2-399）
Clematis lasiandra Maxim.

草质攀缘藤本。茎具纵棱，近无毛。一回至二回三出复叶或羽状复叶，小叶3～9（15）；小叶片卵状披针形或窄卵形，长3～6cm，宽1.5～2.5cm，先端渐尖，基部阔楔形或圆形，常偏斜，边缘具整齐的锯齿，两面近无毛，叶脉在表面平坦，在下面隆起；小叶柄长达8mm；叶柄长3～6cm。聚伞花序腋生，具1～3花；花序梗长0.5～3cm，花序分枝处生1对叶状苞片；花梗长1.5～2.5cm，幼时被柔毛，后脱落；花钟状，下垂，直径约2cm；萼片4，下部直立，上部反卷，粉红色或紫红色，卵圆形至长椭圆形，长1～1.5cm，宽5～8mm，两面无毛，边缘及反卷的先端被绒毛，两侧不向外延展成翅；雄蕊有毛；心皮短于雄蕊，被绢状毛。瘦果卵形或纺锤形，棕红色，长约3mm，被疏短柔毛，宿存花柱纤细，长2～3.5cm，被绢状毛。花期8—10月，果期11—12月。

产于安吉、杭州市区（西湖、余杭）、临安、宁波市区（镇海）、奉化、开化、缙云、遂昌、松阳、云和、景宁。生于海拔450～1200m的山地林下或灌丛中。分布于华中、华南、西南及安徽、江西、甘肃、陕西。日本也有。

图2-399　毛蕊铁线莲

18 毛茛属 Ranunculus L.

多年生或一年生草本，陆生，稀水生。茎直立、斜上伸展或有匍匐茎。叶基生或在茎上互生，单叶或三出复叶，3浅裂至3深裂；叶柄伸长，基部扩大成鞘状。花两性，单生或成聚伞花序；萼片5，覆瓦状排列，绿色，较花瓣小；花瓣5，通常黄色，基部有爪；雄蕊多数，有时呈花瓣状；心皮多数，离生，每心皮具1直立胚珠。聚合果球形或椭球形；瘦果平滑或有瘤状、刺状突起，喙较短，直伸或外弯。

约550种，全球温带至寒带地区广泛分布，多数分布于亚洲和欧洲。我国有125种，全国各地广泛分布；浙江有10种。

分种检索表

1. 野生植物；花小，直径不逾2.5cm，黄色，稀白色，多单瓣，偶复瓣。
  2. 植株全体近无毛。
    3. 瘦果无刺。
      4. 植株低矮，高5～20cm；须根肉质增粗，呈圆柱形、卵球形或纺锤形；聚合果近球形。
        5. 肉质根细长，呈圆柱形；茎匍匐，节上有时触土生根 ·················· **1. 肉根毛茛 R. polii**
        5. 肉质根粗短，呈卵球形或纺锤形；茎直立或斜上伸展，节上不生根 ··· **2. 猫爪草 R. ternatus**
      4. 植株高大，高20～60cm；须根纤维状；聚合果椭球形或短圆柱形 ······ **3. 石龙芮 R. sceleratus**
    3. 瘦果两面具刺 ··· **9. 刺果毛茛 R. muricatus**
  2. 植株明显被毛。
    6. 基生叶为单叶，叶片3深裂 ·· **4. 毛茛 R. japonicus**
    6. 基生叶为一回三出复叶。
      7. 多年生草本；聚合果球形。
        8. 茎直立；数朵组成聚伞花序或生于茎顶与叶腋；花梗疏被向上糙伏毛；瘦果顶端的喙呈钩状弯曲。
          9. 萼片通常开展，后期有时反折 ·································· **5. 禺毛茛 R. cantoniensis**
          9. 萼片显著向下反折 ··· **6. 钩柱毛茛 R. silerifolius**
        8. 茎匍匐或斜上伸展；花与叶对生；花梗密被开展柔毛；瘦果的喙稍外弯，不呈钩状···········
           ··· **7. 扬子毛茛 R. sieboldii**
      7. 一年生草本；聚合果长椭球形 ·· **8. 茴茴蒜 R. chinensis**
1. 栽培花卉；花大，直径4～10cm，花色多样，多重瓣、复瓣，少为单瓣 ·········· **10. 花毛茛 R. asiaticus**

1. 肉根毛茛　上海毛茛　（图2-400）

Ranunculus polii Franch. ex Forbes et Hemsl.

一年生草本，高5～15cm。全体近无毛。部分须根肉质增粗，呈圆柱形，直径1.5～3mm。茎自基部多分枝，匍匐，下部节上有时会触土生根。基生叶多数，三出复叶，小叶片卵状菱形，一回至二回3深裂达基部，末回裂片披针形至条形，宽1~2mm，先端尖，小叶柄光滑，长1~3cm，叶柄长2~6cm；下部叶与基生叶相似；上部叶近无柄，叶片二回3深裂，末回裂片条形。花单生于茎顶和分枝顶端，直径1~1.2cm；花梗长1~4cm；萼片卵圆形，长约4mm，具3脉，边缘宽膜质；花瓣5，通常黄色，倒卵形，长6~7mm，具5~9脉，下部渐窄成短爪，蜜槽点状；花药长约1mm；花托棒状。聚合果近球形，直径4~6mm；瘦果椭球形，长2~3mm，宽1~1.4mm，稍扁，无刺，具纵肋，喙短，长约0.2mm。花果期4—6月。

产于杭州市区、临安（西天目山）。生于田野、路边草丛中。分布于江苏、江西。

本省产的叶形，尤其是末回裂片较宽阔，与猫爪草极难区分，与文献记载不太相符。

图2-400　肉根毛茛

2. 猫爪草　小毛茛　（图2-401）
Ranunculus ternatus Thunb.

一年生草本，高5~20cm。全体近无毛。簇生多数肉质小块根，块根卵球形或纺锤形，顶端质硬，形似猫爪，直径3~5mm。茎自基部多分枝，直立或斜上伸展，较柔弱，节上不生根。基生叶有长柄，长6~10cm，叶片形状多变，单叶或三出复叶，宽卵形至圆肾形，长5~40mm，宽4~25mm，小叶片3浅裂至3深裂或多次细裂，末回裂片倒卵形至条形，无毛；茎生叶无柄，叶片较小，全裂或细裂，裂片条形，宽1~3mm。花单生于茎顶和分枝顶端，直径1~1.5cm；萼片5~7，长3~4mm，外面疏生柔毛；花瓣5~7或更多，黄色或后变白色，倒卵形，长6~8mm，基部有短爪，蜜槽棱形；花药长约1mm；花托无毛。聚合果近球形，直径约6mm；瘦果卵球形，长约1.5mm，无毛，边缘有纵肋，无刺，喙细短，长约0.5mm。花期3—5月，果期4—7月。

产于全省各地。生于平原湿润草地上或田边、路旁荒地上。分布于华中及江苏、安徽、江西、台湾、广西。日本也有。

块根可药用，内服或外敷，有散结消瘀的功效。

图 2-401　猫爪草

3. 石龙芮（图 2-402）
Ranunculus sceleratus L.

一年生草本，高20～60cm。全体近无毛。须根簇生。茎直立，上部多分枝，无毛或疏生柔毛。基生叶多数，叶片肾状圆形，长1～4cm，宽1.5～5cm，基部心形，3深裂不达基部，裂片倒卵状楔形，不等2或3裂，先端钝圆，具粗圆齿，无毛，叶柄长3～15cm，近无毛；茎生叶多数，下部叶与基生叶相似，上部叶较小，3全裂，裂片披针形至条形，全缘，基部扩大成膜质宽鞘抱茎。聚伞花序具多花；花小，直径4～8mm；花梗长1～2cm；萼片椭圆形，长2～3.5mm，外面有短柔毛；花瓣5，黄色，倒卵形，近等长于花萼，基部有短爪，蜜槽呈袋穴状；雄蕊10余枚，花药长约0.2mm；花托被短柔毛。聚合果椭球形或短圆柱形，长8～12mm；瘦果近百个，紧密排列，倒卵球形，稍扁，长1～1.2mm，无毛，无刺，喙极短，长0.1～0.2mm。花果期5—8月。

一五　毛茛科 Ranunculaceae

产于全省各地。生于河沟边、水田中、平原湿地等潮湿处。分布于全国各地。亚洲、欧洲、北美洲亚热带至温带地区广泛分布。

全草含原白头翁素，有毒，药用有消肿、截疟、解毒等功效；嫩茎叶经水烫漂洗去除毒素后可供蔬食。

图 2-402　石龙芮

4. 毛茛　老虎脚底板　（图2-403）

Ranunculus japonicus Thunb.

多年生草本，高30～70cm。须根多数簇生。茎直立，具分枝，被开展或伏贴的柔毛。基生叶为单叶，多数，叶片圆心形或五角形，长及宽为3～10cm，基部心形或截形，通常3深裂，中裂片倒卵状楔形、宽卵圆形或菱形，3浅裂，边缘有粗齿或缺刻，侧裂片不等2裂，两面贴生柔毛，叶柄长达15cm，被开展柔毛；下部叶与基生叶相似，叶片较小，3深裂，裂片披针形，具尖牙齿或再分裂；最上部叶条形，全缘，无柄。聚伞花序具多花，疏散；花直径1.5～2.2cm；花梗长达8cm，贴生柔毛；萼片椭圆形，长4～6mm，被白色柔毛；花瓣5，黄色，倒卵状圆形，长6～11mm，宽4～8mm，基部具爪，蜜槽鳞片长1～2mm；花药长约1.5mm；花托无毛。聚合果近球形，直径6～8mm；瘦果扁平，长2～2.5mm，无毛，喙短直或外弯，长约0.5mm。花果期4—6月。

产于全省各地。生于郊野、路边、田边、沟边及山坡草丛中。除西藏外，全国各地广泛分布。东北亚也有。

图2-403　毛茛

本省尚产白花类型（图2-404）和重瓣类型（图2-405）。

全草含原白头翁素，有毒，药用有利湿、消肿、止痛、退翳、截疟及杀虫等功效。

图2-404 毛茛（白花类型）

图2-405 毛茛（重瓣类型）

4a. 三小叶毛茛（变种）（图2-406）
var. ternatifolius L. Liao

与毛茛的区别在于叶为三小叶。

产于安吉、杭州市区（西湖）、临安、定海、诸暨、衢州市区（衢江）。生于低海拔的荒野、田边、路旁草丛中。分布于江西。

图2-406 三小叶毛茛

5. 禺毛茛 (图2-407)
Ranunculus cantoniensis DC.

多年生草本，高25～80cm。须根簇生。茎直立，上部有分枝，与叶柄均密生开展的黄白色糙毛。一回三出复叶，基生叶和下部叶有长达15cm的叶柄，叶片宽卵形至肾圆形，长3～6cm，宽3～9cm，小叶片卵形至宽卵形，宽2～4cm，2或3中裂，边缘密生锯齿或牙齿，先端稍尖，两面贴生糙毛，小叶柄长1～2cm，侧生小叶柄较短，被开展糙毛；上部叶渐小，3全裂，有短柄至无柄。花生于茎顶和分枝顶端；花梗长2～5cm，与萼片均疏被向上糙伏毛；花直径1～1.2cm；萼片卵形，长3mm，开展，后期有时反折；花瓣5，黄色，椭圆形，长5～6mm，基部狭窄成爪，蜜槽上有倒卵形小鳞片；花药长约1mm；花托被白色短毛。聚合果球形，直径约1cm；瘦果扁平，长约3mm，宽约2mm，无毛，边缘有宽约0.3mm的棱翼，喙基部宽扁，顶端呈钩状弯曲，长约1mm。花果期4—7月。

产于全省各地。生于海拔1500m以下的平原或丘陵田边、沟旁湿地上。分布于华东及湖北、湖南、台湾、广东、广西、四川、贵州、云南。日本、越南、印度、朝鲜半岛也有。

全草含原白头翁素，有毒，用途同毛茛。

图2-407　禺毛茛

6. 钩柱毛茛 (图2-408)
Ranunculus silerifolius H. Lév.

多年生草本，高30～70cm。须根簇生。茎及分枝上有开展糙毛。一回三出复叶，基生叶和茎下部叶具柄，长7～30cm，密被开展糙毛，叶片轮廓五边形，长3～5cm，宽5～6cm，纸质，具糙伏毛，中央小叶片宽卵形或卵形，基部宽楔形或圆形，边缘3中裂或浅裂，具小齿，侧生小叶片斜宽卵形，不等2或3裂；上部叶渐小，具短柄。花数朵组成聚伞花序，腋生或顶生；苞片叶状；花直径约0.9cm；花梗长0.5～3cm，疏被向上糙伏毛；萼片5，显著向下反折，长3.5～4mm，下面具糙伏毛；花瓣5，黄色，倒卵形，先端圆，长4～10mm，蜜槽上有鳞片；雄蕊多数，花药扁椭球形。聚合果球形，直径5～8mm，心皮多数；瘦果扁平，斜倒卵形，长2～2.8mm，无毛，喙明显呈钩状弯曲。花期5月，果期7月。

产于开化、龙泉。生于山沟路边草丛中。分布于华南、西南及江西、福建、湖北、湖南。日本、印度尼西亚、印度、不丹、朝鲜半岛也有。

图2-408　钩柱毛茛

7. 扬子毛茛（图2-409）
Ranunculus sieboldii Miq.

多年生草本，高20～50cm。须根簇生。茎匍匐或斜上伸展，下部节着地生根，多分枝，密生开展柔毛。基生叶与茎生叶相似，为一回三出复叶；叶片圆肾形至宽卵形，长2～5cm，宽3～6cm，基部心形；中央小叶片宽卵形或菱状卵形，3浅裂至深裂，边缘有锯齿，小叶柄长1～5mm，被开展柔毛；侧生小叶片不等2裂，两面疏生柔毛；叶柄长2～5cm，密生开展柔毛，基部扩大成宽鞘抱茎。花与叶对生，直径1.2～1.8cm；花梗长3～8cm，密被开展柔毛；萼片狭卵形，长4～6mm，向下反折；花瓣5，黄色，狭倒卵形至椭圆形，长6～10mm，宽3～5mm，具5～9条脉纹，具长爪，蜜槽小鳞片位于爪的基部；花药长约2mm；花托密生白色柔毛。聚合果球形，直径约1cm；瘦果扁平，长3～4mm，宽3～3.5mm，无毛，边缘具宽约0.4mm的棱，喙长约1mm，稍外弯，不呈钩状。花果期5—10月。

产于全省各地。生于山坡林缘、潮湿草地及平原湿地中。分布于江苏、江西、福建、湖北、湖南、广西、四川、贵州、云南、陕西、甘肃。日本也有。

全草含原白头翁素，有毒，用途同毛茛。

图2-409　扬子毛茛

8. 茴茴蒜 （图2-410）
Ranunculus chinensis Bunge

一年生草本，高20～70cm。须根簇生。茎直立粗壮，有纵条纹，分枝多，与叶柄均密生开展的淡黄色糙毛。基生叶与下部叶有长达12cm的叶柄，为一回三出复叶，叶片宽卵形至三角形，长3～12cm，小叶片2或3深裂，裂片倒披针状楔形，宽5～10mm，上部有不等大的粗齿或缺刻，或2裂、3裂，先端尖，两面伏生糙毛，中央小叶柄长1～2cm，侧生小叶柄较短，被开展的糙毛；上部叶较小，叶片3全裂，裂片有粗牙齿或再分裂。花序有较多疏生的花；花梗贴生糙毛；花直径6～12mm；萼片狭卵形，长3～5mm，外面被柔毛；花瓣5，黄色，宽卵圆形，与萼片近等长，基部具短爪，蜜槽有卵形小鳞片；花药长约1mm；花托密生短毛。聚合果长椭球形，长10～15mm，直径6～10mm；瘦果扁平，长3～3.5mm，宽约2mm，无毛，边缘有宽约0.2mm的棱，喙短，呈点状，长0.1～0.2mm。花果期5—9月。

产于宁波市区（北仑柴桥）。生于路边、田旁湿地中。分布于我国广大地区。东北亚及印度也有。

全草含原白头翁素，有毒，用途同毛茛。

一五 毛茛科 Ranunculaceae

图 2-410 茴茴蒜

9. 刺果毛茛 （图 2-411）
Ranunculus muricatus L.

一年生草本，高 10～30cm。全体近无毛。须根伸长。茎自基部多分枝，分枝匍匐或斜上伸展，近无毛。基生叶和茎生叶均有长柄，叶片近圆形，长及宽为 2～5cm，先端钝，基部截形或稍心形，3 中裂至 3 深裂，裂片宽卵状楔形，边缘缺刻状浅裂或具粗齿，通常无毛，叶柄长 2～6cm，无毛或边缘疏生柔毛，基部有膜质宽鞘；上部叶较小，叶柄较短。花与叶对生，直径 1～2cm；花梗散生柔毛；萼片长椭圆形，长 5～6mm，具柔毛；花瓣 5，黄色，狭倒卵形，长 5～10mm，先端圆，基部具爪，蜜槽上有小鳞片；花药椭

图 2-411 刺果毛茛

球形,长约2mm;花托疏生柔毛。聚合果球形,直径达1.5cm;瘦果厚椭圆形,长约5mm,宽约3mm,周围有宽约0.4mm的棱翼,两面各有1圈刺,每圈刺10多枚,直伸或钩曲,喙基部宽厚,顶端稍弯,长达2mm。花果期4—6月。

产于宁波、舟山及长兴、德清、杭州市区(西湖)、临安、诸暨、金华市区(婺城)、浦江、临海、温岭、青田、温州市区、乐清、永嘉。生于田野、路边杂草丛中。分布于江苏、广西。广泛分布于北美洲、大洋洲、欧洲、亚洲。

10. 花毛茛 波斯毛茛 (图2-412)
Ranunculus asiaticus L.

多年生草本,高20~40cm。块根纺锤形,长1.5~2.5cm,直径不达1cm,常数个聚生于根颈部。茎常单生,有时具分枝,有毛。基生叶具长柄,叶片宽卵形、椭圆形或三出状,缘有齿;茎生叶羽状细裂,无柄。花单生于枝顶或数朵生于长梗上,直径4~10cm;萼片绿色,较花瓣短,通常早落,偶宿存;花瓣5至多数(多数由雄蕊与心皮发育而成),花色丰富而艳丽,有黄色、红色、橘色、白色、粉色、紫色、绿色、栗色等及复色,

图2-412 花毛茛

具光泽；花托于花后伸长成柱状，但子房通常不发育，仅复瓣或单瓣品种可发育。花期3—5月。

原种产于欧洲东南部、亚洲东南部，经数百年培育，形成了众多的品种，现栽培的均为其品种。我国各地城市常有栽培。全省各地园林中也常有应用。

花大艳丽，色彩丰富，为优良的盆栽、花坛、花境及切花花卉。

⑲ 水毛茛属 Batrachium Gray

多年生水生草本。茎细长，柔弱，沉于水中，常分枝。单叶，在茎上互生，二型；沉水叶二回至六回细裂成条状小裂片，浮水叶掌状浅裂。花单生；花梗较粗长，伸出水面开花；萼片5，覆瓦状排列，较花瓣小，通常无毛，脱落；花瓣5，白色或下部黄色，基部具爪；雄蕊多数；心皮少数至多数，每心皮具1直立胚珠。聚合果圆球形；瘦果卵球形，果皮较厚，有数条横皱纹，喙细。

约20种，全世界广泛分布。我国有9种，分布于东北、华北、华东、西南、西北；浙江有1种。

水毛茛（图2-413）
Batrachium bungei (Steud.) L. Liu

多年生沉水草本。茎长30cm以上，无毛或在节上有疏毛。叶有短或长柄；叶片近半圆形或扇状半圆形，直径2.5～4cm，三回至五回2或3裂，小裂片近丝形，在水外通常收拢或近叉开，无毛或近无毛；叶柄长0.7～2cm，基部有宽或狭鞘，鞘长3～4mm，通常多少有短伏毛，偶尔叶柄只有叶鞘部分。花直径1～2cm；花梗长2～5cm，无毛；萼片反折，卵状椭圆形，长2.5～4mm，边缘膜质，无毛；花瓣白色，基部黄色，倒卵形，长5～9mm；雄蕊10余枚，花药长0.6～1mm；花托有毛。聚合果卵球形，直径约3.5mm；瘦果20～40，斜狭倒卵形，长1.2～2mm，有横皱纹。花期5—8月，果期7—10月。

产于长兴、建德。生于溪流、河滩积水地或水塘中。分布于辽宁、河北、山西、江苏、江西、四川、云南、西藏、甘肃、青海。

可用于水体净化和美化。

图2-413 水毛茛

一六　芍药科 Paeoniaceae

灌木、亚灌木或多年生草本。叶通常为二回三出复叶，小叶片不裂或分裂。花大型，直径4cm以上，1至数朵顶生，或数朵顶生兼腋生，有时仅顶端1朵开放；苞片2~6，披针形，叶状，大小不等，宿存；萼片3~5，大小不等；花瓣5~13（栽培者常为重瓣），倒卵形；雄蕊多数，离心发育，花丝狭条形，花药黄色，纵裂；花盘杯状或盘状，革质或肉质，全包或半包心皮，或仅包心皮基部；心皮2~5，稀更多，离生，花柱极短，柱头扁平，向外反卷，胚珠多数，沿腹缝线排成2列。聚合蓇葖果；蓇葖果成熟时沿腹缝线开裂，具数粒种子。种子深色，光滑无毛。

1属，约30种，分布于欧亚大陆温带地区。我国有15种，主产于西南至西北；浙江有3种。

芍药属 Paeonia L.

属特征与科同。

分种检索表

1. 落叶灌木；花盘发达，杯状，革质，全包心皮 ·· **1.牡丹 P. suffruticosa**
1. 多年生草本；花盘不发达，浅杯状，肉质，仅包心皮基部。
  2. 花单朵顶生；小叶片全缘；野生 ··· **2.草芍药 P. obovata**
  2. 花常数朵，顶生和腋生；小叶片边缘具骨质细齿；栽培 ······················· **3.芍药 P. lactiflora**

1. 牡丹 （图2-414）

Paeonia suffruticosa Andr.

落叶灌木，高达2m。二回三出复叶，近枝顶的叶偶为3小叶；顶生小叶片宽卵形，长7~8cm，宽5.5~7cm，3裂至中部，裂片不裂或2、3浅裂，上面无毛，下面沿脉疏生短柔毛或近无毛，小叶柄长1.2~3cm；侧生小叶片较小，近无柄；叶柄长5~11cm，与叶轴均无毛。花单生于枝顶，直径10~17cm；花梗长4~6cm；苞片5；萼片5，绿色；花瓣5，或为半重瓣至重瓣，玫红色、紫红色、粉红色、黄色、黄绿色、白色或复色，形状变异很大，通常倒卵形，长5~8cm，宽4.2~6cm，先端呈不规则波状；雄蕊长1~1.7cm，花丝紫红色或粉红色，上部白色；花盘发达，杯状，革质，紫红色，顶端有数枚锐齿或裂片，全包心皮，成熟时开裂；心皮5，稀更多，密生柔毛。蓇葖果圆柱状锥形，密生黄褐色硬毛。种子黑色，有光泽。花期3—4月，果期6—9月。

原产于我国，现世界各地广泛栽培。全省各地普遍栽培，品种颇多。

根皮可药用,称"丹皮",为镇痉药,有凉血散瘀的功效;种子榨油可供食用;为传统观赏花木,也是我国十大名花之一。

图2-414 牡丹

2. 草芍药 野芍药 (图2-415)
Paeonia obovata Maxim.

多年生草本,高30～70cm。根粗壮,长圆柱形。茎下部叶为二回三出复叶;顶生小叶片倒卵形或宽椭圆形,长9.5～14cm,宽4～10cm,先端短尖,基部楔形、全缘,上面深绿色,下面淡绿色,无毛或沿脉疏生柔毛,小叶柄长1～2cm;侧生小叶片较小,同形,长5～10cm,宽4.5～7cm,具短柄或近无柄;茎上部叶为三出复叶或单叶;叶柄长5～12cm。单花顶生,直径7～10cm;萼片3～5,宽卵形,长1.2～1.5cm,淡绿色;花瓣6,白色、红色或紫红色,倒卵形,长3～5.5cm,宽1.8～2.8cm;花丝淡红色;花盘不发达,浅杯状,肉质,仅包心皮基部;心皮2或3,无毛。蓇葖果卵圆形,无毛,长2～3cm,成熟时果皮反卷,红色。花期4—5月,果期7—9月。

产于安吉、临安、天台。生于海拔1000m以上的阴向山坡且腐殖质丰富的草地上、阴湿林下或林缘。分布于东北、华北、华东、华中、西南、西北。东北亚也有。

根可药用,有养血调经、凉血止痛等功效;花美丽,可供观赏。为浙江省重点保护野生植物。

图2-415 草芍药

3. 芍药 （图2-416）
Paeonia lactiflora Pall.

多年生草本，高40～70cm。根粗壮，分枝黑褐色。茎无毛。下部茎生叶为二回三出复叶，上部茎生叶为三出复叶；小叶片狭卵形、椭圆形或披针形，先端渐尖，基部楔形或偏斜，边缘具白色骨质细齿，上面无毛，下面沿脉疏生短柔毛。花直径8～11.5cm，数朵顶生和腋生，有时仅顶端1朵开放，在近顶端叶腋处常有发育不良的花芽；苞片4或5，披针形；萼片4，宽卵形或近圆形；花瓣9～13，或半重瓣至重瓣，倒卵形，白色、粉色、红色、紫色、黄色或橘黄色等，有时基部具深紫色斑块；花丝黄色；花盘不发达，浅杯状，肉质，仅包心皮基部，顶端裂片钝圆；心皮通常3，有时多达10，无毛。蓇葖果长2.5～3cm，直径1.2～1.5cm，无毛，顶端具喙。花期4—5月，果期7—8月。

原产于东北、华北及陕西、甘肃。东北亚也有。全省各地广泛栽培供药用或观赏，花色品种甚多。

根可药用，称"白芍"，能镇痛、镇痉、祛瘀、通经；种子含油率约25%，可作肥皂和涂料的原料；花大美丽，为我国著名的观赏花卉。

一六 芍药科 Paeoniaceae

图 2-416 芍药

3a. 毛果芍药（变种）
（图 2-417）

var. **trichocarpa** (Bunge) Stern

与芍药的区别在于蓇葖果密被柔毛，花白色。

原产于东北、华北。临安、磐安等地有栽培。

图 2-417 毛果芍药

一七　小檗科 Berberidaceae

常绿或落叶灌木，或为多年生草本。单叶或一回至三回羽状复叶，互生，稀对生或基生。花单生或组成各式花序；花两性，辐射对称；萼片与花瓣离生，覆瓦状排列，2或3轮，3（2）基数，稀萼片与花瓣均缺；花瓣有或无蜜腺，或变为蜜腺状距；雄蕊与花瓣同数而对生，稀为花瓣的2倍，花丝短，花药2室，瓣裂，稀纵裂；子房上位，1室，基生或侧膜胎座，花柱短或无，柱头常盾状。浆果或蒴果，稀为蓇葖果或瘦果。

17属，约650种，主要分布于北温带和亚热带高山地区。我国有11属，300余种，南北各地均有分布；浙江有7属，23种。

本科多数植物体内含有小檗碱等多种生物碱，可药用，具抗菌、消炎、降压及强壮等功效；有的为重要的园林观赏植物。

分属检索表

1. 灌木或小乔木。
    2. 二回至三回奇数羽状复叶；花药纵裂 ·· 1.南天竹属 Nandina
    2. 单叶或一回奇数羽状复叶；花药瓣裂。
        3. 常绿或落叶；单叶；小枝常具针刺 ·· 2.小檗属 Berberis
        3. 常绿；一回奇数羽状复叶；小枝无刺 ·· 3.十大功劳属 Mahonia
1. 多年生草本。
    4. 单叶，盾状着生；浆果 ·· 4.八角莲属 Dysosma
    4. 叶为一回至三回羽状三出复叶，稀为单叶，小叶非盾状着生；蒴果。
        5. 常为常绿草本；茎及叶柄近木质；花瓣4，常有距或呈囊状；雄蕊4；胚珠6~15 ··············
           ·· 5.淫羊藿属 Epimedium
        5. 多年生草本，果后地上部分枯萎；茎及叶柄草质；花瓣5或6，呈蜜腺状；雄蕊6；胚珠2~4。
            6. 根状茎肥厚块状；总状花序；蒴果不开裂或顶部多少开裂，种子不露出或稍露出；种子扁 ····
               ·· 6.牡丹草属 Gymnospermium
            6. 根状茎粗壮，结节状，横走；聚伞状圆锥花序；蒴果成熟前即开裂，种子全部露出；种子球形，核果状 ··· 7.红毛七属 Caulophyllum

1 南天竹属 Nandina Thunb.

常绿灌木。二回至三回奇数羽状复叶互生，叶轴具关节，小叶片全缘；总叶柄基部鞘状抱茎。圆锥花序大型，顶生；花小，白色；萼片数轮，自外而内逐渐变大；花瓣6，较萼片大；雄蕊6，1轮，与花瓣对生，花药纵裂；子房上位，1室，胚珠2，花短柱。浆果球形，成熟时呈红色。种子2。

仅1种，分布于我国、日本、印度。浙江有1种。

一七　小檗科 Berberidaceae

南天竹（图2-418）
Nandina domestica Thunb.

常绿灌木，高1～3m。茎丛生，分枝少，光滑无毛，幼时红色。二回至三回奇数羽状复叶，长30～50cm；小叶片革质，椭圆状披针形，长2～8cm，先端渐尖，基部楔形，全缘，两面无毛；总叶柄基部呈鞘状抱茎。圆锥花序长20cm以上；花白色，直径6mm。浆果球形，直径约5mm，具宿存花柱，成熟时呈鲜红色至紫红色，稀黄色，具2种子；果梗长4～8mm。种子扁圆形。花期5—7月，果期次年3—11月。

产于全省山区、丘陵。生于山坡、谷地灌丛中。分布于华东、华中、华南、西南及山东、山西等地。日本也有。世界各地常有栽培。

为重要的园林观赏植物；可药用，根及枝叶有清热除湿、通经活络等功效，果有镇咳作用，植株有毒，不宜过量使用。

图2-418　南天竹

本省主要栽培有下列5个品种：火焰南天竹'Firepower'（图2-419），植株低矮，叶片全年呈红色；金叶南天竹'Aurea'（图2-420），植株低矮，叶片呈黄绿色；小叶南天竹'Parvifolia'（图2-421），小叶片明显较短小，果成熟时呈红色；玉果南天竹'Leucocarpa'（图2-422），果成熟时呈黄白色；五彩南天竹'Porphyrocarpa'（图2-423），植株矮小，叶片狭长而密集，叶色呈紫色及绿色、叶缘黄色等多种色彩。

图2-419　火焰南天竹

图2-420　金叶南天竹

图2-421　小叶南天竹

图2-422　玉果南天竹

图2-423　五彩南天竹

❷ 小檗属 Berberis L.

落叶或常绿灌木，稀小乔木。小枝常具针刺，断面黄色。单叶，在长枝上互生，在短枝上簇生；叶柄顶端常有关节。花黄色，单生、簇生或排成总状、伞形、圆锥花序；花3基数；萼片常6或9，2或3轮，黄色，稀带紫红色，花瓣状；花瓣6，黄色，内侧近基部具2腺体；雄蕊6，花药瓣裂；胚珠1至多数，柱头头状。浆果通常红色或蓝黑色。种子1至多数。

约500种，分布于亚洲、美洲、欧洲和非洲。我国有215种，多分布于西部至西南部；浙江有7种。

一七　小檗科 Berberidaceae

分种检索表

1. 常绿灌木；叶片革质；针刺3分叉。
　2. 叶缘刺齿靠近叶缘，齿间叶缘平直。
　　3. 叶片较大，长2.5～8cm，宽1～2.5cm，每边刺齿5～21。
　　　4. 叶片上面侧脉、网脉均清晰；每边刺齿8～21；萼片6，2轮；花瓣长约3mm；浆果顶端无宿存花柱 ··· **1. 福建小檗 B. fujianensis**
　　　4. 叶片上面侧脉、网脉均不清晰；每边刺齿5～12；萼片9，3轮；花瓣长约6mm；浆果顶端具长约1mm的宿存花柱 ··· **3. 天台小檗 B. lempergiana**
　　3. 叶片较小，长1.5～3.5cm，宽0.5～1.3cm，每边刺齿3～7 ············ **2. 淳安小檗 B. chunanensis**
　2. 叶缘刺齿向外伸展，有时与叶缘呈近直角，齿间叶缘稍内凹 ············ **4. 拟豪猪刺 B. soulieana**
1. 落叶灌木；叶片纸质；针刺不分叉，稀3分叉。
　5. 叶片倒卵形、匙形、菱状卵形或长圆状菱形，边缘全缘或略呈波状；每花序具2～12花。
　　6. 叶片倒卵形、匙形或菱状卵形，长1～2（4）cm，宽0.3～1.5cm，基部狭楔形；近伞形花序或呈簇生状，花序梗短或近无 ··· **5. 日本小檗 B. thunbergii**
　　6. 叶片长圆状菱形，长3.5～8cm，宽1.5～4cm，基部下延成叶柄；总状花序，花序梗长1～2cm ··· **6. 庐山小檗 B. virgetorum**
　5. 叶片近圆形或宽椭圆形，边缘具多数细小尖锐锯齿；每花序具10～27花 ··· **7. 安徽小檗 B. anhweiensis**

1. 福建小檗 （图2-424）
Berberis fujianensis C.M. Hu

常绿灌木，高约1m。针刺3分叉，长1～2cm。叶片革质，长椭圆形或椭圆状披针形，长2.5～8cm，宽1～2.5cm，先端急尖或渐尖，基部渐狭成短柄，上面绿色，略有光泽，中脉、侧脉及网脉呈淡绿色，清晰，下面淡绿色，中脉明显隆起，侧脉与网脉均不明显，无白粉，每边具8～21枚芒状刺齿，刺齿靠近叶缘，齿间叶缘平直；叶柄长3～5mm。花2～9朵簇生；花梗纤细，长4～7mm；小苞片3或4，带紫红色；萼片6，2轮，多少呈紫红色；花瓣倒卵形，黄色，长约3mm，先端圆形，全缘或微缺裂，基部渐狭成爪，具2枚紧靠的腺体；雄蕊长约2mm，药隔先端微突尖；子房具2或3胚珠。浆果椭球形，长6～7mm，直径3～4mm，成熟时呈亮黑色，顶端无宿存花柱。花期5—6月，果期9—11月。

产于缙云（大洋山）、龙泉（凤阳山、披云山）、庆元（百山祖）、泰顺（乌岩岭）。生于海拔1500～1900m的山坡、山脊灌草丛中。分布于福建。

本省所产者叶上面网脉明显，下面不明显，萼片多少呈紫红色。与《中国植物志》描述的叶两面网脉不显，花黄色有所不同。

图 2-424 福建小檗

2. 淳安小檗 （图 2-425）
Berberis chunanensis T.S. Ying

常绿灌木，高约 1m。针刺 3 分叉，淡黄色，长 1.2～1.7cm。叶片革质，卵状椭圆形，长 1.5～3.5cm，宽 0.5～1.3cm，先端渐尖，具刺尖头，基部阔楔形，上面暗绿色，中脉微凹，下面灰绿色，无白粉，中脉隆起，两面网脉均不明显，每边刺齿 3～7，刺齿靠近叶缘，齿间叶缘平直；具短柄，常呈紫红色。花 4～8 朵簇生；花梗长 12～20mm；花黄色；萼片 2 轮，外萼片卵形或卵状椭圆形，长 2.1～3.2mm，宽 1.1～2.2mm，内萼片椭圆形，长 6.5～7.2mm，宽 4.2～5mm；花瓣 6，倒卵形，长约 6mm，宽约 3.5mm，先端全缘，有时微凹，基部渐狭，无爪，具 2 枚分离的腺体；雄蕊长约 5mm，药隔先端延伸，圆形；子房具 2 或 3 胚珠。浆果椭球形，蓝黑色，长 8～12mm，直径 5～6mm，被白粉，宿存花柱长约 1mm。花期 3—4 月，果期 8—11 月。

产于淳安、开化、青田。生于海拔 200～900m 的林下、灌丛中或石隙间；莲都有栽培。浙江特有。模式标本采自淳安（王阜）。

图 2-425 淳安小檗

3. 天台小檗　长柱小檗　（图2-426）
Berberis lempergiana Ahrendt

常绿灌木，高1~2m。针刺3分叉，粗壮，长1~3cm，近圆柱形。叶片革质，长圆状椭圆形或披针形，长3.5~8cm，宽1~2.5cm，先端渐尖，基部楔形，上面深亮绿色，中脉凹陷，侧脉、网脉均不清晰，下面淡绿色，干后呈褐色且稍有光泽，中脉明显隆起，侧脉和网脉不明显，无白粉，每边细小刺齿5~12，刺齿靠近叶缘，齿间叶缘平直；叶柄长1~5mm。花3~7朵簇生；花黄色；萼片9，3轮；花瓣长圆状倒卵形，长约6mm，宽约4mm，先端具缺裂，裂片先端圆形，基部楔形，具2枚邻接的腺体；雄蕊长约5mm，药隔先端明显延伸，平截；子房具2或3胚珠。浆果长椭球形或椭球形，长7~10mm，直径5~5.5mm，成熟时呈紫黑色，顶端具长约1mm的宿存花柱。花期3—4月，果期8—11月。

产于绍兴、台州、丽水、温州及余姚、奉化、宁海、永康、磐安。生于海拔500~1200m的山坡、沟谷林下、林缘或灌丛中；全省各地园林多有栽培。浙江特有。模式标本采自南京中山植物园栽培植株，种源可能来自天台。

民间以其根皮及茎内皮代"黄檗"用，有抗菌消炎等功效，用于治急性肝炎、胆囊炎、痢疾等；枝叶密集，终年常绿，可供园林观赏。

图2-426　天台小檗

4. 拟豪猪刺　假豪猪刺　（图2-427）
Berberis soulieana C.K. Schneid.

常绿灌木，高1~3m。针刺粗壮，3分叉，腹面扁平，长1~2.5cm。叶片革质，坚硬，长圆形、长圆状椭圆形或长圆状倒卵形，长3.5~10cm，宽1~2.5cm，先端急尖，具1硬刺尖，基部楔形，上面暗绿色，中脉凹陷，下面黄绿色，中脉明显隆起，不被白粉，两面侧脉和网脉不显，每边具5~18枚向外伸展至与叶缘呈近直角的刺齿，齿间叶缘稍内凹，刺齿基部近三角形；叶柄长1~2mm。花7~20朵簇生；花梗长5~11mm；花黄色；萼片3轮；花瓣倒卵形，长约5mm，宽3.5~4mm，先端缺裂，基部呈短爪状，具2枚分离的腺体；雄蕊长约3mm，药隔略延伸，先端圆形；子房具2或3胚珠。浆果倒卵状长圆形，长7~8mm，直径约5mm，成熟时呈红色，被白粉，顶端具明显宿存花柱。花期3—4月，果期6—9月。

产于丽水及新昌、余姚、衢州市区、开化、仙居、文成、苍南。生于海拔500~1500m山坡、沟谷林下、林缘或灌丛中。分布于湖北、四川、陕西、甘肃。

图2-427 拟豪猪刺

5. 日本小檗 （图2-428）
Berberis thunbergii DC.

落叶灌木，高2~3m。多分枝，小枝具棱脊或纵沟；针刺长5~15mm，不分叉，稀3分叉。叶片纸质，倒卵形、匙形或菱状卵形，长1~2（4）cm，宽0.3~1.5cm，先端圆形或钝尖，基部

图2-428 日本小檗

狭楔形，全缘，两面无毛，下面具细乳突；叶柄长2～10mm。近伞形花序或呈簇生状，具2～5花；花序梗短或近无；花黄色；萼片2轮，内轮较大；花瓣长圆状倒卵形，先端微凹，基部爪状，具2枚紧靠的腺体；雄蕊长3～3.5mm，花药先端截形；子房具2胚珠。浆果椭球形，长约10mm，成熟时呈鲜红色至紫红色，花柱宿存。花期4—6月，果期8—11月。

原产于日本。全国各地多有栽培。本省园林中有栽培。

本省园林中普遍栽培2个品种：紫叶小檗 'Atropurpurea'（图2-429），叶片紫色；金叶小檗 'Aurea'（图2-430），叶片金黄色。

图2-429　紫叶小檗

图2-430　金叶小檗

6. 庐山小檗　浙江小檗　（图2-431）
Berberis virgetorum C.K. Schneid. — *B. chekiangensis* Ahrendt

落叶灌木，高约2m。针刺长1～2.5cm，不分叉，稀3分叉。叶片纸质，长圆状菱形，长3.5～8cm，宽1.5～4cm，先端急尖、短渐尖或微钝，基部楔形，下延成叶柄，全缘或略呈波状，上面黄绿色，下面灰白色，有白粉；叶柄长1～2cm。总状花序长2～5cm，具3～12花；花序梗长1～2cm；萼片2轮，内轮明显大于外轮；花瓣椭圆状倒卵形，全缘，内侧近基部具2枚分离的长圆形腺体；雄蕊长约3mm。浆果长椭球形，长9～12mm，成熟时呈红色，无宿存花柱。花期4—5月，果期9—10月。

产于丽水及安吉、临安、淳安、诸暨、余姚、鄞州、金华市区（沙畈）、永康、天台、瑞安、泰顺。生于海拔500～1500m的山坡灌丛中。分布于华东及湖北、湖南、广东、广西、贵州、陕西。

花黄果红，可供观赏；根、茎含小檗碱，有抗菌消炎的功效。

图2-431 庐山小檗

7. 安徽小檗 （图2-432）
Berberis anhweiensis Ahrendt

落叶灌木，高1～2m。幼枝有棱脊；针刺长1～2cm，不分叉，稀3分叉。叶片纸质，近圆形或宽椭圆形，长2～5（9）cm，宽1.5～3（5）cm，先端钝圆，基部楔形下延，边缘具多数细小尖锐锯齿，上面绿至深绿色，下面苍绿色，稍被白粉，两面无毛，网脉明显；叶柄长5～10mm。总状花序长3～7.5cm，具10～27花，着生于花序梗的上半部，黄色；萼片2轮；花瓣椭圆形，先端全缘，基部楔形，具2枚分离的橘黄色腺体；雄蕊长约3mm，花药淡黄色，药隔不延伸，先端平截；子房圆柱形，柱头圆盘状。浆果倒卵形至椭球形，长约9mm，直径约6mm，成熟时呈红色，几无宿存花柱。花期4—7月，果期9—10月。

图2-432 安徽小檗

一七　小檗科 Berberidaceae

产于安吉、临安。生于海拔900～1700 m的山地灌丛中。分布于安徽、湖北。

花果艳丽，可供观赏；根、茎可药用，有抗菌消炎的功效。

❸ 十大功劳属 Mahonia Nutt.

常绿灌木或小乔木。木材黄色；小枝无刺；顶芽具宿存尖锐芽鳞。一回奇数羽状复叶互生；叶柄基部阔扁，鞘状抱茎，叶轴具膨大关节；小叶对生，边缘具刺状齿；托叶小，钻形。总状花序簇生状；花黄色，具苞片及花梗；萼片9，3轮；花瓣6，2轮；雄蕊6，花药瓣裂；子房上位，花柱极短或缺，柱头盾形。浆果球形，通常为深蓝色，稀白色或红色，外被白粉。

约60种，分布于亚洲和美洲。我国约有31种，主要分布于西南；浙江有6种。

分种检索表

1. 圆锥花序 ·· **1. 鹤庆十大功劳 M. bracteolata**
1. 总状花序，下部有时具分枝。
　2. 小叶25～41；总状花序下部有时具分枝 ····························· **2. 阿里山十大功劳 M. oiwakensis**
　2. 小叶5～23；总状花序不分枝。
　　3. 小叶宽1～3 cm，基部楔形至窄楔形。
　　　4. 小叶5～11，每边有5～13刺齿；总状花序长3～5 cm；浆果近球形··· **3. 十大功劳 M. fortunei**
　　　4. 小叶9～17，每边有2～7刺齿；总状花序长5～12 cm；浆果倒卵形或椭球形·· **4. 宽苞十大功劳 M. eurybracteata**
　　3. 小叶宽1.5～6 cm，基部近圆形、斜截形或浅心形。
　　　5. 小叶7～17，卵形至长卵形，较宽短，下面中脉细弱，细脉常不明显；总状花序6～9个簇生；浆果较大，卵形或椭球形，长12～15 mm，直径6～10 mm ············· **5. 阔叶十大功劳 M. bealei**
　　　5. 小叶13～23，卵状长圆形至宽披针形，较狭长，下面中脉较粗壮，细脉明显，网结并隆起；总状花序8～20个簇生；浆果较小，近球形，直径4～5 mm ············· **6. 小果十大功劳 M. bodinieri**

1. 鹤庆十大功劳 （图2-433）
Mahonia bracteolata Takeda

常绿灌木，高1.5～2 m。羽状复叶长14～25 cm，具7～17小叶；小叶片革质，长圆状披针形，长2.5～12 cm，宽1.5～3 cm，基部阔楔形，下部小叶片边缘具2或3锯齿，上部小叶片具4～11锯齿，先端渐尖，上面暗灰绿色，叶脉不明显，下面淡绿色，微被白粉。圆锥花序4～9个簇生，长7～19 cm；花梗长6～11 mm；苞片卵形，长2～3 mm，急尖；花黄色；外萼片与中萼片卵形，内萼片椭圆形；花瓣长圆状椭圆形，长6～7.5 mm，宽2.5～3 mm，基部具2腺体，先端微凹；雄蕊具长约1.5 mm的药隔；子房具5或6胚珠。浆果近球形，直径5～7 mm，微被白粉，宿存花柱长约1.5mm。花期10—11月，果期次年5—7月。

原产于四川、云南。景宁（大仰湖善寮林区）有栽培。

本省栽培的与文献记载稍有不同，叶下面无白粉；浆果未成熟时呈椭球形或长卵形。

图2-433　鹤庆十大功劳

2. 阿里山十大功劳 （图2-434）
Mahonia oiwakensis Hayata

常绿灌木或小乔木，高2～5m。树皮具木栓层，深纵裂。羽状复叶长15～42cm，具25～41小叶；小叶片革质，卵状披针形或披针形，长2～10cm，宽1～2.5cm，先端骤尖至披针状渐尖，顶部延伸成细长锐刺，基部圆形、截形或微心形，叶缘每边具2～5刺齿，上面暗绿色，下面淡黄绿色；侧生小叶无柄。总状花序7～18个簇生，长9～25cm，下部有时具分枝；花梗长3～6mm；花金黄色；萼片3轮；花瓣长圆形，基部具2腺体，先端急尖，2裂；雄蕊药隔稍延伸，顶端圆形或略突尖；子房具2或3胚珠。浆果卵形，长6～8mm，直径5～6mm，成熟时呈蓝色或蓝黑色，被白粉，宿存花柱长约1mm。花期9—10月，果期次年5—6月。

原产于西南及台湾、海南。临安（浙江农林大学东湖校区）有栽培。

树干粗壮，叶片清秀，花色金黄，可供园林观赏。

一七 小檗科 Berberidaceae 425

图 2-434 阿里山十大功劳

3. 十大功劳 狭叶十大功劳 （图2-435）
Mahonia fortunei (Lindl.) Fedde

常绿灌木，高0.5～2m。羽状复叶长10～28cm，具5～11小叶；小叶片薄革质，狭披针形至狭椭圆形，近等大，长5～14cm，宽1～2.5cm，先端急尖或渐尖，基部楔形至窄楔形，叶缘每边具5～13刺齿，上面深绿色，下面淡黄绿色；小叶无柄或近无柄。总状花序不分枝，4～10个簇生，长3～5cm；花梗长2～2.5mm；花黄色；萼片3轮；花瓣长圆形，先端具微缺裂，基部腺体明显；雄蕊药隔不延伸，顶端平截；子房无花柱，胚珠2。浆果近球形，直径4～5mm，成熟时呈蓝黑色，被白粉。花期7—9月，果期10—12月。

产于丽水、温州。生于海拔350～1400m的山坡沟谷林中、灌丛中、路旁或溪边；本省园林普遍栽培。分布于江西、湖北、广西、贵州、四川。世界各地多有栽培。

全株可药用，有清热解毒、滋阴强壮等功效；为常见的园林植物。

图2-435 十大功劳

4. 宽苞十大功劳 （图2-436）
Mahonia eurybracteata Fedde

常绿灌木，高0.5～2m。羽状复叶长25～45cm，具9～17小叶；小叶片坚纸质，椭圆状披针形至狭卵形，大小不一，中部小叶片长4～10cm，宽2～3cm，先端渐尖，基部楔形，叶缘每边中部以上具2～7刺齿，上面深绿色，下面淡黄绿色；侧生小叶片近无柄。总状花序不分枝，4～10个簇生，长5～12cm；花梗长2～3mm；花黄色；萼片3轮；花瓣6，基部腺体通常不明显；雄蕊6；子房具2胚珠。浆果倒卵形或椭球形，长4～6mm，直径3～4mm，成熟时呈蓝黑色，被白粉，几无花柱，柱状盘状；果梗纤细，长约3mm。花期9—10月，果期12月至次年2月。

原产于湖北、湖南、广西、贵州、四川。杭州市区有栽培。

全株可药用，有清热解毒的功效；可供观赏。

图2-436　宽苞十大功劳

4a. 安坪十大功劳（亚种）（图2-437）
subsp. **ganpinensis** (H. Lév.) T.S. Ying et Boufford

与宽苞十大功劳的主要区别在于小叶片狭窄，宽1～1.5cm，有时中部以下即有锯齿；花梗较短，长1.5～2mm。

原产于湖北、贵州、四川。杭州市区、临安、宁波市区、普陀、莲都等地有栽培。

图2-437　安坪十大功劳

5. 阔叶十大功劳 （图2-438）
Mahonia bealei (Fort.) Carr.

常绿灌木，高1～2m。全体无毛。羽状复叶长25～50cm，具7～17小叶，最下1对小叶生于叶柄近基部；小叶片厚革质，卵形至长卵形，较宽短，大小不等，顶生小叶片较宽大，长4～12cm，宽2.5～6cm，先端急尖或渐尖，基部近圆形、斜截形或浅心形，每边具2～8粗大刺齿，上面亮绿色，下面淡黄绿色，中脉细弱，细脉常不明显；侧生小叶片无柄。总状花序不分枝，

图2-438　阔叶十大功劳

6～9个簇生，长5～12cm；花梗长4～6mm；花黄色；萼片9，3轮；花瓣6，2轮，长倒卵形，长7～8mm，先端2裂，基部具2枚明显的腺体；雄蕊6；子房具3～5胚珠，花柱短，柱头盘状。浆果卵形或椭球形，长12～15mm，直径6～10mm，成熟时呈蓝黑色，被白粉。花期12月至次年3月，果期次年5—7月。

产于衢州、金华、台州、丽水、温州及淳安。生于海拔500～1500m的山坡、沟谷林下阴湿处；全省各地普遍栽培。分布于华中及安徽、江西、福建、广东、广西、贵州、陕西、甘肃等地。

全株可药用，叶名"功劳叶"，茎名"功劳木"，有清热解毒、利湿泻火等功效；全省各地普遍栽培供观赏。

丽水及安吉、淳安等地高海拔山地尚产1个叶下面明显被白粉的类型（图2-439），分类地位有待进一步观察研究。

图2-439 阔叶十大功劳（粉背类型）

6. 小果十大功劳（图2-440）

Mahonia bodinieri Gagnep. —— *Berberis trifurca* Lindl. et Paxton

常绿灌木，高1～4m。全体无毛。羽状复叶长40～80cm，具13～23小叶，最下1对小叶生于叶柄基部；小叶片疏离，革质，卵状长圆形至宽披针形，较狭长，顶生小叶片长5～15cm，宽1.5～5.5cm，先端渐尖或骤尖并具锐刺，基部斜截形至近圆形，每边具2～8粗大刺齿，上面深绿色，有光泽，叶脉下陷，下面淡绿色，中脉较粗壮，细脉明显，网结并隆起；侧生小叶片无柄。总状花序不分枝，8～20个簇生，长8～20cm；花梗长1.5～5mm；花黄色；萼片9，3轮；花瓣6，2轮，长圆形，长4.5～5mm，先端具缺裂或微凹，基部腺体3，不明显；雄蕊6，药隔不延伸；花柱不明显。浆果近球形，直径4～5mm，密集，成熟时呈粉蓝色。花期7—10月，果期10月至次年1月。

产于丽水、温州及建德、衢州市区、仙居。生于海拔800m以下的山坡及沟谷阔叶林下、林缘或溪旁；本省南部山区农家常有栽培。分布于江西、湖南、广东、广西、四川、贵州。

用途同阔叶十大功劳。

在景宁鹤溪街道滩岭村尚栽培1特殊类型（图2-441），营养体极像小果十大功劳，但每花序均具大量短分枝，形成狭圆锥花序，有待进一步观察研究。

图2-440 小果十大功劳

图2-441 小果十大功劳（特殊类型）

4 八角莲属（鬼臼属） Dysosma Woodson

多年生草本。根状茎粗短，横走。茎直立，单生，光滑，基部被大鳞片。单叶，盾状着生；叶片掌状分裂。花多朵簇生，两性，下垂；萼片6，膜质，早落；花瓣6，常呈暗紫红色；雄蕊6，花丝扁平，花药内向纵裂，药隔大而常延伸；雌蕊单生，子房上位，1室，胚珠多数，柱头球形或盾状。浆果。种子多数，无肉质假种皮。

7～10种，分布于我国和越南北部。我国均有；浙江有2种。

1. 八角莲 （图2-442）

Dysosma versipellis (Hance) M. Cheng ex T.S. Ying

多年生草本，高40～150cm。根状茎粗壮，横走，多须根。茎直立，不分枝，淡绿色或粉绿色，无毛。茎生叶2，互生，盾状，近圆形，直径可达35cm，近掌状4～9中裂，稀浅裂，裂片阔三角形、卵形或卵状长圆形，先端锐尖，不分裂，边缘具细齿，上面无毛，下面密被或疏被毛至无毛，放射脉直达裂片先端。花深红色，5～14朵簇生于离叶基不远处，下垂；花梗纤细，被柔毛；萼片6，粉绿色，早落，外面有疏毛；花瓣6，勺状倒卵形，长约2.5cm，宽约8mm，无毛；雄蕊6，长约1.8cm，药隔先端急尖；子房椭球形，无毛，花柱短，柱头盾状。浆果倒卵形至椭球形，长约4cm，直径约3.5cm，具多数种子。花期4—5月，果期6—8月。

产于安吉、临安、慈溪、开化、江山。生于海拔300～1300m的山坡林下、灌丛中、溪边阴湿处或竹林下；嘉善、杭州市区、临安、开化、武义、莲都等地有栽培。分布于华东、华中、西南及广东、广西、陕西。

根状茎可药用，有活血化瘀、解蛇毒等功效。为浙江省重点保护野生植物。

图2-442　八角莲

2. 六角莲　山荷叶　郑氏八角莲　（图2-443）

Dysosma pleiantha (Hance) Woodson —— *Podophyllum chengii* Chien —— *P. pleianthum* Hance

多年生草本，高20～80cm。根状茎粗壮，结节状。茎直立，淡绿色或粉绿色，无毛。茎生叶常2，对生，盾状，近圆形，直径12～40cm，5～9浅裂或呈浅波状，边缘具细密小齿，两面无毛，放射脉直达裂片先端。花深红色或紫红色，5～14朵簇生于两叶柄交叉处，下垂；花梗纤细，无毛；萼片6，粉绿色，两面无毛，早落；花瓣6，长圆形至倒卵状椭圆形，长3～4cm；雄蕊6，长2～2.3cm，药隔稍隆起；子房近椭球形，柱头头状。浆果近球形至卵圆形，长约3cm，直径1～2.5cm，成熟时呈紫黑色，具多数种子。花期3—5月，果期8—9月。

产于全省山区、丘陵。生于海拔300～1600m的山坡沟谷林下或阴湿溪谷草丛中。分布于华东、华中、华南及四川。

根状茎可药用,有祛瘀解毒等功效;叶形奇特,花大艳丽,可供观赏。为浙江省重点保护野生植物。

本省尚有1变型白花六角莲 form. **alba** (Masam.) W.Y. Xie et D.D. Ma — *Podophyllum pleianthum* Hance var. *album* Masam.(图2-444),花白色。产于衢州市区(衢江灰坪)。生于石灰岩山地山坡林下或灌丛中。分布于我国台湾。

图2-443 六角莲

图2-444 白花六角莲

六角莲与八角莲的主要区别在于前者的叶裂片较浅,2枚茎生叶对生,花簇生于两叶柄交叉处,花梗及萼片外面均无毛;后者的叶裂片较深,2枚茎生叶互生,花簇生于离叶基不远处,花梗及萼片外面均被毛。

一七　小檗科 Berberidaceae

5 淫羊藿属 Epimedium L.

多年生草本，通常常绿。根状茎木质化，粗短结节状或细长，横走。茎及叶柄近木质；一回至三回三出复叶，稀为单叶；小叶片基部心形，两侧常不对称，叶缘具刺毛状细齿。总状或圆锥花序，与叶对生或顶生；萼片8，2轮，外轮较小，颜色较深，内轮花瓣状，常呈白色、黄色或粉红色；花瓣4，常有距或呈囊状；雄蕊4，花药瓣裂；子房1室，胚珠6～15，侧膜胎座。蒴果，具喙状花柱。种子具肉质假种皮。

约50种，分布于东亚及俄罗斯远东地区、西喜马拉雅地区、意大利北部至黑海、阿尔及利亚。我国有41种；浙江有5种。

有文献记载浙江有朝鲜淫羊藿 E. koreanum Nakai，但作者查不到可靠标本，有些定为该种的标本属于柔毛淫羊藿的误定，野外调查也未及，故不予收录。另《浙江植物志》记载有(大花)淫羊藿 E. grandiflorum Morr.，但《中国植物志》未记载该种，Flora of China 则作存疑，并提到该种系根据从日本带到比利时的栽培植物所发表。作者未查到本省的依据标本，野外也从未见过，可能是误定。

分种检索表

1. 圆锥花序，具18～100余花；花较小，直径常不逾2cm，距状花瓣短于内萼片。
   2. 一回三出复叶，小叶3；野生。
      3. 小叶片下面密被灰色柔毛、绒毛或短柔毛，沿脉及叶柄着生处尤多；花梗有腺毛 ················· **1.柔毛淫羊藿　E. pubescens**
      3. 小叶片下面疏生长柔毛；花梗无毛 ················· **2.箭叶淫羊藿　E. sagittatum**
   2. 二回三出复叶，小叶通常9；引种 ················· **3.淫羊藿　E. brevicornu**
1. 总状花序，具3～25花；花较大，直径4～4.5cm，距状花瓣长于内萼片。
   4. 根状茎细长，直径2～4mm；花序具3～8花；内萼片白色，花瓣紫色；野生 ················· **4.黔岭淫羊藿　E. leptorrhizum**
   4. 根状茎粗短，直径约7mm；花序具14～25花；内萼片与花瓣均黄色；引种 ················· **5.木鱼坪淫羊藿　E. franchetii**

1. 柔毛淫羊藿 （图2-445）

Epimedium pubescens Maxim.

多年生常绿草本，高30～60cm。根状茎粗短，结节状，有时伸长。一回三出复叶；茎生复叶2，对生，小叶3，革质、卵形、狭卵形或披针形，长3～15cm，宽2～8cm，先端渐尖或短渐尖，基部深心形，有时浅心形；顶生小叶片基部裂片先端圆形，几等大；侧生小叶片基部裂片极不等大，急尖或圆形，上面深绿色，有光泽，下面密被灰色柔毛、绒毛或短柔毛，沿脉及叶柄着生处尤多，边缘具细密刺齿；花茎具2枚对生叶。圆锥花序具30～100余花，长10～20cm；花梗有腺毛；花直径6～10mm；外萼片宽卵形，深紫色，早落，内萼片较大，披针形或狭披针形，白色；

距状花瓣4,短于内萼片,黄绿色,基部囊状;雄蕊外露;雌蕊长约4mm。蒴果先端具长喙。花期4—5月,果期5—7月。

产于安吉、临安。生于海拔200～1000m的山沟、山坡林下;杭州市区(杭州植物园)、临安(浙江农林大学)有栽培。分布于安徽、河南、湖北、四川、贵州、陕西、甘肃。

全草可药用,有温肾壮阳、强筋骨、祛风寒等功效。为浙江省重点保护野生植物。

图2-445　柔毛淫羊藿

2. 箭叶淫羊藿　三枝九叶草　(图2-446)
Epimedium sagittatum (Siebold et Zucc.) Maxim.

多年生常绿草本,高30～60cm。根状茎粗壮,结节状。一回三出复叶;茎生复叶1～3,小叶3,革质;顶生小叶片卵状披针形,长4～20cm,宽3～8.5cm,先端急尖至渐尖,基部心形,2侧裂片近对称;侧生小叶片箭形,基部呈不对称的心形浅裂,外裂片较大,三角形,尾端急尖,内裂片较短,常圆钝,上面无毛,下面疏生长柔毛,边缘具细密刺齿;小叶柄长4.5～8cm。圆锥花序具18～60余花,长7.5～10cm;花梗无毛;花白色,直径6～8mm;外萼片长圆状卵形,密被紫斑,内萼片大,卵状三角形或卵形,白色;距状花瓣4,短于内萼片,棕黄色,基部囊状;雄蕊4;雌蕊柱头浅盘状。蒴果长约10mm,顶端具长喙。种子肾状长圆形。花期3—4月,果期5—6月。

产于全省山区、丘陵。生于海拔500～1500m的山坡、沟谷林下或灌丛中。分布于安徽、江西、福建、湖北、湖南、广东、广西、四川、陕西、甘肃。

全草可药用,有补精强壮、祛风湿等功效;叶形奇特,四季常绿,可供观赏。为浙江省重点保护野生植物。

一七　小檗科 Berberidaceae　　　　　　　　　　　　　　　435

图2-446　箭叶淫羊藿

3. 淫羊藿　短角淫羊藿　（图2-447）
Epimedium brevicornu Maxim.

多年生常绿草本，高20～60cm。根状茎粗短，木质化，暗棕褐色。二回三出复叶，基生和茎生，具9小叶；基生叶1～3枚丛生，具长柄，茎生叶2，对生；小叶片厚纸质，卵形或阔卵形，长3～7cm，宽2.5～6cm，先端急尖或短渐尖，基部深心形；顶生小叶片基部裂片圆形，近等大；侧生小叶片基部裂片稍偏斜，急尖或圆形，上面常有光泽，网脉显著，下面苍白色，光滑或疏生少数柔毛，基出7脉，叶缘具刺齿；花茎具2枚对生叶。圆锥花序长10～35cm，具20～50余花，花序轴及花梗被腺毛；花梗长5～20mm；花白色，直径约2cm；外萼片卵状三角形，淡紫色，长1～3mm，内萼片披针形，白色，长约10mm；距状花瓣远短于内萼片，圆锥状，长仅2～3mm，瓣片很小，黄色；雄蕊长3～4mm，伸出。蒴果长约1cm，宿存花柱喙状，长2～3mm。花期3—

图2-447　淫羊藿

4月，果期5—7月。

原产于山西、河南、湖北、四川、陕西、甘肃、青海。杭州市区（杭州植物园）有栽培（引自陕西）。

为我国常用中药，一般文献中淫羊藿多指箭叶淫羊藿，但据考证，应为本种；全草可药用，有温肾壮阳、强筋骨、祛风寒等功效；叶形奇特，花朵美丽，可供观赏。

4. 黔岭淫羊藿 （图2-448）
Epimedium leptorrhizum Stearn

多年生常绿草本，高12～30cm。根状茎细长横走，直径2～4mm，不呈结节状。一回三出复叶，叶柄及小叶柄着生处被褐色柔毛；小叶3，薄革质，长卵形、卵形或卵圆形，长3～10cm，宽2～5cm，先端渐尖或骤尾尖，基部深心形；顶生小叶片基部裂片近等大，相互靠近；侧生小叶片基部裂片不等大，极偏斜，裂片尾端圆形，上面亮绿色，无毛，下面粉白色，沿主脉被棕色柔毛，边缘具睫毛状细齿。总状花序长8～20cm，具3～8花；花梗长1～2.5cm，疏被腺毛；花大，直径约4cm；萼片2轮，外萼片卵状长圆形，长3～4mm，早落，内萼片狭椭圆形，长11～16mm，白色；距状花瓣淡紫色或紫红色，长于内萼片，达2cm，基部无瓣片；雄蕊长约4mm，花药瓣裂，裂片外卷。蒴果长纺锤形，长约15mm，宿存花柱喙状。花期3—4月，果期5—6月。

产于莲都、遂昌、龙泉、庆元、景宁、青田、瑞安、平阳、苍南、泰顺。生于海拔800～1500m的阔叶林、毛竹林下或灌丛中；杭州市区（杭州植物园）、临安（浙江农林大学）有栽培。分布于湖北、湖南、广西、四川、贵州。

花大而美丽，可供园林观赏。为浙江省重点保护野生植物。

《中国植物志》记载本种花粉红色，但本省产的内萼片呈白色，距状花瓣淡紫色或紫红色。

图2-448　黔岭淫羊藿

5. 木鱼坪淫羊藿 （图2-449）
Epimedium franchetii Stearn

多年生常绿草本，高20～60cm。根状茎粗短，直径约7mm。一回三出复叶，基生和茎生，小叶3，花茎具2对生叶；小叶片革质，狭卵形，长9～14cm，宽6～7cm，先端急尖或渐尖，基部深心形；顶生小叶片基部裂片几相等，钝或急尖；侧生小叶片基部内侧裂片小，急尖或钝，外侧裂片较长，渐尖，上面有光泽，老时无毛，下面苍白色，有时带淡红色，微被伏毛，叶缘具密刺齿。总状花序具14～25花，长15～30cm；花梗长1～3cm，被腺毛；花直径约4.5cm，淡黄色；外萼片紫褐色，长约5mm，早落，内萼片狭卵形，长约10mm，宽4～5mm，淡黄色；距状花瓣鲜黄色，远长于内萼片，长约2cm，显著向上弯曲，基部无瓣片；雄蕊黄色，露出，长约4.5mm；雌蕊长约5mm，花柱长于子房。蒴果长纺锤形，长15～20mm，宿存花柱喙状。花期3—4月，果期5—6月。

原产于湖北、贵州。杭州市区（杭州植物园）、武义、莲都、诸暨有栽培（引自贵州）。

花大色艳，可供观赏。

图2-449 木鱼坪淫羊藿

6 牡丹草属 Gymnospermium Spach.

多年生草本，果后地上部分枯萎。全株无毛。根状茎肥厚块状。茎及叶柄草质；茎具1叶，叶生于茎顶，一回至二回三出复叶；小叶片3深裂，裂片有时再分裂；具托叶。总状花序顶生；花梗基部具苞片；花黄色；萼片通常6，花瓣状；花瓣5或6，退化成蜜腺状，黄色，远较萼片小；雄蕊6，与花瓣对生，花药瓣裂；子房1室，胚珠2~4，基生胎座。蒴果囊状，不开裂或顶部多少开裂，种子不露出或稍露出。种子2~4，扁，具薄的假种皮。

6~8种，星散分布于北温带地区。我国有3种，产于东北、西北和华东；浙江有1种。

江南牡丹草 （图2-450）

Gymnospermium kiangnanense (P.L. Chiu) H. Loconte —— *Leontice kiangnanensis* P.L. Chiu

多年生草本，高20~35cm。根状茎扁球形或卵球形，直径3~8cm；地上茎高20~40cm，无毛，被白粉。叶1，位于茎顶，一回至二回三出复叶；小叶片3深裂，裂片常再分裂，上面淡绿色，下面粉绿色；托叶2裂，一侧与叶柄愈合。总状花序顶生，具13~16花；苞片三角状卵形或近肾形；花两性，黄色，直径1.1~1.8cm；萼片通常6，花瓣状，具5纵脉；花瓣5或6，蜜腺状，长约2mm；雄蕊5或6，短于萼片；子房菱状卵形，基部具短柄，花柱短，胚

图2-450 江南牡丹草

珠2或3。蒴果，果瓣5，顶端尖。种子倒卵形，上部裸露，成熟时呈绿褐色。花期2—3月，果期5—6月。

产于安吉（孝丰）、杭州市区（西湖灵山）、临安（湍口、河桥）、淳安（临岐）、诸暨（璜山）。生于海拔300～600m的山坡山核桃林下、山沟疏林下、灌丛或竹林中。分布于安徽。模式标本采自杭州市区（杭州植物园），种源来自安吉（孝丰）。

根状茎可药用，有活血散瘀的功效。为浙江省重点保护野生植物。

7 红毛七属 Caulophyllum Michx.

多年生草本，果后地上部分枯萎。根状茎粗壮，结节状，横走。茎及叶柄草质；地上茎直立，基部有鳞片。二回至三回三出复叶。聚伞状圆锥花序顶生；花两性；苞片3～6；萼片6，花瓣状；花瓣6，较萼片小，蜜腺状；雄蕊6，花药瓣裂；子房上位，心皮1，1室，胚珠2，基生胎座，花柱短，柱头侧生。蒴果，果皮膜质，成熟前即开裂，球形核果状种子全部露出。种子2。

3种，分布于东亚和北美洲。我国有1种；浙江也有。

红毛七 类叶牡丹 （图2-451）
Caulophyllum robustum Maxim.

多年生草本，高50～80cm。根状茎粗壮，结节状横走，密生细长紫红色须根。地上茎直立，无毛。叶互生，二回至三回三出复叶；小叶片长4～8cm，宽1.5～4cm，先端急尖至渐尖，基部宽楔形，裂片全缘或2、3浅裂，两面无毛，上面绿色，下面淡绿色或带灰白色。圆锥花序顶生；花两性，黄绿色，直径7～10mm；萼片6，花瓣状，长倒卵形或狭椭圆形，长6～8mm；花瓣6，蜜腺状，远比萼片小；雄蕊6，花药2瓣裂；子房1室，胚珠2。蒴果，果皮远未成熟时即开裂脱落，种子全部露出。种子2，核果状，球形，直径6～8mm，蓝黑色，被白粉；种柄粗壮，长约6mm。花期3—4月，果期7—8月。

产于临安（西天目山、昌化）、磐安（青梅尖、高二）。生于海拔1000～1500m的山坡落叶阔叶林下阴湿肥沃处。分布于东北、华中、西南及河北、山西、安徽、陕西、甘肃。东北亚也有。

根及根状茎可入药，有活血散瘀、祛风止痛、清热解毒、降压止血等功效。为浙江省重点保护野生植物。

图2-451 红毛七

一八　大血藤科 Sargentodoxaceae

落叶木质藤本。冬芽卵形，具多枚鳞片。叶互生，三出复叶，具长柄；无托叶。花单性，雌雄同株，排成下垂的总状花序。雄花：萼片6，2轮，每轮3，覆瓦状排列，绿色，花瓣状；花瓣6，很小，鳞片状，绿色，蜜腺性；雄蕊6，与花瓣对生，花丝短，花药长圆形，外向，纵裂；退化雌蕊4或5。雌花：萼片及瓣片与雄花同数相似；退化雄蕊6；心皮多数，螺旋状排列于花托上，每心皮具1下垂胚珠。聚合浆果球形，小浆果多数，具柄，生于圆形果托上。种子卵球形，种皮光亮。

1属，1种，分布于华东、华中、华南、西南等地。中南半岛北部也有。浙江也有。

大血藤属　Sargentodoxa Rehder et E.H. Wilson

属特征与科同。

大血藤　（图2-452）
Sargentodoxa cuneata (Oliv.) Rehder et E.H. Wilson

攀缘藤本，长达15m，直径达10cm。全株无毛。当年生枝条暗红色，茎砍断时有红色汁液流出，断面髓射线放射状。三出复叶，苗期常为单叶；顶生小叶片近菱状倒卵圆形，长4～12.5cm，宽3～9cm，先端急尖，基部渐狭成6～15mm的短柄，全缘；侧生小叶片较大，斜卵形，先端急尖，基部内侧楔形，外侧截形或圆形，无柄；叶柄长3～12cm。总状花序长6～12cm，雌雄同序或异序，同序时，雄花生于下部；花梗细，长2～5cm；萼片花瓣状，白色或淡绿色。聚合浆果，直径3～4.5cm，小浆果直径约1cm，成熟时呈蓝黑色，小果柄红色。种子长约5mm，基部截形，种皮黑亮、平滑，种脐显著。花期4—5月，果期7—9月。

产于全省山区、丘陵。生于海拔1500m以下的山坡、沟谷灌丛中、疏林下或林缘。分布于华东、华中、华南、西南及陕西。越南、老挝也有。

根及茎均可药用，有通经活络、散瘀止痛、理气行血、杀虫等功效，并可制生物农药；茎皮含纤维，可制绳索、人造棉或纸张；藤蔓修长，叶片清秀，果实奇特，可供观赏。

图 2-452　大血藤

一九 木通科 Lardizabalaceae

常绿或落叶，木质缠绕藤本，稀直立灌木。叶互生，掌状或三出复叶，稀奇数羽状复叶，叶柄与小叶柄两端膨大；无托叶。总状或伞房花序，稀圆锥花序，少为单花；雌雄同株或异株，稀杂性；花辐射对称；各部轮状排列，3基数；萼片3或6，花瓣状；花瓣缺，或在雄花中呈蜜腺状；雄蕊6，分离或花丝多少合生成管，花药2室，顶端常具尖突；雌花中有退化雄蕊6或无；子房上位，心皮3至多数，上位，分离，胚珠通常多数。果为肉质的蓇葖果或浆果，开裂或不开裂。

9属，约50种，主产于东亚，仅2属分布于智利。我国有7属，37种，多数分布于长江流域及以南各地；浙江有4属，9种。

分属检索表

1. 落叶灌木；奇数羽状复叶；花杂性··**1. 猫儿屎属 Decaisnea**
1. 常绿或落叶藤本；掌状复叶；花单性。
　2. 落叶或半常绿；小叶片先端钝圆或微凹；总状花序；萼片3；花丝极短；离生心皮3～9（12）；果实成熟时开裂··**2. 木通属 Akebia**
　2. 常绿；小叶片先端尖；伞房式总状花序；萼片6（8）；花丝较长；离生心皮3（4）；果实成熟时通常不开裂。
　　3. 萼片质厚，先端钝，内外轮近同形；雄蕊花丝分离·························**3. 鹰爪枫属 Holboellia**
　　3. 萼片质薄，先端渐尖，内外轮不同形；雄蕊花丝合生成管或仅基部合生··**4. 野木瓜属 Stauntonia**

1 猫儿屎属 Decaisnea Hook. f. et Thoms.

落叶灌木。冬芽大，卵形，芽鳞2。一回奇数羽状复叶互生；小叶对生，全缘。总状或圆锥花序；花杂性；萼片6，披针形，花瓣状，2轮；无花瓣；雄花有雄蕊6，花丝合生成管状，花药2裂，药隔角状突出，退化雌蕊残存；雌花有退化雄蕊6，花丝连合，花药顶端有尖突，心皮3，分离，无花柱，胚珠多数，2行排列。肉质蓇葖果成熟时沿腹缝线开裂。种子多数，倒卵形，压扁状，藏于果肉内。

仅1种，产于亚洲。我国长江流域及以南各地均有分布；浙江亦有。

猫儿屎 野香蕉 （图2-453）

Decaisnea insignis (Griff.) Hook. f. et Thoms. — *D. fargesii* Franch.

直立灌木，高2~4m。茎稍被白粉。羽状复叶长50~80cm；叶轴生小叶处有关节；小叶13~25，对生，长椭圆形或卵状椭圆形，长5~11cm，宽3~7cm，先端渐尖，基部宽楔形至近圆形，全缘；具短柄。花杂性异株；总状花序腋生或圆锥花序顶生，长20~50cm，弧曲；花黄绿色，下垂；萼片披针形，长渐尖，外轮者长约3cm，宽约3mm，内轮者长约2.5cm，宽约6mm；无花瓣。果圆柱形，直或弯曲，长5~10cm，直径1~2cm，灰褐色至乳白色，密被疣状突起或龟甲状细纹，沿腹缝线开裂。种子倒卵形，扁平，长约1cm，亮黑色。花期4—6月，果期9—10月。

产于安吉、临安、淳安、遂昌、龙泉、景宁、文成。生于海拔500~1400m的山坡、沟边阴湿林中。分布于华东、华中、西南、西北及广西。缅甸、印度、尼泊尔、不丹也有。

果皮可提取橡胶；根和果可入药，有清热解毒的功效；果肉味甜，可供食用或酿酒；种子油可供制皂或食用。为浙江省重点保护野生植物。

图2-453 猫儿屎

❷ 木通属 Akebia Decne.

落叶或半常绿藤本。掌状复叶，具长柄；小叶3~5（8），全缘或波状，先端钝圆或微凹。花单性，雌雄同株，同序；总状花序腋生；花无花瓣；雄花较多而小，生于花序上部，萼片3，淡紫色带绿色，雄蕊6，分离，花丝极短，花药内弯，外向2裂，顶端钝，无尖突，有退化雌蕊；雌花少而较大，生于花序下部，萼片3，紫色，大而显著，退化雄蕊6或9，离生心皮3～9（12），柱头盾状，胚珠多数。肉质蓇葖果长椭球形，成熟时沿腹缝线开裂。种子多数，卵形，黑色，成行排列藏于白色果肉中。

5种，分布于亚洲东部。我国有4种；浙江有2种。

1. 木通 八月炸 （图2-454）

Akebia quinata (Houtt.) Decne. — *A. micrantha* Nakai

落叶或半常绿木质藤本。掌状复叶，具5小叶；小叶片倒卵形或椭圆形，长2～6cm，宽1～3.5cm，先端微凹，凹缺处有由中脉延伸的小尖头，基部宽楔形或圆形，全缘，上面深绿色，下面淡绿色，中脉在上面平，在下面略突起；小叶柄长8～15mm，顶生小叶柄稍长。总状花序长4.5～10cm；花梗长3～5mm；花暗紫色或紫红色，偶有黄绿色、淡紫色或乳白色，雄花远较雌花小。肉质蓇葖果单生或2个、3个聚生，长椭球形或圆柱形，长6～8cm，直径2～4cm，成熟时呈黄褐色、暗紫色或淡紫色，沿腹缝线开裂，露出白色果肉和黑色种子。花期3—4月，果期9—10月。

产于全省各地。生于海拔50～1400m的山坡路旁、溪边疏林中。分布于长江流域。

果实、根、藤均可入药，果实有疏肝补肾、理气止痛等功效，根、藤有清热利尿、通经活络等功效；果味甜可食，也可酿酒。

本省产的果实成熟时通常呈黄褐色；花有时呈黄绿色或乳白色微带紫色（天台大雷山）。文献均记载本种为落叶性，但据野外观察多为半常绿。

图2-454 木通

1a. 多叶木通（变种）（图2-455）
var. polyphylla Nakai

与木通的区别在于小叶6~8。

产于临安等地。生于海拔60m左右的山坡灌丛中。分布于江苏、四川、陕西。

用途同木通。

图2-455 多叶木通

2. 三叶木通 （图2-456）
Akebia trifoliata (Thunb.) Koidz.

落叶藤本。掌状复叶具3小叶；小叶片卵形或宽卵形，长4~7cm，宽2~4.5cm，中央小叶片通常较大，先端钝圆或有凹缺，有小尖头，基部截形或圆形，小叶柄较两侧的长。总状花序长6~12.5cm；花梗长2~5mm；雄花多数，生于花序上部，萼片较小，长约3mm，淡紫色，雄蕊6，离生，退化雌蕊3；雌花1或2，生于花序下部，萼片较大，近圆形，长7~12mm，紫黑色或紫红色，退化雄蕊6或更多，心皮3~9，离生，子房紫色。肉质蓇葖果单生或2~4个聚生，长椭球形或倒卵形，长6~8cm，直径2~4cm，果皮光滑，成熟时呈淡紫色，沿腹缝线开裂。种子多数，扁球形，长5~7mm。花期5月，果期9—10月。

产于安吉、临安、淳安、开化、武义、天台、遂昌、龙泉、景宁、文成、泰顺等地。生于海拔400~1000m的山坡疏林下或灌丛中，缠绕于树上。分布于河北、山西、山东、河南、湖北、安徽、福建、四川、贵州、陕西、甘肃。日本也有。

药用部位及功效同木通；花果紫色，可供观赏；果味清甜，可生食或酿酒。

与木通的主要区别在于后者小叶5或6~8。

图2-456 三叶木通

2a. 白木通(变种)(图2-457)

var. **australis** (Diels) Rehder — subsp. *australis* (Diels) T. Shimizu

果实成熟时呈黄褐色,果皮粗糙。

产于全省山区、丘陵。生于海拔300～1200m的山沟、山坡林中,在本省远比三叶木通常见。分布于华东、华中及山西、台湾、广东、四川、贵州、云南、陕西。

图2-457　白木通

2b. 绿花三叶木通(变型)(图2-458)

form. **dapanshanensis** G.Y. Li et Zi L. Chen

萼片及雄蕊淡黄绿色,子房淡绿色。

产于磐安。生于海拔500m左右的山沟林缘。模式标本采自磐安(大盘山)。

图2-458　绿花三叶木通

3 鹰爪枫属 Holboellia Wall.

常绿木质藤本。全株无毛。掌状复叶，具长柄，小叶3～9，全缘，先端尖。花单性，雌雄同株；伞房式总状花序，腋生；萼片6，质厚，先端钝，2轮，花瓣状，内外轮近同形，绿白色或紫色；花瓣6，小，圆形，蜜腺状；雄花雄蕊6，花丝较长，分离，花药顶端有或无尖突，退化雌蕊小；雌花退化雄蕊6，离生心皮3。肉质浆果成熟时不开裂。种子多数。

约20种，分布于亚洲东南部。我国有9种，产于秦岭以南各地；浙江有2种。

1. 鹰爪枫　大叶青藤　牛卵泡　（图2-459）
Holboellia coriacea Diels

缠绕藤本，长3～5m。掌状复叶，叶柄长5～9cm；小叶3，革质，光滑，椭圆形或椭圆状倒卵形，长4～13cm，宽2～5cm，先端渐尖，基部圆形或宽楔形，全缘，上面深绿色，有光泽，下面浅黄绿色，叶脉不明显；中央小叶柄长2～3.5cm，侧生小叶柄长约1cm，具关节。花绿白色或紫色，雄花绿白色则雌花紫色，雄花紫色则雌花绿白色；雄花花萼长椭圆形，稍肉质，先端钝圆，长9～10mm，宽3～4.5mm，蜜腺状花瓣6，圆形，退化雌蕊3，棒状；雌花退化雄蕊6，离生心皮3。浆果长椭球形，成熟时呈紫色，长5～7cm，直径约3cm，光滑，果肉白色多汁。种子黑褐色。花期4—5月，果期9—10月。

产于全省山区、丘陵。生于海拔350～1100m的阴湿山坡林缘及溪谷两旁灌丛中。分布于华东及湖北、湖南、四川、贵州、陕西。

图2-459　鹰爪枫

果味清甜，可生食或酿酒，为优良野生果树，可培育成新颖水果；叶片深绿光亮，四季常绿，果大紫色，可供园林观赏；根和茎皮民间用于治关节炎及风湿痹痛。

2. 五月瓜藤
Holboellia angustifolia Wall. — *H. fargesii* Réaub.

缠绕藤本，长3~6m。掌状复叶，叶柄长2~5cm；小叶（3）5~7（9），薄革质或革质，条状长圆形、长圆状披针形至倒披针形，长5~9（11）cm，宽1.2~2（3）cm，先端渐尖、急尖、钝或圆，有时微凹，基部宽楔形或近圆形，边缘略反卷，上面绿色，有光泽，下面苍白色，中脉在上面凹陷，在下面隆起，侧脉每边6~10，与基出2脉均至近叶缘处弯拱网结，网脉和侧脉在两面均明显隆起，或在上面不显著，在下面微隆起；小叶柄长5~25mm。花数朵组成伞房式短总状花序；雄花外轮萼片条状长圆形，长10~15mm，宽3~4mm，顶端钝，内轮的较小，蜜腺状花瓣极小，近圆形，直径不及1mm，雄蕊长约10mm，药隔延伸为长约0.7mm的尖头，退化心皮小；雌花紫红色，外轮萼片倒卵状圆形或宽卵形，长14~16mm，宽7~9mm，内轮的较小，蜜腺状花瓣小，卵状三角形，退化雄蕊无花丝，长约0.7mm。浆果长椭球形，成熟时呈紫色，长5~9cm。种子长5~8mm，黑褐色，有光泽。花期4—5月，果期7—8月。

产于遂昌（九龙山）、景宁（大漈）。生于海拔750~850m的山坡林中。分布于安徽、湖北、广东、广西、四川、贵州、云南、陕西。缅甸、印度、尼泊尔、不丹也有。

果甜可食；根可药用，治劳伤咳嗽，果治肾虚腰痛、疝气；种子含油率40%。

浙江所产者小叶通常3，小叶片先端圆钝且微凹，小叶柄长约1cm，与《中国植物志》描述的略有不同。

与鹰爪枫的主要区别在于后者小叶3，较宽，下面浅黄绿色；叶柄长5~9cm。

❹ 野木瓜属 Stauntonia DC.

常绿木质藤本。掌状复叶，小叶3~9。花单性，雌雄同株或异株，多为异序，组成腋生的伞房式总状花序；雄花萼片6（8），花瓣状，2轮，质薄，先端渐尖，外轮披针形，内轮条形，无花瓣或仅有6枚极小的蜜腺状花瓣，雄蕊6，花丝合生成管或仅基部合生，花药顶端常具尖突，退化雄蕊3，钻形；雌花萼片与雄花相似，退化雄蕊6，离生心皮3（4），胚珠多数，排成多列。肉质浆果，通常不开裂。种子多数。

约25种，产于东亚。我国有20种，分布于长江流域及以南各地；浙江有4种。

有文献记载浙江尚产野木瓜 *S. chinensis* DC.，但作者未见可靠标本，野外调查也未及，故本志不予收录。

分种检索表

1. 浆果成熟时呈黄色；小叶片长为宽的2倍以上。
    2. 花药顶端具尖突；小叶片下面网脉清晰。
        3. 小叶3～5，厚革质，边缘明显向下反卷，下面网脉的网格较大 …… 1.显脉野木瓜 S. conspicua
        3. 小叶5～7，革质或薄革质，边缘不反卷，下面网脉细密，隔成细小的灰白色斑点 …………………………………………………………………………… 2.石月 S. obovatifoliola
    2. 花药顶端钝，无尖突；小叶片下面网脉不甚清晰 …………… 3.短药野木瓜 S. leucantha
1. 浆果成熟时呈紫色；小叶片长不达宽的2倍 ………………………… 4.日本野木瓜 S. hexaphylla

1. 显脉野木瓜　三叶绳　（图2-460）
Stauntonia conspicua R.H. Chang

缠绕藤本。掌状复叶具小叶3枚，有时达5枚，苗期常为1枚；叶柄长4～8（12）cm；小叶片厚革质，长圆形或卵状长圆形，长6～10cm，宽2.5～4.5cm，先端急尖至渐尖，基部圆形或浅心形，边缘明显向下反卷，上面深绿色，下面粉绿色，网脉绿色而清晰，网格较大；小叶柄长1～4cm。花序长8～11cm，每花序疏生3或4花；雄花紫红色，萼片6，外轮3枚椭圆形，内轮3枚条形，雄蕊花丝全部合生成筒，花药离生，顶端具长约1mm的尖突，退化雌蕊3，小，藏于花丝管中；雌花较大，紫黑色，退化雄蕊6，离生心皮雌蕊3。浆果长椭球形，长约6cm，直径约3cm，成熟时呈黄色。种子宽卵形，亮黑色。花期4—5月，果期10—11月。

产于丽水及开化、江山、文成、泰顺。生于海拔1000～1600m的山坡林中。浙江特有。模式标本采自龙泉（凤阳山）。

图2-460　显脉野木瓜

2. 石月

Stauntonia obovatifoliola Hayata

常绿缠绕藤本。掌状复叶具5～7小叶；叶柄长约3cm；小叶片革质或薄革质，倒卵形至倒卵状长圆形，长6～10cm，宽3～4.5cm，先端具长3～5mm的短尾尖，基部钝或圆，中脉在上面凹陷，在下面突起，侧脉在两面均微突起，下面网脉细密，隔成细小而清晰的灰白色斑点。雌雄同株；花序数个簇生于当年生小枝基部或叶腋；花序梗和花梗纤细；雄花萼片淡黄绿色，内面稍呈紫红色，外轮3枚卵状披针形，内轮3枚条状披针形，雄蕊长7～8mm，花丝合生成管，花药顶端具长1～1.5mm的尖突；雌花萼片与雄花相似但稍大，心皮3，瓶状圆柱形，多少内弯，有退化雄蕊。浆果椭球形，长4～9cm，直径3～5cm。花期4—5月，果期9—11月。

分布于我国台湾。浙江不产，但产以下2亚种。

2a. 五指挪藤（亚种）（图2-461）

subsp. **intermedia** (Y.C.Wu) T. Chen —— *S. hexaphylla* (Thunb.) Decne. form. *intermedia* Y.C.Wu

与石月及尾叶挪藤的区别在于叶柄长5～10cm；小叶片革质，匙形，长约为宽的3倍，先端短尾尖。花期3—4月，果期10—12月。

产于宁波、温州及德清、临安、建德、衢州市区、开化、龙泉等地。生于海拔400～700m的山坡林中。分布于湖南、广东、广西。

大型藤本，四季常绿，叶片繁茂而清秀，果大金黄，为优良的观赏藤本；果味清甜，可生食、制果酱或酿酒，为极好的野生果树；根可入药，有舒筋活络、解热利尿等功效。

图 2-461　五指挪藤

2b. 尾叶挪藤（亚种）（图2-462）

subsp. **urophylla** (Hand.-Mazz.) H.N. Qin — *S. hexaphylla* (Thunb.) Decne. form. *urophylla* Hand.-Mazz.

与石月及五指挪藤的区别在于叶柄长3～8cm；小叶片革质，倒卵形或宽匙形，长约为宽的2倍，先端长尾尖，尾尖长可达小叶长的1/4。花果期同五指挪藤。

产于全省山区、丘陵。生于海拔400～800m的沟谷、山坡林中。分布于江西、福建、湖南、广东、广西。

用途同五指挪藤。

图2-462 尾叶挪藤

3. 短药野木瓜 钝药野木瓜 （图2-463）

Stauntonia leucantha Diels ex Y.C. Wu

缠绕藤本。掌状复叶，具5～7小叶；叶柄长5.5～10.2cm；小叶片革质，长圆状倒卵形、长圆形或近椭圆形，长5～8.5cm，宽2～3.2cm，先端尖，基部近圆形或宽楔形，上面绿色，下面灰绿色，网脉不甚清晰，基部具三出脉，边缘微反卷；小叶柄长0.7～2.4cm，纤细。雌雄同株；花序长4.5～7cm；雄花萼片6，2轮，外轮3枚卵状披针形或披针形，浅绿白色，内面基部略带紫色，内轮3枚条形，先端淡紫红色，雄蕊6，花丝连合，花药顶端钝，无尖突，退化雌蕊3；雌花萼片与雌花相似，但略大，退化雄蕊6，离生心皮雌蕊3，绿色。浆果圆柱形，长约6cm，直径2～3cm，成熟时呈黄色。花期4—5月，果期10—11月。

产于全省山区、丘陵。生于海拔300～940m的山坡林中。分布于华东及广东、广西、四川、贵州。

果甜可食；藤蔓修长，四季常绿，果实金黄，可供观赏。

有文献记载浙江尚产倒卵叶野木瓜 *S. obovata* Hemsl.，其与短药野木瓜在外形上极为相似，且两者在叶形上均变异较大，主要区别在于倒卵叶野木瓜的花药具短尖头。但作者在中国数字植物标本馆上查到数十份采自本省并鉴定为倒卵叶野木瓜的标本，经检视多为短药野木瓜的误定，且未见到典型的标本，调查也未及，故本志不予收录。

图2-463 短药野木瓜

4. 日本野木瓜 （图2-464）

Stauntonia hexaphylla (Thunb. ex Murray) Decne.

缠绕藤本。掌状复叶，具（3）5～7小叶；叶柄长6～8cm；小叶片革质，椭圆形或长卵形，长5～7cm，宽3～4cm，先端圆钝、急尖或短尖，有时微凹，基部圆形或微心形，全缘，上面绿色，下面淡绿色，具三出脉，网脉清晰；小叶柄长2～3cm。雌雄同株；花序数个抽自新枝叶腋或苞腋，每花序具3～5花；萼片6，白色，内面下部带紫褐色；无花瓣；雄花较小，雄蕊6，花药顶端具长2～3mm的白色尖突；雌花具3枚离生心皮雌蕊。浆果卵圆形或椭球形，长约5cm，直径约3cm，成熟时呈紫色，不裂，果肉白色，具多数种子。种子卵圆形，亮黑色，长约7mm，宽约4mm。花期4月，果期10—11月。

产于普陀（东福山岛）。生于海拔80～260m的山坡、山脊路旁灌丛中。日本、韩国也有。

枝叶茂密，终年常绿，花白果紫，可供观赏；果甜味美，为优良的野果种质资源。

图2-464　日本野木瓜

二〇　防己科 Menispermaceae

攀缘或缠绕藤本，稀直立灌木或小乔木。单叶，稀复叶，互生，全缘或分裂，通常具掌状脉；无托叶，叶柄常两端膨大。聚伞或聚伞圆锥花序，稀单花；花小，整齐，单性，雌雄异株；萼片6，稀较少或更多，通常分离，2～4轮作覆瓦状排列，最外轮很小；花瓣6，通常2轮，稀1轮，每轮3，稀2或4，分离或合生，覆瓦状或镊合状排列；雄花具2至多数雄蕊，通常6～8，花丝及花药离生或合生，药室1、2或假4室，纵裂或横裂；雌花心皮3～6，较少1、2或多数，分离，子房上位，1室，胚珠2，其中1粒退化，柱头顶生，分裂或全缘。核果，外果皮革质至膜质，中果皮常为肉质，内果皮骨质或木质，表面有皱纹或各式突起，稀平滑。种子马蹄形或肾形。

65属，约350种，分布于全球热带和亚热带地区，温带地区少见。我国有19属，77种；浙江有7属，13种。

分属检索表

1. 叶片基部着生（细圆藤属和秤钩风属有时多少盾状着生）；雄蕊离生。
   2. 花瓣先端不裂；叶片长与宽近相等或宽大于长（指国产种）。
      3. 雄花萼片9，花药药室纵裂 ·································· **1. 细圆藤属 Pericampylus**
      3. 雄花萼片6，花药药室横裂 ·································· **2. 秤钩风属 Diploclisia**
   2. 花瓣先端2裂；叶片长大于宽（指国产种）。
      4. 雄花有雄蕊6或9；雌花有退化雄蕊6或无，心皮3或6；种子马蹄形；小枝有毛或无毛，若无毛则为直立灌木（指国产种） ·································· **3. 木防己属 Cocculus**
      4. 雄花有雄蕊9或12；雌花有退化雄蕊9，心皮3；种子半月形；小枝无毛 ·································· **4. 汉防己属 Sinomenium**
1. 叶片明显盾状着生；雄蕊合生或离生。
   5. 叶片常具浅裂；雄蕊离生，药室纵裂；心皮2～4 ·································· **5. 蝙蝠葛属 Menispermum**
   5. 叶片全缘或微波状；雄蕊合生，药室横裂；心皮1。
      6. 雄花萼片2轮，分离；雌花花瓣2～4；小枝无毛 ·································· **6. 千金藤属 Stephania**
      6. 雄花萼片1轮，合生；雌花花瓣1或2，稀无花瓣；小枝有毛（指浙江产种）···· **7. 轮环藤属 Cyclea**

① 细圆藤属 Pericampylus Miers

木质缠绕藤本。叶片基部着生，有时稍盾状着生，掌状脉。聚伞或聚伞圆锥花序，单生或2个、3个簇生于叶腋；雄花萼片9，2或3轮，3轮时外轮小，中、内轮大而凹，覆瓦状排列，花瓣6，边缘内卷围抱花丝，雄蕊6，离生，药室纵裂；雌花的花萼、花瓣与雄花相似，退化雄蕊6，棒状，心皮3，花柱短，柱头深裂，或裂片再2裂。核果扁球形，内果皮骨质，背部中肋两侧有圆锥状或短刺状突起，胎座迹片状或隔膜状，不穿孔。

2或3种，分布于亚洲东南部，南至新几内亚岛。我国有1种；浙江也有。

细圆藤 （图2-465）
Pericampylus glaucus (Lam.) Merr. — *Menispermum glaucum* Lam.

落叶木质缠绕藤本，长可达10m。小枝被黄褐色柔毛，老枝无毛。叶片基部着生，有时稍盾状着生，卵状三角形，长与宽各为5～10cm，先端钝或急尖，基部截形、心形或近圆形，幼时两面被绒毛，后渐脱落，或仅在脉上疏生柔毛，掌状脉3或5；叶柄长3～7cm，被毛。聚伞圆锥花序腋生；雄花序2或3个簇生，长达8cm，被疏柔毛，萼片2轮，外轮3，卵形至条形，长0.2～0.6mm，外被柔毛，内轮6，宽匙形，长约1.5mm，外被疏柔毛，花瓣6，两侧边缘内折围抱花丝，雄蕊6，离生，相互靠合；雌花的萼片、花瓣与雄花相似，退化雄蕊6，长约0.2mm，心皮3，离生，无毛，柱头顶端2深裂。核果扁球形，直径约5mm，无毛，成熟时呈鲜红色；果核圆饼状，内果皮骨质，背部两侧具短刺状突起。花期4—5月，果期7—10月。

产于丽水、温州及诸暨、宁波市区（北仑）、宁海、象山、普陀、衢州市区（衢江）、常山、临海、仙居。生于海拔650m以下的山坡、沟谷林缘或灌丛中。分布于华南及江西、福建、湖南、四川、贵州。东南亚及印度也有。

根可药用，民间用于治疗小儿惊风等。

图2-465　细圆藤

❷ 秤钩风属 Diploclisia Miers

木质缠绕藤本。叶片基部着生，有时多少盾状着生，掌状脉。聚伞或聚伞圆锥花序，腋生或生于老枝及茎上；雄花萼片6，2轮，通常内轮较外轮宽，覆瓦状排列，花瓣6，两侧有内折的小耳，围抱花丝，雄蕊6，离生，药室横裂，近球形；雌花萼片、花瓣与雄花相似，退化雄蕊6，花药小，心皮3，花柱短，柱头扩大，边缘皱褶状分裂。核果倒卵形或长圆状倒卵形，稍扁，内果皮骨质，背肋两侧有小横肋状雕纹或小瘤突，胎座迹片状。

2种，分布于亚洲热带地区。我国有2种；浙江有1种。

秤钩风 青枫藤 （图2-466）
Diploclisia affinis (Oliv.) Diels

落叶木质缠绕藤本，长可达10m。小枝无毛，具细棱纹。叶片基部着生，有时多少盾状着生，菱状宽卵形或三角状宽卵形，宽大于长，长3.5～7cm，宽4～9cm，先端短尖或圆钝，基部浅心形、近截形或宽楔形，两面无毛，下面灰白色，掌状脉5；叶柄长4～8cm。聚伞花序腋生，长3～4cm；花梗长3～4mm；花黄白色。核果倒卵圆形，长8～10mm，宽约7mm，略扁，成熟时由黄色转为红色，再变为暗紫色至近黑色；果核瓜子形，边缘隆起，具小瘤突。花期4—5月，果期7—8月。

产于全省山区、丘陵。生于海拔600m以下的山坡林中。分布于安徽、江西、福建、湖北、湖南、广东、广西、四川、贵州、云南。

藤、叶可药用，有解蛇毒、祛风除湿等功效；藤蔓修长，叶片清秀，果实艳丽，可供观赏。

图2-466 秤钩风

③ 木防己属 Cocculus DC.

木质缠绕藤本,稀直立灌木或小乔木。小枝有毛或无毛。叶片基部着生,全缘或分裂,掌状脉。聚伞或聚伞圆锥花序,腋生或顶生;萼片6或9,2或3轮排列,外轮较小,内轮较大而凹,覆瓦状排列;花瓣6,基部常呈耳状,先端2裂,裂片叉开;雄花有雄蕊6或9,离生,药室横裂;雌花有退化雄蕊6或无,心皮3或6,花柱柱状,柱头外弯伸展。核果倒卵形或近球形,稍扁;果核马蹄形,内果皮骨质,背肋两侧有小横肋状雕纹。

约8种,产于亚洲、非洲、北美洲。我国有2种;浙江均有。

1. 木防己 土木香 白木香 (图2-467)
Cocculus orbiculatus (L.) DC. — *C. trilobus* (Thunb.) DC.

落叶木质缠绕藤本。根圆柱形,粗而长,表面灰棕色至黑棕色,有明显纵沟。茎缠绕,纤细而柔韧;上部分枝有纵棱,小枝密被柔毛,有条纹。叶片纸质,叶形变异极大,通常为宽卵形或卵状椭圆形,有时3浅裂,长3~14cm,宽2~9cm,先端急尖、圆钝或微凹,基部心形或截形,全缘或微波状,两面均被柔毛,老时上面脱落,下面较密,掌状脉5,侧生的1对仅延伸至叶片中部;叶柄长1~3cm,具柔毛。聚伞圆锥花序腋生或顶生;花小,黄绿色,有短梗;雄花萼

图2-467 木防己

片6，2轮，外轮较小，无毛，花瓣6，基部两侧呈耳状，内折，顶端2裂，雄蕊6，与花瓣对生；雌花萼片、花瓣与雄花相似，有退化雄蕊6，心皮6，离生。核果近球形，成熟时呈蓝黑色，直径6～8mm，被白粉；果核骨质，扁马蹄形，两侧有小横肋状雕纹。花期6—9月，果期8—11月。

产于全省各地。生于海拔1000m以下的山坡、沟谷、路旁灌丛或草丛中。分布于华东、华中、华南、西南及山东、陕西。亚洲东部、南部及夏威夷群岛也有。

2. 樟叶木防己 （图2-468）
Cocculus laurifolius DC.

常绿灌木，高1～2m。茎直立或披散状；小枝绿色，有棱，无毛。叶片薄革质，椭圆形、长倒卵形或长椭圆形，长4～15cm，宽1.5～5cm，先端短渐尖、急尖或尾尖，基部楔形或宽楔形，两面无毛，上面光亮，基出或离基脉3，侧生的1对延伸达叶片近先端；叶柄长通常不超过1cm，顶端稍膨大。聚伞或聚伞圆锥花序腋生，长1～5cm，近无毛；花小，黄绿色；雄花萼片6，2轮，花瓣6，2深裂的倒心形，基部不内折，雄蕊6；雌花萼片、花瓣与雄花的相似，退化雄蕊6，心皮3，无毛。核果近球形，直径6～7mm，成熟时呈蓝黑色，无白粉；果核骨质，背部有不规则的小横肋状雕纹。花期5—6月，果期8—9月。

产于普陀（东福山岛、朱家尖）、乐清（大荆镇大岩头村）。生于海拔200m以下的山坡、沟谷灌丛中、疏林下或岩缝中。分布于湖南、台湾、贵州、西藏。亚洲东部、东南部、南部也有。东南亚及日本、印度、尼泊尔也有。

与木防己的区别在于后者为落叶藤本；枝叶有毛；掌状脉侧生的1对通常仅达叶片中部；花瓣基部内折；心皮6。

图2-468 樟叶木防己

4 汉防己属 Sinomenium Diels

落叶木质缠绕藤本。小枝无毛。叶片基部着生,掌状脉。聚伞圆锥花序腋生;雄花萼片6,2轮,外轮较狭,覆瓦状排列,花瓣6,先端2裂,两侧基部边缘内折,围抱花丝,雄蕊9或12,离生,药室横裂;雌花萼片、花瓣与雄花相似,退化雄蕊9,心皮3,花柱外弯,柱头扩大,分裂。核果近球形;果核薄革质,两面凹入,部分平坦,背部由许多小刺状突起组成隆起的鸡冠状背肋,两侧各有1行横肋状雕纹,胎座迹双片状。种子半月形。

1种,产于亚洲东部和南部。我国有1种;浙江也有。

汉防己 防己 风龙 （图2-469）

Sinomenium acutum (Thunb.) Rehder et E.H. Wilson —— *S. diversifolium* Diels

落叶木质缠绕藤本,长可达15m。小枝圆柱形,绿色,无毛,具细沟纹。叶片基部着生,叶形多变,多为宽卵状三角形、圆心形、扁心形或宽卵形,长6～15cm,宽4～12cm,先端短渐尖、急尖或圆钝,基部圆形、截形或浅心形,全缘,基部的叶常5～7浅裂,上部的叶有时亦呈大小不等的3～5浅裂,上面有光泽,无毛,下面苍白色,近无毛,基出脉5或7;叶柄长6～15cm。聚伞圆锥花序腋生;雄花序长10～20cm,花极小,白色。核果近球形,蓝黑色,被白粉,直径5～6mm;果核扁平,马蹄形,边缘有多数小瘤状突起,背部隆起。花期5—6月,果期9—11月。

产于全省山区、丘陵。生于海拔1100m以下的山坡、沟谷林中、林缘及溪边灌丛中或石坎上。分布于华东、华中及广东、广西、四川、贵州、云南、陕西。日本、泰国、印度、尼泊尔也有。

根、茎可药用,有祛风湿、通经络等功效;藤茎细长,可作藤椅等藤器的材料。

图2-469 汉防己

二〇　防己科 Menispermaceae

5 蝙蝠葛属 Menispermum L.

落叶木质缠绕藤本。叶片明显盾状着生，常浅裂，掌状脉。聚伞圆锥花序腋生；萼片4～10；花瓣6～8或更多，短于萼片，边缘内卷；雄花有雄蕊12～24，离生，花药近球形，药室纵裂；雌花具6～12不育雄蕊，心皮2～4，柱头大而分裂，外弯。核果球形或卵圆形；果核圆肾形或宽半月形，扁，背部呈鸡冠状隆起，具4列小瘤突，胎座迹片状。

3或4种，产于东亚、北亚、北美洲。我国有1种；浙江也有。

蝙蝠葛　小青藤　黄根藤　（图2-470）
Menispermum dauricum DC.

落叶木质缠绕藤本，长可达10m。根状茎细长，横卧土中，圆柱形，黄棕色，有分枝。茎木质；小枝带绿色，有细纵棱纹。叶片明显盾状着生，通常具浅裂，圆肾形、卵圆形、宽三角形或略有3～7角，长与宽各为6～11cm，有时宽大于长，先端急尖、短渐尖或钝圆，基部浅心形或近于截形，全缘或3～7浅裂，老叶两面无毛，下面苍白色，掌状脉5或7；叶柄长6～12cm，无托叶。聚伞圆锥花序腋生；花序梗长3～6cm，有小苞片；花小，黄绿色。核果圆肾形，长和直径均为8～10mm，成熟时呈紫黑色；果核坚硬，宽半月形。花期4—5月，果期9—10月。

产于湖州及临安。生于海拔300m以下的山坡、沟谷灌丛中或村边路旁。分布于东北、华北、华东（不含福建）、华中、西北及贵州。东北亚也有。

根状茎可药用，有清热、祛风、驱虫等功效。

图2-470　蝙蝠葛

6 千金藤属 Stephania Lour.

草质或木质藤本。小枝无毛。叶片明显盾状着生，全缘或微波状，掌状脉自叶柄着生处放射状伸出，无毛，稀有毛；叶柄长，两端膨大。通常为伞形聚伞花序，有时密集成头状，稀为圆锥状；花小，花被辐射对称；雄花萼片4～10，2轮，离生，花瓣1轮，2～4（5），稀2轮或无花瓣，常肉质，雄蕊合生成盾状聚药雄蕊，花药常4，药室横裂；雌花萼片和花瓣各1轮，萼片3～6，花瓣2～4，无退化雄蕊，心皮1，柱头3～6裂。核果近球形，成熟时呈鲜红色或橘红色，无毛；果核通常骨质，扁平，马蹄形，背部中肋两侧各有1或2行小横肋状或柱状雕纹。

约60种，产于亚、非两洲的热带和亚热带地区，少数产于大洋洲。我国有37种；浙江有5种。

分种检索表

1. 叶片长明显大于宽 ······ **2. 粪箕笃 S. longa**
1. 叶片宽稍大于长、长略大于宽或长与宽近相等。
  2. 雄花花瓣内无腺体；果核有小横肋状雕纹。
    3. 叶片下面被较密的伏贴短柔毛 ······ **3. 粉防己 S. tetrandra**
    3. 叶片下面无毛。
      4. 叶片通常长稍大于宽；块根圆柱形 ······ **1. 千金藤 S. japonica**
      4. 叶片通常宽稍大于长；块根椭球形或近球形 ······ **4. 金线吊乌龟 S. cephalantha**
  2. 雄花花瓣内面有2枚垫状腺体；果核有刺状突起，刺端弯钩状 ······ **5. 江南地不容 S. excentrica**

1. 千金藤 （图2-471）

Stephania japonica (Thunb.) Miers

半木质缠绕藤本。全体无毛。块根圆柱形，粗壮。小枝圆柱形，细韧，有细纵条纹。叶片明显盾状着生，宽卵形至卵形，长4～8cm，宽3～7.5cm，通常长稍大于宽，先端钝，基部近截形或圆形，全缘，上面深绿色，有光泽，下面有白粉，两面无毛，掌状脉7～9；叶柄长5～8cm。花序伞状或聚伞状，腋生；花序梗长2.5～4cm，无毛；花小，有短梗；雄花萼片6或8，花瓣3或4，无腺体，长约为萼片的1/2，聚药雄蕊，花药6，合生，环列于连合成柱状体的花丝顶部；雌花萼片和花瓣各3或4，形状、大小与雄花的近似或较小，无退化雄蕊，子房上位，柱头3～6裂，外弯。核果近球形，直径约6mm，成熟时呈红色；果核扁平，马蹄形，背部有2行小横肋状雕纹。花期5—6月，果期8—12月。

产于全省山区、丘陵，浙南较多。生于海拔900m以下的山坡、溪边、田埂、石坎、路旁的灌丛或草丛中。分布于华东、华中及海南。日本、泰国、马来西亚、印度、澳大利亚、太平洋岛屿、朝鲜半岛也有。

块根可药用，有祛风活络、利尿消肿等功效。

图 2-471　千金藤

2. 粪箕笃（图2-472）
Stephania longa Lour.

草质缠绕藤本。除花序外全体无毛。枝纤细，有条纹。叶片明显盾状着生，卵状三角形，长3～9cm，宽2～6cm，长明显大于宽，先端钝，基部近平截，稀微凹，上面深绿色，下面淡绿色或粉绿色，掌状脉10或11，向下的较纤细；叶柄长1～4.5cm，基部常扭曲。复伞形聚伞花序腋生，花序梗长1～4cm，雄花序较纤细，被短硬毛；雄花萼片8，偶6，2轮，下面被乳头状短毛，花瓣3或4，黄绿色，近圆形，聚药雄蕊长约0.6mm；雌花萼片和花瓣4，稀3，子房无毛，柱头裂片平叉。核果近球形，成熟时呈红色，直径5～6mm；果核背部有2行小横肋状雕纹，每行9或10条。花期4—5月，果期9—10月。

产于泰顺（龟湖）。生于海拔100～200m的溪边林缘或山坡灌丛中。分布于华南及福建、云南。老挝也有。

图2-472 粪箕笃

3. 粉防己 石蟾蜍 金丝吊葫芦 （图2-473）
Stephania tetrandra S. Moore

草质缠绕藤本。块根圆柱形，表面灰褐色。小枝纤细、柔韧，有纵条纹，无毛。叶片明显盾状着生，三角状宽卵形，长4～7cm，宽5～9cm，长与宽近相等，有时稍长或稍宽，先端尖或钝，基部截形或心形，全缘，上面深绿色，下面灰绿色，两面或仅下面被较密的伏贴短柔毛，掌状脉5，纤细，网脉甚密；叶柄长4～8cm。头状聚伞花序再排成总状，腋生；花小，黄绿色；雄花萼片3～5，通常4，1轮，有缘毛，花瓣4，倒卵形，无腺体，较萼片小，聚药雄蕊长约0.8mm；雌花萼片、花瓣与雄花同数，无退化雄蕊，子房上位，花柱3。核果球形，成熟时呈红色，直径5～6mm；果核扁平，马蹄形，背部两侧各有约15条小横肋状雕纹。花期6—7月，果期9—11月。

产于全省山区、丘陵。生于海拔500m以下山地、丘陵灌丛或草丛中。分布于华南及安徽、江西、福建、湖北、湖南。

块根可药用，称"粉防己"，味苦性寒，有祛风除湿、利尿通淋等功效。

图2-473 粉防己

4. 金线吊乌龟　头花千金藤　金线吊鳖　白首乌　（图2-474）
Stephania cephalantha Hayata

草质缠绕藤本。全体无毛。块根椭球形或近球形，粗壮，表皮黄褐色。小枝圆柱形，细弱，有细沟纹。叶片明显盾状着生，三角状扁圆形、近圆形至扁椭圆形，长2～6cm，宽2.5～6.5cm，通常宽稍大于长，先端圆钝，基部近截形或向内微凹，全缘或微波状，上面深绿色，下面粉白色，两面无毛，掌状脉5～9；叶柄长5～11cm。头状聚伞花序再组成总状，具18～20花，腋生；花序梗长1～2cm；花小，淡绿色；雄花萼片4～6，匙形，花瓣3～5，近圆形，无腺体，雄蕊6，聚药雄蕊；雌花萼片3～5，花瓣3～5，无退化雄蕊，柱头3～5裂。核果近球形，成熟时呈紫红色，直径约6mm；果核扁平，马蹄形，背部两侧各有10～12条小横肋状雕纹。花期6—7月，果期9—11月。

产于全省山区、丘陵。生于海拔700m以下的山坡、沟谷林缘或路旁、溪边灌丛中。分布于华东、华中、华南及四川、贵州、陕西。

块根可药用，有清热解毒、消肿止痛等功效。

图2-474　金线吊乌龟

5. 江南地不容 （图2-475）
Stephania excentrica Lo

草质缠绕藤本。全体无毛。块根形状多样。茎有纵条棱。叶片明显盾状着生，三角形或三角状近圆形，长与宽近相等，均为5～10cm，先端钝，基部圆、微凹至平截，全缘或微波状，下面灰白色，掌状脉7～9，网脉细密；叶柄长7～14cm。雄花序为复伞形聚伞花序，腋生；花序梗长2～5cm，顶端有小苞片，小伞形花序具20余花；雄花萼片6，淡绿色，排成2轮，花瓣3，暗红色，内面有2枚较大的垫状腺体，聚药雄蕊；雌花序腋生，与雄花序近同形，但伞梗较粗壮，长不及1cm，雌花萼片通常1，宽卵形，长约1mm，花瓣通常2，近圆形。核果球形，直径约6mm，成熟时呈红色，果梗肉质；果核背部有4列刺状突起，刺端弯钩状。花期5—7月，果期8—11月。

产于庆元（试验林场）。生于海拔约1000m的林缘或沟边。分布于江西、福建、湖北、湖南、广西、四川、贵州。

图2-475 江南地不容

7 轮环藤属 Cyclea Arnott ex Wight

木质或草质缠绕藤本。叶片明显盾状着生,全缘,掌状脉。聚伞圆锥花序通常狭长,腋生或生于老茎上;雄花萼片4或5,少为6,1轮,常合生而呈4裂、5裂或近平截,萼筒杯状、钟状或罐状,花瓣常合生,冠檐全缘或4～8裂,稀无花瓣,雄蕊合生成盾状聚药雄蕊,花药4或5,着生在盾盘的边缘,药室横裂;雌花萼片和花瓣均1或2,彼此对生,花瓣微小,稀无,心皮1,花柱短,柱头3～5裂或多裂。核果常稍扁;果核骨质,背肋两侧各有2或3列小瘤突。

约29种,产于亚洲东南部和南部。我国有13种,分布于长江流域及以南各地;浙江有2种。

1. 粉叶轮环藤（图2-476）
Cyclea hypoglauca (Schauer) Diels

落叶木质缠绕藤本。小枝纤细,被伏贴毛,老枝无毛。叶片明显盾状着生,宽卵状三角形至卵形,长2.5～7cm,宽1.5～4.5cm,先端渐尖,基部平截至浅心形,全缘而稍反卷,上面疏被伏贴毛,下面灰白色或粉绿色,被白色绒毛,沿脉较密,掌状脉5～7;叶柄纤细,长1.5～4cm,有疏毛。花序腋生,雄花序为间断的穗状花序状,花序轴常不分枝或有时基部有短小分枝;花小,绿色或淡绿色。核果近球形,直径约5mm,肉黄色,无毛。花期4—5月,果

图2-476 粉叶轮环藤

期8—9月。

产于建德、淳安、衢州市区（衢江）、开化。生于海拔600m以下的山坡、沟谷林缘或灌丛中。分布于江西、福建、湖南、广东、海南、广西、贵州、云南。越南也有。

根状茎可药用，有清热解毒、祛风止痛、利水通淋等功效。

2. 轮环藤 （图2-477）
Cyclea racemosa Oliv.

落叶木质缠绕藤本。小枝初时被柔毛，老时脱落。叶片明显盾状着生，卵状三角形至宽卵状三角形，长5～7cm，宽3～5cm，先端渐尖、急尖或略钝，基部平截或近心形，全缘，上面常有疏柔毛，下面淡绿色或淡绿白色，沿脉有毛，掌状脉5～7；叶柄长4～5.5cm，有毛。雄花序近总状，由短而具少数花的聚伞花序以及单花组成，单生或2个、3个簇生；花梗长1.5～2mm，密被长柔毛；花小，绿色或紫色。核果近球形，直径约4mm，有糙硬毛。花期3—4月，果期7—9月。

产于衢州、丽水及桐庐、金华市区（婺城）、武义、瑞安、平阳、泰顺。生于海拔600m以下的山坡、沟谷、溪边林下或灌丛中。分布于江西、福建、湖北、湖南、广东、四川、贵州、陕西。

与粉叶轮环藤的主要区别在于后者叶片下面灰白色或粉绿色；叶柄长1.5～4cm；核果无毛。

图2-477 轮环藤

二一　清风藤科 Sabiaceae

常绿或落叶，乔木、灌木或木质藤本。单叶或奇数羽状复叶，互生；无托叶。花两性或杂性异株；辐射对称或两侧对称；花小，排成聚伞或圆锥花序，顶生或腋生，有时单花腋生；萼片(3或4)5，离生或基部合生，覆瓦状排列；花瓣(4)5，覆瓦状排列，大小相等或里面2枚较小；雄蕊(4)5，与花瓣对生，全育或外面3枚退化，花药2室；花盘小，杯状或环状；子房上位，2(3)室，每室具1或2胚珠，中轴胎座，花柱合生。核果。

3属，约80种，分布于亚洲和美洲热带地区。我国有2属，46种；浙江有2属，15种。

1 清风藤属 Sabia Colebr.

落叶或常绿攀缘木质藤本。冬芽小，小枝基部有宿存芽鳞。单叶，全缘。花小，两性，稀杂性，单花腋生或组成腋生聚伞花序，有时再呈圆锥状排列；萼片(4)5；花瓣(4)5，比萼片长且与萼片近对生；雄蕊(4)5，全部发育；子房2室，基部为肿胀或齿裂的花盘所围绕，花柱2，合生，柱头小，每室具2胚珠。果有1~3个核果状分果瓣，蓝色、红色或白色。

约30种，分布于亚洲南部和东南部。我国有17种，主产于西南部和东南部；浙江有5种。

分种检索表

1. 小枝上具叶脱落后叶柄基部残留的先端呈2叉的尖刺·· 3.清风藤 S. japonica
1. 小枝上无叶脱落后残留的2叉状尖刺。
　　2. 落叶藤本；小枝无毛；叶片两面无毛。
　　　　3. 花单生·· 1.鄂西清风藤 S. campanulata subsp. ritchieae
　　　　3. 花2~5朵组成聚伞花序，稀单生。
　　　　　　4. 叶片下面淡绿色，网脉两面均清晰，与侧脉在上面下陷；聚伞花序具2花，稀1或3朵··············
　　　　　　·· 2.凹萼清风藤 S. emarginata
　　　　　　4. 叶片下面苍白色，网脉两面均不明显，与侧脉在上面不下陷；聚伞花序具2~5花，稀单生······
　　　　　　·· 4.白背清风藤 S. discolor
　　2. 常绿藤本；小枝有长柔毛；叶片上面中脉有毛，下面被短柔毛或仅脉上有毛
　　　　·· 5.尖叶清风藤 S. swinhoei

1. 鄂西清风藤(亚种) (图2-478)

Sabia campanulata Wall. ex Roxb. subsp. **ritchieae** (Rehder et E.H. Wilson) Y.F. Wu

落叶藤本。小枝常具纵条纹，无毛，无2叉状尖刺。叶片长圆状卵形、长椭圆形或卵形，

长6～13cm，宽3～5cm，先端渐尖或尾尖，基部圆钝或楔形，上面绿色，下面淡绿色，两面无毛，侧脉4～6对，近叶缘网结；叶柄长4～10mm，常呈红色。花单生于叶腋，与叶同放；花梗长1～1.5cm；萼片5，小，半圆形；花瓣5，倒卵形，长5～6mm，深紫色或黄绿色带紫色条纹，早落；雄蕊5，花药外向开裂；花盘肿胀，高大于宽，基部最宽，边缘环状；子房无毛。核果状分果瓣1～3，近球形，直径5～7mm，成熟时呈碧蓝色。花期3—4月，果期6—10月。

产于全省山区、丘陵。生于海拔300～1400m的山沟、山坡疏林中、林缘或灌丛中。分布于华东及湖北、湖南、广东、四川、贵州、陕西、甘肃。

与钟花清风藤 S. campanulata（浙江不产）的区别在于后者花绿色或黄绿色，花梗长1.5～3cm，花瓣长6～9mm，果时增大，长达12mm，宿存；花盘高短于宽，中部最宽，边缘有浅圆齿。

图2-478　鄂西清风藤

2. 凹萼清风藤 （图2-479）
Sabia emarginata Lecomte

落叶藤本。小枝黄绿色，有纵条纹，无毛，无2叉状尖刺。叶片薄纸质，长圆状狭卵形、长圆状狭椭圆形或卵形，长5～11cm，宽1.5～4cm，先端渐尖或急尖，基部楔形或圆形，两面均无毛，上面绿色，下面淡绿色，侧脉每边4或5，纤细，向上弯拱至近叶缘处网结，网眼稀疏，侧脉与网脉两面均清晰，在上面下陷；叶柄长0.5～1cm。聚伞花序通常具2花，稀1或3朵；萼片5，稍不相等，近倒卵形或长圆形，长2～3mm，至少1枚先端有微缺；花瓣5，近圆形或倒卵形，长3～4mm，紫红色或黄绿色；雄蕊5；花盘肿胀，高大于宽；雌蕊长约4mm，子房卵形，无毛。核果状分果瓣近球形，直径6～8mm，成熟时呈深蓝色。花期4—5月，果期7—9月。

产于安吉（龙王山）、临安（清凉峰）、青田（仰天湖）、景宁（上山头）。生于海拔900～1500m的林缘或灌丛中。分布于湖北、湖南、广西、四川。浙江分布新记录。

龙王山产的叶柄与叶下面中脉有短毛，花常单生，与其他产区的有所不同，有待观察研究。

二一　清风藤科 Sabiaceae

图 2-479　凹萼清风藤

3. 清风藤 （图 2-480）
Sabia japonica Maxim.

落叶藤本。小枝嫩时被细柔毛，具由叶脱落后叶柄基部残留的先端呈2叉的尖刺，在老茎上常变成鼓钉状刺。叶片卵状椭圆形、卵形或阔卵形，长3.5～9cm，宽2～4.5cm，先端尖或钝尖，基部圆钝或阔楔形，上面深绿色，中脉有疏毛，下面灰绿色，脉上有疏毛，侧脉每边3～5；叶柄长2～5mm，被柔毛。花先于叶开放，单生于叶腋或组成聚伞花序；花梗长2～4mm，果时增长至2～2.5cm；萼片5，长约0.5mm，具缘毛；花瓣5，淡黄绿色，长3～4mm；雄蕊5，花药外向开裂；花盘杯状，有5裂齿；子房卵形，被细毛。核果状分果瓣1或2，近球形或肾形，直径约5mm，成熟时呈碧蓝色。花期2—3月，果期4—7月。

产于全省山区、丘陵。生于海拔600m以下的山坡、沟谷林缘或灌丛中。分布于华东及河南、湖北、广东、广西、贵州。日本也有。

植株含清风藤碱甲等多种生物碱，可药用，有祛风通络、消肿止痛等功效，可治风湿疼痛、肌肉麻痹、皮肤瘙痒、疮毒、阑尾炎脓肿等。

图 2-480 清风藤

4. 白背清风藤 灰背清风藤 （图2-481）
Sabia discolor Dunn

落叶藤本。小枝具纵条纹，无毛，无2叉状尖刺，老枝深褐色，具白蜡层。叶片卵形、椭圆状卵形或椭圆形，长4~7cm，宽2~4.5cm，先端钝或急尖，基部圆或阔楔形，两面无毛，上面绿色，下面苍白色，侧脉每边3~5，网脉两面均不明显，与侧脉在上面不下陷；叶柄长0.7~1.5cm。聚伞花序具2~5花，稀单生，无毛；萼片5，三角状卵形，长0.5~1mm，具缘毛；

二一　清风藤科 Sabiaceae

花瓣5，黄绿色，卵形或椭圆状卵形，长2～3mm；雄蕊5，花药外向开裂；花盘杯状，有不规则浅裂；子房无毛。核果状分果瓣1或2，倒卵状圆形、倒卵形或近球形，直径5～6mm，成熟时由黄色转为红色，再变为蓝黑色。花期3—4月，果期6—11月。

产于衢州、金华、台州、丽水、温州及鄞州。生于海拔1000m以下的山坡疏林下、林缘、灌丛中或溪涧两旁。分布于安徽、江西、福建、广东、广西、贵州等地。

文献记载本种果实成熟时呈红色，根据野外观察，应为由黄色转红色，再变为蓝黑色。

图2-481　白背清风藤

5. 尖叶清风藤（图2-482）

Sabia swinhoei Hemsl.

常绿藤本。小枝纤细，被开展长柔毛，无2叉状尖刺。叶片椭圆形、卵状椭圆形、卵形或宽卵形，长5～12cm，宽2～5cm，先端渐尖、急尖或短尾尖，基部楔形或圆，上面中脉有毛，下面被短柔毛或仅脉上有毛，侧脉每边4～6，远离叶缘即弯拱网结；叶柄长3～5mm，被柔毛。聚伞

图2-482　尖叶清风藤

花序具2~7花，被疏柔毛；萼片5，卵形，长1~1.5mm，有缘毛；花瓣5，淡绿色，卵状披针形或披针形，长3.5~4.5mm；雄蕊5，花药内向开裂；花盘浅杯状，5浅裂；子房无毛。核果状分果瓣1或2，幼时扁，成熟时近球形，蓝色或蓝黑色，基部偏斜，直径6~8mm。花期3—4月，果期8—10月。

产于全省山区、丘陵。生于海拔800m以下的山谷、溪岸灌丛中、林下或林缘阴湿处。分布于华东、华中、华南、西南。越南北部也有。

❷ 泡花树属 Meliosma Blume

常绿或落叶，乔木或灌木。裸芽，被褐色绒毛。单叶或一回奇数羽状复叶；叶片全缘或有锯齿。花小而多，两性或杂性，两侧对称；圆锥花序顶生或腋生；萼片（4）5，近等大；花瓣5，外面3枚远较大；雄蕊5，仅内轮2枚发育，药隔扩大成1杯状体，药室2，横裂，3枚退化雄蕊附着于花瓣基部，形态不规则；花盘杯状或浅杯状，通常有5小齿；子房2（3）室，柱头细小，每室胚珠2。核果小，近球形。

约50种，分布于亚洲东南部、美洲中部及南部。我国约有30种；浙江有10种。

与清风藤属的区别在于后者为攀缘木质藤本，鳞芽，花2至数朵组成聚伞花序或单生，花辐射对称，5枚花瓣等大，5枚雄蕊全部发育，果实常裂为1~3个核果状分果瓣；本属为乔木或灌木，裸芽，花多数组成圆锥花序，花两侧对称，5枚花瓣中外面3枚较大，5枚雄蕊仅内轮2枚发育，核果不裂。

分种检索表

1. 单叶。
    2. 落叶。
        3. 叶柄下芽；核果直径约1cm ·················· **1. 金华泡花树 M. platypoda subsp. jinhuaensis**
        3. 芽裸露；核果直径4~6mm。
            4. 侧脉8~15对，在上面明显下陷，叶基楔形或明显下延。
                5. 叶先端近圆形；花序不下垂，主轴及侧枝不呈"之"字形曲折；果成熟时呈红色 ·················· **2. 细花泡花树 M. parviflora**
                5. 叶先端短渐尖或尾尖；花序下垂，主轴及侧枝常呈"之"字形曲折；果成熟时呈黑色 ·················· **3. 垂枝泡花树 M. flexuosa**
            4. 侧脉20~30对，在上面稍下陷，叶基圆钝或宽楔形 ·················· **4. 多花泡花树 M. myriantha**
    2. 常绿。
        6. 叶常全缘，两面无毛，侧脉3~6对，细弱；叶柄长3~10cm，无毛 ·················· **5. 樟叶泡花树 M. squamulata**
        6. 叶缘有锯齿，偶全缘，两面有毛，侧脉8~20对，粗壮；叶柄长1.5~4cm，密被毛 ·················· **6. 笔罗子 M. rigida**

1. 一回奇数羽状复叶。

　　7. 复叶连叶柄长通常在35cm以下；小叶片常疏生小锯齿，脉腋有髯毛；花白色。

　　　　8. 小叶片下面粉白色，两面除下面脉腋外均无毛 ········ **8.腋毛泡花树 M. rhoifolia var. barbulata**

　　　　8. 小叶片下面淡绿色，两面常均有毛，上面至少幼时有毛。

　　　　　　9. 小叶5～13；萼片4；核果直径6～7mm，成熟时呈黑色 ················· **7.珂楠树 M. alba**

　　　　　　9. 小叶7～17；萼片5；核果直径4～5mm，成熟时呈红色 ············· **9.红枝柴 M. oldhamii**

　　7. 复叶连叶柄长60～90cm；小叶片常具粗锯齿，脉腋无髯毛；花黄绿色 ····· **10.暖木 M. veitchiorum**

1. 金华泡花树（亚种）（图2-483）

Meliosma platypoda Rehder et E.H. Wilson subsp. **jinhuaensis** Z.H. Chen, J.S. Wang et W.Q. Lin

落叶灌木，高2～3m。小枝紫褐色，散生突起皮孔；叶柄下芽。单叶互生；叶片纸质，倒卵状楔形，长10～18cm，宽5.5～9.5cm，先端急尖或骤急尖，稀短渐尖，基部楔形、窄楔形或下延，边缘有不规则锯齿，侧脉12～17对，上面中、侧脉被短硬毛，下面沿脉被长糙毛，后几秃净，仅脉腋具髯毛；叶柄长5～15mm，基部显著膨大。圆锥花序顶生，直立，长10～17cm，宽6～15cm；花梗长2.5～4mm；花白色；萼片4；外轮花瓣直径2.5～3mm；雄蕊药隔无毛；子房无毛；花柱不分裂。核果近球形，直径约1cm，成熟时呈紫黑色。花期5月，果期8—9月。

产于金华市区（婺城箬阳）、武义（白姆）。生于海拔约500m的山沟岩缝中或竹林下。浙江特有。模式标本采自金华市区（婺城箬阳）。

与鞘柄泡花树 *M. platypoda*（浙江不产）的区别在于后者叶片倒卵形，先端圆钝，具短尖头，叶下面脉腋无髯毛；叶柄长6～8mm；圆锥花序长18～24cm，宽12～14cm；花梗长1.5～3mm；药隔被纤毛。分布于湖北（巴东）。

图2-483　金华泡花树

2. 细花泡花树 （图2-484）

Meliosma parviflora Lecomte —— *M. dilatala* Diels

落叶小乔木，高可达10m。树皮灰褐色，初平滑，后呈不规则片状剥落；芽裸露；小枝被锈色短毛。单叶互生；叶片纸质，宽倒卵形，长6～11cm，宽3～7cm，先端近圆形，具短尖头，中部以下渐狭，基部明显下延，上部边缘有疏离的浅波状小齿，上面深绿色，有光泽，近无毛，下面被稀疏柔毛，脉腋具髯毛，侧脉8～13对，在上面明显下陷；叶柄长5～15mm。圆锥花序顶生或在近枝顶腋生，不下垂，主轴与侧枝不呈"之"字形曲折，长20～35cm，宽10～20cm；花小，白色，密集；萼片5，近圆形，具缘毛；花瓣5，外面3枚近圆形，里面2枚远较小，2裂至中部，裂片有缘毛；雄蕊长约1mm；花盘杯状；子房有毛。核果球形，直径5～6mm，成熟时呈红色。花期6—7月，果期9—11月。

产于湖州市区（吴兴）、长兴、安吉、杭州市区（余杭）、临安。通常散生于海拔500m以下的溪边或丘陵林中；杭州市区（杭州植物园）、临安（浙江农林大学）有栽培。分布于江苏、河南、湖北、四川、西藏。

枝叶浓密，繁花如雪，红果艳丽，可供园林观赏；木材坚重，可制车轴、斧柄等，亦为优良的家具用材。为浙江省重点保护野生植物。

图2-484 细花泡花树

3. 垂枝泡花树 （图2-485）

Meliosma flexuosa Pamp.

落叶灌木或小乔木，高2～5m。芽、嫩枝、嫩叶中脉、花序轴均被淡褐色长柔毛；芽裸露；腋芽通常2枚并生。单叶互生；叶片薄纸质，倒卵形或倒卵状椭圆形，长6～17cm，宽3～7cm，先端短渐尖或尾尖，基部楔形，边缘具疏锐齿，两面疏被短柔毛，侧脉10～15对，连同中脉及网脉在上面均明显下陷；叶柄长0.5～2cm。圆锥花序顶生，狭长下垂，主轴及侧枝常呈"之"字形曲折；花白色或粉红色，直径3～4mm；萼片5，卵圆形，大小不等；外面3枚花瓣近圆形，里面2枚微小，2或3裂；花盘具5齿裂；发育雄蕊长1.5～2mm；子房无毛。核果球形，直径约4mm，成熟时呈黑色，无毛。花期6—7月，果期9—10月。

产于全省山区。生于海拔600～1500m的山坡、沟谷阔叶林、针阔混交林下或灌丛中。分布于华东、华中及广东、四川、贵州、陕西。

图2-485　垂枝泡花树

3a. 毛果垂枝泡花树（变种）

var. **pubicarpa** X.F. Jin, Hong Wang et H.W. Zhang

与垂枝泡花树的区别在于核果被褐色短柔毛。

产于临安。生于海拔600m左右的沟谷林中。

浙江特有。模式标本采自临安（昌化顺溪坞）。

4. 多花泡花树（图2-486）

Meliosma myriantha Siebold et Zucc.

落叶乔木，高可达20m。树皮斑状剥落；芽裸露；幼枝及叶柄被褐色平伏柔毛。单叶互生；

叶片薄纸质，倒卵状椭圆形、倒卵状长圆形或长圆形，长8～30cm，宽3.5～12cm，先端锐渐尖，基部圆钝或宽楔形，叶缘全部有刺状锯齿，嫩叶上面被疏短毛，后脱落，下面被开展疏柔毛，侧脉20～30对，直达齿端，在上面稍下陷，下面脉腋有髯毛；叶柄长1～2cm。圆锥花序顶生，宽大，不下垂，被开展柔毛；花小，直径约3mm；萼片（4）5，卵形或宽卵形，先端圆，有缘毛；外面3枚花瓣近圆形，宽约1.5mm，里面2枚披针形，与外花瓣近等长；发育雄蕊长1～1.2mm；子房无毛。核果近球形，直径4～5mm，成熟时呈红色。花期6月，果期8—9月。

原产于山东、江苏、河南。日本、韩国也有。杭州市区（杭州植物园）有栽培。

图2-486　多花泡花树

4a. 异色泡花树（变种）（图2-487）
var. discolor Dunn

与多花泡花树的区别在于叶片下面被稀疏毛或仅中脉与侧脉被柔毛，叶缘基部无锯齿。

产于杭州、绍兴、宁波、衢州、台州、金华、丽水、温州等地山区。生于海拔300～1300m的山坡、沟谷阔叶林中。分布于华东及湖北、湖南、广东、广西、贵州。

二一　清风藤科 Sabiaceae

图2-487　异色泡花树

4b. 柔毛泡花树（变种）（图2-488）
var. **pilosa** (Lecomte) Y.W. Law

与多花泡花树的区别在于叶片下面全面密被长柔毛，叶缘常中部以下全缘。

产地基本同异色泡花树，但较少见。生于海拔400～800m的山坡、沟谷阔叶林中。分布于华东及湖北、湖南、四川、贵州、陕西。

图2-488　柔毛泡花树

5. 樟叶泡花树 绿樟 （图2-489）
Meliosma squamulata Hance

常绿灌木或乔木，高3~15m。幼枝及芽被褐色短柔毛，老枝无毛。单叶互生；叶片薄革质，椭圆形或卵形，长5~12cm，宽1.5~5cm，先端尾状渐尖或狭条状渐尖，尖头钝，基部楔形，稍下延，全缘，偶有小锯齿，上面有光泽，下面粉绿色，密被极微小的黄褐色鳞片，两面无毛，侧脉3~6对，细弱，斜上弯拱环结，在下面明显突起；叶柄纤细，长3~10cm，无毛。圆锥花序顶生或腋生，单生或数个聚生，长7~20cm，密被褐色毛；花小，白色，直径约3mm；萼片5，卵形，有缘毛；外面3枚花瓣近圆形，里面2枚较小，2深裂；子房无毛。核果球形或倒卵形，直径4~6mm，成熟时由红色转为蓝黑色。花期5—6月，果期10—11月。

产于缙云、庆元、永嘉、平阳、苍南、泰顺。生于海拔800m以下的常绿阔叶林中，本省资源较为稀少。分布于华南及江西、福建、湖南、贵州、云南。日本也有。

图2-489 樟叶泡花树

木材可作建筑用材。

6. 笔罗子 野枇杷 （图2-490）
Meliosma rigida Siebold et Zucc.

常绿乔木，高达10m。芽、幼枝密被锈色绒毛。单叶互生；叶片革质，倒披针形或倒卵状披针形，长7~25cm，宽2~5cm，先端渐尖或尾状渐尖，基部狭楔形，中部以上疏生尖锯齿，偶全缘，上面除中脉及侧脉被短柔毛外，余处无毛，下面被锈色绒毛，脉上尤密，中、侧脉显著突起，侧脉8~20对，粗壮；叶柄长1.5~4cm，密被毛。圆锥花序顶生，直立，分枝广展，被锈色柔毛；花小，白色，直径3~4mm；萼片（4）5，卵形或近圆形，不等大；外面3枚花瓣近圆形，里面2枚极小，2中裂；发育雄蕊长1.2~1.5mm；花盘浅杯状，具细裂齿；子房无毛。核果球形，直径5~8mm，无毛，成熟时呈黑色，微被白粉。花期5—6月，果期10—11月。

产于全省山区、丘陵及海岛。生于海拔800m以下的山坡、沟谷常绿阔叶林中。分布于华中、华南及江西、福建、贵州、云南。日本、越南、老挝、菲律宾也有。

木材淡红色，坚硬，可制农具、工艺品等；树皮及叶含鞣质，可提制栲胶；种子油可供制皂。

图 2-490 笔罗子

6a. 毡毛泡花树（变种）（图2-491）
var. **pannosa** (Hand.-Mazz.) Y.W. Law

与笔罗子的区别在于小枝、叶片下面、叶柄、花序轴及分枝和花梗各部均密被棕黄色弯曲交织的长柔毛。

产于杭州、台州、宁波、丽水、温州及开化。生于海拔900m以下的山坡、沟谷常绿阔叶林中。分布于江西、福建、湖南、广东、广西、贵州。

幼叶金黄醒目，可供园林观赏。

图 2-491 毡毛泡花树

7. 珂楠树 (图2-492)

Meliosma alba (Schltdl.) Walp. —— *M. beaniana* Rehder et E.H. Wilson

落叶乔木，高12～15m。当年生枝被褐色短绒毛。一回奇数羽状复叶连柄长15～35cm，具5～13小叶；小叶片纸质，对生或近对生，卵形、狭卵形或卵状椭圆形，长7.5～15cm，宽2.5～5cm，先端渐尖，基部阔楔形或圆钝，略偏斜，边缘疏生小锯齿，稀近全缘，上面幼时有短柔毛，后脱落，下面淡绿色，中脉及小叶柄均被疏短毛，脉腋有明显的黄色髯毛，侧脉8～10对，远离叶缘即网结。圆锥花序生于近枝端叶腋，常数个集生，被褐色柔毛；花小，白色；萼片4，卵形，具稀疏缘毛；外面3枚花瓣宽肾形，先端凹，里面2枚细小，2裂；发育雄蕊药隔盾状；花盘杯状，具浅裂；子房无毛。核果球形，直径6～7mm，成熟时呈黑色。花期5—6月，果期9—10月。

产于安吉、临安、淳安、磐安、武义、松阳、龙泉。生于海拔700m以上的山地林中。分布于江西、福建、湖北、湖南、四川、贵州、云南。缅甸北部也有。

木材为优良的家具用材。

图2-492 珂楠树

8. 腋毛泡花树（变种）（图2-493）
Meliosma rhoifolia Maxim. var. **barbulata** (Cufod.) Y.W. Law

落叶乔木，高达16m。一回奇数羽状复叶连柄长14~25cm，具11~15（17）小叶，总叶柄疏生长柔毛；小叶片坚纸质，狭卵形、卵状披针形或长圆状椭圆形，长5~15cm，宽2~3.5cm，下部的较小，先端渐尖或长渐尖，基部圆钝或阔楔形，边缘疏生具芒的尖细小锯齿，上面深绿色，有光泽，无毛，下面粉白色，仅脉腋有黄色髯毛，侧脉6~9对，稍弯拱至叶缘2~5mm处开叉网结。圆锥花序顶生或生于上部叶腋，微被锈毛；花小，白色，具短梗；萼片5，卵形，极小，外面1枚较狭小，有缘毛；外面3枚花瓣扁圆形，里面2枚微小，先端2裂；发育雄蕊长约1.5mm；花盘浅杯状，5齿裂；子房被柔毛。核果近球形，直径4~6mm，成熟时呈红色。花期6—7月，果期8—10月。

产于丽水及武义、开化、文成、泰顺。生于海拔500~1200m的山坡、沟谷常绿阔叶林中。分布于江西、福建、湖南、广东、广西、贵州。

本变种在本省所见均为落叶性，与文献记载有异。

与漆叶泡花树 *M. rhoifolia*（浙江不产）的区别在于后者小叶片下面灰绿色，两面均无毛，侧脉9~13对。分布于我国台湾。日本也有。

图2-493 腋毛泡花树

9. 红枝柴　南京珂楠树　羽叶泡花树　（图2-494）
Meliosma oldhamii Miq. ex Maxim.

落叶小乔木，高6~12m。一回奇数羽状复叶连柄长15~30cm，具7~17小叶，总叶柄、叶轴、小叶柄及小叶片两面均被褐色柔毛；小叶片纸质，对生或近对生，下部的卵形，较小，其余的狭卵形至椭圆状卵形，长5~10cm，宽2~3.5cm，先端急尖或锐渐尖，具小尖头，基部圆钝或阔楔形，边缘疏生锐尖小锯齿，上面绿色，散生细微短伏毛，下面淡绿色，被疏毛或近无毛，侧脉7或8对，脉腋有髯毛。圆锥花序顶生或生于近枝顶叶腋，直立，长与宽各为15~30cm，被褐色短柔毛；花小，白色；萼片5，椭圆状卵形，具缘毛，外面1枚较狭小；外面3枚花瓣近圆形，里面2枚极小，2中裂或有时3裂；发育雄蕊的药隔杯状；子房有毛。核果球形，直径4~5mm，成熟时呈红色。花期5—7月，果期9—10月。

产于全省山区、丘陵。生于海拔1400m以下的山地阔叶林中。分布于华东及河南、湖北、广东、广西、贵州、云南、陕西。日本、韩国也有。

木材淡黄色，较坚硬，耐水湿，可作车辆、建筑、家具用材；种子油可作润滑油。

图 2-494　红枝柴

9a. 有腺泡花树（变种）

var. **glandulifera** Cufod.

与红枝柴的区别在于小叶下面有棒状短腺毛。

产于临安（清凉峰）。生于海拔 1000m 左右的山坡林中。分布于安徽、江西、湖南、广西。

10. 暖木 （图2-495）
Meliosma veitchiorum Hemsl.

落叶乔木，高达20m。树皮灰色，略有裂纹，老时呈不规则薄片状剥落；小枝极粗壮，具近圆形的大型叶痕。一回奇数羽状复叶连柄长60～90cm，叶轴基部膨大；小叶7～11，纸质，下部的椭圆形或宽卵形，长6～7cm，上部的卵状椭圆形，长7～20cm，宽4～10cm，先端尖或渐尖，基部圆钝，偏斜，边缘常具粗锯齿，稀近全缘，上面近无毛，下面淡绿色，脉上常有毛，脉腋无髯毛，侧脉6～12对，在下面突起。圆锥花序顶生，直立，长40～45cm，主轴及分枝密生显著的梭形皮孔；花小，黄绿色，直径约3mm；萼片通常4，椭圆形或卵形，外面1枚较狭；外面3枚花瓣倒心形，内面2枚较小，舌状，2裂，具缘毛；花盘5浅裂；发育雄蕊2；子房有毛。核果球形，直径约1cm，成熟时呈黑色。花期5—6月，果期8—9月。

产于安吉、临安、衢州市区、松阳。生于海拔900m以上的山地落叶阔叶林中。分布于华中及山西、安徽、四川、贵州、云南、陕西。

木材可作家具、板料等用材；树皮含鞣质，可提取栲胶。

图2-495 暖木

二二　罂粟科 Papaveraceae

一年生、二年生或多年生草本，稀亚灌木。植株鲜时具无色、白色、黄色、红色或橘红色汁液。基生叶通常莲座状，茎生叶互生，稀上部对生或轮生状，全缘或分裂，无托叶。花两性，辐射对称，单生或组成各式花序；萼片2，稀3或4，早落；花瓣4～8，2轮，稀缺；雄蕊多数，分离；子房上位，2至多数心皮合生为1室，胚珠多数，稀少数或1粒，侧膜胎座，花柱单生，长、短或近无，柱头单一或2裂，或呈盘状并具多条辐射线。蒴果瓣裂或孔裂。种子多数，细小，表面常有网纹，有时具纵向条纹、蜂窝状孔穴或疣状突起，种阜有或无。

约23属，230种，主产于北半球，延伸至中美洲和南美洲，少数分布于非洲。我国有12属，67种，南北各地均产，以西南最为集中；浙江有6属，8种。

《浙江植物志》记载浙江栽培有蓟罂粟 Argemone mexicana L.，但目前已不见，故本志不再收录。

本科不少种类观赏价值较高，为常见或重要的园林花卉；有些种类可药用。

分属检索表

1. 花有4（极稀5或6）花瓣；花单生或少数至多数组成各种花序，但非大型圆锥花序。
    2. 花单生，稀数朵组成聚伞式总状花序；种子无种阜；植株具白色或无色汁液。
        3. 叶一回羽状浅裂、深裂至全裂；雌蕊心皮3～8，柱头4～18，呈辐射状；蒴果4～18孔裂；植株汁液白色…………………………………………………………………………… 1. 罂粟属 Papaver
        3. 叶三出多回羽状深细裂；雌蕊心皮2，柱头2或多裂；蒴果2瓣裂；植株汁液无色…………………………………………………………………………………………… 2. 花菱草属 Eschscholtzia
    2. 花2至多朵组成伞房状、伞形或聚伞花序，稀单生；种子具鸡冠状种阜；植株具黄色或橘红色汁液。
        4. 叶茎生和基生，叶片一回羽状全裂，裂片不再分裂或再羽状浅裂至深裂；花黄色；植株汁液黄色。
            5. 茎不分枝；茎生叶近对生于茎上部；叶裂片不再分裂 ………… 3. 荷青花属 Hylomecon
            5. 茎呈聚伞状分枝；茎生叶互生；叶裂片再羽状浅裂至深裂 ………… 4. 白屈菜属 Chelidonium
        4. 叶基生，叶片不裂，心形，边缘浅波状；花白色；植株汁液橘红色………… 5. 血水草属 Eomecon
1. 花无花瓣；花极多，组成大型圆锥花序………………………………… 6. 博落回属 Macleaya

1 罂粟属 Papaver L.

一年生、二年生或多年生草本。茎直立，光滑或有糙毛，具白色汁液。叶互生或在基部呈莲座状，一回羽状浅裂、深裂至全裂。花大，单朵顶生，稀数朵组成聚伞式总状花序；萼片2或3，早落；花瓣4，极稀5或6，2轮排列；雄蕊多数，分离；雌蕊具3～8心皮，连合，子

二二 罂粟科 Papaveraceae

房1室,具4~18个侧膜胎座,花柱极短,柱头盘状,具4~18条辐射线,连合成扁平或尖塔形的盘状体盖。蒴果具明显肋或无肋,于顶部盘状体盖的下方呈4~18孔裂。种子小,肾形,无种阜。

约100种,主要分布于欧洲和亚洲,少数产于北美洲和大洋洲。我国有7种;浙江栽培3种。

分种检索表

1. 植株近无毛,具白粉;叶片缺刻状浅裂或具粗锯齿·····················1.罂粟 P. somniferum
1. 植株通常被刚毛,无白粉;叶片羽状浅裂、深裂至全裂。
   2. 一年生、二年生草本;叶基生兼茎生·····························2.虞美人 P. rhoeas
   2. 多年生草本;叶基生···································3.冰岛罂粟 P. nudicaule

1. 罂粟 鸦片花（图2-496）
Papaver somniferum L.

一年生草本,高达1m。植株近无毛,具白色汁液。茎直立,不分枝,具白粉。叶互生;叶片卵形或长卵形,长5~15cm,宽2~7cm,先端渐尖至钝,基部心形,边缘缺刻状浅裂或具粗锯齿,具白粉;下部叶具短柄,上部叶无柄,基部抱茎。花单生于茎顶;花梗长达25cm;花蕾卵圆状长圆形或宽卵形,长1.5~3.5cm,宽1~3cm;萼片2,宽卵形,边缘膜质;花瓣4,有时重瓣,呈白色、粉色、红色、紫色或杂色,近圆形或近扇形,长4~7cm,宽3~11cm,边缘浅波状或各式分裂;雄蕊多数;子房球形,柱头盘状,具7~15条辐射线。蒴果球形或椭球形,直径2~4cm。种子近肾形,表面呈蜂窝状。花期6—7月,果期8—9月。

图2-496 罂粟

原产于南欧。全国各地有栽培。本省有零星栽培（仅用于研究和科普教育）。

花大色艳，重瓣品种常作庭园观赏植物；未成熟果实含乳白色浆液，与果壳均含吗啡、可待因、罂粟碱等多种生物碱，制干后即为鸦片（大烟、烟土），提纯后称海洛因；可入药，有敛肺、涩肠、止咳、止痛和催眠等功效，但对人体有成瘾难戒、严重毒害的作用，禁用；为著名的毒品植物。

2. 虞美人　丽春花　（图2-497）
Papaver rhoeas L.

一年生、二年生草本，高25～90cm。全体被刚毛，稀无毛，无白粉。茎具分枝。叶基生或茎生（花茎上有叶）；叶片披针形或狭卵形，长3～15cm，宽1～6cm，下部叶羽状深裂至全裂，裂片披针形，上部叶粗齿状羽状浅裂，稀近全缘；下部叶具柄，上部叶无柄。花单生于茎和分枝顶端；花梗长10～15cm；花蕾长圆状倒卵形，开花前下垂；萼片2，宽椭圆形；花瓣4，或半重瓣，呈紫红色、玫红色、淡紫色、粉红色、白色等，有时边缘白色或深红色，基部有时具白色、黄色或紫黑色斑块，近圆形或宽倒卵形，长2.5～4.5cm，全缘，稀圆齿状或先端缺刻状；雄蕊多数；子房倒卵形，无毛，柱头盘状，具5～18条辐射线。蒴果宽倒卵形，直径1～2.2cm，具不明显的

图2-497　虞美人

肋，光滑，孔裂。种子肾状长圆形，表面具网纹。花期4—5月，果期5—7月。

原产于欧洲、北非和西亚。我国南北各地常见栽培。全省各地广泛栽培。

花大色艳，五彩缤纷，为优美的观赏花卉；全株可药用，含多种生物碱，有镇咳、镇痛、镇静、止泻等功效；种子含油率超过40%。

3. 冰岛罂粟　野罂粟　（图2-498）
Papaver nudicaule L.

多年生草本，高20～60 cm。全体被刚毛，稀近无毛，无白粉。叶基生；叶片卵形至披针形，长3～8 cm，羽状浅裂、深裂或全裂，裂片2～4对，全缘或再次羽状浅裂或深裂，小裂片狭卵形、狭披针形或长圆形，两面稍具白粉；叶柄长5～12 cm，基部扩大成鞘。花葶1至数条，直立，无叶；花单生于花葶顶端；花蕾宽卵形至近球形，下垂；萼片2，舟状椭圆形；花瓣4，呈白色、黄色、橘红色、红色、紫色等，宽楔形或倒卵形，长2～3 cm，边缘具浅波状圆齿，基部具短爪；雄蕊多数，花丝黄色或黄绿色，花药黄色；子房倒卵形至狭倒卵形，密被刚毛，柱头盘状，具4～9条辐射线。蒴果倒卵形或倒卵状长圆形，直径1～1.7 cm，密被刚毛，有4～9条颜色较淡的宽肋。种子近肾形，表面具条纹和蜂窝状小孔穴。花期3—5月，果期5—9月。

原产于黑龙江、内蒙古、河北、山西、陕西、宁夏、新疆等地。北极地区、中亚和北美洲也有。我国常见栽培。全省各地普遍栽培供观赏。

生性强健，花色繁多，极具观赏价值，适用于花海、花坡、花坛。

图2-498　冰岛罂粟

❷ 花菱草属 Eschscholtzia Cham.

一年生至多年生草本,稀为亚灌木。全体无毛,呈蓝灰色,具无色汁液。叶互生,三出多回羽状深细裂。花大,单生于长花梗上;花托膨大成杯状;萼片2,花蕾时连合成杯状;花瓣4;雄蕊多数,花丝短,花药条形;雌蕊心皮2,子房1室,花柱极短,柱头2或多裂。蒴果长圆柱形,2瓣裂。种子球形,具网纹和小瘤状突起,无种阜。

约12种,广泛分布于北美洲太平洋沿岸的荒漠和草原地区。我国引入数种;浙江常见栽培1种。

花菱草（图2-499）
Eschscholtzia californica Cham. ex Nees

多年生草本,高30～60cm。植株具白粉。茎直立,明显具纵肋,分枝多,开展,呈二歧状。基生叶长10～30cm,具长柄,多回三出羽状深细裂,小裂片条形,长3～6mm;茎生叶与基生叶相似,但较小,叶柄长约2cm。花单生于茎和分枝顶端;花梗长5～15cm;花托凹陷,漏斗状或近管状,长3～4mm,花开后呈杯状,边缘波状反折;萼片2,连合成杯状,开花时向上呈尖帽状脱落;花瓣4,三角状扇形,长2.5～3cm,黄色、橘黄色或橘红色;雄蕊多数,花丝丝状,基部较宽,长约3mm,花药长5～6mm,橘黄色或橘红色;子房细长,柱头4,钻形,不等长。蒴果长圆柱形,长5～8cm,自基部向顶端2瓣开裂。种子多数,球形,直径1～1.5mm。花期4—6月,果期6—9月。

原产于美国加利福尼亚州。我国各地庭园有栽培。本省也有引种,供观赏。

图2-499 花菱草

③ 荷青花属 Hylomecon Maxim.

多年生草本。具黄色汁液。茎直立，不分枝。叶基生和茎生，基生叶少数，具长柄；叶片一回羽状全裂，裂片2或3对，不再分裂，最下部1对较小；茎生叶2～4，近对生于茎上部，形态同基生叶，具短柄。花大，2或3朵组成伞房状花序，顶生或腋生，有时单生；萼片2，早落；花瓣4，金黄色；子房长圆柱形，心皮2，胚珠多数，花柱短，柱头2裂。蒴果细圆柱形，自基部向上2瓣裂。种子小，多数，具鸡冠状种阜。

1种，分布于东亚。我国有1种；浙江也有。

荷青花　刀豆三七　（图2-500）
Hylomecon japonica (Thunb.) Prantl et Kündig

多年生草本，高15～40cm。植株鲜时具黄色汁液。根状茎短，密被鳞片；茎具条纹，疏生柔毛。基生叶叶片羽状全裂，裂片2或3对，宽披针状菱形、倒卵状菱形或近椭圆形，长2.5～10cm，宽1～5cm，先端渐尖，基部楔形，边缘具不规则圆齿状锯齿或重锯齿，两面近无毛，叶柄长达17cm；茎生叶2～4，具短柄。花2或3朵组成伞房状，顶生或腋生，有时单生；花梗长2～7cm；萼片卵形，长1～1.5cm；花瓣金黄色，倒卵圆形或近圆形，长1.5～2.5cm，基部具短瓣柄；雄蕊黄色，长约6mm，花丝丝状，花药近球形或椭球形；子房长约7mm。蒴果细长，长3.5～6cm，无毛，2瓣裂，宿存花柱长达1cm。种子卵形，褐色，长约2mm，表面具网纹，具鸡冠状种阜。花期4—5月，果期5—6月。

产于安吉、临安、衢州市区（衢江）、天台。生于海拔500～1000m的山坡林下、林缘或沟边阴湿处。分布于东北、华北、华中及江苏、安徽、四川、陕西。东北亚也有。

根状茎可药用，有祛风湿、止血、止痛、舒筋活络、散瘀消肿等功效；花色艳丽，可供观赏。

图2-500　荷青花

4 白屈菜属 Chelidonium L.

多年生草本。具黄色汁液。茎直立，有聚伞状分枝。叶基生和茎生；基生叶一回羽状全裂，裂片再羽状浅裂至深裂，具长柄；茎生叶互生，叶片同基生叶，具短柄。花大，多朵组成腋生的伞形花序；萼片2，早落；花瓣4，2轮，黄色；雄蕊多数；子房上位，1室，2心皮，无毛，花柱短，柱头2裂。蒴果近念珠状，无毛，柱头宿存。种子多数，表面具网纹，有鸡冠状种阜。

1种，分布于欧洲、亚洲、非洲温带地区，从欧洲到日本均有。我国广泛分布；浙江有栽培。

白屈菜 （图2-501）
Chelidonium majus L.

多年生草本，高30～100cm。植株鲜时具黄色汁液。主根粗壮，圆锥形。茎聚伞状多分枝，常被短柔毛，节上较密，后变无毛。基生叶少，早凋落，叶片倒卵状长圆形或宽倒卵形，长5～15cm，羽状全裂，裂片2～4对，裂片呈不规则浅裂至深裂，上面无毛，下面具白粉，疏生短柔毛，叶柄长2～5cm，被柔毛或无毛，基部扩大成鞘；茎生叶与基生叶相似，但较小，具短柄。伞形花序具多花；花梗长2～8cm，被脱落性长柔毛；萼片卵圆形，舟状，长5～8mm；花瓣黄色，倒卵形或长圆状倒卵形，长7～10mm，宽5～7mm；雄蕊长约8mm，花丝丝状，黄色，花药长圆形；子房无毛，长约8mm，花柱长约1mm，柱头头状，2裂，密生乳头状突起。蒴果长圆柱形，稍呈念珠状，长2～5cm，直径2～3mm。种子卵形，暗褐色。花期4—5月，果期5—7月。

原产于东北、华北、华中、西南、西北及江苏、安徽。东亚、欧洲也有。杭州市区有栽培。

全草可入药，性寒，味苦，有毒，有镇痛、止咳、消肿、利尿、解毒等功效；可制生物农药。

《浙江植物志》记载临安天目山有分布，但作者未查到标本，调查也未及。

图2-501 白屈菜

5 血水草属 Eomecon Hance

多年生草本。有橘红色汁液。根状茎匍匐。叶基生；叶片不裂，心形，边缘浅波状，具长柄。花葶直立；花大，3～5朵组成聚伞花序；萼片2，膜质，早落；花瓣4，白色，倒卵形；雄蕊多数，花丝丝状，花药厚条形；子房1室，心皮2，具2个侧膜胎座，胚珠多数，花柱明显，柱头2裂。蒴果。种子长圆形，具鸡冠状种阜。

1种，特产于我国长江以南各地及西南山区；浙江也有。

血水草　金手圈　（图2-502）
Eomecon chionantha Hance

多年生草本，高25～65cm。全体无毛，具橘红色汁液。根状茎橘黄色。叶2～4枚基生；叶片心形，长5～26cm，宽5～20cm，先端渐尖或急尖，基部深凹，边缘宽波状，上面绿色，下面灰绿色，被白粉，掌状脉5～7；叶柄长10～35cm，基部略扩大成狭鞘。花葶高20～40cm，具3～5花，

图2-502　血水草

组成聚伞花序；苞片和小苞片卵状披针形，长2～10mm；花梗直立，长0.5～5cm；萼片2，长0.5～1cm，无毛；花瓣4，白色，倒卵形，长1～2.5cm，宽0.7～1.8cm；花丝长5～7mm，花药黄色，长约3mm；子房卵形或狭卵形，长0.5～1cm，无毛，花柱长3～5mm，柱头2裂。蒴果狭卵状锥形或梭形，长约2cm，直径约0.5cm，花柱宿存。花期3—4月，果期5—6月。

产于衢州、丽水、温州及德清、淳安、浦江。生于海拔1000m以下的山谷林下、溪边、路边阴湿处，常成片生长。分布于安徽、江西、福建、广东、广西、湖南、湖北、四川、贵州、云南。

全草可入药，有小毒，有清热解毒、活血止血等功效；叶片清秀，花色洁白，可供观赏。

6 博落回属 Macleaya R. Br.

多年生草本。有橘红色汁液。茎直立，中空，基部木质化，光滑，被白粉。单叶互生；叶片宽大，通常掌状7或9裂。花极多，组成顶生和腋生的大型圆锥花序；萼片2，黄白色，早落；无花瓣；雄蕊8～30，花丝丝状，花药厚条形；子房1室，心皮2，花柱极短，柱头肥厚，2裂。蒴果扁平，具短梗，2瓣裂。种子1～6，卵球形。

2种，分布于我国、日本。浙江有1种。

博落回　山火筒　喇叭竹　（图2-503）
Macleaya cordata (Willd.) R. Br. ex G. Don

多年生草本，高2～4m。全株有橘红色汁液。茎直立，光滑，具白粉，中空。单叶互生；叶片宽卵形或近圆形，长5～30cm，宽5～25cm，先端急尖或圆钝，通常7～9浅裂，边缘波状或具波状牙齿，下面被白粉和易脱落的细绒毛；叶柄长1～12cm，具浅沟槽。圆锥花序长15～40cm；花梗长2～7mm；苞片狭披针形；萼片黄白色，倒卵状长圆形，长约1cm，舟状；无花瓣；雄蕊20～36，花丝丝状，长约5mm，花药厚条形，与花丝等长；子房倒卵形至狭倒卵形，花柱长约1mm，柱头2裂，肥厚。蒴果扁平，长1.3～3cm，先端圆或钝，基部渐狭，无毛，被白粉。种子4～8，卵球形，长1.5～2mm，具蜂窝状孔穴和狭的种阜。花期6—9月，果期8—10月。

产于全省各地。多生于海拔1000m以下的荒山草坡、火烧迹地、丘陵荒地、山区公路边坡等处。长江以南、南岭以北的大部分地区均有分布。日本也有。模式标本种源来自浙江，采种地点在自杭州沿钱塘江至建德梅城一线。

全草有大毒，不可内服，外敷有散瘀消肿、祛风解毒、杀虫止痒等功效；可制生物农药，用于防治稻椿象、稻苞虫、钉螺等。

二二 罂粟科 Papaveraceae

图 2-503 博落回

二三　紫堇科 Fumariaceae

一年生、二年生或多年生草本，稀为草质藤本。植株通常无毛，鲜时常有汁液。叶基生或互生，稀近对生；叶片常羽状分裂。总状或聚伞花序，顶生或腋生；苞片分裂或全缘；花两性，两侧对称；花萼2，小，鳞片状，早落；花冠两侧对称，花瓣4，2轮排列，内外轮形态差异较大，外轮1或2枚基部呈囊状或有距，内轮的较小，有时顶部黏合，基部有爪；雄蕊2、4或6，花丝宽扁，基部常有蜜腺；心皮2，合生，子房1室，侧膜胎座，胚珠少数至多数。果为2瓣裂的蒴果，或为坚果。种子1至多数。

20属，约570种，分布于亚洲、非洲、欧洲和北美洲。我国有7属，约378种，产于全国各地；浙江有2属，16种。

1 荷包牡丹属 Lamprocapnos Endl.

多年生草本。全株无毛。有根状茎。叶为二回三出羽状复叶。总状花序顶生或腋生；花扁平，两侧对称，下垂；萼片2，披针形，早落；花瓣4，外侧2花瓣先端向外反曲，基部呈囊状，对称地合成心形；雄蕊6，合生成2束，与外轮花瓣对生；子房1室，胚珠多数，生于2个侧膜胎座上，柱头扁平，具4乳突。蒴果圆柱形，2瓣裂。种子多数，具鸡冠状种阜。

仅1种，分布于我国东北。俄罗斯、朝鲜半岛也有。浙江有栽培。

该属的拉丁名在《中国植物志》等文献中均采用 Dicentra Bernh.，包含约12种，但目前已被修订为 Lamprocapnos Endl.，除荷包牡丹外，均被置于其他属中，故现仅含1种。本志根据修订观点处理。

荷包牡丹 （图2-504）

Lamprocapnos spectabilis (L.) Fukuhara — *Dicentra spectabilis* (L.) A. Lem.

多年生草本，高30～60cm。全体无毛。根状茎粗壮，肉质，金黄色。茎圆柱形，带紫色。二回三出羽状复叶，叶片轮廓三角形，长达40cm，二回羽片卵形，长3～6cm，全裂或深裂，基部楔形，上面绿色，下面具白粉；具长柄。总状花序长10～30cm，花生于一侧，下垂；花扁平，两侧对称，长2.5～3cm，宽约2cm，基部心形；苞片2，钻形；花梗长约8mm；花瓣长约3cm，宽约2cm，外面2枚粉红色，基部膨大合成心形，上部向外反折，里面2枚白色，内面上部紫红色，长圆形，下面有龙骨状突起，中部以上缢缩，先端连合；雄蕊6，合生成2束；子房圆柱形，花柱细长，柱头背向角状2裂。蒴果圆柱形，花柱细长。种子细小，黑色，具光泽。花期4—6月。

原产于我国东北。俄罗斯远东地区、朝鲜半岛也有。临安、天台等地有栽培。

全草可入药，有镇痛、解痉、利尿、调经、散血、和血、除风、清疮毒等功效；为著名观赏花卉。

图2-504　荷包牡丹

❷ 紫堇属 Corydalis DC.

一年生至多年生草本。植株无乳汁。具直根、块根、块茎或须根。基生叶早落，茎生叶1至多数，互生。总状花序顶生或腋生；花冠两侧对称；花瓣4，上花瓣基部有距，下花瓣大多具爪，两侧内花瓣同形，先端黏合，明显具爪，有时具囊。蒴果卵形至条形，有时呈串珠状或蛇形弯曲，2瓣裂。种子肾形或近球形，表面平滑或具各种纹饰，鸡冠状种阜肉质，子叶1或2。

465种，主产于北温带地区。我国有357种，全国广泛分布，以西南最多；浙江有15种。

《中国植物志》记载宁波产石生黄堇 *C. saxicola* Bunting — *C. thalictrifolia* Franch.，作者查阅了藏于英国皇家植物园（邱园）的标本（Faber，1669），发现该号标本实为台湾黄堇 *C. balansae* Prain。

与荷包牡丹属的主要区别在于后者花两侧扁平，外侧2枚花瓣合成心形，先端向外反曲。

分种检索表

1. 植株具主根或根状茎；茎下部无鳞片；子叶2。
   2. 植株具横走的根状茎，具多个钝角状突起；茎上部叶腋常具珠芽；距细长 …… 1.尖距紫堇 C. sheareri
   2. 植株具主根；叶腋无珠芽；距较粗短。
      3. 花淡蔷薇色、蓝紫色或白色。

4. 花蓝紫色或白色；苞片具缺刻状齿；叶二回至三回羽状全裂，末回裂片先端具缺刻状齿 ·· **3. 刻叶紫堇 C. incisa**

4. 花淡蔷薇色至近白色；苞片全缘；叶一回至二回羽状全裂，末回裂片先端钝 ····· **4. 紫堇 C. edulis**

3. 花淡黄色、黄色、亮黄色或绿黄色。

  5. 花较大，上花瓣连距长 9～23mm。

    6. 蒴果呈蛇形弯曲或串珠状；具 1 列种子。

      7. 蒴果蛇形弯曲 ··· **5. 蛇果黄堇 C. ophiocarpa**

      7. 蒴果串珠状。

        8. 叶片卵形或狭卵形，末回裂片宽披针形；种子表面密生锥状小突起 ···· **7. 黄堇 C. pallida**

        8. 叶片狭长圆形，末回裂片狭披针形或条形；种子边缘密被小点状印痕 ·· **8. 珠果黄堇 C. speciosa**

    6. 蒴果条状长圆形；具 1 或 2 列种子（滨海黄堇蒴果有时不规则弯曲或稍呈串珠状，但具 2 列种子）。

      9. 花背部带淡绿色；蒴果具 1 列种子；仅分布于内陆山地或山地、沿海均有分布。

        10. 上花瓣连距长 1.8～2cm，距长约 7mm；种子表面具长方形网纹 ·· **2. 小黄紫堇 C. raddeana**

        10. 上花瓣连距长 1～1.5cm，距长 1～2.5mm；种子表面密布环状排列的小凹点 ·· **9. 台湾黄堇 C. balansae**

      9. 花背部带淡棕色；蒴果具 2 列种子；仅分布于海岸附近 ··· **10. 滨海黄堇 C. heterocarpa** var. **japonica**

  5. 花较小，上花瓣连距长 6～9mm ··· **6. 小花黄堇 C. racemosa**

1. 植株具块茎；茎下部有或无鳞片；子叶 1。

  11. 茎下部无鳞片；块茎呈不规则球形或椭球形，新块茎常叠生于老块茎上；柱头与花柱呈"丁"字形着生。

    12. 茎生叶具柄；上花瓣连距长 1.8～2.1cm；花梗短于或稍长于苞片；蜜腺体中部不膨大 ·· **11. 伏生紫堇 C. decumbens**

    12. 茎生叶无柄或近无柄；上花瓣连距长 1.4～1.8cm；花梗明显长于苞片；蜜腺体中部膨大 ·· **12. 无柄紫堇 C. gracilipes**

  11. 茎下部具 1 或 2 枚大而反折的鳞片；块茎近球形；柱头与花柱非"丁"字形着生。

    13. 外花瓣边缘全缘或有微波状齿，先端微凹处无或有小短尖；蒴果宽椭球形或卵球形，具 2 列种子。

      14. 花淡紫色，上花瓣连距长 1.5～1.9cm；种子表面平滑；叶二回三出复叶 ·· **13. 全叶延胡索 C. repens**

      14. 花白色，上花瓣连距长 1～1.2cm；种子表面具锥状小突起；叶一回至二回三出全裂 ·· **14. 白花土元胡 C. humosa**

    13. 外花瓣边缘具齿，先端微凹处具小短尖；蒴果厚条形，具 1 列种子 ···· **15. 延胡索 C. yanhusuo**

1. 尖距紫堇 珠芽尖距紫堇 一串金丹 地锦苗 （图 2-505）

Corydalis sheareri S. Moore —— *C. sheareri* form. *bulbillifera* Hand.-Mazz.

多年生草本，高 20～60cm。根状茎横走，棕褐色，具多个钝角状突起。茎下部无鳞片，簇生，上部具分枝。基生叶长 12～30cm，具长柄，叶片三角形或卵状三角形，长 3～13cm，二回羽状全裂，一回裂片1或2对，二回裂片卵形，中部以上具圆齿状深齿，齿端常呈紫褐色；茎生叶数枚，互生于茎上部，与基生叶同形，但较小，柄也较短，上部叶腋常具珠芽。总状花序顶生，长4~10cm，具10~20花；苞片狭倒卵形，长约7mm，上部全缘或具1或2齿，下部分裂；花紫红色，上花瓣连距长2~2.8cm，距细长，末端尖，长9~15mm，蜜腺体长约5mm。蒴果狭圆柱形，长2~3cm，宽1.5~2mm，具1列种子。种子近球形，直径约1mm，黑色，具光泽，表面具多数小乳突，子叶2。花期3—4月，果期4—6月。

产于杭州、绍兴、宁波及普陀、武义、遂昌、温州市区（鹿城）、瑞安。生于海拔1000m以下的水边或林下潮湿地段。分布于华东及湖北、湖南、广东、广西、四川、贵州、云南、陕西。

全草可入药，治跌打损伤；繁花优美，可用于林下地被或湿地美化。

图2-505　尖距紫堇

2. 小黄紫堇 （图2-506）

Corydalis raddeana Regel — *C. ochotensis* Turcz. var. *raddeana* (Regel) Nakai

二年生草本，高60~90cm。主根粗壮，长达13cm，上部直径达7mm，具侧根和纤维状细根。茎直立，下部无鳞片，具棱，通常自下部分枝。叶基生与茎生；叶片三角形或宽卵形，长4~13cm，宽2~9cm，二回至三回羽状分裂，一回羽片2或3对，具长1~2.5cm的柄，末回裂片2或3深裂至浅裂，小裂片倒卵形、菱状倒卵形或卵形，先端圆或钝，具尖头；茎生叶多数，与基生叶相同。总状花序顶生和腋生，长5~9cm，具（5）13~20花；苞片狭卵形至披针形，全缘，有时基部3浅裂；花黄色，背部带淡绿色，上花瓣连距长1.8~2cm，距较粗短，圆筒形，长约7mm，蜜腺体长约3mm，下花瓣长1~1.2cm，内花瓣长8~9cm，瓣片倒卵形；子房长椭球形，柱头扁长方形，上端具4乳突。蒴果扁圆柱形，长1.5~2.5cm，宽约2mm，具1列种子。种子近球形，直径1.5~2mm，黑色，具光泽，表面具长方形网纹，子叶2。花果期6—10月。

产于临安（西天目山）、缙云（大洋山）。生于海拔700m以上的山坡林下。分布于东北、华北及河南、台湾、陕西、甘肃。东北亚也有。

图2-506　小黄紫堇

3. 刻叶紫堇　紫花鱼灯草　（图2-507）

Corydalis incisa (Thunb.) Pers. — *C. incisa* var. *tschekiangensis* Fedde

一年生草本，高15~60cm。主根肥厚，长1~1.5cm。茎下部无鳞片，多数簇生，具分枝。叶基生或茎生，具长柄，基部具鞘；叶片二回至三回羽状全裂，一回羽片

图2-507　刻叶紫堇

2或3对，二回羽片菱形或宽楔形，不规则羽状分裂，末回裂片具2～5缺刻状齿。总状花序长3～12cm，具9～30花；苞片与花梗等长，卵状菱形或楔形，具缺刻状齿；花蓝紫色，上花瓣连距长2～2.5cm，先端微凹，具小短尖，与下花瓣背部均有明显的鸡冠状突起，距较粗短，圆筒形，长7～10mm，蜜腺体长约2mm，下花瓣基部具囊状突起，内花瓣先端深紫色；柱头近扁四方形，顶端具4短柱状乳突。蒴果厚条形，长1.5～2cm，具1列种子，成熟时下垂。种子扁圆球形，黑色，长约2mm，表面具极微小的网纹和瘤状突起，子叶2。花期3—4月，果期4—5月。

产于全省各地。生于林缘、路边、墙角或疏林下。分布于华东、华中及河北、山西、台湾、广西、四川、陕西、甘肃。日本、朝鲜半岛也有。

全草可药用，有解毒、杀虫等功效；繁花艳丽，可片植供观赏。

本省尚有1变型白花刻叶紫堇 form. **pallescens** Makino（图2-508），与刻叶紫堇的区别在于花白色。产于安吉、富阳、临安、余姚、定海、普陀、衢州市区。生于林缘或路边草地上。分布于安徽。

图2-508　白花刻叶紫堇

4. 紫堇 （图2-509）
Corydalis edulis Maxim.

一年生草本，高20～50cm。主根直立，细长。茎下部无鳞片，自基部分枝，带红紫色。叶基生与茎生；叶片三角形，长5～9cm，一回至二回羽状全裂，一回羽片2或3对，二回羽片倒卵圆形，羽状分裂，末回裂片狭卵圆形，先端钝；茎生叶与基生叶同形。总状花序长4～9.5cm，具3～10花；苞片卵形或狭卵圆形，全缘，与花梗近等长；

图2-509　紫堇

花淡蔷薇色至近白色，外花瓣较宽展，先端微凹，无鸡冠状突起，上花瓣连距长1.5~2cm，瓣片先端扩展，微下凹，无小短尖，距较粗短，圆筒形，长约8mm，蜜腺体长3.5mm，下花瓣近基部渐狭，内花瓣具鸡冠状突起；柱头横向纺锤形，两端各具1乳突，上面具沟槽，槽内具极细小的乳突。蒴果厚条形，下垂，长3~3.5cm，具1列种子。种子扁球形，长1.2~1.6mm，表面密生环状小凹点，种阜小，紧贴种子，子叶2。花期3—4月，果期4—5月。

产于杭州及平湖、泰顺等地。生于河边、沟边多石地上。分布于华北、华东、华中、西南及辽宁。日本也有。

全草可药用，有清热解毒、止痒、收敛固精、润肺止咳等功效。

5. 蛇果黄堇　弯果黄堇　（图2-510）
Corydalis ophiocarpa Hook. f. et Thomson

一年生草本，高30~60cm。具主根。茎直立，下部无鳞片，有分枝。基生叶多数，叶片长圆形，一回至二回羽状全裂，一回羽片4或5对，二回羽片2或3对，裂片倒卵圆形至长圆形，3~5裂，末回裂片长3~10mm，宽1~5mm，羽状深裂或浅裂；茎生叶与基生叶同形，近一回羽状全裂。总状花序长10~30cm，具20~30花；苞片钻形，长约5mm，与花梗近等长；花淡黄色或绿黄色，外花瓣先端着色较深，上花瓣连距长9~12mm，距较粗短，短囊状，长3~4mm，多少向上伸展，蜜腺体长约2mm，下花瓣舟状，内花瓣先端暗紫红色至暗绿色，具伸出先端的鸡冠状突起。蒴果厚条形，蛇形弯曲，长1.5~2.5cm，宽约1mm，具1列种子。种子小，长1~1.5mm，黑色，具伸展狭直的种阜，子叶2。花果期5—8月。

产于安吉、临安、岱山、松阳、龙泉。生于海拔1400m以下的山坡草地上、沟谷林缘。分布于华中、西南、西北及河北、山西、安徽、江西、台湾。日本、印度也有。

根为藏药之一，有舒筋骨、祛风湿等功效。

图2-510　蛇果黄堇

6. 小花黄堇 黄花鱼灯草 （图 2-511）
Corydalis racemosa (Thunb.) Pers.

一年生草本，高 30~50cm。具细长主根。茎下部无鳞片，有棱，具分枝。叶基生与茎生；叶片三角形，二回或三回羽状全裂，一回羽片 3 或 4 对，二回羽片 1 或 2 对，裂片卵圆形至宽卵圆形，通常二回 3 深裂，末回裂片圆钝。总状花序长 3~10cm，具 3~12 花；苞片披针形至钻形，渐尖至具短尖，与花梗近等长；花梗长 3~5mm；花淡黄色；上花瓣连距长 6~9mm，距较粗短，短囊状，长 1~2mm，蜜腺体长约 1mm；子房厚条形，近扭曲，与花柱等长，柱头具 4 乳突，顶生 2 枚呈广角状叉开，侧生的先下弯再弧形向上伸展。蒴果厚条形，长 2~3.5cm，宽 1.5~1.8mm，具 1 列种子。种子近肾形，黑色，具短刺状突起，种阜三角形，子叶 2。花期 3—4 月，果期 4—5 月。

产于全省各地。生于海拔 1600m 以下的林缘阴湿地上或溪边乱石堆中。分布于华东、华中、华南、西南及陕西、甘肃。日本也有。

全草可入药，有杀虫、解毒等功效，外敷可治疮疥和蛇伤。

图 2-511　小花黄堇

7. 黄堇 （图 2-512）
Corydalis pallida (Thunb.) Pers.

一年生草本，高 20~60cm。具细长主根。茎下部无鳞片，簇生，具棱，常上部分枝。基生叶多数，莲座状，花时枯萎；茎生叶卵形或狭卵形，二回羽状全裂，一回羽片 4~6 对，二回羽片卵圆形至长圆形，顶生的较大，长 1.5~2cm，宽 1.2~1.5cm，3 深裂，末回裂片宽披针形，边缘具圆齿状裂片。总状花序顶生和腋生，有时与叶对生，长 5~15cm，具 10~20 花；苞片披针形至长圆形，具短尖，与花梗等长；花梗长 4~7mm；花黄色至淡黄色，外花瓣先端勺状，具短尖，无鸡冠状突起，上花瓣连距长1.7~2.3cm，距较粗短，短圆筒形，长6~8mm，蜜腺体长约5mm，下花瓣长约1.4cm，内花瓣长约1.3cm，具鸡冠状突起。蒴果串珠状，长2~4cm，具1列种子。种子扁球形，黑色，表面密生锥状小突起，种阜帽状，约包裹种子的1/2，子叶2。花期3—5月，果期4—6月。

产于全省山区。生于林间空地上、林缘、河岸边或多石坡地上。分布于东北、华北、华东及河南、湖北、台湾、陕西。东北亚也有。

全草可药用，有清热、利湿、止痢、止血、解毒、杀虫等功效。

图 2-512 黄堇

7a. 凹子黄堇　浙江黄堇（变种）（图2-513）

var. **sparsimamma** (Ohwi) Ohwi — var. *zhejiangensis* Y.H. Zhang

与黄堇的区别在于蒴果近圆柱形；种子仅边缘具锥状突起，中央具斑点状下凹的印痕。

产于建德、衢州市区（衢江）、江山、龙游、莲都、遂昌、松阳、庆元。生于山沟路边。分布于我国台湾。

图2-513　凹子黄堇

8. 珠果黄堇 （图2-514）
Corydalis speciosa Maxim.

多年生草本，高40～60cm。具主根。茎下部无鳞片，当年生和第二年生的茎常不分枝，三年以上的茎多分枝。叶片狭长圆形，二回羽状全裂，一回羽片5～7对，二回羽片2～4对，卵状椭圆形，长1～1.5cm，宽5～8mm，羽状深裂，末回裂片狭披针形或条形，具短尖。总状花序顶生，长5～10cm，密生多花，待下部的花结果时，上部的花渐疏离，可长达19cm；苞片披针形至菱状披针形，先端细长，与花梗近等长；花梗长约7mm，果时下弯；花黄色，外花瓣较宽展，通常渐尖，鸡冠状突起，上花瓣连距长2～2.2cm，距较粗短，长约7mm，末端囊状，蜜腺体长约4mm，末端钩状弯曲。蒴果串珠状，长约3cm，具1列种子。种子扁球形，黑色，直径约2mm，边缘密被小点状印痕，种阜杯状，紧贴种子，子叶2。花期3—4月，果期4—5月。

产于湖州及临安、诸暨、宁海、磐安、临海。生于沟谷溪边、山坡林缘及林下阴湿处。分布于东北及河北、山东、河南、江苏、江西、湖南。东北亚也有。

图 2-514 珠果黄堇

9. 台湾黄堇 北越紫堇 （图 2-515）
Corydalis balansae Prain

二年生草本，高 20～50cm。具圆锥形主根。茎下部无鳞片，具分枝。叶基生与茎生；叶片宽卵形，长 10～20cm，宽 10～15cm，二回至三回羽状分裂，一回羽片 3～5 对，二回羽片常 1 或 2 对，裂片卵形或宽卵形，边缘具圆齿状小裂片。总状花序顶生，长 4～11cm，具 10～30 花；苞片卵形至披针形，长 3～7mm；花梗长 1.5～3mm；花亮黄色，背部带

图 2-515 台湾黄堇

淡绿色，上花瓣连距长1~1.5cm，瓣片先端钝，稍突尖，与下花瓣在背部均具鸡冠状突起，距较粗短，圆筒形，长1~2.5mm，末端圆钝，蜜腺体长约1mm，下花瓣向基部渐狭，内花瓣狭小，瓣柄与瓣片近等长。蒴果扁圆柱形，长3~4.5cm，宽3~4mm，斜展或多少下垂，具1列种子。种子扁球形，黑色，表面密布环状排列的小凹点，具舟形种阜，子叶2。花期4—6月，果期5—7月。

产于杭州、台州、丽水、温州及安吉、鄞州、象山、普陀、开化、常山、江山。生于路边草地上或山坡林下。分布于华东、华南及山东、湖北、湖南、贵州、云南。日本、越南、老挝也有。

全草可药用，有清热降火的功效。

10. 滨海黄堇　异果黄堇（变种）（图2-516）

Corydalis heterocarpa Siebold et Zucc. var. **japonica** (Franch. et Sav.) Ohwi —— *C. heterocarpa* auct., non Siebold et Zucc.

多年生草本，高40~60cm。具主根。茎下部无鳞片，粗壮，中上部多分枝。茎生叶具长柄，叶片卵圆状三角形，长10~20cm，宽7~8cm，二回羽状全裂，一回羽片4或5对，二回羽片3~5枚，裂片长1.5~2cm，宽1~1.5cm，3深裂至羽状分裂。总状花序顶生，长5~10cm，具20~40花；苞片披针形，长约7mm；花梗长约4mm；花黄色，背部带淡棕色，外花瓣先端圆钝，具短尖，无鸡冠状突起，上花瓣连距长约2cm，距较

图2-516　滨海黄堇

粗短，长6～8mm，末端圆钝，稍下弯，蜜腺体长约4mm，末端钩状弯曲，下花瓣长约1.2cm，内花瓣长约1.1cm，瓣片基部明显具耳状突起。蒴果扁圆柱形，长2～2.5cm，宽约4mm，有时不规则弯曲或稍呈串珠状，果瓣较厚，具2列种子。种子扁球形，黑色，表面有刺状突起，种阜帽状，子叶2。花期3—4月，果期4—5月。

产于舟山及宁波市区（北仑）、象山、台州市区（椒江）、临海、温岭、玉环、洞头、瑞安、平阳。喜生于海岸附近的沙石地上或山坡路边。日本也有。

11. 伏生紫堇　夏天无　野元胡　（图2-517）
Corydalis decumbens (Thunb.) Pers. — *C. huangshanensis* L.Q. Huang et H.S. Peng — *Fumaria decumbens* Thunb.

多年生草本，高10～30cm。块茎常呈卵球形或角状，长5～15mm，新块茎常叠生于老块茎上，块茎周围着生须根；茎下部无鳞片，细弱，常2～4条簇生，不分枝。基生叶1或2，叶柄长6～16cm，叶片近正三角形，长4～6cm，叶二回三出全裂，末回裂片狭倒卵形，长10～17mm，有短柄；茎生叶2或3，较小，明显具柄。总状花序长3.5～6cm，具3～10花；苞片卵圆形，全缘，长5～8mm；花梗短于或稍长于苞片；花粉红色、紫红色或蓝紫色，稀白色，上花瓣连距长1.8～2.1cm，距圆筒形，长6～8mm，稍短于瓣片，蜜腺体长约4mm，中部不膨大；柱头与花柱呈"丁"字形着生。蒴果扁圆柱形，长13～20mm，宽1～1.5mm，具1列种子。种子亮黑色，扁球

图2-517　伏生紫堇

形，表面具龙骨状突起和泡状小突起，子叶1。花期3—4月，果期5月。

产于杭州、宁波、丽水、温州及诸暨、普陀、衢州市区（衢江）、江山、温岭、永康、武义。生于山坡林缘、山谷阴湿处及山脚溪沟边。分布于华东及山西、湖北、湖南、台湾。日本也有。

块茎可药用，有舒筋活络、活血止痛等功效；花朵优美，可供观赏。

11a. 狭叶伏生紫堇（变种）（图2-518）
var. zhujiensis Z.H. Chen et G.Y. Li

与伏生紫堇的主要区别在于叶的末回裂片狭条形，长1～5.5cm，宽2～4mm。

产于诸暨璜山。生于海拔375m左右的山沟路边。模式标本采自诸暨（璜山半丘）。

图2-518　狭叶伏生紫堇

12. 无柄紫堇（图2-519）
Corydalis gracilipes S. Moore — *C. kelungensis* Hayata — *C. amabilis* Migo — *C. edulioides* Fedde — *C. edulioides* var. *haimensis* Fedde

多年生草本，高10～40cm。块茎不规则球形或椭球形，表面棕黑色，具须根，新块茎常叠生于老块茎上；茎下部无鳞片，细弱，单生或簇生。基生叶2或3，具长柄，叶片二回三出分裂，小叶有柄，2或3裂，小裂片狭长倒卵形，长10～20mm；茎生叶无柄或近无柄。总状花序具3～10花；苞片卵形或倒卵形，长5～7mm，先端尖，基部楔形，全缘；花梗明显长于苞片；花粉红色或淡紫色，上花瓣连距长1.4～1.8cm，距长6～7mm，蜜腺体长2～3mm，中部膨大；柱头与花柱呈"丁"字形着

图2-519　无柄紫堇

生。蒴果扁圆柱形，长13～18mm，宽1～1.5mm，具1列种子。种子亮黑色，扁球形，表面具龙骨状突起和泡状小突起，子叶1。花期3—4月，果期5月。

产于湖州、杭州、宁波、舟山及平湖、三门、温岭、玉环、开化。生于丘陵山坡草地上。分布于江苏、安徽。

13. 全叶延胡索　（图2-520）
Corydalis repens Mandl et Muehld.

多年生草本，高8～20cm。块茎近球形，直径1～1.5cm，切面近白色，微苦；茎细长，下部有1枚大而反折的鳞片，枝条发自鳞片腋内。二回三出复叶，小叶片披针形至倒卵形，全缘，有时分裂，长6～25（40）mm，宽5～16（20）mm。总状花序具（3）6～14花；苞片披针形至卵圆形，全缘或先端稍分裂，下部的长约1cm，宽4～6mm；花梗纤细，长6～14mm，果时有时长达20cm，多少具乳突状毛；花淡紫色，外花瓣宽展，全缘或有微波状齿，先端微凹处无小短尖，上

图2-520　全叶延胡索

花瓣连距长1.5~1.9cm，瓣片常上弯，距圆筒形，直或末端稍下弯，长7~9mm，蜜腺体为距长的1/2，渐尖，下花瓣长6~8mm；柱头与花柱非"丁"字形着生，扁球形，具不明显的6~8乳突。蒴果扁椭球形或扁卵圆形，扁，长8~10mm，具2列种子。种子直径约1.5mm，表面平滑，种阜鳞片状，白色，子叶1。花果期3—5月。

产于安吉、临安、嵊州、鄞州、余姚、磐安、景宁。生于海拔700~1500m的林下或林缘。分布于东北及江苏。俄罗斯远东地区、朝鲜半岛也有。

块茎含原阿片碱、延胡索甲素等多种生物碱，可代延胡索药用。为浙江省重点保护野生植物。

14. 白花土元胡　土元胡　（图2-521）
Corydalis humosa Migo

多年生草本，高9~20cm。块茎近球形，直径5~10mm，外面暗白色，切面黄白色；茎纤细，下部有1或2枚大而反折的鳞片，鳞片腋内常具1~3分枝。无基生叶，茎生叶2；叶一回至二回三出全裂，叶柄长2~7cm，小叶柄长1.5~3cm；小叶片椭圆形，全缘，有时深裂成倒卵形的裂片，长5~25mm，宽4~12mm。总状花序具1~4花，疏离；苞片卵圆形至卵状披针形，长4~6mm，宽2~3mm；花梗纤细，长5~10mm；花白色，上花瓣连距长1~1.2cm，外花瓣宽展，全缘或有微波状齿，先端微凹处有小短尖，距圆筒形，长5~7mm，蜜腺体长约2.5mm，末端钝，下花瓣长约6mm，具短瓣柄，内花瓣长约4mm，先端带紫红色；柱头圆柱形，周边乳突不明显，与花柱非"丁"字形着生。蒴果卵圆形，扁，长8~22mm，宽3~7mm，具2列种子。种子直径1.3~1.8mm，表面具环状排列的锥状小突起，种阜圆形或长圆形，子叶1。花果期4—5月。

产于安吉、临安。生于海拔800~1300m的山地林下或林缘。江苏有栽培。浙江特有。模式标本采自临安（西天目山）。

块茎中的总生物碱含量与延胡索相近，药用可代之。为浙江省重点保护野生植物。

图2-521　白花土元胡

15. 延胡索 元胡 玄胡索（图2-522）

Corydalis yanhusuo (Y.H. Chou et C.C. Hsu) W.T. Wang ex Z.Y. Su et C.Y. Wu —— *C. turtschaninovii* Bess. form. *yanhusuo* Y.H. Chou et C.C. Hsu

多年生草本，高7～20cm。块茎近球形，直径0.5～2.5cm，外面黄褐色，内面黄色；茎直立，常分枝，下部有1或2枚大而反折的鳞片。茎生叶3或4；叶片宽三角形，长3.5～7cm，二回三出复叶，小叶片3全裂或深裂，裂片披针形，长2～4cm，宽3～10mm，全缘。总状花序顶生，长2.5～8cm，疏生5～15花；苞片披针形或狭卵圆形，长6～20mm，上部全缘，下部通常分裂，栽培者通常掌状细裂；花梗与苞片近等长；花紫红色，外花瓣宽展，边缘具齿，先端微凹处具小短尖，上花瓣连距长1.5～2.2cm，瓣片边缘具齿，距圆筒形，长1.1～1.3cm，常上弯，蜜腺体长约5mm，末端钝，下花瓣具短爪；柱头圆柱形，与花柱非"丁"字形着生，具较长的8乳突。蒴果条形，长2～2.8cm，具1列种子。种子亮黑色，卵球形，长1.3～1.8mm，具白色种阜，表面有不明显网纹，子叶1。花期3—4月，果期4—5月。

产于临安、绍兴市区（柯桥平水）、诸暨（南园尖）、鄞州、奉化、磐安。生于山坡林缘、草丛中或沟边、岩石缝间。分布于安徽、江苏、河南、湖北。

块茎为著名的常用中药，有行气止痛、活血散瘀等功效；花色艳丽，可供观赏。为浙江省重点保护野生植物。

图2-522 延胡索

二四 连香树科 Cercidiphyllaceae

落叶乔木。具长枝和短枝，短枝上有重叠环状芽鳞痕；芽卵形，芽鳞2。单叶，在长枝上对生，短枝上仅生1叶及花序；叶有锯齿，掌状脉；具叶柄；托叶早落。花单性，雌雄异株，先于叶开放；每花有1苞片；无花被；雄花簇生，近无梗，雄蕊15～20，花丝细长，花药条形，药隔延长成附属物；雌花4～8朵簇生，具梗，心皮2～8，离生，每心皮有数粒胚珠。聚合蓇葖果；蓇葖果小。种子小，扁平，具翅。

仅1属，分布于东亚。

连香树属 Cercidiphyllum Siebold et Zucc.

属特征与科同。

2种，分布于我国和日本。我国有1种；浙江也有。

连香树 （图2-523）

Cercidiphyllum japonicum Siebold et Zucc. — *C. japonicum* var. *sinense* Rehder et E.H. Wilson

落叶乔木，高可达30m。树皮暗灰色，纵裂；具长枝和短枝；叶在长枝上对生，在短枝上仅生1叶；叶片卵形、宽卵形、圆形或扁圆形，长3～9cm，宽4～7cm，先端圆或钝尖，基部心形，边缘具浅圆齿，两面无毛或近无毛，下面灰绿色，基出掌状脉5～7；叶柄长1～3cm，无毛；托叶披针形，早落。雄花单生或4朵簇生于叶腋，近无梗；苞片花时带红色，膜质，卵形；花丝细长，花药红色，2室；雌花腋生，离生心皮雌蕊2～6，柱头红色。聚合蓇葖果；蓇葖果2～4（6），圆柱形，微弯，香蕉状，花柱宿存；果梗长5～7mm。种子数粒，小而扁平，先端有透明翅。花期4月，果期10—12月。

产于安吉（龙王山）、临安（西天目山、清凉峰、百丈岭）、遂昌（九龙山）。生于海拔600～1400m的山坡或山谷溪边杂木林中；杭州市区（杭州植物园）、临安（浙江农林大学）等地有栽培。分布于华中、西南及山西、安徽、江西、陕西、甘肃。日本也有。

木材纹理直，结构细，淡褐色，可作雕刻、家具、建筑等用材；树皮和叶含鞣质，可提制栲胶；树体高大，叶片清丽，秋叶黄色，可供观赏。为国家Ⅱ级重点保护野生植物。

图 2-523　连香树

二五　领春木科 Eupteleaceae

落叶灌木或小乔木。具长枝和短枝，小枝基部有多数环状芽鳞痕；无顶芽，侧芽包藏于鞘状的叶柄基部。单叶互生；叶缘有锯齿，羽状脉；叶柄较长，基部膨大；无托叶。花小，两性，先于叶开放，6～12朵，各自单生于苞片腋部，有梗；无花被；雄蕊多数，1轮，花丝条形，花药2室，纵裂，药隔突出；离生心皮雌蕊多数，有柄，排成1轮，着生于扁平花托上，子房扁平，1室，倒生胚珠1～4。聚合翅果，小果顶端圆，下端渐细成显明的子房柄，有果梗。种子小，扁平，椭球形。

1属，2种，分布于亚洲。我国有1种；浙江也有。

领春木属 Euptelea Siebold et Zucc.

属特征与科同。

2种，1种分布于我国及印度、不丹，另1种分布于日本。浙江有1种。

领春木（图2-524）

Euptelea pleiosperma Hook. f. et Thomon — *E. pleiosperma* form. *franchetii* (Ven Tiegh.) P.C. Kuo

落叶灌木或小乔木，高2～15m。树皮紫黑色或灰色，密生横向或菱形皮孔，老时呈细鳞状开裂；枝分长枝和短枝，小枝散生椭圆形突起皮孔，基部有多数环状芽鳞痕；顶芽长卵形，有光泽。叶互生；叶片纸质，卵形、椭圆形或近圆形，长5～14cm，宽3～9cm，先端急尖或尾尖，基部楔形、宽楔形至近截形，边缘疏生细尖牙齿，下部全缘，两面无毛或在下面脉上有伏毛，脉腋具簇毛，侧脉6～11对；叶柄长2～5cm，基部膨大。花单生于苞腋，4～12朵聚生，先于叶开放；花两性，无花被；雄蕊6～18，花丝纤细，花药红色，药隔具长1～1.5mm的附属物；离生心皮雌蕊多数，排成1轮，子房扁平，歪斜，子房柄纤细。聚合翅果，小果具翅，一侧圆，一侧内凹，呈大刀状；果梗长8～10mm。种子1～3，卵形，黑色。花期4月，果期9—10月。

产于安吉、临安、遂昌。生于海拔600～1400m的山坡、山沟阔叶林中。分布于华中、西南及河北、山西、安徽、江西、陕西、甘肃。印度、不丹也有。

图2-524　领春木

二六　悬铃木科 Platanaceae

落叶乔木。树皮常呈块状或薄片状剥落。枝、叶被分枝状及星状绒毛；无顶芽，侧芽卵形，包藏于膨大的叶柄基部。单叶互生，掌状分裂；托叶通常鞘状包围叶柄，早落。雌雄同株；头状花序球形，紧密，雌雄花序同形，生于不同的花枝上，雌花序有苞片，雄花序无苞片；萼片3~8，三角形；花瓣与萼片同数，倒披针形；雄花有3~8雄蕊，花丝短，与萼片对生，药隔顶部扩大成盾状；雌花具3~8离生心皮，子房长卵形，有1或2垂生胚珠，花柱针状，柱头位于内侧。聚花果球形，由多数小坚果组成，小坚果基部有长绒毛。种子细长。

1属，8~11种，分布于北美洲、亚洲西南部、东南亚和欧洲东南部。我国引进3种，常栽培作行道树；浙江有3种。

悬铃木属 Platanus L.

属特征与科同。

分种检索表

1. 聚花果常3个以上串生；小坚果基部的绒毛伸出果外；基出掌状脉3或5；托叶短于1cm ·················
·· **1.三球悬铃木 P. orientalis**
1. 聚花果单生或2个串生，稀3个串生；小坚果基部的绒毛不伸出果外；离基三出脉；托叶长于1cm。
   2. 树皮光滑，常大块片状剥落后呈现灰白色；托叶长1~1.5cm；叶片通常5或7掌状深裂；聚花果常2个串生，稀单生或3个串生 ··· **2.二球悬铃木 P. × acerifolia**
   2. 树皮粗糙，呈小块状开裂，不剥落或部分剥落；托叶长2~3cm；叶片3或5浅裂；聚花果常单生，稀2个串生 ··· **3.一球悬铃木 P. occidentalis**

1. 三球悬铃木　法国梧桐（图2-525）
Platanus orientalis L.

落叶大乔木，高达30m。树皮薄片状剥落；嫩枝被黄褐色绒毛。叶片轮廓阔卵形，长9~18cm，宽8~16cm，基部浅三角状心形，或近于平截，上部掌状5或7裂，稀3裂，中裂片深裂，两侧裂片稍短，边缘有少数裂片状粗齿，两面初时被灰黄色毛，后脱落，仅在下面脉上有毛，基出掌状脉3或5；叶柄长3~8cm，基部膨大包芽；托叶小，短于1cm，基部鞘状。花序球形，花4数。聚花果球形，常3~5个串生，稀2个，直径2~2.5cm；小坚果宿存花柱刺状突出，长3~4mm，基部的绒毛伸出果外。花期4—5月，果期9—10月。

原产于欧洲东南部、亚洲西南部。杭州市区、富阳等地有零星栽培。

图 2-525 三球悬铃木

2. 二球悬铃木 英国梧桐 （图 2-526）
Platanus × acerifolia (Aiton) Willd.

落叶大乔木，高达35m。树皮光滑，常大块片状剥落后呈灰白色。幼枝密生灰黄色星状绒毛，老时秃净。叶片宽卵形或宽三角状卵形，长10～24cm，宽12～25cm，掌状5或7裂，稀3裂，基部截形或浅心形，中裂片宽三角形，全缘或具粗大锯齿，两面幼

图 2-526 二球悬铃木

时有灰褐色星状绒毛,后变秃净,离基三出脉;叶柄长3~10cm,基部膨大包芽;托叶鞘状,长1~1.5cm,早落。花序球形,花通常4数。聚花果球形,通常2个串生,稀为单生或3个串生,直径2.5~3cm;小坚果具细长刺状花柱,基部的绒毛不伸出果外。花期4—5月,果期9—10月。

本种是三球悬铃木与一球悬铃木的杂交种,久经栽培。全省各地普遍栽培,通常用作行道树。

3. 一球悬铃木　美国梧桐　（图2-527）
Platanus occidentalis L.

落叶大乔木,高达40m。树皮粗糙,呈小块状开裂,不剥落或部分剥落;嫩枝有黄褐色绒毛。叶片阔卵形,长10~22cm,宽8~20cm,3浅裂,稀5浅裂,基部截形、阔心形,或稍呈楔形,裂片短三角形,宽远大于长,边缘有数枚粗大锯齿;两面初时被灰黄色绒毛,后脱落,下面仅在脉上有毛,离基三出脉;叶柄长4~7cm,密被绒毛,基部膨大包芽;托叶较大,长2~3cm,基部鞘状,上部扩大成喇叭形,早落。花通常4~6数。聚花果球形,通常单生,稀为2个串生,直径约3cm,宿存花柱极短;小坚果先端钝,基部的绒毛不伸出果外。花期4—5月,果期9—10月。

原产于北美洲。全省各地有零星栽培。

图2-527　一球悬铃木

二七　金缕梅科 Hamamelidaceae

常绿或落叶，乔木或灌木。植株常有星状毛。鳞芽或裸芽。单叶互生，稀对生；通常有托叶。头状、穗状或总状花序，腋生或顶生；花较小，两性，或单性而雌雄同株，稀异株，有时杂性；花辐射对称；萼裂片通常4或5，少6或7，萼筒与子房分离或多少合生；花瓣与萼裂片同数，条形、匙形或鳞片状，有时缺；雄蕊4、5或更多，离生，花药通常2室，药隔突出，纵裂或瓣裂；子房下位或半下位，稀上位，心皮2，2室，通常上半部分离，中轴胎座，胚珠多数，或仅1枚而垂生，花柱2，分离。蒴果，室间或室背4瓣裂，外果皮木质或革质，内果皮角质或骨质。种子1至多数，多角形，扁平或有窄翅，种脐明显。

约30属，140余种，主要分布于全球亚热带和温带地区，且亚洲最多，以我国南部为分布中心。我国有18属，74种，主要分布于长江以南各地；浙江有12属，24种。

本省尚引种有马蹄荷 *Exbucklandia populnea* (R. Brown ex Griffith) R.W. Brown、红花荷 *Rhodoleia championii* Hook. f.，因栽培点及数量均极少，本志不予收录。

分属检索表

1. 落叶乔木或灌木（蜡瓣花属稀有常绿）。
    2. 叶具掌状脉；子房每室胚珠5至多数。
        3. 灌木；叶片不裂；头状花序具2花；花两性，有狭披针形花瓣；蒴果较大，2个并生··· **1.双花木属 Disanthus**
        3. 乔木；叶片掌状3~7裂；头状花序有多数花；花单性，无花瓣；蒴果小，多数密集成球形果序··· **3.枫香树属 Liquidambar**
    2. 叶具羽状脉；子房每室胚珠1。
        4. 花具花瓣；植株上无大型虫瘿；树皮通常不呈斑块状剥落。
            5. 鳞芽；花瓣5，匙形或倒卵形 ·························· **9.蜡瓣花属 Corylopsis**
            5. 裸芽；花瓣4或5，条形或钻形。
                6. 叶全缘或有浅波状齿，基部偏心形；花两性，组成头状或短穗状花序；花瓣4，显著，条形；蒴果近无柄··· **7.金缕梅属 Hamamelis**
                6. 叶缘有短芒状齿，基部圆形或宽楔形；花杂性，组成总状花序；花瓣5，极小，钻形；蒴果具柄··· **10.牛鼻栓属 Fortunearia**
        4. 花无花瓣；植株上常有果实状大型虫瘿；树皮呈斑块状剥落 ············· **8.银缕梅属 Parrotia**
1. 常绿或半常绿，乔木或灌木。
    7. 花具条形花瓣，两性。
        8. 小枝具环状托叶痕；枝叶无毛；叶片大，具浅裂，掌状脉 ·············· **2.壳菜果属 Mytilaria**
        8. 小枝无环状托叶痕；枝叶有毛；叶片小，不裂，羽状脉 ·············· **6.檵木属 Loropetalum**
    7. 花无花瓣，单性同株或杂性异株。

9. 鳞芽；花单性同株；雌花排成头状花序，雄花排成短穗状或头状花序，再排成总状；子房半下位或下位，每室胚珠多粒。
  10. 叶掌状3裂、单侧裂或不分裂，掌状脉；子房半下位，花柱宿存 …… **4. 半枫荷属 Semiliquidambar**
  10. 叶不分裂，羽状脉；子房下位，花柱脱落 …………………………………… **5. 蕈树属 Altingia**
9. 裸芽；花杂性异株，雄花常与两性花同株；短穗状或总状花序；子房上位，每室胚珠1。
  11. 雄花、雌花及两性花的萼筒均极短，花后脱落，果实下部无萼筒包围 …… **11. 蚊母树属 Distylium**
  11. 雄花萼筒极短，雌花及两性花的萼筒壶形，果时宿存并包围果实下部 …… **12. 水丝梨属 Sycopsis**

1 双花木属 Disanthus Maxim.

落叶灌木。叶互生；叶片心形或宽卵形，不裂，全缘，具掌状脉；具长叶柄；托叶条形，早落。头状花序有2朵无梗的花，具花序梗；花两性；苞片1；小苞片2，分离或结合成短筒状；萼筒短杯状，萼齿5，开花时反卷；花瓣5，狭披针形，在花蕾中内曲；雄蕊5，花丝短，花药纵裂，退化雄蕊5，位于花瓣基部；子房上位，2室，每室有5或6胚珠，花柱2，短而粗。蒴果较大，2个并生，每果2瓣裂，外果皮木质，内果皮骨质，2层果皮分离，具数粒种子。种子长椭球形，大小不等。

仅1种，分布于日本南部和我国中东部。浙江也有。

长柄双花木（亚种）（图2-528）
Disanthus cercidifolius Maxim. subsp. **longipes** (Hung T. Chang) K.Y. Pan — *D. cercidifolius* var. *longipes* Hung T. Chang

落叶灌木，高达4m。小枝屈曲，灰褐色，无毛，有细小皮孔。叶互生；叶片宽卵形至扁圆形，宽大于长，长3～6cm，宽3～7cm，先端钝或近圆形，基部心形，两面无

图2-528 长柄双花木

毛，全缘，掌状脉5或7；叶柄长1.5～4cm；托叶条形，早落。头状花序腋生，在花序梗顶端靠背着生2花；花瓣红色，狭披针形，长约7mm。蒴果倒卵形，长1.2～1.4cm，宽1～1.3cm，先端近平截，上半部2瓣开裂；果序梗长1.5～3cm。花期10—11月，果期次年9—10月。

产于开化（钱江源）、龙泉（住溪、披云山）。生于海拔500～1250m的沟谷林下或灌丛中；杭州市区（杭州植物园）、临安（浙江农林大学）、开化（古田山）等地有栽培。分布于江西、福建、湖南。为我国特有的古老孑遗植物。

花果特异，叶片清雅，秋叶红色，为优良的园林观赏树种。为国家Ⅱ级重点保护野生植物。

与双花木 D. cercidifolius 的区别在于后者果序梗长仅1cm。分布于日本南部山地，我国不产。

2 壳菜果属 Mytilaria Lecomte

常绿乔木。小枝无毛，有环状托叶痕。叶大，互生；叶片革质，无毛，阔卵圆形，全缘，先端具浅裂，掌状脉；有长柄。花两性，螺旋状排列成稠密的肉穗状花序；萼筒与子房合生，藏于肉质花序轴内，萼片5或6，卵圆形，大小不等，覆瓦状排列；花瓣5，条形，稍肉质；雄蕊10～13，周位，花丝短而粗，花药内向，4室；子房下位，每室胚珠6，中轴胎座。蒴果卵球形，上半部2瓣裂，每瓣2浅裂。种子椭球形，无翅。

仅1种，分布于广东、广西、云南。越南、老挝也有。浙江有引种栽培。

壳菜果 米老排 （图2-529）
Mytilaria laosensis Lecomte

常绿乔木，高可达30m。小枝粗壮，无毛，有环状托叶痕。叶片无毛，阔卵圆形，有时盾状着生，全缘或3（5）浅裂，长10～13cm，宽7～10cm，小树的叶片更大，先端急尖至短渐尖，基部心形，掌状脉5；叶柄长7～10cm，圆筒形，无毛；托叶长0.8～1cm，包住芽体，早落。肉穗状花序顶生或近顶生；花瓣黄绿色，长4～9mm，宽1～2mm。蒴果卵球形，长1.5～2cm，宽约1.5cm，外果皮黄褐色，内果皮较薄而坚硬。种子长1～1.2cm，宽5～6mm，褐色，有光泽，具网纹，种脐白色。花期3—6月，果期7—9月。

原产于广东、广西、云南。越南、老挝也有。温州及杭州市区、临安、定海、温岭、玉环等地有引种栽培。

木材红色，白蚁不侵，可作箱柜、家具、房屋板材、船舶等用材；树体高大，四季常绿，为优良的绿化树种，宜作行道树或景观树。

图2-529 壳菜果

❸ 枫香树属 Liquidambar L.

落叶乔木。冬芽光滑，卵形，芽鳞5或6。叶互生；叶片掌状3~7裂，掌状脉，叶缘有锯齿；叶柄细长；托叶早落。花单性，雌雄同株；无花瓣。雄花多数排成头状或短穗状花序，再排成总状花序，无花萼及花瓣，雄蕊多数而密集，花药2室，纵裂；雌花多数组成圆球形头状花序，有细长花序梗，萼筒与子房合生，萼齿有或无；子房半下位，2室，每室胚珠多数，中轴胎座，花柱2。蒴果小，多数组成球形果序，木质，室间2瓣裂，花柱宿存，萼齿有或无。种子多数，扁平有翅。

5种，分布于美洲和亚洲。我国连引种有3种；浙江有3种。

分种检索表

1. 叶片常掌状3浅裂至中裂；枝条无木栓翅；乡土树种。
   2. 蒴果有多数长而尖的萼齿；雌花序具24~43花；托叶长1~2cm；通常生于海拔700m以下 ··· 1. 枫香树 L. formosana
   2. 蒴果无或具极短的萼齿；雌花序具15~26花；托叶长0.3~1cm；通常生于海拔700m以上 ··· 2. 缺萼枫香树 L. acalycina
1. 叶片常掌状5或7中裂至深裂；枝条常有厚的木栓翅；外来树种 ·········· 3. 北美枫香树 L. styraciflua

1. 枫香树 枫树 枫香 （图2-530）

Liquidambar formosana Hance

落叶大乔木，高可达40m。树干通直，树皮灰褐色，不规则深纵裂；小枝有毛，大枝无木栓翅；芽卵形，长约1cm，芽鳞有树脂，具光泽。叶片扁卵形，长6~12cm，宽9~17cm，常掌状3浅裂至中裂（萌生枝上的叶常5或7裂），中裂片较长，先端尾状渐尖，基部心形或平截，下面有短毛或仅在脉腋有毛，掌状脉通常3；叶柄长3~10cm；托叶长1~2cm。短穗状雄花序多个排成总状，雄蕊多数，花丝不等长；雌花24~43朵排成头状花序，萼齿4~7，针形，花后伸长。果序球形，直径3~4cm；蒴果木质，具细长花柱和多数长而尖的刺状萼齿。花期3—4月，果期9—11月。

产于全省各地。通常生于海拔700m以下的平原、丘陵或山地的向阳处，林中或村旁。分布

图2-530 枫香树

于华东、华中、华南、西南。韩国、越南、老挝也有。

果实、树脂、根、叶均可药用，果实名"路路通"，有行气宽中、活血通络、利水等功效，根有祛风止痛的功效，叶有祛风除湿、行气止痛等功效，树脂有活血止血、生肌止痛等功效；树脂经加工后可制成枫香浸膏或芳香油，用于调和香精，为优良的定香剂；树体高大，秋叶绚丽，为极佳的绿化树种，也是本省重要的古树树种；木材可作家具及建筑用材；树皮可提制栲胶。

2. 缺萼枫香树 （图2-531）
Liquidambar acalycina Hung T. Chang

落叶乔木，高达25m。树皮灰白色，深纵裂；小枝无毛，大枝无木栓翅。叶片扁卵形，掌状3浅裂至中裂，长8～13cm，宽8～15cm，中裂片较长，先端尾状渐尖，基部微心形或平截，边缘有细锯齿，两面无毛，掌状脉3，网脉在两面均明显；叶柄长4～10cm；托叶长0.3～1cm。短穗状雄花序多个排成总状；头状雌花序单生于短枝的叶腋内，具15～26花。果序球形，直径约2.5cm，无萼齿，宿存花柱较粗短。花期3—4月，果期9—11月。

产于台州、丽水、温州及安吉、临安、淳安、余姚、奉化、衢州市区（衢江）、开化、江山、金华市区（婺城）、武义等地。通常生于海拔700m以上的山坡、沟谷林中。分布于安徽、江西、湖北、广东、广西、四川、贵州。

用途同枫香。

图2-531 缺萼枫香树

在本省海拔700m左右地段，常可见到1个萼齿呈短刺状的类型（图2-532），可能是枫香树与缺萼枫香树的杂交种，有待进一步研究。

图2-532 缺萼枫香树（短刺状萼齿类型）

3. 北美枫香树 （图2-533）
Liquidambar styraciflua L.

落叶大乔木，高可达30m。树干通直，大树树皮深灰色，不规则深纵裂；小枝无毛，散生长椭圆形皮孔，大枝常有发达的木栓质厚翅；芽卵形，紫褐色。叶互生；叶片扁圆形，常掌状5或7中裂至深裂，长7~12cm，宽9~15cm，基部向下呈圆弧形或浅心形，裂片先端短渐尖，边缘有细浅锯齿，有时有小裂片，幼叶叶脉及老叶基部主脉有柔毛；叶柄长5~13cm；托叶条状披针形，早落。雄花由多个短穗状花序排成总状，长3~6cm；雌花多数排成头状花序，几无萼齿，花柱2，中下部合生，柱头弯曲。果序球形，直径2.5~4cm，具长梗。发育种子黑褐色，一端具翅，不育种子颜色较淡，无翅。花期3—4月，果期10—12月。

原产于北美洲。江苏、河南、湖南、广东、云南、青海等地有引种。桐乡（虹越花卉）、杭州市区、诸暨（东白湖）、宁波市区、鄞州、义乌（森山健康小镇）、仙居等地有栽培。

为著名的秋色叶树种，有银边、花叶、紫叶等观叶园艺品种；树脂含苏合香，可作胶皮糖的香料，药用有通窍、解郁、祛痰等功效。

图2-533 北美枫香树

❹ 半枫荷属 Semiliquidambar Hung T. Chang

常绿或半常绿乔木。鳞芽。叶互生；叶片革质，掌状3裂、单侧裂或不分裂，有锯齿，掌状脉；托叶条形，早落。花单性同株，无花瓣；雄花排成短穗状花序，多个再排成总状，生于枝端，萼齿、花瓣缺，雄蕊多数，花药2室，花丝极短；雌花多朵组成单个腋生的头状花序，萼筒与子房合生，萼齿短小，钻形，宿存，无退化雄蕊，子房半下位，2室，每室胚珠多粒，花柱2，常卷曲，果时宿存。果序半球形，基部平截，有多数木质蒴果；蒴果上半部2瓣裂，每瓣再2浅裂。种子多数，褐色，具棱。

3种，分布于我国东南部至南部；浙江均有。

分种检索表

1. 叶片异形，即同一植株上具有不裂和分裂的叶片，先端尾长常不逾1.5cm。
    2. 嫩枝无毛；叶片厚革质；叶柄粗壮；果序上的萼齿长2～5mm ·················· **1. 半枫荷 S. cathayensis**
    2. 嫩枝有毛；叶片薄革质；叶柄纤细；果序上的萼齿长1～2mm ·················· **2. 细柄半枫荷 S. chingii**
1. 叶片同形，不分裂，先端尾长1.5～2cm ·················· **3. 长尾半枫荷 S. caudata**

1. 半枫荷（图2-534）
Semiliquidambar cathayensis Hung T. Chang

常绿乔木，高达17m。树皮灰色，稍粗糙；芽体长卵形，略有短柔毛；嫩枝无毛。叶簇生于枝顶，厚革质，二型；不分裂的叶片卵状椭圆形，长8～13cm，宽3.5～6cm，先端急尖、短渐尖或短尾尖，尾长0.5～1.5cm，基部阔楔形或近圆形，两侧稍不等；分裂叶掌状3裂，中裂片长3～5cm，两侧裂片卵状三角形，长2～2.5cm，斜行向上，有时为单侧叉状分裂，边缘有腺锯齿；

图2-534 半枫荷

掌状脉3，两侧的较纤细，在不分裂的叶上常离基5～8mm；叶柄粗壮，长3～4cm，上部具槽，无毛。短穗状雄花序常数个排成总状，长约6cm；头状雌花序单生，花序梗长4.5cm，无毛，花柱长6～8mm，先端卷曲，有柔毛。头状果序直径约2.5cm（不计花柱长），有蒴果22～28个，宿存萼齿长2～5mm，比花柱短。花期3—6月，果期7—9月。

产于临海（括苍山）、温岭（温峤、南嵩岩）、龙泉、庆元（五岭坑）、泰顺（乌岩岭）。散生于海拔300～1200m的山地常绿阔叶林中。分布于江西、广东、海南、广西、贵州。我国特有。

材质优良，旋刨性良好，可用于制作旋刨制品。为国家Ⅱ级重点保护野生植物。

2. 细柄半枫荷　（图2-535）
Semiliquidambar chingii (F.P. Metcalf) Hung T. Chang

半常绿乔木，高达25m。芽体干后红褐色，有光泽，略有短柔毛；嫩枝有柔毛。叶片薄革质，多型，掌状3裂、仅一侧有裂片或不分裂，长6.5～10cm，宽3.5～8cm，先端锐尖至尾状渐尖，尾长1～1.5cm，基部宽楔形至圆形，边缘有具腺锯齿，掌状三出脉在分裂叶上明显，基出，在不裂叶片上较纤弱，离基3～4mm处发出，网脉在两面均显著；叶柄纤细，长2～4.5cm；托叶条形，早落。花序头状。果序近球形，直径1.5～2cm（不计花柱长），果序梗长3～5cm，较纤细；蒴果上的萼齿刺状，长1～2mm，花柱长4～6mm，先端弯曲。花期3—4月，果期9—11月。

产于江山（张村龙井坑）、龙泉。生于海拔600～1000m的山坡密林中。分布于江西、福建、广东、贵州。

图2-535　细柄半枫荷

3. 长尾半枫荷 尖叶半枫荷 （图2-536）

Semiliquidambar caudata Hung T. Chang — *S. caudata* var. *cuspidata* (Hung T. Chang) Hung T. Chang — *S. cuspidata* Hung T. Chang

常绿或半常绿乔木，高达20m。叶集生于枝顶，同形，不分裂，卵形或卵状椭圆形，长4～10cm，宽2～4.5cm，先端尾状渐尖，尾长1.5～2cm，基部圆形或宽楔形，边缘有疏锯齿，离基三出脉，或不明显；叶柄长1.5～4.5cm，纤细，无毛，上部有沟，基部略膨大。雄花序未见，雌花序生于叶腋。头状果序扁半球形，直径1.4～2.5cm（不计花柱长），果序柄长2.5～3.5cm，被柔毛；蒴果稍突出，花柱长3～5mm。花期3—4月，果期9—11月。

产于景宁（英川）、庆元（百山祖黄皮村）、泰顺（叶山岭）。生于海拔600～1100m的山坡林中；杭州市区（杭州植物园）有栽培。分布于福建中部。

图2-536　长尾半枫荷

5 蕈树属 Altingia Noronha

常绿乔木。鳞芽。叶互生；叶片革质，不分裂，卵形至披针形，全缘或有锯齿，羽状脉；托叶小，早落或缺。花单性同株；无花瓣；雄花组成短穗状或头状花序，常多个再排成总状，雄蕊多数，花丝极短，花药2室，纵裂；雌花5~30朵排成头状，有花序梗，萼筒与子房合生，萼齿缺或呈瘤状体，子房下位，2室，每室胚珠多粒，中轴胎座，花柱2，果时脱落。果序近球形或倒圆锥形；蒴果木质，室间2裂，每瓣再2浅裂。种子多数，多角形或有短翅。

11种，分布于东南亚及我国、印度、不丹。我国有8种，产于东南部至西南部；浙江有2种。

1. 蕈树 阿丁枫 （图2-537）
Altingia chinensis (Champ.) Oliv. ex Hance

常绿乔木，高达15m。树皮灰色，呈片状剥落；芽卵形，有多数暗褐色鳞片，边缘有白色柔毛。叶片倒卵状长圆形，长7~13cm，宽2~4cm，先端短急尖，基部楔形，边缘有钝锯齿，两面无毛，侧脉7或8对，细脉在上面明显，在下面稍隆起；叶柄长约1cm。雄花排成短穗状花序，常多个再排成圆锥状；雌花15~26朵排成头状花序，单生或再组成圆锥花序，萼筒与子房合生，萼齿乳突状，花柱2，先端外弯，有柔毛。果序近球形，直径1.7~2.8cm，基底平截。种子多数，褐色，有光泽。花期3—6月，果期7—9月。

产于龙泉、庆元、苍南、泰顺。生于海拔350~700m的山坡、沟谷阔叶林中或路边。分布于江西、福建、湖南、广东、海南、广西、贵州、云南。越南也有。

木材含挥发油，可提取蕈香油，供药用及香料用；材质坚重，纹理致密，可供建筑及家具用，梢木废料等也可用于培养香菇。为浙江省重点保护野生植物。

图2-537 蕈树

2. 细柄蕈树　细柄阿丁枫　（图2-538）
Altingia gracilipes Hemsl.

常绿乔木，高达20m。树皮灰色；幼枝有毛；芽宽卵形，有多数紫褐色鳞片，略有微毛。叶片革质，卵形至卵状披针形，长3.5~7cm，宽1.5~3cm，先端尾尖，基部宽楔形或近圆形，全缘，两面无毛，上面有光泽，侧脉5或6对；叶柄长1.5~3cm，纤细，无毛；无托叶。头状雄花序圆球形，常多个排成圆锥状，花序轴密生灰褐色柔毛，雄蕊多数，花丝极短，花药红色；头状雌花序生于当年生枝叶腋，单生或数个排成总状，每个头状花序具5或6花。果序倒圆锥形，直径1.5~2cm。花期4—5月，果期7—10月。

产于遂昌、松阳、庆元、龙泉、平阳、文成、泰顺。生于海拔600m以下的沟谷、山坡阔叶林中；杭州市区、临安、鄞州、莲都、松阳等地有栽培。分布于江西、福建、广东、海南。

树干通直，枝叶密集，冠大荫浓，耐寒性较强，为优良的园林观赏树种；树脂含芳香油，可供药用及制香料。

图2-538　细柄蕈树

2a. 细齿蕈树（变种）（图2-539）
var. serrulata Tutch.

与细柄蕈树的区别在于叶缘有浅锯齿。

产于遂昌、庆元、温州市区（龙湾）、文成（叶胜林场）、泰顺（左溪）。生于海拔500m以下的沟谷、山坡阔叶林中；杭州市区（杭州植物园）、临安（浙江农林大学）、莲都等地有栽培。分布于福建、广东。

*Flora of China*将其归并到细柄蕈树中，但从本省产的情况看，两者有无锯齿的性状还是比较稳定的。

图2-539　细齿蕈树

细柄蕈树与蕈树的区别在于后者叶片较大，长7~13cm，先端短急尖，侧脉7或8对，叶柄长约1cm；雌花序仅具15~26花；果序近球形。

6 檵木属 Loropetalum R. Brown

常绿或半常绿，灌木或小乔木。小枝无环状托叶痕；枝叶被星状毛；裸芽。叶较小，互生；叶片通常全缘，羽状脉。花两性；花4~8朵簇生成顶生的头状或短穗状花序，无梗；萼筒倒圆锥形，与子房合生，外被星状毛，萼齿4，卵形，脱落；花瓣4，条形；雄蕊4，花丝短，花药有4花粉囊，2瓣裂；退化雄蕊鳞片状，与雄蕊互生；子房半下位，2室，每室胚珠1，花柱2，极短。蒴果木质，被星状毛，内、外果皮分离，上半部2瓣裂，每瓣再2浅裂。种子2，长卵形，亮黑色，种脐白色。

4种，产于我国、日本和印度。我国有3种，分布于东部和西南部；浙江有1种。

檵木　坚漆　（图2-540）

Loropetalum chinense (R. Brown) Oliv. — *Hamamelis chinensis* R. Brown

常绿灌木，稀为小乔木，高1~8m。多分枝，小枝有锈色星状毛。叶互生；叶片卵形，长1.5~5cm，宽1~2.5cm，先端急尖或钝，基部圆钝或微心形，偏斜，全缘，上面粗糙，略有粗毛或秃净，下面沿脉密生星状毛，稍带灰白色，细脉明显；叶柄被星状毛。花两性；花3~8朵簇生成头状花序；花序梗长约1cm，被毛；花瓣4，白色或淡黄色，条形，长1~2cm，宽1~1.5mm；

雄蕊4，花丝极短，花药卵形。蒴果近卵球形，长约1cm，被黄褐色星状毛；萼筒包至蒴果的上部。花期3—4月，果期8—10月。

产于全省山区、丘陵及海岛。生于海拔1200m以下的向阳山坡、沟谷林缘、林下及山脊岗地灌丛中。分布于华东、华中及广东、广西、四川、云南、贵州。日本、印度也有。合模式标本采自舟山。

根、叶、花及果可入药，能解热、止血、通经活络；开花繁密而醒目，可供园林观赏，老桩可作盆景，也常用作嫁接红花檵木的砧木；木材坚实耐用，可制器具、工艺品。

图2-540　檵木

a. 红花檵木（变种）（图2-541）

var. **rubrum** Yieh — *L. chinense* form. *rubrum* Hung T. Chang

与檵木的区别在于嫩枝和叶淡红色，老叶暗红色；花瓣紫红色。

原产于湖南、广西。现世界各地广泛栽培。

开花繁茂，花色艳丽，适应性强，已成为十分重要的园林绿化和盆景材料，并已培育出'透骨红''双面红''嫩叶红'等诸多品种。

图2-541 红花檵木

7 金缕梅属 Hamamelis L.

落叶灌木或小乔木。植株常无大型虫瘿。树皮不规则浅纵裂；幼枝被星状毛；裸芽，密被星状绒毛。叶互生；叶片基部偏心形，全缘或有浅波状齿，羽状脉；叶柄短；托叶早落。花数朵组成头状或短穗状花序；花两性；萼裂片4，卵形，萼筒与子房合生；花瓣4，显著，条形，黄色或淡红色；雄蕊4，花丝短，花药卵形，2室，单瓣开裂；退化雄蕊4，鳞片状，与雄蕊互生；子房半下位，2室，每室胚珠1，花柱2，极短，分离。蒴果近无柄，卵球形，上半部2瓣裂，每瓣再2浅裂，内果皮骨质，常与木质外果皮分离。种子2，亮黑色，长椭球形。

6种，分布于东亚和北美洲。我国有1种；浙江也有。

金缕梅　木里仙　（图2-542）
Hamamelis mollis Oliv.

落叶小乔木或灌木，高3～6m。树皮灰白色，不规则浅纵裂。叶片宽倒卵形，长7～15cm，宽6～12cm，先端短急尖，基部斜心形，边缘具波状钝齿，上面稍粗糙，疏生星状毛，下面密被灰白色星状毛，侧脉6～8对；叶柄长6～10mm。花先于叶开放，有香气；花数朵聚生成腋生的近头状或短穗状花序；萼裂片4，紫褐色；花瓣4，条形，金黄色，基部稍带红色，长1.5～2cm；雄蕊4，花药与花丝近等长，长约2mm。蒴果卵球形，长约1.2cm，密被黄褐色星状毛。花期2—3月，果期9—11月。

产于安吉、临安、淳安、上虞、诸暨、鄞州、余姚、宁海、开化、金华市区（婺城）、磐安、台州市区（黄岩）、临海、天台、莲都、松阳、龙泉、云和、青田、永嘉。生于海拔1200m以下的沟谷、山坡、山脊灌丛中、疏林下或林缘。分布于华中及安徽、江西、广西、四川。

根可入药，民间用于治疗劳伤乏力；2—3月花先于叶开放，花瓣条形，金黄色，颇似蜡梅，故有"金缕梅"之称，为著名的早春观花树种。

图2-542　金缕梅

⑧ 银缕梅属 Parrotia C.A. Mey.

落叶乔木。常有大型果实状虫瘿。树皮呈斑块状剥落；幼枝密被星状毛；鳞芽。叶互生；羽状脉，侧脉直达齿端，两面均被星状毛；托叶小，早落。雄花与两性花同株；花序头状或短穗状，顶生或腋生；花3~7，先于叶开放；花萼基部合生，5~7浅裂，宿存；无花瓣；雄蕊常5~15，花丝细长，花药2室，纵裂；子房半下位，2室，每室胚珠1，花柱2。蒴果木质，2裂，每瓣2浅裂，近球形，密被星状毛；无果梗。种子椭球形。

2种，我国和伊朗各有1种。浙江有1种。

银缕梅 (图2-543)

Parrotia subaequalis (Hung T. Chang) R.M. Hao et H.T. Wei —— *Hamamelis subaequalis* Hung T. Chang —— *Shaniodendron subaequale* (Hung T. Chang) M.B. Deng et al.

落叶小乔木或灌木状，高达8m。常有大型果实状坚硬虫瘿。树干常扭曲，凹凸不平，树皮不规则薄片状剥落，新皮灰白色、淡黄色或青绿色；裸芽、芽与幼枝密被星状毛。叶互生；叶片倒卵形或椭圆状倒卵形，长4~7.5cm，宽2.5~4.5cm，先端渐尖或钝尖，基部圆形、截形或微心形，稍不对称，边缘有锯齿，两面有星状毛，侧脉4或5对；叶柄长5~7mm，被星状毛。头状花序顶生或腋生，具3~7花，先于叶开放；花萼基部合生，带绿色；无花瓣；雄蕊5~15，花丝细长下垂，花药黄绿色、紫红色或紫褐色。蒴果近球形，密被星状毛。花期3—4月，果期9—10月。

产于安吉、临安、嵊州、宁波市区（北仑）、余姚、奉化、宁海。生于海拔400~1000m的山谷溪边、山坡、山脊疏林下或灌丛中；杭州市区（杭州植物园）、临安（浙江农林大学）等地有栽培。分布于江苏、安徽。为古老树种，华东特有。

树干苍劲，秋叶斑斓，为优良的观赏树种。为国家Ⅰ级重点保护野生植物。

图2-543 银缕梅

二七　金缕梅科 Hamamelidaceae

9 蜡瓣花属　Corylopsis Siebold et Zucc.

落叶，稀常绿，灌木或小乔木。植株常无大型虫瘿。树皮不呈斑块状剥落；鳞芽，混合芽具多数总苞状鳞片。叶互生；叶基常不对称，羽状脉，叶缘锯齿齿端呈短芒状；托叶叶状，早落。花两性；总状花序下垂；萼筒与子房合生或稍离生，萼齿5，花后脱落；花瓣5，黄色，匙形或倒卵形，具瓣柄；雄蕊5，花药2室，纵裂；退化雄蕊5，与雄蕊互生；子房半下位，2室，每室胚珠1，花柱2。蒴果木质，成熟时4瓣裂，花柱宿存。种子长椭球形。

约29种，分布于东亚及印度。我国有20种；浙江连栽培有3种。

分种检索表

1. 常绿灌木或小乔木；叶片长7～15cm，宽4～8cm；雄蕊比花瓣长，退化雄蕊不分裂 ·· **1. 瑞木　C. multiflora**
1. 落叶灌木；叶片长5～9cm，宽3～6cm；雄蕊比花瓣略短，退化雄蕊2裂。
   2. 花序轴、萼筒、子房及蒴果均有毛；叶片下面有星状毛或柔毛 ············ **2. 蜡瓣花　C. sinensis**
   2. 花序轴、萼筒、子房及蒴果均无毛；叶片下面疏生短腺毛或无毛 ········ **3. 腺蜡瓣花　C. glandulifera**

1. 瑞木 （图2-544）

Corylopsis multiflora Hance

常绿灌木或小乔木，高达6m。幼枝有绒毛，老枝秃净，灰褐色，有细小皮孔；芽体密被长绒毛。叶片倒卵形、倒卵状椭圆形或卵圆形，长7～15cm，宽4～8cm，先端急尖或短尾尖，基部心形，上面脉上常有柔毛，下面粉白色，有星状毛，或仅脉上有毛；侧脉7～9对，叶缘有锯齿，齿

图2-544　瑞木

尖突出；叶柄长1～1.5cm，有星状毛。总状花序长2～4cm，总苞状鳞片卵形，花序轴及总花柄均被毛；花瓣倒披针形，长4～5mm，宽1.5～2mm；雄蕊长6～7mm，比花瓣长；退化雄蕊不分裂；花柱比雄蕊稍短。果序长5～6cm；蒴果硬木质，长1.2～2cm，宽0.8～1.4cm，无毛，有短柄，颇粗壮。种子黑色，长达1cm。花期3—4月，果期8—10月。

原产于华南及福建、湖北、湖南、贵州、云南。杭州市区（杭州植物园）有栽培。

2. 蜡瓣花 （图2-545）
Corylopsis sinensis Hemsl.

落叶灌木，高可达3m。幼枝被灰褐色柔毛；芽鳞外面被毛。叶片倒卵形至长圆状倒卵形，长5～9cm，宽3.5～6cm，先端短渐尖，基部斜心形，边缘有细锯齿，齿尖短芒状，上面无毛或仅中脉有毛，下面有灰褐色星状毛，侧脉6或7对，在下面明显隆起；叶柄长约1cm，被星状毛。总状花序长3～4cm，下垂，花序轴及花序梗具长柔毛；总苞状鳞片卵圆形，外面有柔毛，内面贴生长丝状毛；萼筒被星状毛；花瓣匙形，黄色；雄蕊5，比花瓣略短；退化雄蕊2裂；子房有星状毛，花柱长6～7mm。果序长4～6cm；蒴果近球形，被褐色星状毛。花期3—4月，果期9—11月。

产于杭州、衢州、台州、丽水、温州及安吉、诸暨、余姚、鄞州、武义等地。生于海拔500～1600m的山坡林缘或灌丛中。分布于安徽、江西、福建、湖北、湖南、广东、广西、四川、贵州。

春天花先于叶开放，串串黄花挂满枝头，为极好的观花树种；根皮及叶可药用，治恶寒发热、呕逆、心悸烦躁。

图2-545　蜡瓣花

2a. 秃蜡瓣花(变种)（图2-546）

var. calvescens Rehder et E.H. Wilson

与蜡瓣花的区别在于幼枝及芽体无毛，叶片仅下面沿脉有柔毛。

产于丽水、温州及临安、淳安、鄞州、开化、江山、天台、仙居。生于海拔400～900m的山谷、溪边疏林下或灌丛中。分布于江西、湖南、广东、广西、四川、贵州。

图 2-546 秃蜡瓣花

3. 腺蜡瓣花　浙江蜡瓣花（图2-547）

Corylopsis glandulifera Hemsl. — *C. hypoglauca* Cheng var. *glaucescens* Cheng — *C. willmottiae* Rehder et E.H. Wilson var. *chekiangensis* Cheng

落叶灌木，高2～5m。幼枝无毛或有短腺毛；芽鳞外面无毛。叶片倒卵形，长5～9cm，宽3～6cm，先端急尖，基部斜心形或近圆形，边缘上半部有锯齿，齿尖刺毛状，叶上面无毛，下面被短腺毛或至少脉上有毛，侧脉6～8对；叶柄疏生短腺毛。总状花序生于侧枝顶端，长3～5cm，花序轴及花序梗均无毛；总苞状鳞片近圆形，外面无毛，内面贴生丝状毛；萼筒无毛；花瓣匙形，黄色，蜡质；雄蕊5，比花瓣略短；退化雄蕊2深裂；子房无毛，花柱与花瓣近等长。蒴果近球形，长6～8mm，无毛。花期4月，果期5—8月。

产于杭州、宁波、衢州、金华、丽水、温州及安吉、诸暨、天台、

图 2-547 腺蜡瓣花

仙居。生于海拔360~1500m的山坡疏林下或溪沟边灌丛中。分布于安徽、江西。模式标本采自天台（天台山）。

用途同蜡瓣花。

3a. 灰白蜡瓣花（变种）（图2-548）
var. **hypoglauca** (Cheng) Hung T. Chang

与腺蜡瓣花的区别在于叶柄无毛；叶片近圆形，下面灰白色，无毛。

产于杭州、金华、丽水、温州及安吉、诸暨、宁波市区（北仑）、鄞州、余姚、宁海、衢州市区（衢江）、开化、天台、仙居。生于海拔370~1400m的沟谷、山坡疏林下或灌丛中。分布于安徽、江西。

图2-548 灰白蜡瓣花

⑩ 牛鼻栓属 Fortunearia Rehder et E.H. Wilson

落叶灌木或小乔木。常无大型虫瘿。树皮不呈斑块状剥落；小枝有星状毛；裸芽，被星状毛。叶互生；叶缘有短芒状齿，基部圆形或宽楔形，羽状脉；托叶小，早落。花杂性；两性花组成顶生总状花序，萼筒倒圆锥形，被星状毛，萼齿5，脱落，花瓣5，极小，钻形，雄蕊5，花丝极短，子房半下位，2室，每室胚珠1，花柱2，分离，线形，反卷；雄花花丝短，花药卵形，有退化子房。蒴果木质，室间及室背开裂，具柄；宿存萼筒与蒴果合生，长为蒴果的一半。种子亮褐色，长卵形。

仅1种，我国特产；浙江也有。

牛鼻栓 （图2-549）

Fortunearia sinensis Rehder et E.H. Wilson

落叶灌木或小乔木，高3～7m。叶互生；叶片倒卵形或倒卵状椭圆形，长7～15cm，宽4～7cm，先端急尖或锐尖，基部圆形至宽楔形，边缘短芒状浅牙齿，上面除中脉外无毛，下面脉上有星状柔毛；叶柄长4～10mm，有星状柔毛。两性花先于叶开放或与叶同放，长3～6cm，花序梗、花序轴均被星状柔毛；雄花序直立，花药紫红色。蒴果卵圆形，长1～1.5cm，外面无毛，密布淡褐色突起皮孔。种子2，长卵形，亮褐色，长约1cm。花期3—4月，果期9—12月。

产于湖州、杭州、宁波、台州及上虞、诸暨、定海。生于海拔800m以下的山坡、沟谷阔叶林中。分布于江苏、安徽、江西、河南、湖北、四川、陕西。

材质致密坚韧，耐磨耐腐，古时常用其制作牛鼻栓，故名；种子可榨油。

图 2-549　牛鼻栓

11 蚊母树属 Distylium Siebold et Zucc.

常绿灌木或乔木。裸芽；幼枝被星状绒毛和鳞垢。叶互生；叶片全缘或有锯齿，羽状脉，常有虫瘿；托叶披针形，早落。花杂性异株，雄花常与两性花同株；穗状或短总状花序腋生；萼筒极短，花后脱落，萼齿2～6或缺；无花瓣；雄蕊4～8，花丝不等长，花药扁椭球形，药隔突出；雄花无退化雌蕊；雌花及两性花的子房上位，被星状绒毛，2室，每室具1胚珠，花柱2，锥形。蒴果木质，卵球形，顶端2瓣裂，每瓣再2浅裂，下部无萼筒包围。种子亮褐色，长卵形。

18种，分布于东亚、东南亚及印度。我国有12种，分布于东南部至西南部；浙江有6种。

分种检索表

1. 叶片多少有锯齿。
   2. 乔木或小乔木，高5～16m；叶片较大，长5～9cm，宽2～4cm，上面侧脉下陷。
      3. 芽及幼枝被褐色鳞垢；叶片下面网脉绿色而清晰；蒴果长约1cm ··· 2. 杨梅叶蚊母树 **D. myricoides**
      3. 芽及幼枝被褐色星状绒毛；叶片下面网脉不甚清晰；蒴果长约1.5cm ··· 3. 闽粤蚊母树 **D. chungii**
   2. 灌木，高1～2m；叶片较小，长2～4cm，宽0.8～2cm，上面侧脉通常不下陷 ··· 4. 中华蚊母树 **D. chinense**
1. 叶片通常全缘。
   4. 叶片宽1.5～3.5cm；叶柄有鳞垢或星状绒毛。
      5. 芽及幼枝被褐色鳞垢；叶片宽2.5～3.5cm，侧脉5或6对；叶柄长5～10mm，略有鳞垢 ··· 1. 蚊母树 **D. racemosum**
      5. 芽及幼枝被褐色星状绒毛；叶片宽1.5～2.5cm，侧脉3或4对；叶柄长2～4mm，被星状柔毛 ·· 6. 台湾蚊母树 **D. gracile**
   4. 叶片宽1～1.5cm；叶柄无毛或鳞垢 ································ 5. 小叶蚊母树 **D. buxifolium**

1. 蚊母树 （图2-550）

Distylium racemosum Siebold et Zucc.

常绿灌木或小乔木，高可达5m。芽及幼枝被褐色鳞垢。叶片椭圆形或倒卵状椭圆形，长3～6cm，宽2.5～3.5cm，先端钝或略尖，基部宽楔形，通常全缘，两面无毛，侧脉5或6对，通常不下陷，叶面常有虫瘿；叶柄长5～10mm，略有鳞垢。总状花序生于叶腋，长约2cm；雄花和两性花同生于一花序，两性花常位于顶端；萼筒短，萼大小不等；雄蕊5～6，花药红色；子房有毛，花柱2，长6～7mm。蒴果卵球形，顶端尖，长1～1.2cm，密被褐色星状毛。种子卵球形，亮褐色，长约5mm。花期3—4月，果期9—10月。

原产于华南及福建、湖南。日本、朝鲜半岛也有。长江中下游地区广泛栽培。全省各地园林中多有栽培。

对二氧化硫及氯有很强的抗性，为重要的园林观赏树种。

图2-550　蚊母树

2. 杨梅叶蚊母树　亮叶蚊母树 （图2-551）
Distylium myricoides Hemsl. — *D. myricoides* var. *nitidum* Hung T. Chang

常绿小乔木或乔木，高可达16m。芽及幼枝被褐色鳞垢。叶片长圆形或倒卵状披针形，长5～9cm，宽2～3.5cm，先端锐尖至短渐尖，基部楔形至近圆形，边缘上部常有少数锯齿，叶面常有虫瘿，侧脉5或6对，与中脉在上面明显下陷，在下面隆起，网脉绿色，清晰；叶柄长5～8mm。总状花序腋生，长1～3cm，花序轴有鳞垢；雄花与两性花同序，两性花常位于顶端；雄蕊3～8，花药紫红色；花柱2，细长，长6～8mm，紫红色。蒴果卵球形，长约1cm，被黄褐色星状毛。花期3—4月，果期9—11月。

产于全省山区、丘陵。生于海拔700m以下的山坡、沟谷、溪边林中或崖壁岩缝中；全省各地园林中常有栽培。分布于安徽、江西、福建、湖南、广东、广西、四川、贵州、云南。

为优良的绿篱树及庭园观赏树；根可入药，有利水渗湿、祛风活络等功效；材质坚韧，过去常用其制作秤杆。

图2-551　杨梅叶蚊母树

3. 闽粤蚊母树 （图2-552）
Distylium chungii (Metc.) Cheng

常绿小乔木，高5～8m。树皮灰褐色，光滑不裂；芽及幼枝被褐色星状绒毛，老枝无毛。叶片长圆形或倒卵状长圆形，长5～9cm，宽2.5～4cm，先端锐尖或略钝，基部宽楔形至近圆形，叶缘近先端每边常有1～3小锯齿，有时全缘，上面深绿色，有光泽，侧脉5或6对，与中脉在上面下陷，在下面隆起，网脉不甚清晰；叶柄长7～10mm，被褐色星状绒毛。总状花序长0.7～3cm；雄花位于花序下部，雄蕊5～9；两性花位于花序上部，萼齿极短，雄蕊通常5，子房卵形，花柱长5～7mm。蒴果卵球形，长约1.5cm，密被褐色星状绒毛。种子卵圆形。花期3—4月，果期8—10月。

产于平阳、苍南、泰顺。生于低海拔的山坡林中或村边风水林中。分布于福建、广东。

图2-552　闽粤蚊母树

4. 中华蚊母树 （图2-553）
Distylium chinense (Franch.) Diels

常绿灌木，高1～2m。幼枝紫褐色，与芽均被褐色星状绒毛，老枝无毛。叶片长圆形、倒卵形、长倒卵形或倒披针形，长2～4cm，宽0.8～2cm，先端急尖、钝尖或圆钝，基部楔形至阔楔形，叶缘近先端处每边有1～3小锯齿，两面无毛，侧脉4或5对，细弱，不下陷，网脉在下面稍明显；叶柄长2～4mm，多少有星状绒毛。花序穗状，长1～2cm；雄蕊约6，花丝不等长，花药紫红色。蒴果卵球形，长7～8mm，被褐色星状绒毛。种子长3～4mm，褐色，有光泽。花期2—3月，果期9—11月。

原产于湖北、四川、贵州。杭州市区、庆元、泰顺等地有栽培。

可作园林地被、绿篱或盆景材料。

图 2-553 中华蚊母树

5. 小叶蚊母树（图 2-554）

Distylium buxifolium (Hance) Merr. — *D. buxifolium* var. *rotundum* Hung T. Chang

常绿灌木，高 1~2m。幼枝与芽被褐色星状绒毛，老枝无毛。叶互生，在枝条上排成2列；叶片革质，倒披针形或长圆状倒披针形，长 3~5cm，宽 1~1.5cm，先端急尖或圆钝，常有小尖头，基部楔形或窄楔形下延，稀近圆形，全缘，边缘常半透明，两面无毛，侧脉 4~6 对，细弱；叶柄长 1~3mm，无毛。穗状花序腋生，长 1~3cm；花药深红色。蒴果卵球形，长 7~8mm，有褐色星状绒毛，先端尖锐；宿存花柱长 1~2mm。花期 2—5 月，果期 8—10 月。

产于丽水、温州及衢州市区（衢江）、开化。生于海拔 700m 以下的山区江河、溪流两岸灌丛中，有时生于河岸石缝间或鹅卵石滩中；全省各地多有栽培。分布于福建、湖北、湖南、广东、广西、四川。

枝叶浓密，叶色深绿，花药红艳，极耐修剪，适应性强，为花境、地被、绿篱、石景点缀和制作盆景的优良材料；茎枝坚韧，根系发达，极耐洪水冲刷，适作山区溪河护岸植物。

图2-554 小叶蚊母树

6. 台湾蚊母树 （图2-555）
Distylium gracile Nakai

常绿小乔木，高5~10m。树皮灰褐色；幼枝与芽被褐色星状绒毛。叶片革质，宽椭圆形，长2~5cm，宽1.5~2.5cm，先端急尖或圆钝，基部楔形、宽楔形或近圆形，有时稍下延，全缘，边缘常半透明，侧脉3或4对，细弱，与中脉在上面不下陷，在下面稍明显；叶柄长2~4mm，有星状柔毛。花序腋生；雄花序穗状，长1~1.5cm，杂性花序总状，长2~2.5cm；两性花位于上部，花药紫红色。果序长1.5~3cm，有蒴果1~6个；蒴果卵球形，长约1cm，密被褐色星状毛。花期3—4月，果期9—10月。

产于舟山及鄞州、象山、温岭。生于低海拔的沿海山地上或海岛阔叶林中，普陀佛顶山有小片纯林；宁波等地园林中有栽培。分布于我国台湾。

抗风耐旱，适应性强，树形优美，可供海岛及园林绿化美化。

图 2-555 台湾蚊母树

⑫ 水丝梨属 Sycopsis Oliv.

常绿灌木或小乔木。裸芽，密被星状柔毛。叶互生；叶片全缘或微具细齿，叶脉羽状；具短柄；托叶细小，早落。短穗状或总状花序，顶生或腋生；花杂性异株，通常雄花和两性花同株；雌花和两性花的萼筒壶形，萼齿1～5，细小，无花瓣，雄蕊4～10，生于萼筒边缘，子房上位，与萼筒分离，2室，每室胚珠1，花柱2；雄花萼筒极短，雄蕊7～11，生于萼筒边缘，花药红色，2室，药隔突出。蒴果木质，卵形或近球形，被绒毛，成熟时2瓣裂，每瓣再2浅裂，下部有宿存萼筒包围，两者分离。种子长卵形。

9种，分布于东南亚及我国、印度。我国有7种，主产于华南、西南；浙江有1种。

水丝梨（图2-556）
Sycopsis sinensis Oliv.

常绿乔木，高达14m。树皮灰褐色，纵裂；裸芽；嫩枝被鳞垢。叶片革质，卵状椭圆形或椭圆状披针形，长5～10cm，宽2.5～3.5cm，先端渐尖，基部楔形至近圆形，边缘中部以上疏生小齿，侧脉6或7对，细弱，连中脉在上面下陷，在下面隆起，网脉清晰；叶柄长5～15mm，被鳞垢。雄花8～10朵排成近头状的短穗状花序，苞片深褐色，宽卵形，长6～8mm，被锈色星状毛，雄蕊10～11，花丝细长，花药紫红色或黄色；雌花与两性花6～14朵排成短穗状花序。蒴果卵形，长8～10mm，密被长柔毛，宿存萼筒长约4mm，被鳞垢，不规则裂开。种子褐色，长约6mm。花期3—4月，果期9—11月。

产于台州市区（黄岩）、天台、龙泉、庆元、乐清、永嘉、瑞安、泰顺。生于海拔

700～1400m的山坡、沟谷岩缝间或阔叶林中；杭州市区（杭州植物园）、临安（浙江农林大学）等地有栽培。分布于华中、华南及安徽、江西、福建、四川、贵州、云南、陕西。

图2-556　水丝梨

二八　虎皮楠科 Daphniphyllaceae

乔木或灌木。单叶互生，常聚生于枝顶；叶片全缘，上面具光泽，下面常被白粉，或具细小乳头状突起。总状花序腋生；苞片早落；单性异株；花小；有或无花萼；无花瓣；雄花具5～14雄蕊，辐射状排列，花丝短，花药2室，纵裂，药隔多少突出，有时具退化雄蕊而无退化雌蕊；雌花子房上位，通常2室，每室具（1）2倒生胚珠，有时具退化雄蕊，花柱1或2（4），极短或无，柱头2，叉开、反卷或盘旋状。核果卵形或椭球形，光滑、皱缩或有瘤状突起，顶部常有宿存花柱，具1（2）种子。

1属，25～30种，主产于东亚和东南亚。我国有11种，分布于长江流域及以南各地；浙江有3种。

虎皮楠属　Daphniphyllum Blume

属特征与科同。

分种检索表

1. 叶片革质或薄革质，下面网脉不清晰，叶缘不反卷或微反卷；通常为山地植物。
    2. 叶片长可达20cm，侧脉9～15对；雌花子房基部有10枚退化雄蕊；果有白粉 ··· 1. 交让木　D. macropodum
    2. 叶片长不逾16cm，侧脉7～12对；雌花子房基部无退化雄蕊；果无白粉 ······ 2. 虎皮楠　D. oldhamii
1. 叶片厚革质，下面网脉绿色而清晰，叶缘明显反卷；海岛植物 ············· 3. 琉球虎皮楠　D. luzonense

1. 交让木（图2-557）

Daphniphyllum macropodum Miq. — *D. himalaense* (Benth.) Muell.-Arg. subsp. *macropodum* (Miq.) T.C. Huang

常绿小乔木，高4～10m。4—5月新叶长出时，去年老叶凋落而更替，故有"交让"之称；叶片革质，椭圆形或长圆状椭圆形，长9～20cm，宽3～6.5cm，先端短渐尖，基部楔形，边缘不反卷或微反卷，上面绿色至深绿色，光滑，下面淡绿色，被白粉，具乳头状突起或无，侧脉9～15对，隐于叶肉中，网脉不清晰；叶柄常带红色。花序总状，生于枝顶叶腋，长6～10cm；雌雄异株；雄花无花被，或仅有1或2枚条形萼片，雄蕊6～9，花丝短，花药扁椭球形，略扁，药隔细尖或微凹，花药初为绿色，渐变为红色至暗红色；雌花无花萼，子房卵形，基部有10枚退化雄蕊，雌蕊顶端几无花柱，柱头2裂，显著外弯，子房2室，每室具2胚珠。核果成熟时呈黑色，薄被白粉，椭球形，长约1cm，直径5～6mm。花期4—5月，果期10—12月。

产于衢州、台州、丽水、温州及安吉、临安、淳安、金华市区（婺城）、武义。生于海拔230~1500m的山坡、沟谷阔叶林内。分布于华东（除江苏）、华南、西南及湖北、湖南、陕西。日本、朝鲜半岛也有。

种子可榨油，供工业用；木材可作家具用材；叶与种子可药用，有解毒的功效；树形美观，枝叶茂密，为优良的园林观赏树种。

图 2-557　交让木

2. 虎皮楠 （图2-558）

Daphniphyllum oldhamii (Hemsl.) Rosenth. — *D. glaucescens* Blume subsp. *oldhamii* (Hemsl.) T.C. Huang

常绿小乔木或乔木，高4~15m。树皮灰色至灰褐色，平滑不裂；枝圆柱形，髓心片状。叶多集生于枝顶；叶片薄革质，长圆形、倒卵状椭圆形或椭圆状披针形，长8~16cm，宽3~5cm，先端渐尖或短尖，基部楔形，边缘不反卷或微反卷，上面深绿色，下面灰绿色，被白粉，并有细小乳头状突起，侧脉7~12对，稍隆起，网脉不清晰；叶柄长1~4.5cm。雄花序总状，长3~6cm，花序梗纤细，花药通常为扁椭球形，药隔处急尖；雌花序总状，长4~5cm，花梗长6~10mm，花萼早落，子房顶端具反卷或卷曲状柱头，柱头短于子房或近等长，基部无毳化雄蕊。核果成熟时

图2-558 虎皮楠

呈暗红色至黑色，椭球形，长6～14mm，直径5～8mm，基部圆钝不缢缩，稍具稀疏瘤状突起，几无花柱，不被白粉。花期3—4月，果期10—12月。

产于宁波、衢州、金华、台州、丽水、温州及临安。生于海拔200～1450m的山坡、沟谷阔叶林中。分布于华东（除江苏）、华南及湖北、湖南、四川、贵州、陕西。日本、朝鲜半岛也有。

2a. 长柱虎皮楠（变种）（图2-559）

var. **longistylum** (Chien) J.X. Wang — *D. longistylum* Chien

与虎皮楠的区别在于核果基部缢缩成短柄状，果实表面具瘤状突起，宿存花柱长1～2mm。

产于宁海、龙泉。生于海拔500m左右的林下或灌丛中。分布于广西、贵州、陕西。

图2-559　长柱虎皮楠

3. 琉球虎皮楠（图2-560）

Daphniphyllum luzonense Elmer

常绿灌木或小乔木，高1.5～5m。全体无毛；小枝粗壮，髓心片状。叶互生，常聚生于枝顶；叶片厚革质，长圆形或长椭圆形，长4.5～8cm，宽2～3.5cm，叶缘明显反卷，先端钝尖，基部近圆形，上面具光泽，下面粉绿色，具细小乳头状突起，侧脉9～12对，两面隆起，下面网脉绿色而清晰；叶柄粗壮，长1.4～2.6cm。总状花序腋生；花单性异株；雄花序中下部的花稀疏着生，近顶部的花簇生状或近轮生状；花无花被；雄蕊3～8，深紫色，花药椭球形，几无花丝。果序长

二八　虎皮楠科 Daphniphyllaceae

3.5~5.5cm，果梗长约1cm，基部有关节；核果椭球形，长约1.1cm，直径约0.7cm，成熟时呈紫褐色至紫黑色，具微颗粒状突起，无白粉；果核近黑色，表面有不规则瘤突。花期4—5月，果期10月至次年1月。

产于象山（铜头岛）、普陀（洛迦山岛、桃花岛、东福山岛）、温岭（积谷山岛）、瑞安（铜盘山岛）。生于海岛山坡灌丛中、林中或岩质海岸石缝中。分布于我国台湾（兰屿）。日本南部也有。

枝叶密集，叶色亮绿，新叶淡红，适作滨海地区绿化及海岸水土保持林的造林树种；具有较高的园林开发利用价值。

图 2-560　琉球虎皮楠

二九　杜仲科 Eucommiaceae

落叶乔木。全体除木质部外，均含胶质，折断有白色细丝相连。单叶互生；有锯齿；具柄；无托叶。花单性，雌雄异株，无花被，生于幼枝基部的苞叶内，与叶同放或先于叶开放；雄花簇生，有短梗，具小苞片，雄蕊5～10，花丝极短，花药厚条形，4室，纵裂；雌花单生，具短梗，子房1室，心皮2，扁平，顶端2裂，柱头位于裂口的内侧，胚珠2，并立，倒生，下垂。翅果扁平，长椭圆形。种子1。

1属，1种，我国特有单种科，分布于华中、西南及陕西、甘肃；浙江也有。

杜仲属　Eucommia Oliv.

属特征与科同。

杜仲　（图2-561）
Eucommia ulmoides Oliv.

落叶乔木，高达20m。树皮灰褐色，纵裂，与根皮、枝皮、叶片、果实均含杜仲橡胶，折断有白色细丝相连；嫩枝有黄褐色柔毛，后脱落变无毛，老枝有明显的皮孔。叶互生；叶片椭圆形至椭圆状卵形，长6～16cm，宽4～9cm，先端渐尖，基部宽楔形或近圆形，边缘有细锯齿，上面暗绿色，下面淡绿色，初有褐色柔毛，后仅沿脉有毛，侧、网脉在上面下陷，在下面隆起；叶柄长1～2cm，散生柔毛。花单性异株；雄花簇生，花梗长约3mm，苞片倒卵状匙形，长6～8mm，雄蕊5～10，花药厚条形，长约1cm，药隔突出，花丝极短；雌花单生，花梗长约8mm，苞片倒卵形，子房无毛，先端2裂。翅果扁平，长椭圆形，长3～3.5cm，宽1～1.3cm，种子位于中央。种子扁圆柱形。花期3—4月，果期9—11月。

产于安吉（龙王山）、杭州市区（余杭红桃山）、临安（西天目山）。生于海拔500～1000m的山坡、沟谷林中，多见于石灰岩山地；全省各地普遍栽培。分布于华中、西南及陕西、甘肃。

树皮为名贵中药材，有补肝肾、强筋骨、降血压等功效；叶、树皮及果实含硬橡胶，绝缘性能好，耐酸、碱、油及化学试剂的腐蚀，为制造海底电缆和耐酸、碱容器及管道的重要材料；木材可作家具、建筑用材；嫩叶、幼果可蔬食。为浙江省重点保护野生植物。

二九　杜仲科 Eucommiaceae

图 2-561　杜仲

三〇 榆科 Ulmaceae

落叶乔木或灌木，稀常绿。常无顶芽。单叶互生，稀对生，在小枝上多排成2列；羽状脉或三出脉，常有锯齿，叶基常不对称，有柄；托叶常早落。花小，两性、杂性或单性异株；腋生的聚伞或总状花序，有时单生或簇生；萼片（3）4或5（8），分离或基部稍合生；无花瓣；雄蕊与萼片同数且对生，稀2倍，在蕾中直立，稀内曲，花丝明显，花药2室，纵裂；子房上位，1（2）室，花柱极短，柱头2，条形，其内侧为柱头面，胚珠1，悬垂。翅果、核果或坚果。

16属，约230种，广泛分布于全球热带至温带地区。我国有8属，46种，分布遍及全国；浙江有7属，24种。

分属检索表

1. 羽状脉。
    2. 无枝刺。
        3. 叶缘具重锯齿或非桃形的单锯齿；翅果 ································· **1. 榆属 Ulmus**
        3. 叶缘具桃形单锯齿；坚果 ································· **4. 榉属 Zelkova**
    2. 有枝刺 ································· **2. 刺榆属 Hemiptelea**
1. 三出脉（山黄麻属中稀有掌状脉或羽状脉，但浙江不产）。
    4. 坚果，两侧具宽翅 ································· **3. 青檀属 Pteroceltis**
    4. 核果，无翅。
        5. 侧脉先端直达齿尖 ································· **5. 糙叶树属 Aphananthe**
        5. 侧脉先端不达齿尖。
            6. 叶缘自近基部起有细锯齿；核果直径1.5～4mm（仅指浙江种），基部有宿萼 ································· **6. 山黄麻属 Trema**
            6. 叶全缘或中部以上有锯齿；核果直径或长5～17mm（仅指浙江种），基部无宿萼 ································· **7. 朴属 Celtis**

1 榆属 Ulmus L.

乔木，稀灌木。小枝无刺；无顶芽。叶互生，叶缘具重锯齿或非桃形的单锯齿，羽状脉，脉端直达锯齿，基部多少偏斜；托叶早落。花两性，春季先于叶开放，稀秋、冬季开放，常自花芽抽出，数花着生于去年生枝（稀当年生枝）的叶腋，排成簇状聚伞花序、短聚伞花序或总状聚伞花序，或少数自混合芽抽出的花则散生（稀簇生）于新枝基部或近基部的苞腋；花萼4～9裂，裂片先端常丝裂，宿存；雄蕊与花被裂片同数且对生，花丝扁平，花药2室，纵裂；子房1室，柱头2，柱头面被毛。翅果扁平，翅膜质，稀稍厚，顶端具宿存柱头及缺口。

约40种，产于北半球。我国有21种，分布遍及全国，以长江流域及以北各地较多；浙江有9种。

分种检索表

1. 花春季开放；树皮纵裂，稀条块状剥落，但内皮不呈红褐色。
   2. 花排成总状聚伞花序，长达7cm，下垂；叶缘每枚重锯齿上常具多枚小锯齿 ⋯ **1. 长序榆 U. elongata**
   2. 花簇生或排成簇状聚伞花序，不下垂；叶缘锯齿非上述情况。
      3. 叶片下面无毛或仅脉腋及叶脉上有毛（春榆幼叶下面有密毛，老叶仅叶脉及脉腋有毛）。
         4. 叶片上面有明显光泽，边缘常为单锯齿，齿背通直；翅果两面及边缘均有毛⋯⋯**2. 杭州榆 U. changii**
         4. 叶片上面无光泽或稍有光泽，叶缘常为大锯齿上具1或2枚小齿的重锯齿，齿背不通直；翅果无毛或仅缺口处有毛。
            5. 果核不接近顶端缺口；叶柄无毛或近无毛；枝条上无膨大的木栓层。
               6. 小枝无毛；叶片较大，长5~13cm，宽4~7.5cm，侧脉14~23对 ⋯⋯⋯⋯⋯⋯⋯⋯⋯⋯⋯⋯⋯⋯⋯⋯⋯⋯⋯⋯⋯⋯⋯⋯⋯⋯⋯⋯⋯⋯⋯⋯⋯⋯**3. 兴山榆 U. bergmanniana**
               6. 小枝有毛；叶片较小，长2~8cm，宽1.2~2.8cm，侧脉9~14对 ⋯⋯⋯ **4. 白榆 U. pumila**
            5. 果核接近顶端缺口；叶柄被柔毛；枝条常有膨大的木栓层。
               7. 叶片上面残留有粗糙毛迹；翅果倒卵形 ⋯⋯⋯⋯⋯**6. 春榆 U. davidiana var. japonica**
               7. 叶片上面较光滑（萌生枝上的叶有时较粗糙）；翅果近圆形或倒卵状圆形 ⋯⋯**7. 红果榆 U. szechuanica**
      3. 叶片下面全面密被柔毛。
         8. 侧脉15~20对；翅果倒卵状椭圆形、倒卵形或长圆形，全部或仅果核有毛 ⋯⋯**5. 琅玡榆 U. chenmoui**
         8. 侧脉20~35对；翅果长圆状倒卵形，仅顶端缺口处有毛 ⋯⋯⋯⋯**8. 多脉榆 U. castaneifolia**
1. 花秋季开放；树皮不规则薄鳞片状剥落，并露出红褐色内皮 ⋯⋯⋯⋯⋯⋯**9. 榔榆 U. parvifolia**

1. 长序榆 （图2-562）

Ulmus elongata L.K. Fu et C.S. Ding

落叶乔木，高达30m。树皮灰白色，裂成不规则条块状剥落；一年生枝无毛或疏被毛，老枝有时具膨大的木栓层。叶片椭圆形、椭圆状披针形或披针形，长7~19cm，宽3~8cm，先端渐尖，基部偏斜，边缘重锯齿大而深，每枚大锯齿上常具多枚小锯齿，齿端内曲，叶面不粗糙或微粗糙，除主脉凹陷处有疏毛外，余处无毛或有极疏的短毛，叶下面幼时除脉上外全面密生绢状毛，其后仍有或密或疏的毛。总状聚伞花序生于去年生枝叶痕腋部，长可达7cm，下垂，花序轴有极疏毛；花萼6浅裂，无毛；花梗较花萼长2~4倍，无毛。翅果两端渐窄，长2~2.5cm，先端2裂，柱头细长，果核位于翅果中部偏上，边缘密生白色长睫毛；果梗长5~10mm。花期3月，果期4月。

产于临安、桐庐、淳安、余姚、衢州市区（衢江）、开化、金华市区（婺城）、磐安、遂昌、松阳、庆元、云和、景宁。生于海拔600～1000m的山地阔叶林中。分布于安徽、江西、福建。华东特有。模式标本采自松阳（玉岩何山头）。

树干通直，材质坚重，花纹美丽，为珍贵的速生材用树种；树形优美，秋叶黄色，可作行道树或公园景观树。为国家Ⅱ级重点保护野生植物。

图2-562　长序榆

2. 杭州榆 （图2-563）
Ulmus changii Cheng

落叶乔木，高达20m。小树及中年树树皮平滑不裂，老树树皮纵裂；当年生枝紫褐色或栗褐色，幼时密被毛，后渐脱落。叶片倒卵状长圆形、菱状倒卵形、椭圆状卵形或卵形，长3～11cm，宽2～4cm，先端渐尖或短尖，基部圆形或楔形，边缘常为单锯齿，齿背通直，上面有明显光泽，幼时有毛，后脱落，仅在主脉凹陷处有毛，下面无毛，侧脉12～20对；叶柄长3～10mm，疏被短毛。花自花芽抽出，稀出自混合芽，多在去年生枝上排成簇状聚伞花序，不下垂。翅果长圆形、阔圆形或近圆形，长1.5～2.7cm，宽1.3～2.2cm，两面及边缘均被短毛，果核位于翅果中部；果梗长2～3mm，密生短毛。花期3月，果期4月。

产于全省山区、丘陵。生于海拔850m以下的山坡、山谷及溪边阔叶林中。分布于华东及湖北、湖南、四川。模式标本采自杭州市区（西湖龙井）。

木材坚实耐用，易加工，可作家具、器具、地板、车辆及建筑等用材；幼嫩翅果可蔬食。

图2-563　杭州榆

3. 兴山榆（图2-564）

Ulmus bergmanniana Schneid.

落叶乔木，高达20m。树皮纵裂，粗糙；小枝无毛，无膨大的木栓层；冬芽大，芽鳞紫黑色，外面无毛。叶片倒卵状长圆形、倒卵形或椭圆形，长5～13cm，宽4～7.5cm，先端急尖或尾尖，基部一侧耳形，显著歪斜，边缘具重锯齿，齿背不通直，上面微粗糙，稍有光泽，无毛，下面除脉腋有簇毛外，余处无毛，侧脉14～23对，整齐；叶柄长4～10mm，无毛。花簇生于去年生枝叶痕腋部，不下垂。翅果倒卵状圆形或近圆形，长1.2～1.8cm，宽1～1.6cm，果核不接近缺口，无毛；果梗较萼筒短。花期4月，果期4—5月。

产于安吉、临安、淳安、余姚、江山、缙云、遂昌、泰顺。生于海拔1100m以下的山坡、沟谷阔叶林中。分布于华中及山西、安徽、江西、四川、云南、陕西、甘肃。

木材坚实，硬度适中，纹理通直，结构略粗，有光泽，耐久用，可作家具、器具、车辆及室内装饰等用材。

图2-564　兴山榆

4. 白榆　榆树　家榆（图2-565）
Ulmus pumila L.

落叶乔木，高达20m。树皮暗灰色，纵裂，粗糙；小枝灰色，有毛，无膨大的木栓层。叶片椭圆状卵形、长卵形或椭圆状披针形，长2～8cm，宽1.2～2.8cm，先端渐尖或短尖，基部偏斜，边缘具重锯齿兼单锯齿，齿背不通直，上面无毛，无光泽，下面仅脉腋具簇毛，侧脉9～14对；叶柄长2～8mm，无毛或近无毛。花先于叶开放，簇生于去年生枝的叶腋，不下垂。翅果近圆形或倒

图2-565　白榆

卵状圆形，长1～1.5cm，无毛，果核位于翅果中部，不接近缺口，翅薄，膜质；果梗长1～2mm。花期3月，果期4月。

原产于东北、华北、西北、西南。东北亚也有。本省平原地区曾普遍引种栽培，多用于农田防护林及乡村行道树，尤以杭嘉湖平原较多，但近二十年因袋蛾、天牛等危害较重，多被砍伐，目前呈现零星状态。

材质一般，可制家具、器具、车辆等；树皮纤维可代麻，为纸张及人造棉原料；幼嫩翅果及幼叶可蔬食。

本省园林中尚栽培有2个园艺品种：龙爪榆'Pendula'（图2-566），枝条修长下垂，系用白榆为砧木高接形成；金叶榆'Jinye'（图2-567），叶片金黄色。

图2-566　龙爪榆

图2-567　金叶榆

5. 琅玡榆 （图2-568）

Ulmus chenmoui Cheng

落叶乔木，高达20m。树皮淡灰褐色，纵裂；当年生枝幼时密被柔毛，后渐脱落，老枝深灰色或灰褐色。叶片宽倒卵形、倒卵状长圆形或椭圆形，长5～14cm，宽3～8cm，先端尾尖或急尖，基部钝圆或阔楔形，稍偏斜，边缘具重锯齿，上

图2-568　琅玡榆

面密生硬毛，较粗糙，下面全面密被柔毛，脉上尤密，侧脉15～20对；叶柄长1～1.5cm，密被柔毛。花在去年生枝上排成簇状聚伞花序，不下垂。翅果倒卵状椭圆形、倒卵形或长圆形，长1.5～2.5cm，宽1～1.7cm，全部或仅果核被长柔毛，果核接近缺口；果梗长1～2mm，具毛。花期3月，果期4月。

原产于安徽（滁州琅琊山）、江苏（句容宝华山）。生于海拔150～200m的阔叶林中或石灰岩缝中；杭州市区（杭州植物园）等地有栽培。

木材坚韧，纹理通直，可作家具、车辆、器具、室内装修等用材。

6. 春榆（变种）（图2-569）
Ulmus davidiana Planch. var. **japonica** (Rehder) Nakai

落叶乔木或灌木状，高达15m。树皮深灰色，纵裂；当年生枝淡灰色，无毛或被短毛，枝条上常有膨大的木栓层。叶片倒卵形或倒卵状椭圆形，长3～9cm，宽2～5.5cm，先端急尖、渐尖或短尾尖，基部偏斜，边缘具重锯齿，齿背不通直，上面幼时散生硬毛，脱落后残留有粗糙毛迹，几无光泽，下面幼时有密毛，老叶仅叶脉及脉腋有毛，侧脉8～16对；叶柄长5～10mm，被柔毛。花在去年生枝上排成簇状聚伞花序，不下垂。翅果倒卵形，长10～16mm，宽6～10mm，果核接近缺口，果无毛或仅缺口处有毛；果梗长约2mm。花期4月，果期5月。

产于安吉、临安、淳安、开化、天台、莲都、松阳、景宁、泰顺。生于海拔300～1200m的山地沟谷林中或路边、沟边。分布于东北、华北、华中、西北及江苏、安徽。东北亚也有。

心材紫褐色，边材暗黄色，纹理直，有香气，可作家具、器具、车辆、船舶、地板等用材；树皮可代麻制绳或纸张；枝条可编筐。

与黑榆 U. davidiana（浙江不产）的区别在于后者翅果的果核部位有毛。

图2-569　春榆

7. 红果榆 明陵榆 蓉榆 （图2-570）
Ulmus szechuanica Fang

落叶乔木，高达25m。树皮暗灰色或灰褐色，不规则纵裂；当年生枝灰色，幼时有毛，后脱落，萌生枝上常有膨大的木栓层。叶片倒卵形、椭圆状倒卵形、卵状长圆形或卵形，长5～9.5cm，宽2～5cm，萌生枝上的叶更大，先端急尖、渐尖或短尾尖，基部楔形或钝圆，偏斜，上面幼时有短毛，后渐脱落，较光滑（萌生枝上的叶有时较粗糙），稍有光泽，下面沿脉被毛或脉腋具簇毛，边缘具重锯齿，齿背不通直，侧脉12～16对；叶柄长6～10mm，被柔毛。花在去年生枝上排成簇状聚伞花序，不下垂。翅果近圆形或倒卵状圆形，长10～15mm，宽9～13mm，果核接近缺口，淡红色或褐色，翅绿色或黄绿色，仅先端凹缺处被毛；果梗长1～2mm，被短柔毛。花期3月，果期4月。

产于湖州市区（吴兴）、长兴、安吉、杭州市区（西湖）、临安、新昌、余姚、鄞州、宁海、衢州市区（衢江）、开化、江山、仙居、景宁等地。生于海拔600m以下的山地沟谷阔叶林中或平原村边。分布于安徽南部、江苏南部、江西、四川中部。

心材红褐色，材质坚韧，硬度适中，纹理通直，结构略粗，可制家具、农具、器具等；树皮纤维可制绳索及人造棉；树冠宽广，适应性强，可作平原、丘陵地区绿化造林树种。

图2-570 红果榆

8. 多脉榆 锈毛榆 栗叶榆 （图2-571）
Ulmus castaneifolia Hemsl.

落叶乔木，高达20m。树皮灰色至黑褐色，深纵裂；当年生枝密被黄白色至锈褐色柔毛，后渐脱落，二年生枝疏被毛或近无毛，枝常具木栓翅。叶片厚纸质，长椭圆形、长圆状卵形或倒卵状长圆形，长7～15cm，宽3～6cm，先端短渐尖、急尖或短尾尖，基部偏斜，较长的一侧呈耳形，边缘具重锯齿，上面幼时密被短硬毛，后脱落或仅在凹陷的主、侧脉上被疏毛，稍粗糙，下面全面密被长柔毛，脉腋具簇毛，侧脉20～35对，整齐；叶柄长5～12mm，密被柔毛。花在去年生枝上排成簇状聚伞花序，不下垂。翅果长圆状倒卵形，长1.5～3.3cm，宽1～1.6cm，果核接近缺口，仅缺口处有毛，余处无毛；果梗长约2mm，被毛。花期2—3月，果期3—4月。

产于丽水及瑞安、泰顺。生于海拔250～1100m的山坡及山谷阔叶林中；杭州、临安等地有栽培。分布于安徽、江西、福建、湖北、湖南、广东、广西、四川、贵州、云南。

木材坚实，结构略粗，有光泽及花纹，可作家具、器具、地板、车辆、船舶及室内装修等用材；幼嫩翅果可蔬食。

图2-571 多脉榆

9. 榔榆 （图2-572）
Ulmus parvifolia Jacq.

落叶乔木，高达25 m。树干常不通直，树皮灰褐色，不规则鳞片状剥落，露出红褐色内皮，密生突起皮孔；小枝红褐色，被柔毛。叶片厚纸质，窄椭圆形、卵形或倒卵形，长1.5～5.5 cm，宽1～3 cm，先端短尖或略钝，基部偏斜，边缘具单锯齿（但幼树及萌生枝上的叶有重锯齿），侧脉10～15对，上面无毛，有光泽，下面仅幼时被毛；叶柄长2～6 mm。花秋季开放，3～6朵在叶腋簇生或排成簇状聚伞花序；花萼4裂至基部或近基部。翅果椭圆形或卵形，长9～12 mm，果核位于翅果中央，除顶端缺口处外，余均无毛；果梗长3～4 mm。花期9月，果期10—11月。

图2-572　榔榆

产于全省各地。生于海拔600 m以下的平原、丘陵，多见于路边、溪边、池塘边或沟谷、山坡上。分布于华东、华中、华南及河北、山西、山东、四川、贵州、陕西。日本、越南、印度、朝鲜半岛也有。

材质坚韧，耐水湿，可作家具、车辆、船舶、器具、农具等用材；树皮纤维细，杂质少，可作人造棉、麻袋、绳索的原料；根皮、树皮及叶可药用，有清热解毒、消肿止血等功效；冠大荫浓，树皮奇特，为优良的园景树种；枝密叶小，耐修剪，易造型，为江南地区重要的桩景树种。

❷ 刺榆属　Hemiptelea Planch.

落叶小乔木。有枝刺。叶互生；单锯齿圆钝，羽状脉；托叶早落。杂性同株；花具梗，单生或2～4朵簇生于当年生枝叶腋；花萼4或5裂，呈杯状；雄蕊与花被片同数；雌蕊具短花柱，柱头2，条形，子房1室，具1倒生胚珠。坚果偏斜，扁平，一侧具斜翅，基部具宿萼。

1种，分布于我国和朝鲜半岛。浙江也有。

刺榆（图2-573）
Hemiptelea davidii (Hance) Planch.

落叶小乔木或灌木状，高达10m。树皮纵裂；枝刺粗壮，分枝或不分枝，通常中部膨大，有时1长1短2刺并生，刺上生叶或无叶；小枝具红褐色椭圆形皮孔。叶片通常长椭圆形，长2~6cm，宽1.5~3cm，先端钝尖，基部近圆形，两侧略不对称，单锯齿圆钝，侧脉8~15对；叶柄长约2mm。花叶同放。坚果翅果状，扁平，黄绿色，斜卵形，长5~6mm，一侧具窄翅，形似鸡头；果梗长2~4mm。花期4—5月，果期8—11月。

产于湖州、杭州、绍兴、宁波及普陀、开化、台州市区（黄岩）、天台、龙泉。生于海拔400m以下的低山丘陵沟边阔叶林中或山坡灌丛中。分布于东北、华北、华东、华中、西北及广西。朝鲜半岛也有。

木材淡褐色，坚硬而细致，可制农具及器具；树皮纤维可作人造棉、绳索、麻袋的原料；也可栽作刺篱；根皮、树皮及叶可入药，有利尿、消肿、解毒等功效。

图2-573 刺榆

三○　榆科 Ulmaceae

❸ 青檀属　Pteroceltis Maxim.

落叶乔木。叶互生，具柄，基部以上有单锯齿，三出脉，侧脉上弯，不伸达齿尖；托叶早落。花单性，雌雄同株；雄花簇生于当年生枝叶腋，花萼5裂，雄蕊5，花药顶端有毛；雌花单生于叶腋，花萼4裂，柱头2。坚果具长梗，两侧具宽翅，先端有凹缺，无毛。

仅1种，我国特产；浙江也有。

青檀 （图2-574）
Pteroceltis tatarinowii Maxim.

落叶乔木，高达20m。老树干通常纵向凹凸不圆，树皮淡灰色，不规则长块状剥落，露出淡灰绿色内皮。叶片薄纸质，宽卵形、长卵形或三角状卵形，长3.5~10cm，宽3~5cm，先端渐尖或尾尖，基部宽楔形或近圆形，稍歪斜，边缘有不整齐的粗锯齿，上面无毛或有短硬毛，下面脉腋有簇毛；叶柄长5~15mm，被短柔毛。坚果两侧具厚而宽的翅，翅有放射状条纹；果梗纤细，长1.5~2cm，被短柔毛。花期4月，果期8—10月。

产于安吉、德清、临安。生于海拔400m以下的山谷溪边疏林下或村旁，喜生于石灰岩山地上。分布于华北、华东、华中、西北及辽宁、广东、广西、四川、贵州。

树皮纤维为制作宣纸的主要原料；木材坚硬细致，为农具、车轴、家具及建筑用的上等木料；种子可榨油；可供石灰岩山地造林绿化。为浙江省重点保护野生植物。

图2-574　青檀

4 榉属 Zelkova Spach

落叶乔木。无枝刺；冬芽卵形，先端不贴近小枝。叶缘有桃形单锯齿，羽状脉；托叶离生，早落。花杂性同株；雄花簇生于新枝下部叶腋，雌花或两性花通常单生（稀2或3朵簇生）于新枝上部叶腋；花萼钟形，4～6浅裂；雄蕊4～6；子房无柄，1室，胚珠1，柱头2，偏生。坚果小，偏斜，无翅。

约5种，分布于地中海东部至亚洲东部。我国有3种，产于辽东半岛至西南以东的广大地区；浙江有2种。

1. 榉树 大叶榉 （图2-575）
Zelkova schneideriana Hand.-Mazz.

乔木，高达25m。当年生枝灰色，密被柔毛。叶片厚纸质，大小形状变异很大，通常为卵形、椭圆形或卵状披针形，长3.6～12cm，宽1.3～4.7cm，先端渐尖，基部宽楔形或圆形，单锯齿桃形，具钝尖头，上面粗糙，具脱落性硬毛，下面密被淡灰色柔毛，侧脉8～14对，直达齿尖；叶柄长1～4mm，密被毛。坚果小，上部偏斜，直径2.5～4mm，网肋明显。花期3—4月，果期9—11月。

产于全省各地。散生于海拔700m以下光照充足的山谷、山坡阔叶林中或平原丘陵地区的村边、路旁；全省各地普遍有栽培。分布于华东、华中、西南及广东、广西、陕西、甘肃。

木材纹理细直，强韧坚重，耐水湿，耐腐蚀，因老树木材常带红色，故有"血榉"之称，为高级珍贵材用树种；茎皮纤维强韧，可作人造棉及纸张的原料；树皮可药用，有清热解毒、止痢、安胎等功效；树干通直，冠形端整，枝叶茂密，秋叶红艳，抗风，耐烟尘，为优良的园林观赏树种；在江南平原地区，古时就有"前榉后朴"之说，即门前种榉（意中举），屋后栽朴（意仆人），实为一种崇文重学的优良传统习俗。为国家Ⅱ级重点保护野生植物。

图2-575 榉树

2. 光叶榉 （图2-576）
Zelkova serrata (Thunb.) Makino

乔木，高达30m。当年生枝紫褐色或棕褐色，无毛或疏被短柔毛。叶片薄纸质至厚纸质，大小形状变异很大，通常为卵形、椭圆形或卵状披针形，长3～10cm，宽1.5～5cm，先端尖或渐尖，基部近心形，锯齿桃形，上面无毛或疏生短糙毛，后脱落变平滑，下面浅绿色，无毛或沿脉疏生柔毛，侧脉8～14对；叶柄长2～5mm，或近无柄。坚果小，直径2.5～3.5mm，上部歪斜，有网肋。花期4月，果期9—10月。

产于全省山区。散生于海拔700m以上的山地阔叶林中。分布于华东、华中及辽宁、山东、台湾、广东、陕西、甘肃。日本、朝鲜半岛也有。

用途同榉树。

与榉树的区别在于后者当年生枝灰色，密被柔毛；叶两面有毛；通常分布于海拔700m以下的地区。

图2-576 光叶榉

5 糙叶树属 Aphananthe Planch.

乔木或灌木。冬芽卵形，先短尖，贴近小枝。叶片基部以上有锯齿，三出脉，侧脉直达齿尖。花单性，雌雄同株；雄花排成密集聚伞花序，生于新枝基部叶腋，花萼4或5裂，雄蕊4或5；雌花单生于新枝上部叶腋，柱头2，子房无柄。核果，无翅，具宿存的花萼及花柱。

约5种，分布于亚洲热带、亚热带地区及马达加斯加、墨西哥、太平洋岛屿。我国有2种，分布于西南至台湾；浙江有1种。

糙叶树 （图2-577）
Aphananthe aspera (Thunb.) Planch.

落叶乔木，高达25m。树皮黄褐色或灰褐色，老时纵裂；小枝被平伏硬毛，后脱落。叶片纸质，卵形或卵状椭圆形，长4~13cm，宽1.8~4（7.5）cm，先端渐尖或长渐尖，基部宽楔形或近圆形，具细尖单锯齿，上面被硬伏毛，粗糙，下面疏生细伏毛；叶柄长5~17mm，被细伏毛。核果近球形，直径6~9mm，成熟时呈黑色，被细伏毛；果梗长5~10mm，疏被毛。花期4月，果期10—12月。

产于除嘉兴外的全省山区、丘陵。生于海拔700m以下的山坡、沟谷林中或村边；本省常有栽培。分布于华东、华南及山西、山东、湖北、湖南、四川、贵州、云南。日本、越南、朝鲜半岛也有。

枝皮纤维可制人造棉、绳索；木材坚硬细密，可作家具、农具和建筑用材；古时常用干叶擦拭铜器、锡器和牙角器等器物。

图2-577　糙叶树

a. 柔毛糙叶树（变种）（图2-578）
var. pubescens C.J. Chen

与糙叶树的区别在于叶片下面密被直立的柔毛，当年生枝和叶柄被伸展的灰色柔毛。

产于松阳、庆元、青田、文成、平阳。生于山坡林中。分布于江西、台湾、广西、云南。

图2-578　柔毛糙叶树

6 山黄麻属 Trema Lour.

常绿或落叶，小乔木或灌木。叶互生，边缘自基部起有细锯齿，三出脉（稀为掌状脉或羽状脉，但浙江不产），侧脉上弯，不达齿尖。花小，单性或杂性同株；聚伞花序腋生；雄花花萼4或5，雄蕊与花萼同数，花丝直立；雌花子房无柄，柱头2，胚珠1，下垂。核果无翅，球形或卵圆形，较小，直径1.5~4mm（仅指浙江种），基部有宿萼。

约15种，分布于全球热带和亚热带地区。我国有6种，产于华东、华中、华南和西南；浙江有2种。

1. 山黄麻（图2-579）
Trema tomentosa (Roxb.) Hara

小乔木，高达10m。树皮灰白色或灰褐色，通常不裂；小枝密被开展的白色短绒毛。叶片厚纸质，宽卵形或卵状长圆形，长7~20cm，宽3~8cm，先端渐尖至长渐尖，基部心形，稍偏斜，边缘有细锯齿，上面极粗糙，具基部膨大的短粗毛，下面密被短绒毛，三出脉，下面网脉蜂窝状隆起；叶柄长7~18mm，被毛；托叶条状披针形，长6~9mm。雌雄同株；花序腋生，均有毛；雄花序长2~4.5cm，花几无梗；雌花序长1~2cm，花具短梗，在果时延长。核果卵圆形，直径约3mm，成熟时呈紫黑色。花期3—6月，果期9—11月。

产于苍南（马站）。生于低海拔的滨海山坡或近海岛屿的林中或灌丛中；浙江为我国大陆沿海的分布北缘,有时有冻害现象发生。分布于华南、西南及福建。东南亚、南亚及日本、澳大利亚、马达加斯加、太平洋群岛也有。

树皮纤维可作人造棉、麻绳和纸张的原料;树皮含鞣质,可提制栲胶。

图2-579 山黄麻

2. 光叶山黄麻 (图2-580)
Trema cannabina Lour.

灌木或小乔木,高1~4m。小枝纤细,紫褐色或黄褐色,密被伏贴柔毛,后渐脱落。叶片薄纸质,卵形或卵状长圆形,稀披针形,长4~10cm,宽1.5~4cm,先端尾状渐尖或长渐尖,基部圆或浅心形,边缘具细小单锯齿,上面光滑或稍粗糙,下面仅脉上疏生柔毛,三出脉;叶柄长5~10mm,贴生短柔毛。雌雄同株;聚伞花序与叶柄等长或略短。核果球形,直径2~3mm,有宿萼,成熟时呈红色。花期3—6月,果期9—12月。

产于温州市区(龙湾)、瑞安、平阳、苍南、泰顺。生于海拔600m以下的山坡、沟谷灌丛中或路边。分布于华南及江西、福建、湖南、四川、贵州。东南亚及日本、印度、尼泊尔、澳大利亚、太平洋岛屿也有。

韧皮纤维可作麻绳、纺织和造纸原料；种子油可制皂和作润滑油；果密色艳，可供观赏。

图2-580 光叶山黄麻

2a. 山油麻(变种)(图2-581)

var. dielsiana (Hand.-Mazz.) C.J. Chen — *T. dielsiana* Hand.-Mazz.

与光叶山黄麻的区别在于小枝与叶柄密被开展的粗毛；叶片上面多少被毛，下面幼时密生柔毛，老时近无毛；聚伞花序通常长于叶柄。

产于除嘉兴外的全省各地。生于海拔800m以下的向阳山坡灌丛中或山谷沟边、路旁。分布于华东及湖北、湖南、广东、广西、四川、贵州。

根、叶可药用，有清热解毒、止血等功效；其他用途同光叶山黄麻。

与山黄麻的区别在于后者叶片厚纸质，宽3～8cm；果成熟时呈紫黑色。

图2-581 山油麻

7 朴属 Celtis L.

乔木。冬芽卵形,先端贴近小枝。叶片全缘或中部以上有锯齿,三出脉,侧脉先端不达齿尖,未至叶缘即网结。花杂性同株;雄花序生于新枝下部无叶处或下部叶腋,两性花1~3朵生于新枝上部叶腋。核果无翅,近球形或卵圆形,直径或长5~17mm(仅指浙江种),内果皮骨质，表面有网孔状凹陷或近平滑，基部无宿萼。

约60种，广泛分布于全球热带至温带地区。我国有12种，产于辽东半岛以南各地；浙江有8种。

分种检索表

1. 一年生枝有毛；核果1~3个腋生。
   2. 核果单生于叶腋，直径或长1cm以上；叶片较大，长5~16cm，宽3~8cm。
      3. 一年生枝、叶柄、叶下面沿脉及果梗均密被黄褐色绒毛；核果橘红色，卵球形，长1~1.2cm ·· **2.珊瑚朴 C. julianae**
      3. 一年生枝、叶柄、叶下面沿脉均密被白色柔毛，果梗无毛或仅近基部被疏毛；核果黄色，近球形，直径1.4~1.5cm ·· **3.浙江大果朴 C. neglecta**
   2. 核果常2或3个腋生，有时兼有单生，直径5~7mm；叶片较小，长2.5~12cm，宽2~5cm。
      4. 果梗长为叶柄的2倍或以上。
         5. 二年生枝散生圆形皮孔；叶片下面网脉平；核果1~3个腋生，具总梗；果核具4纵肋及蜂窝状细网纹 ·· **1.紫弹树 C. biondii**
         5. 二年生枝具长圆形皮孔；叶片下面网脉突起；核果1或2个腋生，无总梗；果核具2纵肋，平滑，无网纹 ·· **8.天目朴 C. chekiangensis**
      4. 果梗与叶柄近等长 ·· **5.朴树 C. sinensis**
1. 一年生枝无毛；核果单生于叶腋。
   6. 核果成熟时呈橘红色，卵状椭圆形，长约17mm，直径约12mm ········· **4.西川朴 C. vandervoetiana**
   6. 核果成熟时呈黑色，球形，直径6~10mm。
      7. 叶缘两侧中部以上均有粗大锯齿；核果直径约10mm ···················· **6.樱果朴 C. cerasifera**
      7. 叶缘靠枝顶一侧常全缘，另一侧具疏浅锯齿，有时两侧均全缘或有齿；核果直径6~8mm ·· **7.黑弹树 C. bungeana**

1. 紫弹树　黄果朴　（图2-582）
Celtis biondii Pamp.

落叶乔木，高达18m。树皮灰白色，光滑；一年生枝黄褐色，密被短柔毛，后渐脱落，二年生枝无毛，散生圆形皮孔；冬芽黑褐色，被柔毛。叶片卵形至卵状椭圆形，长2.5~8cm，宽2~3.5cm，先端渐尖，基部钝至宽楔形，稍偏斜，中部以上具疏齿，下面网脉平，干时下陷；叶柄长3~8mm，幼时有毛，老则无毛。核果1~3个腋生，近球形，直径约5mm，成熟时呈橘红色；果核两侧稍压扁状，具4纵肋及蜂窝状细网纹；果梗长为叶柄的2倍或以上，长1~1.8cm，被短柔毛，具总梗。花期4—5月，果期9—11月。

产于全省各地。生于海拔900m以下的低山丘陵山坡、沟边阔叶林中。分布于华东、华南、西南及河南、湖北、陕西、甘肃。日本、朝鲜半岛也有。

根皮、树皮及叶可入药，有清热解毒、祛痰、利尿等功效。

图 2-582 紫弹树

2. 珊瑚朴 （图2-583）

Celtis julianae Schneid.

落叶乔木，高达30m。一年生枝、叶柄、叶下面沿脉及果梗均密被黄褐色绒毛。叶片厚纸质，宽卵形或卵状椭圆形，长6～14cm，宽4～8cm，先端短渐尖或突短尖，基部近圆形，中部以上具钝锯齿，上面稍粗糙；叶柄长5～13mm。核果单生于叶腋，卵球形，长1～1.2cm，橘红色；

果核有明显2纵肋，表面略有网纹和凹陷；果梗粗壮，长1.5～2.5cm。花期3—4月，果期9—10月。

产于杭州、宁波、台州、丽水、温州及长兴、安吉、诸暨、常山、兰溪、东阳等地。生于海拔1000m以下的山坡林缘或山谷阔叶林中。分布于华东、华中及广东、四川、贵州、云南、陕西。

茎皮纤维可代麻制绳、织袋或作纸张和人造棉原料；树形美观，秋叶黄色，适应性强，为优良的园林景观和行道树种；果可食。

图2-583　珊瑚朴

3. 浙江大果朴 （图2-584）
Celtis neglecta Zi L. Chen et X.F. Jin

落叶乔木，高达20m。一年生枝、叶柄及叶下面沿脉均密被白色柔毛，二年生枝无毛，散生黄色至褐色的椭圆形皮孔。叶片厚纸质，宽卵形至长卵形，长5～16cm，宽3～7.5cm，先端渐尖或短尾尖，自基部1/3以上有锯齿，上面深绿色或榄绿色，被白色短柔毛，下面淡绿色，侧脉4或5对，中脉和侧脉在上面微隆起，在下面显著隆起，网脉在两面均明显；叶柄粗壮，长0.7～1.5cm。核果单生于叶腋，近球形，成熟时呈黄色，直径1.4～1.5cm；果核具2条明显的纵肋，表面网孔明显；果梗长2～3cm，无毛或仅近基部被疏毛。花期4月，果期8—10月。

产于衢州市区（衢江）、开化、磐安、景宁。生于海拔500～750m的峡谷、溪流边或岩隙中。浙江特有。模式标本采自磐安（灵江源）。

图2-584 浙江大果朴

4. 西川朴 （图2-585）

Celtis vandervoetiana Schneid.

落叶乔木，高达20m。一年生枝褐棕色，无毛，散生狭椭圆形至椭圆形皮孔。叶片厚纸质，卵状椭圆形至卵状长圆形，长8～13cm，宽3.5～7.5cm，先端渐尖或短尾尖，基部近圆形，稍不对称，自下部或中部以上有锯齿，上面无毛，下面脉腋有簇毛，各级脉均隆起；叶柄长1～2cm，无毛。核果单生于叶腋，卵状椭圆形，成熟时呈橘红色，长约17mm，直径约12mm；果核白色，卵状长圆形或近球形，顶部有齿，具4纵肋及蜂窝状网纹；果梗长17～35mm，无毛。花期3—

图2-585 西川朴

4月，果期9—10月。

产于丽水、温州及临安、新昌、鄞州、宁海、衢州市区（衢江）、开化、磐安、武义、仙居。生于海拔800m以下的山谷密林和山坡疏林中。分布于江西、福建、湖北、湖南、广东、广西、四川、贵州、云南。

茎皮纤维为绳索、纸张的原料；种子油可制皂和作润滑油。

5. 朴树　沙朴　（图2-586）

Celtis sinensis Pers. — *C. tetrandra* Roxb. subsp. *sinensis* (Pers.) Y.C. Tang — *C. japonica* Planch.

落叶乔木，高达20m。树皮灰褐色，粗糙而不裂；一年生枝密被毛。叶片纸质，宽卵形或卵状长椭圆形，长3.5～10cm，宽2～5cm，先端急尖，基部圆形，偏斜，边缘中部以上具疏而浅的锯齿，上面无毛，下面叶脉上及脉腋疏生毛，网脉隆起；叶柄长5～10mm，被柔毛。核果2个、3个并生或单生，近球形，直径5～6mm，成熟时呈橘红色；果核有凹点及棱脊；果梗与叶柄近等

图2-586　朴树

长。花期3—4月，果期9—10月。

产于全省各地。生于村旁、郊野、路侧、溪边、河岸、海岛等处，沿海地区尤多。分布于华东、华中及山东、台湾、广东、四川、贵州、甘肃。日本也有。

材质轻而硬，可作家具、砧板、建筑材料；茎皮纤维作纸张和人造棉的原料；果核榨油可供制皂和作机械润滑油；树形广展，适应性强，为优良的园林绿化树种；根皮、树皮及叶可入药，有祛风透疹、健脾活血等功效。

6. 樱果朴　小果朴　（图2-587）
Celtis cerasifera Schneid.

落叶乔木，高达20m。一年生枝淡棕色至红褐色，无毛或仅基部稍有毛，二年生枝淡褐色至深褐色，无毛。叶片宽卵形或卵状椭圆形，长6～12cm，宽2.5～8cm，先端短渐尖或尾尖，基部圆形或近心形，稍偏斜，边缘两侧中部以上均有粗大锯齿，上面深绿色，中、侧脉下陷，被疏柔毛，下面灰绿色，各级脉均突起，疏被短硬毛或无毛；叶柄长5～15mm，无毛。核果单生于叶腋，球形，直径约1cm，成熟时呈黑色；果核褐色，卵状椭圆形，具4纵肋及蜂窝状网纹；果梗纤细，长2～3cm，无毛。花期4—5月，果期9—10月。

产于安吉（龙王山）、临安（清凉峰）、天台（天台山）。生于海拔1000m左右的山坡或沟谷林中。分布于西南及江苏、湖南、广西、陕西。

为浙江省重点保护野生植物。

图2-587　樱果朴

7. 黑弹树 小叶朴 （图2-588）
Celtis bungeana Blume.

落叶乔木，高达10m。一年生枝淡棕色，无毛。叶片厚纸质，卵形、斜卵形或卵状椭圆形，长3.5~8cm，宽2~5cm，先端尖至渐尖，基部宽楔形至近圆形，稍偏斜，边缘靠枝顶一侧常全缘，另一侧中部以上具疏浅锯齿，有时两侧均全缘或有齿，上面亮绿色，下面灰绿色，通常两面无毛；叶柄长3~10mm，上面有沟槽。核果单生于叶腋，球形，直径6~8mm，成熟时呈黑色，偶为橘红色；果核近平滑；果梗纤细，无毛，长1~2.8cm。花期4—5月，果期8—10月。

产于长兴、安吉、杭州市区（西湖）、临安、诸暨、奉化、宁海、常山、兰溪、天台、温州市区（瓯海）、平阳、苍南。生于海拔1000m以下的山坡或沟谷林中。分布于华北、华东、西南、西北及辽宁、河南、湖北。朝鲜半岛也有。

木材白色，纹理直，可作建筑及制造滑车、器具用材；茎皮纤维可代麻；根皮、茎枝及叶可药用，功效同紫弹树。

图2-588 黑弹树

8. 天目朴 浙江朴 （图2-589）
Celtis chekiangensis Cheng

落叶乔木，高达20m。一年生枝密被黄褐色柔毛，后渐脱落，二年生枝无毛，具长圆形皮孔。叶片纸质，长圆形、卵状椭圆形至卵状长圆形，长3~12cm，宽2.5~4.5cm，先端长渐尖，基部钝至近圆形，稍偏斜，中部以上有浅锯齿，上面无毛，下面脉上疏生柔毛，网脉明显突起；叶柄长4~9mm，密被长柔毛。核果1或2个生于叶腋，球形，直径5~7mm，成熟时呈橘红色；果核卵球形，直径约3mm，具2纵肋，余平滑，无网纹；果梗长1~2cm，无总梗。花期4—5月，果期8—9月。

产于安吉、临安、淳安、衢州市区（衢江）。生于海拔700~1500m的山坡、沟谷阔叶林中。分布于安徽。

为浙皖特有种。模式标本采自临安（西天目山）。为浙江省重点保护野生植物。

图 2-589 天目朴

三一　大麻科 Cannabaceae

一年生或多年生，直立草本或草质藤本。单叶，互生或对生，掌状分裂或幼叶不分裂，边缘有锯齿；托叶宿存。花单性异株（稀同株），花序腋生，无花瓣；雄花排成圆锥花序，萼片5，覆瓦状排列，雄蕊5，花丝在花蕾中直立，花药2室，纵裂，花丝极短，子房退化；雌花无柄，聚生成球果状穗状花序，每1或2朵花有1枚大而显著的宿存苞片，萼片膜质，全缘，紧包子房，子房无柄，1室，花柱2裂，裂片条形，胚珠单生，悬垂。瘦果为宿存花被所包。

2属，4或5种，分布于亚洲、欧洲、北非、北美洲。我国有2属，4种；浙江有2属，3种。

1 葎草属 Humulus L.

一年生或多年生草质藤本。茎缠绕，具倒生小皮刺。叶对生，具柄，掌状3～5裂或不裂。花单性，雌雄异株；雄花排成圆锥花序，花萼5裂，雄蕊5，在花蕾中直立；雌花排成断穗状花序，雌花单生或成对着生于覆瓦状排列的宿存苞片内，花萼膜质，杯状，包围子房，柱头2，条形，早落。穗状果序球果状，苞片膜质，疏松覆瓦状排列；每苞片腋内有1或2瘦果。瘦果卵形，略扁。

3种，分布于北温带地区。我国有3种；浙江有2种。

1. 葎草 拉拉藤 （图2-590）
Humulus scandens (Lour.) Merr.

一年生草质缠绕藤本。茎长达数米，具纵棱，有倒生小皮刺。叶对生；叶片近圆形，长与宽各为6～12cm，基部心形，掌状5深裂，稀3～7裂，裂片卵形或卵状椭圆形，先端急尖或渐尖，边缘具粗锯齿，上面疏生白色刺毛，下面沿脉被刺毛，其余具柔毛及黄色腺体，掌状5出脉；叶柄长5～20cm，具小皮刺；托叶三角形。花序腋生或顶生；雄花序圆锥状，长6～25cm，花小，萼片5，长椭圆形，绿色，具刚毛和黄色腺体，雄蕊5，与萼片对生，花药顶端孔裂；雌花集成短穗状花序，每朵着生于卵状披针形苞片的腋部，苞片外面具刚毛和黄色腺体，萼片膜质，杯状，紧包雌蕊，花柱2，红褐色。果穗长0.5～1.5cm；瘦果淡黄色，卵圆形，宿存苞片果时增大，有毛。花期7—8月，果期9—10月。

产于全省各地。生于路边沟旁、河岸郊野、田间地头，常成片蔓生，危害其他植物，并严重影响园林景观和农林业生产。除新疆和青海外，全国各地均有分布。日本、朝鲜半岛也有。

全草可药用，有清热解毒、利尿、消肿、健胃等功效。

图 2-590　葎草

2. 啤酒花 （图2-591）
Humulus lupulus L.

多年生草质缠绕藤本。茎、枝和叶柄密生绒毛和倒钩刺。叶对生；叶片卵形或宽卵形，长4~11cm，宽4~8cm，先端急尖，基部心形或近圆形，不裂或3裂、5裂，边缘具粗锯齿，表面密生小刺毛，下面疏生短毛和黄色腺点；叶柄长不超过叶片。雄花排列成圆锥花序，花被片与雄蕊均为5；雌花每2朵生于1苞片腋内，苞片呈覆瓦状排列成1近球形的穗状花序。果穗球果状，直径3~5cm；宿存苞片干膜质，果时增大，长约1cm，无毛，具油腺点。瘦果扁平，每苞腋1或2个，内藏。花果期7—11月。

原产于新疆、四川。亚洲北部、东北部和美洲东部也有。我国北方多有栽培。杭州一带曾记载有栽培，但现已不见；近年在泰顺（仕阳）发现有逸生，生于溪边草丛中。

果穗可制啤酒；未熟果穗可药用，有镇静、健胃、清肺、安神、利尿等功效。

与葎草的主要区别在于后者叶片通常5或7裂；果穗长0.5~1.5cm；宿存苞片有毛。

图2-591　啤酒花

❷ 大麻属 Cannabis L.

一年生草本。茎直立，具分枝。叶互生或在下部对生，掌状全裂。花单性，雌雄异株，稀同株；雄花排成疏散的圆锥花序，顶生或腋生，萼片5，雄蕊5，花丝在花蕾中直立；雌花簇生于叶腋，每花具1卵形苞片，花萼1，膜质，紧包子房。瘦果扁卵形，单生于叶状苞片内，在花序轴上疏生。

1或2种，原产于亚洲，现广为栽培。我国栽培1种；浙江也有栽培。

与葎草属的区别在于后者为草质缠绕藤本，茎叶有倒生小皮刺；叶对生，掌状3、5浅裂至深裂或不裂；瘦果1或2个生于叶状苞片内。

大麻 （图2-592）
Cannabis sativa L.

一年生草本，高1～3m。茎直立，有纵沟，灰绿色，密被白色短柔毛，皮部富含纤维。叶在下部对生，上部互生，掌状3～11全裂，裂片披针形至条状披针形，长5～15cm，宽1.3～2cm，边缘具粗锯齿，上面有糙毛，下面密被白色毡毛；叶柄长2～15cm，密被毛。雌雄异株；雄花序长达25cm，花黄绿色；雌花绿色。瘦果扁卵形，直径约4mm，单生于叶状苞片内，果皮坚脆，具细网纹。花期6—8月，果期9—12月。

原产于中亚及不丹、印度。现世界各国多有栽培或归化。安吉、临安、鄞州、莲都等地有栽培。

茎皮纤维优良，可供造纸及纺织用；种子富含油脂，含油率约为30%，可供工业用；果实可入药，有润肠、镇痉、止咳、止痛等功效，花、果壳和苞片均可入药，有毒，应慎用，叶含树脂，可配制麻醉剂。

图2-592 大麻

三二 桑科 Moraceae

乔木、灌木或藤本，稀草本。植物体有乳汁。单叶互生，稀对生，全缘、有锯齿或具缺裂；托叶早落。花小，单性，雌雄同株或异株；头状花序、穗状花序、柔荑花序或隐头花序，稀为头状聚伞花序；单被花，花萼(1)4(6)，覆瓦状或镊合状排列；无花瓣；雄蕊与萼片同数且与之对生，花丝在蕾中内折或直立，花药2室，退化雌蕊有或无；子房1或2室，胚珠1，柱头1或2，线形。聚花果或隐花果；小果通常为瘦果，外面常包有肉质花萼。

37～43属，1100～1400种，主要分布于全球热带和亚热带地区。我国有9属，148种，主产于长江以南各地；浙江有5属，32种。

分属检索表

1. 草本；头状聚伞花序···1.桑草属 Fatoua
1. 乔木、灌木或藤本；头状花序、柔荑花序或隐头花序。
  2. 小枝无环状托叶痕；头状花序或柔荑花序。
    3. 落叶；无枝刺；三或五出脉；柔荑花序或雌花序为头状花序；花丝在蕾中内折。
      4. 乔木或灌木；雌雄花序均为柔荑花序；聚花果圆柱形·································2.桑属 Morus
      4. 乔木、灌木或藤本；雄花序为柔荑花序或头状花序，雌花序为头状花序；聚花果球形··3.构属 Broussonetia
    3. 常绿或落叶；常有枝刺；羽状脉；雌雄花序均为头状花序；花丝在蕾中直立······4.柘属 Maclura
  2. 小枝具环状托叶痕；隐头花序··5.榕属 Ficus

1 桑草属 Fatoua Gaudich.

直立草本。植物体有乳汁。叶互生，边缘有锯齿，有时呈缺刻状。花单性同株，头状聚伞花序腋生，雌、雄花混生；雄花花萼4裂，雄蕊4，花丝在蕾中内折，雌蕊退化；雌花花萼4～6深裂，裂片狭窄，子房卵圆形，偏斜，花柱侧生，向上渐狭成1枚长而纤弱的柱头，基部有1齿状分枝，胚珠自室顶悬垂。瘦果小，为宿萼所包。

2种，分布于亚洲及澳大利亚等地。我国有2种；浙江有1种。

桑草 水蛇麻 （图2-593）
Fatoua villosa (Thunb.) Nakai — *F. pilosa* auct., non Gaudich.

一年生草本，高达40cm。茎直立，基部木质化。叶互生；叶片卵形或卵状披针形，长2～7cm，宽1～4cm，先端渐尖，基部近圆形或浅心形，边缘有钝齿，两面被疏毛，三出脉；叶柄长0.5~5cm；托叶早落。花序单生或成对腋生；雄花具短梗，萼裂片4，外面被疏毛，雄蕊4，退化雌蕊圆锥形；雌花近无梗，萼裂片4~6，长椭圆形，外面被粗毛，边缘有缘毛，宿存，子房斜卵形，花柱侧生，柱头细长如丝，被毛，基部有1短分枝。瘦果小，扁球形，歪斜，红褐色，外面有疣状突起，具侧生宿存花柱。花期5—8月，果期8—10月。

产于全省各地。生于海拔600m以下的山坡、沟谷路旁、林缘或村边荒地草丛中。分布于华东、华中、华南及河北、贵州、云南。东南亚及澳大利亚、日本、朝鲜半岛也有。

图2-593 桑草

2 桑属 Morus L.

落叶乔木或灌木。植物体有乳汁。小枝无环状托叶痕；无枝刺。叶互生，边缘有锯齿或有时有缺裂，三或五出脉；托叶小而早落。花单性，雌雄同株或异株；雌、雄花序均为柔荑花序；雄花花萼4，雄蕊4，花丝在蕾中内折，退化雌蕊陀螺形；雌花花萼4，果时增大并呈肉质，子房1室，柱头2裂。聚花果圆柱形；小果为瘦果，外面包有肉质花萼。

约16种，主产于北温带地区。我国有12种，全国广泛分布；浙江有5种。

分种检索表

1. 叶缘齿端常无芒尖（鸡桑有时具短芒尖）。
  2. 叶片下面无毛或仅脉上、脉腋有毛。
    3. 叶片不裂或偶有缺裂，上面无毛，先端急尖、钝或短渐尖；聚花果长1.5~3cm。
      4. 雌蕊近无花柱；叶柄及果序梗均有毛 ································· 1.桑 M. alba
      4. 雌蕊具长2~3mm的花柱；叶柄及果序梗均无毛 ············· 2.海岛桑 M. bombycis
    3. 叶片不裂或有不规则缺裂，两面均被毛，先端急尖或尾尖；聚花果长1~1.5cm ·· 5.鸡桑 M. australis
  2. 叶片下面全部密被柔毛 ·· 3.华桑 M. cathayana
1. 叶缘齿端常具明显芒尖 ·· 4.蒙桑 M. mongolica

三二 桑科 Moraceae

1. 桑 （图2-594）
Morus alba L.

乔木，高达15m，通常因整枝修剪而呈灌木状。树皮灰白色，浅纵裂；小枝有细毛。叶片卵形或宽卵形，不裂或偶有缺裂，长5～10（20）cm，宽4～8cm，先端急尖或钝，基部近心形，边缘有粗锯齿，齿端无芒尖，上面无毛，有光泽，下面脉上有疏毛及脉腋有簇毛；叶柄长1～2.5cm，有毛；托叶披针形，长10～12mm，早落。雌雄异株；雄花序长1～3.5cm，萼片有疏毛；雌花序长0.5～1cm，萼片近圆形，无毛，雌蕊无或近无花柱，柱头2。聚花果长1.5～3cm，成熟时呈紫黑色或白色；果序梗有毛。花期4—5月，果期5—6月。

全省各地有栽培。全国各地也有栽培。欧洲、东北亚也有。

叶可饲蚕；嫩叶可蔬食；木材可培育木耳；果可生食或酿酒；根、皮、枝、叶、果均可入药。

图2-594 桑

1a. 鲁桑 湖桑（变种）（图2-595）
var. **multicaulis** (Perr.) Loud.

与桑的区别在于叶大，质厚，长可达30cm，叶面呈泡状皱缩。

湖州、嘉兴、杭州等地有栽培。江苏、四川、陕西等地也有栽培。

用途同桑，但饲蚕或蔬食品质更佳。

图2-595 鲁桑

2. 海岛桑　日本桑　（图2-596）
Morus bombycis Koidz.

小乔木，高可达10m。小枝仅嫩时被微柔毛。叶片厚纸质，卵形至宽卵形，不裂或偶有缺裂，长8～20cm，宽5～12cm，先端急尖或短渐尖，基部圆形或浅心形，上面光亮，无毛，下面仅沿脉疏被微柔毛，边缘具不规则粗锐齿，齿端无芒尖；叶柄长1～4cm，无毛。花序生于新梢的下部叶腋；雄花序长约3cm；雌花序长椭球形，花柱长约2mm，中部以上2裂，柱头无毛，具乳头状突起。聚花果圆柱形，长1.5～2.5cm，成熟时由红色转为紫黑色，稀黄白色；果序梗无毛。花期3—4月，果期5—6月，夏季台风后，常有二度开花结果现象，即10—12月开花结果。

产于舟山及象山、台州市区（椒江）、临海等地。生于海拔150m以下的海岛山坡林中、路旁或村边。日本、朝鲜半岛也有。

本种耐旱、耐寒、耐瘠、耐盐、抗风，是海岛绿化的优良树种；叶可饲蚕；果味甜，可食。

图2-596　海岛桑

3. 华桑　（图2-597）
Morus cathayana Hemsl.

小乔木，高5～8m。树皮灰色平滑；小枝初时被毛。叶片卵形至宽卵形，不裂，稀3深裂，长4～16.5cm，先端短尖或长尖，基部截形或心形，边缘具钝锯齿，齿端无芒尖，上面疏生刚毛，下面全部密被柔毛；叶柄长1.5～3.5cm，密被柔毛。雄花序长2～5cm，萼片卵形，有灰色或黄褐色短毛；雌花序长1.5～2.2cm，萼片近圆形或倒卵形，有短毛，雌蕊有短花柱，柱头及

花柱有毛，花序梗有毛。聚花果长2～3cm，成熟时呈紫红色、黑色或黄白色。花期4月，果期5—6月。

产于全省山区、丘陵。生于海拔300～1300m的山坡、沟谷林中。分布于华东、华中及河北、广东、四川、陕西。日本、朝鲜半岛也有。

果成熟时味甜，可食。

图2-597　华桑

4. 蒙桑 （图2-598）

Morus mongolica (Bur.) Schneid.

小乔木或灌木状，高2～6m。小枝暗红色，老枝灰黑色；冬芽卵圆形，灰褐色。叶片长椭圆状卵形，不裂，稀3裂，长8～15cm，宽5～8cm，先端尾尖，基部心形，边缘具三角形单锯齿，稀为重锯齿，齿端常具明显芒尖，两面无毛；叶柄长2.5～3.5cm。雄花序长3cm，雄花花被暗黄色，外面及边缘被长柔毛，花药2室，纵裂；雌花序短圆柱状，长1～1.5cm，花序梗纤细，长1～1.5cm，雌花花被片外面上部疏被柔毛，或近无毛，花柱明显，柱头2裂，内面密生乳头状突起。聚花果长约1.5cm，成熟时呈红色至紫黑色。花期3—4月，果期4—5月。

产于长兴（煤山）、淳安（赋溪石林、临岐）、衢州市区（衢江灰坪）、常山（三衢山）。生于海拔300m以下的石灰岩山地上。分布于东北、华北、西南、西北及江苏、安徽、河南、湖北。东北亚也有。

韧皮纤维为高级纸张原料，脱胶后可用于纺织；根皮可入药；可作石灰岩山地造林树种。

图 2-598　蒙桑

4a. 山桑（变种）（图 2-599）
var. diabolica Koidz.

与蒙桑的区别在于叶片宽卵形至长卵形，下面密被白色柔毛。

产于长兴、淳安、衢州市区。生于低海拔的石灰岩山地上。分布于山西、河南、四川、西藏、陕西等地。

图 2-599　山桑

5. 鸡桑（图 2-600）
Morus australis Poir.

落叶灌木或小乔木，高达 5m。叶片卵圆形，长 6～16cm，宽 4～12cm，不裂或 2～5 不规则缺裂，先端急尖或尾尖，基部截形或近心形，边缘有粗锯齿，齿端有时具短芒尖，上面有粗糙短毛，下面仅脉上疏生短柔毛；叶柄长 1.5～4cm；托叶早落。花单性，雌雄异株；雄花序长 1.5～3cm，雌花序长约 1cm；雄花萼片和雄蕊均为 4，萼片有疏毛，不育雌蕊陀螺形；雌花花萼无毛，花柱长 2～3mm，无毛，柱头 2 裂，有毛。聚花果长 1～1.5cm，成熟时呈暗紫色，具宿存花柱；果序梗有毛。花期 3—4 月，果期 6—7 月。

产于全省山区。生于海拔 1500m 以下的山坡、沟谷林中、林缘或灌丛中。分布于华北、华东、华中、华南、西南及辽宁、陕西、甘肃。日本、朝鲜半岛、缅甸、印度、尼泊尔、不丹也有。

茎皮纤维可作纸张和人造棉的原料；果可酿酒。

图 2-600　鸡桑

5a. 花叶鸡桑（变种）（图 2-601）
var. **inusitata** (H. Lév.) C.Y. Wu

与鸡桑的区别在于叶片宽卵形，边缘具多个不规则缺刻状深裂。

产于长兴、临安、台州市区（大陈岛）、景宁。生于海拔 1200m 以下的山坡、沟谷林下或灌丛中。省外产地基本同鸡桑。

图 2-601　花叶鸡桑

构属　Broussonetia L'Hér. ex Vent.

落叶乔木、灌木或藤本。植物体有乳汁。小枝无环状托叶痕；无枝刺。叶互生，不分裂、3裂或不规则分裂，有锯齿，三出脉；托叶早落。花单性，雌雄同株或异株；雄花序为柔荑花序或头状花序，雌花序为头状花序；萼片4，镊合状排列，雄蕊4，花丝在蕾中内折，具不育雌蕊；雌花序为头状花序，花萼筒状，有3或4萼齿，包围子房，花柱细长，柱头2，长短不一，胚珠自室顶悬垂。聚花果球形，红色；小果为瘦果，外面包有肉质花萼。

4种，分布于东亚及太平洋岛屿。我国有4种，分布于西南、华南至河北；浙江有3种。

分种检索表

1. 乔木；小枝粗壮；叶柄长3～10cm；聚花果直径2～3cm ·················· 1.构树 B. papyrifera
1. 灌木或藤本；小枝纤细；叶柄长0.5～2cm；聚花果直径通常不逾1cm。
　2. 直立或披散状灌木；叶片宽4～6cm，不裂或不规则2～5裂；叶柄长1～2cm；雌雄同株；雌、雄花序均为头状花序 ·················· 2.小构树 B. kazinoki
　2. 攀缘藤本；叶片宽2～4cm，不裂；叶柄长0.5～1cm；雌雄异株；雄花序为柔荑花序，雌花序为头状花序 ·················· 3.藤葡蟠 B. kaempferi var. australis

1. 构树　楮 （图2-602）

Broussonetia papyrifera (L.) L'Hér. ex Vent.

乔木，高达16m。树皮灰色，平滑；小枝粗壮，密被粗毛。叶互生，常在枝端对生；叶片宽卵形，长7～18cm，宽4～10cm，先端尖，基部圆形或稍呈心形，常3～5不规则深裂，上面暗绿色，具粗糙伏毛，下面灰绿色，密被柔毛；叶柄长3～10cm，密被绒毛；托叶膜质，三角形，早落。雌雄异株；雄花序长6～8cm，萼片4，雄蕊4；雌花序头状，雌花周围具棒状苞片，先端圆锥形，有毛，花萼筒状，具3或4萼齿，花柱丝状。聚花果球形，直径2～3cm，红色。花期4—5月，果期7—10月。

产于全省各地。生于溪边坡地上、山坡和山沟疏林内、田野上或路边。分布于黄河、长江、珠江流域。欧洲及日本、印度、马来群岛均有栽培。

茎皮纤维优质，可供造桑皮纸或宣纸；叶可饲猪；根、皮、果均可入药，果称"楮实子"。

图2-602　构树

2. 小构树 （图2-603）
Broussonetia kazinoki Siebold et Zucc.

直立或披散灌木。小枝纤细，幼时有短柔毛。叶片卵形或宽卵形，不裂或不规则2～5裂，长6～12 cm，宽4～6 cm，先端长渐尖，基部圆形或浅心形，边缘有锯齿，上面绿色，具糙伏毛，下面淡绿色，有细毛；叶柄长1～2 cm。雌雄同株；雌、雄花序均为头状花序；雄花花萼3或4，外被毛，雄蕊3或4，向外对折；雌花萼齿3或4，外有4盾状苞片，苞片先端有毛，柱头2，长短不一，紫红色。聚花果球形，直径约1 cm，红色。花期3—4月，果期5—6月。

产于全省各地。生于海拔800 m以下的山坡、沟谷路边、山谷溪边及田埂上。分布于长江中下游及以南各地。日本、朝鲜半岛也有。

茎皮纤维可供造纸；全株可入药；果不宜食用，因其小果上的宿存花柱呈硬钩状，食后令人不适。

图2-603 小构树

3. 藤葡蟠　藤构（变种）（图2-604）
Broussonetia kaempferi Siebold var. **australis** Suzuki —— *B. kaempferi* auct., non Siebold

攀缘藤本。小枝纤细，幼时有短柔毛。叶片长卵形或椭圆状长卵形，不裂，长4～12 cm，宽2～4 cm，先端长渐尖，基部常心形，边缘有细锯齿，上面有疏毛，下面毛较密；叶柄长0.5～1 cm，被毛。雌雄异株；雄花序为柔荑花序，长0.8～1.8 cm，雄花花萼3，雄蕊3，向内对折；雌花序头状，雌花萼齿常3。聚花果球形，直径8～10 mm，红色。花期4月，果期5—6月。

产于全省各地。生于海拔800 m以下的田边、山坡上、溪谷中、路边、林缘或灌丛中。分布于华东、华中、华南、西南。

茎皮纤维为优良的造纸原料。

葡蟠 *B. kaempferi* 仅产于日本。

图 2-604 藤葡蟠

4 柘属 Maclura Nutt.

常绿或落叶，乔木、灌木或木质藤本。植物体有乳汁。小枝无环状托叶痕；常有枝刺。叶全缘，羽状脉；托叶小，早落。雌雄异株；雌、雄花序均为头状花序，腋生；雄花萼片3~5，长椭圆形，覆瓦状排列，雄蕊4，花丝在蕾中直立，多少与萼片贴生；雌花萼片4，包围子房，花柱不分裂至2裂，胚珠下垂。聚花果球形，肉质；小果为瘦果，坚硬，外面包有肉质花萼。

约14种，分布于亚洲、非洲、大洋洲、美洲及太平洋岛屿。我国有7种，分布于西南部至东南部；浙江有4种。

分种检索表

1. 藤本；枝刺通直或弯曲。
    2. 常绿；叶片革质，全缘，先端钝或短渐尖，两面无毛，侧脉7~10对；聚花果直径2~3.5cm ··· **1. 葨芝 M. cochinchinensis**
    2. 落叶；叶片纸质，全缘或有缺刻状粗齿，先端长渐尖或尾尖，两面有毛，侧脉5~7对；聚花果直径1.2~1.7cm ··· **2. 东部藤柘 M. orientalis**
1. 小乔木、乔木或灌木状；枝刺通直，或无刺而幼树偶有极短的刺。
    3. 有枝刺；叶片长2.5~11cm，宽2.7~7cm；叶柄长0.5~3cm；花序梗短于5mm ··· **3. 柘 M. tricuspidata**
    3. 无枝刺或幼树偶有极短的刺；叶片长4.5~18cm，宽3~11cm；叶柄长3.5~6.5cm；花序梗长1~1.4cm ··· **4. 山地柘 M. montana**

1. 葨芝 构棘（图2-605）

Maclura cochinchinensis (Lour.) Corner — *Cudrania cochinchinensis* (Lour.) Kudo et Masamune

常绿藤本。具粗壮枝刺，刺通直或弯曲，刺长1～2cm；小枝无毛。叶片革质，椭圆状披针形或长圆形，长3～8cm，宽2～2.5cm，先端钝或短渐尖，基部楔形，全缘，两面无毛，侧脉7～10对；叶柄长约1cm。雌雄异株；雌、雄花序均为头状花序；雄花序直径6～10mm；雌花序微被毛，萼片先端厚，基部有2黄色腺体。聚花果肉质，直径2～3.5cm，表面微被毛，成熟时呈红色；瘦果卵圆形，褐色，光滑。花期4—5月，果期6—7月。

产于除嘉兴外的全省山区、丘陵。生于山坡、沟边、溪旁林中或林缘。分布于我国东南部至西南部的亚热带地区。东南亚、南亚及日本、澳大利亚也有。

农村常作刺篱用；木材煮汁可作染料；茎皮及根皮可药用，称"黄龙脱壳"；果味甜，可食。

图2-605 葨芝

2. 东部藤柘（图2-606）

Maclura orientalis G.Y. Li, W.Y. Xie et Z.H. Chen

落叶藤本，长可达10m。茎干灰白色，薄片状剥落；小枝无毛，具皮孔；枝刺粗壮，通直或向下弯曲，长0.5～2.7cm，萌生枝上者常更细长。叶片纸质、狭椭圆形、椭圆形至倒卵状椭圆形，或狭长圆形至条状披针形，长4.5～12.5cm，宽1.2～5cm，先端长渐尖或尾尖，基部楔形或近圆形，全缘或每侧具1～4缺刻状粗齿，上面沿脉被伏贴微柔毛，中脉下陷，下面沿脉疏生细短柔毛，网脉细密而清晰，侧脉5～7对，近叶缘处弧曲网结，最基部1对较细弱；萌生枝上者叶形多样，侧脉可达15对；叶柄长1.5～2.4cm，疏被短柔毛；托叶早落。雌雄异株；雌、雄花序均为球形头状花序，单生或成对生于叶腋。聚花果近球形，成熟时由橘黄色转为红色，直径1.2～1.7cm；瘦果扁球形。花期4—6月，果期7—8月。

产于丽水及衢州市区、开化、磐安、武义、仙居、永嘉、文成等地。生于海拔300～1400m的山坡、山谷林中或林缘。模式标本采自景宁望东垟（渔漈坑）。

用途同葨芝。

图2-606　东部藤柘

3. 柘（图2-607）

Maclura tricuspidata Carrière — *Cudrania tricuspidata* (Carrière) Bureau ex Lavallée

落叶小乔木，高达10m，有时呈灌木状。树皮不规则薄片状剥落；枝刺通直。叶片卵形至卵圆形，长2.5～11cm，宽2.7～7cm，先端尖或钝，基部圆或楔形，全缘或有时3裂；叶柄长0.5～3cm。头状花序成对或单生于叶腋，花序梗短于5mm；雄花萼片4，雄蕊4；雌花萼片4，花柱线形。聚花果球形，直径约2.5cm，成熟时呈红色。花期5—6月，果期9—11月。

产于全省各地。生于海拔700m以下的山坡、山谷、林中、林缘、溪谷石缝中、路边灌丛中，或田野、村庄附近。分布于华东、华中、华南、西南及河北、山东、陕西、甘肃。朝鲜半岛也有；日本有栽培。

茎皮纤维可制绳索或作纸张、人造棉的原料；叶可饲蚕；树皮、根皮、木材、枝、叶、果均可药用；果味甜，可食用或酿酒。

图 2-607 柘

4. 山地柘（图 2-608）

Maclura montana Z.P. Lei, G.Y. Li et Z.H. Chen

落叶乔木，高 5～13m。无枝刺，偶在幼树小枝上具长 1～2mm 直而短的刺；树皮灰黄色或淡灰褐色，不规则薄片状剥落；一年生枝具淡褐色椭圆形皮孔。叶片纸质，宽椭圆形、菱状宽椭圆形或宽倒卵形，长 4.5～18cm，宽 3～11cm，先端钝尖或急尖，稀短渐尖，基部楔形，上面深绿色，无毛，下面淡灰绿色，沿脉疏被短柔毛或几无毛，网脉细密而清晰，侧脉 5～7 对，萌生枝上的叶较小，全缘，偶中上部每侧具 1～3 粗齿；叶柄长 3.5～6.5cm，被微柔毛。头状花序单生或成对腋生，直径约 1cm，密被灰白色微柔毛，花序梗长 1～1.4cm，密被毛。聚花果近球形，直径 1.5～3.5cm，肉质，成熟时呈红色。花期 6—7 月，果期 9—10 月。

产于景宁望东垟（白云林区、渔漈坑）。生于海拔 940～1140m 的沟谷落叶阔叶林中。模式标本采自景宁望东垟（白云林区）。

图2-608　山地柘

5 榕属　Ficus L.

常绿或落叶，乔木、灌木或藤本。植物体有乳汁。小枝具环状托叶痕。叶互生，稀对生，全缘、有锯齿或具缺裂；托叶早落。雌雄同株，稀异株；花小而多，生于隐头花序内腔，花序腋生或生于枝干上，口部为覆瓦状排列的苞片所遮盖，基部有3苞片；雄花、瘿花和雌花常生于同一隐头花序内，雄花位于隐头花序的口部附近；异序时雄花和瘿花生于同一花序内，雌花则生于另一花序中；雄花花萼2～6裂，雄蕊1或2，稀较多；雌花花萼与雄花相同、不完全或缺，子房直或偏斜，花柱偏生；瘿花和雌花相似，但其子房被膜翅目榕黄蜂科昆虫的幼蛹所占据，胚珠不育，子房壁变硬，花柱较短，顶端常膨大，随着隐花果的发育，幼虫羽化为成虫，咬破子房壁，带着花粉爬出，进入另一花序中而完成异序授粉。瘦果小，骨质。

约1000种，主产于全球热带地区。我国约有100种，分布于秦岭以南各地，多数产于华南、西南；浙江有19种。

多数种类的茎枝韧皮纤维可作麻类代用品；有些种类的榕果可作水果或干制后食用，有的瘦果外面附有果胶，可制成凉粉食用；有些种类可药用；不少种类可供园林绿化或盆栽观赏。

分种检索表

1. 常绿或落叶，乔木或灌木。
    2. 常绿（笔管榕偶有夏季落叶现象）。
        3. 叶片先端具细长尾尖 ··· **3. 菩提树 F. religiosa**
        3. 叶片先端非细长尾尖。
            4. 叶片较大，长8～30cm，宽4～11cm；叶柄长2～7cm。
                5. 叶片薄革质；隐花果扁球形，直径5～8mm，成熟时呈紫黑色；野生 ···············
                ··· **1. 笔管榕 F. subpisocarpa**
                5. 叶片厚革质；隐花果卵状椭圆形，长10～28mm，成熟时呈橘黄色、紫褐色、黄色或红色；引种。
                    6. 叶片长圆形或椭圆形，侧脉多而细密；托叶膜质，长达10cm，紫红色，无毛 ···········
                    ·· **4. 印度橡皮树 F. elastica**
                    6. 叶片宽卵形或宽卵状椭圆形，侧脉稀疏，5～7对；托叶厚革质，长2～3cm，绿色或灰白色，外面被绢丝状毛 ······························· **5. 高山榕 F. altissima**
            4. 叶片较小，长4～12cm，宽1.5～4cm；叶柄长0.5～2.5cm。
                7. 大乔木；隐花果较小，直径4～8mm，无梗或短于5mm；叶柄通常绿色。
                    8. 叶柄长0.5～2.5cm；基生1对侧脉较短；隐花果直径4～5mm，成熟时呈红色 ···········
                    ·· **2. 雅榕 F. concinna**
                    8. 叶柄长0.5～1cm；基生1对侧脉较长；隐花果直径6～8mm，成熟时呈黄色或淡红色 ······
                    ·· **6. 榕树 F. microcarpa**
                7. 灌木或小乔木；隐花果较大，直径10～15mm，梗长8～12mm；叶柄常呈红色 ·············
                ·· **9. 变叶榕 F. variolosa**
    2. 落叶。
        9. 叶常有掌状缺裂，但不呈提琴形。
            10. 小枝被微毛，髓心海绵状；叶缘具不规则圆钝齿；隐花果梨形，无毛，较大，长3～6cm，直径3～4cm，梗长5～10mm ································· **7. 无花果 F. carica**
            10. 小枝被开展糙毛，髓心中空；叶缘具三角状细小锯齿；隐花果近球形，被开展糙毛，较小，直径1～1.5cm，无梗 ·· **14. 粗叶榕 F. hirta**
        9. 叶无缺裂，或中部对称内凹而呈提琴形。
            11. 隐花果常成对腋生，无梗；叶形变异极大 ····························· **10. 异叶榕 F. heteromorpha**
            11. 隐花果单生于叶腋，具梗；叶形除琴叶榕外通常变异幅度较小。
                12. 小枝粗壮；叶柄长1.5～7cm ······································· **8. 矮小天仙果 F. erecta**
                12. 小枝细瘦；叶柄长不逾2cm。
                    13. 叶片基部心形，侧脉15～20对；叶柄长1～2cm；隐花果直径1.3～1.5cm ·············
                    ·· **12. 景宁榕 F. jingningensis**
                    13. 叶片基部圆形、宽楔形、楔形至窄楔形，侧脉通常在8对以下（狭叶台湾榕的侧脉则多而密）；叶柄长2～7mm；隐花果直径不逾1cm。
                        14. 叶片倒披针形或条状披针形，上部有时呈浅波状或具疏齿；隐花果基部收缩为细果颈 ·· **11. 台湾榕 F. formosana**

14. 叶片提琴形、倒卵形、狭倒卵形、倒披针形、狭披针形或条状披针形，上部不呈浅波状，也无疏齿；隐花果基部不收缩为果颈 ·· 13. 琴叶榕 F. pandurata
1. 常绿攀缘或匍匐藤本。
15. 匍匐藤本；叶片有锯齿；隐花果生于紧贴地面的老茎上，表面具显著的瘤突 ····· 15. 地果 F. tikoua
15. 攀缘藤本；叶片全缘；隐花果生于伸出地面的生殖枝上，表面无瘤突。
  16. 叶二型；叶片先端圆钝，侧脉3～5对；隐花果较大，直径1.7～5cm。
    17. 生殖枝上的叶片长4～10cm，宽2～3.5cm，边缘不反卷；雌性隐花果较大，长5～8cm，直径3～5cm，成熟时有时开裂，内部近于干燥 ·· 16. 薜荔 F. pumila
    17. 生殖枝上的叶片长2～5cm，宽1～2cm，边缘明显反卷；雌性隐花果较小，长2～4cm，直径1.7～2.6cm，成熟时不开裂，内部多汁，味甜可食 ···························· 17. 海岛薜荔 F. thunbergii
  16. 叶一型；叶片先端渐尖或尾尖，侧脉5～9对；隐花果较小，直径0.4～2cm。
    18. 叶片较宽大，长6～14.5cm，宽3～6cm，背面网脉呈蜂窝状；隐花果直径0.8～2cm ·· 18. 匍茎榕 F. sarmentosa
    18. 叶片较狭长，长2～7cm，宽0.5～2cm，背面网脉不呈蜂窝状；隐花果直径0.4～0.7cm ·· 19. 爬藤榕 F. impressa

1. 笔管榕 （图2-609）

Ficus subpisocarpa Gagnep. — *F. virens* auct., non Aiton — *F. superba* Miq. var. *japonica* auct., non Miq.

常绿乔木，偶有夏季落叶现象，高5～15m。有时有气生根。树皮黑褐色；小枝淡红色，无毛。叶互生或簇生；叶片薄革质，无毛，椭圆形至长圆形，长10～15cm，宽4～6cm，先端短渐尖，基部圆形，边缘全缘或微波状，侧脉7～9对；叶柄长3～7cm；托叶膜质，微被柔毛，披针形，长约2cm，早落。隐花果单生或成对腋生，或簇生于无叶的大枝上，扁球形，直径5～8mm，成熟时呈紫黑色，具白色斑点，顶部微下陷，具长3～4mm的细梗；基生苞片早落。花期4—6月，果期8—10月。

图2-609　笔管榕

产于温州及玉环、温岭。生于低海拔的近海沟谷中、山坡或海岛上，通常长在岩缝中；普陀、鄞州有栽培。分布于华南及福建、云南。东南亚及日本南部也有。

为优良的庭荫树；木材纹理细致，美观，可供雕刻；叶、根可药用，有清热解毒、杀虫等功效，叶可治漆疮、鹅口疮，根可治乳痈。

《浙江植物志》将其定为黄葛树 F. virens Aiton，作者查阅了有关标本并检视了大量拍自本省的照片，认为属于误定，而 Flora of China 也认为浙江产黄葛树，可能是以《浙江植物志》的记载为依据，故本志不予收录。

《中国植物志》等记载笔管榕在本省为栽培，经作者多地调查发现，应属野生无疑；再是几乎所有文献均认为该树种为落叶性，据作者野外观察，应为常绿，但也发现少数植株确会出现落叶现象，然而多发生在夏季，到秋季会再长新叶。

2. 雅榕　无柄小叶榕　（图2-610）

Ficus concinna (Miq.) Miq. — *F. concinna* var. *subsessilis* Corner — *F. parvifolia* (Miq.) Miq.

常绿大乔木，高达25m。树皮深灰色，有皮孔；小枝粗壮，无毛。叶片革质，狭椭圆形，长5~10cm，宽1.5~4cm，全缘，先端短尖，基部楔形，两面光滑无毛，侧脉4~8对，基生1对较短，网脉在两面均明显，边脉不明显；叶柄长0.5~2.5cm，绿色；托叶披针形，无毛，长约1cm。隐花果成对腋生或3个、4个簇生于无叶小枝的叶腋，球形或略扁，直径4~5mm，成熟时呈红色，无梗或短于5mm。花期4—5月，果期8—12月。

产于温州及青田、龙泉。通常生于平原地带的村边、山脚处；舟山、宁波、台州等地有栽培。分布于江西、福建、广东、广西、贵州、云南、西藏。东南亚、南亚也有。

冠幅宽广，枝叶浓密，为优良的庭荫树、行道树和盆景材料。为温州市市树。

图2-610　雅榕

3. 菩提树 思维树 （图2-611）
Ficus religiosa L.

常绿大乔木，高达25m。树皮灰色，平滑或微具纵纹，冠幅广展；小枝灰褐色，幼时被微柔毛。叶片革质，三角状卵形，长9~17cm，宽8~12cm，上面深绿色，有光泽，下面绿色，先端骤缩为长2~5cm的细长尾尖，基部宽截形至浅心形，全缘或呈波状，基出三出脉，侧脉5~7对，至近叶缘网结；叶柄纤细，与叶片等长或较长；托叶小，卵形，先端急尖。隐花果球形至扁球形，直径1~1.5cm，成熟时呈红色，光滑，无梗；基生苞片3，卵圆形。花期3—4月，果期5—6月。

原产于印度、巴基斯坦、尼泊尔，现全球热带地区普遍种植。华南及福建、云南等地有栽培。宁波市区、鄞州、奉化、宁海、普陀、苍南等地有栽培，通常栽于寺庙中，但易受冻害。

为著名佛教树种。

图2-611　菩提树

4. 印度橡皮树 印度榕 （图2-612）
Ficus elastica Roxb. ex Hornem.

常绿乔木，高20~30m。树皮灰白色，平滑；小枝粗壮。叶片厚革质，长圆形或椭圆形，长8~30cm，宽7~10cm，先端急尖，基部宽楔形，全缘，上面深绿色，光亮，下面浅绿色，侧脉平行，多而细密，不甚明显；叶柄粗壮，长2~5cm；托叶膜质，紫红色，长达10cm，无毛，脱落后有明显环状托叶痕。隐花果常成对腋生，卵状椭圆形，长10~12mm，直径5~8mm，成熟

图2-612　印度橡皮树

时呈橘黄色或紫褐色,有粗短梗;基生苞片风帽状,脱落痕环状。花果期3—12月。

原产于云南。缅甸、马来西亚、印度尼西亚、印度、不丹、尼泊尔也有。全球热带地区广泛栽培。华南普遍有栽培。全省各地常盆栽供观赏。温州有露地栽培的大树,但有轻微冻害。

树干中流出的白色乳汁,可提制硬橡胶;为优良的园林绿化和室内盆栽观叶树种。

本省常见盆栽或地栽观赏的有3个品种:白边橡皮树'Ashahi'(图2-613),叶片有黄白色斑块;美丽橡皮树'Decora Tricolor'(图2-614),叶片有紫红色、粉红色及灰绿色斑块;黑叶橡皮树(黑金刚)'Decora Burgundy'(图2-615),叶片呈紫黑色或深褐色。

图2-613 白边橡皮树

图2-614 美丽橡皮树

图2-615 黑叶橡皮树

5. 高山榕 大叶榕 (图2-616)
Ficus altissima Blume

常绿大乔木,高25~30m。树皮灰色,平滑;幼枝绿色,直径约10mm,被微柔毛。叶片厚革质,宽卵形或宽卵状椭圆形,长10~19cm,宽8~11cm,先端钝或急尖,基部宽楔形,全缘,两面光滑,无毛,侧脉5~7对,稀疏,基生1对较长;叶柄长2~5cm,粗壮;托叶厚革质,长2~3cm,绿色或灰白色,外面被绢丝状毛。隐花果成对腋生,卵状椭圆形,长17~28mm,黄色、红色或橘黄色,顶端内凹,基部无梗;基生苞片风帽状,宽短而钝,早落,脱落痕环状。花期3—4月,果期8—12月。

原产于华南及云南。东南亚、南亚及澳大利亚也有。华南各地广泛栽培。玉环等地有露地栽培大树,生长良好。

本省常作盆栽供观赏的品种有斑叶高山榕(富贵榕)'Golden Edged'(图2-617),叶片边缘有金黄色斑块。

图2-616 高山榕

图2-617 斑叶高山榕

6. 榕树 （图2-618）

Ficus microcarpa L. f.

常绿乔木，高达15~25m。全体无毛。树皮深灰色；冠幅广展；老树常有锈褐色气生根。叶片薄革质，狭椭圆形，长4~8cm，宽3~4cm，先端钝尖，基部楔形，上面深绿色，有光泽，全缘，侧脉3~10对，基生1对较长，边脉明显；叶柄长0.5~1cm，绿色；托叶小，披针形，长约8mm。隐花果成对腋生或生于无叶老枝上，成熟时呈黄色或淡红色，扁球形，直径6~8mm，无梗；基生苞片3，宽卵形，宿存。花果期4—11月。

图2-618 榕树

原产于华南及福建、贵州、云南。东南亚、南亚及澳大利亚也有。我国南方普遍栽培。宁波、舟山、台州、温州及淳安等地有栽培。

气生根、树皮和叶芽为清热解表药；树冠宽广，枝叶茂密，气根下垂，为优良的庭荫树和风景树。

《中国植物志》、*Flora of China* 等文献记载本种在本省南部有野生，实为雅榕的误定。

本省常见盆栽供观赏的品种有人参榕（薯榕）'Renshen'（图2-619），灌木，根部膨大成薯块状或人参状。

图2-619　人参榕

6a. 厚叶榕　金钱榕（变种）（图2-620）
var. crassifolia (Shieh) J.C. Liao

与榕树的区别在于小枝中空；叶片革质或厚革质，宽椭圆形或宽倒卵形，两端钝圆；隐花果鲜红色。

原产于我国台湾。全省各地常见盆栽，温州可露地栽培。

图2-620　厚叶榕

7. 无花果 （图2-621）
Ficus carica L.

落叶灌木或小乔木，高3～10m。小枝粗壮，被微毛，髓心白色，海绵状。叶互生；叶片厚纸质，卵圆形或宽卵形，不呈提琴形，长10～24cm，宽9～22cm，掌状3或5裂，稀不裂，裂片边缘有不规则圆钝齿，上面粗糙，下面密生细小乳头状突起及黄褐色短柔毛，基部浅心形，基出脉3或5，侧脉5～7对；叶柄长2～5cm，粗壮；托叶三角状卵形，长约1cm。隐头花序单生于叶腋。隐花果梨形，成熟时呈紫红色、紫褐色或黄色，长3～6cm，直径3～4cm，无毛，顶部凹陷，基部梗长5～10mm；基生苞片卵形。花期4—7月，果期9—12月。

原产于地中海地区和阿富汗东部，现世界各地广泛栽培。自唐代传入我国。全省各地常见栽培。

隐花果成熟时可生食，也可用于酿酒或制蜜饯、果干；根、叶、果均可入药。

图2-621 无花果

8. 矮小天仙果 （图2-622）
Ficus erecta Thunb.

落叶灌木，高1.5～3m。小枝粗壮，近无毛，疏分枝。叶互生；叶片厚纸质，倒卵形至狭倒卵形，长7～20cm，宽3～9cm，先端急尖，具短尖头，基部圆形或浅心形，上面无毛，微粗糙，下面近光滑，侧脉5～7对，弯拱向上，基生1对较长；叶柄长1.5～7cm，无毛。隐花果单生于叶腋，球形或扁球形，直径1～1.5cm，无毛，成熟时呈亮黑色，基部具长1～2cm的细梗。花果期4—12月。

产于象山、普陀、嵊泗、台州市区（椒江）。生于海岛向阳山坡的灌丛中。分布于我国台湾。日本、朝鲜半岛也有。

茎皮纤维可供造纸；对海岛气候适应性强，宜用于沿海岛屿困难地绿化；果味清甜，可生食或制果酱、果脯、饮料等。

图 2-622　矮小天仙果

8a. 天仙果（变种）（图 2-623）
var. beecheyana (Hook. et Arn.) King

与矮小天仙果的区别在于小乔木或灌木，高 2～6m；小枝、叶两面、叶柄及隐花果幼时均被疏或密的毛。

产于宁波、舟山、衢州、金华、台州、丽水、温州及上虞。分布于华东、华中、华南及贵州。日本、越南也有。

用途同矮小天仙果。

图 2-623　天仙果

9. 变叶榕（图 2-624）
Ficus variolosa Lindl. ex Benth.

常绿灌木或小乔木，高 2～5m。全体无毛。叶互生；叶片薄革质，狭椭圆形至椭圆状披针形，有时近条形，长 5～12cm，宽 1.5～4cm，先端急尖或钝尖，基部楔形，全缘，侧脉 7～11(15) 对，与中脉近呈直角，在近叶缘处网结，常有半透明点；叶柄长 0.6～1cm，常呈红色；托叶长三角形,长约8mm。隐花果成对或单生于叶腋,近球形,直径10~15mm,成熟时呈红色,表面有小瘤突,先端呈脐状突起,梗长8~12mm;基生苞片3,卵状三角形,基部微合生。花果期6—12月。

产于台州、温州及庆元、景宁、青田。常生于海拔600m以下的溪边林下或山坡灌丛中。分布于江西、福建、湖南、广东、广西、贵州、云南。越南、老挝也有。

全株可药用,茎能清热利尿,叶可治跌打损伤,根有补肝肾、强筋骨、祛风湿等功效;茎皮纤维可制人造棉及纸张;四季常绿,枝叶清秀,榕果红艳,可供园林观赏。

图2-624　变叶榕

10. 异叶榕 (图2-625)
Ficus heteromorpha Hemsl.

落叶灌木,高2~3m。小枝红褐色。叶互生;叶片纸质,叶形变异极大,提琴形、椭圆形、椭圆状披针形等,长10~18cm,宽2~7cm,先端渐尖、急尖或尾尖,基部圆形至心形,上面略粗糙,下面有细小钟乳体,全缘或微波状,有时具粗锯齿或缺裂,侧脉6~15对,与中脉常呈紫红色,基生1对较短;叶柄长1.5~6cm,紫红色;托叶披针形,长约1cm。隐花果成对腋生,稀单生,球形或圆锥状球形,光滑,直径6~10mm,成熟时呈紫黑色,有光泽,先端呈脐状突起,基部无梗;基生苞片3,卵圆形。花果期3—8月。

产于衢州、丽水、温州及普陀、武义、仙居。生于海拔1100m以下的沟谷、山坡林中或林缘。分布于华东、华中、华南、西南及山西南部、陕西、甘肃。缅甸也有。

茎皮纤维可供造纸；隐花果成熟时味甜，可生食或制果酱。

本省尚产1个较为特殊的狭叶类型（图2-626），叶片条状披针形，侧脉常与中脉呈直角，形态较稳定，分类地位有待研究。

图2-625　异叶榕

图2-626　异叶榕（狭叶类型）

11. 台湾榕 （图2-627）
Ficus formosana Maxim.

落叶灌木，高1.5~3m。小枝细瘦，与叶柄、叶脉幼时疏被短柔毛。叶互生；叶片薄纸质，倒披针形，长4~11cm，宽1.5~3.5cm，全缘或上部有时呈浅波状或具疏齿，先端渐尖或尾尖，中部以下渐窄，至基部呈窄楔形，上面绿色，下面淡绿色，侧脉4~8对，斜向伸出；叶柄长2~7mm。隐花果单生于叶腋，卵球形，直径6~9mm，成熟时呈绿色带红色，顶部脐状突起，基部收缩为细果颈,具长2~4mm的细梗;基生苞片3,边缘齿状。花果期4—11月。

产于宁波、温州及定海、温岭、台州市区(黄岩)、松阳、景宁。多生于低海拔的山坡、沟谷阔叶林中或毛竹林下,也见于溪沟边湿润处。分布于华南及江西、福建、湖南、贵州。越南北部也有。

本省尚有1变型狭叶台湾榕form. **shimadai** Hayata(图2-628),与台湾榕的区别在于叶片较狭窄,条状披针形,侧脉多数,与中脉近呈直角。产于宁波市区(北仑)、象山、金华市区(沙畈)、遂昌、松阳、景宁、乐清、泰顺。省外分布同台湾榕。

图2-627 台湾榕

图2-628 狭叶台湾榕

12. 景宁榕 （图2-629）

Ficus jingningensis X.D. Mei, Z.H. Chen et G.Y. Li

落叶灌木，高2~4m。小枝细瘦，密生灰白色开展短硬毛。叶互生；叶片纸质，狭披针形或条状披针形，基部最宽，长7~17cm，宽1.5~2.8cm，先端长渐尖，基部心形，全缘，上面粗糙，疏生白色钟乳体和灰白色短硬毛，下面沿脉疏被灰白色开展短硬毛和细密小瘤点，侧脉15~20对，与中脉近呈直角，至近叶缘处向上弧曲网结；叶柄粗壮，暗紫色，长1~2cm，疏被短硬毛；托叶三角状披针形，膜质，紫红色，外面被柔毛，早落。隐花果单生于叶腋，扁球形，直径1.3~1.5cm，成熟时呈紫红色或紫黑色，光亮，先端圆钝或微凹，基部近平截，梗长0.6~1.4cm。花期5—7月，果期8—9月。

产于景宁（东坑、九龙、沙湾）。生于海拔400~550m的溪边灌草丛中。模式标本采自景宁（东坑镇章坑）。

图2-629 景宁榕

13. 琴叶榕 （图2-630）

Ficus pandurata Hance

落叶灌木，高1~2m。小枝细瘦，与叶柄幼时均被白色短柔毛。叶互生；叶片纸质，长4~10cm，宽1.5~6cm，先端短尖，基部圆形至宽楔形，中部缢缩而整体呈提琴形，上部不呈浅波状，也无疏齿，上面无毛，下面仅脉上有疏毛和小瘤点，侧脉3~5对；叶柄长3~5mm，疏被糙毛；托叶披针形，无毛，迟落。隐花果单生于叶腋，成熟时呈鲜红色，椭球形或球形，直径6～10mm，顶部脐状突起，基部不收缩为果颈，具长4～5mm的细梗；基生苞片3，卵形。花期6—7月，果期10—11月。

产于衢州市区（衢江）、金华市区（婺城）、莲都、遂昌、松阳、龙泉、乐清、苍南、泰顺。生于低海拔的山地、旷野灌丛中；杭州市区（杭州植物园）有栽培。分布于华东、华南及湖北、湖南。越南也有。

根及叶可入药，有舒筋、活血、消肿、解毒等功效；茎皮可制人造棉及用于造纸。

图2-630　琴叶榕

13a. 全叶榕　全缘琴叶榕（变种）（图2-631）
var. holophylla Migo

与琴叶榕的区别在于叶片倒卵形、狭倒卵形或倒披针形，先端渐尖，中部不缢缩；隐花果较小，直径4～6mm。

产于衢州、台州、丽水、温州及建德。生于路边、山沟或疏林中。分布同琴叶榕。

图2-631　全叶榕

13b. 条叶榕（变种）（图2-632）
var. angustifolia Cheng

与琴叶榕的区别在于叶片狭披针形或条状披针形，先端渐尖，中部不缢缩，基部楔形至近圆形，侧脉8～18对；隐花果椭球形或球形。

产于台州、丽水、温州及临安、建德、衢州市区（衢江）、开化。常生于山区溪边或山沟阴湿处。分布于华东、华南及湖北、湖南、贵州。越南北部和泰国北部也有。后选模式标本采自云和。

茎可药用，有清热利尿及止痛等功效。

本变种易与景宁榕混淆，但后者叶基心形，隐花果较大且呈扁球形而与本变种相区别。

图2-632 条叶榕

14. 粗叶榕 掌叶榕 （图2-633）
Ficus hirta Vahl

落叶灌木或小乔木，高2～4m。小枝粗壮，髓心中空，被金黄色开展糙毛。叶互生；叶片纸质，卵形、椭圆形或卵状椭圆形，不呈提琴形，3或5掌状深裂，有时不裂，长11～17.5cm，宽5～7.5cm，先端急尖或渐尖，基部心形，边缘具三角状细小锯齿，上面疏生伏贴粗毛，后脱落变粗糙，下面被柔毛和糙毛，基出脉3或5，侧脉每边4～7；叶柄长2～8cm，被糙毛；托叶卵状披针形，长1～3cm，膜质，被毛。隐花果无梗，成对腋生或生于无叶的老枝上，近球形，直径1～1.5cm，具细小白斑，被黄色开展糙毛。花果期3—11月。

产于永嘉、瑞安、文成、平阳、苍南、泰顺。常生于海拔500m以下的山坡林缘、林下或山沟灌丛中。分布于江西、福建、湖南、广东、海南、广西、贵州、云南。东南亚、南亚也有。

根、果可药用，有祛风除湿、益气固表等功效；茎皮纤维可制麻绳、麻袋。

图2-633 粗叶榕

15. 地果 （图2-634）
Ficus tikoua Bur.

常绿匍匐藤本。茎节膨大，触地后节上生细长不定根；幼枝有时直立，高达30～40cm。叶一型，互生；叶片坚纸质，倒卵状椭圆形，长2～8cm，宽1.5～4cm，先端急尖，基部圆形至浅心形，边缘具波状疏浅圆锯齿，侧脉3或4对，基生1对较短，上面被短糙毛，下面沿脉有细毛；叶

图2-634 地果

柄长1~2cm，直立幼枝的叶柄长可达6cm；托叶披针形，长约5mm，被柔毛。隐花果成对或簇生于紧贴地面的老茎上，近球形或扁球形，直径1~2cm，成熟时呈红褐色，表面被大小不等的显著圆形瘤突；基生苞片3，细小。花期5—6月，果期9—11月，可宿存至次年5月。

原产于西南及湖北、湖南、广西、陕西、甘肃。越南、老挝、印度（阿萨姆）也有。嘉善、杭州市区（杭州植物园）、武义、莲都等地有引种，生长良好。

隐花果可食；植株匍匐蔓生，节上生根，生性强健，为优良的水土保持和园林地被植物。

16. 薜荔　木莲　（图2-635）

Ficus pumila L. — *F. hanceana* Maxim.

常绿攀缘藤本。幼时以不定根攀附于他物。叶二型；营养枝上的叶片小而薄，心状卵形，长约2.5cm或更短；生殖枝上的叶片较大，革质，卵状椭圆形，长4~10cm，宽2~3.5cm，先端圆钝，全缘，边缘不反卷，下面被短柔毛，网脉突起而呈蜂窝状，侧脉3~5对；叶柄粗短。雌雄异株；隐头花序生于叶腋，生有雄花和瘿花者顶端较平坦，成熟时较软，生有雌花者顶端突起而钝圆，成熟时较硬。隐花果梨形或近球形，长5~6cm，直径3~5cm，成熟时呈紫红色或紫黑色，常有白色或红色细斑，无瘤突，有毛或秃净，内部近干燥，有时开裂，基部具短梗。瘦果近球形或梭形，外面附有果胶。花期4—6月，果期8月至次年5月。

产于全省各地。多生于低海拔的山坡上、沟谷或村边，攀附于树干、墙面、岩石上。分布于长江以南各地。日本、越南也有。

根、茎、藤、叶及未成熟的隐花果可入药；瘦果水洗后可制凉粉；攀附能力强，病虫害少，生性强健，四季常绿，果形奇特，可供园林垂直绿化。

本省园林中尚栽培1品种银边薜荔'Sonny'（图2-636），多为营养叶，叶缘白色。海宁、杭州市区、萧山等地有栽培。

图2-635　薜荔

图2-636　银边薜荔

16a. 爱玉子 椭果薜荔（变种）（图2-637）

var. **ellipsoidea** Cheng — *F. awkeotsang* Makino — *F. pumila* var. *awkeotsang* (Makino) Corner

与薜荔的区别在于隐花果椭球形、长椭球形、长卵形或长倒卵形，长5～8cm，直径3～4cm，成熟时呈紫褐色。

产于宁海、象山、温岭、温州市区、乐清、永嘉、文成、平阳、泰顺（雅阳氡泉）。通常生于海岛、大陆滨海地带岩隙中或攀附于山沟边岩石上。模式标本采自平阳（南雁荡山）。

本变种在我国台湾早已规模化栽培用于制作爱玉冻等果冻食品。

图2-637 爱玉子

杭州市区（西湖灵山）和常山（三衢山）的石灰岩山地尚产1存疑种（图2-638），叶二型；生殖枝上的叶片倒卵形或倒卵状椭圆形，稀狭椭圆形，长5～10cm，宽2～3.5cm，先端急尖或短尖，基部楔形，稀宽楔形，边缘平展或微反卷；隐花果近球形，直径1.8～2.2cm，顶部具尖突，成熟时内部干燥。本存疑种曾被定为少脉爬藤榕 *F. sarmentosa* var. *thunbergii* (Maxim.) Corner，但经作者实地观察，其叶二型，叶片先端急尖或短尖，亲缘关系显然与薜荔更近，分类地位有待进一步研究。

图2-638 存疑种

17. 海岛薜荔 小果薜荔 少脉爬藤榕 （图2-639）

Ficus thunbergii Maxim. — *F. pumila* L. var. *microcarpa* G.Y. Li et Z.H. Chen — *F. sarmentosa* Buch.-Ham. ex Sm. var. *thunbergii* (Maxim.) Corner

常绿攀缘藤本。幼时以不定根攀附于他物。叶二型；营养枝上的叶片小而薄，心状卵形，长1～1.5cm；生殖枝上的叶片较大，革质，卵状椭圆形，长2～5cm，宽1～2cm，先端圆钝，全缘，边缘常明显反卷，下面被短柔毛，网脉突起而呈蜂窝状，侧脉3～5对；叶柄粗短，密被黄褐色绒毛。隐头花序单生于叶腋。隐花果椭球形或宽椭球形，稀近球形，长2～4cm，直径1.7～2.6cm，顶端苞片直立，成熟时呈紫褐色或紫黑色，有白色或紫色细斑，无瘤突，雌性隐花果多汁，味甜可食，成熟时不开裂，基部具短梗。花期5—6月，果期次年8—10月。

产于普陀（普陀山岛、东福山岛）。生于滨海山坡上，攀附于山坡岩石或树干上。日本、韩国也有。

本种雌性隐花果成熟时多汁，味清甜，可作水果栽培。另据研究，本种与薜荔存在杂交现象。

《中国植物志》及 Flora of China 将其作为匍茎榕的变种，但本种叶明显二型，先端圆钝，隐花果较大，显然与薜荔亲缘关系更近，鉴于其与薜荔也有较明显的区别，故本志将其恢复为种级。

图2-639　海岛薜荔

18. 匍茎榕

Ficus sarmentosa Buch.-Ham. ex Sm.

常绿木质藤本。小枝无毛，干后灰白色，具纵槽。叶一型，互生，在小枝上排成2列；叶片革质，卵形至长椭圆形，长8～12cm，宽3～4cm，先端渐尖或尾尖，基部圆形或宽楔形，全缘，上面无毛，下面疏被褐色柔毛或无毛，侧脉7～9对，在下面突起，网脉隆起而呈蜂窝状；叶柄长约1cm，近无毛。隐头花序通常单生于叶腋，雄花与瘿花生于同一花序中，雌花则生于另一植株的花序内。隐花果球形或近球形，生于生殖枝上，成熟时呈紫黑色，光滑无毛，无瘤突，直径1.5～2cm，顶部微下陷，内壁散生刚毛，基部梗长5～15mm；基生苞片3，三角形，长约3mm。瘦果卵状椭圆形，外面附有果胶。

产于西藏。缅甸、尼泊尔、不丹也有。浙江不产，但产以下2变种。

18a. 珍珠莲 小木莲（变种）（图2-640）
var. henryi (King ex Oliv.) Corner

幼枝密被褐色柔毛。叶片厚革质，椭圆形，长6~12cm，宽3~6cm，先端渐尖或尾尖，基部圆形或宽楔形，全缘或微波状，下面淡绿色，密被褐色柔毛或长柔毛，网脉隆起而呈蜂窝状，基生脉3，侧脉5~8对；叶柄长1~2cm，粗壮，密被毛。隐头花序单生或成对腋生，无梗或有短梗，幼时密被褐色长柔毛，后渐脱落。隐花果卵圆形或圆锥形，直径1~1.5cm，成熟时呈紫褐色或蓝黑色。花期4—5月，果期次年4—7月。

产于全省山区、丘陵。生于山谷、山坡路边或林缘，常攀附于岩石或树干上。分布于华东、华中、华南、西南及陕西、甘肃。

隐花果味甜可食，瘦果也可制凉粉；根及藤可入药，有祛湿、消肿、解毒、杀虫等功效。

图2-640 珍珠莲

18b. 白背爬藤榕 日本匍茎榕（变种）（图2-641）
var. nipponica (Franch. et Sav.) Corner

幼枝被褐色柔毛。叶片厚革质，长圆状披针形或长椭圆形，长6.5~14.5cm，宽3~6cm，先端尾尖，尖头常弯曲，基部楔形、圆形或近心形，全缘，边缘略反卷，上面深绿色，无毛，有光泽，下面粉绿色，无毛或被疏毛，基生脉3，侧脉5~8对，网脉在下面呈蜂窝状；叶柄长0.7~2.5cm，密被褐色短柔毛。隐

图2-641 白背爬藤榕

头花序单生或成对腋生，梗长5～7mm。隐花果球形，直径0.8～1.3cm，被毛，常有瘤状突起。花期4—7月，果期次年7—9月。

产于丽水及安吉、德清、临安、建德、诸暨、鄞州、奉化、象山、普陀、嵊泗、开化、金华市区（金东）、天台、仙居、温岭、瑞安、文成、泰顺。生境同珍珠莲。分布于华东、华南、西南。日本南部、朝鲜半岛也有。

用途同珍珠莲。

19. 爬藤榕 （图2-642）

Ficus impressa Champ. ex Benth. — *F. sarmentosa* var. *impressa* (Champ. ex Benth.) Corner

常绿木质藤本，长2～10m。一年生枝有毛。叶一型；叶片革质，披针形或椭圆状披针形，长3～7cm，宽1～2cm，先端渐尖，基部圆形或楔形，上面光滑，下面粉绿色，近无毛，侧脉6～8对，在下面突起，网脉微突起，不呈蜂窝状；叶柄长3～6（10）mm，密被棕色毛。隐头花序成对腋生，稀单生。隐花果球形，直径4～7mm，成熟时呈紫褐色，无瘤突，幼时被柔毛，后脱落变无毛，有短梗。花期4—6月，果期次年7—10月。

产于全省山区、丘陵。生于山谷、山坡路边或林缘，常攀附于岩石上。分布于华东、华中、华南、西南及陕西、甘肃。

韧皮纤维可造纸、制绳索等；根、茎可入药。

《中国植物志》等均将本种作为匍茎榕的变种，考虑到其与匍茎榕及几个变种形态差异较大，本志将其恢复为种级。

图2-642 爬藤榕

三三　荨麻科 Urticaceae

草本或灌木，稀为小乔木。植株有时具螫毛。单叶对生或互生，常有托叶；表皮细胞内常有显著的钟乳体。花小，单性，雌雄同株或异株，稀为两性花，常排成聚伞、圆锥花序或由多数团伞花序组成穗状花序，或密生于膨大的花序托上；雄花花被片2~5，雄蕊与花被片同数且对生，花丝在蕾中内曲，通常有不育子房；雌花花被片3~5，果时常增大，退化雄蕊鳞片状或缺，子房与花被分离或贴合，1室，胚珠1，柱头多型。果为瘦果，多少包被于花后扩大的干燥或肉质的花被内。

47属，约1300种，分布于全球热带至温带地区。我国有25属，341种；浙江有13属，46种。

本科许多种类的茎皮富含纤维，为纺织工业的重要原料；部分种类可药用；少数种类嫩叶可食，种子可榨油；一些具螫毛的种类，刺伤人体皮肤后，皮肤会产生红肿及灼痛感。

分属检索表

1. 植物体具螫毛。
  2. 瘦果直立；雌蕊无柄，柱头画笔头状；托叶侧生，合生或分离。
    3. 叶对生；雌花花被片外面2枚比里面2枚小 ··· 1. 荨麻属 Urtica
    3. 叶互生；雌花花被片外面2枚比里面2枚大 ····································· 2. 花点草属 Nanocnide
  2. 瘦果偏斜；雌蕊有柄，柱头丝状或舌状；托叶于叶柄内侧合生。
    4. 雌花花被片4，极不等大，离生或下部合生 ······································· 3. 艾麻属 Laportea
    4. 雌花花被片3或4，其中2或3枚合生成管状或盔状，顶端2或3齿裂，另1枚极小或退化 ············
      ··· 4. 蝎子草属 Girardinia
1. 植物体无螫毛。
  5. 雌蕊柱头画笔头状。
    6. 叶对生。
      7. 花排成松散或密集的聚伞花序，有时为穗状或近头状；瘦果边缘无鸡冠状或马蹄形附属物 ······
        ··· 5. 冷水花属 Pilea
      7. 花生于盘状或钟状的花序托上；瘦果顶端或上部边缘有鸡冠状或马蹄形附属物 ················
        ··· 6. 假楼梯草属 Lecanthus
    6. 叶互生，稀对生（若对生，则2枚对生叶极不等大）。
      8. 雄花和雌花均排成聚伞状花序；瘦果具有小瘤状突起 ························· 7. 赤车属 Pellionia
      8. 雄花和雌花均生于肉质盘状或杯状的花序托上；瘦果常具6~8细纵肋 ···························
        ·· 8. 楼梯草属 Elatostema
  5. 雌蕊柱头丝状、近卵形、盘状或盾状。
    9. 瘦果包于非肉质透明的宿存花被中；多年生草本或亚灌木（仅指浙江产种）。
      10. 柱头近卵形，被须毛 ·· 10. 微柱麻属 Chamabainia

10. 柱头丝状。

　　11. 柱头果时宿存；腋生团伞花序或再聚成穗状或圆锥状，有时簇生；瘦果果皮薄，无光泽 ··· 9.苎麻属 Boehmeria
　　11. 柱头花后脱落；团伞花序腋生；瘦果果皮硬壳质，有光泽。
　　　　12. 叶互生，稀对生；基出三出脉，2条侧脉上部具分枝，不达叶尖；雄花花被片合生，背部拱起 ·· 11.雾水葛属 Pouzolzia
　　　　12. 叶对生或轮生，或上部叶互生；基出三出脉或五出脉，2条侧脉上部不分枝，直达叶尖；雄花花被片分离，在中部以上呈直角内曲 ··· 12.糯米团属 Gonostegia
9. 瘦果生于花后增大并肉质透明的杯状或盘状花托中；灌木（仅指浙江产种）······ 13.紫麻属 Oreocnide

1 荨麻属 Urtica L.

多年生草本。植物体具螫毛。茎常具4棱。叶对生，钟乳体点状或条形；托叶侧生于2叶柄之间，合生或分离。花单性，雌雄同株或异株；花聚集成小的团伞花簇，在花序轴上排列成穗状、总状或圆锥状；雄花花被片4，雄蕊4；雌花花被片4，离生或多少合生，外面2枚比里面2枚小，子房直立，雌蕊无柄，花柱无或很短，柱头画笔头状。瘦果直立，光滑或有疣状突起。

约30种，主要分布于北半球温带和亚热带地区，少数分布于热带地区和南半球温带地区。我国有14种，主产于北部和西南部；浙江有2种。

1. 裂叶荨麻　荨麻（图2-643）
Urtica fissa Pritz.

多年生草本，高40～100cm。根状茎横走。茎微具4棱，生有螫毛和短伏毛。叶片卵形至宽卵形，长5～15cm，宽3～14cm，先端渐尖或锐尖，基部圆形或浅心形，边缘具5～7对浅裂片，裂片三角形或长圆形，长1～5cm，边缘有不整齐的牙齿状锯齿，两面散生螫毛，钟乳体短棒状，稀近点状，基出脉5；叶柄长2～8cm，密生螫毛；托叶每节2枚，在2叶柄之间合生，长1～2cm。雌雄同株，雌花序生于上部叶腋，雄花序生于下部叶腋，稀雌雄异株；花序圆锥状，具少数分枝，有时近穗状，长达10cm；雄花花被片4，在中下部合生；雌花小，近无梗。瘦果近卵形，略扁，长约1.5mm，表面有细疣点，具宿存花被片。花期8—10月，果期9—11月。

产于杭州市区（西湖、余杭）、临安、武义、莲都。生于海拔800m以下的山坡林下、路边或宅旁。分布于华中及安徽、福建、广西、四川、贵州、云南、陕西、甘肃。越南北部也有。

全草可入药，有祛风除湿、止咳等功效。

图 2-643 裂叶荨麻

2. 宽叶荨麻 （图2-644）
Urtica laetevirens Maxim.

多年生草本，高30～100cm。根状茎匍匐。茎纤细，与叶柄及叶两面均疏生螫毛和细糙毛。叶片卵形至披针形，向上常渐变狭，长4～10cm，宽2～6cm，先端短渐尖至尾尖，基部圆形或宽楔形，边缘有不规则的牙齿状锯齿，钟乳体常短棒状，有时点状，基出三出脉；叶柄长1.5～7cm；托叶每节4枚，分离或有时上部的多少合生，长3～8mm。雌雄同株，稀异株；花序穗状，雄花序纤细，生于上部叶腋，长达8cm，雌花序生于下部叶腋；雄花花被片4，在近中部合生，裂片卵形；雌花具短梗。瘦果卵形，双凸镜状，长约1mm，表面多少有疣点，具宿存花被片；果梗上部有关节。花期7—8月，果期8—9月。

产于安吉、临安、淳安、衢州市区（衢江）、仙居（淡竹）。生于山谷溪边或山坡林下阴湿处。分布于华北、华中及辽宁、安徽、四川、云南、西藏、陕西、甘肃、青海。东北亚也有。

茎皮纤维可作纺织原料；幼嫩茎叶可食；全草可入药，有祛风定惊、消食通便等功效。

与裂叶荨麻的区别在于后者叶片卵形至宽卵形，边缘具5～7对浅裂片，基出脉5；托叶每节2枚，在2叶柄之间合生。

图2-644　宽叶荨麻

❷ 花点草属 Nanocnide Blume

一年生、多年生草本或灌木。植物体常疏生螫毛。叶互生，钟乳体短棒状；托叶侧生于叶柄两侧，分离。花单性，雌雄同株；雄聚伞花序腋生，具梗，雌花序团伞状腋生，无梗或具短梗；雄花花被5裂，稀4裂，雌花花被不等4深裂，外面2枚比里面2枚大；子房椭圆形，雌蕊无柄，花柱缺，柱头画笔头状。瘦果直立，两侧压扁状，有疣点状突起。

3种，分布于四川、云南以东的长江流域和福建、台湾。日本、朝鲜半岛、越南也有。我国有3种；浙江均有。

分种检索表

1. 茎被向上或向下的微硬毛。
　　2. 茎常直立，被向上的毛；雄花序长于叶 ························· **1. 花点草 N. japonica**
　　2. 茎常斜上伸展或平卧，被向下的毛；雄花序短于叶 ············· **2. 毛花点草 N. lobata**
1. 茎无毛 ··· **3. 浙江花点草 N. zhejiangensis**

1. 花点草（图2-645）

Nanocnide japonica Blume

多年生小草本，高10～30cm。茎常直立，自基部分枝，被向上倾斜的微硬毛。叶片三角状卵形或近扇形，长1.5～3cm，宽1.3～2.7cm，先端钝圆，基部宽楔形至近截形，边缘具圆齿，基出脉3或5，钟乳体短棒状，在两面均明显；叶柄长0.5～2cm；托叶宽卵形，长1～1.5mm，具缘毛。雄花序为多回二歧聚伞花序，生于枝的顶部叶腋，长于叶，花紫红色，直径2～3mm，花被5深裂，雄蕊5；雌花序密集成团伞花序，生于上部叶腋，直径3～6mm，具短梗，花绿色，长约1mm，花被不等4深裂。瘦果卵形，黄褐色，长约1mm，具疣点状突起。花期4—5月，果期6—7月。

产于宁波及长兴、安吉、富阳、临安、淳安、诸暨、普陀、衢州市区（衢江）、临海、仙居、莲都、青田、乐清、永嘉。生于山谷林下和石缝阴湿处。分布于华东及湖北、湖南、台湾、四川、贵州、云南、陕西、甘肃。日本、朝鲜半岛也有。

图2-645　花点草

2. 毛花点草　裂叶花点草　（图2-646）

Nanocnide lobata Wedd. — *N. pilosa* Migo

一年生或多年生草本。茎较柔弱，常斜上伸展或平卧，自基部分枝，长17～40cm，被向下弯曲的微硬毛。叶片宽卵形至三角状卵形，长1.5～2cm，宽1.3～1.8cm，先端钝或锐尖，基部近宽楔形至浅心形，边缘具粗钝的牙齿，基出脉3或5，两面散生短棒状钟乳体；叶柄长1～1.5cm；托叶卵形，长约1mm，具缘毛。雄花序常生于枝的上部叶腋，短于叶，花淡绿色，直径2～3mm，花被(4)5深裂，雄蕊(4)5；雌花序由多数花组成团伞花序，生于枝的顶部或茎下部裸茎的叶腋，直径3～7mm，具短梗或无梗，花绿色，长1～1.5mm，花被片不等4深裂。瘦果卵形，压扁状，褐色，长约1mm，有疣点状突起，外面围以稍大的宿存花被片。花期4—6月，果期6—8月。

产于全省各地。生于山谷溪旁、石缝间或平原阴湿处。分布于华东、华南及湖北、湖南、四川、贵州、云南。越南也有。

全草可入药，有清热解毒的功效。

图2-646　毛花点草

3. 浙江花点草（图2-647）

Nanocnide zhejiangensis X.F. Jin et Y.F. Lu

多年生草本，高15～50cm。茎直立，自基部分枝，无毛。叶片三角状卵形、宽卵形或扇形，长0.8～4cm，宽1～1.5cm，先端钝，基部楔形或宽楔形，边缘具3～9圆齿，基出脉3或5，两面散生短棒状钟乳体；叶柄长0.7～4.5cm，无毛；托叶卵形或椭圆状长圆形，长1～5mm。雄花序为多回二歧聚伞花序，生于枝的顶部叶腋，无毛，长于叶，花紫红色，直径约2mm，花被5深裂，雄蕊5；雌花序密集成团伞花序，生于上部叶腋，无毛，短于叶，花绿色，长约1.5mm，花被不

图2-647 浙江花点草

等4深裂,裂片先端有1根刺毛。瘦果卵形,浅黄色,长约1mm,有疣点状突起。花期4—5月,果期5—6月。

产于文成。生于沟谷林下阴湿处。模式标本采自文成(铜铃山)。

与花点草的区别在于茎、叶柄、花序无毛,雌花花被裂片先端有1根刺毛。作者观察了本省产的花点草标本,发现其茎、叶、叶柄、花序、花被片等毛被特征并不稳定,不同生境下变化较大,有待进一步研究。

3 艾麻属 Laportea Gaudich.

草本或亚灌木,稀灌木。植物体常具螫毛。叶互生,钟乳体点状或短棒状;托叶于叶柄内侧合生,先端2裂,早落。花单性,雌雄同株或异株;花序聚伞圆锥状,稀总状或穗状;雄花花被片4或5,雄蕊4或5;雌花花被片4,极不等大,离生或下部合生,子房直立,不久偏斜,雌蕊有柄,柱头丝状或舌状,宿存。瘦果偏斜,着生于雌蕊柄上。

约28种,分布于全球热带和亚热带地区,少数分布于温带地区。我国有7种,主要分布于长江流域及以南各地;浙江有2种。

1. 珠芽艾麻 (图2-648)

Laportea bulbifera (Siebold et Zucc.) Wedd. — *L. bulbifera* var. *sinensis* Chien

多年生草本,高50~150cm。茎直立,具纵棱,少分枝,具螫毛或近无毛。叶片纸质,卵形至披针形,有时宽卵形,长8~16cm,宽3.5~8cm,先端渐尖,基部宽楔形或圆形,边缘自基部以上有牙齿或锯齿,两面疏生螫毛和短伏毛,钟乳体细点状,上面明显,基出三出脉,侧脉4~6对,伸向齿尖;叶柄长1.5~10cm;托叶长圆状披针形,长5~10mm,先端2浅裂。雌雄同株,稀异株;花序圆锥状;雄花序生于上部叶腋,开展,花被片5,长圆状卵形,内凹,雄蕊5;雌花序生于茎顶部或近顶部叶腋,花梗两侧具翅,花被片4,不等大,侧生的2枚较大,紧包子房。瘦果扁卵形,长2~3mm,光滑,有紫褐色细斑点。花期6—8月,果期8—10月。

产于宁波、丽水及安吉、德清、杭州市区(西湖灵山)、临安、淳安、诸暨、新昌、衢州市区(衢江)、龙游、金华市区(婺城)、磐安、武义、三门、天台、永嘉、泰顺。生于海拔400~1400m的山坡、沟谷林下或林缘路边阴湿处。分布于东北、华北、华东、华中、西南及广东、广西、陕西、甘肃。东亚、东南亚、南亚也有。

图 2-648　珠芽艾麻

2. 艾麻 （图2-649）
Laportea cuspidata (Wedd.) Friis

多年生草本，高40～150cm。茎直立，具纵棱，少分枝，疏生螫毛和短柔毛。叶片近膜质至纸质，宽卵形至近圆形，稀椭圆形，长7～22cm，宽3.5～18cm，先端长尾尖（长可达7cm），基部心形或圆形，有时近截形，边缘具粗大的锐牙齿，两面疏生螫毛和短柔毛，有时近光滑，钟乳体细点状，基出三出脉，稀离基，侧脉2～4对，斜伸达齿尖；叶柄长3～14cm；托叶卵状三角形，长3～4mm，先端2裂。雌雄同株；雄花序圆锥状，生于雌花序的下部叶腋，花被片5，狭椭圆形，雄蕊5；雌花序长穗状，生于茎梢叶腋，花梗无翅，花被片4，不等大，侧生2枚较大，紧包子房。瘦果卵形，歪斜，双凸镜状，长约2mm，光滑。花期6—7月，果期8—9月。

产于安吉、临安、淳安、衢州市区（衢江）、江山、金华市区（婺城）、武义、天台、松阳、龙泉、景宁、泰顺。生于海拔500m以上的阴湿山坡上或沟边林下。分布于华东、华中、西南及广西、陕西、甘肃。日本、缅甸也有。

与珠芽艾麻的主要区别在于后者叶片卵形至披针形，先端渐尖；雌花花梗两侧具翅。

图2-649 艾麻

④ 蝎子草属 Girardinia Gaudich.

一年生或多年生高大草本。植物体具螫毛。叶互生,通常具异形叶(分裂叶与不分裂叶),钟乳体点状;托叶于叶柄内侧合生,早落。花单性,雌雄同株或异株;花序穗状、圆锥状或蝎尾状;雄花花被片4或5,雄蕊4或5;雌花花被片3或4,其中2或3枚合生成管状或盔状,先端2或3齿裂,另1枚极小或退化,子房直立,花后偏斜,雌蕊有柄,柱头丝状。瘦果稍偏斜,宿存花被包被着增粗的雌蕊柄。

5种,产于亚洲、非洲北部及马达加斯加。我国有4种,主产于西南;浙江有1种。

浙江蝎子草 浙江蛇麻 （图2-650）

Girardinia chingiana Chien —— *G. diversifolia* auct., non (Link) Friis

多年生草本，高1~2.5m。茎具4棱，有分枝，与叶柄均疏生螫毛和细伏毛。叶片宽卵形至近圆形，长7~20cm，宽6~15cm，常3中裂至深裂，先端渐尖或短渐尖，基部圆形、近截形或心形，边缘具多数整齐的牙齿，两面有粗硬毛并散生螫毛，基出三出脉，侧脉5~7对；叶柄长5~18cm；托叶长2~3mm。雌雄同株，穗状圆锥花序腋生；雄花序生于下部，花被片4或5，外面疏生细螫毛，退化雌蕊杯状；雌花序生于上部，花被片3，合生成筒状，果时呈盔状，先端有3齿，被有较密的螫毛。瘦果卵形或近球形，长2~3mm，成熟时呈褐色，表面有深褐色斑点。花期8—9月，果期10—11月。

产于临安。生于海拔360~1100m的山坡林下、林缘或沟谷草丛中。分布于江西。模式标本采自临安（西天目山）。

茎皮纤维可供纺织用；根可药用，功效同苎麻；螫毛有毒，触及皮肤可引起灼痛和红肿。

图2-650　浙江蝎子草

5 冷水花属 Pilea Lindl.

草本或亚灌木，稀亚灌木。植物体无螫毛。叶对生，有柄，常为基出三出脉；钟乳体条形、纺锤形或短棒状，稀点状；托叶于叶柄内侧合生。花常单性，雌雄同株或异株；花排成松散或密集的聚伞花序，有时为穗状或近头状，花序单生或成对腋生；雄花花被片2~5，基部常合生，雄蕊与花被片同数且对生；雌花花被片3，稀4或5，常不等大，雌蕊无花柱，柱头画笔头状。瘦果多少压扁状，常稍偏斜，边缘无鸡冠状或马蹄形附属物，表面平滑或有瘤状突起。

约400种，分布于全球热带和亚热带地区。我国约有90种，主要分布于长江以南各地；浙江有13种。

分种检索表

1. 雌花花被片5；雄花花被片5，雄蕊5。
   2. 叶片菱状卵形或三角状卵形，长1～6cm，侧脉2～3对 ········· 1.山冷水花 P. japonica
   2. 叶片卵状椭圆形，长4～14.5cm，侧脉6～8对 ············· 2.京都冷水花 P. kiotensis
1. 雌花花被片2或3；雄花花被片2～4，雄蕊2或4。
   3. 雄花花被片2（稀3或4），雄蕊2 ·························· 3.透茎冷水花 P. pumila
   3. 雄花花被片4，雄蕊4。
      4. 植株矮小，高通常不逾30cm；叶片小，长不及3cm。
         5. 铺散小草本，茎多分枝；叶片极小，长3～7mm，倒卵形至匙形 ·················
            ··· 4.小叶冷水花 P. microphylla
         5. 直立草本，茎少分枝；叶片稍大，长7～25mm，宽卵形、三角形、菱状卵形、菱状扇形或菱状圆形。
            6. 叶片下面具暗紫色或褐色腺点，边缘有浅牙齿 ····· 5.齿叶矮冷水花 P. peploides var. major
            6. 叶片下面无暗紫色或褐色腺点，边缘全缘、波状或有锯齿。
               7. 叶片宽卵形或三角形，边缘具锯齿、圆齿或近全缘 ········· 6.三角叶冷水花 P. swinglei
               7. 叶片宽卵形或菱状卵形，边缘波状或全缘 ················ 7.波缘冷水花 P. cavaleriei
      4. 植株高大，高30～100cm；叶片较大，长通常4cm以上。
         8. 托叶小，三角形或近心形，长1～5mm，宿存。
            9. 基出三出脉；托叶三角形或近心形，长2～5mm。
               10. 托叶三角形，长约2mm ···························· 8.粗齿冷水花 P. sinofasciata
               10. 托叶近心形，长3～5mm ·························· 9.湿生冷水花 P. aquarum
            9. 离基三出脉；托叶三角形，长约1mm ········· 10.闽北冷水花 P. gracilis subsp. fujianensis
         8. 托叶大，长圆形或长椭圆形，长8～25mm，早落或迟落。
            11. 叶片狭卵形或卵状披针形，边缘有浅锯齿，钟乳体长0.5～0.6mm；托叶长8～12mm ·······
                ··· 11.冷水花 P. notata
            11. 叶片椭圆形、长椭圆形至长圆状披针形，边缘有粗锯齿，钟乳体长0.3～0.4mm；托叶长10～25mm。
                12. 叶片无毛；雌雄同株；雌花序为开展的聚伞花序，花序具梗；托叶迟落 ···············
                    ··· 12.长柄冷水花 P. angulata subsp. petiolaris
                12. 叶片上面疏被短糙毛；雌雄异株；雌花序为紧密的聚伞花序，花序近无梗；托叶早落 ···
                    ··· 13.华东冷水花 P. elliptifolia

1. 山冷水花 （图2-651）

Pilea japonica (Maxim.) Hand.-Mazz. — *Achudemia insignis* Migo

一年生草本，高10～60cm。茎肉质，无毛，不分枝或少分枝。叶对生，同对叶不等大，菱状卵形或三角状卵形，长1～6cm，宽0.5～3cm，先端锐尖或短尾状渐尖，基部楔形，稀近圆形或近截形，稍不对称，边缘具3～6枚圆锯齿或钝齿，两面疏被短毛，基出三出脉，侧脉2或3对，钟乳体细条形，在上面明显；叶柄纤细，长0.5～2cm，光滑无毛；托叶膜质，淡绿色，长圆形，长3～5mm。花单性，雌雄同株或异株；雄聚伞花序常紧缩成头状或近头状，长1～1.5cm，花被片5，覆瓦状排列，雄蕊5；雌花序由1至数个团伞花簇组成较紧密的聚伞花序，花序轴无毛，花被片5，近等大，长圆状披针形。瘦果卵形，稍扁，长1～1.4mm，灰褐色，外面有疣状突起，几乎被宿存花被包裹。花期7—9月，果期8—11月。

产于杭州市区、临安、天台等地。生于山坡林下、山谷溪旁草丛或石缝中。分布于华东、华中、华南及吉林、辽宁、河北、四川、贵州、云南、陕西、甘肃。东北亚也有。

全草可入药，有清热解毒、渗湿利尿等功效。

图2-651 山冷水花

2. 京都冷水花 （图2-652）

Pilea kiotensis Ohwi —— *P. hilliana* auct., non Hand.-Mazz.

一年生草本，高30～50cm。茎肉质，不分枝或基部少分枝，被极稀疏的短柔毛。叶对生，同对叶片不等大，相差近2倍，卵状椭圆形，长4～14.5cm，宽2～7cm，先端长渐尖，基部宽楔形，明显偏斜，边缘自下部以上具5～12枚粗大圆锯齿，上面疏被透明粗毛，下面脉上疏被柔毛，叶缘具缘毛，钟乳体条形，长约0.3mm，基出三出脉，侧脉6～8对；叶柄长1～6cm，被稀疏柔毛；托叶膜质，淡绿色，长圆形，长约2mm，宿存。花单性，雌雄同株；雄花序聚伞状，具短梗，常紧缩成近头状，花被片5，覆瓦状排列，雄蕊5；雌花序由多数团伞花簇组成开展的聚伞花序，花序梗长1.5～4cm，花序轴一侧密被短柔毛，花被片5，近等大。瘦果卵形，具粗疣点，宿存花被片长为瘦果的1/2。花期8—10月，果期10—11月。

产于长兴、安吉、临安、淳安、诸暨、金华市区、磐安、武义、衢州市区、开化、临海、遂昌、龙泉、庆元、青田。生于山坡林下阴湿处、路边、乱石堆中。日本也有。

京都冷水花在本省是一个常被忽视的种，过去常与山冷水花混淆；还有人曾将采自开化的1431号标本定为翠茎冷水花 *P. hilliana* Hand.-Mazz.，经研究系本种的误定。

图2-652 京都冷水花

3. 透茎冷水花 （图2-653）

Pilea pumila (L.) A. Gray

一年生草本，高5～50cm。茎肉质，半透明，无毛，分枝或不分枝。叶片近膜质，同对的近等大，菱状卵形或宽卵形，长1～9cm，宽0.6～5cm，先端短渐尖至渐尖，基部宽楔形，有时钝圆，边缘有牙齿状锯齿，两面疏生透明硬毛，钟乳体条形，长约0.3mm，基出三出脉，侧脉3～5对，不明显；叶柄长0.5～5cm；托叶卵状长圆形，长2～3mm，早落。花雌雄同株并常同序；雄花常生于花序的下部，花序蝎尾状，密集，几生于每个叶腋，长0.5～5cm，花被片常2，稀3或4，近舟形，外面近先端处有短角状突起，雄蕊2；雌花枝果时伸长，花被片3，条形，近等大。瘦果扁卵形，长1.2～1.8mm，常有褐色或深棕色斑点，成熟时色斑多少隆起。花果期6—10月。

产于宁波及安吉、杭州市区、临安、淳安、普陀、衢州市区（衢江）、常山、金华市区、武义、临海、仙居、莲都、龙泉、景宁、文成、平阳、泰顺。生于海拔400～1200m的阴湿山坡林下或岩石间。分布几遍全国。东亚和北美洲温带地区也有。

全草可药用，有清热利尿、消肿解毒等功效；嫩茎去表皮后可蔬食。

图2-653　透茎冷水花

4. 小叶冷水花　礼炮花　（图2-654）

Pilea microphylla (L.) Liebm.

一年生铺散小草本，高3～17cm。全体无毛。茎纤细，匍匐或斜上伸展，多分枝，密生条形钟乳体。叶片对生，同对的不等大，倒卵形至匙形，长3～7mm，宽1.5～3mm，先端钝，基部楔形，全缘，稍反卷，上面绿色，下面浅绿色，干时呈细蜂窝状，钟乳体条形，在上面明显，长0.3～0.4mm，横向排列，羽状脉，侧脉数对，不明显；叶柄纤细，长1～4mm；托叶长约0.5mm。雌雄同株，有时同序；聚伞花序密集成近头状，具梗，稀近无梗，长1.5～6mm；雄花花被片4，卵形，外面近先端有短角状突起，雄蕊4；雌花花被片3，近等大，果时中间的1枚长圆形，与果近等长，侧生2枚较小，卵形。瘦果卵形，长约0.4mm，成熟时变为褐色，光滑。花果期夏、秋季。

原产于南美洲热带地区。华东、华南低海拔地区已广泛归化。全省各地均有归化，常生长于石墙上、花盆中或路边阴湿石缝间。

图2-654 小叶冷水花

5. 齿叶矮冷水花（变种）（图2-655）
Pilea peploides (Gaudich.-Beau.) Hook. et Arn. var. **major** Wedd.

一年生草本，高5～30cm。全体无毛。茎直立，少分枝。叶片菱状圆形或菱状扇形，长7～21mm，宽7～23mm，先端圆形或钝，基部宽楔形至近圆形，边缘中部以上有浅牙齿，两面密生横向排列的钟乳体，长约0.4mm，下面具暗紫色或褐色腺点，基出三出脉；叶柄长0.2～2cm；托叶小，三角形。花单性，雌雄同株；花序几无梗，呈簇生状或伞房状；雄花花被片4，卵形，外面先端无角状突起，雄蕊4；雌花花被片2，不等大，狭长圆形。瘦果宽卵形，压扁状，长约0.5mm，成熟时呈深褐色，表面具细刺突。花果期4—7月。

产于宁波、台州、丽水、温州及杭州市区（西湖）、临安、诸暨、普陀、衢州市区、开化、金华市区。生于海拔800m以下的山坡、沟谷阴湿路边或林下岩石上。分布于华东、华南及湖北、湖南、贵州。东南亚、南亚及夏威夷群岛也有。

全草可入药，有清热解毒、祛瘀止痛等功效。

图2-655 齿叶矮冷水花

6. 三角叶冷水花　玻璃草　（图2-656）
Pilea swinglei Merr. — *P. henryana* Wright

一年生草本，高7～30cm。全体无毛。茎直立，少分枝。叶对生，同对的稍不等大，宽卵形或三角形，长1～2.5cm，宽1～2cm，先端钝至短渐尖，基部宽截形、圆形或微心形，边缘疏生锯齿、圆齿或全缘，下部的叶较小，圆卵形或近圆形，下面无腺点，干时呈细蜂窝状，钟乳体条形，长0.3～0.4mm，沿边缘常整齐地排成1圈，基出三出脉，侧脉2或3对；叶柄长0.5～3cm；托叶三角形，长约1mm，早落。花单性，雌雄同株；团伞花簇呈头状，直径2.5～5mm，常2～4个远离地着生于单一或分枝的花序轴上，花序轴纤细；雄花序长于叶或稍短于叶，花被片4，倒卵状长圆形，雄蕊4；雌花序较短，花被片2，稀3，极不等大。瘦果宽卵形，稍扁，长约0.5mm，淡黄色，光滑，有时在近边缘处有1圈不明显的深色虚线状条纹。花期6—8月，果期8—11月。

产于宁波、衢州、金华、丽水、温州及临安、嵊州、天台、仙居。生于海拔1000m以下的山谷溪边或阴湿岩石上。分布于安徽、江西、福建、湖北、湖南、广东、广西、贵州。

全草可入药，有解毒消肿的功效。

图2-656　三角叶冷水花

7. 波缘冷水花　石油菜　（图2-657）
Pilea cavaleriei H. Lév.

一年生草本，高5～30cm。全体无毛。根状茎匍匐；地上茎直立，少分枝，绿色，密生钟乳体。叶集生于枝顶部，同对的常不等大，宽卵形或菱状卵形，长8～20mm，宽6～18mm，先端钝或圆形，基部宽楔形或近圆形，边缘波状或全缘，上面绿色，密生钟乳体，在边缘常整齐纵向排列1圈，下面灰绿色，呈蜂巢状，无腺点，基出三出脉不明显，侧脉2～4对；叶柄纤细，长

5~20mm；托叶小，三角形，宿存。雌雄同株；聚伞花序常密集成近头状，有时具少数分枝；雄花序梗纤细，长1~2cm，花被片4，倒卵状长圆形，内弯，外面近先端几无短角突起，雄蕊4；雌花序梗长0.2~1cm，苞片三角状卵形，长约0.4mm，花被片3，不等大。瘦果卵形，稍扁，长约0.7mm，光滑。花期5~8月，果期8—10月。

产于杭州市区、衢州市区、开化、武义、莲都、缙云、龙泉、永嘉、瑞安、泰顺。生于海拔1000m以下的山沟林下阴湿岩石上。分布于江西、福建、湖北、湖南、广东、广西、四川、贵州。

全草可药用，有解毒消肿的功效。

图2-657 波缘冷水花

8. 粗齿冷水花 （图2-658）
Pilea sinofasciata C.J. Chen

一年生草本，高30~100cm。茎不分枝，节间中部稍膨大，上部有短柔毛。同对叶近等大，叶片椭圆形、卵形或宽卵形，长4~17cm，宽2~7cm，先端长渐尖或尾尖，基部楔形至近圆形，边缘具粗大的牙齿，上面沿中脉常有2条白斑带，疏生透明短毛，后渐脱落，下面近无毛，钟乳体蠕虫形，长0.2~0.3mm，不明显，基出三出脉；叶柄长0.5~7cm，被短柔毛；托叶三角形，长约2mm，宿存。雌雄异株或同株；花序聚伞圆锥状，长达3cm，具短梗；雄花花被片4，椭圆形，雄蕊4；雌花花被片3，近等大。瘦果卵圆形，顶端歪斜，长约0.7mm，有细疣点。花期6—7月，果期8—10月。

产于杭州、宁波、衢州、丽水、温州及安吉、诸暨、普陀、金华市区、磐安、武义、天台、临海、温岭。生于海拔1500m以下的山坡林下阴湿处或溪沟边草丛中。分布于安徽、江西、湖北、湖南、广东、广西、四川、贵州、云南、陕西、甘肃。泰国、印度也有。

图 2-658　粗齿冷水花

9. 湿生冷水花（图2-659）
Pilea aquarum Dunn

多年生草本，高30～50cm。具匍匐根状茎；茎带红色，被短柔毛或近于无毛，少分枝。同对叶近等大，叶片宽椭圆形或卵状椭圆形，长4～6cm，宽1～4cm，先端锐尖或短渐尖，基部宽楔形或圆钝，边缘具钝圆齿，两面有短毛或近无毛，钟乳体条形，不明显，长0.1～0.2mm，基出三出脉；叶柄长0.5～3.5cm，被短柔毛或近无毛；托叶近心形，长3～5mm，宿存。雌雄异株；雄花序聚伞圆锥状，具梗，长2～7cm，花被片4，椭圆形，外面近先端处有短角状突起，雄蕊4；雌花序聚伞状，密集成簇生状，长不过1cm，花被片3，不等大。瘦果近球形，双凸镜状，顶端歪斜，长约0.7mm，绿褐色，表面有细疣点。花期3—5月，果期4—6月。

产于庆元（实验林场门岭后）。生于海拔500～600m的山沟水边阴湿处。分布于江西、福建、湖南、广东、四川。

图 2-659　湿生冷水花

10. 闽北冷水花（亚种）（图 2-660）

Pilea gracilis Hand.-Mazz. subsp. **fujianensis** (C.J. Chen) W.T. Wang —— *P. verrucosa* Hand.-Mazz. var. *fujianensis* C.J. Chen

多年生草本，高 30～100cm。根状茎横走；茎常丛生，带红色，节间中部稍膨大。叶片近披针形，稀倒卵状长圆形，长 10～14cm，宽 2.3～4.2cm，基部渐狭，边缘具浅圆锯齿，两面光滑无毛，干时变为黑色，钟乳体细条形，长 0.3～0.4mm，不明显，离基三出脉；叶柄长 1～2cm；托叶三角形，长约 1mm，宿存。雌雄异株；二歧聚伞状或聚伞圆锥状花序成对生于叶腋；雄花序长 2～5cm，花被片 4，卵形，几无短角状突起，雄蕊 4；雌花序紧缩成簇生状，长 0.7～2cm，花被片 3，近等大。瘦果卵圆形，顶端偏斜，双凸镜状，长约 0.5mm，具细疣状突起。花期 4—5 月，果期 5—7 月。

产于建德、淳安、衢州市区（衢江）、开化、松阳、景宁。生于山谷路旁阴湿处。分布于福建北部。

图2-660 闽北冷水花

11. 冷水花（图2-661）
Pilea notata C.H. Wright

多年生草本，高30～70cm。具匍匐茎；直立茎纤细，节间中部稍膨大，近无毛，密被条形钟乳体。同对叶近等大，叶片狭卵形或卵状披针形，长4～11cm，宽1.5～4.5cm，先端尾状渐尖或渐尖，基部圆形，稀宽楔形，边缘有浅锯齿，钟乳体条形，长0.5～0.6mm，两面密布，明显，基出三出脉，侧脉8～13对；叶柄长1～7cm，常无毛；托叶长圆形，长8～12mm，早落。雌雄异株；雄花序长2～5cm，花被片4，卵状长圆形，外面近先端处有短角状突起，雄蕊4；雌花序较短而密集，花被片3，近等大。瘦果卵圆形，顶端歪斜，长约0.8mm，绿褐色，有明显刺状小疣突。花期6—9月，果期9—11月。

产于宁波、台州、丽水、温州及杭州市区、上虞、衢州市区、江山。生于海拔300～800m的山谷、溪旁或林下阴湿处。分布于华东、华中、华南及四川、贵州、陕西、甘肃。日本也有。模式标本采自宁波。

全草可药用，有清热利湿、生津止渴、退黄护肝等功效；植株密集，可用作林下阴湿地被。

图2-661　冷水花

12. 长柄冷水花　圆瓣冷水花（亚种）（图2-662）
Pilea angulata (Blume) Blume subsp. **petiolaris** (Siebold et Zucc.) C.J. Chen

多年生草本，高30～100cm。全体无毛。茎不分枝，节间中部明显膨大。同对叶近等大，叶片长椭圆形至长圆状披针形，长7～23cm，宽3～7cm，先端渐尖，基部圆形，边缘有粗锯齿，两面散生纺锤状钟乳体，长约0.4mm，不甚明显，基出三出脉；叶柄长2～9cm；托叶大，长圆形，长1～2.5cm，迟落。雌雄同株；花序常成对生于叶腋；雄花序长1～2cm，花被片4，倒卵状长圆形，雄蕊4；雌花序为开展的聚伞花序，长2～5cm，花序具梗，花被片3，近等大。瘦果卵圆形，顶端歪斜，长1.2～1.6mm，黑褐色，具短刺突。花期8—9月，果期10—11月。

产于遂昌、龙泉。生于山坡、沟谷林下阴湿处。分布于华南及江西、福建、湖南、四川、贵州、云南。日本也有。

图 2-662 长柄冷水花

13. 华东冷水花　椭圆叶冷水花　（图2-663）
Pilea elliptifolia B.L. Shih et Y.P. Yang

一年生草本，高40～100cm。茎直立，节间中部明显膨大，无毛，不分枝。同对叶近等大，叶片椭圆形，长6～15cm，宽3～7cm，先端短渐尖至长渐尖，基部圆形，边缘有粗锯齿，上面疏被短糙毛，钟乳体长0.3～0.4mm，不甚明显，基出三出脉；叶柄长2～10cm；托叶长椭圆形，长1～1.8cm，早落。雌雄异株；雄花序为开展的聚伞花序，花被片4，雄蕊4；雌花序为紧密的聚伞花序，长约0.8cm，花序近无梗，花被片3，近等大。瘦果卵圆形，长约0.9mm，褐色，具明显的短刺突。花期7—9月，果期10—11月。

产于湖州、杭州、宁波、金华及衢州市区（衢江）、开化、景宁、青田、泰顺。生于海拔500m以下的山坡、沟谷林下阴湿处。分布于我国台湾。

在本省，本种以往常与长柄冷水花相混淆，但后者叶片长椭圆形至长圆状披针形，无毛；雌雄同株，雌花序为开展的聚伞花序，具柄，两者区别明显。*Flora of China*将本种作为冷水花的异名处理，但后者叶片狭卵形或卵状披针形，长4～11cm，宽1.5～4.5cm，边缘锯齿较浅，钟乳体明显，长0.5～0.6mm，两者显著不同。

图2-663 华东冷水花

⑥ 假楼梯草属 Lecanthus Wedd.

一年生草本。植物体无螫毛。叶对生，基出三出脉，钟乳体条形；托叶在柄内合生，早落。花单性；花序盘状，花生于多少肉质的盘状或钟状的花序托上；雄花花被片4或5，雄蕊4或5；雌花花被片4或5，常不等大，外面近先端常具角状突起，雌蕊无花柱，柱头画笔头状。瘦果顶端或上部边缘有鸡冠状或马蹄形附属物，表面常有疣状突起。

3种，分布于亚洲东南部和非洲东部热带、亚热带地区。我国3种均有，分布于长江流域及以南各地；浙江有1种。

假楼梯草 （图2-664）

Lecanthus peduncularis (Wall.ex Royle) Wedd.

一年生草本，高25～70cm。茎肉质，下部常匍匐，常分枝，被短柔毛。叶对生，同对的常不等大，卵形，稀卵状披针形，长4～15cm，宽2～6.5cm，先端渐尖，基部稍偏斜，宽楔形至圆形，边缘有牙齿状锯齿，上面疏生透明硬毛，下面脉上疏生短柔毛，钟乳体条形，两面明显，基出三出脉；叶柄长2～8cm，疏生短柔毛；托叶膜质，长圆形或狭卵形，长3～8mm。雌雄同株或异株；花序单生于叶腋，具盘状花序托；雄花序托盘直径8～18mm，花序梗长5～20cm；雌花序托盘直径5～10mm，花序梗长3～12cm；雄花花被片5，外面近先端常有角状突起，雄蕊5；雌花花被片4，近等大，长圆状倒卵形，其中2枚外面先端有短角状突起。瘦果椭圆状卵形，长0.8～1mm，灰褐色，表面散生疣状突起，上部背腹侧各有1条略隆起的脊。花期7—8月，果期9—10月。

产于临安、武义、平阳。生于山坡林下阴湿处、山谷沟边。分布于华南及江西、福建、湖南、四川、云南、西藏。南亚、东南亚也有。

图2-664 假楼梯草

7 赤车属 Pellionia Gaudich.

多年生草本或亚灌木。植物体无螫毛。叶互生,基部通常极偏斜。花单性异株;雄花和雌花均排成腋生的聚伞状花序,无扩大或肉质的花序托;雄花花被片(4)5,雄蕊(4)5;雌花花被片4或5,狭而不等大,其中2或3枚舟形,比子房长,有角状突起,退化雄蕊4或5,子房1室,无花柱,雌蕊柱头画笔头状。瘦果种子状,为宿存的花被所围绕,常具小瘤状突起。

约60种,分布于亚洲热带地区及大洋洲部分岛屿。我国约有20种,产于长江以南各地;浙江有5种。

分种检索表

1. 茎被长0.3~1mm、反曲或不反曲的糙毛;叶片两面有短糙毛。
  2. 茎斜上伸展或近直立;叶片长3.2~8.5cm,先端急尖、短渐尖、渐尖或长渐尖。
    3. 草本,少分枝,托叶狭三角形;叶柄长2.5~9mm;茎上的毛反曲 ········ 1.曲毛赤车 P. retrohispida
    3. 亚灌木,茎基部木质化,多分枝,托叶钻形;叶柄长0.5~2mm;茎上的毛不反曲 ·· 2.蔓赤车 P. scabra
  2. 茎匍匐;叶片长0.5~3.2cm,先端钝或圆形 ··· 4.短叶赤车 P. brevifolia
1. 茎无毛或有长0.1mm的微毛;叶片两面近无毛或仅脉上有微毛。
  4. 叶片较大,狭卵形或狭长椭圆形,长2.4~5cm,宽0.9~2cm,先端渐尖 ········ 3.赤车 P. radicans
  4. 叶片较小,卵形,长0.4~1.5cm,宽0.4~0.8cm,先端圆钝 ··············· 5.山椒草 P. minima

1. 曲毛赤车 (图2-665)
Pellionia retrohispida W.T. Wang

多年生草本。茎斜上伸展,长约70cm,下部节上生根,少分枝,密被反曲的糙毛,毛长0.6~1mm。叶片斜椭圆形,长3.5~7.5cm,宽1.1~3.3cm,先端急尖或短渐尖,基部狭侧圆形,宽侧耳形,边缘除下部外具小牙齿,上面散生糙伏毛,下面脉上被短糙毛,钟乳体不明显,半离基三出脉,侧脉在狭侧2或3条,在宽侧3或4条;叶柄长2.5~9mm,被糙伏毛;托叶狭三角形。雌雄异株;雄花序具长梗,具密集的花,直径0.8~1.5cm,花被片5,椭圆形,基部合生,外面先端具角状突起,雄蕊5;雌花序直径3~14mm,1或2次分枝,具多数花,花被片4或5,2枚较大,舟状长圆形,外面先端之下有角状突起,其他3枚较小,狭披针形。瘦果狭卵球形,长约0.9mm,有小瘤状突起。花期3—4月,果期4—6月。

产于丽水、温州及安吉、杭州市区(余杭)、鄞州、江山、仙居。生于沟谷、溪边林下、路旁草丛中、岩石旁阴湿处。分布于江西、福建、湖北、湖南、四川。

图 2-665　曲毛赤车

2. 蔓赤车 （图 2-666）

Pellionia scabra Benth.

亚灌木，高 30～100cm。茎近直立或斜上伸展，基部木质化，多分枝，密被不反曲的短糙毛，毛长 0.3～1mm。叶片斜狭菱状倒披针形或斜狭长圆形，长 3.2～8.5cm，宽 1.3～3.2cm，先端渐尖至长渐尖，基部狭侧微钝，宽侧宽楔形、圆形或耳形，边缘中部以上具浅锯齿，两面被短糙毛和钟乳体，半离基三出脉或近羽状脉，侧脉在狭侧 2～4 条，在宽侧 3～6 条；叶柄长 0.5～2mm；托叶钻形。雌雄同株或异株；雄花序聚伞状，长达 4.5cm，花被片 5，椭圆形，基部合生，3枚较大，顶部有角状突起，2枚较小，无突起，雄蕊5；雌花序近无梗，直径2～8mm，有多数密集的花，花被片4或5，狭长圆形，其中2或3枚较大，舟形，外面顶部具角状突起，其余的较小，平，无突起。瘦果近椭球形，长约0.7mm，有小瘤状突起。花期3—4月，果期5—7月。

产于杭州、宁波、金华、台州、丽水、温州及湖州市区、长兴、江山。生于山谷溪边或林下阴湿处。分布于华东、华南及湖南、四川、贵州、云南。日本、越南也有。

图2-666 蔓赤车

3. 赤车 （图2-667）

Pellionia radicans (Siebold et Zucc.) Wedd. — *Elatostema radicans* var. *euradicans* Schroter

多年生草本。茎下部匍匐，节处生根，上部斜上伸展，长20～60cm，常分枝，无毛或被长约0.1mm的毛。叶片狭卵形或狭长椭圆形，长2.4～5cm，宽0.9～2cm，先端渐尖，基部狭侧钝，宽侧耳形，边缘具浅锯齿，两面近无毛，钟乳体稍明显或不明显，半离基三出脉，侧脉在狭侧2或3条，在宽侧3或4条；叶柄长1～4mm；托叶钻形，长1～4.2mm。雌雄异株；雄花序为稀疏的聚伞花序，长1～5cm，花被片5，椭圆形，顶部具长0.4～0.8mm的角状突起，雄蕊5；雌花序通常有短梗，直径3～5mm，有多数密集的花，花被片5，3枚较大，舟状长圆形，外面顶部有长约0.6mm的角状突起，2枚较小，狭长圆形，平，无突起。瘦果近椭球形，长约0.9mm，有小瘤状突起。花期4—5月，果期5—7月。

产于绍兴、宁波、衢州、金华、台州、丽水、温州。生于山谷林下、灌丛中阴湿处或溪边。分布于华东南部、华中南部、华南、西南。日本、朝鲜半岛、越南也有。

全草可药用，有消肿、祛瘀、止血等功效。

图 2-667 赤车

4. 短叶赤车 （图 2-668）
Pellionia brevifolia Benth.

多年生草本。茎匍匐，长12～30cm，节上生根，具分枝，被反曲或近开展的短糙毛，毛长0.3～1mm。叶片斜椭圆形或斜倒卵形，长5～32mm，宽4～20mm，先端钝或圆形，基部狭侧钝或楔形，宽侧耳形，边缘具浅钝齿，两面沿脉有短毛，半离基三出脉，钟乳体不明显，侧脉在狭侧1或2条，在宽侧2或3条；叶柄长1～2mm；托叶钻形，长1.2～2mm。雌雄异株或同株；雄花序有长梗，直径8～15mm，花被片5，椭圆形，长约2mm，稍不等大，在外面先端之下有长约0.2mm的短角状突起，雄蕊5；雌花序为团伞花序，直径2.5～4mm，有多数密集的花，花被片5，不等大，2枚舟状狭长圆形，长约1mm，3枚狭披针形，无突起，边缘有疏短毛。瘦果狭卵球形，长约1.2mm，有小瘤状突起。花期4—5月，果期5—7月。

产于鄞州、临海、景宁、平阳、苍南、泰顺。生于海拔500m以下的山坡林中、山谷溪边或岩石边。分布于江西、福建、湖北、湖南、广东、广西。

图 2-668 短叶赤车

5. 山椒草 小赤车 （图2-669）
Pellionia minima Makino

多年生草本。茎匍匐，细长，长10～30cm，节上生根，具分枝，被长约0.1mm的微毛。叶互生，卵形，长4～15mm，宽4～8mm，先端圆钝，稀急尖，基部在狭侧钝或楔形，在宽侧耳形，边缘有少数圆锯齿，上面无毛，下面仅脉上有微毛或近无毛，半离基三出脉，钟乳体不明显；叶柄短，被微毛；托叶钻形，长1～2mm。花单性，雌雄异株；雄花序聚伞状，具分枝，花序梗长1～1.5cm，花被片5，椭圆形，基部合生，外面近先端有角状突起，雄蕊5；雌花序为团伞花序，几无梗，花被片5，长椭圆形，不等大。瘦果椭球形，长约0.7mm，表面具小瘤状突起。花期3—4月，果期4—6月。

产于临安、桐庐、诸暨、浦江、庆元、景宁。生于海拔500m以下的山坡林中、山谷溪边或石边。分布于江西、福建、湖北、湖南、广东、广西。

*Flora of China*将其归并入短叶赤车，作者认为两者的区别还是比较明显的，故予以保留。

图 2-669 山椒草

⑧ 楼梯草属 Elatostema J.R. et G. Forst.

小灌木、亚灌木或草本。植物体无螫毛。叶互生，稀对生，两侧不对称，三出脉、半离基三出脉或羽状脉，钟乳体纺锤形或条形，稀点状或不存在；有托叶；有时有退化叶。雌雄同株或异株；雌雄花均生于肉质盘状或杯状的花序托上；雄花花被片(3)4或5，雄蕊与花被片同数；雌花花被片3或4，雌蕊无花柱，柱头画笔头状。瘦果稍扁，常具6~8细纵肋，稀光滑或有小瘤突。

300余种，分布于亚洲、大洋洲、非洲的热带和亚热带地区。我国有146种，主要分布于西南；浙江有7种。

分种检索表

1. 叶片具羽状脉。
 2. 植株较高大，高可达1.6m，茎粗壮，直立，下部沟槽呈紫褐色，叶片无毛···1.长圆楼梯草 E. oblongifolium
 2. 植株较低矮，高通常不逾0.5m，茎较细，斜上伸展，下部沟槽通常绿色，叶片多少有毛或有时无毛。
  3. 叶片基部的宽侧多为圆形；植株不长珠芽················2.楼梯草 E. involucratum
  3. 叶片基部的宽侧呈耳形；植株在秋季常长有紫褐色珠芽·········3.庐山楼梯草 E. stewardii
1. 叶片具基出三出脉或半离基三出脉。
 4. 退化叶小，椭圆形，长3~5mm；茎被向下反曲的短糙毛················4.对叶楼梯草 E. sinense
 4. 无退化叶；茎近无毛或上部被不反曲的毛。
  5. 茎柔弱，平卧或上部稍斜上伸展，近无毛·········5.光茎钝叶楼梯草 E. obtusum var. glabrescens
  5. 茎粗壮或较粗壮，直立，上部明显被毛。
   6. 茎上部有开展的长柔毛；叶片下面沿脉密被短柔毛；雄花序长2.7cm以上··6.深绿楼梯草 E. atroviride
   6. 茎上部有短伏毛；叶片下面沿脉有短柔毛；雄花序长约9mm·········7.锐齿楼梯草 E. cyrtandrifolium

1. 长圆楼梯草 （图2-670）

Elatostema oblongifolium Fu ex W.T. Wang

多年生草本，高40~160cm。茎粗壮直立，具分枝或不分枝，无毛，具4~6深沟槽，下部沟槽呈紫褐色。叶片斜长圆形，两侧不对称，长6~16cm，宽2~4.5cm，先端长尾状渐尖，基部在狭侧楔形，在宽侧半圆形，边缘具粗锯齿，两面无毛，上面密生明显的条形钟乳体，羽状脉，侧脉5~9；具短柄；托叶狭三角形或钻形，长2.5~5mm，无毛。花单性，雌雄同株或异株；花序成对或单生于叶腋；雄花序有梗，2或3次分枝，分枝下部稍合生，与花序梗均无毛；雌花序直径3~9mm，常3或4深裂。瘦果椭球形或卵球形，长约0.5mm，两端尖，有8纵肋。花果期5—12月。

产于平阳（怀溪）。生于海拔约200m的山谷林下乱石堆或灌丛中。分布于湖北、湖南、四川、贵州、云南。华东分布新记录。

图 2-670　长圆楼梯草

2. 楼梯草 （图 2-671）

Elatostema involucratum Franch. et Sav.

多年生草本，高 25～50cm。茎斜上伸展，不分枝或有 1 分枝，近无毛，下部沟槽通常绿色，无珠芽。叶片斜倒披针状长圆形或斜长圆形，长 4.5～16cm，宽 2～6cm，先端骤尖至尾尖，基部在狭侧楔形，在宽侧多为圆形，边缘具牙齿，上面具短糙毛，下面无毛或沿脉有短毛，两面钟乳体明显，长 0.3～0.4mm，羽状脉，侧脉 5～8；近无柄；托叶狭三角形，长 3～5mm，早落。花单性，雌雄同株；雄花序头状，生于下部叶腋，花序梗长 4～30mm，花被片 5，椭圆形；雌花序头状，生于上部叶腋，直径 1.5～4mm，花序托通常很小，周围有卵形苞片，小苞片条形，长约 0.8mm，有睫毛。瘦果卵球形，长约 0.8mm，有少数不明显的纵肋。花果期 5—11 月。

产于杭州、丽水、温州及安吉、诸暨、余姚、奉化、衢州市区、开化、金华市区、武义。生于山谷沟边石上、林中或灌丛中。分布于华东、华中、华南、西南。日本也有。

全草可药用，有活血祛瘀、利尿、消肿等功效。

图 2-671 楼梯草

3. 庐山楼梯草 珠芽楼梯草 （图 2-672）
Elatostema stewardii Merr. — *E. stewardii* form. *bulbiferum* W.T. Wang

多年生草本，高 24~50cm。茎斜上伸展，不分枝，无毛或有短伏毛，下部沟槽通常绿色，秋季常在叶腋长出紫褐色的卵球形珠芽。叶片斜椭圆状倒卵形或斜椭圆形，长 7~12.5cm，宽 2.8~4.5cm，先端骤尖，基部在狭侧楔形，在宽侧呈耳形，下部全缘，上部有牙齿，两面散生短硬毛，有时无毛，钟乳体明显，长 0.1~0.4mm，羽状脉，侧脉 4~7；叶柄长 1~4mm，无毛；托叶狭三角形，长约 4mm，无毛。花单性，雌雄异株，单生于叶腋；雄花序直径 7~10mm，花被片 5，椭圆形；雌花序无梗，花序托近长方形，长约 3mm，苞片多数，三角形，小苞片密集，匙形或狭倒披针形，长 0.5~0.8mm，边缘上

图 2-672 庐山楼梯草

部密被短柔毛。瘦果卵球形,长约0.6mm,纵肋不明显。花果期7—10月。

产于宁波、衢州、金华、丽水及安吉、临安、淳安、诸暨、新昌、天台、临海、仙居、永嘉、文成、泰顺。生于山谷沟边或林下。分布于华东及河南、湖南、四川、陕西。

全草可药用,有活血祛瘀、消肿解毒等功效。

4. 对叶楼梯草 （图2-673）
Elatostema sinense H. Schroet.

多年生草本,高20～40cm。茎不分枝,被向下反曲的短糙毛。叶片斜椭圆形至斜长圆形,长3.5～9.5cm,宽1.5～2.8cm,先端渐尖或尾状渐尖,基部在狭侧楔形,在宽侧宽楔形或圆形,边缘有牙齿,两面散生短硬毛,钟乳体明显,长0.3～0.5mm,半离基三出脉,侧脉在狭侧3或4条,在宽侧5～7条;叶柄长1～3mm;托叶披针形,长4～6mm;退化叶小,椭圆形,长3～5mm,全缘或有少数齿。花单性,雌雄异株;雄花序腋生,直径2～7mm,花被片5,狭椭圆形,长约1.5mm;雌花序直径约5mm,有多数花,花序托小,近椭圆形,长约3mm,花序梗长约1mm,外方2苞片正三角形,其他苞片狭三角形,所有苞片在外面先端之下均有短突起,小苞片多数,匙状条形,长1.2～1.5mm,上部有长睫毛。瘦果卵球形,长约0.6mm,具5条不明显的纵肋。花果期6—9月。

产于建德、淳安、衢州市区（衢江）、开化。生于石灰岩山地山谷溪沟边。分布于江西、福建、湖北、湖南、广西、四川、贵州、云南。

图2-673　对叶楼梯草

5. 光茎钝叶楼梯草（变种）（图2-674）
Elatostema obtusum Wedd. var. **glabrescens** (Hayata) W.T. Wang

多年生草本。茎柔弱，平卧或上部稍斜上伸展，长10～40cm，近无毛。叶片斜倒卵形或斜倒卵状椭圆形，长0.5～1.5cm，宽0.4～1.2cm，先端钝，基部在狭侧楔形，在宽侧心形或近耳形，边缘每侧具1或2钝齿，两面无毛或上面疏被短伏毛，钟乳体不明显，基出三出脉；叶柄长约1.5mm；托叶披针状狭条形，长约2mm；无退化叶。雌雄异株；雄花序具3～7花，花被片4，倒卵形，长约3mm；雌花序无梗，生于茎上部叶腋，具1或2花，苞片2，披针形，长约2mm，花被片5，长圆形，不等大。瘦果狭卵球形，稍扁，长2～2.2mm，光滑。花果期6—9月。

产于奉化、象山、衢州市区、开化、江山、遂昌、龙泉、庆元、景宁、乐清、永嘉、苍南、泰顺。生于海拔300～1600m的山坡、山谷溪边或林下。分布于华南及江西、福建、湖南、贵州。

图2-674 光茎钝叶楼梯草

6. 深绿楼梯草 （图2-675）

Elatostema atroviride W.T. Wang

多年生草本，高达120cm。茎粗壮，直立，具分枝，上部疏被开展的长柔毛。叶片斜狭倒卵形或斜椭圆形，长6～15cm，宽2.8～7cm，先端骤尖至短渐尖，基部斜楔形，边缘在狭侧下部全缘，其上及宽侧有牙齿，上面散生糙伏毛，下面沿脉密被短柔毛，钟乳体明显，长0.1～0.3mm，半离基三出脉，侧脉在狭侧3或4条，在宽侧4或5条；叶柄长2～4.5mm；托叶条状披针形，长3～3.5mm；无退化叶。雌雄同株或异株；雄花序生于分枝处，长2.7cm以上，宽约1.7cm，花序梗长约1.5cm，花序托椭圆形，花被片4，椭圆形，长约2mm；雌花序单生于叶腋，花序梗长1.5～9mm，花序托近长方形或蝴蝶形，长5～12mm，宽3～7mm，不分裂或2裂，无毛，苞片扁三角形，长约0.5mm，被短柔毛，小苞片匙状条形，长0.5～1mm，先端有短柔毛。瘦果椭球形，长0.7～1mm，具3～6纵肋和小瘤状突起。花果期7—10月。

产于衢州市区（衢江）、开化。常生于石灰岩山地沟谷溪边。分布于安徽、广西。

图2-675　深绿楼梯草

7. 锐齿楼梯草 （图2-676）

Elatostema cyrtandrifolium (Zoll. et Moritzi) Miq.

多年生草本，高14～40cm。茎较粗壮，直立，分枝或不分枝，上部疏被不反曲的短伏毛。叶片斜椭圆形或斜狭椭圆形，长5～12cm，宽2.2～4.7cm，先端渐尖至长渐尖，基部在狭侧楔形，在宽侧宽楔形或圆形，边缘有牙齿，上面散生少数短硬毛，下面沿脉有短柔毛，钟乳体稍明显，长0.2～0.4mm，半离基三出脉或基出三出脉，侧脉在每侧3或4条；叶柄长0.5～2mm；托叶狭披针形或钻形，长约4mm；无退化叶。雌雄异株；雄花序单生于叶腋，长约9mm，花序梗长约6mm，有短毛，花序托直径约6mm，2浅裂，花被片4，无毛；雌花序近无梗或有短梗，花序托宽椭圆形或椭圆形，长5～9mm，不分裂或2浅裂，苞片三角状卵形或宽卵形，长约1mm，小苞片条状披针形或匙形，长约0.8mm，顶部有白色短毛。瘦果褐色，卵球形，长约0.8mm，具6～9纵肋。花果期5—9月。

产于安吉、临安、衢州市区、景宁。多生于石灰岩山地沟谷边岩石上。分布于华南、西南及江西、福建、湖南、湖北、甘肃。喜马拉雅南麓山区、中南半岛、印度尼西亚也有。

图2-676　锐齿楼梯草

9 苎麻属 Boehmeria Jacq.

草本、灌木或小乔木。植物体无螫毛。叶互生或对生，边缘有锯齿，基出三出脉，钟乳体点状；托叶通常离生，早落。花小，雌雄同株或异株，集成腋生团伞花序，或再聚成穗状或圆锥状，有时簇生于叶腋；雄花花被片3～6，下部常合生，雄蕊与花被片同数且对生，具退化雌蕊；雌花花被连合成管状，先端缢缩，有2～4小裂齿，子房1室，雌蕊有花柱，柱头丝状，密被柔毛，果时宿存。瘦果包于非肉质透明的宿存花被中，果皮薄，无光泽。

约65种，主产于热带地区，少数分布至温带地区。我国有25种，全国广泛分布，以西南、华中最多；浙江有8种。

《浙江植物志》记载的密花苎麻 B. densiflora Hook. et Arn.，因查不到依据标本，调查也未及，故本志不予收录。

分种检索表

1. 叶互生（序叶苎麻茎下部叶有时近对生）。
   2. 花序主轴上无叶；叶片宽卵形至近圆形，下面密被白色毡毛 ································· 1. 苎麻 B. nivea
   2. 花序主轴上部有2～4枚小型叶；叶片卵形至狭卵形，两面疏被短伏毛 ································· 2. 序叶苎麻 B. clidemioides var. diffusa
1. 叶对生或近对生。
   3. 叶片先端3～5裂。
      4. 叶片卵形或宽卵形，先端渐变狭；穗状花序 ································· 5. 大叶苎麻 B. japonica
      4. 叶片扁五角形或扁卵圆形，先端近平截；穗状花序组成圆锥状 ······ 6. 悬铃木叶苎麻 B. tricuspis
   3. 叶片先端不裂。
      5. 叶片狭长，长约为宽的2.5倍，狭卵形、长圆形至披针形 ················ 4. 海岛苎麻 B. formosana
      5. 叶片宽短，长不达宽的2倍，卵形、宽卵形、椭圆状卵形、近圆形、卵圆形或菱状卵形。
         6. 植株高大，高1～2m；茎常呈绿色；叶片较大，长6～26cm，宽3.2～13cm。
            7. 叶缘具15枚以上近等大的牙齿、圆齿或牙齿状圆齿 ·············· 3. 水苎麻 B. macrophylla
            7. 叶缘具7～13枚不等大的牙齿或重锯齿，上部的齿长达2cm以上 ································· 5. 大叶苎麻 B. japonica
         6. 植株矮小，高通常不及1m；茎常呈紫红色；叶片较小，长2.4～7.5cm，宽1.5～6cm。
            8. 叶片卵圆形，边缘每侧具8～13牙齿 ································· 7. 细野麻 B. gracilis
            8. 叶片菱状卵形，边缘每侧具3～8牙齿 ································· 8. 小赤麻 B. spicata

1. 苎麻 （图2-677）

Boehmeria nivea (L.) Gaudich.

多年生草本或亚灌木，高0.5～1.5m。茎上部与叶柄均密被开展的长硬毛和短糙毛。叶互生；叶片宽卵形至近圆形，长6～15cm，宽4～11cm，先端骤尖，基部近截形或宽楔形，边缘具牙齿，上面稍粗糙，疏被短伏毛，下面密被白色毡毛，侧脉约3对；叶柄长2.5～9.5cm；托叶分生，钻状披针形，长7～11mm，被毛。圆锥状团伞花序腋生，花序主轴上无叶；雄花序直径1～3mm，有少数雄花，花被片4，狭椭圆形，合生至中部，雄蕊4，退化雌蕊狭倒卵球形，长约0.7mm；雌花序直径0.5～2mm，有多数密集的花，花被管状，顶端有2～4小齿裂，外面有短柔毛，柱头丝状，长0.5～0.6mm。瘦果近球形，长约0.6mm，光滑，基部具细柄。花果期7—10月。

产于全省各地。常成片生于山坡、路边、沟边或林下草丛中；本省曾普遍栽培，现多已逸为野生状态。分布于华东、华中、华南、西南及陕西、甘肃。东南亚、南亚及日本、朝鲜半岛也有。

茎皮纤维可织布，与羊毛、棉花混纺可制高级衣料，短纤维可作高级纸张、火药、人造丝等的原料，还可织地毯、编麻袋等；根可药用，有清热解毒、安胎、止血等功效；嫩叶可养蚕或作饲料。

图2-677　苎麻

1a. 伏毛苎麻（变种）
（图2-678）

var. **nipononivea** (Koidz.) W.T. Wang

与苎麻的区别在于茎和叶柄仅被伏贴的短糙毛，无开展的长硬毛；叶片多为卵形，稀卵圆形，基部骤狭成楔形；托叶基部合生。

产地、生境同苎麻。

图2-678 伏毛苎麻

1b. 青叶苎麻（变种）（图2-679）
var. **tenacissima** (Gaudich.) Miq.

与苎麻的区别在于茎和叶柄密被或疏被短伏毛；叶片多为卵形或椭圆状卵形，先端长渐尖，基部多为宽楔形或圆形，常较小，下面疏被短伏毛，绿色，或有薄层白色毡毛；托叶基部合生。

产地、生境同苎麻。

图2-679 青叶苎麻

2. 序叶苎麻（变种）（图2-680）
Boehmeria clidemioides Miq. var. **diffusa** (Wedd.) Hand.-Mazz.

多年生草本，高50~100cm。茎上部多少被短伏毛。叶互生，下部叶有时近对生，同一对叶常不等大；叶片卵形至狭卵形，长5~14cm，宽2.5~7cm，先端长渐尖，基部圆形，稍偏斜，中部以上有小或粗牙齿，上面常粗糙，两面疏被短伏毛，基出三出脉，侧脉2或3对；叶柄长0.7～6.8cm。雌雄异株；穗状团伞花序单生于叶腋，长4～12.5cm，主轴上部有2～4枚小型叶；团伞花序直径2～3mm，除在穗状花序上着生外，也常生于叶腋；雄花无梗，花被片4，椭圆形，长约1.2mm，下部合生，外面有疏毛，雄蕊4，长约2mm；雌花花被管长0.6～1mm，果时伸长，顶端有2或3小齿裂，外面上部有短毛，柱头长0.7～1.8mm。瘦果卵球形，包于宿存花被中。花期8—9月，果期10—12月。

产于杭州、衢州、金华、丽水及诸暨、宁海、临海、仙居、文成、平阳、泰顺。生于山谷、沟边或岩缝湿润处。分布于华东及湖北、湖南、广东、广西、四川、贵州、云南、陕西、甘肃。东南亚、南亚也有。

图2-680　序叶苎麻

3. 水苎麻 （图2-681）

Boehmeria macrophylla Hornem.

亚灌木或多年生草本，高1～2m。茎常呈绿色，上部有疏或稍密的短伏毛。叶对生或近对生；叶片卵形或椭圆状卵形，长6～12cm，宽3.2～7.5cm，先端长骤尖或短渐尖，基部圆形或浅心形，稍偏斜，边缘具20枚以上近等大的锐牙齿，上面稍粗糙，被短伏毛，脉平或下陷而呈泡状，下面疏被短伏毛，侧脉2或3对；叶柄长0.8～8cm，同一对叶的柄不等长。雌雄异株或同株；团伞花序直径1～2.5mm，彼此密接，多数组成穗状，单生于叶腋，长7～15cm，通常有稀疏且近平展的短分枝，呈圆锥状；雄花序位于茎下部，花被片4，长约1mm，外面有稀疏短毛，雄蕊4，长约1.5mm，退化雌蕊狭倒卵形，长约0.4mm；雌花序位于茎上部，花被管纺锤形或椭圆形，长约1mm，顶端有2小裂齿，外面上部有短毛，柱头长1～1.6mm。果序粗壮，直立；瘦果椭球形。花期6—7月，果期9—11月。

产于象山（檀头山岛）、宁海（长街）、普陀（桃花岛）。生于近海的山坡草丛中。分布于广东、广西、贵州、云南、西藏。东南亚、南亚也有。华东分布新记录。

图 2-681　水苎麻

3a. 洞头水苎麻（变种）（图 2-682）
var. **dongtousensis** W.T. Wang

与水苎麻的区别在于茎密被短糙伏毛；叶片近圆形或卵圆形，较大，长达19cm，基部常心形，先端圆钝或急尖，每边具15枚以上近等大的圆齿；雌花花被管具4裂齿；瘦果圆形。花期6—8月，果期9—11月。

产于舟山及象山、临海、温岭、玉环、洞头、平阳、苍南。生于海岛山坡林下阴湿处、沟边、路旁草地上。模式标本采自洞头（双朴）。

图 2-682　洞头水苎麻

3b. 圆叶水苎麻（变种）（图2-683）
var. **rotundifolia** (D. Don) W.T. Wang

与水苎麻的区别在于茎近无毛；叶片近圆形或卵圆形，下面沿脉有开展短毛，基部浅心形，先端渐尖或尾尖，每边具20枚以上近等大的浅圆齿；团伞花序彼此分开；果序细长下垂。花果期8—10月。

产于开化、常山。生于沟边、路旁草丛中。分布于云南、西藏。印度、尼泊尔也有。

图 2-683　圆叶水苎麻

4. 海岛苎麻 （图2-684）
Boehmeria formosana Hayata — *B. formosana* var. *stricta* (Wright) C.J. Chen — *B. platyphylla* D. Don var. *stricta* Wright

多年生草本或亚灌木，高1～2m。茎四棱形，通常不分枝，被短伏毛或无毛。叶对生或近对生；叶片不裂，狭卵形、长圆形至披针形，长8～20cm，宽2～8cm，先端长渐尖，基部宽楔形至近圆形，边缘锯齿多数，两面疏被短伏毛或近无毛，基出三出脉；叶柄长1～6cm；托叶披针形，长5～7mm。雌雄异株或同株；团伞花序排成稀疏的穗状花序或具分枝而呈圆锥状；雄花序长6～12cm，花被片4，卵形，雄蕊4；雌花序长3.5～9cm，花被管卵形，长约1mm，顶端有2小裂齿，外面有短毛。瘦果倒卵形，直径约1mm，光滑，包于宿存花被中。花期6—8月，果期9—11月。

产于宁波、台州、丽水、温州及安吉、临安、淳安、上虞、诸暨、衢州市区、开化、常山、浦江、磐安。生于海拔1100m以下的山坡疏林下、灌丛中或山沟边。分布于华南及安徽、江西、福建、湖南、贵州。日本也有。

图2-684 海岛苎麻

5. 大叶苎麻　薮苎麻　（图2-685）
Boehmeria japonica (L. f.) Miq. —— *B. longispica* Steud.

亚灌木或多年生草本，高1～1.5m。茎常呈绿色，上部被开展或伏贴的糙毛。叶对生；叶片卵形或宽卵形，稀近圆形，长7～17（26）cm，宽5.5～13（20）cm，先端渐变狭，不裂或有时不明显3裂，基部宽楔形或截形，边缘具7～13枚不等大的牙齿或重锯齿，上部的齿长达2cm以上，上面粗糙，被短糙伏毛，下面沿脉有短柔毛，基出三出脉；叶柄长达8cm。雌雄异株；穗状花序单生于叶腋，不分枝或有时少分枝；雄团伞花序长约3cm，直径约1.5mm，花被片4，椭圆形，基部合生，雄蕊4；雌团伞花序长7～30cm，直径2～4mm，花被管

图2-685 大叶苎麻

倒卵状纺锤形，长1～1.2mm，顶端有2小齿裂，上部密被糙毛，柱头长1.2～1.5mm。瘦果倒卵球形，长约1mm，光滑。花期6—8月，果期9—11月。

产于杭州、宁波、衢州、金华、台州、丽水、温州及长兴、安吉、德清、上虞、诸暨、普陀。生于海拔750m以下的山坡灌丛中、疏林下、田边或溪边。分布于华东、华中、华南及山东、四川、贵州、陕西。日本也有。

茎皮纤维可代麻，供纺织麻布用；叶可药用，有清热解毒、消肿等功效，根药用功效同苎麻。

6. 悬铃木叶苎麻 八角麻 （图2-686）

Boehmeria tricuspis (Hance) Makino — *B. platanifolia* Franch. et Sav.

亚灌木或多年生草本，高80～150cm。茎中部以上与叶柄及花序轴均密被短毛。叶对生或近对生；叶片扁五角形或扁卵圆形，茎上部叶常为卵形，长8～18cm，宽7～20cm，先端常3或5裂，近平截，基部截形、浅心形或宽楔形，边缘有粗牙齿，上面粗糙，有糙伏毛，下面密被短柔毛，基出三出脉，网脉明显；叶柄长5～10cm。团伞花序直径1～2.5mm，组成长穗状，腋生，全为雌性或茎上部为雌性，下部为雄性；雄花序长8～17cm，圆锥状分枝，花被片4，椭圆形，长约1mm，下部合生，外面上部疏被短毛，雄蕊4；雌花序长5.5～24cm，圆锥状分枝或不分枝，管状花被长0.5～0.6mm，齿裂不明显，外面密被柔毛，柱头长1～1.6mm。瘦果倒卵形，包于宿存花被内。花期5—7月，果期8—10月。

产于全省山区。生于海拔1000m以下的山坡、山谷疏林下、沟边或田边。分布于华东、华中及河北、山西、广东、广西、四川、贵州、陕西、甘肃。日本、朝鲜半岛也有。

茎皮可用于纺纱织布，也可制高级纸张；根可药用，功效同苎麻。

图2-686　悬铃木叶苎麻

7. 细野麻 （图2-687）

Boehmeria gracilis C.H. Wright

多年生草本或亚灌木，高40～90cm。茎和分枝常呈紫红色，疏被短伏毛。叶对生；叶片卵圆形，长3～7（10）cm，宽2～6（7.5）cm，先端骤尖，基部圆形或宽楔形，边缘每侧具8～13牙齿，两面疏被短伏毛，基出三出脉；叶柄长1～7cm，疏被短伏毛。雌雄异株或同株；穗状花序单生于叶腋，长达20cm；团伞花序直径1～2.5mm；雄花无梗，花被片4，船状椭圆形，长约1.2mm，外面有短毛，雄蕊4；雌花花被片纺锤形，长0.7～1mm，顶端有2小齿，外面密被短伏毛，柱头长1～2mm。瘦果卵球形，长约1.2mm，基部具短柄。花果期6—10月。

产于丽水及安吉、临安、淳安、余姚、宁海、金华市区（婺城）、磐安、天台。生于海拔700m以上的山坡草地上、灌丛中、岩石上或沟边。分布于华中及吉林、辽宁、河北、山西、山东、安徽、江西、福建、四川、贵州、陕西。日本、朝鲜半岛也有。

茎皮纤维坚韧，可作纸张、绳索、人造棉及纺织原料；全草可药用，有祛湿解毒、止痒等功效。

图2-687 细野麻

8. 小赤麻 (图2-688)

Boehmeria spicata (Thunb.) Thunb. —— *B. spicata* var. *duploserrata* Wright

多年生草本或亚灌木，高40～70cm。茎常具分枝，呈丛生状，多为紫红色，疏被短伏毛或近无毛。叶对生；叶片菱状卵形，长2.4～7.5cm，宽1.5～5cm，先端长尾尖，基部宽楔形，边缘每侧具3～8三角形粗牙齿，两面疏被短伏毛或近无毛，基出三出脉；叶柄长1～3cm。雌雄异株或同株；穗状花序单生于叶腋，长达10cm；雄花无梗，花被片(3)4，椭圆形，长约1mm，下部合生，外面有稀疏短毛，雄蕊(3)4；雌花花被片近狭椭圆形，长约0.6mm，齿不明显，外面有短柔毛，柱头长1～1.2mm。瘦果卵球形，长约1.5mm。花果期6—10月。

产于安吉、临安、天台、缙云、龙泉、乐清、泰顺。生于海拔600m以上的溪沟边阴湿处或石坎上。分布于山东、江苏、江西、河南、湖北。日本、朝鲜半岛也有。

图2-688 小赤麻

10 微柱麻属 Chamabainia Wight

多年生草本。植物体无螫毛。叶对生，有锯齿，基出三出脉，钟乳体点状；托叶离生，宿存。团伞花序单性，腋生，雌雄同株，稀异株；雄花花被片3或4，下部合生，顶部有角状突起，雄蕊与花被片对生，退化雌蕊倒卵形；雌花花被管状，雌蕊有短花柱，柱头近卵形，被须毛。瘦果包于非肉质透明的宿存花被中。

1种，分布于我国长江以南大部分地区。东南亚和南亚也有。浙江也有。

微柱麻 （图2-689）
Chamabainia cuspidata Wight

多年生草本，高12～60cm。茎直立或斜上伸展，常呈紫红色或紫褐色，被向上的短曲柔毛或开展的长柔毛。叶片菱状卵形或卵形，稀狭卵形，长1～6.5cm，宽0.6～3cm，先端急尖至短渐尖，基部宽楔形，边缘每侧有3～10桃形锯齿，两面均疏被短柔毛，下面常带紫色，基出三出脉，叶脉在上面下陷，在下面隆起；叶柄长2～10mm；托叶膜质，斜三角形，长4～6mm，常包围花序。团伞花序，通常雌雄同株；雄花序生于茎上部，花被片3或4，狭椭圆形，长1.5～2mm，合生至中部，先端尾状渐尖，外面上部有疏毛，雄蕊3或4；雌花序生于茎下部，花被管状，顶部有毛。瘦果近椭球形，长约1mm，暗褐色。花果期5—10月。

产于景宁（东坑）。生于山沟路边草丛中。分布于西南及江西、福建、湖北、湖南、台湾、广西。越南、缅甸、印度、尼泊尔、斯里兰卡也有。

全草或根在民间可药用，用于治胃腹疼痛等。

图2-689 微柱麻

11 雾水葛属 Pouzolzia Gaudich.

灌木、亚灌木或多年生草本。植物体无螯毛。叶互生，稀对生，基出三出脉，2条侧脉上部具分枝，不达叶尖，钟乳体点状；托叶离生，常宿存。团伞花序腋生；雄花花被片3~5，通常合生至中部，背部拱起，雄蕊与花被片同数且对生；雌花花被管状，顶端缢缩，有2~4小裂齿，雌蕊柱头丝状，花后脱落。瘦果卵球形，包于非肉质透明的宿存花被中，果皮硬壳质，有光泽。

约37种，分布于热带和亚热带地区。我国有4种，分布于长江以南各地；浙江有1种。

雾水葛（图2-690）
Pouzolzia zeylanica (L.) Benn.

多年生草本，高12~40cm。茎直立或斜上伸展，不分枝或仅在基部或下部有1~3对分枝。叶对生或茎上部的互生；叶片卵形或宽卵形，长1.2~3.8cm，宽0.8~2.6cm，先端短渐尖或微钝，基部圆形，全缘，上面有疏伏毛，下面较密，基出三出脉；叶柄长0.3~1.6cm；托叶卵状披针形，早落。团伞花序直径1~2.5mm；雄花花被4裂，裂片长圆形，外面有疏毛，雄蕊4；雌花花被管状，先端4裂，柱头长1.2~2mm。瘦果卵形，长约1.2mm，黑色，有光泽。花果期3—10月。

产于全省各地。生于草地上、田边、沟边、灌丛或疏林中。分布于华东及湖北、湖南、广东、广西、四川、云南、甘肃。

图2-690 雾水葛

a. 多枝雾水葛(变种)（图2-691）
var. microphylla (Wedd.) W.T. Wang

与雾水葛的区别在于植株呈亚灌木状，匍匐或披散状，长达40cm以上，多分枝，末回小枝常多数，互生，生有很小的叶（长约5mm）；叶形变化较大，卵形、狭卵形至披针形。

产于杭州市区、临安、淳安、诸暨、鄞州、常山、武义、临海、遂昌、龙泉、瑞安、平阳、苍南、泰顺。生于平原或丘陵草地上、田边、路边及村旁。分布于江西、福建、台湾、广东、广西、云南。亚洲热带地区也有。

图2-691　多枝雾水葛

12 糯米团属 Gonostegia Turcz.

多年生草本或亚灌木。植物体无螫毛。叶对生或轮生，或上部叶互生，全缘，基出三出脉或五出脉，2条侧脉上部不分枝，直达叶尖，钟乳体点状；托叶离生或合生。团伞花序腋生，通常单性同株；雄花花被片3～5，分离，在中部以上呈直角内曲，雄蕊与花被片同数且对生；雌花花被管状，包围子房，先端有2～4小裂齿，雌蕊无花柱，柱头丝状，有密柔毛，花后脱落。瘦果卵球形，包于非肉质透明的宿存花被中，花被具纵肋，果皮硬壳质，有光泽。

约12种，分布于亚洲热带至亚热带地区及澳大利亚。我国有4种，自西南、华南至秦岭广泛分布；浙江有1种。

糯米团（图2-692）

Gonostegia hirta (Blume ex Hassk.) Miq.

多年生草本。茎匍匐或斜上伸展，长50～120cm，多分枝，被短柔毛。叶对生；叶片卵形至卵状披针形，长3～10cm，宽1～3cm，先端渐尖，基部浅心形或圆形，全缘，上面密生点状钟乳体，散生细柔毛，下面沿脉有疏毛，基出三出脉，侧生2脉不分枝，直达叶尖；叶柄长1～4mm；托叶钻形，长约2.5mm。团伞花序腋生，雌雄同株，稀异株；雄花序生于茎上部叶腋，花被片5，下面有1横脊，雄蕊5；雌花序生于茎下部叶腋，花被管状，被疏毛，顶端有2小裂齿，柱头钻形，密被毛，脱落。瘦果三角状卵形，长约1.5mm，黑色，有纵肋和光泽，完全包于宿存花被中。花期5—9月，果期9—10月。

产于全省各地。生于海拔1200m以下的山地林中、灌丛中或平原沟边、路旁草丛中。分布于华东、华中、华南、西南及陕西。亚洲热带地区及澳大利亚也有。

全草可药用，有清热解毒、健脾、利湿、止血等功效；嫩茎叶可蔬食。

图2-692 糯米团

⑬ 紫麻属 Oreocnide Miq.

灌木或小乔木。植物体无螫毛。叶互生，有柄，三出脉或羽状脉，钟乳体点状；托叶早落。雌雄异株；团伞花序密集成头状，腋生或侧生；雄花花被片3或4，雄蕊3或4，与花被片对生；雌花花被片合生成管状，稍肉质，贴生于子房，口部紧缩，先端4或5齿裂，雌蕊无花柱，柱头盘状或盾状。瘦果生于花后增大并肉质透明的杯状或盘状花托中。

约18种，分布于亚洲东部的热带和亚热带地区及巴布亚新几内亚。我国有10种，产于西南至华东；浙江有1种。

紫麻（图2-693）
Oreocnide frutescens (Thunb.) Miq.

落叶灌木，高1~2m。小枝紫褐色或淡褐色，幼时有短柔毛，后渐脱落。叶互生，常聚生于枝的上部；叶片卵形至狭卵形，长3~15cm，宽1.5~6cm，先端渐尖或尾尖，基部宽楔形至圆形，边缘具锯齿，上面疏生糙伏毛，具点状钟乳体，下面常被灰白色毡毛，后渐脱落，基出三出脉，侧脉

图2-693 紫麻

2或3对,在近边缘处彼此环结;叶柄长1～7cm;托叶钻形,早落。花序生于上年生枝和老枝上,呈簇生状,团伞花序直径3～5mm;雄花花被片3,卵形,雄蕊3;雌花花被管状,柱头盾状,四周具长柔毛。瘦果扁卵形,黑褐色,长约1.2mm;肉质花托浅杯状,白色半透明,口部通常高于瘦果。花期3—5月,果期6—10月。

产于全省山区、丘陵。常生于海拔700m以下的山坡、沟谷林下或林缘阴湿处。分布于华东及湖北、湖南、广东、广西、四川、云南、陕西、甘肃。东南亚及日本也有。

茎皮纤维细长坚韧,可制绳索、麻袋和人造棉;根、茎、叶可入药,有行气活血的功效;白色的肉质花托味微甜,可食。

中名索引

A

阿丁枫	530
阿里山十大功劳	423,424
埃及白睡莲	305,311
埃及蓝睡莲	305,310
矮松	32,41
矮小天仙果	601,608
矮紫杉	101
艾麻	629
艾麻属	622,628
爱玉子	618
安徽铁线莲	380
安徽威灵仙	380
安徽小檗	417,422
安坪十大功劳	427
安息香科	120
桉属	125
凹萼清风藤	469,470
凹叶厚朴	142
凹子黄堇	504
澳洲铁	6

B

八角	287,290
八角枫科	124
八角茴香	290
八角科	115,287
八角莲	430
八角莲属	414,430
八角麻	665
八角属	287
八仙花科	124,125
八月炸	445
巴东木莲	132,136
巴豆属	121
巴山榧	106,109
芭蕉科	129
菝葜科	129
菝葜叶铁线莲	364,383
白背爬藤榕	620
白背清风藤	469,472
白边橡皮树	605
白豆杉	103
白豆杉属	97,103
白果树	7
白花八角	287,288
白花菜科	118,119
白花菜属	119
白花丹科	117
白花刻叶紫堇	501
白花六角莲	432
白花天目木兰	150
白花土元胡	498,511
白兰花	159,161
白木通	447
白木香	458
白皮松	32,35
白屈菜	492
白屈菜属	486,492
白首乌	465
白睡莲	305,306
白头翁	264,362
白头翁属	320,361
白榆	557,560
白玉兰	146
百部科	129
百合纲	113,114
百合科	129,130
百合亚纲	114,129
百日青	89
百山祖八角	287
百山祖冷杉	17
柏科	2,63
柏木	70
柏木属	63,68
败酱科	127
斑叶高山榕	605
半枫荷	527
半枫荷属	521,527
半日花科	118
瓣蕊唐松草	346,350
薄叶润楠	196,204
薄叶细辛	275
宝华玉兰	139
报春花科	120
刨花楠	203
刨花润楠	196,203
豹皮樟	233
北美鹅掌楸	180,181

北美二针松	41	草珊瑚属	257	秤钩风	457
北美枫香树	524,526	草芍药	410,411	秤钩风属	455,457
北美红杉	60	草乌	333	池柏	58
北美红杉属	48,60	侧柏	67	池杉	56,58
北美香柏	65	侧柏属	63,67	齿缺铁线莲	364,386
北美圆柏	77,80	叉子圆柏	79	齿叶矮冷水花	632,636
北越紫堇	506	茶藨子科	122,124	齿叶白睡莲	311
被子植物门	113	茶藨子属	124	赤车	646,648
笔管榕	601,602	茶菱属	127	赤车属	622,646
笔罗子	474,480	茶茱萸科	122,125	重瓣铁线莲	388
薜荔	602,617	檫木	227	楮	594
篦齿苏铁	3	檫木属	195,227	川滇木莲	132
蝙蝠葛	461	檫树	227	川含笑	160,170
蝙蝠葛属	455,461	豺皮樟	228,232	川连	353
扁柏属	63,71	菖蒲科	128	川蔓藻科	128
变叶榕	601,609	长白落叶松	27	川木通	367
滨海黄堇	498,507	长苞铁杉	19	川续断科	127
槟榔科	128	长柄冷水花	632,642	垂枝泡花树	474,476
槟榔亚纲	114,128	长柄双花木	521	垂枝雪松	31
冰岛罂粟	487,489	长毛细辛	273,275	春榆	557,562
波斯毛茛	408	长尾半枫荷	527,529	莼菜	314
波缘冷水花	632,637	长序榆	557	莼菜科	115,314
玻璃草	637	长叶榧	106,109	莼菜属	314
博落回	494	长叶木姜子	235	唇形科	126
博落回属	486,494	长叶松	32,42	淳安小檗	417,418
		长叶竹柏	88	蓴菜	314
C		长圆楼梯草	651	茨藻科	128
苍背木莲	132	长柱虎皮楠	552	刺柏	84
糙叶树	570	长柱小檗	419	刺柏属	63,84
糙叶树属	556,569	朝鲜木姜子	228,232	刺果毛茛	398,407
草胡椒	272	朝鲜淫羊藿	433	刺杉	49
草胡椒属	270	车前科	126	刺蒴麻属	119
草黄连	351	扯根菜属	121	刺榆	566
草牡丹	393	沉水樟	213,215	刺榆属	556,565
草珊瑚	257	柽柳科	119	粗齿冷水花	632,638

粗齿铁线莲	363,369	大叶马兜铃	282	杜仲属	554
粗榧	95	大叶马尾莲	349	短萼黄连	354
粗叶榕	601,615	大叶南洋杉	8,9	短角淫羊藿	435
粗枝云杉	22	大叶青藤	448	短毛铁线莲	364,372
酢浆草科	123	大叶榕	605	短尾铁线莲	363
翠柏	77,78	大叶唐松草	346,349	短药野木瓜	450,452
翠茎冷水花	634	大叶铁线莲	393	短叶赤车	646,649
翠雀属	319,334	大叶香柏	66	短叶黄山松	39
寸梢黑松	40	大叶苎麻	658,664	短叶柳杉	52
		大圆榧	108	短叶罗汉松	91
		大泽米属	3,6	短叶松	37

D

打破碗花花	356,358	单穗升麻	322,323	短柱铁线莲	364,389
大阪松	34	单叶铁线莲	365,395	椴树科	118,119
大别山马兜铃	281,282	单子叶植物纲	113	对叶楼梯草	651,654
大风子科	118	蛋榧	108	钝齿铁线莲	367
大果山胡椒	246	刀豆三七	491	钝萼铁线莲	370
大花飞燕草	334	倒地铃属	123	钝药野木瓜	452
大花铁线莲	385	倒卵叶野木瓜	453	盾叶唐松草	346,352
大花威灵仙	364,385	德保苏铁	1	多被银莲花	356
大花淫羊藿	433	地果	602,616	多花含笑	159,162
大茴香	290	地锦苗	498	多花泡花树	474,477
大戟科	120,121	灯心草科	128	多脉榆	557,564
大戟属	120	钓樟	244	多穗金粟兰	259,262
大冷饭团	292	蝶形花科	122	多叶木通	446
大麻	586	东北红豆杉	98,100	多枝雾水葛	670
大麻科	116,583	东部藤柘	596,597		
大麻属	585	东南五味子	294	**E**	
大木通	369,370	东亚五味子	295	峨眉含笑	160,163
大盘山榧	106,112	冬青科	122,125	鹅掌草	356,357
大血藤	441	洞头水苎麻	662	鹅掌楸	179,180
大血藤科	115,441	杜衡	274,279	鹅掌楸属	131,179
大血藤属	441	杜鹃花科	120	鄂西清风藤	469
大叶光板力刚	377	杜英科	118	鳄梨	195
大叶及己	263	杜仲	554	鳄梨属	194,195
大叶榉	568	杜仲科	117,554	二乔木兰	139,148

二球悬铃木	517,518	福建马兜铃	281,284	广西马兜铃	280
二色五味子	294,297	福建细辛	273,278	广玉兰	145
		福建小檗	417	龟甲黑松	40
F		富贵榕	605	鬼臼属	430
法国梧桐	517			贵州杉	19
番荔枝科	115,183	**G**		桂北木姜子	228,234
番杏科	117	干香柏	69	桂南木莲	132
防己	460	柑橘亚科	121	桧柏	81
防己科	115,455	橄榄科	123		
飞黄玉兰	147	赣皖乌头	328,329	**H**	
飞燕草	336	高翠雀花	334	海岸红松	60
飞燕草属	319,336	高飞燕草	334	海岛薜荔	602,618
榧树	106,107	高山柏	77	海岛桑	588,590
榧树属	97,106	高山榕	601,605	海岛苎麻	658,663
粉柏	78	沟繁缕科	119	海风藤	269
粉背五味子	294	钩柱毛茛	398,404	海桐花科	122
粉防己	462,464	构棘	597	含笑	160,167
粉条儿菜属	130	构属	587,593	含笑属	131,159
粉叶轮环藤	467	构树	594	含羞草科	125
粪箕笃	462,463	古柯科	122	汉防己	460
风龙	460	谷精草科	128	汉防己属	455,460
风藤	267,268	牯牛铁线莲	363,368	旱金莲科	123
枫树	524	瓜馥木	183	杭州榆	557,558
枫香	524	瓜馥木属	183	禾本科	129
枫香树	524	瓜叶乌头	328,330	荷包牡丹	496
枫香树属	520,523	观光木	178	荷包牡丹属	496
凤凰润楠	196,197	观光木属	131,178	荷花	298
凤尾柏	73	管花马兜铃	281,286	荷花玉兰	139,145
凤仙花科	123	光茎钝叶楼梯草	651,655	荷青花	491
伏毛苎麻	660	光楠	197	荷青花属	486,491
伏生紫堇	498,508	光叶红蜡梅	187	鹤庆十大功劳	423
浮萍科	128	光叶榉	569	黑弹树	575,581
福建柏	76	光叶拟单性木兰	157	黑果山楂	244
福建柏属	63,75	光叶山黄麻	572	黑金刚	605
福建含笑	160,177	光柱铁线莲	364,384	黑壳楠	240,241

黑老虎	292	厚朴	139,142	华东唐松草	346,347
黑三棱科	129	厚叶榕	607	华木莲	137
黑松	32,39	厚叶铁线莲	363,374	华南桂	224
黑叶橡皮树	605	胡椒科	116,267	华南木姜子	236
黑榆	562	胡椒属	267	华南樟	214,224
黑种草	327	胡麻科	127	华桑	588,590
黑种草属	319,327	胡麻属	127	华山胡椒	247
红豆杉	98	胡桃科	116	华细辛	276
红豆杉科	2,97	胡颓子科	120	华中铁线莲	365,396
红豆杉属	97	葫芦科	120	华中五味子	294,295
红毒茴	289	湖桑	589	华山松	31,32
红果钓樟	241,243	湖州铁线莲	364,391	桦木科	116
红果山胡椒	243	槲寄生科	121	还亮草	335
红果山鸡椒	230	虎耳草科	121,122,124,125	黄丹木姜子	228,235
红果乌药	254	虎耳草属	125	黄葛树	603
红果榆	557,563	虎皮楠	549,551	黄根藤	461
红花凹叶厚朴	143	虎皮楠科	117,549	黄果朴	575
红花荷	520	虎皮楠属	549	黄果山楂	244
红花檵木	533	花点草	625	黄花耧斗菜	342,343
红花木莲	132,134	花点草属	622,625	黄花落叶松	26,27
红花深山含笑	174	花菱草	490	黄花鱼灯草	503
红脉钓樟	241,250	花菱草属	486,490	黄金茶	191
红毛七	439	花毛茛	398,408	黄金莲	312
红毛七属	414,439	花木通	366	黄堇	498,503
红楠	196,198	花荵科	126	黄兰	159
红皮云杉	21,23	花叶黑松	40	黄连	353
红色木莲	134	花叶鸡桑	593	黄连属	319,353
红杉	60	花叶蕺菜	266	黄绒润楠	197,200
红树科	123	花叶鱼腥草	266	黄山木兰	139,155
红睡莲	306	华北耧斗菜	342,343	黄山松	32,37
红运含笑	174	华北落叶松	26	黄山乌头	332
红运玉兰	149	华东黄杉	18	黄杉	18
红枝柴	475,483	华东冷水花	632,643	黄杉属	12,18
猴爪杉	52	华东驴蹄草	321	黄水枝属	122
厚壳桂属	194,255	华东楠	204	黄睡莲	305,307

黄心夜合	160,168	假死柴	247	金丝吊葫芦	464
黄杨科	120	尖距紫堇	497,498	金松	46
黄桢楠	200	尖叶半枫荷	529	金松科	1,2,46
黄枝润楠	197,206	尖叶清风藤	469,473	金松属	1,46
灰白蜡瓣花	540	尖叶唐松草	346,352	金粟兰	259
灰背清风藤	472	坚漆	532	金粟兰科	116,257
灰毛含笑	175	建楠	207	金粟兰属	258
灰叶杉木	50	建润楠	197,207	金塔侧柏	67
茴茴蒜	398,406	涧边草属	125	金线柏	71
混草	317	箭叶淫羊藿	433,434	金线吊鳖	465
火炬松	32,43	江南地不容	462,466	金线吊乌龟	462,465
火力楠	171	江南牡丹草	438	金腰属	121
火焰南天竹	415	江南油杉	13,15	金叶桧	83
		江浙钓樟	240,242	金叶含笑	159,160,174
J		江浙山胡椒	242	金叶南天竹	415
鸡婆子	247	姜科	129	金叶水杉	62
鸡桑	588,592	姜亚纲	114,129	金叶小檗	421
鸡头米	301	交让木	549	金叶榆	561
鸡腰子果	192	角果藻科	128	金鱼藻	317
及己	259,260	桔梗科	127	金鱼藻科	115,317
蒺藜科	123	金边北美鹅掌楸	182	金鱼藻属	317
戟菜	265	金龟草	323	金枝千头柏	67
戟菜属	265	金华泡花树	474,475	金钟柏	65
蓟罂粟	486	金剪刀	391	堇菜科	119
檵木	532	金孔雀柏	74	锦葵科	118
檵木属	520,532	金铃蜡梅	190	缙兰花	329
加拿大耧斗菜	342	金缕梅	534	京都冷水花	632,634
夹竹桃科	125	金缕梅科	117,520	旌节花科	119
柳罗木	101	金缕梅属	520,534	景烈白兰	169
家榆	560	金缕梅亚纲	114,116	景宁木兰	140,151
假地枫皮	287	金钱榕	607	景宁榕	601,613
假繁缕科	125	金钱松	29	景天科	121,125
假豪猪刺	419	金钱松属	12,29	景新木兰	152
假楼梯草	645	金球柏	83	九节茶	257
假楼梯草属	622,644	金手圈	493	九龙山榧	106,111

菊科	127	蓝果树科	124	玲珑山红楠	199
菊亚纲	114,125	蓝睡莲	309	菱科	124
榉属	556,568	琅玡榆	557,561	领春木	515
榉树	568	榔榆	557,565	领春木科	116,515
蕨叶人字果	337,338	老鹳草属	121	领春木属	515
爵床科	127	老虎脚底板	402	琉球虎皮楠	549,552
		乐昌含笑	160,169	柳杉	53
K		乐东木兰	158	柳杉属	48,51
珂楠树	475,482	乐东拟单性木兰	158	柳叶菜科	124
壳菜果	522	类叶牡丹	439	柳叶蜡梅	189,191
壳菜果属	520,522	冷杉属	12,16	六角莲	431
克鲁兹王莲	304	冷水花	632,641	龙柏	83
刻叶紫堇	498,500	冷水花属	622,631	龙胆科	126
孔雀柏	74	狸藻科	125	龙舌兰科	129,130
苦槛蓝科	126	藜科	117	龙王山银莲花	356
苦苣苔科	126,127	礼炮花	635	龙爪榆	561
苦木科	121	丽春花	488	楼梯草	651,652
苦梓含笑	159	丽江铁线莲	369	楼梯草属	622,651
宽苞十大功劳	423,427	栗叶榆	564	耧斗菜属	320,341
宽叶金粟兰	259,263	连香树	513	芦荟科	129
宽叶荨麻	624	连香树科	116,513	庐山楼梯草	651,653
阔瓣含笑	160,171	连香树属	513	庐山乌药	250
阔叶十大功劳	423,428	莲	298	庐山小檗	417,421
		莲科	115,298	鲁桑	589
L		莲属	298	鹿角柏	83
拉拉藤	583	楝科	123	鹿蹄草科	119
喇叭竹	494	亮叶蚊母树	543	露珠草属	124
腊梅	189	蓼科	118	驴蹄草	320
蜡瓣花	537,538	列当科	125	驴蹄草属	319,320
蜡瓣花属	520,537	裂叶花点草	626	绿干柏	69
蜡梅	189	裂叶铁线莲	364,371	绿花三叶木通	447
蜡梅科	115,185	裂叶星果草	355	绿花细辛	275
蜡梅属	185,189	裂叶荨麻	623	绿叶甘橿	240,251
兰科	130	鳞秕泽米	5	绿叶五味子	294,296
蓝冰柏	70	鳞叶柳杉	52	绿樟	480

荸草	583	曼地亚红豆杉	98,102	美丽橡皮树	605
荸草属	583	蔓赤车	646,647	美毛含笑	160,177
栾泡榧	108	牻牛儿苗科	121,122	美人蕉科	129
卵瓣还亮草	335	莽草	289	美夏蜡梅	186
轮环藤	468	猫儿屎	444	美洲黄莲	300
轮环藤属	455,467	猫儿屎属	443	美洲莲	300
罗汉柏	64	猫爪草	398,399	美洲铁	5
罗汉柏属	63,64	毛豹皮樟	234	蒙桑	588,591
罗汉松	89,90	毛萼铁线莲	364,384	猕猴桃科	119
罗汉松科	2,86	毛茛	398,402	米老排	522
罗汉松属	89	毛茛科	115,116,319	密花苎麻	658
萝藦科	125	毛茛属	320,398	绵毛马兜铃	281,282
裸子植物门	1	毛果垂枝泡花树	477	闽北冷水花	632,640
落葵科	117	毛果芍药	413	闽楠	208,210
落新妇属	124	毛果铁线莲	363,370	闽粤蚊母树	542,543
落叶木莲	132,137	毛果扬子铁线莲	373	明陵榆	563
落叶松属	12,26	毛黑壳楠	242	摩尔大泽米	6
落羽杉	56	毛花点草	625,626	莫夫人含笑	172
落羽杉属	48,56	毛蕊铁线莲	365,397	墨西哥柏木	69
落羽松	56	毛山苍子	231	墨西哥落羽杉	56,59
		毛山鸡椒	231	牡丹	410
M		毛桃木莲	132	牡丹草属	414,438
马鞭草科	126,127	毛叶铁线莲	365,389	木笔	156
马齿苋科	117	毛叶威灵仙	380	木防己	458
马丁含笑	168	毛叶油乌药	246	木防己属	455,458
马兜铃	281,285	毛柱铁线莲	364,375	木姜润楠	196,199
马兜铃科	116,273	茅膏菜科	118	木姜子	228,231
马兜铃属	280	梅花草属	122	木姜子属	195,228
马褂木	180	霉草科	128	木兰纲	113
马钱科	126	美国扁柏	71	木兰科	114,131
马松子属	119	美国尖叶扁柏	71	木兰属	131,138
马蹄草	320	美国蜡梅	185	木兰亚纲	114
马蹄荷	520	美国蜡梅属	185	木里仙	534
马蹄细辛	273,277	美国梧桐	519	木莲	132,136,617
马尾松	32,36	美丽红豆杉	99	木莲属	131,132

木麻黄科	116	女萎	363,366	**Q**	
木棉科	118	**O**		七叶树科	123
木通	445	欧耧斗菜	342,344	漆树科	122,123
木通科	115,443	欧洲红豆杉	98,102	漆叶泡花树	483
木通属	443,444	欧洲银莲花	356,360	祁阳细辛	274,279
木犀科	126	**P**		槭树科	122
木香马兜铃	283	爬藤榕	602,621	千金藤	462
木鱼坪淫羊藿	433,437	攀枝花苏铁	3	千金藤属	455,462
N		泡花树属	115,474	千年老鼠屎	340
南方红豆杉	98,99	披针叶茴香	287,289	千屈菜科	123
南方铁杉	20	皮袋香	164	千头柏	67
南非睡莲	310	皮球柏	71	铅笔柏	80
南京珂楠树	483	啤酒花	585	苘麻	623
南荬	303	辟蛇雷	286	苘麻科	116,622
南天竹	415	平伐含笑	160,176	苘麻属	622,623
南天竹属	414	平阳厚壳桂	256	黔岭淫羊藿	433,436
南五味子	293	苹果亚科	124	芡实	301
南五味子属	292	萍蓬草	312	芡属	301
南洋杉	8,10	萍蓬草属	301,312	茜草科	127
南洋杉科	1,8	朴属	556,574	蔷薇科	121,124
南洋杉属	8	朴树	575,579	蔷薇亚纲	114,120
楠木	208,211	铺地柏	77,79	乔松	31,33
楠木属	194,207	葡地龙柏	83	壳斗科	116
拟单性木兰属	131,157	匍匐柏	79	鞘柄泡花树	475
拟豪猪刺	417,419	匍茎榕	602,619	茄棍	108
牛鼻栓	541	菩提树	601,604	茄科	126
牛鼻栓属	520,540	葡蟠	595	秦氏榧	108
牛筋树	247	葡萄科	122	秦氏樟	225
牛卵泡	448	普陀桂	220	琴叶榕	602,613
牛油果	195	普陀樟	213,220	青枫藤	457
牛樟	215			青皮木属	125
暖木	475,485			青檀	567
糯米团	671			青檀属	556,567
糯米团属	623,670			青叶苎麻	660

清风藤	469,471	日本野木瓜	450,454	三张白	264
清风藤科	115,469	日本云杉	22,24	三枝九叶草	434
清风藤属	115,469	绒柏	71	伞形科	124
罄口蜡梅	190	绒毛润楠	197,200	桑	588,589
秋海棠科	119	绒毛山胡椒	240,248	桑草	587
秋牡丹	359	绒楠	200	桑草属	587
曲毛赤车	646	蓉榆	563	桑寄生科	121
全叶榕	614	榕属	587,600	桑科	116,587
全叶延胡索	498,510	榕树	601,606	桑属	587,588
全缘琴叶榕	614	柔毛糙叶树	571	沙地柏	77,79
缺萼枫香树	524,525	柔毛泡花树	479	沙朴	579
		柔毛淫羊藿	433	山苍子	229
R		肉根毛茛	398	山茶科	119
人参榕	607	肉桂	213,223	山刺柏	84
人字果	337,339	乳源木莲	132,135	山地柘	596,599
人字果属	320,337	锐齿楼梯草	651,657	山矾科	120
仁昌桂	256	瑞木	537	山荷叶	431
仁昌含笑	172	瑞香科	120	山胡椒	241,247
仁昌木莲	132	润楠属	194,196	山胡椒属	195,240
忍冬科	127			山黄麻	571
日本八角	288	**S**		山黄麻属	556,571
日本扁柏	73	洒金云片柏	73	山火筒	494
日本桠	106	洒银柏	67	山鸡椒	228,229
日本花柏	71	三白草	264	山櫃	240,244
日本金松	46	三白草科	115,264	山椒草	646,650
日本冷杉	16	三白草属	264	山蒟	267,269
日本柳杉	52	三尖杉	94	山蜡梅	189
日本落叶松	26,28	三尖杉科	2,94	山冷水花	632,633
日本毛木兰	154	三尖杉属	94	山柳科	119
日本匍茎榕	620	三角叶冷水花	632,637	山龙眼科	120
日本桑	590	三球悬铃木	517	山木通	364,377
日本五针松	32,34	三小叶毛茛	403	山桑	592
日本香柏	66	三叶木通	446	山油麻	573
日本小檗	417,420	三叶绳	450	山玉兰	139,140
日本辛夷	139,153	三桠乌药	241,252	山茱萸科	124

杉木	49	石油菜	637	丝瓜花	397
杉木属	48,49	石月	450,451	丝兰属	129
杉科	2,48	石竹科	117	丝穗金粟兰	259,261
杉树	49	石竹亚纲	114,117	思维树	604
珊瑚朴	575,576	使君子科	124	四川大叶樟	214
商陆科	117	柿树科	120	四川苏铁	3
上海毛茛	398	薯榕	607	四块瓦	262
芍药	410,412	薯蓣科	130	四叶对	263
芍药科	118,410	鼠刺属	122	四叶箭	260
芍药属	410	鼠李科	122	松科	1,12
少花桂	213,218	双花木	522	松属	12,31
少脉爬藤榕	618	双花木属	520,521	薮苎麻	664
蛇菰科	121	双子叶植物纲	113	苏芡	303
蛇果黄堇	498,502	水鳖科	128	苏珊木兰	154
深绿楼梯草	651,656	水盾草	315	苏铁	4
深山含笑	160,172	水盾草属	315	苏铁科	1,3
肾叶细辛	273,275	水晶花	261	苏铁属	3
升麻	322,324	水晶兰科	119	粟米草科	117
升麻属	319,322	水马齿科	125	素心蜡梅	190
省沽油科	121,122,123	水毛茛	409	穗花杉	105
省沽油属	123	水毛茛属	320,409	穗花杉属	97,105
湿地松	32,44	水杉	61	莎草科	129
湿生冷水花	632,639	水杉属	48,61	梭罗树属	118
十大功劳	423,426	水蛇麻	587		
十大功劳属	414,423	水丝梨	547	**T**	
十字花科	119	水丝梨属	521,547	塔柏	83
石蝉草	271	水松	55	台湾含笑	159
石蟾蜍	464	水松属	48,54	台湾黄堇	497,498,506
石榧	94	水蕹科	128	台湾榕	601,611
石凉茶	192	水玉簪科	130	台湾杉	50
石榴科	123	水苎麻	658,661	台湾杉属	48,50
石龙芮	398,400	睡菜科	126	台湾松	37
石木姜子	235	睡莲	305,308	台湾蚊母树	542,546
石楠藤	268	睡莲科	115,301	檀香科	121
石生黄堇	497	睡莲属	301,305	唐松草	346,351

唐松草属	320,345	头花千金藤	465	无根藤	194
桃金娘科	124,125	透茎冷水花	632,634	无花果	601,608
藤构	595	秃蜡瓣花	539	无患子科	123
藤黄科	119	秃杉	50	无叶莲科	128
藤葡蟠	594,595	土木香	458	吴兴铁线莲	391
天葵	340	土细辛	274	梧桐科	118,119
天葵属	320,340	土元胡	511	梧桐属	118
天目金粟兰	259,261	菟丝子科	125	蜈蚣三七	357
天目木姜子	228,229	菟丝子属	194	五彩南天竹	415
天目木兰	140,149	椭果薜荔	618	五刺金鱼藻	318
天目朴	575,581	椭圆叶冷水花	643	五加科	124
天南星科	128			五角连	355
天女花	139,144	**W**		五岭细辛	278
天女木兰	144	弯果黄堇	502	五味子科	115,292
天台铁线莲	365,390	晚松	32,45	五味子属	294
天台乌药	253	王莲	303	五桠果亚纲	114,118
天台小檗	417,419	王莲属	301,303	五月茶属	120
天仙果	609	望春花	152	五月瓜藤	449
天竺桂	221	望春木兰	140,152	五指挪藤	451
田葱科	129	威灵仙	364,379	午时花属	118
条叶榕	615	葳芝	596,597	武当木兰	139
铁坚油杉	13,14	微柱麻	668	武夷唐松草	346,348
铁脚威灵仙	379	微柱麻属	622,668	雾水葛	669
铁筷子	326	尾花细辛	273,274	雾水葛属	623,669
铁筷子属	319,325	尾叶含笑	160,166		
铁青树科	125	尾叶挪藤	452	**X**	
铁杉	20	卫矛科	122	西川朴	575,578
铁杉属	12,19	榅杉	53	西番莲科	119
铁树	4	蚊母树	542	西美蜡梅	187
铁线莲	364,387	蚊母树属	521,541	西南蜡梅	189,192
铁线莲属	115,320,363	乌头	328,332	西南唐松草	349
铁线牡丹花	388	乌头属	319,328	锡兰肉桂	213,223
通城虎	281,283	乌药	240,253	细柄阿丁枫	531
铜色含笑	160,175	无柄小叶榕	603	细柄半枫荷	527,528
铜威灵	381	无柄紫堇	498,509	细柄蕈树	531

细榧	108	香樟	213,216	星花木兰	139,154
细齿蕈树	531	湘楠	208	兴山榆	557,559
细花泡花树	474,476	小檗科	115,116,414	绣球藤	363,365
细毛含笑	159	小檗属	414,416	锈毛榆	564
细辛	274,276	小赤车	650	序叶苎麻	658,660
细辛属	273	小赤麻	658,667	玄胡索	512
细野麻	658,666	小二仙草科	124	玄参科	126,127
细叶花柏	71	小构树	594,595	悬铃木科	117,517
细叶青蒌藤	268	小果薜荔	618	悬铃木属	517
细叶香桂	214,225	小果朴	580	悬铃木叶苎麻	658,665
细圆藤	456	小果十大功劳	423,429	旋花科	126
细圆藤属	455	小花黄堇	498,503	雪里开	395
狭卷萼铁线莲	365,393	小花蜡梅	190	雪松	30
狭叶伏生紫堇	509	小花木兰	144	雪松属	12,30
狭叶荷花玉兰	146	小黄紫堇	498,499	血榧	94
狭叶山胡椒	241,247	小毛茛	399	血水草	493
狭叶十大功劳	426	小木莲	620	血水草属	486,493
狭叶台湾榕	612	小木通	364,379	寻骨风	282
夏蜡梅	188	小青藤	461	蕈树	530
夏蜡梅属	185,188	小升麻	322,323	蕈树属	521,530
夏天无	508	小蓑衣藤	363,370		
仙人掌科	118	小王莲	304	**Y**	
鲜黄马兜铃	280,281	小叶光板力刚	382	鸦片花	487
显脉野木瓜	450	小叶冷水花	632,635	鸭脚树	7
苋科	117	小叶罗汉松	89,92	鸭跖草科	128
线柏	71	小叶马蹄香	277	鸭跖草亚纲	114,128
陷脉山榽	245	小叶南天竹	415	崖柏属	63,65
腺蜡瓣花	537,539	小叶朴	581	雅楠	211
香榧	108	小叶蚊母树	542,545	雅榕	601,603
香桂	225	蝎子草属	622,630	雅致含笑	159
香蕉花	167	辛夷	156	亚麻科	123
香蒲科	129	新木姜子	237	亚马逊王莲	303
香睡莲	305,309	新木姜子属	195,236	亚美马褂木	182
香叶	254	馨香玉兰	139	延胡索	498,512
香叶树	240,249	星果草属	319,355	延药睡莲	305,309

岩桂	218	银边薜荔	617	禺毛茛	398,404
沿阶草属	130	银莲花属	320,356	榆科	117,556
眼子菜科	128	银缕梅	536	榆属	556
雁荡润楠	196,201	银缕梅属	520,535	榆树	560
扬子毛茛	398,405	银木	213,214	虞美人	487,488
扬子铁线莲	373	银杏	7	羽叶花柏	71
杨柳科	118	银杏科	1,7	羽叶泡花树	483
杨梅科	116	银杏属	7	雨久花科	129
杨梅叶蚊母树	542,543	淫羊藿	433,435	玉果南天竹	415
洋牡丹	342,345	淫羊藿属	414,433	玉兰	139,146
钥匙藤	366	印度榕	604	鸢尾科	130
野含笑	160,165	印度橡皮树	601,604	元胡	512
野黄桂	213,219	英国梧桐	518	圆柏	77,81
野牡丹科	124	罂粟	487	圆柏属	63,77
野木瓜	449	罂粟科	116,486	圆瓣冷水花	642
野木瓜属	443,449	罂粟牡丹	360	圆椎	108
野枇杷	480	罂粟属	486	圆头叶桂	214,226
野杉	107	罂粟银莲花	360	圆叶豺皮樟	232
野芍药	411	璎珞柏	70	圆叶水苎麻	663
野香蕉	444	樱果朴	575,580	圆锥铁线莲	364,381
野鸦椿属	121	樱椒树属	122	远志科	123
野罂粟	489	鹰爪枫	448	月桂	254
野元胡	508	鹰爪枫属	443,448	月桂属	195,254
夜合花	141	迎春花	146	越橘属	120
夜香木兰	139,141	硬壳桂	256	云和新木姜子	238
腋毛泡花树	475,483	优昙花	140	云南含笑	160,164
一串金丹	498	油梨	195	云南拟单性木兰	157
一球悬铃木	517,519	油杉属	12,13	云南油杉	13
宜昌细辛	277	油桐属	121	云南樟	213,217
异果黄堇	507	油乌药	241,246	云片柏	73
异色泡花树	478	有腺泡花树	484	云山白兰	171
异叶南洋杉	8,11	幼肺三七	361	云杉	21,22
异叶榕	601,610	鱼灯苏	335	云杉属	12,21
翼梗五味子	294	鱼鳞云杉	22,25	云实科	121
阴香	213,222	鱼腥草	265	芸香科	121,122

Z

杂交鹅掌楸	180,182	浙江朴	581	竹芋科	129
杂种铁筷子	326	浙江润楠	197,205	苎麻	658
泽米属	3,5	浙江山木通	364,376	苎麻属	623,658
泽泻科	128	浙江蛇麻	631	柱冠罗汉松	92
泽泻亚纲	114,128	浙江铁杉	20	柱冠南洋杉	11
曾氏铁线莲	384	浙江铁线莲	363,382	柱果铁线莲	364,382
毡毛泡花树	481	浙江小檗	421	转子莲	365,392
展毛川鄂乌头	328,331	浙江蝎子草	631	紫背天葵	340
展毛乌头	333	浙江新木姜子	237,238	紫草科	126
獐耳细辛	361	浙江油杉	15	紫弹树	575
獐耳细辛属	320,360	浙江樟	213,221	紫花含笑	160,164
樟科	115,194	浙闽新木姜子	238,239	紫花黄山木兰	155
樟属	194,212	珍珠莲	620	紫花天目木兰	150
樟树	216	桢楠	211	紫花鱼灯草	500
樟叶木防己	459	郑氏八角莲	431	紫金牛科	120
樟叶泡花树	474,480	中华萍蓬草	313	紫堇	498,501
掌叶榕	615	中华蚊母树	542,544	紫堇科	116,496
爪哇唐松草	346	中山杉	57	紫堇属	497
柘	596,598	钟萼木科	123	紫麻	672
柘属	587,596	钟花清风藤	470	紫麻属	623,672
浙榧	109	舟柄铁线莲	364,378	紫茉莉科	117
浙黄连	354	舟山新木姜子	236	紫木通	383
浙江大果朴	575,577	珠果黄堇	498,505	紫楠	208,212
浙江桂	221	珠兰	259	紫葳科	126
浙江花点草	625,627	珠芽艾麻	628	紫叶小檗	421
浙江黄堇	504	珠芽尖距紫堇	498	紫玉兰	140,156
浙江蜡瓣花	539	珠芽楼梯草	653	纵肋人字果	337,338
浙江蜡梅	189,192	竹柏	86	醉香含笑	160,171
浙江楠	208,209	竹柏属	86	醉鱼草科	126
		竹节水松	315	柞木属	118
		竹叶胡椒	267,270		

拉丁名索引

A

Abies	12,16
beshanzuensis	17
firma	16
Acanthaceae	127
Aceraceae	122
Achudemia insignis	633
Aconitum	319,328
autumnale	332
carmichaelii	328,332
var. **hwangshanicum**	332
var. **truppelianum**	333
finetianum	328,329
hemsleyanum	328,330
henryi var. **villosum**	328,331
Acoraceae	128
Actinidiaceae	119
Actinodaphne lancifolia var. *sinensis*	233
Agavaceae	129,130
Aizoaceae	117
Akebia	443,444
micrantha	445
quinata	445
var. **polyphylla**	446
trifoliata	446
form. **dapanshanensis**	447
subsp. *australis*	447
var. *australis*	447
Alangiaceae	124
Alismataceae	128
Alismatidae	114
Aloeaceae	129
Altingia	521,530
chinensis	530
gracilipes	531
var. **serrulata**	531
Amaranthaceae	117
Amentotaxus	97,105
argotaenia	105
Anacardiaceae	122,123
Anemone	320,356
coronaria	356,360
flaccida	356,357
hupehensis	356,358
var. **japonica**	359
lacerata	356
raddeana	356
var. *lacerata*	356
Angiospermae	113
Annonaceae	115,183
Aphananthe	556,569
aspera	570
var. **pubescens**	571
Apiaceae	124
Apocynaceae	125
Aponogetonaceae	128
Aquifoliaceae	122,125
Aquilegia	320,341
canadensis	342

chrysantha	342,343		**pulchellum**	273,275
flabellata	342,345		**renicordatum**	273,275
vulgaris	342,344		**sieboldii**	274,276
yabeana	342,343		*wulingense*	278
Araceae	128		Asclepiadaceae	125
Araliaceae	124		Asteraceae	127
Araucaria	8		Asteridae	114
bidwillii	8,9		**Asteropyrum**	319,355
columnaris	8,11		**cavaleriei**	355
cunninghamii	8,10			
heterophylla	11		**B**	
Araucariaceae	1,8		Balanophoraceae	121
Arecaceae	128		Balsaminaceae	123
Arecidae	114		Basellaceae	117
Argemone mexicana	486		**Batrachium**	320,409
Aristolochia	280		**bungei**	409
dabieshanensis	281,282		Begoniaceae	119
debilis	281,285		*Benzoin sinoglaucum*	247
fordiana	281,283		**Berberidaceae**	115,116,414
fujianensis	281,284		**Berberis**	414,416
hyperxantha	280,281		**anhweiensis**	417,422
kaempferi	282		*chekiangensis*	421
kwangsiensis	280		**chunanensis**	417,418
mollissima	281,282		**fujianensis**	417
moupinensis	283		**lempergiana**	417,419
recurvilabra	285		**soulieana**	417,419
tubiflora	281,286		**thunbergii**	417,420
Aristolochiaceae	116,273		'Atropurpurea'	421
Asarum	273		'Aurea'	421
caudigerum	273,274		*trifurca*	429
form. **leptophyllum**	275		**virgetorum**	417,421
var. *leptophyllum*	275		Betulaceae	116
forbesii	274,279		Bignoniaceae	126
fukienense	273,278		**Boehmeria**	623,658
ichangense	273,277		**clidemioides** var. **diffusa**	658,660
leptophyllum	275		*densiflora*	658
magnificum	274,279		**formosana**	658,663

var. *stricta*	663	Callitrichaceae	125
gracilis	658,666	**Caltha**	319,320
japonica	658,664	**palustris**	320
longispica	664	var. **orientali-sinensis**	321
macrophylla	658,661	**Calycanthaceae**	115,185
var. **dongtousensis**	662	**Calycanthus**	185
var. **rotundifolia**	663	*chinensis*	188
nivea	658	**floridus**	185
var. **nipononivea**	660	var. **glaucus**	187
var. **tenacissima**	660	**occidentalis**	187
platanifolia	665	Campanulaceae	127
platyphylla var. *stricta*	663	Cannabaceae	116,583
spicata	658,667	**Cannabis**	585
var. *duploserrata*	667	**sativa**	586
tricuspis	658,665	Cannaceae	129
Bombacaceae	118	Capparaceae	118,119
Boraginaceae	126	Caprifoliaceae	127
Brasenia	314	Caryophyllaceae	117
schreberi	314	Caryophyllidae	114
Brassicaceae	119	*Cassytha filiformis*	194
Bretschneideraceae	123	Casuarinaceae	116
Broussonetia	587,593	**Caulophyllum**	414,439
kaempferi	595	**robustum**	439
var. **australis**	594,595	**Cedrus**	12,30
kazinoki	594,595	**deodara**	30
papyrifera	594	'Pendula'	31
Buddlejaceae	126	Celastraceae	122
Burmanniaceae	130	**Celtis**	556,574
Burseraceae	123	**biondii**	575
Buxaceae	120	**bungeana**	575,581
		cerasifera	575,580
C		**chekiangensis**	575,581
Cabomba	315	*japonica*	579
caroliniana	315	**julianae**	575,576
Cabombaceae	115,314	**neglecta**	575,577
Cactaceae	118	**sinensis**	575,579
Caesalpiniaceae	121	*tetrandra* subsp. *sinensis*	579

vandervoetiana	575,578	praecox	189
Cephalotaxaceae	2,94	'Concolor'	190
Cephalotaxus	94	'Glandiflorus'	190
fortunei	94	'Jinling'	190
sinensis	95	'Parviflorus'	190
Ceratophyllaceae	115,317	salicifolius	189,191
Ceratophyllum	317	zhejiangensis	189,192
demersum	317	**Chloranthaceae**	116,257
oryzetorum	318	**Chloranthus**	258
platyacanthum subsp. **oryzetorum**	318	**fortunei**	259,261
Cercidiphyllaceae	116,513	**henryi**	259,263
Cercidiphyllum	513	**multistachys**	259,262
japonicum	513	**serratus**	259,260
var. *sinense*	513	**spicatus**	259
Chamabainia	622,668	**tianmushanensis**	259,261
cuspidata	668	**Cimicifuga**	319,322
Chamaecyparis	63,71	*acerina*	323
lawsoniana	71	**foetida**	322,324
obtusa	73	**japonica**	322,323
'Breviramea'	73	**simplex**	322,323
'Breviramea Aurea'	73	**Cinnamomum**	194,212
'Filicoides'	74	*albosericeum*	214
'Tetragona'	74	**austrosinense**	214,224
'Tetragona Aurea'	74	**burmanni**	213,222
pisifera	71	**camphora**	213,216
'Filifera'	71	**cassia**	213,223
'Filifera Aurea'	71	**chekiangense**	213,221
'Plumosa'	71	*chenii*	220
'Squarrosa'	71	*chingii*	225
'Tamu Himura'	71	**daphnoides**	214,226
thyoides	71	**glanduliferum**	213,217
Chelidonium	486,492	*inunctum* var. *albosericeum*	214
majus	492	*japonicum*	221
Chenopodiaceae	117	var. *chekiangense*	221
Chimonanthus	185,189	var. **chenii**	213,220
campanulatus	189,192	**jensenianum**	213,219
nitens	189	**micranthum**	213,215

pauciflorum	213,218	*heracleifolia*	393
pedunculatum	221	var. *ichangensis*	393
septentrionale	213,214	**huchouensis**	364,391
subavenium	214,225	**inciso-denticulata**	364,386
verum	213,223	**lanuginosa**	365,389
zeylanicum	223	**lasiandra**	365,397
Cistaceae	118	**longistyla**	364,384
Clematis	320,363	*loureiriana*	383
anhweiensis	380	**meyeniana**	364,375
apiifolia	363,366	**montana**	363,365
var. **argentilucida**	367	**parviloba**	364,371
var. *obtusidentata*	367	**patens**	365,392
argentilucida var. *likiangensis*	369	subsp. *tientaiensis*	390
armandii	364,379	var. *tientaiensis*	390
brevicaudata	363	*peterae*	370
cadmia	364,389	var. **trichocarpa**	363,370
chekiangensis	364,376	**pseudootophora**	365,396
chinensis	364,379	**puberula**	364,372
form. *vestita*	380	var. **ganpiniana**	373
var. **anhweiensis**	380	var. **tenuisepala**	373
var. *vestita*	380	**smilacifolia**	364,383
courtoisii	364,385	**terniflora**	364,381
crassifolia	363,374	**tientaiensis**	365,390
dilatata	364,378	*tsengiana*	384
finetiana	364,377	**tubulosa** var. **ichangensis**	365,393
florida	364,387	**uncinata**	364,382
var. **flore-plena**	388	*zhejiangensis*	363,382
var. *lanuginosa*	389	Clethraceae	119
ganpiniana	373	Clusiaceae	119
var. *tenuisepala*	373	**Cocculus**	455,458
gouriana	363,370	**laurifolius**	459
grandidentata	363,369	**orbiculatus**	458
var. **likiangensis**	369	*trilobus*	458
grata var. *grandidentata*	369	Combretaceae	124
guniuensis	363,368	Commelinaceae	128
hancockiana	364,384	Commelinidae	114
henryi	365,395	**Consolida**	319,336

ajacis	336	*turtschaninovii* form. *yanhusuo*	512
ambigua	336	**yanhusuo**	498,512
Convolvulaceae	126	**Corylopsis**	520,537
Coptis	319,353	**glandulifera**	537,539
chinensis	353	var. **hypoglauca**	540
var. **brevisepala**	354	*hypoglauca* var. *glaucescens*	539
Cornaceae	124	**multiflora**	537
Corydalis	497	**sinensis**	537,538
amabilis	509	var. **calvescens**	539
balansae	497,498,506	*willmottiae* var. *chekiangensis*	539
decumbens	498,508	Crassulaceae	121,125
var. **zhujiensis**	509	**Cryptocarya**	194,255
edulioides	509	**chingii**	256
var. *haimensis*	509	**Cryptomeria**	48,51
edulis	498,501	*fortunei*	53
gracilipes	498,509	**japonica**	52
heterocarpa	507	'Araucarioides'	52
var. **japonica**	498,507	'Dacrydioides'	52
huangshanensis	508	var. **sinensis**	53
humosa	498,511	Cucurbitaceae	120
incisa	498,500	*Cudrania*	
form. **pallescens**	501	*cochinchinensis*	597
var. *tschekiangensis*	500	*tricuspidata*	598
kelungensis	509	**Cunninghamia**	48,49
ochotensis var. *raddeana*	499	**lanceolata**	49
ophiocarpa	498,502	'Glauca'	50
pallida	498,503	form. **glauca**	50
var. **sparsimamma**	504	Cupressaceae	2,63
var. **zhejiangensis**	504	**Cupressus**	63,68
racemosa	498,503	**arizonica**	69
raddeana	498,499	'Blue Ice'	70
repens	498,510	*duclouxiana*	69
saxicola	497	**funebris**	70
sheareri	497,498	*hodginsii*	76
form. *bulbillifera*	498	*lusitanica*	69
speciosa	498,505	*Cuscuta*	194
thalictrifolia	497	Cuscutaceae	125

Cycadaceae	1,3	**Disanthus**	520,521
Cycas	3	*cercidifolius*	522
debaoensis	1	subsp. **longipes**	521
panzhihuaensis	3	var. *longipes*	521
pectinata	3	Dicotyledoneae	113
revoluta	4	Dilleniidae	114
szechuanensis	3	Dioscoreaceae	130
Cyclea	455,467	Dipsacaceae	127
hypoglauca	467	**Distylium**	521,541
racemosa	468	**buxifolium**	542,545
Cyperaceae	129	var. *rotundum*	545
		chinense	542,544
D		**chungii**	542,543
Daphniphyllaceae	117,549	**gracile**	542,546
Daphniphyllum	549	**myricoides**	542,543
glaucescens subsp. *oldhamii*	551	var. *nitidum*	543
himalaense subsp. *macropodum*	549	**racemosum**	542
longistylum	552	Droseraceae	118
luzonense	549,552	**Dysosma**	414,430
macropodum	549	**pleiantha**	431
oldhamii	549,551	form. **alba**	432
var. **longistylum**	552	**versipellis**	430
Decaisnea	443		
fargesii	444	**E**	
insignis	444	Ebenaceae	120
Delphinium	319,334	Elaeagnaceae	120
anthriscifolium	335	Elaeocarpaceae	118
var. *calleryi*	335	Elatinaceae	119
var. *savatieri*	335	**Elatostema**	622,651
elatum	334	**atroviride**	651,656
Dicentra spectabilis	496	**cyrtandrifolium**	651,657
Dichocarpum	320,337	**involucratum**	651,652
dalzielii	337,338	**oblongifolium**	651
fargesii	337,338	**obtusum** var. **glabrescens**	651,655
sutchuenense	337,339	*radicans* var. *euradicans*	648
Diploclisia	455,457	**sinense**	651,654
affinis	457	**stewardii**	651,653

form. *bulbiferum*	653	'Golden Edged'	605
Eomecon	486,493	*awkeotsang*	618
chionantha	493	**carica**	601,608
Epimedium	414,433	**concinna**	601,603
brevicornu	433,435	var. *subsessilis*	603
franchetii	433,437	**elastica**	601,604
grandiflorum	433	'Ashahi'	605
koreanum	433	'Decora Burgundy'	605
leptorrhizum	433,436	'Decora Tricolor'	605
pubescens	433	**erecta**	601,608
sagittatum	433,434	var. *beecheyana*	609
Ericaceae	120	**formosana**	601,611
Eriocaulaceae	128	form. *shimadai*	612
Erythroxylaceae	122	*hanceana*	617
Eschscholtzia	486,490	**heteromorpha**	601,610
californica	490	**hirta**	601,615
Eucommia	554	**impressa**	602,621
ulmoides	554	**jingningensis**	601,613
Eucommiaceae	117,554	**microcarpa**	601,606
Euphorbiaceae	120,121	'Renshen'	607
Euptelea	515	var. **crassifolia**	607
pleiosperma	515	**pandurata**	602,613
form. *franchetii*	515	var. **angustifolia**	615
Eupteleaceae	116,515	var. **holophylla**	614
Euryale	301	*parvifolia*	603
ferox	301	**pumila**	602,617
'Nanqian'	303	'Sonny'	617
Exbucklandia populnea	520	var. *awkeotsang*	618
		var. **ellipsoidea**	618
		var. *microcarpa*	618

F

Fabaceae	122	**religiosa**	601,604
Fagaceae	116	**sarmentosa**	602,619
Fatoua	587	var. **henryi**	620
pilosa	587	var. *impressa*	621
villosa	587	var. **nipponica**	620
Ficus	587,600	var. *thunbergii*	618
altissima	601,605	**subpisocarpa**	601,602

superba var. *japonica*	602	**Hamamelidaceae**	117,520
thunbergii	602,618	**Hamamelis**	520,534
tikoua	602,616	*chinensis*	532
variolosa	601,609	**mollis**	534
virens	602,603	*subaequalis*	536
Fissistigma	183	**Helleborus**	319,325
oldhamii	183	× **hybridus**	326
Flacourtiaceae	118	*chinensis*	326
Fokienia	63,75	**thibetanus**	326
hodginsii	76	*viridis* var. *thibetanus*	326
Fortunearia	520,540	**Hemiptelea**	556,565
sinensis	541	**davidii**	566
Fumaria decumbens	508	**Hepatica**	320,360
Fumariaceae	116,496	**nobilis** var. **asiatica**	361
		Hippocastanaceae	123
G		**Holboellia**	443,448
Gentianaceae	126	**angustifolia**	449
Geraniaceae	121,122	**coriacea**	448
Gesneriaceae	126,127	*fargesii*	449
Ginkgo	7	**Houttuynia**	265
biloba	7	**cordata**	265
Ginkgoaceae	1,7	'Variegata'	266
Girardinia	622,630	**Humulus**	583
chingiana	631	**lupulus**	585
diversifolia	631	**scandens**	583
Glyptostrobus	48,54	Hydrangeaceae	124,125
pensilis	55	Hydrocharitaceae	128
Gonostegia	623,670	**Hylomecon**	486,491
hirta	671	**japonica**	491
Grossulariaceae	122,124		
Gymnospermae	1	**I**	
Gymnospermium	414,438	Icacinaceae	122,125
kiangnanense	438	**Illiciaceae**	115,287
		Illicium	287
H		**anisatum**	287,288
Haloragaceae	124	**jiadifengpi**	287
Hamamelidae	114	var. *baishanense*	287

lanceolatum	287,289
philippinense	288
verum	287,290
Iozoste hirtipes	233
Iridaceae	130

J

Juglandaceae	116
Juncaceae	128
Juniperus	63,84
arenaria	79
chekiangensis	84
chinensis	81
formosana	84
var. *sinica*	84
procumbens	79
sabina	79
sphaerica	81
squamata	77
virginiana	80

K

Kadsura	292
coccinea	292
japonica	293
longipedunculata	293
Keteleeria	12,13
chekiangensis	15
cyclolepis	15
davidiana	13,14
evelyniana	13
fortunei var. **cyclolepis**	13,15

L

Lamiaceae	126
Lamprocapnos	496
spectabilis	496

Laportea	622,628
bulbifera	628
var. *sinensis*	628
cuspidata	629
Lardizabalaceae	115,443
Larix	12,26
gmelinii var. *principis-rupprechtii*	26
kaempferi	26,28
olgensis	26,27
principis-rupprechtii	26
Lauraceae	115,194
Laurus	195,254
nobilis	254
Lecanthus	622,644
peduncularis	645
Lemnaceae	128
Lentibulariaceae	125
Leontice kiangnanensis	438
Liliaceae	129,130
Liliidae	114
Liliopsida	113
Linaceae	123
Lindera	195,240
aggregata	240,253
form. **rubra**	254
angustifolia	241,247
cercidifolia	252
chienii	240,242
communis	240,249
erythrocarpa	241,243
fruticosa	251
glauca	241,247
megaphylla	240,241
form. *touyunensis*	242
form. **trichoclada**	242
nacusua	240,248
neesiana	240,251

obtusiloba	241,252
praecox	241,246
form. **pubescens**	246
reflexa	240,244
form. **melanocarpa**	244
form. **xanthocarpa**	244
var. **impressivena**	245
rubronervia	241,250
strychnifolia	253
touyunensis	242
umbellata var. *latifolia*	244
Liquidambar	520,523
acalycina	524,525
formosana	524
styraciflua	524,526
Liriodendron	131,179
× **sino-americanum**	180,182
chinense	179,180
tulipifera	180,181
'Aureo-marginatum'	182
Litsea	195,228
auriculata	228,229
coreana	228,232
var. **lanuginose**	234
var. **sinensis**	233
cubeba	228,229
form. **rubra**	230
var. **formosana**	231
elongata	228,235
var. **faberi**	235
greenmaniana	236
pungens	228,231
rotundifolia	232
var. **oblongfolia**	228,232
subcoriacea	228,234
Loganiaceae	126
Loranthaceae	121
Loropetalum	520,532
chinense	532
form. *rubrum*	533
var. **rubrum**	533
Lythraceae	123

M

Machilus	194,196
bournei	210
chekiangensis	197,205
grijsii	197,200
leptophylla	196,204
levinei	197
litseifolia	196,199
longipedunculata	205
minutiloba	196,201
oreophila	197,207
pauhoi	196,203
phoenicis	196,197
sheareri	212
thunbergii	196,198
var. *linrongshanensis*	198,199
velutina	197,200
versicolora	197,206
Macleaya	486,494
cordata	494
Maclura	587,596
cochinchinensis	596,597
montana	596,599
orientalis	596,597
tricuspidata	596,598
Macrozamia	3,6
moorei	6
Magnolia	131,138
× **soulangeana**	139,148
'Hong Yun'	149
amoena	140,149

form. **alba**	150	**fortunei**	423,426
form. **purpurascens**	150	**oiwakensis**	423,424
biondii	140,152	Malvaceae	118
coco	139,141	**Manglietia**	131,132
cylindrica	139,155	**conifera**	132
form. **purpurascens**	155	**decidua**	132,137
var. *purpurascens*	155	*duclouxii*	132
decidua	137	**fordiana**	132,136
delavayi	139,140	*glaucifolia*	132
denudata	139,146	**insignis**	132,134
'Fei Huang'	147	*moto*	132
grandiflora	139,145	**patungensis**	132,136
var. **lanceolata**	146	**yuyuanensis**	132,135
kobus	139,153	Marantaceae	129
liliiflora	140,156	Melastomataceae	124
odoratissima	139	Meliaceae	123
officinalis	139,142	**Meliosma**	474
subsp. **biloba**	142	**alba**	475,482
form. **rubicunda**	143	*beaniana*	482
var. *rubicunda*	143	*dilatala*	476
praecocissima	153	**flexuosa**	474,476
sieboldii	139,144	var. **pubicarpa**	477
sinostellata	140,151	**myriantha**	474,477
'Jing Xin'	152	var. **discolor**	478
sprengeri	139	var. **pilosa**	479
stellata	139,154	**oldhamii**	475,483
'Susan'	154	var. **glandulifera**	484
zenii	139	**parviflora**	474,476
Magnoliaceae	114,131	**platypoda** subsp. **jinhuaensis**	474,475
Magnoliidae	114	*rhoifolia*	483
Magnoliopsida	113	var. **barbulata**	475,483
Mahonia	414,423	**rigida**	474,480
bealei	423,428	var. **pannosa**	481
bodinieri	423,429	**squamulata**	474,480
bracteolata	423	**veitchiorum**	475,485
eurybracteata	423,427	Menispermaceae	115,455
subsp. **ganpinensis**	427	**Menispermum**	455,461

dauricum	461	Mimosaceae	125
glaucum	456	Molluginaceae	117
Menyanthaceae	126	Monocotyledoneae	113
Metasequoia	48,61	Monotropaceae	119
glyptostroboides	61	**Moraceae**	116,587
'Gold Rush'	62	**Morus**	587,588
Michelia	131,159	**alba**	588,589
× **alba**	159,161	var. **multicaulis**	589
aenea	160,175	**australis**	588,592
balansae	159	var. **inusitata**	593
var. *appressipubescens*	159	**bombycis**	588,590
caloptila	160,177	**cathayana**	588,590
caudata	160,166	**mongolica**	588,591
cavaleriei	160,176	var. **diabolica**	592
var. *platypetala*	171	Musaceae	129
champaca	159	Myoporaceae	126
chapensis	160,169	Myricaceae	116
chingii	172	Myrsinaceae	120
compressa	159	Myrtaceae	124,125
crassipes	160,164	**Mytilaria**	520,522
elegans	159,174	**laosensis**	522
figo	160,167		
floribunda	159,162	# N	
foveolata	159,160,174	**Nageia**	86
var. **cinerascens**	175	**fleuryi**	88
fujianensis	160,177	**nagi**	86
macclurei	160,171	Najadaceae	128
martinii	160,168	**Nandina**	414
maudiae	160,172	**domestica**	415
var. **rubicunda**	174	'Aurea'	415
odora	178	'Firepower'	415
platypetala	160,171	'Leucocarpa'	415
skinneriana	160,165	'Parvifolia'	415
szechuanica	160,170	'Porphyrocarpa'	415
wilsonii	160,163	**Nanocnide**	622,625
subsp. *szechuanica*	170	**japonica**	625
yunnanensis	160,164	**lobata**	625,626

pilosa	626	Orchidaceae	130
zhejiangensis	625,627	**Oreocnide**	623,672
Nelumbium pentapetalum	300	**frutescens**	672
Nelumbo	298	Orobanchaceae	125
lutea	300	Oxalidaceae	123
nucifera	298		
Nelumbonaceae	115,298	**P**	
Neolitsea	195,236	**Paeonia**	410
aurata	237	**lactiflora**	410,412
var. **aurata**	237	var. **trichocarpa**	413
var. **chekiangensis**	237,238	**obovata**	410,411
var. **paraciculata**	238	**suffruticosa**	410
var. **undulatula**	238,239	**Paeoniaceae**	118,410
sericea	236	**Papaver**	486
Nigella	319,327	**nudicaule**	487,489
damascena	327	**rhoeas**	487,488
Nuphar	301,312	**somniferum**	487
pumila	312	**Papaveraceae**	116,486
sinensis	313	*Parabenzoin praecox*	246
Nyctaginaceae	117	**Parakmeria**	131,157
Nymphaea	301,305	**lotungensis**	158
alba	305,306	**nitida**	157
var. **rubra**	306	*yunnanensis*	157
capensis	305,310	**Parrotia**	520,535
lotus	305,311	**subaequalis**	536
mexicana	305,307	Passifloraceae	119
nouchali	305,309	Pedaliaceae	127
odorata	305,309	**Pellionia**	622,646
stellata	309	**brevifolia**	646,649
tetragona	305,308	**minima**	646,650
Nymphaeaceae	115,301	**radicans**	646,648
Nyssaceae	124	**retrohispida**	646
		scabra	646,647
O		**Peperomia**	270
Olacaceae	125	**blanda**	271
Oleaceae	126	**pellucida**	272
Onagraceae	124	**Pericampylus**	455

glaucus	456	**elliottii**	32,44
Persea	194,195	*griffithii*	33
americana	195	*hwangshanensis*	37
Petrosaviaceae	128	*lanceolata*	49
Philydraceae	129	*luchuensis* var. *hwangshanensis*	37
Phoebe	194,207	**massoniana**	32,36
bournei	208,210	**palustris**	32,42
chekiangensis	208,209	**parviflora**	32,34
hunanensis	208	**serotina**	32,45
sheareri	208,212	**taeda**	32,43
zhennan	208,211	**taiwanensis**	32,37
Phytolaccaceae	117	var. **brevifolia**	39
Picea	12,21	*thunbergiana*	39
asperata	21,22	**thunbergii**	32,39
jezoensis	22,25	'Aurea'	40
koraiensis	21,23	'Nisikimatsu'	40
torano	22,24	'Sunshou-Kuromatsu'	40
Pilea	622,631	**virginiana**	32,41
angulata subsp. **petiolaris**	632,642	**wallichiana**	31,33
aquarum	632,639	**Piper**	267
cavaleriei	632,637	**bambusifolium**	267,270
elliptifolia	632,643	**hancei**	267,269
henryana	637	**kadsura**	267,268
hilliana	634	*wallichii*	268
japonica	632,633	Piperaceae	116,267
kiotensis	632,634	Pittosporaceae	122
microphylla	632,635	Plantaginaceae	126
notata	632,641	Platanaceae	117,517
peploides var. **major**	632,636	**Platanus**	517
pumila	632,634	× **acerifolia**	517,518
sinofasciata	632,638	**occidentalis**	517,519
swinglei	632,637	**orientalis**	517
verrucosa var. **fujianensis**	632,640	**Platycladus**	63,67
Pinaceae	1,12	**orientalis**	67
Pinus	12,31	'Argentea'	67
armandii	31,32	'Aurea'	67
bungeana	32,35	'Beverleyensis'	67

'Sieboldii'	67	*Psudosassafras*	
Plumbaginaceae	117	*laxiflora*	227
Poaceae	129	*tzumu*	227
Podocarpaceae	2,86	**Pteroceltis**	556,567
Podocarpus	89	**tatarinowii**	567
chingianus	92	**Pulsatilla**	320,361
macrophyllus	89,90	**chinensis**	362
'Chingii'	92	Punicaceae	123
var. **chingii**	92	Pyrolaceae	119
var. **maki**	91		
nagi	86	**R**	
neriifolius	89	**Ranunculaceae**	115,116,319
wangii	89,92	**Ranunculus**	320,398
Podophyllum		**asiaticus**	398,408
chengii	431	**cantoniensis**	398,404
pleianthum	431	**chinensis**	398,406
var. *album*	432	**japonicus**	398,402
Polemoniaceae	126	var. **ternatifolius**	403
Polygalaceae	123	**muricatus**	398,407
Polygonaceae	118	**polii**	398
Pontederiaceae	129	**sceleratus**	398,400
Portulacaceae	117	**sieboldii**	398,405
Potamogetonaceae	128	**silerifolius**	398,404
Pouzolzia	623,669	**ternatus**	398,399
zeylanica	669	Rhamnaceae	122
var. **microphylla**	670	Rhizophoraceae	123
Primulaceae	120	*Rhodoleia championii*	520
Proteaceae	120	Rosaceae	121,124
Pseudolarix	12,29	Rosidae	114
amabilis	29	Rubiaceae	127
fortunei	29	Ruppiaceae	128
kaempferi	29	Rutaceae	121,122
Pseudotaxus	97,103		
chienii	103	**S**	
Pseudotsuga	12,18	**Sabia**	469
gaussenii	18	*campanulata*	470
sinensis	18	subsp. **ritchieae**	469

discolor	469,472	var. *marginalis*	294
emarginata	469,470	**sphenanthera**	294,295
japonica	469,471	**viridis**	294,296
swinhoei	469,473	**Schisandraceae**	115,292
Sabiaceae	115,469	**Sciadopityaceae**	1,2,46
Sabina	63,77	**Sciadopitys**	1,46
chinensis	77,81	**verticillata**	46
'Aureoglobosa'	83	Scrophulariaceae	126,127
'Kaizuca'	83	**Semiaquilegia**	320,340
'Kaizuca-Procumbens'	83	**adoxoides**	340
'Pfitzeriana'	83	**Semiliquidambar**	521,527
'Pyramidalis'	83	**cathayensis**	527
procumbens	77,79	**caudata**	527,529
squamata	77	var. *cuspidata*	529
'Meyeri'	78	**chingii**	527,528
virginiana	77,80	*cuspidata*	529
vulgaris	77,79	**Sequoia**	48,60
Salicaceae	118	**sempervirens**	60
Santalaceae	121	*Shaniodendron subaequale*	536
Sapindaceae	123	Simaroubaceae	121
Sarcandra	257	**Sinocalycanthus**	185,188
glabra	257	**chinensis**	188
Sargentodoxa	441	*Sinomanglietia glauca*	137
cuneata	441	**Sinomenium**	455,460
Sargentodoxaceae	115,441	**acutum**	460
Sassafras	195,227	*diversifolium*	460
tzumu	227	Smilacaceae	129
Saururaceae	115,264	Solanaceae	126
Saururus	264	Sparganiaceae	129
chinensis	264	Stachyuraceae	119
Saxifragaceae	121,122,124,125	Staphyleaceae	121,122,123
Schisandra	294	**Stauntonia**	443,449
arisanensis subsp. *viridis*	296	*chinensis*	449
bicolor	294,297	**conspicua**	450
elongata	295	**hexaphylla**	450,454
henryi	294	form. *intermedia*	451
subsp. *marginalis*	294	form. *urophylla*	452

leucantha	450,452		cuspidata	98,100
obovata	453		var. **nana**	101
obovatifoliola	450,451		var. *umbraculifera*	101
subsp. **intermedia**	451		**mairei**	98,99
subsp. **urophylla**	452		*wallichiana*	
Stemonaceae	129		var. *chinensis*	98
Stephania	455,462		var. *mairei*	99
cephalantha	462,465		**Thalictrum**	320,345
excentrica	462,466		**acutifolium**	346,352
japonica	462		**aquilegiifolium** var. **sibiricum**	346,351
longa	462,463		**faberi**	346,349
tetrandra	462,464		*fargesii*	349
Sterculiaceae	118,119		**fortunei**	346,347
Styracaceae	120		**ichangense**	346,352
Sycopsis	521,547		**javanicum**	346
sinensis	547		*macrophyllum*	349
Symplocaceae	120		**petaloideum**	346,350
			wuyishanicum	346,348
T			Theaceae	119
Taiwania	48,50		Theligonaceae	125
cryptomerioides	50		**Thuja**	63,65
flousiana	50		**occidentalis**	65
Tamaricaceae	119		**standishii**	66
Taxaceae	2,97		**Thujopsis**	63,64
Taxodiaceae	2,48		**dolabrata**	64
Taxodium	48,56		Thymelaeaceae	120
ascendens	56,58		Tiliaceae	118,119
distichum	56		**Torreya**	97,106
× **T. mucronatum** 'Zhongshanshan'	57		**dapanshanica**	106,112
var. *imbricarium*	58		**fargesii**	106,109
mucronatum	56,59		**grandis**	106,107
Taxus	97		'Merrilii'	108
× **media**	98,102		form. *majus*	107,108
baccata	98,102		form. *non-apiculata*	107,108
chienii	103		var. *chingii*	107,108
chinensis	98		var. *dielsii*	107,108
var. *mairei*	99		var. *jiulongshanensis*	111

var. *merrillii*	108	elongata	557
var. *sargentii*	107,108	**parvifolia**	557,565
jackii	106,109	**pumila**	557,560
jiulongshanensis	106,111	'Jinye'	561
nucifera	106	'Pendula'	561
Trapaceae	124	**szechuanica**	557,563
Trema	556,571	**Urtica**	622,623
cannabina	572	**fissa**	623
var. **dielsiana**	573	**laetevirens**	624
dielsiana	573	Urticaceae	116,622
tomentosa	571		

V

Triuridaceae	128		
Tropaeolaceae	123	Valerianaceae	127
Tsoongiodendron	131,178	Verbenaceae	126,127
odorum	178	**Victoria**	301,303
Tsuga	12,19	**amazonica**	303
chinensis	20	**cruziana**	304
var. *tchekiangensis*	20	Violaceae	119
longibracteata	19	Viscaceae	121
tchekiangensis	20	Vitaceae	122
Typhaceae	129		

U

Z

		Zamia	3,5
Ulmaceae	117,556	**furfuracea**	5
Ulmus	556	Zannichelliaceae	128
bergmanniana	557,559	**Zelkova**	556,568
castaneifolia	557,564	**schneideriana**	568
changii	557,558	**serrata**	569
chenmoui	557,561	Zingiberaceae	129
davidiana	562	Zingiberidae	114
var. **japonica**	557,562	Zygophyllaceae	123

附 录

照片提供作者名录（非本卷编著者）

陈征海 瓜馥木（上左），黄绒润楠（右下），黄枝润楠（右上、右中、右下），华南樟（右上），圆头叶桂（左上），毛豹皮樟（3），毛黑壳楠（1），黑果山橿（1），红果乌药（1），硬壳桂（上、下右），及己（左），风藤（右中），山蒟（下左），石蝉草（右），武夷唐松草（右上、右中、右下），牯牛铁线莲（右下），重瓣铁线莲（3），福建小檗（右上），鹤庆十大功劳（3），细圆藤（左），金线吊乌龟（右下），粉防己（左），江南地不容（上右、下右），凹萼清风藤（大图、右下），金华泡花树（左、右上、右中），琅玡榆（3），鲁桑（左），景宁榕（左中、左下、右），湿生冷水花（4），长柄冷水花（4），宽叶荨麻（2）。共57张。

刘　军 桂南木莲（右上），巴东木莲（上），山玉兰（左、右下），夜香木兰（1），厚朴（左上、左下），天女花（左上、左下、右下），荷花玉兰（右果图），飞黄玉兰（右），天目木兰（右下），日本辛夷（2），黄山木兰（上左、上右），紫花黄山木兰（1），白兰花（左下），峨眉含笑（3），云南含笑（左），紫花含笑（中小图），野含笑（右上、左下），黄心夜合（左上），乐昌含笑（右中），川含笑（左上），醉香含笑（左），观光木（上左、上右、下右），北美鹅掌楸（上右），杂交鹅掌楸（左大图、左小图），八角（下），裂叶星果草（右上、右下），水毛茛（2），紫堇（3）。共44张。

高亚红 云杉（左下），日本云杉（左上），华北落叶松（左），日本落叶松（2），东北红豆杉（2），建润楠（左大图），银木（右上、右下），肉桂（左），香睡莲（3），玉果南天竹（1），淫羊藿（左），长尾半枫荷（4）。共20张。

曹基武 桂南木莲（左下），红花木莲（左下、右上），巴东木莲（下左、下右），落叶木莲（左上），乐东拟单性木兰（右下），多花含笑（左），云南含笑（右），紫花含笑（左大图、右下），黄心夜合（左下、右下），平伐含笑（左上、右），观光木（下左），北美鹅掌楸（左上），杂交鹅掌楸（右上）。共18张。

注：括号中的数字为张数。

var. *merrillii*	108		elongata	557
var. *sargentii*	107,108		**parvifolia**	557,565
jackii	106,109		**pumila**	557,560
jiulongshanensis	106,111		'Jinye'	561
nucifera	106		'Pendula'	561
Trapaceae	124		**szechuanica**	557,563
Trema	556,571		**Urtica**	622,623
cannabina	572		**fissa**	623
var. **dielsiana**	573		**laetevirens**	624
dielsiana	573		Urticaceae	116,622
tomentosa	571			
Triuridaceae	128		**V**	
Tropaeolaceae	123		Valerianaceae	127
Tsoongiodendron	131,178		Verbenaceae	126,127
odorum	178		**Victoria**	301,303
Tsuga	12,19		**amazonica**	303
chinensis	20		**cruziana**	304
var. *tchekiangensis*	20		Violaceae	119
longibracteata	19		Viscaceae	121
tchekiangensis	20		Vitaceae	122
Typhaceae	129			
			Z	
U			**Zamia**	3,5
Ulmaceae	117,556		**furfuracea**	5
Ulmus	556		Zannichelliaceae	128
bergmanniana	557,559		**Zelkova**	556,568
castaneifolia	557,564		**schneideriana**	568
changii	557,558		**serrata**	569
chenmoui	557,561		Zingiberaceae	129
davidiana	562		Zingiberidae	114
var. **japonica**	557,562		Zygophyllaceae	123

附　录

照片提供作者名录（非本卷编著者）

　　陈征海　瓜馥木（上左），黄绒润楠（右下），黄枝润楠（右上、右中、右下），华南樟（右上），圆头叶桂（左上），毛豹皮樟（3），毛黑壳楠（1），黑果山橿（1），红果乌药（1），硬壳桂（上、下右），及己（左），风藤（右中），山蒟（下左），石蝉草（右），武夷唐松草（右上、右中、右下），牡牛铁线莲（右下），重瓣铁线莲（3），福建小檗（右上），鹤庆十大功劳（3），细圆藤（左），金线吊乌龟（右下），粉防己（左），江南地不容（上右、下右），凹萼清风藤（大图、右下），金华泡花树（左、右上、右中），琅玡榆（3），鲁桑（左），景宁榕（左中、左下、右），湿生冷水花（4），长柄冷水花（4），宽叶荨麻（2）。共57张。

　　刘　军　桂南木莲（右上），巴东木莲（上），山玉兰（左、右下），夜香木兰（1），厚朴（左上、左下），天女花（左上、左下、右下），荷花玉兰（右果图），飞黄玉兰（右），天目木兰（右下），日本辛夷（2），黄山木兰（上左、上右），紫花黄山木兰（1），白兰花（左下），峨眉含笑（3），云南含笑（左），紫花含笑（中小图），野含笑（右上、左下），黄心夜合（左上），乐昌含笑（右中），川含笑（左上），醉香含笑（左），观光木（上左、上右、下右），北美鹅掌楸（上右），杂交鹅掌楸（左大图、左小图），八角（下），裂叶星果草（右上、右下），水毛茛（2），紫堇（3）。共44张。

　　高亚红　云杉（左下），日本云杉（左上），华北落叶松（左），日本落叶松（2），东北红豆杉（2），建润楠（左大图），银木（右上、右下），肉桂（左），香睡莲（3），玉果南天竹（1），淫羊藿（左），长尾半枫荷（4）。共20张。

　　曹基武　桂南木莲（左下），红花木莲（左下、右上），巴东木莲（下左、下右），落叶木莲（左上），乐东拟单性木兰（右下），多花含笑（左），云南含笑（右），紫花含笑（左大图、右下），黄心夜合（左下、右下），平伐含笑（左上、右），观光木（下左），北美鹅掌楸（左上），杂交鹅掌楸（右上）。共18张。

注：括号中的数字为张数。

叶喜阳　孔雀柏(1)，西南蜡梅(下右)，白花八角(上左、上右)，亚马逊王莲(右上)，黄睡莲(右下)，水盾草(上右、下)，牯牛铁线莲(右上大图)。共9张。

徐晔春　壳菜果(左下、右上)，蕈树(果枝图)，瑞木(3)，蚊母树(1)，水丝梨(右上)。共8张。

杨淑贞　红皮云杉(右上)，金钱松(右上)，毛蕊铁线莲(上)，大血藤(中左、中右)，连香树(右下)。共6张。

吴棣飞　雁荡润楠(上大图、下右)，楠木(2)，菝葜叶铁线莲(右下大图)，灰白蜡瓣花(右上)。共6张。

林海伦　乳源木莲(上右)，白花天目木兰(2)，芡实(上左)，毡毛泡花树(1)，银缕梅(上左)。共6张。

梅旭东　木姜子属存疑种(左)，小果十大功劳特殊类型(3)，微柱麻(右上、下右)。共6张。

王江波　白头翁(4)。共4张。

王金旺　肉桂(右)，豺皮樟(左)，五刺金鱼藻(大图、右下)。共4张。

徐绍清　小叶罗汉松(右下)，曼地亚红豆杉(右)，狭叶荷花玉兰(右上)，银木(大图)。共4张。

王健生　黑壳楠(左下)，牯牛铁线莲(左上小图)，木防己(左上)。共3张。

朱鑫鑫　珂楠树(3)。共3张。

郑海磊　福建马兜铃(3)。共3张。

赵宏波　美夏蜡梅(2)，西美蜡梅(左)。共3张。

施玲玲　落叶木莲(大图、右上、右下)。共3张。

谢文远　细叶香桂(右)，八角莲(右)，柔毛淫羊藿(左下)。共3张。

王　豪　杂种铁筷子(左下、右)。共2张。

刘　西　狭叶台湾榕(2)。共2张。

江明喜　地果(左上、右)。共2张。

陈叶平　灰毛含笑(2)。共2张。

程晓云　九龙山榧(下中、下右)。共2张。

焦　猛　星花木兰（右下），苏珊木兰（右）。共2张。

方　腾　红花深山含笑（1）。

叶立新　福建小檗（右下）。

刘　昂　多花含笑（右上）。

池方河　摩尔大泽米（右）。

李华东　红果山鸡椒（1）。

吴东浩　细圆藤（右中）。

张　帆　八角（上）。

张宏伟　竹叶胡椒（右）。

陈旭君　金边北美鹅掌楸（1）。

陈贤兴　山胡椒（右下）。

陈高坤　野含笑（大图）。

陈煜初　美洲黄莲（左下小图）。

林　峰　山黄麻（上左）。

欧丹燕　木姜润楠（下）。

钟建平　八角莲（左下）。

莫海波　黄睡莲（右上）。

徐跃良　山冷水花（下右）。

高浩杰　日本野木瓜（右下）。